国家科学技术学术著作出版基金资助出版

中 国 绿 潮

何培民　张建恒　霍元子　蔡春尔　等著

科学出版社

北 京

内 容 简 介

本书共15章,详细介绍了黄海绿潮概况、绿潮藻生物学、光合生理、分子标记、基因组学及表达图谱、地理分布、溯源探索、繁殖体分布特征、漂浮机制、种群演替、暴发机制、预测预警、生态效益、源头防控及资源利用等内容,囊括了当前绿潮研究的主要关键科学问题。本书内容是在绿潮项目组十多年的研究成果基础上精心凝练、补充完善而成。

全书体现了理论与实践相结合,及时反映和应用前沿学科的新技术,内容丰富、图文并茂,可供海洋环境、海洋生态、海洋规划与管理等相关领域研究人员、技术人员、管理人员及科研院所、高等院校相关专业的师生参考。

图书在版编目(CIP)数据

中国绿潮 / 何培民等著. —北京:科学出版社,
2019.11
ISBN 978 - 7 - 03 - 062891 - 6

Ⅰ.①中… Ⅱ.①何… Ⅲ.①黄海-海水污染-灾害防治-研究 Ⅳ.①X55

中国版本图书馆 CIP 数据核字(2019)第 251010 号

责任编辑:陈 露 / 责任校对:谭宏宇
责任印制:黄晓鸣 / 封面设计:殷 靓

科 学 出 版 社 出版
北京东黄城根北街 16 号
邮政编码:100717
http://www.sciencep.com

南京展望文化发展有限公司排版
北京虎彩文化传播有限公司印刷
科学出版社发行 各地新华书店经销

*

2019 年 11 月第 一 版 开本:889×1194 1/16
2019 年 11 月第一次印刷 印张:28 1/4 插页 12
字数:800 000

定价:220.00 元
(如有印装质量问题,我社负责调换)

序

20世纪70年代以来,许多工业化国家海岸带潮滩上附着生长的绿藻、褐藻和红藻等大型海藻生物量大量增加,至90年代,某些大型海藻的生物量在其适宜的生长季节显著快速增加,已经发展成为"绿潮""金潮"等海洋生态灾害。2000年以来,世界范围内发生"绿潮"灾害事件的海岸带地区不断增加。虽然绿潮对人类没有直接的毒性危害,但是海岸带堆积和近海漂浮的绿潮藻类巨大生物量直接影响着海岸带地区人类活动,特别是滨海旅游业、近岸海水养殖业及航运业等。如果不能被及时清理和移除,这些海岸带堆积或沉降至海底的绿潮藻类在缺氧条件下将会产生有毒性的 H_2S,也会富集持久性有机污染物(如PCBs),然后经食物链传递,这些都将对已经受损的海岸带生态系统产生更大的负面影响。

世界范围内形成绿潮的大型绿藻种类主要是石莼属(Ulva)种类,也包括以前称为浒苔属(Enteromorpha)而现在归并入石莼属的种类。石莼属大型绿潮藻属于"机会主义"世界广布种,可在营养盐增加的情况下快速生长。虽然多数石莼属绿潮藻种类需要附着在基质上生长,但是一些种类可在物理扰动或是人类活动等作用下变为漂浮状态。由于漂浮状态的绿潮藻在海洋物理过程驱动下迅速扩张分布,并且在没有附着基质竞争、被捕食者摄食和营养盐持续供应的条件下可异常快速生长繁殖,积累巨大生物量,从而引发绿潮灾害暴发。

在世界范围内,多数海岸带均有绿潮灾害发生。20世纪70年代以来,由于工农业污水及生活污水大量排放入海,欧洲和美国沿岸近岸水体中营养盐含量持续增加,直接导致了近海富营养化。在营养盐浓度较高条件下,绿潮藻将快速生长、增加生物量而引发绿潮灾害。例如,法国布列塔尼(Brittany)沿岸和美国墨西哥湾(Gulf of Mexico)均发生了绿潮。据报道,2009年和2011年,布列塔尼沿岸堆积的绿潮藻在缺氧条件下产生的 H_2S,已导致野生动物死亡,并严重影响了当地的旅游业,移除和处理的绿潮藻生物量已达100 000 t以上,处理费用为每吨10~150美元。

2008年,我国黄海海域暴发了世界上最大规模的黄海绿潮,主要由石莼属大型海藻浒苔(Ulva prolifera)在漂浮状态下快速增殖引发形成。黄海绿潮暴发影响的范围最北可至山东半岛近岸。由于此次黄海绿潮暴发对2008年在青岛举行的奥林匹克运动会帆船比赛产生了很大影响,国家领导人和相关政府部门高度重视,动用了1万多名军民进行清理,共打捞了近120万吨鲜重的浒苔,直接和间接经济损失巨大。2008年至今,我国黄海绿潮灾害连年暴发,其中2009年黄海绿潮影响面积超过60 000 km²,2010年覆盖面积超过了530 km²。因此,如不采取有效治理措施,我国黄海浒苔绿潮暴发将呈现常态化趋势。

自2008年黄海绿潮灾害暴发以来,国家相关部门先后设立了多个重大专项开展黄海绿潮研究,如科技部"十一五"重大专项"浒苔大规模暴发应急处置关键技术研究与应用",国家海洋公益性行业科研专项项目"黄海绿潮业务化预测预警关键技术研究与应用",科技部973项目"我国近海藻华灾害演变机制与生态安全",国家重点研发计划"海洋环境安全保障"重点专项"浒苔绿潮形成机理与综合防控技术研究及应用"等,重点开展了我国黄海绿潮灾害发生成因、机理、预测预警、防控以及资源化利用技术的研究。

2000 年以来,上海海洋大学已开展了浒苔类绿藻生长和繁殖等生物学及生态效应研究。《中国绿潮》是上海海洋大学何培民教授联合国内多家涉海科研和业务化单位的相关科研人员,在国家海洋公益性行业科研专项项目、国家自然科学基金项目、国家海洋局(现并入自然资源部)业务化项目支持下,运用卫星遥感、船舶监测、原位实验、实验生态、分子生物、生理生化、数值模拟等多学科交叉研究方法和手段,对我国黄海数种浒苔类绿潮藻生长、繁殖和光合生理等基础生物学、分子标记和基因组等分子生物学、绿潮藻及显微繁殖体时空分布与种质溯源、漂浮浒苔种群演替与漂浮机制、暴发过程与机制、暴发全过程监测与预警、生态效益评价、防控策略与技术、生物质资源化利用等方面深入和系统研究的结晶。

《中国绿潮》是目前国内外对我国黄海浒苔绿潮灾害研究最为深入的一部专著,相信该部专著的出版将会对我国黄海浒苔绿潮灾害暴发预测与预警、防控和资源化利用等方面起到积极推动作用。我见证了上海海洋大学何培民教授团队 10 余年对黄海绿潮的研究过程,特对作者取得的重大成果和该专著的出版表示热烈祝贺,并推荐给广大读者。

中国工程院院士

2018 年 12 月 7 日

前　言

　　随着全球人口增长、科技迅猛发展、城市化进程加速和陆地自然资源日益枯竭，以获取生存空间和自然资源为主要目标的人类用海活动不断加剧，人类生存对海洋的依赖程度越来越高。目前世界上大约 60% 的人口生活在距离海岸线 60 km 的狭长地带，可见人类社会高速发展给海洋环境造成了巨大压力，并对海岸带生态环境可持续发展构成了巨大威胁。这些威胁包括河道侵占、过度倾废、过度捕捞、环境污染、生境破坏、外来种入侵、无控制的旅游活动，以及人类活动引起的全球变暖等。近年来，世界各国近岸海域均出现了不同程度的富营养化状况。陆源氮磷营养盐不断排放为藻类的生长提供了充足的营养，也引起了一系列海洋生态环境问题。赤潮、褐潮频繁暴发已经严重威胁到海洋生态健康，绿潮、金潮暴发也是由海水富营养化直接导致的新型海洋生态灾害。其中，国外大约是从 20 世纪 80 年代开始大规模暴发绿潮，而从 2008 年起我国连续 11 年暴发了世界上最大规模的黄海绿潮。

　　2007 年黄海绿潮首次发生，当时绿潮最大覆盖面积仅为 21 km²，最大分布面积为 1 500 km²，并未形成大规模暴发性灾害。2008 年夏季，青岛作为奥林匹克运动会帆船比赛的举办地，就在奥运会开幕前 2 个月，黄海海域暴发大规模绿潮灾害，其最大覆盖面积达 650 km²，最大分布面积高达 25 000 km²，震惊世界，时任国家最高领导人胡锦涛总书记多次做出重要批示，并前往青岛绿潮应急指挥部了解绿潮灾害处置工作，应急指挥部也第一时间组建了一支由 1 500 多条渔船、8 000 多名渔民组成的海上打捞船队，并在青岛近岸海域布设围油栏 2.5 万米，防流网 3 万米，防止南黄海海域的绿潮持续漂移进入青岛近岸，这些拦截和打捞绿潮的应急措施为奥林匹克运动会帆船比赛顺利举办提供了有效的保障；7 月 15 日，赛场海域的绿潮已基本清除干净，共计打捞绿潮藻约 120 万吨。黄海绿潮在随后几年也均"如期而至"，严重影响了当地海洋生态环境和生态服务功能，造成了巨大的经济损失，仅 2008 年，绿潮对青岛当地造成直接损失及清除费用高达 13 亿元。目前，绿潮已逐渐演变为我国黄海海域常规化海洋生态灾害。2009 年绿潮最大覆盖面积甚至达到了 2 100 km²。各级政府和国家海洋局每年动用大量的人力和物力进行绿潮灾害应急处置，造成了数十亿元的经济损失；不仅如此，绿潮严重破坏了我国近海海洋生态环境，给滨海旅游业、航运和水产养殖等海洋经济产业带来了严重的影响。

　　为摸清绿潮源头、揭示绿潮暴发机制、准确预测绿潮路径、实现业务化预警报，国家海洋局于 2012 年设立海洋公益性行业科研专项项目"黄海绿潮业务化预测预警关键技术研究与应用"（项目编号：201205010），由上海海洋大学何培民教授为首席专家牵头执行。经过 10 余年的研究，我们在黄海绿潮藻生物学、分子基因、最早漂浮海区、绿潮溯源、演替机制、漂浮机制、迁移路径、预警预报、防控策略、资源化利用等方面的研究已取得很大进展。为此我们将研究成果进行凝练提升，编著《中国绿潮》一书。

　　《中国绿潮》共分为 15 章，第一章由上海海洋大学何培民、国家海洋局东海环境监测中心徐韧执笔撰写；第二章由上海海洋大学张建恒、陈群芳，广东海洋大学崔建军，天津师范大学丁兰平和浙江象山旭文海藻开发有限公司朱文荣撰写；第三章由中国科学院海洋研究所王广策、江苏海洋大学徐军田及上海市水产研究所冯子慧撰写；第四章由上海海洋大学何培民、中国科学院海洋研究所姜鹏、上海海洋大学徐文婷和蒋婷撰写；第五章由上海海洋大学蔡春尔和蒋婷、中国科学院海洋研究所刘峰、宁波大学徐年军、美国康涅狄格州州立大学林森杰和周玲洁撰写；第六章由上海海洋大学张建恒和马家海、国家海洋局北海环境监测中心宋文鹏与李继业、国家海洋局东海环境监测中心张昊飞和刘材材撰写；第七章由上海海洋大学张建恒、国家海洋局东海环境监测中心刘材材撰写；第八章由上海海洋大学霍元子撰写；第九章由上海海洋大学张建恒撰写；第十章由上海海洋大学何培民、陈丽平、徐文婷和王诗颖撰写；第十一章由上海海洋大学霍元子、宁波大学徐年军撰写；第十二章由国家海洋局北海预报中心高松、黄娟、吴玲娟、李锐和徐江玲撰写；第十三章由上海海洋大学于克锋撰写；第十四章由上海海洋大学于克锋、江苏省海洋水产研究所陆勤勤、国家海洋局东海环境监测中心刘材材撰写；第十五章由中国海洋大学王鹏、上海海洋大学贾睿和蔡春尔、青岛海大生物集团有限公司单俊伟、浙江象山旭文海藻开发有限公司朱文荣撰写。本书得到华大集团、武汉未来组生物科技有限公司、上海迈浦生物科技有限公司的大力支持，以及上海海洋大学刘金林、康新宇、丁晓玮、赵晓惠、庄旻敏、施锦婷、赵莉娟、谷凯、包群婧、文钦琳、赵卉等研究生的大力帮助，在此一并感谢。为了全面叙述我国黄海绿潮发展情况及相关研究的进展，我们力求理论和实践有机结合，做到图文并茂。本书不仅是所有编写人员多年协同努力的成果，也凝聚了参与绿潮研究和关心绿潮研究的有关学者专家的心血和智慧。感谢自然资源部第一海洋研究所丁德文院士给予我们的建设性意见，感谢国家自然资源部、原国家海洋局科学技术司、生态环境保护司等部门领导的关心与支持。

由于时间、精力及作者水平的限制，书中难免存在疏漏之处，敬请同行专家和读者批评指正。

《中国绿潮》编著组

2019 年 6 月

目　录

第一章 我国黄海绿潮暴发概况

绿潮(green tide)是一种在世界沿岸国家中普遍发生的有害藻华(Blomster et al.，2002；Anderson et al.，2002)，同时也是一种可以造成次生环境危害的生态异常现象(Nelson et al.，2003)，其主要由石莼属(*Ulva*)、浒苔属(*Enteromorpha*，现国际上已归属到石莼属)、刚毛藻属(*Cladophora*)、硬毛藻属(*Chaetomorpha*)等大型定生绿藻脱离固着基后漂浮并不断增殖，而导致生物量迅速扩增形成的藻类灾害，通常发生在河口、潟湖、内湾和城市密集的海岸等富营养化程度相对较高的水域环境中。在 20 世纪 70~90 年代，美国(Nelson et al.，2008)、法国(Charlier et al.，2007)、芬兰(Gubelit et al.，2010)、印度(Fletcher et al.，1996)、菲律宾(Largo et al.，2004)、韩国(Kim et al.，2010)、日本(Yabe et al.，2009)等许多国家沿海均发生过较大规模的绿潮，并至今难以防治，成为世界性难题。

自 2007 年以来，我国黄海海域连续暴发大规模绿潮，最大涉及面积可达 58 000 km²，累积覆盖面积可达 2 100 km²，绿潮面积之大及形成之快堪称世界之最，对沿岸海洋生态环境和生态服务功能产生严重破坏，造成巨大经济损失，绿潮已经成为黄海夏季的一个常态化发生的海洋灾害(Liu et al.，2009)。

第一节 2008 年我国黄海绿潮突发事件

一、2008 年黄海绿潮大规模暴发过程

2008 年 8 月 8~24 日第 29 届奥林匹克运动会(简称奥运会)在北京隆重举行。第 29 届奥运会帆船比赛(简称奥帆赛)则在美丽青岛举行，比赛时间定为 2008 年 8 月 9~23 日。

然而，2008 年 5~7 月，在我国青岛近海海域突然暴发了世界上最大规模绿潮(green tide)(图 1.1)，因整个绿潮暴发过程均处于黄海，故称为黄海绿潮(green tide in Yellow Sea)。后经藻类学专家鉴定，确认绿潮漂浮优势种为浒苔(*Enteromorpha prolifera*)(Ding et al.，2009)，是一种单层细胞的管状藻体。根据卫星遥感信息解译，2008 年 6 月底绿潮最大影响面积为 25 000 km²，最大累积覆盖面积为 650 km²(中国海洋灾害公报，2012)。

2008 年 5 月初，黄海海域开始出现零星斑块漂浮绿潮藻，覆盖面积为 6.02 km²，影响范围为 465 km²。自 5 月中旬至 5 月底，海区总体主导风为西北方向，海上平均风速约 5 m/s，因而沿其下风向迅速扩展，绿潮面积不断增加，影响范围迅速扩大，每天平均飘移约 18 km，5 d 绿潮面积可扩大 5 倍以上(李大秋等，2008)。5 月 30 日，绿潮影响范围已达

图 1.1 2008 年青岛绿潮暴发

13 990 km²，覆盖面积已达 397 km²。且在大公岛以东约 60 海里海域出现了大面积漂浮绿潮藻，在海流和风力作用下绿潮向青岛及山东半岛漂移。5 月 31 日，最大影响面积约为 13 000 km²，覆盖面积约为 400 km²，且大量漂浮绿潮藻不断漂入青岛近海海域，主要集中在青岛崂山近海海域，形成了约 160 km² 的绿潮漂浮密集区。6 月 14 日大量漂浮绿潮藻开始进入青岛近岸海域。6 月 25 日大量漂浮绿潮藻出现在青岛奥帆赛海域。6 月 28 日海面漂浮绿潮藻影响面积已达 24 000 km²，50 km² 奥帆赛海域中已出现 16 km² 绿潮，形势十分严峻。6 月 28 日开始清理绿潮，青岛市政府立即在海上组建了一支由 1 500 条渔船、8 000 多名渔民组成的海上打捞队伍，在岸边组织了近 20 000 人次队伍，军民共同清除沙滩上堆积的漂浮绿潮藻，并动用了 200 辆军用卡车运输漂浮绿潮藻至郊外填埋（Gao et al.，2010）。6 月 29 日，卫星遥感图像显示绿潮分布面积扩展至 25 000 km²，几乎分布到了山东南部黄海沿岸大部分海区。

经过 46 d 的努力奋斗，终于在 2008 年 7 月 15 日前把奥帆赛场海域的漂浮绿潮藻打捞和清除干净，共设置了围档流网和围油栏约 24 km，共打捞和清除大约 120 万 t 漂浮绿潮藻。赛区海域及近海海域水质仍保持为 I 级标准，符合赛事要求，确保了 8 月 8 日奥帆赛开幕式顺利举行。7 月 19 日，青岛奥帆赛海域经治理后，绿潮分布面积和密度显著降低，绿潮漂移方向也由西北转向东北。7 月 20 日，时任中共中央总书记的胡锦涛同志在青岛奥帆赛场海域浒苔处置工作应急指挥部听取汇报，并亲临现场查看绿潮藻清除情况。据报道，2008 年黄海绿潮对山东省和江苏省造成的直接济损失分别为 12.9 亿元和 0.28 亿元，仅青岛海水养殖业的损失就高达 3.2 亿元（中国海洋环境状况公报，2009；中国海洋灾害公报，2009）。

二、2008 年黄海绿潮暴发过程卫星遥感资料解析

根据 MODIS（中分辨率成像光谱仪）数据处理结果显示，2006 年之前我国近海海域均无明显浒苔海藻分布迹象，只出现零散的漂浮绿潮藻，海上分布面积很小（李大秋等，2008）。黄海绿潮是 2007 年首次发生，初步确认优势种为浒苔类大型海藻（Enteromorpha，现国际上已把 Enteromorpha 归为 Ulva）。2007 年 6 月最早在我国黄海中部和北部局部海域发现了漂浮浒苔（U. prolifera）形成的绿潮，并影响到黄海沿岸。其绿潮影响面积为 1 500 km²，累积覆盖面积为 21 km²。此次绿潮多呈稀疏带状分布，过程持续 45 天，2007 年 8 月 12 日出现北风之后绿潮逐渐消失。青岛沿岸打捞约 6 000 t 绿潮藻（唐启升等，2010；李大秋等，2008）。

2008 年，青岛海域暴发绿潮影响面积高达 25 000 km²，覆盖面积高达 650 km²（图 1.2），规模如此之大，形成速度如此之快，震惊了全世界。后经 MODIS 卫星图像跟踪分析，浒苔并非当地污染所致，而是由青岛以外长江口以北的黄海中部漂移而来。青岛绿潮发生后，我国海洋生物学家迅速组成应急处理小组，对绿潮问题进行详细分析。国家科技部更是设立了"十一五"国家科技应急项目"浒苔大规模暴发应急处置关键技术研究与应用"，由中国水产科学研究院黄海水产研究所、中国科学院海洋研究所、中国海洋大学、国家海洋局第一海洋研究所 4 家单位承担。该项目在绿潮藻浒苔的生物学基础与暴发生态过程、浒苔灾害监测预警、浒苔围捞清除、无害化处理与资源化利用技术等方面取得了重要成果，提出了一系列科学有效的处置方案，为浒苔应急处置工作提供科学依据和决策咨询，为浒苔绿潮生态灾害的防控与治理、浒苔的综合利用提供了理论基础和技术支撑。

2012～2016 年，国家海洋局组织设立公益性行业科研专项"黄海绿潮业务化预测预警关键技术研究与应用"，由上海海洋大学牵头，国家海洋局北海预报中心、山东科技大学、国家海洋局北海环境监测中心、国家海洋局东海监测中心、中国海洋大学、中国科学院海洋研究所、常熟理工学院、淮阴工学院和国家海洋局北海标准计量中心共同承担，创建了黄海绿潮发生早期预警技术，研发了黄海绿潮发展过程预测预警系统，并成功研制了黄海绿潮综合信息平台，已实现了平台业务化平稳运行，为黄海绿潮监视监测和预警预报提供了重要理论依据和技术支撑。

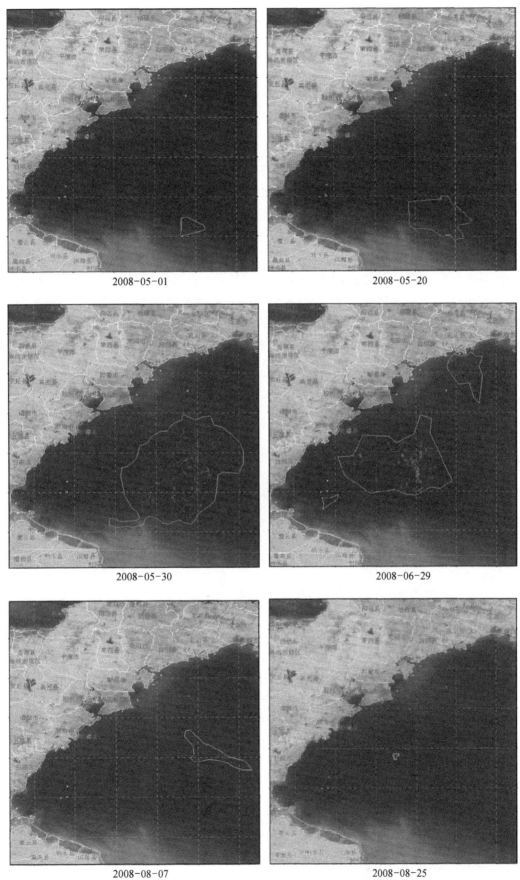

图 1.2　2008 年黄海绿潮发生过程(张娟,2009)

第二节　我国黄海绿潮暴发常态化

一、世界范围内绿潮发生概况

　　绿潮在世界范围内是一种普遍现象,其发生频率和规模也逐年上升。但绿潮主要分布在北温带沿岸海域,其中,美国、欧洲和亚洲太平洋沿岸是绿潮灾害最严重的 3 个区域(图 1.3)。据文献记载(Cotton,1910),世界上首次暴发的绿潮现象是在北爱尔兰的贝尔法斯特湾,于 1905 年发生。但当时人们并未对此现象给予大的关注,直至 20 世纪 70 年代,绿潮现象在海岸、湖泊、河口频繁暴发,并造成严重损失,此时才引起人们对该现象足够的关注(Fletcher,1974；Buttermore,1977；Klavestad,1978)。Klavestad(1978)报道了挪威地区发生石莼属绿藻引起的绿潮,对挪威地区所暴发绿潮现象的主要诱发种、海水温度、盐度以及发生原因等方面进行了阐述。在意大利也有大规模石莼绿潮暴发现象的报道(Sfriso et al.,1989)。到了 20 世纪 90 年代,绿潮已经逐渐成为这些国家沿岸的普遍现象,据统计,当时共有 37 个国家受到绿潮的侵袭,包括欧洲、北美、南美、亚洲和澳洲沿岸。此后,受绿潮影响地区逐渐增多。进入 21 世纪后,世界范围内绿潮发生频率和受影响的海域均迅猛增长。如今,绿潮已经逐渐转变为世界范围内一种常态化生态现象。

图 1.3　世界范围内绿潮频繁发生区域

　　过去 30 年里,最引人注目的是发生在法国布列塔尼(Brittany)地区的绿潮现象。其实,在绿潮未发生之前,这个地区就有采集绿潮藻用于肥料和牲畜饲料的传统。1977 年该地区拉尼翁湾(Lannion Bay)和圣布里厄湾(St Brieuc Bay)暴发绿潮,直到 1986 年 *Ulva* spp.绿潮还主要聚集在 Lannion Bay,10 年后的 1996 年,绿潮的影响范围已经达到了阿基坦(Aquitaine)地区。仅布列塔尼地区 Lannion Bay 每年就需要超过 2 000 辆卡车去清除沿岸的绿潮藻,而其他大部分沿岸的绿潮藻在海岸腐烂或大面积漂浮(Charlier et al.,2007)。

二、2007～2018 年我国黄海绿潮暴发概况

1. 我国黄海绿潮暴发总体概况

　　在我国,自 2007 年以来,浒苔(*U. prolifera*)绿潮在我国黄海海域连续多年周期性暴发。但是由于

2007 年的绿潮现场规模较小,当时并未引起人们的广泛关注(Liu et al.,2010)。然而 2008 年青岛近岸海域大面积、高密度漂浮浒苔聚集形成的绿潮,对海洋环境、景观、生态服务功能以及沿海社会经济造成严重影响,被认为是当时为止世界范围内暴发的最大规模绿潮(Liu et al.,2009;Hu et al.,2010;Wang et al.,2015)。随后,2009~2018 年绿潮在黄海海域连年暴发(表 1.1)。

表 1.1 我国黄海绿潮历年发生规模(2018 年中国海洋灾害公报)

年 份	最大分布面积/km²	最大覆盖面积/km²	年 份	最大分布面积/km²	最大覆盖面积/km²
2007	1 500	21	2013	29 733	790
2008	25 000	650	2014	50 000	540
2009	58 000	2 100	2015	52 700	594
2010	29 800	530	2016	57 500	554
2011	26 400	560	2017	29 522	281
2012	19 610	267	2018	38 046	193

2. 2009 年我国黄海绿潮暴发情况

2009 年 3 月 24 日首次在江苏省吕四以东海域发现零星漂浮浒苔,6 月 4 日在江苏省盐城以东约 100 km 海域处发现漂浮浒苔,分布面积约 6 550 km²,覆盖面积约 42 km²。随着浒苔的漂移、生长,7 月初浒苔的分布面积达到最大,约 58 000 km²,实际覆盖面积约 2 100 km²,分别比 2008 年增加 132% 和 223%,主要影响山东省南部近岸海域。进入 8 月以后,黄海浒苔逐渐减少,至 8 月下旬,山东近岸海域浒苔消失(中国海洋环境状况公报,2010)。

此次黄海浒苔灾害暴发面积大,持续时间长,对渔业、水产养殖、海洋环境、景观和生态服务功能产生严重影响,山东省直接经济损失为 6.41 亿元。

3. 2010 年我国黄海绿潮暴发情况

2010 年 4 月 20 日首次在江苏省如东太阳岛以东海域发现零星漂浮浒苔。6 月 13 日在江苏省连云港以东海域发现大面积浒苔,分布面积为 5 500 km²,覆盖面积约 183 km²。随着浒苔的漂移、生长,7 月初浒苔的分布面积达到最大,约 29 800 km²,实际覆盖面积 530 km²,主要影响范围为山东省日照、青岛、烟台和威海近岸海域。进入 8 月以后,黄海浒苔分布逐渐减少,至 8 月中旬,山东近岸海域浒苔消失(中国海洋环境状况公报,2011)。

4. 2011 年我国黄海绿潮暴发情况

2011 年 5 月 27 日,在江苏省盐城以东黄海海域发现大面积浒苔,覆盖面积约 6.2 km²,分布面积约 330 km²。随后,浒苔覆盖面积和分布面积不断扩大,在海流和风的作用下向偏北方向漂移。6 月 13 日,浒苔大规模暴发,分布面积超过 5 000 km²。7 月 6 日,浒苔分布面积超过 10 000 km²,山东省青岛近岸、薛家岛、灵山岛、大公岛附近海域发现零星浒苔登陆。7 月 19 日,浒苔覆盖面积和分布面积均达到最大值,分别为 560 km² 和 26 400 km²,主要影响范围为山东省日照、青岛、烟台和威海近岸海域。此后浒苔面积有所减小,7 月 31 日覆盖面积为 165 km²,分布面积为 9 700 km²。进入 8 月以后,浒苔分布逐渐减少,至 8 月 21 日浒苔基本消失(中国海洋环境状况公报,2012)。

5. 2012 年我国黄海绿潮暴发情况

2012 年 5 月 16 日在江苏省盐城外海(120°50′E,34°20′N)通过卫星遥感发现绿潮。进入 6 月以后,黄海海域绿潮分布面积和覆盖面积持续增长,并逐渐向偏北方向漂移;6 月 13 日绿潮面积达到最大,分布面积为 19 610 km²,覆盖面积为 245 km²,其中 35°N 以北的海域绿潮分布面积为 16 400 km²,覆盖面积为 245 km²。6 月 15 日开始有绿潮陆续在日照至威海沿岸登陆;7 月初开始绿潮面积逐渐减小,进入消亡期,8 月 30 日绿潮基本消失。相对于 2008~2011 年,2012 年绿潮分布面积和覆盖面积均比较小(中国海洋环境状况公报,2013)。

2012年,在日照、青岛、烟台、威海等地有绿潮登陆,主要影响了山东省日照至威海近海域,特别是对第三届亚洲沙滩运动会比赛海域(山东烟台海阳)造成很大影响,造成经济损失约3000万元。

6. 2013年我国黄海绿潮暴发情况

2013年3月22日在江苏省如东沿海海域发现零星漂浮绿潮藻。5月10日在黄海南部海域通过卫星遥感发现绿潮,覆盖面积约5.5 km²,分布面积约330 km²。5月中下旬开始绿潮的分布面积不断扩大,并持续向偏北方向漂移。5月25～26日,绿潮开始进入连云港海域,6月2日绿潮进入青岛管辖海域。6月5日绿潮开始影响到日照东南沿岸海域,6月9日绿潮逐渐影响到青岛近岸海域,6月24日绿潮开始影响海阳近岸海域。6月27日,绿潮覆盖面积为790 km²,分布面积为28 900 km²,并开始影响乳山南侧近岸海域。6月30日,绿潮覆盖面积665 km²,分布面积29 733 km²。少量绿潮陆续在日照—青岛—海阳—乳山—文登等沿岸登陆。7月,绿潮主体向北偏东方向漂移,影响到荣成附近海域,开始进入衰亡期。7月27日绿潮达到成山头东南侧海域,至8月14日绿潮基本消失(中国海洋环境状况公报,2014)。

7. 2014年我国黄海绿潮暴发情况

2014年4月3日在江苏省如东附近海域发现零星漂浮绿潮藻。初期向北漂移和生长的速度比往年快。5月中下旬,绿潮持续向偏北方向漂移,分布面积不断扩大。6月中旬开始有绿潮陆续影响日照、青岛、烟台和威海近岸海域。7月,绿潮主体北移后,北纬35°以南海域仍然有大面积绿潮持续存在,这种现象以往较少出现。7月3日黄海绿潮覆盖面积达到最大值,约540 km²;7月14日分布面积达到最大值,约50 000 km²,分布面积为近5年来最大。绿潮主体向北偏东方向漂移,7月21日绿潮外缘线已到达成山头东北侧海域。之后绿潮分布面积逐渐减小,进入消亡期;8月中旬,绿潮基本消亡(中国海洋环境状况公报,2015)。

8. 2015年我国黄海绿潮暴发情况

2015年4月13日,在江苏省北部外海发现零星漂浮绿潮藻。5月中下旬,黄海绿潮持续向偏北方向漂移,分布面积不断扩大;6月上旬,开始有黄海绿潮陆续影响山东半岛沿海,分布面积保持在较高水平;6月19日黄海绿潮分布面积达到最大值,约52 700 km²,为5年来最大值。7月4日覆盖面积达到最大值,约594 km²。7月9日之前黄海绿潮密集区分布偏东,烟台海阳和威海乳山、文登海域受黄海绿潮影响偏重,青岛和日照海域受黄海绿潮影响较轻。受超强台风"灿鸿"影响,7月12日后,黄海绿潮密集区分布较历年偏西,烟台海阳和威海乳山、文登海域受黄海绿潮影响大幅减弱,青岛海域受黄海绿潮影响较为严重。7月中下旬,黄海绿潮分布面积逐渐减小,进入衰亡期;8月上旬,黄海绿潮基本消亡(中国海洋环境状况公报,2016)。

2015年6月底,在秦皇岛汤河口至鸽子窝沿岸的浴场发现零星绿潮藻,并在7月份有所增加,8月下旬逐渐减少至消失。

9. 2016年我国黄海绿潮暴发情况

2016年4月10日,在江苏省北部外海发现零星漂浮绿潮藻。根据卫星遥感监测,5月10日,在江苏盐城以东海域发现漂浮的绿潮藻;5月中下旬,绿潮藻持续向偏北方向漂移,分布面积不断扩大;6月中旬开始有绿潮持续影响山东半岛沿海,分布面积保持在较高水平,绿潮密集区主要分布在青岛、烟台及威海的南部附近海域,分布范围较广。6月25日覆盖面积达到最大值,约554 km²,6月25日分布面积达到最大值,约57 500 km²,为近5年来最大值。7月中下旬,绿潮面积逐渐减小,进入衰亡期。8月上旬,绿潮基本消亡(中国海洋环境状况公报,2017)。

10. 2017年我国黄海绿潮暴发情况

2017年5月18日,在江苏省南通、盐城近岸海域开始发现了成片分布的浒苔,6月中上旬,绿潮主体向东北方向漂移,分布面积不断扩大,有零星浒苔绿潮抵达山东附近海域,覆盖面积于6月15日达到最大值,约281 km²。6月下旬绿潮影响日照、青岛近岸海域、威海苏山岛和靖海卫附近海域,分布面积于6月22日达到最大值,约 29 522 km²;6 月底,绿潮面积开始逐渐减小,进入消亡期,8 月,绿潮基本消亡。2017 年黄海绿潮覆盖面积和分布面积明显低于往年,其中分布面积较 2016 年减少 49%,覆盖面积减少 44%(中国海洋生态环境状况公报,2017)。

11. 2018 年我国黄海绿潮暴发情况

2018 年 4 月 25 日,在江苏省南通海域发现零星绿潮藻浒苔;4 月 29 日江苏大丰海域出现聚集绿潮藻;5 月上旬绿潮持续向北漂移,面积扩大;5 月 26 日在山东半岛沿岸海域发现浒苔绿潮;6 月 29 日绿潮分布面积和覆盖面积达到最大,分别为 38 046 km² 和 193 km²;7 月下旬浒苔绿潮分布面积和覆盖面积迅速减小,进入消亡期;8 月中旬,绿潮基本消亡。

2018 年,浒苔绿潮具有持续时间较长、分布面积与覆盖面积较小的特点。浒苔绿潮首次发现时间为 4 月下旬,消亡时间为 8 月中旬,消亡时间明显晚于过去三年;最大覆盖面积为 2008 年有观测记录以来最低值,最大分布面积为近 5 年第二低值,仅高于 2017 年的 29 522 km²(中国海洋灾害公报,2018)。

第三节　我国黄海绿潮暴发危害性

赤潮与绿潮共同构成近年来我国近海海域暴发频率较高的两种有害藻华,相比于赤潮,绿潮的发生有其自身的特点,对环境带来的危害与赤潮也不尽相同(Valiela et al.,1997;Morand & Merceron,2004;Ye et al.,2011)。绿潮作为大型海藻藻华虽然对人体健康和食品安全不会造成直接危害,但是大规模暴发如不能及时清理,藻体便会开始腐烂,消耗水体中大量氧气,并产生恶臭气味,直接对海洋自然生态系统和人工生态系统造成破坏,并造成城市滨海旅游业巨大损失。

根据绿潮状态,可分为 3 种类型。

1)绿潮可大量堆积在近岸浅滩上,称为堆积绿潮(heaped green tide)。

2)大部分绿潮藻漂浮于海表面,称为漂浮绿潮(floating green tide)。

3)绿潮漂移过程中,大部分绿潮藻最终会沉降在海底,称为沉降绿潮(settled green tide)。

这 3 种状态绿潮对海洋生态环境造成危害是不一样的。其中,堆积绿潮主要造成近岸旅游景观破坏、细菌传播、恶臭气味散发等危害;漂浮绿潮主要造成近海养殖渔业、离岸工程损失,以及水体缺氧、水质下降、光照强度降低等危害;沉降绿潮主要造成海底的底栖动物死亡、生物群落失衡等危害。本节将绿潮危害主要归纳为影响近岸旅游景观、造成近海养殖渔业损失、导致海底生态系统失衡三个方面危害并加以阐述。

一、影响近岸旅游景观

青岛地处山东半岛南端,东、南濒临黄海,海域面积为 12 240 km²,滩涂面积为 212.3 km²,等深线 20 m 以下浅水水域面积为 3 255 km²(刘佳等,2017)。广阔的海域空间及海洋生物资源,为青岛市滨海旅游业发展提供了良好的开发基础和环境条件。青岛市是我国著名滨海旅游城市,素有"红瓦绿树,碧海蓝天"之称,曾连续荣获"中国最佳旅游目的地""最佳休闲城市""最佳海滨休闲城市"等称号。其中,2015 年全市接待游客总人数 7 200 万人次,旅游总收入达 1 200 亿元,旅游业正逐渐成为青岛经济的支柱型产业。2008 年黄海绿潮大规模暴发直接威胁青岛奥帆赛以及旅游业。6～7 月大量漂浮浒苔不仅覆盖沿海海面,还会随着潮水和风浪上岸堆积,最高可堆积到 1.5 m。夏季烈日和高温条件下,上岸堆积的浒苔开始腐烂变白,严重影响沿岸景观,所有浴场均受到影响。腐烂后产生有害物质,散发难闻气味,造成旅游业重大损失。为了保证奥帆赛顺利进行和恢复滨海美丽风景,至 7

月 15 日,青岛市全部清除浴场沙滩上堆积浒苔。堆积在岸边的浒苔,若不及时清理,将会快速腐烂,引发恶臭,污染空气,进而影响人类身心健康。此外,藻类的堆积会为细菌和寄生虫的繁殖提供温床,可能会引起疾病蔓延。

自 2008 年青岛海域暴发黄海绿潮以来,青岛市政府每年动用大量人力物力进行绿潮灾害应急处置,仅 2008 年就造成经济损失约 13.2 亿元。

二、造成近海养殖渔业损失

海面被漂浮浒苔绿潮藻大量覆盖,会导致鱼类、虾蟹及贝类等沿海水产养殖减产,给养殖业带来直接的经济损失。特别是海湾易造成水下浒苔堆积,浒苔堆积深度可达 6 m。当水产养殖海区大面积形成绿潮时,漂浮浒苔不仅吸收水体中部分氧气,同时因降低了光照强度也会一定程度抑制浮游植物产生氧气。大量绿潮藻覆盖于水面,阻隔了空气中氧气进入养殖水体,最终导致养殖池中溶氧严重不足,如果水体长时间处于亚缺氧或者缺氧状态,直接导致近海水产养殖经济动物死亡。青岛市胶南地区是鲍、牙鲆、海参重要养殖区域,2008 年浒苔绿潮灾害导致了养殖业的大萧条,给养殖户带来了巨大的经济损失。据中国水产科学研究院黄海水产所专家统计发现,2008 年青岛绿潮灾害导致养殖业的经济损失高达 8 亿元。

同时,海面漂浮大量绿潮藻,对渔船作业也产生较大影响。船体的螺旋桨易被浒苔藻体缠绕,造成安全隐患。大量的绿潮藻缠绕在渔网上,堵塞水流,使水流对渔网的破坏力加大,导致作业效率低下,引起经济损失。

三、导致海底生态系统失衡

大面积浒苔绿潮暴发也会破坏海洋生态系统平衡,致使海洋生物群落结构发生改变。当海区绿潮藻处于绝对优势时,绿潮藻迅速繁殖生长将加剧水体恶化,进而抑制水体中有益浮游生物生长和繁殖,同时也阻碍了其他藻类进行光合作用,致使水体中丝状藻类、浮游藻类不能继续合成本身所需要的营养物质而逐渐死亡。特别是在绿潮暴发后期,腐败藻体沉积在海洋底部,其降解过程会导致底层海水缺氧,甚至改变海底沉积物理化特征。绿潮藻沉入海底后逐渐死亡与腐烂,将会消耗大量氧气,同时不断释放氨、氮,导致水中硫化物含量与浓度不断上升,这些条件均有利于硫化细菌等厌氧微生物繁殖和生长,而底栖生物由于水体底部严重缺氧而死亡。

张婷等(2011)调查了绿潮消亡期暴发区的 DOC 及 POC 的变化趋势,结果表明:绿潮消亡期调查区域内 DOC 的含量呈现出北高南低的分布趋势,同时发现,浒苔在消亡过程中会不断释放出 DOC,导致表和底层的 DOC 含量在青岛沿岸出现了峰值;POC 也呈现相似的分布趋势,表层 POC 峰值区出现在青岛沿岸,研究表明其主要来源于近岸漂浮浒苔的分解残体。

第二章 绿潮藻浒苔生物学研究

绿潮藻种类主要有石莼属(*Ulva*)、刚毛藻属(*Cladophora*)、硬毛藻属(*Chaetomorpha*)等,广泛分布于世界范围的海洋中,有的分布在半咸水或江河中,常生长在潮间带岩石上或石沼中或泥沙滩的石砾上,也可附生在其他大型海藻藻体上(Canter and Lund 1995;van den Hoek et al.,1995;Hiraoka and Oka,2008;Lin et al.,2008;Shi and Wang,2009)。绿潮藻属广温、广盐性绿藻(吴洪喜等,2000;王建伟等,2007),对环境的适应能力和繁殖能力较强(Cui et al.,2015,2018),藻体断裂后随海流漂移生长(Lin et al.,2008;Zhang et al.,2016)。

我国黄海绿潮优势种主要为浒苔类。世界范围内浒苔类约有 80 种(Guiry and Dhonncha,2002),我国分布有 11 种(张晓雯等,2008),黄海绿潮常见绿藻种类主要有浒苔青岛亚种(*U. prolifera* subsp. *qingdaoensis*)、缘管浒苔(*U. linza*)、扁浒苔(*U. compressa*)、曲浒苔(*U. flexuosa*)等(Han et al.,2013;Cui et al.,2015,2018)。浒苔类藻体形态易随环境因子及栖息地改变而变化。浒苔类属低辐照适应、耐酸和微嗜碱的海藻(吴洪喜等,2000;王建伟等,2007),其繁殖能力、发育具有明显的极性,其叶状体管腔内部结构对于藻体的形态发育有积极作用,主要细胞器的超微结构既具有绿藻的普遍特征又具有特异性。叶状体中细胞的发育能力和方向都具有明显的极性,通过切段培养实验发现,浒苔组织块中细胞的发育速度和规模与组织块大小和细胞在组织块中的位置有关,同时浒苔细胞有多种发育途径,而且藻段中的不同细胞可能发生不同的发育情况。浒苔的有性生活史是单倍体的配子体与二倍体的孢子体相互交替的同型世代交替,雌雄配子具有正趋光性,易大量聚集,结合后的合子同游孢子一样呈负趋光性。本章将就浒苔类绿潮藻的分类地位、形态特征、生活史及繁殖方式进行探讨。

第一节 浒苔类分类地位划分

《中国海藻志》仍然将浒苔类归属于浒苔属(*Enteromorpha*)(丁兰平,2013)。按照分类,浒苔属(*Enteromorpha*)藻体为单层细胞围成中空管状的细长叶片,石莼属(*Ulva*)藻体为双层细胞紧密粘贴在一起的宽大叶片,而礁膜属(*Monostroma*)藻体为单层细胞组成的宽长叶片(李伟新等,1982)。但近年来研究显示浒苔属和石莼属的物种并没有完全按各自的属聚类在一起,而是交叉地分布在 2 个进化枝中(何培民等,2018)。因此,国外很多学者都倾向于将浒苔属(*Enteromorpha*)归为石莼属(*Ulva*)。本书也按照目前国际流行分类,将浒苔类归为石莼属(*Ulva*)。

因此,浒苔分类地位为

绿藻门(Chlorophyta)

绿藻纲(Chlorophyceae)

石莼目(Ulvales)

石莼科(Ulvaceae)

石莼属(*Ulva*)

浒苔在我国古代和近代文献上有很多别名,归纳起来有干苔(《食疗本草》)、石发(《植物名实图考》)、肠形藻、柔苔、苔菜(《罗源县志》)、海苔(《海澄县志》)、海苔菜(《漳浦县志》)等,自古以来即作食用和药用(王文娟等,2009;吴闯等,2010)。例如,福建《罗源县志》上记载,"苔菜,海苔也,绿色如乱丝,晒干可为脯";福建《海澄县志》记载,"海苔色绿,如乱丝,生海泊中,晒干,炒食,性润血,消肥腻";福建《漳浦县志》记载,"海苔菜绿色,如乱丝,生海泥中,可干食,亦可温食"。随着近年来基础研究不断深入,浒苔已经成为具有诸多市场价值和广阔应用前景的经济藻类。

一般情况下,浒苔类物种的鉴定是困难的,因为种的概念主要根据形态学和解剖学特征而定,而这些特征随藻体成熟情况、海水盐度、营养水平、光线、暴晒程度和潮汐等因素而变化。其分类地位也常常引起争论。浒苔属和石莼属海藻作为石莼科的分类阶元具有同型世代交替,孢子生殖、配子生殖和营养繁殖等共性特征。其属间鉴定主要是根据藻体是否中空(即管状或叶状)或成体细胞层数进行区分;属内的不同物种,则根据藻体分枝数量或叶片是否分裂、细胞直径和排列方式、细胞内淀粉核数量等进行鉴别。尤其是近年来,根据石莼科海藻的分子系统学研究的结果显示,以 ITS 序列和 *rbcL* 基因序列构建的系统发育进化树,浒苔属和石莼属海藻相互交错分布,因此有人认为应把这两个属的海藻都合并在石莼属中。但根据刘振宇等(2006)对孔石莼、*U. arasakii* 和浒苔的质体蓝素氨基酸序列系统进化关系的研究结果来看,浒苔亲缘关系还是要远于原为石莼属的两种海藻。

缘管浒苔形态结构和分子鉴定结果则进一步加强了浒苔属和石莼属之间的联系。缘管浒苔藻体基部和边缘呈中空管状,由单层细胞构成,类似浒苔属海藻,藻体的其余部分无管状结构,形成了由两层细胞构成的藻体,与石莼属海藻相近。1753 年,Linnaeus 最早发现该种时,将其定名为长石莼(*U. linza* Linnaeus),其后瑞典分类学家 Agardh 根据特征将其转入浒苔属内,命名为缘管浒苔[*E. linza* (Linnaeus) J Agardh],两种观点在很长一段时间同时存在,如 Levring 等许多学者同意 Linnaeus 命名为长石莼的意见,但也有不少学者认同 Agardh 将其分类到浒苔属的观点。

生物进化内在动力是基因变异,通过比对分析石莼科海藻的基因序列,可以探讨其在分子水平的进化差异,验证形态分类研究结果。由于 ITS 存在于高重复的核糖体 DNA 中,进化速度快且片段长度不大,加上协调进化使该片段在基因组不同重复单元间十分一致,因而十分适合于进行各种分子操作,已成为植物系统与进化研究中的重要分子标记。浒苔属和石莼属的 5.8S rDNA 序列仅在 4 个位点上出现碱基的突变,其中,第 1 个和第 4 个突变位点为浒苔属特有的变异位点,第 2 个突变位点为石莼属特有的变异位点,第 3 个突变位点为二者共有的变异位点。分别对出现碱基突变的物种进行种内的序列比对,从结果中可以得出,这些位点的突变是存在于不同物种之间的,并不是由测序的误差或个体差异造成的。说明这些变异位点是在物种进化中形成的,具有物种特征。但同时也反映出,这些变异的位点并非在属这一分类阶元上是完全一致的,其实质上是不同物种在平行进化过程中对环境压力的适应。在 ITS 序列系统发育进化树中,浒苔属和石莼属的各个物种分为两大进化枝。在第一进化枝中,石莼、孔石莼聚类在一起。在第二进化枝中,缘管浒苔、浒苔和裂片石莼、网石莼分别聚类在一起。从两个进化枝中的物种组成可以看出,浒苔属和石莼属的物种并没有完全地按照各自的属分别聚类在一起,而是交叉地分布在两个进化枝中。ITS 序列系统进化聚类以及 5.8S rDNA 序列比对结果说明,利用上述序列差异无法进一步将这两个属海藻明确的进行鉴别,同时,以 ITS 和 5.8S rDNA 序列进行缘管浒苔和浒苔,裂片石莼和网石莼鉴定时,其碱基位点差异极小或相同,因此在研究过程中需要加大测序的样本数量以保证测序和拼接结果的准确性。

高等植物 *rbcL* 基因在结构上和原核生物基因相似,由 5′非编码区、编码区和 3′非编码区 3 部分组成。5′非编码区具有可以与叶绿体 16S rRNA 3′端附近互补的 SD 序列;3′非编码区具反向重复序列,能形成典型的茎环结构作为转录终止信号;多数 *rbcL* 基因还具有和原核生物基因启动子类似的共通序列。从浒苔属和石莼属海藻 *rbcL* 序列系统发育进化树中可以看出,浒苔属和石莼属的各个物种分为两大进化枝,此两个进化枝中的物种组成以及各个物种的分支情况都与以 ITS 序列为依据对浒苔属和石莼属建立的系统树情况相似,即浒苔属和石莼属的物种并没有完全地分别按照各自的属聚类在一起,而是交叉地分布在两个进化枝中。综合分析浒苔属和石莼属海藻以 *rbcL* 和 ITS 序列为依据建立的系统树,以 *rbcL* 和 ITS 序列为依据,不能将浒苔属和石莼属中的各个物种鉴别开来;以目前发表的 *rbcL* 和 ITS 序列为依据,现有分类的浒苔属和石莼属中的各个物种间没有表现出明显属间的差异,且从系统树中可以看出,属间物种有明显的交叉情况。且从 *rbcL* 和 ITS 序列分别聚类的结果来看,石莼和孔石莼、肠浒苔、扁浒苔都聚类到同一进化枝上,而裂片石莼和网石莼、浒苔和缘管浒苔也聚类到另一进化枝上,这显示出在分子进化水平上较为一致的结果,将为浒苔属和石莼属系统分类深入研究提供一定的证据。

在海藻物种的分类和鉴定方面,主要依据藻体的形态、结构、生殖方式、生活史类型等性状特征进行分类,尽管不同的海藻物种所持有的这些性状特征是遗传基因所决定的,但其在不同海洋环境条件下显示出了广泛的适应能力,表现为环境因素过多地影响到了表型特征。不仅在单细胞的微型藻类方面存在着巨大的争议,即使是在大型藻类常见种鉴定方面也出现了一些激烈的争议。鉴于近年来在国内外的大多数的研究中,众多学者都倾向于将浒苔属(*Enteromorpha*)与石莼属(*Ulva*)合并为一个属,即石莼属(*Ulva*),国际上已经达成共识。

第二节　重要浒苔类绿潮藻形态与管状结构形成

一、浒苔类藻体形态与结构

浒苔类孢子体和配子体进行同型世代交替,故藻体为同型叶状藻体,较难区分。浒苔类叶状体主要由叶片、柄部、固着器 3 部分组成。

叶片:亮绿色、暗绿色或黄绿色,长度与宽度变化较大,一般长 10~50 cm,最长可达 1 m 以上,主干直径可达 1~2 cm,体厚 10~30 μm,最厚可达 70 μm(图 2.1A)。一般具有分枝(图 2.1B)。多为中空管状,管状由一层细胞组成(图 2.1C)。主干及分枝的横切面观均为中空管状,有时藻体中央部位 2 层细胞相互粘连在一起。当光合速率较大时,藻体易在管内积气膨大成气囊体。表面观幼小藻体细胞纵列,成体排列不规则,基部细胞纵列,局部呈不规则排列,分枝部分细胞纵列明显。成体叶片弯曲或严重扭曲。顶端为单列细胞,切面观细胞位于单层藻体的中央,呈方形、长方形、圆形或多角形,细胞大小为

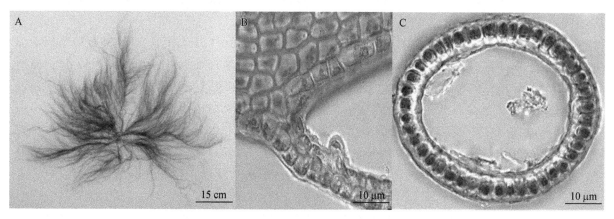

图 2.1　黄海绿潮优势种形态(何培民等,2018)

A. 浒苔青岛亚种藻体;B. 分枝;C. 藻体管状中空

7～30 μm。细胞单核,叶绿体通常 1 个,呈侧壁板状,外侧通常有 1 个或多个蛋白核。

柄部:连接叶状体和基部的部分称为柄部。渐尖细,多缢缩,细胞呈细长状。

固着器:也称为假根。由柄部细胞向下延伸的假根丝集合而成盘状。基部以固着器固着在岩石上,生长在沿海内湾水静处中高潮带的岩石或有泥沙的石砾及滩涂上。

常见绿潮藻多属于石莼属浒苔类海藻,底栖或漂浮。其藻体绿色,中空呈管状,单条或分枝,有时部分扁压但仍中空。对于分枝较多的浒苔藻体,如果水体中浒苔藻体很多,且放散的孢子量很大,释放出来的孢子很容易固着在藻体上直接萌发,而形成假分枝。图 2.2 和图 2.3 显示黄海绿潮藻浒苔藻体真假分枝。幼期为 1 列至数列细胞组成,中实。管壁为单层的薄壁细胞组成。除藻体基部外,全部细胞都能产生孢子或配子,进行无性或有性生殖。该属的种类易受环境条件的影响发生极明显的外形变化,给种类的鉴定带来很大的困难。

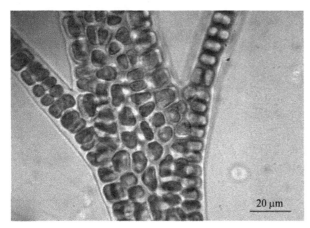 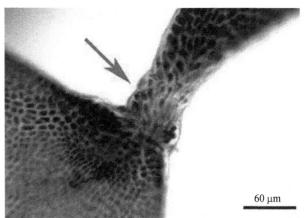

图 2.2   浒苔藻体真分枝   图 2.3   浒苔藻体假分枝(箭头)

二、浒苔藻体管状结构形成过程

浒苔藻体释放四鞭毛孢子(图 2.4A),固着后,细胞开始分裂。固着后的细胞首先进行横分裂形成两细胞:基部细胞和顶端细胞(图 2.4B)。基部细胞细胞质拉长形成假根,有的细胞在初次横分裂后就形成假根,有的则在管状结构再出现。假根形成的时期不尽相同,有的个体在 2 或 3 个细胞时期就伸出(图 2.4C)假根,有的个体则要在多列细胞形成后延伸出假根(图 2.4D)。顶端细胞再分裂形成叶状体。

生殖细胞形成两细胞后继续以二等横分裂方式形成单列细胞苗(图 2.4E)。单列细胞幼苗顶端细胞近似锥形,顶端以下细胞近似圆柱形,体积大于顶端细胞。之后单列细胞中的部分细胞开始进行纵向分裂(图 2.4F),切片观察,可见四细胞排列的圆环状(图 2.4G)。细胞开始纵分裂的时间不一致。通过重复纵向细胞分裂而呈多列,横切面清晰可见细胞成环形排列(图 2.4H),继续发育至肉眼可见的 0.1～0.2 mm 小苗,细胞增裂,圆环状变大,细胞数变多。最初的横分裂和纵分裂形成的细胞幼苗的细胞排列整齐。当小苗的直径达 1 mm 左右时,沿着纵向轴的双层细胞分离而产生中空的藻体,单层细胞面出现空圈(图 2.4I～K),浒苔管状主枝形成。浒苔中空结构的形成为漂浮生长和气囊结构的形成奠定了基础。

浒苔假根有的形似树根状,有的如盘状(图 2.5A,B)。通过对浒苔藻体的生物学下端的假根部位进行切片观察发现,根部组织内充满厚的胶质体(图 2.5C,D),因此浒苔藻体假根部位表面观

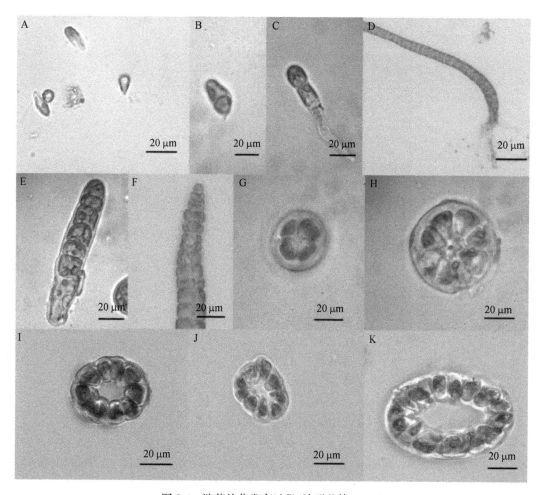

图 2.4　浒苔幼苗发育过程(陈群芳等,2011)

A. 四鞭毛孢子;B. 两细胞期;C. 两细胞苗假根形成;D. 管状体带假根;E. 单列细胞苗;F. 出现纵向分裂;G. 四细胞切面观;H. 八细胞切面观;I. 中空结构出现;J. 中空管状结构;K. 更成熟的中空管状结构

接近透明的白色。胶质中分布有许多绿色的色素体(图 2.5E,F),靠近根部的细胞比较活跃,容易发生分化发育成分枝(图 2.5B),因此在靠近根部的分枝更为密集。越靠近根部下面的单层细胞中间胶质体越厚,沿着根部往叶状体方向单层细胞的胶质体逐渐变少,胶质体中央首先发生分离(图 2.5G),随着胶质体中央分离,胶质体内含有的绿色颗粒越来越少(图 2.5H~J),并且分离空间逐渐增大,靠近管状主枝部位的胶质体越来越少(图 2.5K),单层中空管状结构接近主枝部位的单层细胞结构(图 2.5L)。

我们发现苏北近海在气温和阳光比较适宜条件下,海区固着在紫菜筏架生长的浒苔藻体易周期性形成气囊。当藻体为细长的嫩苗时,藻体随着光合作用的逐渐增强,藻体内有大量气体产生并形成一定气压,使藻体由气管逐步形成气囊,藻体的直径逐渐变大,其直径为 0.5~4 mm(图 2.6A)。此时藻体生长十分旺盛,生长速率也越来越快,最高日相对生长速率可达 56.2%/d,且藻体气囊也越来越大,其直径为 5~15 mm(图 2.6B)。该旺盛生长过程持续一段时间后,藻体开始逐步衰老,生长速率减缓,藻体管壁开始变厚,且藻体在皱褶处出现小孔洞,藻体中的气体逐渐排出,气囊逐渐瘪平(图 2.6C),表明藻体这一轮生长结束。如果此时的气候条件仍旧适宜浒苔生长,衰老的藻体某些部位则可以零星萌发和生长出新的小苗(图 2.6D),随着藻体上小苗越来越多,又可开始下一轮藻体生长,从而体现出藻体周期性生长。

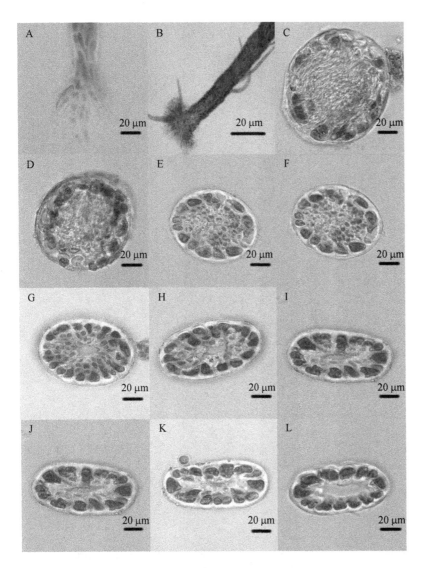

图 2.5　浒苔根部细胞横切面

A. 树根状假根；B. 盘状假根带分枝；C～L. 从假根部至管状体之下而上的横切面

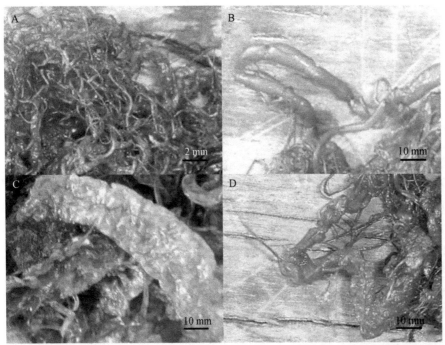

图 2.6　海区浒苔藻体周期性气囊形成过程

A. 初期气囊形成；B. 旺盛期气囊；C. 衰老期气囊；D. 衰老气囊藻体细胞萌发出新幼苗

第三节 重要浒苔类绿潮藻形态学特征

一、浒苔(*Ulva prolifera*)形态学特征

浒苔藻体亮绿色或暗绿色,圆柱形,有时侧扁,分枝较多,有二次或三次分枝,分枝的直径小于主干(图 2.7)。藻体长度与宽度变化较大,直径一般为 1~1.5 cm。柄部渐尖细,体厚 10~18 μm,可达 26 μm,切面观细胞在单层藻体的中央。藻体幼小部分细胞纵列,成体部分排列不规则。细胞表面观直径 10~19 μm,圆形至多角形,叶绿体不充满,含蛋白核 1 个,少数有 2 或 3 个。广泛分布于全国各地。

图 2.7　浒苔形态学特征
A. 浒苔藻体;B. 浒苔细胞表面观;C. 浒苔管状体切面观

二、浒苔青岛亚种(*Ulva prolifera* subsp. *qingdaoensis*)形态学特征

藻体绿色或黄绿色,长 10~30 cm 或以上(图 2.8A)。管状或扁压,有明显的主枝,主干弯曲或严重扭曲,体内有气囊。藻体高密度(>100/cm)、多次分枝,其中有部分分枝为假分枝(图 2.8A)。分枝的直径明显小于主干,端部渐细,顶端为双列细胞(图 2.8B)。中部细胞为长方形或多边形,局部纵向排列,细胞表面观 90~150 μm² (图 2.4D)。藻体横切面单层中空或双层相贴,厚度为 30~50 μm,叶绿体充满细胞表面,主要包含 1 个,少数含 2 或 3 个蛋白核(图 2.8D~F)。藻体基部细胞纵列,局部呈不规则排列,分枝部分细胞纵裂明显(图 2.8C)。

三、肠浒苔(*Ulva intestinalis*)形态学特征

肠浒苔藻体无分枝或体下部有少量分枝,一般丛生。基部圆筒形,上部膨胀如肠形(图 2.9)。体厚

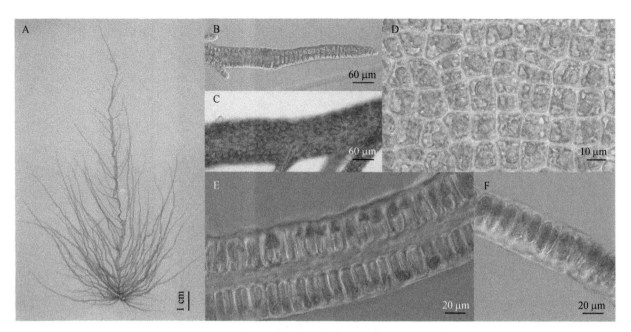

图 2.8　浒苔青岛亚种形态学特征

A. 浒苔青岛亚种藻体；B. 顶端表面观；C. 基部表面观；D. 中部表面观；E～F. 中部横切面

16～39 μm，内侧细胞壁较厚，切面观细胞位于单层藻体的外侧。细胞表面观直径 9～23 μm，排列不规则，圆形至多角形，叶绿体不充满，在每一个细胞内有蛋白核 1 个，少数有 2 或 3 个。遍布于我国南北各地，但北方较多。

图 2.9　肠浒苔形态学特征

A. 肠浒苔藻体；B. 肠浒苔细胞表面观；C. 浒苔藻体切面观

四、扁浒苔(*Ulva compressa*)形态学特征

　　扁浒苔藻体呈亮绿色,高可达 50 cm;体圆筒形,基部较细,上方较粗;近基部有较多分枝,分枝与主干相似(图 2.10)。藻体基部细胞纵列,其他部位细胞纵列不明显。细胞表面观直径 10～27 μm,圆形或多角形;细胞断面高 10～13 μm,切面观细胞在单层藻体的中央,叶绿体不充满,每一个细胞内有蛋白核1 个。常见于我国黄渤海沿岸,台湾沿岸也有记录。

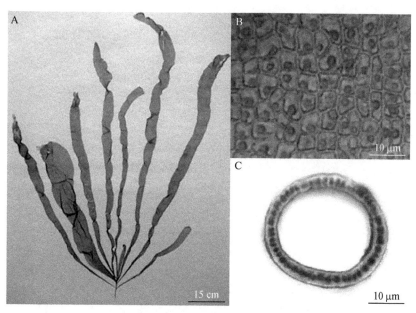

图 2.10　扁浒苔形态学特征
A. 扁浒苔藻体;B. 扁浒苔细胞表面观;C. 扁浒苔藻体切面观

五、缘管浒苔(*Ulva linza*)形态学特征

　　缘管浒苔藻体绿色,线形至披针形或倒卵形的长带状,高一般 10～50 cm,可达 90 cm;下部楔形,带有较短的中空柄部,细胞纵长。外形和体厚变异很大,但叶片边缘的两层细胞分离而中空(图 2.11)。细胞表面观为四角形、五角形或六角形,纵列不明显,直径 10～15 μm,偶有 20 μm。体上部较薄,向下至柄部逐渐加厚。体厚 25～70 μm。切面观呈纵长方形,成熟部分的细胞则常为方形,纵列不明显。每个细胞一般有 1 个蛋白核,偶有 2 或 3 个。藻体边缘部分分离而中空,其他部位由两层细胞构成,柄部也呈中空,为本种的基本特点。是我国沿海常见的种类,北起辽东半岛,南到海南岛,包括台湾岛和北部湾均有生长,属泛暖温带性种类。

六、曲浒苔(*Ulva flexuosa*)形态学特征

　　曲浒苔藻体深绿至黄绿色,管状膜质,一般为丛生,高 6～18 cm,单条或基部有少许分枝。主干直径 0.7～1 mm,分枝与主干相似,藻体由下向上渐粗,下部管状或近似圆柱形,上部有时略为压扁,自基部到顶端细胞整齐纵列,有时亦可横列。体厚 23 μm 左右。切面观细胞在藻体的中央或略向外侧偏移(图 2.12)。细胞表面观直径 11～15 μm,方形或长方形,叶绿体不充满,每一个细胞内有蛋白核 1～3个,少数 4 或 5 个。几乎全年有生长,为泛热带、亚热带种类。

图 2.11 缘管浒苔形态学特征

A. 缘管浒苔藻体；B. 缘管浒苔细胞表面观；C. 缘管浒苔藻体切面观

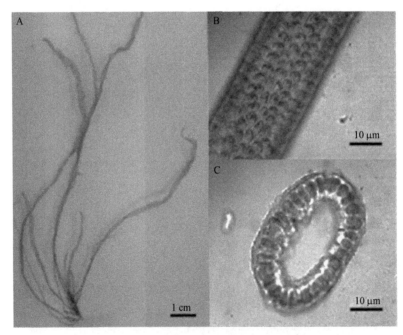

图 2.12 曲浒苔形态学特征

A. 曲浒苔藻体；B. 曲浒苔细胞表面观；C. 曲浒苔藻体切面观

第四节 绿潮藻生殖与生活史

在绿潮藻生殖和生活史研究方面，Nordby 等(1972)认为把 *U. mutabilis* 藻体切割成小的片段，可以提高孢子的形成。Hiraoka 等(1998)和 Dan 等(2002)通过在孔石莼(*U. pertusa*)藻体上打小圆孔取样，快速诱导生殖细胞的形成。Hiraoka 等(2003)、Lin 等(2008)和 Gao 等(2010)通过藻体切断培养的方法，快速诱导了浒苔(*U. prolifera*)生殖细胞的形成，此种方法大大缩短了生活史研究的周期。

一、浒苔生殖方式

浒苔生殖方式主要有无性生殖、有性生殖、单性生殖、营养繁殖等。

1. 无性生殖

由藻体通过直接释放游孢子,再由游孢子萌发为小苗这一过程称为无性生殖。浒苔营养细胞成熟前一般为鲜绿色,细胞内周边细胞质首先出现颗粒化,颗粒数较少(图2.13A)。1～2 d后,细胞内周边细胞质形成小颗粒,并逐步扩展到整个细胞(图2.13B),表明细胞已转为孢子囊母细胞。48 h内这些母细胞内小颗粒逐步形成孢子(图2.13C)。成熟后细胞略大于成熟前营养细胞1～2 μm。孢子囊中的孢子由原来母细胞的细胞质通过多次细胞分裂(或芽生)逐步形成的,为原生质体状,无壁,可以做变形运动。由于受外界环境条件的影响,各细胞分裂后形成的生殖细胞数不尽相等,为2n个。

图2.13　浒苔孢子囊的形成

A. 营养细胞;B. 营养细胞内周边颗粒化;C. 孢子囊;D. 释放大量游孢子;E. 孢子萌发成簇的幼苗;F. 簇状藻体

孢子在囊中形成后可依靠鞭毛在孢子囊内不停高速旋转,开始时由少数几个孢子旋转,随着孢子囊不断成熟,旋转的孢子越来越多,旋转的速度也越来越快,并不断撞击孢子囊壁。当成熟达一定程度时,孢子囊的顶端可逐步形成放散孔,成熟的孢子依次通过放散孔释放到细胞外。释放具有负趋光性的2或4条鞭毛的游孢子,经过一段时间快速旋转游动后,逐渐停止并聚集附着在基质上(图2.13D)。附着后细胞变圆,鞭毛消失,逐步形成细胞壁,在适宜条件下可萌发为多细胞的幼体(图2.13E)。分离簇状浒苔幼体,适宜条件下充气扩大培养形成新的簇状藻体(图2.13F)。一般而言,每个孢子囊内含有8个游孢子,表面观可见4个孢子,切面观为2层,每层各2个孢子。

2. 有性生殖

藻体通过释放的雌、雄配子结合后形成合子,再由合子萌发形成小苗这一过程,称为有性生殖。浒苔雌、雄配子成熟后,释放具有正趋光性的2条鞭毛的雌配子(图2.14A)、雄配子(图2.14B)。雌配子和雄配子结合,产生具有负趋光性的4条鞭毛合子(图2.14C)。在适宜条件下,合子附着后可萌发为孢子体,孢子体成熟后,释放具有负趋光性的4条鞭毛孢子(图2.14D)。

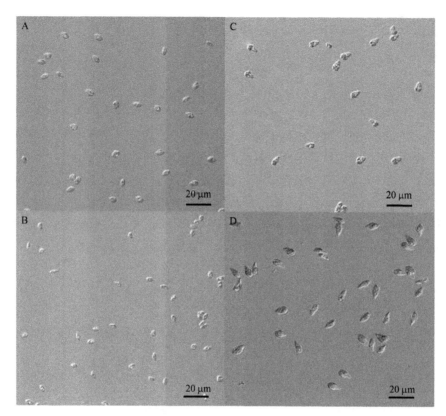

图 2.14　浒苔有性生殖细胞

A. 雌配子(正趋光性);B. 雄配子(正趋光性);C. 合子(负趋光性);D. 孢子(负趋光性)

3. 单性生殖

藻体通过释放的雌配子或雄配子不进行结合而直接分别萌发形成小苗这一过程,称为单性生殖。浒苔配子体放散出的雌配子和雄配子,纯化后分别培养,适宜条件下可直接萌发为新的藻体(图 2.15)。

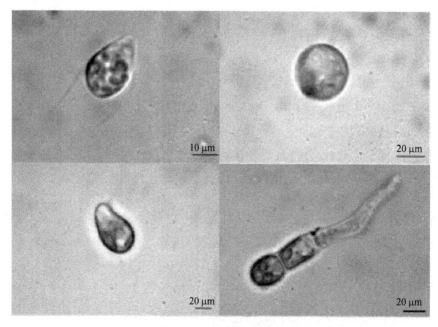

图 2.15　配子单性生殖

A. 二鞭毛配子;B. 固着配子;C. 配子开始萌芽;D. 三细胞幼苗

4. 营养繁殖

通过各种分离方式从浒苔藻体获得的藻段、藻块、细胞,在适宜条件下均可再生出新的藻株。浒苔营养繁殖方式较多,具有藻段再生、藻块再生、单细胞再生、原生质体再生等多种方式。

（1）藻段或藻块再生

20世纪50年代开始,国外众多藻类学家曾用扁浒苔(*U. compressa*)、肠浒苔(*U. intestinalis*)做切段再生实验,均发现切段的形态上端可生长出新突起或叶状体,而切段的形态下端(即基部切面)可生长出假根(Lersten and Voth, 1960；Eaton, 1966；Marsland and Moss, 1975)。

张建恒等(2016)对浒苔藻体切段进行了组织培养。浒苔藻体切段培养实验结果显示,藻段或藻块再生有4种方式：① 管状切段结构的直径不断增大；② 管状切段在2~4 d内迅速释放生殖细胞；③ 管状切段侧面形成新分枝,且分枝快速生长；④ 管状切段呈现极性生长,形态学下端形成假根,形态学上端形成10~15个新叶状体,且新叶状体快速生长(图2.16)。外界条件对藻段或藻块再生影响较大：低温或高温、低光强有助于维持浒苔管状结构；高温、高光强促进管状切段成熟并释放大量生殖细胞,其中25℃与100 μmol/(m^2·s)光照条件效果最显著；较高温度与适当光强促进分枝形成,20℃与75 μmol/(m^2·s)效果最显著；较高温与低光强促进极性生长。

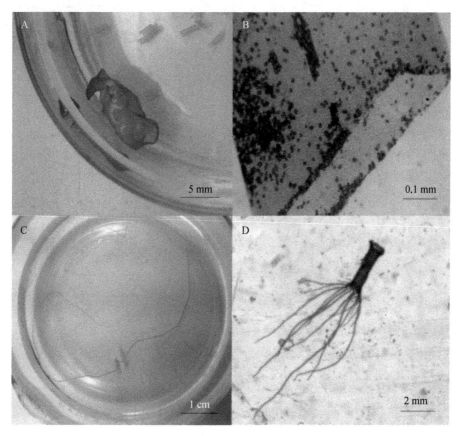

图2.16　浒苔藻体片段的四种增殖途径
A. 浒苔藻段及膨大状态；B. 浒苔藻段释放生殖细胞；C. 浒苔藻段萌发分枝；D. 浒苔藻段极性生长

（2）单细胞或原生质体再生

应用细胞酶解技术分离到条浒苔原生质体和单细胞,通过培养发现条浒苔原生质体和单细胞有3种再生方式：① 单细胞直接分裂再生形成单细胞苗,靠近假根部位的细胞易再生形成假根(图2.17)；② 某些单细胞以不规则方式进行分裂,先形成细胞团,再由细胞团释放孢子萌发形成小苗或苗簇；

③ 某些单细胞分裂成为孢子囊/配子囊,其子细胞不形成壁,即为孢子/配子。一个孢子囊/配子囊中可含 10 个以上子细胞,且大小不均。在较高光照强度[45 μmol/(m² · s)]和较高温度(20℃)条件下,条浒苔细胞或原生质体更易于形成孢子囊/配子囊,并放散孢子/配子(叶静,2008)。

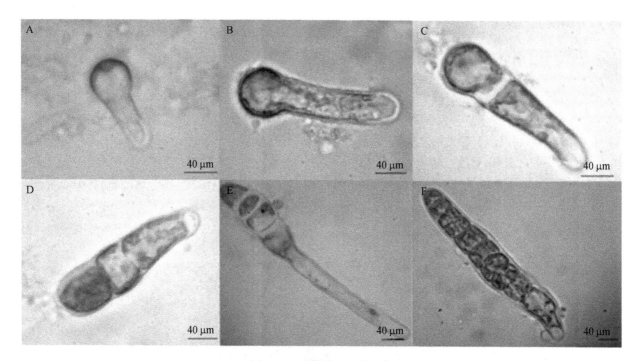

图 2.17　浒苔单细胞苗发育

A. 原生质体开始萌发;B. 萌发管继续拉长;C. 形成 2 细胞苗;D. 形成 3 细胞苗;E. 有假根细胞苗;F. 无假根细胞苗

二、浒苔生活史

浒苔生活史主要有有性生活史、单性生活史和无性生活史(图 2.18)。

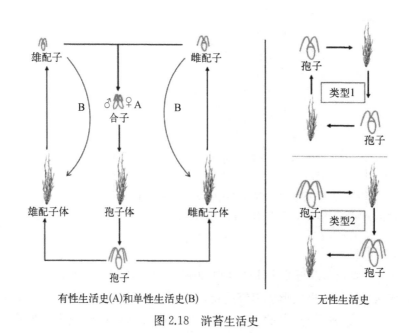

有性生活史(A)和单性生活史(B)　　　无性生活史

图 2.18　浒苔生活史

1. 有性生活史

浒苔有性生活史包括单倍体的配子体世代和二倍体的孢子体世代(图 2.18)。配子体世代指配子体形成至配子放散这一阶段,也称有性世代;孢子体世代指合子形成至游孢子放散这一阶段,也称无性世代。雌、雄配子结合后形成的合子为二倍体核型,具 4 条顶生鞭毛,游动一段时间后,固着在基质上且鞭毛消失。合子固着后可立即萌发,生长发育为孢子体。孢子体发育成熟后,藻体营养细胞转变成游孢子囊母细胞,游孢子囊母细胞经有丝分裂形成 4~8 个游孢子。放散前孢子在游孢子囊中快速旋转,通过放散孔依次释放出来(图 2.19)。游孢子具 4 条顶生鞭毛,呈负趋光性,能够快速旋转游动。当条件适合时,游孢子逐步停止游动,固着在一定基质上后,可立即萌发生长发育为单倍体的配子体。

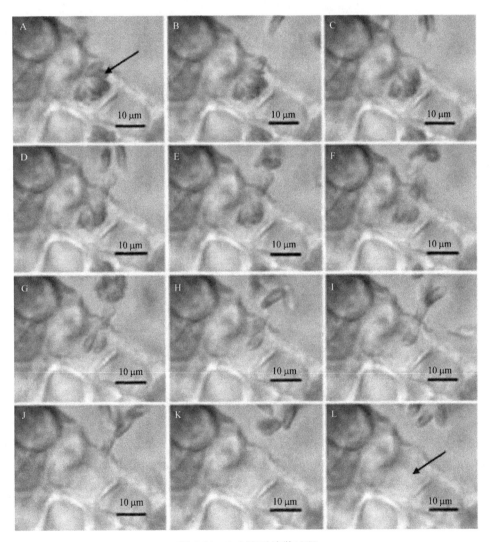

扫一扫 见彩图

图 2.19　8 个孢子放散过程

A. 游孢子囊母细胞含有 8 个游孢子;B~I. 8 个游孢子依次释放出来;J~L. 8 个游孢子全部释放,留下空的囊母细胞

配子体成熟时,藻体营养细胞转变为配子囊母细胞。1 个配子囊母细胞经多次分裂可形成 16~32 个配子,放散前在配子囊中快速旋转,成熟后配子通过放散孔依次释放(图 2.20)。释放出的雌配子和雄配子为单倍体核型,均具 2 条顶生鞭毛,呈正趋光性,可快速旋转游动。当雌、雄配子相遇时,用鞭毛相互识别后,由配子顶端眼点处开始,最终融合成具有负趋光性的合子。

2. 单性生活史

单性生活史是指雌、雄配子体单独培养,成熟后释放具有正趋光性的 2 条鞭毛的雌、雄配子,雌、雄

扫一扫 见彩图

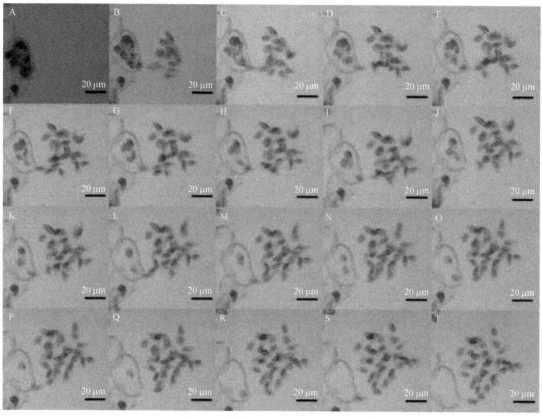

图 2.20   32 个配子放散过程

A. 配子囊母细胞含有 32 个配子;B~S. 32 个配子逐步释放过程;T. 32 个配子全部释放,留下空的囊母细胞

配子不经过结合而单独培养,可分别发育成雌、雄配子体,以此完成生活史循环(图 2.18)。单性生活史的形成原因是在有性生活史中的配子体世代,由于人为或环境因素,持续造成雌雄配子不能相遇而独自萌发。这种由配子体再到配子体的过程即为一个单性生活史循环,且均为单倍体核型。

3. 无性生活史

无性生活史也是一种常见的浒苔生活史类型,包含 2 鞭毛的无性生活史和 4 鞭毛的无性生活史(图 2.18)。主要过程为成熟无性繁殖藻体释放具有负趋光性的游孢子,游孢子不互相融合而单独萌发成新藻体。新藻体成熟后释放同类型的具有负趋光性游孢子,从而形成一个无性生活史循环。例如,Kapraun(1970)曾报道过一株无性浒苔品系,在单株培养过程中出现藻体自身交替产生 2 鞭毛无性游孢子或 4 鞭毛无性游孢子现象。Hiraoka 等(2003)在研究日本四国岛地区 4 条河流中浒苔的生活史时,也发现了 2 鞭毛的无性生活史和 4 鞭毛的无性生活史的藻体。浒苔的无性生活史过程中,藻体及生殖细胞均为二倍体核型。

第五节   浒苔染色体研究

染色体制片和核型分析技术是细胞遗传学中最基本、最常用的方法,是研究物种演化、分类以及染色体结构、形态与功能之间的关系所不可缺少的重要手段(李懋学,1991;黄珊珊等,2009)。由于藻类的染色体非常小,一般较难观察。当前对藻类染色体的研究,主要集中在紫菜和海带这些经济藻类中。Collen 等(1976)最初利用钒铁苏木精染液对紫菜属的 *Porphyra leucosticta* 染色体核型进行研究;Wang 等(2008)曾对海洋藻类的染色体制片方法做了改进。刘宇等(2012)成功对海带染色体进行了核型初步分析。然而,国内外对浒苔染色体核型分析的研究鲜见报道。上海海洋大学赵晓惠等(2019)对绿潮藻浒苔染色体制片条件进行了详细探讨,并对浒苔染色体核型进行了初步分析,为未来浒苔遗传特征分析以及浒苔基因定位研究奠定基础,同时,为藻类分子遗传生物学提供更多的研究基础。

上海海洋大学赵晓惠等(2019)采用酶解法,通过不断优化浒苔染色体制片技术后,获得了清晰的绿潮藻优势种浒苔染色体图片,其染色体分散较均匀,形态较清晰(图 2.21)。对浒苔雌、雄配子体和孢子体分别选取不少于 100 个细胞进行染色体数目的确定,超过 80% 的细胞染色体数目为雌、雄配子体 $n=9$,孢子体 $2n=18$(表 2.1)。按照染色体由大到小的次序进行染色体核型的初步分析(图 2.21D、E、F),其中,雌性配子体的染色体大小为 1.178~3.647 μm,雄性配子体的染色体大小为 1.353~2.912 μm,同时,孢子体染色体的大小为 0.958~1.926 μm。

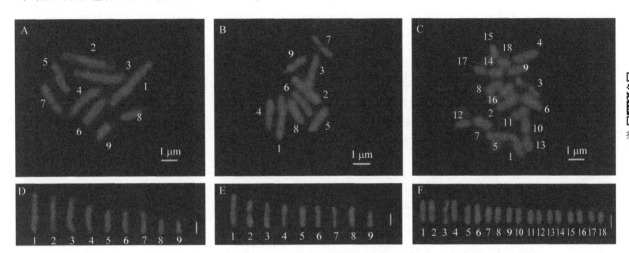

图 2.21 浒苔染色体核型初步分析

A. 雌配子体染色体;B. 雄配子体染色体;C. 孢子体染色体;D. 雌配子体染色体核型分析;E. 雄配子体染色体核型分析;F. 孢子体染色体核型分析

表 2.1 染色体条数统计

浒苔样品	统计细胞数/个	染色体条数/条	细胞数/个	占总细胞数百分比/%
雄配子体	100	9	92	92
		其他	8	8
雌配子体	100	9	89	89
		其他	11	11
孢子体	100	18	86	86
		其他	14	14

染色体是运载整个生物遗传信息的主要载体,参与了世代交替、细胞分裂、生长与发育、繁殖与衰老等重要生命新陈代谢活动。染色体大小与数目是鉴定物种之间亲缘关系的重要指标。重要基因在浒苔染色体上定位,对进一步研究浒苔细胞遗传学和生长与繁殖特性具有特别重要意义。我们根据浒苔基因组学信息及 Hi—C 技术信息,已采用荧光原位杂交技术(FISH),首先将绿潮藻浒苔种类分子鉴定的 ITS 序列和 5S rDNA 间隔区序列直接在浒苔染色体上定位,并获得了清晰的浒苔染色体 ITS 和 5S rDNA 荧光探针原位杂交照片,结果发现 ITS 序列探针(红色)信号定位在浒苔配子体 1 号染色体上,特异性 5S rDNA 探针(绿色)信号定位在配子体 5 号染色体上(图版 13-2),进一步验证了浒苔染色体 Hi—C 数据正确性,也直观证明二者基因为非遗传连锁。这为浒苔全基因组学、细胞遗传学以及染色体核型分析等进一步研究奠定了坚实基础。

第三章 绿潮藻光合生理研究

作为藻类中的绿潮成因种,浒苔具有极高的生长速率,日相对生长速率可以高达 250%(何培民等,2018),且发现浒苔具有二氧化碳浓缩机制(CO_2 concentrating mechanisms,CCM)(何培民等,2004)以及 C_4 途径,表明浒苔具有很强的光合作用能力。

众所周知,根据光合作用碳同化的最初光合产物的不同,高等植物可以分成三种类型。

1)C_3 植物:这类植物的最初光合产物是 3-磷酸甘油酸(三碳化合物),这种反应途径称为 C_3 途径,如水稻、小麦、大豆、棉花等大多数植物都具有该途径。

2)C_4 植物:这类植物以草酰乙酸(四碳化合物)为最初光合产物,所以这种途径称为 C_4 途径,如甘蔗、高粱、玉米、稗草等具有该途径。

3)CAM 植物:CO_2 同化方式与 C_4 植物类似,只是晚上吸收 CO_2,白天利用晚上固定的 CO_2 进行光合作用,如菠萝、仙人掌等。

大多数植物是 C_3 植物,而 C_4 和 CAM 植物是由 C_3 植物进化而来的(Sage,2004)。

与 C_3 植物相比,C_4 植物通过一种生化上的 CO_2 浓缩机制来提高核酮糖-1,5-二磷酸羧化酶/加氧酶(Rubisco)周围的 CO_2 浓度。许多 C_4 植物在解剖上有一种特殊结构,即在维管束周围有两种不同类型的细胞(叶肉细胞和维管束鞘细胞)整齐排列的双环结构,形象地被称为花环形结构。这种花环形结构是绝大多数陆生植物进行 C_4 途径所必需的。

第一节 绿潮藻浒苔 CCM 机制

藻类是水生生物(生活环境包括淡水和海水),不具有陆生植物的花环形结构。海水中的可溶性无机碳(DIC)以 CO_2(0.014 mmol/L,15℃)、HCO_3^-(2.1 mmol/L,15℃)和 CO_3^{2-}(0.2 mmol/L,15℃)三种形式存在。一般认为 CO_3^{2-} 是不能作为海藻的直接碳源,海水中的 CO_2 含量又极少,但 CO_2 又是光合作用关键酶 Rubisco 的唯一底物,那么海藻是如何保证 CO_2 的供应来进行光合作用的呢? 为了适应水中低 CO_2 环境并保持较高的光合作用效率,大多数藻类都进化出相关的二氧化碳浓缩机制(图 3.1)。因此藻类虽然不像陆生 C_4 植物有花环形结构,但还是具有 C_4 途径的光合特性,该特性能有效提高藻类吸收无机碳的能力,保证光合作用中 CO_2 的供应。除通过直接扩散进入细胞的 CO_2 外,CCM 主要通过以下途径提高 CO_2 供应水平:① 依赖胞外碳酸酐酶(pCA)催化 HCO_3^- 脱水形成 CO_2,CO_2 进而被细胞吸收利用;② HCO_3^- 在细胞膜外酸性区域脱水而形成 CO_2,CO_2 进而被细胞吸收利用;③ 耗能的

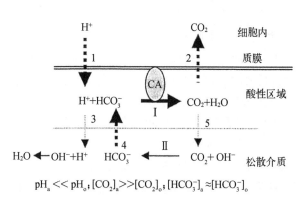

$$pH_a \ll pH_o; [CO_2]_a \gg [CO_2]_o; [HCO_3^-]_a \approx [HCO_3^-]_o$$

图 3.1 二氧化碳浓缩机制示意图(Mercado et al.,2006)

HCO_3^- 直接吸收利用(此过程可被抑制剂 DIDS 所抑制);④ H^+/HCO_3^- 的协同运输或 OH^-/HCO_3^- 的反向运输。

目前在藻类中也有关于 C_4 途径的报道,如硅藻(diatoms)、褐藻(brownalga)、裸藻(euglenoids)和甲藻(dinoflagellates)。硅藻中的威氏海链藻(*Thalassiosira weissflogii*)在 C_4 途径中通过 CCM 积累细胞内 CO_2 浓度以调节藻体在低 CO_2 环境中的适应性。

一、浒苔二氧化碳浓缩机制

浒苔是潮间带常见的大型绿藻,分布十分广泛,不仅常见于海水中,而且在半咸水的海湾、河口甚至内陆水域也大量存在。那么浒苔是否像其他大型海藻一样进化出了二氧化碳浓缩机制(CCM)呢? 判断某种藻类是否具有 CCM 的一个基本方法,是判断其 Rubisco 对 CO_2 的半饱和常数 $K_m(CO_2)$ 是否高于水气平衡时水体中的 CO_2 浓度(15 $\mu mol/L$)。Rubisco 催化的 CO_2 羧化反应是整个暗反应的限速步骤,它对 CO_2 的亲和力决定着光合生物对碳源的要求。若某种藻类 Rubisco 的 $K_m(CO_2)$ 高于 15 $\mu mol/L$,则环境中的 CO_2 浓度不能满足 Rubisco 的需求,表明其必然依赖 CCM 来提高细胞内 CO_2 浓度以维持正常的光合作用。通过实验,发现浒苔 K_m 约为 0.205 mmol/L,远高于 15 $\mu mol/L$,这说明浒苔是具有 CCM 的。Beer 和 Shragge(1987)认为浒苔是一种 C_3 植物,但是一般 C_3 植物处于高 O_2、低 CO_2 的条件下光合作用会出现 O_2 抑制的现象,这种现象在浒苔中却不存在,由此推测在浒苔中存在 CCM。Larsson 和 Axellsson(1997)也发现肠浒苔(*U. intestinalis*)既可以通过胞外碳酸酐酶(pCA)转化 HCO_3^-,也可以直接吸收 HCO_3^-,这些都说明浒苔存在 CCM。

浒苔除了能够利用可溶性无机碳(DIC)外,还可以直接利用空气中的 CO_2。导致南黄海绿潮灾害的浒苔为漂浮种,漂浮过程中藻体会露出水面,当暴露于空气中时,CO_2 是其唯一碳源,藻体表面高 pH 的水膜会促进空气 CO_2 进入水膜,进而被藻体利用(Huan et al.,2016)。浒苔暴露在空气中可直接吸收空气中的 CO_2,1 个光周期内其光合固碳速率约为 46.14 mg $CO_2/(g\ FW \cdot d)$,而在海水中的光合固碳速率为 10.92 mg $CO_2/(g\ FW \cdot d)$,可见浒苔在空气中的光合固碳速率是水中的 4.23 倍。Moll(1995)也认为漂浮浒苔可以直接吸收空气中的 CO_2,他通过实验得出淹没在水中的浒苔平均增重为 4.3 g/m^2,而漂浮浒苔每天增重为 26.4 g/m^2。

随着科学技术的发展,通过分子生物学手段发现浒苔存在编码丙酮酸磷酸双激酶、磷酸烯醇式丙酮酸羧化酶和磷酸烯醇式丙酮酸羧化激酶等 C_4 途径关键酶的基因。在某些条件下,绿潮藻浒苔细胞中的丙酮酸磷酸双激酶酶活性会升高、C_4 代谢途径功能加强(许建方等,2012)。

二、CCM 组成成分

Moroney 和 Mason(1991)提出了 CCM 模型,他们认为 CCM 涉及胞外质空间、质膜、被膜、蛋白核等部位。Badger 和 Price(1994)对上述模型进行了修改,目前比较公认的 CCM 组分包括碳酸酐酶(CA)和蛋白核。

1. 碳酸酐酶(CA)

碳酸酐酶分为胞外碳酸酐酶(pCA)、胞质碳酸酐酶(cyCA)和叶绿体碳酸酐酶(chCA)。pCA 高效地将 HCO_3^- 转化为 CO_2 形成局部高浓度的 CO_2,CO_2 因为浓度梯度被转运到细胞内,在 cyCA 的作用下转变为 HCO_3^- 后,被运输到叶绿体中的 Rubisco 附近,再次在 chCA 的作用下转化为 CO_2,从而维持光合作用充足的 CO_2 供应。pCA 和 cyCA 可分别被不同的抑制剂所抑制,乙酰唑胺(acetazolamide, AZ)不能渗透细胞,因而只能抑制 pCA 的活性;乙氧苯噻唑胺(6 - ethoxyzolamide, EZ)能渗透细胞,从而抑制胞内和胞外 CA 两者的活性。而 chCA 被认为是光合作用 CO_2 转运系统中最为重要的 CA,也是 CCM 的重要组分,叶绿体 CA 以团粒形式存在,不溶解,且对 CA 抑制剂不敏感,故可区别于 cyCA。

徐军田等(2013)通过使用不同的 CA 抑制剂发现缘管浒苔和浒苔具有明显的胞外和胞内 CA 活性。但是胞外 CA 酶活性本身仅仅是加速 HCO_3^- 与 CO_2 之间的相互转化,并不能影响 CO_2 的平衡浓度,而形成的 CO_2 主要是通过扩散作用被动地进入细胞。这就意味着,这种方式的 HCO_3^- 利用,在高 pH(pH>9.4)时就不能很好地发挥作用,因为此时的 CO_2 平衡浓度极低。

综上所述,除胞外碳酸酐酶催化利用 HCO_3^- 的方式外,绿潮藻浒苔必定还存在另外的 HCO_3^- 利用方式,即浒苔有两种 HCO_3^- 利用机制:通过胞外 CA 催化的 HCO_3^- 利用机制以及通过对阴离子交换蛋白抑制剂(4,4′- diiso thiocyanato stilbene - 2,2′- disulfonicacid,DIDS)敏感的 HCO_3^- 直接吸收机制。

2. 蛋白核

蛋白核曾一直被认为是藻类细胞蛋白存储结构,当细胞处于饥饿状态时,其蛋白质被调用。Holdsworth 在 1971 年最早用生物化学显示藻类中的蛋白核主要是由 Rubisco 组成,随后越来越多免疫细胞化学分析实验也证明 Rubisco 主要位于绿藻蛋白核中。Rubisco 是光合作用过程中第一个关键酶,该酶在植物体内需要通过 Rubisco 活化酶的活化才能发挥光合固碳功能。Morita 等(1997)及何培民等(2002)的研究已分别显示莱茵衣藻和小球藻的 99% 以上的 Rubisco 分布于蛋白核及淀粉鞘中。另外,何培民等(2004)还证明与 Rubisco 活化有关的 Rubisco 活化酶也是集中于蛋白核和淀粉鞘区域中。

何培民等(2004)研究发现,大多数条浒苔电镜照片显示其细胞叶绿体中有多个蛋白核,其形态结构基本相同,蛋白核位于周边叶绿体之中,呈椭圆形或豆状,大小为(600~1 000)nm×(1 200~1 500)nm。蛋白核中央有 1 条由 1 个类囊体形成的纵向孔道(图 3.2-1~3),孔道类囊体膜状结构不明显,孔道直径为 20~200 nm,孔道中具有网状结构的基质(图 3.2-4)。有时纵向孔道的中段膨大,宽度为两端处

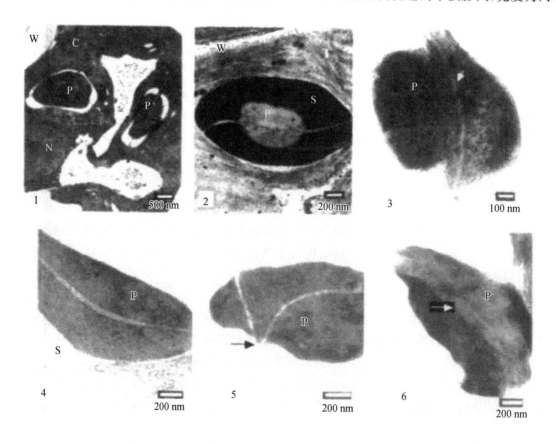

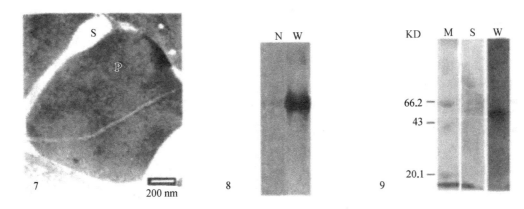

图 3.2　条浒苔叶绿体中蛋白核电镜照片(何培民等,2004)

1. 条浒苔细胞中含有 2 个蛋白核(藻体长度为 15～20 cm);2. 条浒苔幼藻体细胞的蛋白核和淀粉鞘(藻体长度为 15～20 cm);3. 蛋白核及其纵向通道,且 Rubisco 大亚基金标颗粒主要标记在蛋白核;4. Rubisco 大亚基金标颗粒标记在蛋白核、纵向通道和淀粉鞘中;5. 在蛋白核中央形成蛋白核通道结,并与叶绿体基质相连接;6. 蛋白核中间段的纵向通道膨大(箭头);7. Rubisco 活化酶的金标颗粒标记在蛋白核和淀粉鞘上;8. 条浒苔 Rubisco 的 Native - PAGE 图谱(N 道)和 Western 印迹图谱(W 道);9. 条浒苔 Rubisco 的 SDS - PAGE 图谱(N 道)和 Western 印迹图谱(W 道);C. 叶绿体;P. 蛋白核;S. 淀粉鞘;T. 类囊体;N. 细胞核;W. 细胞壁。

的 2～3 倍(图 3.2 - 4～6)。蛋白核由淀粉鞘包围,淀粉鞘的厚度为 50～350 nm。淀粉鞘的厚薄与藻体大小有关,较大藻体(长 15～20 cm)的淀粉鞘厚度较薄(图 3.2 - 4),较小藻体(长 1～3 cm)的淀粉鞘较厚,可达 350 nm(图 3.2 - 2)。淀粉鞘由淀粉形成,电子密度高,在超微结构照片上颜色很深(图 3.2 - 2)。条浒苔淀粉鞘比较完整,一般仅在纵向孔道的两端处被隔断。蛋白核的纵向孔道向两端伸展与叶绿体的类囊体相联系(图 3.2 - 1～3)。但有时在蛋白核的中部,也能见到蛋白核与类囊体区有联系(图 3.2 - 7)或者纵向孔道在中部形成接点与类囊体区联系,使纵向孔道成 V 字形(图 3.2 - 5)。

当细胞从高 CO_2 浓度环境进入低 CO_2 浓度环境时,蛋白核超微结构发生了较大变化,围绕蛋白核的淀粉鞘能同时很快形成。因而涉及淀粉鞘是否与 CCM 有关系,Villarejo 等(1996)用莱茵藻无淀粉鞘突变体 BAFJ - 6 证明当藻类细胞由高 CO_2 浓度环境转入低 CO_2 浓度环境时,CA 仍被诱导,说明了淀粉鞘与 CCM 无关。

第二节　绿潮藻浒苔光合系统特性

光合作用是一个相当复杂的生物化学反应,总计存在 50 多个步骤,其中包括光能吸收、能量转换、电子传递、ATP 合成到 CO_2 固定。

在高等植物和绿藻中,光合作用的所有反应均发生在叶绿体中。基因组学和蛋白质组学等研究技术的采用使叶绿体成为研究比较深入和透彻的细胞器之一。尽管绿藻的叶绿体不像高等植物那样存在规则的梭形结构,但是在区室化的叶绿体内仍然存在与高等植物类囊体膜类似的结构。光合作用的光反应,即原初光化学反应、电子传递和光合磷酸化,都是在类囊体膜上进行的,类囊体膜还是光合磷酸化产生所依赖的结构基础;而暗反应,即 CO_2 的固定则是在叶绿体基质中进行的。

一、类囊体膜蛋白的组成

光合生物中直接参与光合作用的类囊体膜蛋白主要由以下复合体组成:LHC Ⅱ (捕光系统 Ⅱ)、PS Ⅱ (光系统 Ⅱ)、cytochromeb$_6$/f[细胞色素(Cyt)b$_6$/f 复合体,简称 Cytb$_6$f 复合体]、LHC Ⅰ (捕光系统

Ⅰ)、PSⅠ(光系统Ⅰ)和ATPase(ATP合酶)。其中除了ATPase之外,其他蛋白复合体都参与了光合电子传递。类囊体膜的结构出现堆叠区和片层区的分化,这些蛋白复合体出现在这两个区域的异质性分布(Staehelin,2005);绿藻的类囊体膜和高等植物非常相似,光合蛋白在类囊体膜上的分布也存在这种特性。这些蛋白复合体在光合类囊体膜上按照一定的结构顺序排列,协调不同分工,执行着不同功能,保证光合电子按照一定顺序传递,通过与光合磷酸化耦合,产生光合生物所需的还原力(NADPH)和"能量货币"(ATP),如图3.3所示。

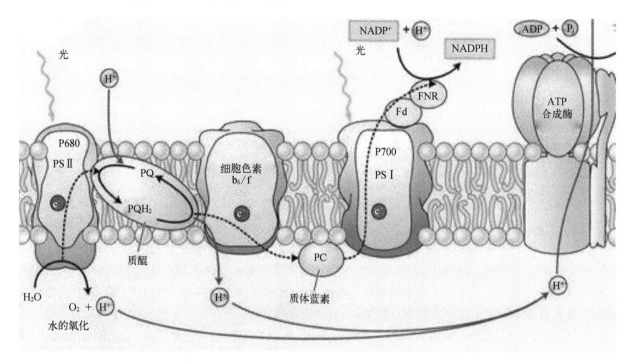

图3.3　光合类囊体膜主要蛋白复合体以及光合电子传递示意图(Taiz and Zeiger,2010)

二、光合电子传递及其相关调控

光合电子传递由两个相对独立的光化学反应驱动,反应位点分别是光合电子传递链上的光系统Ⅰ与光系统Ⅱ。光合电子传递链是光反应正常进行所必需的机构,由光系统Ⅱ、质体醌库、$Cytb_6f$复合物、质体蓝素、光系统Ⅰ、铁氧还蛋白(ferredoxin,Fd)以及铁氧还蛋白-$NADP^+$还原酶构成。

在光合电子传递链靠近光系统Ⅱ的一端,光照能激活光系统Ⅱ反应中心的光化学活性,导致位于反应中心的叶绿素 a 电荷分离,从而使之拥有强氧化性并从水分子中夺取电子。水分子被氧化形成氧分子与质子,氧分子被释放,质子推动ATP合成,而被夺取的电子则还原了位于光系统Ⅱ内的原初电子受体 Q_A 与 Q_B。当 Q_B 从 Q_A 处接受两个电子后,Q_B 便从光系统Ⅱ释放,前往质体醌库还原其中的质体醌,进而形成能够与 $Cytb_6f$ 复合物上 Qo 位点结合的质体醌醇。质体醌醇通过一个称为 Q 循环的过程将自身的电子传递给 $Cytb_6f$ 复合物:当一个质体醌醇被氧化时会释放出两个电子,其中一个电子通过位于 $Cytb_6f$ 复合物上的 Rieske Fe/S 蛋白与细胞色素 f 传递给质体蓝素及光系统Ⅰ;另外一个电子由位于 $Cytb_6f$ 复合物上的细胞色素 L 与细胞色素 H 传递给位于 Qi 位点的醌而形成半醌,当另外一个质体醌醇在 Qo 位点被氧化时,上述过程会被重复,唯一不同的是,之前所形成的半醌将会被还原成为质体醌醇并从 Qi 位点释放,这个新形成的质体醌醇可以通过 Q 循环在 Qo 位点再进行氧化(Joliot and Joliot,2006)。电子从 $Cytb_6f$ 复合物传递至位于类囊体内腔侧的含铜蛋白——质体蓝素。光系统Ⅰ受到光照后自身反应中心氧化,从质体蓝素中夺得电子,然后通过自身的三个 4Fe-4S 中心 F_X、F_A、F_B 将电子传递至铁氧还蛋白,最终这些电子被铁氧还蛋白-$NADP^+$ 还原酶利用产生 NADPH,所生成的 NADPH 与在电子传递过程中产生的 ATP 共同驱动卡尔文循环运转进行光合固碳作用。以上电子传递过程称为光合线性电子传递。

除了光合线性电子传递,光合电子传递链还可以进行环式电子传递(Rochaix,2011)。在环式电子传递过程中,铁氧还蛋白从光系统 I 接受电子后,并不按照上述线性电子传递路径继续传递电子,而是将电子再次传递回质体醌库以及 $Cytb_6f$ 复合物,从而产生了围绕光系统 I 进行的电子传递循环,这种电子传递循环仅能够使质子穿膜,因此只产生 ATP 而不产生 NADPH。环式电子传递可以途经多种路径进行运转,第一条路径是通过铁氧还蛋白-$NADP^+$ 还原酶将电子传递到 $NADP^+$,再经过 NAD(P)H 脱氢酶复合体最终传递给质体醌库(Burrows et al.,1998);第二条路径是通过铁氧还蛋白-质体醌氧化还原酶直接将电子传递给质体醌库,但该酶仍未被鉴定出来(Cleland and Bendall,1992);第三条路径是铁氧还蛋白直接与 $Cytb_6f$ 复合物接触,通过类似 Q 循环的机制将电子传递至位于 $Cytb_6f$ 复合物上的 $Cytc'$,$Cytc'$ 是在 $Cytb_6f$ 复合物晶体结构中新发现的组分(Shikanai,2007)。在卡尔文循环中,固定一分子的 CO_2 需要消耗三分子的 ATP 和两分子的 NADPH,即需要的 ATP 与 NADPH 比例为 1.5:1,而通过光合线性电子传递产出比例仅能达到 1.28:1,ATP 产出明显不足,这部分短缺的 ATP 必须由环式电子传递来补充,因此卡尔文循环需要光合线性电子传递与环式电子传递共同配合才能正常运转。

Munekage 等(2004)研究发现,对 *pgr5* 与 *ndh* 基因进行双突变,会导致上述依赖 NAD(P)H 脱氢酶复合体与铁氧还蛋白-质体醌氧化还原酶的两条环式电子传递运转路径失效,此时拟南芥(*Arabidopsis thaliana*)的环式电子传递几乎完全停止,尽管突变并不影响线性电子传递,但却严重阻碍了光系统 I 对电子的接收,最终导致整个光合电子传递无法正常进行,究其原因可能是由于 NADPH 相对于 ATP 合成过多导致在基质积累,使光合电子传递链处于过度还原状态,从而无法正常执行功能,因此环式电子传递的正常运转对光合作用有着至关重要的作用(Munekage et al.,2004)。当光合电子传递链处于过度还原状态时,线性电子传递与环式电子传递都将停止,这时候假环式电子传递将会启动(Allen,2001),将过多的电子通过光系统 I 传递至氧分子,氧分子接受电子后形成超氧化物,此反应被称为 Mehler 反应,该反应形成的超氧化物会被细胞内的超氧化物歧化酶与过氧化物酶分解成水与氧分子。假环式电子传递可以在一定程度上解除光合电子传递链的过度还原状态,使光合线性电子传递与环式电子传递恢复运转(Heber,2002)。光合电子传递链与光合电子传递见图 3.4。

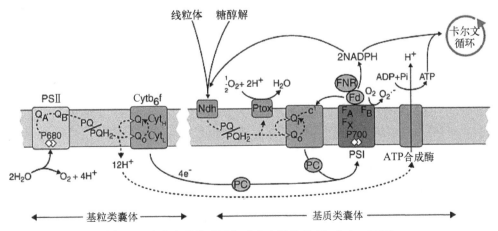

图 3.4　光合电子传递链与光合电子传递(Rochaix,2011)

三、Rubisco

CO_2固定是利用光反应产生的 ATP 和 NADPH 合成有机物的过程,该过程称为卡尔文(Calvin)循环。核酮糖-1,5-二磷酸羧化酶/加氧酶(ribulose-1,5-bisphosphate carboxylase/oxygenase),简称 Rubisco,是 CO_2 固定过程的关键酶。Rubisco 是光合生物中研究得最多、最深入的一个酶,这是由于它提供了生命活动所需的有机碳的缘故。同时由于它是核基因组和叶绿体基因组共同编码的,因此在分子生物学领域也受到了广泛关注。

高等植物的 Rubisco 由 8 个大亚基(50~60 kDa)和 8 个小亚基(12~18 kDa)组成,大亚基(rbcL)由叶绿体基因编码,小亚基(rbcS)由核基因编码。Rubisco 的催化位点就位于大亚基上,不同来源的大亚基的氨基酸序列有 80% 以上的同源性,特别是残基 169 和 220 以及 321 和 340 之间的氨基酸序列在不同有机体中几乎完全一致,可能就是 Rubisco 的催化位点。小亚基的功能尚不清楚,推测可能与有效分辨 O_2 和 CO_2 有关。目前已能根据不同种类的 Rubisco 大亚基基因序列分析,以确定植物和藻类进化亲缘关系。

磷酸糖以及核酮糖-1,5-二磷酸(ribulose-1,5-bisphosphate,RuBP)等抑制物均可与 Rubisco 紧密地结合,使得 Rubisco 的活性变得很低。植物体内的 Rubisco 只有经过活化之后才能催化底物。

Rubisco 是光合碳同化的关键酶,处于光合碳还原和光合碳氧化循环的交叉点上,这两个循环方向相反却又相互连锁,因此此酶活性的高低将直接影响光合速率。

何培民等(2004)通过金相免疫分子定位发现,条浒苔 Rubisco 金标颗粒主要分布于叶绿体的蛋白核(71.86%)和淀粉鞘(27.94%)部位中,按面积密度计算二者总和占 99.8%,极少分布在叶绿体类囊体和基质中(0.2%)。Rubisco 活化酶分子定位也显示其主要分布于蛋白核和淀粉鞘中。这些结果均表明条浒苔蛋白核(及淀粉鞘)与单细胞绿藻的蛋白核相同,具有光合作用功能。条浒苔 Rubisco 初始活性和总活性的测定结果表明,其活化率较高,高达 77.62%。

在细胞内 Rubisco 的活化主要依靠 Rubisco 活化酶,Rubisco 活化酶主要分布于蛋白核和淀粉鞘,此外碳酸酐酶也被定位于蛋白核中,说明绿潮藻浒苔蛋白核的功能比较复杂。

绿藻类蛋白核均被淀粉鞘所包围,但目前还不能解释 Rubisco 是如何越过淀粉鞘障碍到达蛋白核的。蔡春尔等(2009)发现了 CO_2 和光照会影响条浒苔 Rubisco 的分布,当 CO_2 浓度升高时,Rubisco 倾向于向叶绿体基质中扩散;CO_2 浓度较低或无 CO_2 培养时,Rubisco 不断向蛋白核中集中;强光也会促使 Rubisco 由叶绿体基质向蛋白核中聚集。

四、浒苔孢子囊形成时期的光合系统特性

浒苔的生活史包含孢子体世代(二倍体)和配子体世代(单倍体),两个世代的藻体在形态上不存在差别,均能独立生长发育,属于同型世代交替。具体有 4 种主要的繁殖方式(Lin et al.,2008):① 配子囊释放出的雌、雄配子两两结合形成合子发育生长为新个体;② 释放出孢子形成细胞团发育长成新个体;③ 藻体衰亡阶段,未释放出孢子囊的孢子在老藻体内部发育成为新个体;④ 藻体碎片发育生长为新个体(叶乃好等,2008)。

处于如孢子囊形成期的浒苔具有独特的光合特征。浒苔细胞的叶绿体形态及其相应的光合活性均发生变化。Gao 等(2010)报道了在浒苔营养细胞分化为孢子囊的过程中细胞内叶绿体起初为粒状分散,随后集中在细胞中央,最后被膨大的液泡挤至边缘,并逐渐形成孢子囊。与此同时,伴随着孢子囊的形成,浒苔光系统Ⅱ(photosystem Ⅱ,PSⅡ)的活性呈现升高趋势。一旦孢子囊形成,PSⅡ的活性明显

下降,表明孢子囊形成过程中首先由营养细胞积累物质和能量。此外,营养细胞向孢子囊转化过程中具有明显的空间效应,孢子囊的形成比例与藻体组织块(微观藻段)的大小明显呈负相关,并且成熟孢子囊的光合活性显著低于周围营养细胞的活性。释放后的孢子附着后即可萌发,具有明显的生理极性;随着细胞数量的增加,其光合活性呈显著升高趋势。由此可见,浒苔孢子囊的形成伴随着光合活性的变化。

Wang 等(2016)根据光合活性的变化趋势将孢子囊形成过程人为划分为两个阶段。第一阶段为孢子囊形成的准备阶段,主要以光合线性电子传递为主,光系统 I (photosystem I , PS I)与 PS II 活性的变化趋势一致,卡尔文循环活性较高,为孢子囊的形成提供了物质储备。如果在此阶段切断线性电子传递或者停止暗反应,孢子囊形成受阻,细胞将会停滞在营养细胞状态。第二阶段为孢子囊的形成阶段,在此阶段中浒苔细胞光合环式电子传递显著增强,PS II 活性则明显降低,质体醌库呈氧化态,由此启动了孢子囊的形成。如果在此阶段切断环式电子传递并使质体醌库持续处于还原状态,则孢子囊形成的启动受阻。

五、强光、干旱对浒苔光合系统的损伤

光系统 II (PS II)为植物体光合作用过程中产生 O_2 的部分,植物光合作用过程中 NADPH 的形成则主要是依赖 PS I 。最主要的光合电子传递过程为线式电子传递,该电子传递过程主要是依赖 PS II 及 PS I 两个光系统协调作用,而在进行光合作用的过程中,还可能同时存在环式电子传递,该过程则主要是依赖 PS I 单独起作用。PS I 又称为质体蓝素-铁氧还蛋白氧化还原酶。PS I 主要可分为反应中心复合体、外周光复合体(LHC I)及电子传递体 3 个部分。

浒苔是生活在潮间带的大型绿藻,往往经历高潮沉水和低潮出水(即暴露于空气中)的状况,在落潮期间,水面变浅,特别是在晴天中午,浒苔要耐受超过 $1\ 800\ \mu mol/(m^2 \cdot s)$ 的强光逆境。如同很多潮间带大型海藻一样,能够耐受强光、干旱的特性使得浒苔成为能够在潮间带生存并快速繁殖的优势物种。那么浒苔光合系统是如何进行自我调节以适应外界不利条件的呢?

高山(2014)发现当漂浮浒苔在受到持续强光照射时,PS I 及 PS II 将发生一系列的变化,以应对强光胁迫。首先,捕光色素蛋白是最先受到光强影响的蛋白质之一,在 $1\ 000\ \mu mol/(m^2 \cdot s)$ 强光照射下,类囊体膜两个光系统的捕光色素蛋白复合体蛋白受到的损伤和修复速率不一致。总的来说,LHC I 蛋白含量略微下降,但是 LHC II 蛋白却上升明显;当两个蛋白质的明显差异变化,尽管含量略有下降,但是并不明显。PS I 及 PS II 反应中心蛋白也有不同变化,并且在连续 48 h 强光照射实验中呈现阶段性变化,在强光照的前 24 h,PS II 的几个反应中心蛋白 D1 和 D2 均表现为上升趋势,但时间延长至 48 h 时,PS I 及 PS II 反应中心蛋白含量下降,说明两个光系统均有部分降解,但是降解的比例均低于 30%。

浒苔的 Rubisco 活性也会受到强光的抑制,一个日变化周期内,呈现正弦趋势,先升高后降低再升高的变化趋势。在 14:00 光照强度最大时[$1\ 850\ \mu mol/(m^2 \cdot s)$]活性最低,18:00 时[光强 300 $\mu mol/(m^2 \cdot s)$]活性最高。

当浒苔受到干旱胁迫时,浒苔光系统对干出失水以及复水也做出了响应。研究表明浒苔具有较强耐受干出失水胁迫的能力。研究发现,在干出失水程度较低时,光系统 I 活性显著增高,而光系统 II 活性呈下降趋势。在较严重的干出情况下,浒苔光系统 II 已无活性,而光系统 I 仍保留一定的活性。用特异性的抑制剂处理后,研究发现浒苔藻体含水量为 65% 时光系统 I 的活性显著增高是由光系统 I 驱动的环式电子传递导致的。研究还发现在较严重的干出条件下(含水量为 22%),光系统 I 驱动的环式电子传递仍处于工作状态。另外,通过对干出失水的藻体光系统对复水的响应研究,结果表明光系统 I 的恢复能力明显快于光系统 II 的恢复能力(Gao et al., 2011)。

六、环境因子对浒苔光合色素含量的影响

色素蛋白复合体在光合作用中的主要功能是捕获光能,它们主要吸收 400~700 nm 的光。光合色素可以分为 3 类:叶绿素(chlorophyll,Chl)、类胡萝卜素(carotenoid)和藻胆蛋白。所有藻类和高等植物都含有叶绿素和类胡萝卜素,只有蓝藻、红藻、隐藻和某些原绿球藻含有藻胆蛋白。叶绿素含量对于植物体光合作用能力的影响是决定性的,在大多数绿藻中,叶绿素执行了主要的捕获光能的作用,而类胡萝卜素执行了光保护的作用。光合系统中光合色素含量也会受到环境因子的影响。

1. 不同藻层

绿潮暴发时,大量浒苔藻体在海浪风力的作用下聚集到一起,形成厚厚的海藻垫,在海面上漂浮的浒苔藻垫由于有一定厚度可以大致分为上层和下层,不同层面的浒苔所处的环境也不尽相同。Lin 等(2011)比较了浒苔藻垫上下层藻体的色素含量差别,发现上层与下层藻体色素含量存在较大不同:① 下层藻体 Chla、Chlb 及总叶绿素含量显著高于上层藻体,且 Chla/Chlb 下降;② 下层藻体基粒以及基粒片层数量也增多。

上层藻体与下层藻体所面对的环境因子是不同的。其中不仅是光照强度的不同,还由于受到海水蒸发的影响,上层藻体更要面临相对较高盐度的问题。下层浒苔藻体 Chla、Chlb 及总叶绿素含量升高、Chla/Chlb 下降、基粒及基粒片层的相对上升是一种对低光照强度的适应;另外,上层的色素含量下降,也是由相对剧烈环境破坏作用所造成的。

2. 氮磷营养盐浓度

氮磷水平会影响浒苔光合色素(叶绿素 a、叶绿素 b 和类胡萝卜素)含量的水平。Gao 等(2018)针对浒苔的研究发现,单独添加氮元素或磷元素都可以促进浒苔光合色素尤其是叶绿素的合成,而单独添加磷元素的这种作用更明显;如果同时添加氮元素与磷元素,浒苔的光合色素会显著增加,说明氮与磷对浒苔光合色素合成具有交互作用。

3. 重金属(Cu^{2+})

随着 Cu^{2+} 浓度的升高,由于 Cu^{2+} 对藻体光合作用的抑制作用,藻细胞将能量转移到光合色素的合成上,即叶绿素 a、叶绿素 b 和类胡萝卜素随之上调,这样在一定程度上可以缓解 Cu^{2+} 的毒性作用(Han et al.,2008;Gao et al.,2018)。

4. CO_2 浓度

CO_2 浓度的升高导致藻体保护机制加强,并引起类胡萝卜素含量升高,类胡萝卜素可以清除藻细胞内活性氧,防止脂质过氧化,消除藻体不能承受的过多光能,以降低不良环境对浒苔的伤害。但同时,CO_2 含量的升高会导致色素含量的降低和 Chla/Chlb 的降低,避免电子传递的过度激发,保护藻体在高 CO_2 状态下免受损伤(Xu and Gao,2012)

第三节　绿潮藻浒苔光合速率

一、P-I 曲线测定

光合作用对光强的响应(photosynthesis-irradiance response)也称为 P-I 曲线。一般而言,每一种藻都有适宜的光强范围,当光照超过光补偿点时,藻体积累有机物才会生长;而当光强高于光饱和点时,可能会造成藻体色素含量和关键酶活性的下降,进而影响藻体光合作用和生长,P-I 曲线的测定可以

很好地说明这一问题。从 $P\text{-}I$ 曲线上可以计算并判断植物的光补偿点(I_c)、光饱和点(I_k)、最大表观光能利用效率或量子效率(AQE)、暗呼吸速率(R_d)以及最大净光合速率(P_{max})。

通过图 3.5 可以得出浒苔最大净光合速率(P_{max})是 8.12 $\mu mol/(g\ DW \cdot min)$,暗呼吸速率($R_d$)为 $-0.45\ \mu mol/(g\ DW \cdot min)$,表观量子效率(AQE)为 0.035,光饱和点(I_k)为 559 $\mu mol/(m^2 \cdot s)$,光补偿点(I_c)为 12 $\mu mol/(m^2 \cdot s)$。浒苔在光饱和点之后,其净光合速率能够一直保持在较高水平,光强达到 1 200 $\mu mol/(m^2 \cdot s)$ 时(接近晴天室外最高光强),浒苔依然能保持较高的光合速率,说明浒苔对强光具有很强的适应能力。

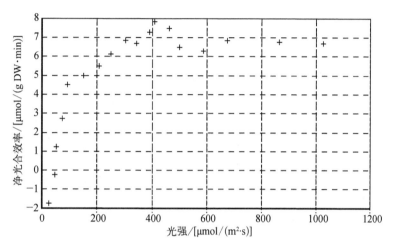

图 3.5 浒苔光合作用的 $P\text{-}I$ 曲线

二、不同环境因子和繁殖方式对浒苔光合速率的影响

1. 温度

温度对浒苔净光合速率的影响十分明显,特别是低温对其的影响尤为明显,5℃时,净光合速率几乎为 0,5℃以上,净光合速率随温度上升而上升,25℃附近为最适温度,到 40℃比 25℃时下降了 86%,高温对浒苔光合速率有明显的限制。Wu 等(2018)的研究也发现,在适温范围内,随着温度的增加,净光合作用不断降低,同时低光条件下会加剧其负面效应。

2. 营养盐

通常认为海水中氮元素是限制海藻生长的主要营养元素,在河口区生态系统中,氮源对初级生产力的影响是非常常见的,当氮源供应充足时,往往会发生大型藻类的暴发。浒苔在氮元素加富的情况下,最大净光合速率(P_{max})得到显著提高,单独磷元素加富对浒苔 P_{max} 也有一定的促进作用,但相对氮元素加富,其作用要小得多。当氮、磷元素同时加富时,浒苔的 P_{max} 更高,光补偿点(I_k)也明显增加,同时低光下的光合利用速率(α)也有所增强。Gao 等(2018)针对缘管浒苔的研究发现,单独磷元素加富对 P_n 的促进作用显著高于单独氮元素加富,氮、磷元素同时加富,P_n 更显著提升。这些结果都表明氮、磷元素加富能够促进浒苔光合能力的提高,提高其耐受强光以及利用光能的能力。

3. CO_2 浓度

Moll 等(1995)认为漂浮浒苔可以直接吸收空气中的 CO_2,他通过实验得出淹没在水中的浒苔平均增重为 4.3 g/m^2,作为对比的漂浮浒苔每天增重为 26.4 g/m^2。由此可见,浒苔在空气中(未脱水)的生长速率是水中的 6 倍之多。

通过设置不同 CO_2 浓度实验发现,浒苔光合效率、光饱和点(I_k)随 CO_2 浓度的增加,呈现出一个先增长后降低的趋势。CO_2的加富可以提高绿潮藻浒苔的光合速率,原因可能是随着CO_2的升高会导致CCM下调,节约出的能量可以用于光合作用,但过高CO_2浓度反而会抑制浒苔的光合作用(Gao et al., 2017)。

4. 重金属(Cu^{2+})

铜是藻体生长所必需元素之一,在藻体新陈代谢的过程中扮演重要角色,也是细胞色素氧化酶的重要组成部分。但是,高浓度的Cu^{2+}对藻体有较高的毒性,会产生活性氧,对藻体造成胁迫(Collen et al., 2003)。随着Cu^{2+}浓度的增加,浒苔的净光合速率显著降低(Gao et al., 2017),光饱和点(I_k)也显著降低。

5. 不同繁殖方式

不同繁殖方式形成的藻体光合特性也有区别。漂浮浒苔释放孢子后萌发形成藻体(孢子繁殖藻体)的生长速率显著高于通过自身营养增殖形成藻体(营养繁殖藻体)的生长速率,并且其最大净光合速率(P_{max})、光合利用速率(α)和光合活性(P/R)均显著高于营养繁殖藻体,呼吸作用速率和光补偿点(I_c)均显著低于营养繁殖藻体,说明孢子繁殖藻体比营养繁殖藻体更具有生长优势(刘雅萌,2014)。

第四节　绿潮藻浒苔叶绿素荧光参数

不同环境因子对浒苔叶绿素荧光参数的影响如下。

1. 光强

通过观察浒苔$\Phi PS\text{II}$在$0\sim1\,200\,\mu mol/(m^2 \cdot s)$光强范围内的变化情况,发现其随着光强增加而快速下降,光强超过$900\,\mu mol/(m^2 \cdot s)$后稳定。相对电子传递速率在光强为$400\,\mu mol/(m^2 \cdot s)$时到达稳态,一直到光强为$1\,200\,\mu mol/(m^2 \cdot s)$,暗示光强超过$400\,\mu mol/(m^2 \cdot s)$时电子流就达到饱和。激发压($1-qP$)随着光强快速提高,表明高光强带来明显的对光合机构的胁迫。NPQ同时上升表明非光化学途径随着激发压上升而上升,可能是浒苔抵抗强光的重要机制。

尽管强光往往导致光抑制,但是我们注意到有活性的PSII的捕光效率在整个光响应曲线中下降很少,这表明浒苔通过天线色素耗散的激发能较少,也说明浒苔在测定范围内光合机构没有受到明显伤害。综上所述,浒苔的光合机构较耐强光,且具有较强的非光化学途径来耗散过剩激发能。

2. 温度

在温度实验中,浒苔相对电子传递速率(rETR)随着温度的升高不断上升,35℃时达到最高$[98.03\,\mu mol/(m^2 \cdot s)]$,温度继续升高时rETR降低;$1-qP$随温度的升高呈下降趋势,40℃时略有上升;$5\sim25$℃时,NPQ呈平缓下降趋势,从30℃开始,NPQ急速升高;$\Phi PS\text{II}$在$5\sim35$℃持续升高,40℃时$\Phi PS\text{II}$下降。说明35℃时,虽然rETR和$\Phi PS\text{II}$最高,但是NPQ急剧上升表明藻体已经开始受到胁迫,35℃及以上已不适合浒苔生长。

3. 盐度

浒苔能在淡水到海水的广阔盐度范围内进行高效光合,实验发现在盐度为10附近,其光合速率最高(Gao et al., 2016),而此时的位置介于淡水与海水之间,正是长江入海口附近盐度的特点,因此浒苔能在中国江苏中部和北部沿海海域生存发展。浒苔适应盐度不同带来的渗透胁迫。$\Phi PS\text{II}$在高盐度下缓慢下降,对应电子传递速率也下降。激发压最高的不是该实验中的最高盐度,而是在海水盐度附近(盐度$30\sim40$),具体什么原因还不清楚。盐度在30以内NPQ变化较小,盐度大于30后逐步缓慢上升,表明高盐胁迫下非光化学途径启动,耗散激发能。

4. pH

海水 pH 影响水中 DIC 的存在形式,偏酸性条件下,DIC 主要以 CO_2 形式存在,偏碱性条件下,DIC 主要以 HCO_3^- 形式存在。实验发现 pH 在 7~8 时都有最高的光合速率,pH7 与 pH8 的不同形式 DIC 的浓度是有很大不同的,表明浒苔利用不同形式的 DIC 能力很强。激发压在 pH 8 时最低,表示在这个 pH 下光合机制最稳定。激发压在偏酸性条件下比偏碱性条件非光化学途径较高,暗示浒苔利用不同形式的 DIC 时,可能采用不同的能量耗散机制。

5. DIC 浓度

当 DIC 超过 1.2 mmol/L 时,光合速率有所下降并趋于稳定在次高值,表现出高浓度 DIC 对光合作用存在稍微的抑制,大约抑制了近 20%。海水中的平均 DIC 浓度为 2.4 mmol/L,此时光合速率不是在最高值而在次高值,故浒苔能在相当宽的 DIC 浓度范围内保持较高的光合速率。浒苔具有较高的 rETR(相对电子传递速率),暗示其卡尔文循环具有较强的 RuBP 再生能力。高浓度 DIC 对光合速率的抑制可能与 RuBP 再生受限有关。结合其他荧光参数可知,浒苔能高效利用宽浓度范围的 DIC(HCO_3^- 形式)的原因在于浒苔通过高效地同化 DIC 来利用吸收的激发能,也就是能分配较多能量用于光化学过程,从而减少过剩激发能带来的胁迫。

6. CO_2 浓度

通过充入含有不同浓度 CO_2 空气的实验发现,高浓度 CO_2 显著提高了浒苔的相对电子传递速率(rETR),非光化学淬灭(NPQ)也显著升高,生长速率也得到提升。rETR 的升高说明 CO_2 浓度的升高增强了浒苔的光合能力,加速浒苔的生长,但过高浓度的 CO_2 又会起到一定的抑制作用,为防止电子传递的过激发,相对电子传递速率降低,保护藻体免受损伤(Gao et al.,2018)。

7. 重金属(Cu^{2+})

Cu^{2+} 对浒苔生长有一定抑制作用,随着 Cu^{2+} 浓度升高,抑制作用越来越明显(Gao et al.,2018)。这说明浒苔在低浓度 Cu^{2+} 污染的环境中具有一定的耐受性,但超过其耐受范围后就会受到胁迫损伤。重金属会导致藻体产生过量的活性氧,这是重金属对藻细胞造成的主要伤害(Chen et al.,2012)。而且重金属也会抑制细胞分裂,影响新细胞物质形成,对叶绿体造成伤害,抑制生长甚至导致藻体死亡(Chen et al.,2012;Brown et al.,2003;Stauber and Florence,1987)。

8. 不同藻层

藻垫不同藻层浒苔的叶绿素荧光参数也不同,下层藻体的 F_v/F_m、$\Phi PS\,II$ 和 $\Phi PS\,I$ 显著高于上层藻体,说明上层浒苔受到的伤害更大,下层藻体光合能力较强;而下层藻体 NPQ 显著低于上层藻体,说明浒苔本身的非光化学能量耗散可为浒苔提供较强的光合可塑性,使其能够更好地适应海水表层剧烈的环境变化,上层藻体要遭受更加剧烈的环境变化,非光化学能量耗散可以耗散掉多余的能量,有效地对上层藻体进行保护,使得浒苔在长时间、长距离漂浮迁移过程中不至于个体结构被破坏(Lin et al.,2011)。

9. 不同繁殖方式

不同繁殖方式形成的浒苔藻体叶绿素荧光也存在区别。由自身营养繁殖所形成的藻体的相对电子传递速率(rETR)要显著高于通过孢子萌发形成的藻体,在高光下二者差别尤为显著。同时对比发现营养繁殖所形成的藻体在高光下具有更高的非光化学淬灭(NPQ)能力,这说明浒苔通过自身营养繁殖产生的藻体对高光的适应能力比由孢子萌发形成的藻体更强(刘雅萌,2014)。

第五节　绿潮藻浒苔对逆境的响应

潮间带(intertidal zone)是海洋环境中比较特殊的地带(Lubchenco and Menge,1978)。不同进化

地位的大型海藻在潮间带分布广泛,浒苔是高潮带海藻,属于进化较为高等的大型绿藻,它每天都周期性地经历着高潮沉水和低潮暴露于空气两种截然不同的生境变化(Davison and Pearson,1996)。高潮时,藻体会沉浸在海水中(即水生环境),此时光照、温度和盐度等生长环境较为稳定,很少受到高光强以及干出失水等胁迫的考验。低潮时,由于藻体暴露于空气中(类似陆地环境),会经历高渗与干出失水等极端的胁迫环境(Dring and Brown,1982)。在高渗和干出失水胁迫过程中,藻体会失去大量的自由水,进而影响整个藻体细胞的新陈代谢过程,使得藻体处于休眠状态。然而,当涨潮时,藻体重新浸没在海水中,藻体细胞可以迅速恢复到水生环境的生长状态。因此,潮间带大型海藻是复苏植物的典型代表,现已成为逆境生物学研究的重要焦点(Tian et al.,2010;Gao et al.,2011;李信书等,2013;李少香等,2014)。

而当绿潮暴发时,大量漂浮浒苔会聚集在一起,形成一定厚度的能够分层的藻垫,上层浒苔经受着高温、强光、干出的胁迫,同时下层海藻则面临光照不足的窘境,但在漂流过程中,位于藻垫中的藻体却能够大量迅速繁殖,说明浒苔对各种胁迫存在相应的耐受机制。

植物对非生物胁迫因子的响应机制极其复杂,几乎所有的生理过程在逆境条件下都会发生变化。Pfannschmidt(2003)报道,光合作用是光合生物对逆境最敏感的生理过程,因此研究藻类或植物对逆境因子的响应机制首先应从光合作用入手。光合电子传递受高盐、干旱、高温等胁迫因子的影响非常显著(Bukhov and Carpentier,2004;Gao et al.,2011;Huang et al.,2012),因此要研究浒苔的抗逆响应,光合电子传递是重要切入点。

一、浒苔光合电子传递对不同逆境因子的响应

浒苔具有极强抗失水(干出和高渗)胁迫的能力。在轻微失水条件下(绝对含水量约70%),PSII活性显著下降,而PSI活性呈增高趋势;在极端失水(干出或高渗胁迫)条件下,浒苔藻体PSII活性几乎为零,但PSI仍有较高的活性,且可被DBMIB(2,5-dibromo-3-methyl-6-isopropyl-p-benzoquinone,Cyt b_6f抑制剂)抑制,但对DCMU [3-(3′,4′-dichlorophenyl)-1,1′-dimethyl urea,PSII的抑制剂]不敏感,表明浒苔PSI驱动的环式电子传递仍处于工作状态,且占主导地位(Gao et al.,2011)。与干出失水胁迫过程类似,在高渗胁迫条件下,PSII活性几乎为零,但PSI仍有较高的活性,一旦重新复水,PSI驱动的环式电子传递可以迅速恢复。恢复速度显著高于PSII,即使在PSII被抑制的情况下,PSI驱动的环式电子传递仍可恢复(Gao et al.,2014)。

因此,我们认为浒苔在干出失水状态以及复水时环式电子传递的电子或者源自淀粉降解经磷酸戊糖途径产生的NADPH,或者源自干出失水过程中PSII运转积累的NADPH(Gao et al.,2013;Gao and Wang,2012)。事实上,适度的干旱、寒冷以及高盐胁迫等均可以激活处于休眠状态的复苏植物的环式电子传递,对PSI和PSII起重要保护作用(Golding and Johnson,2003;Huang et al.,2011,2012;Shikanai,2007;Yamori and Shikanai,2011)。同样生长在潮间带的红藻紫菜在失水时的光合电子传递特性与浒苔类似(Gao et al.,2013;Gao and Wang,2012)。综上所述,我们认为失水(干出和高渗)过程大型海藻环式电子传递的升高是适应潮间带特殊环境的重要生理特征。

高盐不仅可以使细胞失水,还可造成盐胁迫(Zhu,2001),二者对细胞的伤害不同。浒苔不仅对失水胁迫有抗性,还可耐受高盐胁迫。在盐胁迫下,浒苔PSII活性降为零时,PSI仍可维持运转,表明PSI对盐度胁迫的耐受性明显强于PSII;在加入PSII的特异性抑制剂DCMU之后,PSI仍具有一定的活性,且随着盐度的增加而增强。一旦复水,藻体可以快速恢复活性,即使在复水时抑制PSII活性,PSI仍可以恢复,表明PSI的电子除了来源于PSII外,还有其他的来源。另外,随着盐度的增加,藻体淀粉含量下降,可溶性糖含量升高,磷酸戊糖途径的关键酶6-磷酸-葡萄糖脱氢酶(G6PD)活性增强,

NADPH 含量增加,RNA 含量上升。研究结果表明,在高盐胁迫条件下,无论是潮间带的大型海藻——浒苔(Huan et al.,2014)、条斑紫菜(*P. yezoensis*)(Lu et al.,2016),还是小立碗藓(*Physcomitrella patens*)(Gao et al.,2016),磷酸戊糖途径与光合电子传递以及复苏关系密切:一方面磷酸戊糖途径产生的 NADPH 可为 PSI 驱动的环式电子传递提供电子来源,另一方面产生的五碳糖可作为藻体复苏时细胞内核酸合成的前体,加速抗逆相关蛋白的表达(图3.6)。

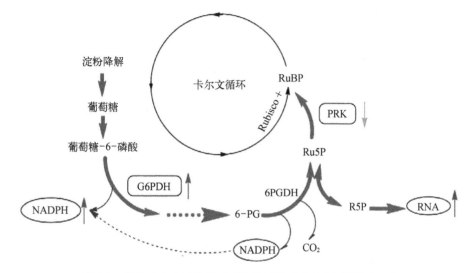

图 3.6　浒苔光合电子传递对高盐胁迫的响应(王广策等,2016)

高盐胁迫过程中,磷酸戊糖途径的关键酶 6-磷酸-葡萄糖脱氢酶活性显著升高、NADPH 含量升高,可为 PSI 驱动的环式电子传递提供电子来源,另外,5-磷酸核酮糖激酶活性下降,磷酸戊糖途径产生的五碳糖可作为藻体复苏时细胞内核酸合成的前体

综上所述,浒苔的光合作用对非生物逆境因子的响应关系密切,其中光合电子传递尤其是环式电子传递发挥重要的作用。

二、浒苔类囊体膜蛋白质组对环境因子的响应

在胁迫条件下,浒苔类囊体膜蛋白的组成、结构和功能变化显著。浒苔类囊体膜比较蛋白质组研究结果表明,在干出失水过程中重组形成了一个超分子复合体,复水时消失;该复合体主要由 PSII 核心复合体、LHCII 和 PSI 的亚基组成,且磷酸化程度增强(Gao et al.,2015)。尽管 Tikkanen 等(2008)早在2008年就提出光合生物可能存在 PSII-LHCII-PSI 三元超分子复合体,但直到最近才有研究分别在失水状态的浒苔和低光培养条件下的拟南芥中分离出该三元复合体。因此,我们认为该复合体主要功能是平衡 PSII 和 PSI 之间的能量分配,以适应逆境条件。

逆境条件下,浒苔类囊体膜相关蛋白质的含量也随之发生变化。浒苔在失水过程中,同时存在两个光保护所必需的蛋白质,PsbS(PSII 的一个亚基,仅存在于高等植物中)和 LHCSR(light-harvesting complex stress-related,仅存在于莱茵衣藻中),并且二者的含量在干出过程中呈升高趋势,表明在干出胁迫条件下这两种蛋白质在浒苔光保护过程中起到重要的作用(Gao et al.,2015;Mou et al.,2013)。在小立碗藓中也同时存在这两种蛋白质(Alboresi et al.,2010;Pinnola et al.,2013),并且在高光和低温胁迫过程中,这两种蛋白质均起到重要的作用(Gerotto et al.,2011)。因此,浒苔和小立碗藓的进化地位非常接近,潮间带海藻登陆后首先进化为苔藓类。尽管大型海藻没有模式物种,但是可以利用模式物种——小立碗藓的研究成果来解释浒苔的生物学现象。二者相互比较和验证,可揭示光合低等生物抗逆和繁殖的生物学规律。

结合有叶绿素的捕光色素蛋白系统（LHCⅠ和LHCⅡ）在光合作用中负责吸收光能并且随后将激发态能量传递给反应中心蛋白（Thornber，1975）。因此，捕光色素蛋白是最先受到光强影响的蛋白质之一。在持续强光照射下，浒苔两个捕光色素蛋白不协调地变化，LHCⅠ蛋白含量略微下降，但是LHCⅡ蛋白却上升明显。高等植物和部分藻类（如盐藻）在强光下，为减少光抑制的损害，一般通过调整光色素系统减少光能的捕获，如减少捕光蛋白结合的叶绿素含量或者通过调整LHCⅡ蛋白构象来耗散多余的能量，但浒苔LHCⅡ蛋白却出现上升，这种特殊的强光适应现象可能与其生活在光照、水分变化剧烈的潮间带有关，很多潮间带大型海藻，如羽藻和浒苔，光能的吸收和光反应中心的比例与高等植物不同（Yamazaki et al.，2005），潮间带海藻可能需要较高的ATP：NADPH（借助环式电子传递产生额外ATP来实现），通过增大LHCⅡ，把光能导向具有较快蛋白周转速率的PSⅡ，进而保护PSⅠ蛋白。

PsbS蛋白是光系统处结合叶绿素结合蛋白。PsbS蛋白之所以被认为在能量耗散中起了关键性的作用，是因为强光照导致类囊体腔的酸化，而PsbS感受到类囊体膜腔的酸度变化进而引起高能态猝灭（qE）以及叶黄素循环来起到光保护的作用。另外，通过荧光定量分析其在浒苔中的表达，随着强光照时间的延长，逐渐表现为上调表达。定量蛋白质组学也直接提供了PsbS在浒苔中参与强光照响应的实验证据。

第四章　绿潮藻分子标记与分子鉴定

分子标记(molecular markers)是以个体间遗传物质内核苷酸序列变异为基础的遗传标记。分子标记是 DNA 水平遗传多态性的直接反映,与形态学标记、生物化学标记、细胞学标记等遗传标记相比更具有优越性,且检测手段简单、快速,故广泛应用于种质鉴定、物种亲缘关系鉴别、遗传育种、遗传图谱构建、基因定位、基因库构建、基因克隆等方面。广义的分子标记是指可遗传的并可检测的DNA 序列或蛋白质,狭义分子标记是指能反映生物个体或种群间基因组中某种差异的特异性 DNA 片段。

随着分子生物学技术迅速发展,DNA 分子标记技术已有数十种。第一代分子标记是以分子杂交为核心的分子标记技术,包括限制性片段长度多态性(restriction fragment length polymorphism,RFLP)标记和原位杂交(in situ hybridization,ISH)。第二代分子标记技术是以 PCR 反应为核心的分子标记技术,包括随机扩增多态性 DNA(random amplification polymorphism DNA,RAPD)标记、简单序列重复(simple sequence repeat,SSR)标记或简单序列长度多态性(simple sequence length polymorphism,SSLP)标记、扩增片段长度多态性(amplified fragment length polymorphism,AFLP)标记、序列标签位点(sequence-tagged site,STS)标记、序列特征性扩增区域(sequence characterized amplified region,SCAR)标记等。第三代分子标记技术为一些新型的分子标记,如单核苷酸多态性(single nucleotide polymorphism,SNP)标记、表达序列标签(expressed sequence tags,EST)标记、基因芯片(gene chip)技术等。

分子标记手段已广泛应用于海藻的群体遗传学、生物地理系统学、亲缘关系、杂种优势、种质鉴定等研究中。特别是我国黄海绿潮暴发早期存在多种浒苔漂浮,仅依靠形态很难区分种类,因此绿潮藻分子标记研究迅速发展起来,目前已建立了绿潮藻浒苔 rbcL、ITS、5S rDNA、ISSR、SCAR 等分子标记体系。现已通过分子标记技术进行绿潮藻分子水平的鉴定工作,并可用于开展绿潮藻溯源跟踪研究。上海海洋大学正在应用浒苔转录组和基因组数据开发和建立绿潮藻浒苔 SSR、SNP 分子标记及荧光 PCR 分子快速鉴定技术。

第一节　浒苔类绿潮藻 ITS 和 5S rDNA 序列分析

一、浒苔类绿潮藻 ITS 序列分析

1. ITS 序列鉴定原理

真核生物的核糖体 DNA(nuclear ribosomal DNA,nrDNA)是由一些高度重复序列组成的多基因家族,在基因组内往往有成千上万的拷贝,这些拷贝在基因组内串联重复(图 4.1),分布于 1 对或多对染色体上(Eickbush and Eickbush,2007)。每个重复单元(rDNA)即为 45S rDNA,是编码 5.8S、18S、28S 3 种 rRNA 的前体。45S rDNA 的多态性主要体现在数量的改变。45S rDNA 主要定位于核仁组织区

(nucleolus organizer region，NOR)，参与核仁形成，一般在染色体的次缢痕部位（secondary constriction），与随体(satellite)相连。45S rDNA 包括以下区段（按 5'→3'方向）：非转录间隔区(non transcribed sequence，NTS)、外部转录间隔区(external transcribed spacer，ETS)、18S 基因、内部转录间隔区 1(internal transcribed spacer，ITS1)、5.8S 基因、内部转录间隔区 2(ITS2)、28S 基因和基因间隔序列(intergenic spacer，IGS)（图 4.2）。其中，18S 基因编码核糖体小亚基 18S rRNA，5.8S 基因和 28S 基因与外围的 5S 基因分别编码核糖体大亚基的 5.8S rRNA、28S rRNA、5S rRNA（图 4.2）。ITS1 和 ITS2 常被合称为 ITS(internal transcribed spacer，内部转录间隔区)，并且 5.8S RNA 基因也被包括在 ITS 之内。ITS 区域长度和序列变化较大，一般为 500~750 bp。

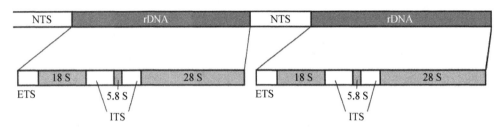

图 4.1　真核生物 45S rDNA 串联重复序列结构

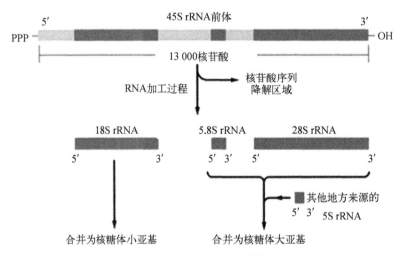

图 4.2　真核生物 45S rDNA 基因结构与功能

nrDNA(包括 ITS)通常采用一致性进化（concerted evolution)模式。在这种进化模式下，不同的 ITS 拷贝序列会趋向基本一致或完全一致，便于对 ITS 的 PCR 扩增产物进行直接测序，同时 ITS 序列适合于较低分类群的系统关系重建，使其成为现今真核生物系统学研究中最常用的分子标记之一(Bailey et al.，2003；Eickbush and Eickbush，2007)。真核生物 rDNA 18S，5.8S 和 28S 基因组序列在大多数生物中趋于保守，即在生物种间变化小，存在着广泛的异种同源性。而内部转录间隔区 ITS1 和 ITS2 作为非编码区，不加入成熟核糖体，承受的自然选择压力非常小，能容忍更多的变异，在绝大多数的真核生物中表现出了极为广泛的序列多态性，即使是亲缘关系非常接近的物种间甚至种内群体间都能在 ITS 序列上表现出差异。研究表明，ITS 片段的进化速率是 18S rDNA 的 10 倍。基于以上特性，ITS 序列可在不同条件下应用于真核生物物种鉴定和群体遗传分析。

ITS 鉴定是指对 ITS 序列进行 DNA 扩增和测序，通过将测序得到的 ITS 序列与已知种类 ITS 序列比较,从而定位未知物种系统发生的一种方法。ITS 序列在核基因组中高度重复,因此可以根据保守序列中的变异位点设计特殊引物对 ITS 区进行 PCR 扩增和序列分析。ITS1 和 ITS2 是中度保守区域,其保守性基本上表现为种内相对一致,种间差异比较明显。这种特点使 ITS 适合于物种的分子鉴定以及属内物种间或种内差异较明显的种群间的系统发育关系分析。由于 ITS 的序列分析能实质性地反映出属间、种间以及群体间的碱基对差异,且片段较小、易于分析,目前已被广泛应用于对真核生物不同生物型、菌株、群体、种、属等层次进行分类鉴定,甚至用于区分亲缘关系非常近的种。

ITS 作为一种遗传分子标记,具有明显的优越性。

1) 该区域所受选择压力小,可容忍更多的变异,因而进化速度快,表现出物种间极为广泛的序列多态性。

2) ITS 序列长度适中,含有足够的遗传信息量。

3) ITS 序列在核基因组内为中等重复,且这种重复序列将会趋向高度相似或一致化,这为 PCR 扩增及直接测序提供了可能。

4) 可根据保守序列设计通用引物,并可进行扩增产物序列差异比较。

5) 该技术快速、灵敏、准确。这些优点表明 rRNA 基因内部转录间隔区具有广泛应用性。

ITS 序列在 DNA 条形码研究中已被列为补充条码(CBOL Plant Working Group,2009),甚至为最有效的 DNA 条形码(Li et al.,2011;Tripathi et al.,2013;卢孟孟等,2013)。但也发现某些物种甚至个体内的 ITS 序列存在一致性进化不完全现象,拷贝之间存在明显的差异(Muir et al.,2001;Zheng et al.,2008;Xiao et al.,2010;Chen et al.,2015)。此外,一些 ITS 拷贝可能会由于功能退化而变成假基因(pseudogene)。假基因在序列结构上与功能基因非常相似,但已经丧失了正常的蛋白质编码功能(Vanin,1985)。由于假基因与功能基因的进化速率不同,不能反映真实的基因进化速率,所以用假基因或包含假基因的序列为依据构建的系统树并不可靠,因此 ITS 条形码研究中应慎重(Mayol and Rossello,2001;马长乐和周浙昆,2006)。

2. ITS 序列分子鉴定方法

(1) ITS 序列 PCR 扩增

ITS 序列 PCR 扩增反应体系(50 μL)包含:25 μL 的 PCRmix,正反向引物(10 μmol/L)各 2 μL,2 μL 的 DNA 模板,19 μL 的双蒸水(ddH$_2$O)。

ITS 引物序列如下。

ITS-F:TCGTAACAAGGTTTCCGTAGG(21 bp)

ITS-R:TTCCTTCCGCTTATTGATATGC(22 bp)

PCR 反应程序为:94℃预变性 5 min,30 个循环(94℃ 40 s,55℃ 40 s,65℃ 70 s),65℃延伸 10 min。

(2) 测序及鉴定结果判断

PCR 产物进行琼脂糖电泳检测有目的条带后,送测序公司进行测序,获得分析样本的 ITS 序列。

应用 MEGA 6.0 软件进行绿潮藻 ITS 序列比对和序列相似性分析,以鉴定出绿潮藻种类和类型。标准参考序列可以从 NCBI 数据库中下载获得,本书已列出 4 种绿潮藻种类 ITS 标准序列,以供参考。

溯源调查一般采用相似性为 100%,种类鉴定则相似性达到 95% 以上。

(3) 浒苔类绿潮藻种类 ITS 标准序列

1) 浒苔(*U. prolifera*)ITS 标准序列

我们以 2008 年黄海绿潮漂浮浒苔(*U. prolifera*)ITS 序列为漂浮浒苔标准序列(NCBI 序列号:MG017467.1):

CCAATCACAGAGCACCTGCGGGCGCTCGCTCCCCTCGGGGGGCGAGGGCCCGCCGTTTAC
AGGATCCGCCGGCGCGTGAGCTCCCCTCGGGGGGCGACCGCGCCGGGCCGGAGCCCTAACCCA
TTGAACCCTCTGCCCTGAAGCAGCTTCGCACGGGGACACCCCTGCGATAGTAACTGAGACAA
CTCTCAACAACGGATATCTTGGCTCTCGCAACGATGAAGAACGCAGCGAAATGCGATACGT
AGTGTGAATTGCAGAATTCCGTGAGTCATCGAATCTTTGAACGCACATTGCCGGTCGACTC
TTCGGAGGAGACCACATCTGCCTCAGCGTCGGAATACCCCCTCACGCACCCCCGCGTGGACCT
GGCCCCCCCGGACGCCTCGGCGCCCGGGCCGGCTGAAATGCAGAGGCTCGTGCGCGGCCCATT
CGTGGCCCCGACTAGGTAGGTAGCTCGCTACTTCTAGGCGGTGGCTCGGTGTCGCGTGCTGT
GGGCCCGAAAGGATACCAATCCATTCATTCGACCTGAGTTCAGGTGAGGCTACCCGCTGAA
CTTAAGCATATC

我们以 2008 年江苏沿岸池塘固着生长浒苔(*U. prolifera*) ITS 序列为固着生长浒苔(*U. prolifera*)标准序列(NCBI 序列号：AB830485.1)：

CCAATCACAGAGCACCTGCGGGCGCTCGCTCCCCTCGGGGGGCGAGGGCCCGCCGTTTAC
AGGATCCGCCGGCGCGTGAGCTCCCCTCGGGGGGCGACCGCGCCGGGCCGGAGCCCTAACCCA
TTGAACCCTCTGCCCTGAAGCAGCTTCGCACGGGGACACCCCTGCGATAGTAACTGAGACAA
CTCTCAACAACGGATATCTTGGCTCTCGCAACGATGAAGAACGCAGCGAAATGCGATACGT
AGTGTGAATTGCAGAATTCCGTGAGTCATCGAATCTTTGAACGCACATTGCCGGTCGACTC
TTCGGAGGAGACCACATCTGCCTCAGCGTCGGAATACCCCCTCACGCACCCCCGCGTGGACCT
GGCCCCCCCGGACGCCTCGGCGCCCGGGCCGGCTGAAATACAGAGGCTCGCGCGCGGCCCATT
CGTGGCCCCGACTAGGTAGGTAGCTCGCTACTTCTAGGCGGTGGCTCGGTGTCGCGTGCTGT
GGGCCCGAAAGGATACCAATCCATTCATTCGACCTGAGTTCAGGTGAGGCTACCCGCTGAAC
TTAAGCATATC

2) 缘管浒苔(*U. linza*)ITS 标准序列(NCBI 序列号：AJ000203)

GTGAACCTGCGGAGGGATCATTGAAACCGATCAAACCAATCACAGAGCACCTGCGGGC
GCTCGCTCCCCTCGGGGGGCGAGGGCCCGCCGTTTACAGGATCCGCCGGCGCGTGCGCTCCCC
TCGGGGGGCGACCGCGCCGGGCCGGAGCCCTAACCCATTGAACCCTCTGCCCTGAAGCAGCTT
CGCACGGGGACACCCCTGCGATAGTAACTGAGACAACTCTCAACAACGGATATCTTGGCTCT
CGCAACGATGAAGAACGCAGCGAAATGCGATACGTAGTGTGAATTGCAGAATTCCGTGAGT
CATCGAATCTTTGAACGCACATTGCCGGTCGACTCTTCGGAGGAGACCACATCTGCCTCAGC
GTCGGAATACCCCCTCACGCACCCCCGCGTGGACCTGGCCCCCCGGACGCCTCGGCGCCCGGG
CCGGCTGAAATGCAGAGGCTCGTGCGCGGCCCATTCGTGGCCCCGACTAGGTAGGTAGCTCG
CTACTTCTAGGCGGTGGCTCGGTGTCGCGTGCTGTGGGCCCGAAAGGATACCAATCCATTCA
TTCGACCTGAGTTCAGGTGAGGCTACCCGCTGAACTTAAGCATAT

3) 扁浒苔(*U. compressa*)ITS 序列(NCBI 序列号：EU933981)

TGGGGATAGAACATTGCAATTATTGTTCTTCAACGAGGAATGCCTAGTAAGCGCGAGT
CATCATCTCGCGTTGATTACGTCCCTGCCCTTTGTACACACCGCCCGTCGCTCCTACCGATTG
AACGTGCTGGTGAAGCGTTAGGACTGGAACTTCGGGCAGGTCTCCTGCTCATTGTTTCGGG
AATTTCGTTGAACCCTCCCGTTTAGAGGAAGGAGAAGTCGTAACAAGGTCTCCGTAGGTGA
ACCTGCGGAGGGATCATTGAAACCGATCAAACCAACCCCAGAGCACTTGTGGGCGCCGCGCC
TCCCGGGGGGAGCGGCGTCGCCGTTTTCGGAACGCCGGTGAGGTGCGCTCCCCCGGGGG
CGCCCCCTGCCGTGCGGGGCCCTAACCCATGAAACCTTCTGCCCTGAAGCAGCTTCGTACGG

GGACACCCCTGCGATCTAACTGAGACAACTCTCAACAACGGATATCTAGGCTCTCGCAACGA
TGAAGAACGCAGCGAAATGCGATACGTAGTGTGAATTGCAGAATTCCGTGAGTCATCGAAT
CTTTGAACGCACATTGCCGGTCGAGTCTTCGGATGAGACCACATCTGCCTCAGCGTCGGGAT
ACCCCCTCACGCCCGCTCGCGAGAGCGGGCCGTGGACCTGGCCCCCCCGGTCCTTGCGGCCGG
GCTGGCTGAAGTACAGAGGTTCGTGCGCGGCCCATTCGCGGCCCCGACTAGGTAGGTTGCTC
GCAACTTCTAGGCGGAGGCTCGGTGCCGTGTGCTGTGAGCCACGAAGGATACTAACTTTCCA
TTCGACCTGAGTTCAGGTGAGGCTA

4) 曲浒苔(*U. flexuosa*)ITS 标准序列(NCBI 序列号：HM031176)

CCAATCACAGAGCACCTGCGGGCGCTCACCTCCTCCGCTCGCGGGGTGGGGTGGGGCGGT
CCGCCGTTTACAGGAGCCGCCGGTGCAGGAGCCCTCTCGCGGGCCCCGGCCGAGCCGGCCCCT
TCAACCCATTGAACCCTCTGCCCTGAAGCAGCTTCGTATGGGGACACCCCTGCGATAGTAAC
TGAGACAACTCTCAACAACGGATATCTTGGCTCTCGCAACGATGAAGAACGCAGCGAAATG
CGATACGTAGTGTGAATTGCAGAATTCCGTGAGTCATCGAATCTTTGAACGCACATTGCCG
GTCGACTCTTCGGAGGAGACCACATCTGCCTCAGCGTCGGAATACCCCCTCACGCACTCCCGC
GTGGACCTGGCCCCCCCGGACTCCCCGTCCGGGCCGGCTGAAAAGCAGAGGCTCGTGCGCGGC
CCATTCGTGGCCCCGACTAGGTAGGTAGCTCGCTACTGCTAGGCGGAGGCTCGGTGTCGCGT
GCTTTGGGCCCCAAAGGATACCCATCCATTCATTCGACCTGAGTTCAGGTGAGGCTACCCGC
TGAACTTAAGCATATCAATAG

(4) 绿潮藻 ITS 序列分析案例

从 2016 年 1~4 月江苏如东、吕四和大丰紫菜养殖区的各个采样点上,取固着绿潮藻各 10 株,液氮冷冻保存运回实验室。用无菌海水对绿潮藻样品进行清理,并进行初步的形态分类,用纸将水分吸干。利用试剂盒进行 DNA 提取和 PCR 扩增,经电泳检测后,送至测序公司测序。根据测序的峰图,挑选出可用的 DNA 序列。将每个采样点所检测到的不同单倍型用 A、B、C 和 D 标注,将所有的序列在 NCBI 上进行 BLAST,并基于如东、吕四和大丰紫菜筏架及南黄海早期漂浮绿潮藻样品的 ITS 序列,通过 MEGA 5.05 软件构建 Neighbor-Joining(NJ)系统发育树(图 4.3)。

由于浒苔(*U. prolifera*)和缘管浒苔(*U. linza*)ITS 序列只有几个碱基差异,所以均归属为 LPP 簇(*U. linza-procera-prolifera*)。图 4.3 中的系统发育树主要分为 3 个分支,分别为 LPP 簇、扁浒苔(*U. compressa*)和曲浒苔(*U. flexuosa*)分支。其中 LPP 簇分支中的样品所占的比例最大,扁浒苔(*U. compressa*)分支中的样品所占的比例则最少。通过所检测的样品在系统发育树中的聚类情况可知:2016 年 1~4 月,如东、吕四和大丰的紫菜养殖筏架上均有固着生长曲浒苔(*U. flexuosa*)和 LPP 簇;2016 年 4 月,如东和大丰的紫菜养殖筏架区存在固着生长的扁浒苔(*U. compressa*);南黄海海区的2016 年 4 月漂浮点 1 主要由 LPP 簇和扁浒苔(*U. compressa*)构成,漂浮点 2 则只由 LPP 簇构成。由于 LPP 簇中的藻种的 ITS 序列之间的差异很小,因此将 LPP 簇分支中的绿潮藻样品,通过基于 5S rDNA 间隔区序列 PCR 扩增进行进一步的分析。

3. GenBank 中浒苔类绿潮藻 ITS 序列分析

(1) GenBank 中浒苔类绿潮藻 DNA 序列概况

全面检索和查询了 GenBank 数据库中浒苔类绿潮藻的 DNA 序列并做出统计,发现肠浒苔(*U. intestinalis*)已知基因序列最多,其次为浒苔(*U. prolifera*)、缘管浒苔(*U. linza*)和扁浒苔(*U. compressa*),而 *U. procera* 和曲浒苔(*U. flexuosa*)序列数目次之,条浒苔(*U. clathrata*)最少,还未出现管浒苔(*U. tubulosa*)的序列;各种浒苔序列主要集中于 ITS 和 *rbcL* 基因上(表 4.1)。

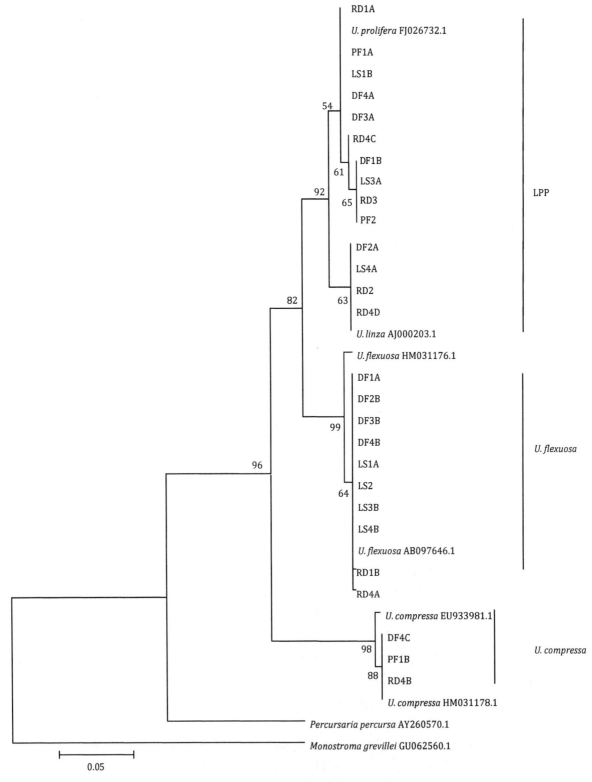

图 4.3 基于江苏紫菜筏架及南黄海早期漂浮绿潮藻样品的 ITS 序列构建系统发育树（王诗颖，2017）

图中 RD 表示如东；DF 表示大丰；LS 表示吕四

表 4.1　GenBank 中浒苔类绿潮藻 DNA 序列概览(条)

	ITS	*rbcL*	其他	总数
U. intestinalis	53	72	26	151
U. prolifera	49	16	58	123
U. linza	40	8	41	89
U. compressa	39	28	17	84
U. procera	12	29	0	41
U. flexuosa	10	3	1	14
U. clathrata	1	3	0	4
U. tubulosa	0	0	0	0

（2）GenBank 中浒苔(*U. prolifera*)ITS 序列分析

我们统计并下载了 GenBank 中浒苔(*U. prolifera*)的 ITS 序列,序列源自 4 个国家,中国此种序列数目最多,为 26 个,日本为 14 个,美国最少仅为 2 个(表 4.2)。

表 4.2　GenBank 中浒苔(*U. prolifera*)ITS 序列概览

作　者	提交时间	序列号	国　家	数　量
Liu et al.	21 - May - 2009	GQ202117	中国	26
Ning et al.	10 - Dec - 2008	FJ539192		
Kong et al.	29 - Oct - 2008	FJ426599 - FJ426614		
Wang et al.	7 - Aug - 2008	FJ002301		
Zhang et al.	14 - Aug - 2008	FJ026732		
Shen et al.	30 - Mar - 2010	HM047551 - HM047553		
Zhang et al.	3 - Dec - 2009	GU266276		
Shen et al.	16 - Sep - 2009	GQ920623		
Rinkel et al.	7 - May - 2007	EF595356	英国	7
Rinkel et al.	7 - May - 2007	EF595472 - EF595471		
Tan et al.	23 - Oct - 1998	AJ234305 AJ234304		
Blomster et al.	13 - Sep - 1999	AF185938		
Blomster et al.	20 - Nov - 1997	AF035354		
Shimada et al.	16 - Mar - 2007	AB298308 - AB298321	日本	14
Hayden et al.	23 - Sep - 2003	AY42251 AY422510	美国	2

我们分析了 GenBank 中 ITS 全长序列,结果表明,日本、美国、英国的浒苔(*U. prolifera*)两两间的遗传距离为 0.002~0.076,而国内浒苔(*U. prolifera*)遗传距离较大,为 0~0.171。

（3）GenBank 中缘管浒苔(*U. linza*)ITS 序列分析

搜索并统计了 GenBank 中缘管浒苔(*U. 1inza*)ITS 序列。其中,比利时、美国和荷兰各有 1 个,英国 7 个,中国 11 个,日本最多为 29 个(表 4.3)。

表 4.3　GenBank 中缘管浒苔(*U. 1inza*)ITS 序列概览

作　者	提交时间	序列号	国　家	数　量
Leliaert et al.	10 - Sep - 08	FM210345	比利时	1
Rinkel et al.	7 - May - 07	EF595474 EF595473	英国	7

作　　者	提交时间	序列号	国　家	数　量
Blomster et al.	13－Sep－99	AF185944 AF185946	英国	
Tan et al.	23－Jul－97	AJ000204 AJ000203		
Zheng et al.	16－Jul－08	EU888138	中国	11
Shimada et al.	29－Mar－07	AB299440 AB299439		29
Shimada et al.	20－Mar－07	AB298633 AB298636		
Shimada et al.	31－Oct－06	AB280868 AB280881	日本	
Yokoyama et al.	28－Sep－06	AB275788 AB275804		
Himada et al.	5－Dec－02	AB097649 AB097648		
Hayden et al.	16－Mar－03	AY260557	美国	1
Malta et al.	24－May－99	AF153491	荷兰	1

GenBank 中缘管浒苔(U. linza)ITS全长序列遗传距离结果表明,中国与日本、美国、英国的缘管浒苔(U. linza)两两间的遗传距离较大,为0~0.135。

(4) GenBank 中扁浒苔(U. compressa)ITS 序列分析

表 4.4 为 GenBank 中扁浒苔(U. compressa)的 ITS 序列。其中,英国最多为 17 个,澳大利亚和日本基本持平,芬兰和爱尔兰最少,分别为 2 个和 1 个(表 4.4)。

表 4.4　GenBank 中扁浒苔(U. compressa)ITS 序列概览

作　者	提交时间	序列号	国　家	数　量
Kraft et al.	30－Jul－2008	EU933968 EU933969 EU933973 EU933974 EU933979 EU933981	澳大利亚	11
Woolcott et al.	26－Nov－2 000	AY016307		
	20－Oct－1998	AF099718 AF099720－AF099722		
Yokoyama et al.	28－Sep－2006	AB275827－AB275832		
Shimada et al.	5－Dec－2002	AB097641	日本	8
Shimada et al.	31－Oct－2006	AB280824		
Leskinen et al.	19－Mar－2003	AJ550765 AJ550764	芬兰	2
Tan et al.	23－Oct－1998	AJ234301 AJ234302		
Blomster et al.	8－Nov－1999	AF202466 AF201763		
Tan et al.	15－Jul－1997	AF013982 AF013981	英国	17
Blomster et al.	20－Nov－1997	AF035343－AF035353		
Blomster et al.	7－Oct－1999	AF192760	爱尔兰	1

分析了 GenBank 中扁浒苔(*U. compressa*)ITS 全长序列遗传距离发现澳大利亚、日本、芬兰、英国两两间的遗传距离较小,为 0~0.012。

（5）GenBank 中曲浒苔(*U. flexuosa*)ITS 序列分析

GenBank 中曲浒苔(*U. flexuosa*)ITS 序列包括以下 10 个,其中,日本占据绝大多数为 8 个,英国和澳大利亚分别为 1 个(表 4.5)。

表 4.5　GenBank 中曲浒苔(*U. flexuosa*)ITS 序列概览

作　者	提交时间	序列号	国　家	数　量
Ichihara et al.	27－Feb－2008	AB425963	日本	8
Shimada et al.	31－Oct－2006	AB280861		
Yokoyama et al.	28－Sep－2006	AB275834－5		
Shimada et al.	5－Dec－2002	AB097644－7		
Tan et al.	23－Oct－1998	AJ234306	英国	1
Woolcott et al.	20－Oct－1998	AF099719	澳大利亚	1

GenBank 中曲浒苔(*U. flexuosa*)ITS 全长序列遗传距离分析日本和澳大利亚之间的曲浒苔(*U. flexuosa*)遗传距离为 0~0.053。

二、浒苔类绿潮藻 5S rDNA 序列分析

1. 5S rDNA 序列分子鉴定原理

在高等真核生物中,45S rDNA 和 5S rDNA 是 2 种具有重要功能的编码核糖体 RNA(rRNA)的重复序列(图 4.4),其编码区的保守性和非编码区的多态性是研究动植物系统发育与进化的重要分子标记。5S rDNA 是在 45S rDNA 序列之外的重复序列,由编码区和非编码区组成,它在染色体上位置不像 45S rDNA 那样有与核仁相连的明显特征,不位于核仁组织区,而是随物种不同而不同。高等植物果树 5S rDNA 一般为 1~3 对,有的物种多达 13 对,有的物种位于同 1 条染色体上,也有的物种 5S rDNA 与 45S rDNA 不分布在同一条染色体上。真核生物核糖体大亚基是由 5S rDNA 基因转录产物 5S rRNA 与来自 45S rDNA 的 5.8S rDNA 基因和 28S rDNA 基因转录产物 5.8S rRNA、28S rRNA 结合形成的(图 4.2)。

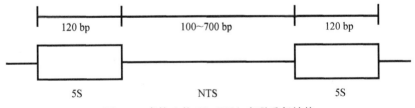

图 4.4　真核生物 5S rDNA 串联重复结构

5S rDNA 是真核生物中一类高度保守的串联重复序列,单倍体基因组中的拷贝数为 1 000~50 000,重复单位长度为 200~900 bp。每个重复单位都是由一个编码区和之间的非转录间隔区(NTS)组成(图 4.4)。相对于拷贝数较大变化的 45S rDNA,5S rDNA 编码区碱基序列则相当保守,长度约为 120 bp,而非转录间隔区变化范围在 100~700 bp,5S rDNA 碱基序列的变异主要来自非转录间隔区。5S rDNA 是研究比较物种进化的一个理想的分子标记,而 5S rRNA 和 5S NTS 也已在裸子植物、单子叶植物和双子叶植物以及绿藻中得到了很多应用。

2. 5S rDNA 序列分子鉴定方法

5S rDNA 间隔区序列的 PCR 扩增反应体系(50 μL)包含：25 μL PCRmix,正反向引物(10 μmol/L)各 2 μL,2 μL 的 DNA 模板,19 μL 的 ddH₂O。

（1）5S 序列扩增

5S rDNA 间隔区引物序列如下。

5S-F：GGTTGGGCAGGATTAGTA(18 bp)

5S-R：AGGCTTAAGTTGCGAGTT(18 bp)

PCR 反应程序为：94℃预变性 3 min,35 个循环(94℃ 40 s,52℃ 40 s,72℃ 70 s),72℃延伸 5 min。

（2）测序及鉴定结果判断

PCR 产物进行琼脂糖电泳检测有目的条带后,进行测序,获得分析样本的 ITS 序列。

应用 MEGA 6.0 软件进行绿潮藻 ITS 和 5S rDNA 多序列比对和序列相似性分析,以鉴定出绿潮藻的种类和类型。标准参考序列可以从 NCBI 数据库中下载获得,本规程已列出数种绿潮藻种类的 ITS 和 5S rDNA 标准序列,以供参考。

溯源调查一般采用相似性为 100%,种类鉴定则相似性达到 95%以上。

（3）浒苔类绿潮藻 5S rDNA 间隔区标准序列

浒苔(*U. prolifera*)5S-Ⅰ型序列(NCBI 序列号：AB624461)：

GTGCTGTATCGCCAACAAACAAACCCTTTTGGGGCTGCCTTACCCTCTGCATCTGTGTA TCGCGGCCGCGTACGAGCCTGCACGCCTGCGCGCGCTTCGAGCCGCACATACACGCACGCTCA CCTCTCTGTCCTGTCTCTGCTCGCATCACACGCCCGGCGTCTCCATCCCACTCGCCGCGGCTCC TTACCGTCGGCGGCCAGGCCCTCGCCTGCCTCCAATCACTGCCAGACCATTCCCCGCAATGC CCCTTCGTGCAGGCGCGCTCATAGCCTCGACATCCGCTGCTTCTGGCGTGATA

浒苔(*U. prolifera*)5S-Ⅱ序列(NCBI 序列号：HM584772)

GGTTGGGCAGGATTAGTACTGGGCTGAGTGATCTCCTGGGAATCCCCTGTGCTGTATCG CCAACAAACCCTTTTGGGGCTGCCTTACCCTCTGCATCTGTGTATCGCGGCCGCGTACGAGC CTGTACGCCTGCGCGCGCTTCGAGCCGCACATACACAAGCAGCCGTCGGCGCTGTGCCCAGGT CTCCAGTGCCCCCCGCGCCCGGCCCGCACGCTCACCTCTCTGTCCTGTCTCTGCTCGCATCAC GTCTCCGTCCCACTCGCCGCGGCTCCTTACCGTCGGCGGCCAGGCCCTCGCCTGCCTCCAATCA CTGCCAGACCATTCCCCGCAATGCCCCTTCGTCCGGGCGCGCTCATAGCCTCGACTTCCGCT GCATCTGGCGTGATACGGTCATACCACCAGGAAAACAGGCGATCCCATCAGAACTCGCAACT TAAGCCT

缘管浒苔(*U. linza*)5S 序列(NCBI 序列号：AB298672)

CGCTATCAAAACCCCCTTTTGAGACTGCCTCGCCCTCTGCATCTGTCTACAGCGGCCGCA CACGAGCCTGCACGCCTGCGCGGCTTCGAGCCGCACATACACGAGCAGCCGGCGGCACTGCAG CGCCCTCGCCTGCCACCAATCACTGCCGGAGCATCCCCCCCCGCCATCACCCTTCGTCCGGCCG CGCTCATAGCCTCGACAGCCGCTGCTTCTGGCGTGATACGGTCATACCACCAGGAAAA

3. 绿潮藻 5S rDNA 间隔序列分析案例

对 2016 年 1~4 月采集的 LPP 簇(*U. linza-procera-prolifera*)分支样品进一步基于 5S rDNA 间隔区序列进行 PCR 扩增,扩增产物经电泳检测合格后,送至测序公司测序。根据测序峰图挑选合格的序列,将所有的序列在 NCBI 上进行 BLAST,并运用 MEGA 5.05 软件构建 NJ 系统发育树,结果如图 4.5 所示。

属于 LPP 簇分支的绿潮藻样品,其基于 5S rDNA 间隔区序列所构建的系统发育树,主要分为两大

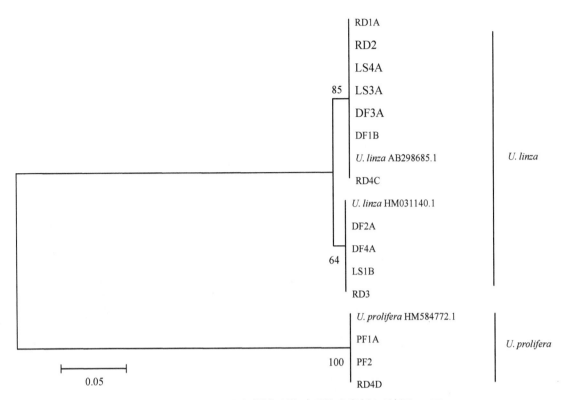

图 4.5　基于 5S rDNA 间隔序列构建系统发育树(王诗颖,2017)

图中 RD 表示如东;LS 表示吕四;DF 表示大丰

分支,分别为缘管浒苔(*U. linza*)分支和浒苔(*U. prolifera*)分支,其中缘管浒苔(*U. linza*)分支中的样品所占比例最高。由系统发育树的聚类结果可知,如东、大丰和吕四紫菜筏架养殖区和南黄海海区漂浮点的属于 LPP 簇的样品,分别是何种绿潮藻。2016 年 1~4 月,大丰紫菜养殖筏架固着绿潮藻中,其属于 LPP 簇的样品均为缘管浒苔(*U. linza*);1 月、3 月和 4 月,吕四紫菜养殖筏架固着绿潮藻中,其属于 LPP 簇的样品均为缘管浒苔(*U. linza*);在如东紫菜养殖筏架固着绿潮藻的属于 LPP 簇样品中,1~3 月均为缘管浒苔(*U. linza*),4 月则分别为缘管浒苔(*U. linza*)和浒苔(*U. prolifera*);南黄海早期漂浮点 1 和点 2 中,属于 LPP 簇样品的均为浒苔(*U. prolifera*)。

三、浒苔与缘管浒苔 ITS‐5S rDNA 间隔序列分子鉴定

1. 浒苔和缘管浒苔序列比对分析

由于 GenBank 中浒苔(*U. prolifera*)和缘管浒苔(*U. linza*)ITS 序列遗传距离较大,分别达到 0~0.171 和 0~0.151,我们选取其中具有代表性的 6 个 ITS 序列(表 4.6)做多序列比对分析。结果显示:缘管浒苔(*U. linza*)ITS 序列比浒苔(*U. prolifera*)略长,浒苔(*U. prolifera*)与缘管浒苔(*U. linza*)共存在 6 处碱基差异,浒苔(*U. prolifera*)的 2 个碱基差异处(131、239 位点)在缘管浒苔(*U. linza*)对应位点也存在差异;浒苔(*U. prolifera*)另 2 个碱基差异处(113、455 位点)在缘管浒苔(*U. linza*)对应位点不存在差异;在 165、220 位点,浒苔(*U. prolifera*)不存在碱基差异,而缘管浒苔(*U. linza*)存在碱基差异(图 4.6)。因此 GenBank 中浒苔(*U. prolifera*)和缘管浒苔(*U. linza*)部分 ITS 序列极其相似,种间并未严格区分开。

进一步比较 GenBank 中浒苔(*U. prolifera*)和缘管浒苔(*U. linza*)序列发现存在序列相同而种名定义不同的现象。例如,AB298315 和 AJ000203,这两个序列完全相同,但前者被定义为浒苔(*U. prolifera*)ITS 序列,而后者则是缘管浒苔(*U. linza*)ITS 序列;AB298316 和 AB097649,FJ426613

和 EU888138 也都是相同的序列,但种名定义不同(表 4.7)。

表 4.6　GenBank 中浒苔(_U. prolifera_)与缘管浒苔(_U. linza_)ITS 序列比对

种　　名	编　　号	序列全长/bp	ITS 序列长度/bp
U. prolifera	AB298314Japan	522	522
U. prolifera	AB298312Japan	522	522
U. prolifera	AB298316Japan	522	522
U. linza	AB097649 Japan	534	534
U. linza	AJ000203 Scotland	602	535
U. linza	AJ000204 Scotland	601	534

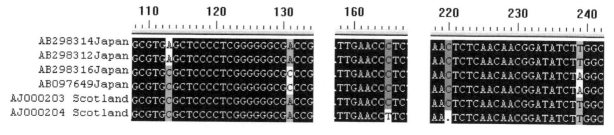

扫一扫　见彩图

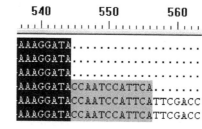

图 4.6　GenBank 中浒苔和缘管浒苔 ITS 序列比对(陈丽平,2012)

表 4.7　GenBank 中序列种名相同但序列不同(陈丽平,2012)

序列相似性	_U. prolifera_	_U. linza_
100%	AB298313 Japan	AB299439 Japan
100%	AB298316 Japan	AB097649 Japan
100%	FJ426613 China	EU888138 China

2. 固着绿潮藻 ITS-5S rDNA 间隔序列分子鉴定

(1) 固着绿潮藻 ITS 序列分析

对 2011 年 3 月紫菜养殖筏架区域固着绿潮藻样本进行 DNA 提取,ITS-PCR 扩增后,经电泳检测后送去华大基因测序,根据反馈的峰图,挑选出数据可靠的序列,同一个点得到的不同序列分别标记为 a、b、c,采用 MEGA 4.0 软件进行 UPGMA 聚类分析,分析结果如图 4.7 所示,经 BLAST 分析可知,序列 DF1113b 为 _Urospora_ sp.,以 DF1113b 为外类群,应用 MEGA 4.0 进行聚类,由聚类图可知,这些样品聚类为三大支:LPP、曲浒苔(_U. flexuosa_)和扁浒苔(_U. compressa_)。在采集的 5 个点均有 LPP 类群,且占样品总数的比例较高,达 58%,与 2008 年漂浮浒苔(_U. prolifera_)序列(FJ026732.1)聚为一支。海安和如东的扁浒苔(分别为 HA1111c、RD1106b)与 NCBI 上下载的扁浒苔(_U. compressa_)(EU933981.1)以置信值 99 聚在一起。海安 HA1111b 和大丰 DF1113c 与日本曲浒苔(_U. flexuosa_)(AB097646.1)聚在一起,置信值为 69,并以置信值 99 与黄海曲浒苔(_U. flexuosa_)(HM031176.1)聚为一支。进一步的序列比对发现,其中 LS1103a、DT1104b、RD1106a 与黄海大面积漂浮绿潮藻浒苔(_U._

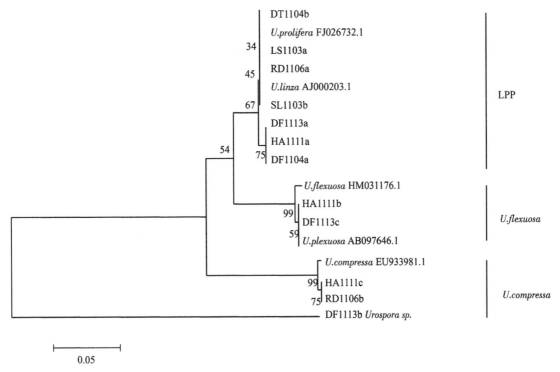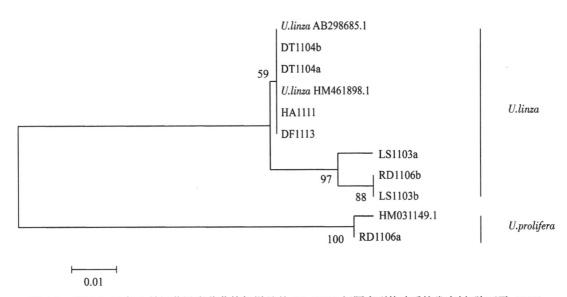

prolifera)(FJ026732.1)序列无碱基差异。LPP 类群的序列差异很小,很难区分,因此对 LPP 类群进行进一步的 5S-PCR 扩增。

图 4.7　基于 2011 年 3 月江苏沿岸紫菜筏架样品的 ITS 序列构建系统发育树(陈丽平,2012)

(2) 固着绿潮藻 5S rDNA 间隔序列分析

对 LPP 类群的 5S 序列进行分析,运用 MEGA 4.0,基于 UPGMA 算法构建系统发育树,如图 4.8 所示,主要为两大支,一支是和日本 *U. linza*(AB298685.1)和黄海 *U. linza*(HM461899.1)聚在一起,另一支与漂浮浒苔 *U. prolifera*(HM031139.1)聚在一起。仅在如东发现的 LPP 类群(RD1006a)是 *U. prolifera*,与漂浮浒苔 5S 序列以置信值 100,聚为一支,其余各点的 LPP 类群的 5S 序列与缘管浒苔以较高的置信值聚为一支。

图 4.8　基于 2011 年 3 月江苏沿岸紫菜筏架样品的 5S rDNA 间隔序列构建系统发育树(陈丽平,2012)

用 5S rDNA 间隔序列对 LPP 类群(27 个样品)以及 2008 年和 2009 年属于 LPP 类群的如东海域 7 个漂浮绿潮藻样品进行详细的系统发育分析,获得 5S rDNA 间隔序列邻接法的无根系统发育树,如图 4.9 所示,分为缘管浒苔(4 个样品)和浒苔(30 个样品)两个种类。

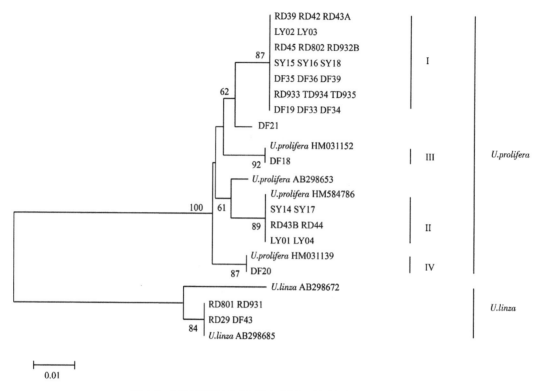

图 4.9   LPP 类群 5S rDNA 间隔序列邻接法系统发育树
图中 RD 表示如东;SY 表示射阳;DF 表示大丰;LY 表示连云港

缘管浒苔 4 个样品,其中有 3 个来自如东海域(RD801、RD931、RD29)、1 个来自大丰海域(DF43),缘管浒苔样本间的相似性为 100%。聚为浒苔的 30 个样品,除 DF21 外,其余 29 个样品的 ITS 序列与已报道的 2008 年黄海绿潮优势种 ITS 序列(FJ002301)完全相同,但 5S rDNA 间隔序列出现了 4 种不同单倍型,根据样品数量的多少分为Ⅰ~Ⅳ型,其中 5S-Ⅰ型(21 个样品)包括 2008 年和 2009 年如东海域绿潮优势种以及 2010 年如东、大丰、射阳、连云港海域主要漂浮样品,5S-Ⅱ型(6 个样品)如东、射阳、连云港海域各有 2 个漂浮样品,5S-Ⅲ型(1 个样品 DF18)来自大丰海域早期漂浮样品,5S-Ⅳ型(1 个样品 DF20)来自大丰海域早期漂浮样品;主要优势类型 5S-Ⅰ型 5S rDNA 间隔序列与其他类型的主要差异为 53 bp 序列的缺失。

3. 漂浮绿潮藻 ITS-5 S rDNA 间隔序列分子鉴定

(1) 漂浮绿潮藻 ITS 序列分析

2011 年 6 月,黄海绿潮大面积暴发,对南通、连云港、日照和青岛等地的藻样,共计 40 个样品进行 ITS-PCR 扩增,对结果进行分析,采自南通、连云港、日照和青岛海域的绿潮藻样品的 ITS 序列相似性为 100%。通过黄海海域与枸杞岛海域绿潮藻藻样对比分析后,采用 MEGA 4.0 软件构建 UPGMA 系统发育树(图 4.10),结果表明枸杞岛海域 2011 年(GQ11)以及 2012 年(GQ12)采集的绿潮藻样品的 ITS 序列与黄海各海域漂浮绿潮藻样品(NT、LYG、RZ 和 QD)序列完全一致,无碱基差异。

(2) 漂浮绿潮藻 5S rDNA 间隔序列分析

对 ITS 序列完全一致的绿潮藻 LPP 类群进行 5S rDNA 间隔序列分析,采用 MEGA 4.0 构建 UPGMA 聚类分析结果将 ITS 序列完全一致的绿潮藻样品分为两大支(图 4.11),其中一支与浒苔

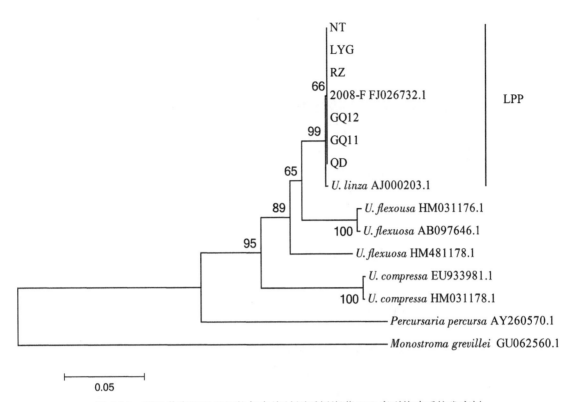

图 4.10　基于黄海以及浙江枸杞岛海域漂浮绿潮藻 ITS 序列构建系统发育树

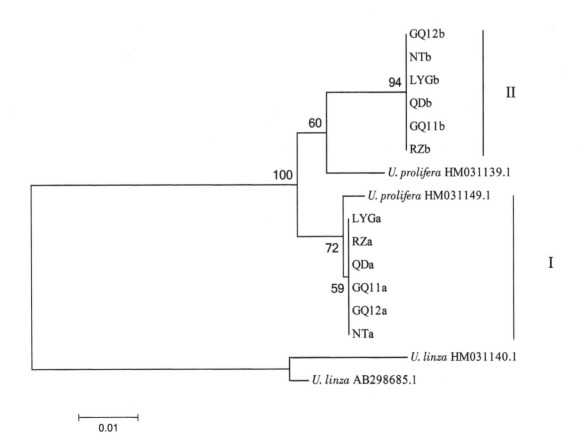

图 4.11　基于黄海以及浙江枸杞岛海域漂浮绿潮藻 5S rDNA 间隔序列构建系统发育树

(*U. prolifera*)(HM031149.1)聚为一支,为5S-A亚型。另一支与浒苔(*U. prolifera*)(HM031139.1)这两支聚为一支,为5S-B亚型。这两个亚型分支再以置信值100聚为一支,即浒苔(*U. prolifera*)类群。LPP类群的5S rDNA间隔序列分析结果表明黄海海域和枸杞岛海域的漂浮绿潮藻样均可以分为5S-Ⅰ和5S-Ⅱ两个亚型。

对LPP类群的遗传距离计算分析结果表明,枸杞岛海域2011年(GQ11)以及2012年(GQ12)采集的绿潮藻样品的5S-Ⅰ和5S-Ⅱ型序列分别与黄海各海域漂浮绿潮藻样品(NT、LYG、RZ和QD)的5S-Ⅰ和5S-Ⅱ型序列遗传距离为0,无碱基差异。两亚型之间的遗传距离为0.028,差别仅在于5S-Ⅰ亚型的53 bp碱基的缺失和个别碱基的替换与缺失差异。5S-Ⅰ和5S-Ⅱ两个亚型与缘管浒苔(*U. Linza*)类群5S rDNA间隔序列的遗传距离分别为0.101~0.117和0.112~0.129,差异显著。

第二节 浒苔类绿潮藻 ISSR 与 SCAR 分子标记

一、ISSR 与 SCAR 分子标记原理

简单重复序列区间(inter-simple sequence repeat,ISSR)是加拿大蒙特利尔大学 Zietkeiwitcz 等于1994年发展起来的一种微卫星基础上的分子标记。其基本原理是:用锚定的微卫星DNA为引物,即在SSR序列的3′端或5′端加上2~4个随机核苷酸,在PCR反应中,锚定引物可引起特定位点退火,导致与锚定引物互补的间隔不太大的重复序列间DNA片段进行PCR扩增。所扩增的ISSR区域的多个条带通过聚丙烯酰胺凝胶电泳得以分辨,扩增谱带多为显性表现。

ISSR引物的开发不像SSR引物那样需测序获得SSR两侧的单拷贝序列,因此开发费用降低。与SSR标记相比,ISSR引物可以在不同的物种间通用,不像SSR标记一样具有较强的种特异性;与RAPD和RFLP相比,ISSR揭示的多态性较高,可获得几倍于RAPD的信息量,精确度几乎可与RFLP相媲美,检测非常方便,因而是一种非常有发展前途的分子标记。目前,ISSR标记已广泛应用于植物品种鉴定、遗传作图、基因定位、遗传多样性、进化及分子生态学研究中。

SCAR标记通常是由RAPD、SRAP、SSR标记转化而来。SCAR标记是将特异标记片段从凝胶上回收并进行克隆和测序,根据其碱基序列设计一对特异引物(18~24 bp);也可对RAPD标记末端进行测序,在原RAPD所用10 bp引物的末端增加14个左右的碱基,成为与原RAPD片段末端互补的特异引物。SCAR标记一般表现为扩增片段的有无,是一种显性标记,当扩增区域内部发生少数碱基的插入、缺失、重复等变异时,表现为共显性遗传的特点。若待检DNA间的差异表现为扩增片段的有无,则可直接在PCR反应管中加入溴化乙锭,通过在紫外灯下观察有无荧光来判断有无扩增产物,检测DNA间的差异,从而省去电泳的步骤,使检测变得更方便、快捷,可用于快速检测大量个体。相对于RAPD标记,SCAR标记所用引物较长且引物序列与模板DNA完全互补,可在严谨条件下进行扩增,因此结果稳定性好、可重复性强。由于上述优点,SCAR标记成为目前分子标记在育种实践中能直接应用的首选标记,实际上,它也是标记辅助育种中可以直接应用的一类标记。在近几年的研究中,很多RAPD标记、RFLP标记、AFLP标记以及一些ISSR标记已成功转化成了SCAR标记,并得到了较好的验证。

用ISSR分子标记分析黄海绿潮浒苔和沿海定生浒苔的遗传多样性和不同群体间的遗传关系(Zhao et al.,2011)。ISSR标记即微卫星间区,可在全基因组水平扩增出大量的多态性条带以分析比较亲缘关系很近的样本之间的遗传差异,且不需要了解特定的序列信息即可使用,非常适用于对研究基础薄弱的物种进行分析。同时,为弥补ISSR标记在业务化应用上的不足,基于黄海绿潮浒苔特异性ISSR条带,开发出对黄海绿潮浒苔高度特异的SCAR标记(图4.12)。较之于ISSR标记,SCAR标记

的优点在于其在基因组上的识别位点单一,重复性好,对扩增条件的要求不是那么苛刻,结果分析直观、简单,适用于对大量样本的快速检测。进一步,用所开发的 SCAR 标记对 2007～2015 年的黄海绿潮浒苔的遗传多样性进行了检测。

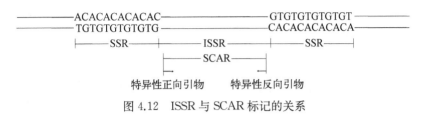

图 4.12　ISSR 与 SCAR 标记的关系

二、浒苔 ISSR 与 SCAR 分子标记方法

用 6 个浒苔样本(24 个单株)对 50 条由英属哥伦比亚大学生物技术实验室开发的 ISSR 引物进行筛选,以选出能够扩增出有适宜多态性及条带数目的重复框与锚定碱基的组合(表 4.8)。

表 4.8　用作浒苔样本遗传多样性分析的 ISSR 引物(Zhao et al.,2011)

引物名称	序列(5′→3′)	退火温度/℃	扩增出的多态性条带的数目
816	$(CA)_8T$	46.9	24
855	$(AC)_8YT$	48.8	24
857	$(AC)_8YG$	51.2	24
890	$HVH(TG)_7$	47.0	18

预变性 94℃ 4 min;之后为 42 个循环[变性 94℃ 30 s,退火(根据引物设定温度)45 s,延伸 72℃ 2 min;最后 72℃延伸 15 min]。

经检测,选出 4 条引物对实验室所有 52 个浒苔单株进行研究,所有 ISSR 反应均进行两次重复筛选,4 条 ISSR 引物被用来进行浒苔种内遗传多样性的研究。4 条引物均可扩增出大小在 200～2 000 bp,清晰、明亮且重复性好的片段。

ISSR - PCR 是进行种内遗传多样性分析与种群遗传结构分析的一种有效手段,尤其是对那些没有相关研究基础的物种,因为其具有高度的多态性,且不需要序列的信息(Zietkiewicz et al.,1994)。但 ISSR 方法不适用于日常监测与快速鉴定,因为 ISSR 谱图的分析是个费时费力的过程。为弥补 ISSR 标记在业务化应用上的不足,Bornet 等(2005)开发出 SCAR 标记,用于水体中有毒蓝藻的日常监测。较之于 ISSR 标记,SCAR 标记的优点在于其在基因组上的识别位点单一,重复性好,对扩增条件的要求不是那么苛刻,而且可以进一步转化为等位基因特异性的标记(Ardiel et al.,2002)。

SCAR 引物序列:

SCAR - F: ACACCTACAAACCCTAACC　SCAR - R: TTGTCGCCCAACCACTTC

94℃预变性 10 min,接着是 35 个循环(94℃变性 45 s,50.5℃退火 45 s,72℃延伸 1 min,最后 72℃延伸 10 min)。

SCAR 引物在所有黄海绿潮浒苔样本中均扩增出一条 830 bp 的明亮、清晰条带,而在所有定生浒苔样本中均无产物扩出(图 4.13～图 4.15)。测序结果显示,所有黄海绿潮浒苔样本的扩增产物具有完全一致的序列。因此,这对 SCAR 引物可以作为黄海绿潮浒苔的特异性分子标记。对待测样本的检测只需一步 PCR 反应,而不必事先鉴定其物种。这一分子标记可用于对从沿海不同位点采集的大量浒苔样本的初步筛查,辨别黄海绿潮浒苔的生物来源,并对黄海绿潮发生对定生浒苔种群遗传多样性的影响以及自由漂浮浒苔是否对沿岸定生浒苔造成了基因渗透进行调查(Zhao et al.,2015)。

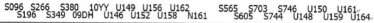

M ←——————— 漂浮浒苔 ——————→ M ←—————— 附着浒苔 ——————→ M

图 4.13　2007~2011 年浒苔样本中 SCAR 标记扩增结果(Zhao et al., 2015)

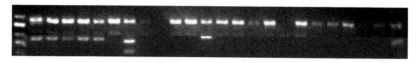

图 4.14　2014 年浒苔样本 SCAR 标记部分检测结果

定生样本共检测 18 个,阳性 0 个,阴性 18 个;漂浮样本共检测 40 个,阳性 38 个,阴性 2 个

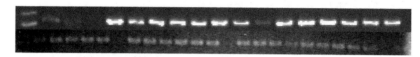

图 4.15　2015 年浒苔样本 SCAR 标记对部分检测结果

漂浮样本共检测 53 个,阳性 50 个,阴性 3 个

三、应用 ISSR 与 SCAR 分子标记鉴定浒苔漂浮和固着种群

　　在浒苔种内水平,Zhao 等(2015)分析了 2007~2015 年黄海绿潮浒苔样本和我国沿海定生浒苔样本的遗传多样性和不同群体间的遗传关系。ISSR 图谱的分子系统发育分析和黄海绿潮浒苔特异性

扫一扫 见彩图

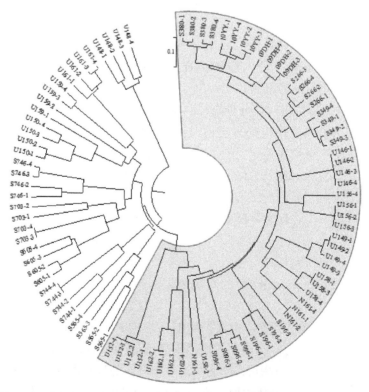

图 4.16　基于 ISSR 方法 2007~2011 年黄海绿潮浒苔与沿海定生浒苔种群
样本 UPGMA 聚类分析图(Zhao et al., 2015)

红框内为 2007~2011 年黄海绿潮浒苔样本

SCAR 标记的扩增结果证明过去 9 年黄海绿潮浒苔具有高度的遗传相似性,且黄海绿潮浒苔与所有的定生浒苔样本均不相同(图 4.16)。另外,黄海绿潮浒苔相对于定生浒苔有其特殊的表型特征,如更加密集的分枝、更快的生长速率、更强的抗逆性,这些特征与其适应在海面自由漂浮生长的生活环境密切相关。由此,我们推断黄海绿潮是由浒苔的一个新的生态型所构成。这一观点的提出,对于寻找黄海绿潮浒苔的来源、阐明黄海绿潮形成及暴发的机制、解释黄海绿潮每年周而复始循环发生的原因都有重要意义(Zhao et al.,2015)。

第三节　浒苔类绿潮藻 SSR 与 SNP 分子标记

一、SSR 与 SNP 分子标记原理

1. SSR 分子标记

生物基因组中,特别是高等生物基因组中含有大量重复序列,根据重复序列在基因组中的分布形式可将其分为串联重复序列和散布重复序列。目前发现串联重复序列主要有 2 类:一类是由功能基因组成的,如 rRNA 和组蛋白基因;另一类是由无功能的序列组成的。根据重复序列的重复单位长度,可将串联重复序列分为卫星 DNA、微卫星 DNA、小卫星 DNA 等。微卫星 DNA 又叫作简单重复序列,是指基因组中由 1~6 个核苷酸组成的基本单位重复多次构成的一段 DNA,广泛分布于基因组的不同位置,长度一般在 200 bp 以下。

SSR 标记则是一类由几个核苷酸(一般为 1~6 个)为重复单位组成的长达几十个核苷酸的串联重复序列,是一种以特异引物 PCR 为基础的分子标记技术,SSR 也称为微卫星 DNA(microsatellite DNA)或 STMS(sequence tagged microsatellite site),是目前最常用的微卫星标记之一。

由于基因组中某一特定微卫星的侧翼序列通常都是保守性较强的单一序列,因而可以将微卫星侧翼的 DNA 片段克隆、测序,然后根据微卫星的侧翼序列就可以人工合成引物进行 PCR 扩增,从而将单个微卫星位点扩增出来。由于单个微卫星位点重复单元在数量上的变异,个体的扩增产物在长度上的变化就产生长度的多态性,这一多态性称为简单序列长度多态性(SSLP),每一扩增位点就代表了这一位点的一对等位基因。由于 SSR 重复数目变化很大,因此 SSR 标记能揭示比 RFLP 高得多的多态性,这就是 SSR 标记的原理。

真核生物基因组中微卫星非常丰富,而且常常随机均匀分布于核 DNA 中。不同植物中微卫星出现频率变化很大,如小麦中估计有 3 000 个 $(AC)_n$ 和约 6 000 个 $(GA)_n$ 序列重复,重复之间平均距离分别为 704 kb、440 kb,水稻约有 1 000 个 $(AC)_n$ 和约 2 000 个 $(GA)_n$ 序列重复,重复之间平均距离分别为 450 kb、225 kb。另外,在植物中也发现一些三核苷酸和四核苷酸重复,其中最常见是 $(AAG)_n$、$(AAT)_n$。一般来说,单核苷酸及二核苷酸重复类型的 SSR 主要位于非编码区,而有部分三核苷酸类型位于编码区。叶绿体基因组中微卫星以 A/T 序列重复为主。

SSR 标记优点:① 数量丰富,且覆盖整个基因组,多态性高;② 孟德尔方式遗传,呈共显性;③ 具有多等位基因特性,信息量高;④ 每个位点由设计的引物顺序决定,不同实验室可合作交流及开发引物。

该技术已广泛用于遗传图谱构建、基因定位、指纹图谱绘制、遗传多样性、物种进化和亲缘关系等。SSR 标记的建立,首先要对微卫星侧翼序列进行克隆、测序、人工设计合成引物并实验确认位点多态性,因而开发费用很高,可多个实验室合作开发获得更多标记。

2. SNP 分子标记

SNP 分子标记是指在基因组水平上由单个核苷酸的变异所引起的 DNA 序列多态性。单个核苷酸变异主要包括置换、颠换、缺失和插入等形式,但 SNP 通常不包括缺失和插入形式。理论上突变的碱基可以是 A、C、G、T,但 SNP 实际上多发生在 T、C 之间。SNP 为 Lander 于 1996 年首次提出的一种分子标记方法,作为第三代分子标记。

SNP 发生于编码区内,则称为编码 SNP(coding SNP,cSNP)。cSNP 一般比较少,外显子内变异率仅为周围序列变异的 1/5。cSNP 分为两种:一种是同义 cSNP(synonymous cSNP),即 cSNP 变异后并不影响其所翻译的蛋白质氨基酸序列改变,突变碱基与未突变碱基的含义相同;另一种是非同义 cSNP(non-synonymous cSNP),指 cSNP 改变导致其所翻译的蛋白质序列发生改变,从而影响了蛋白质功能。cSNP 中约有一半为非同义 cSNP,非同义 cSNP 通常是导致生物性状改变的直接原因。

SNP 具有以下特点:二等位多态性,SNP 既可发生 C－T 和 G－A 转换,也可发生 C－A、G－T、C－G、A－T 颠换,其中 SNP 转换发生率高达 2/3。遗传稳定性高,SNP 标记的突变率低,且能够在生物体基因组中稳定遗传,其遗传的稳定性高于 SSR。染色体覆盖率高,SNP 在人类基因组中,每 300～1 000 个碱基对中就存在 1 个 SNP,在水稻中每 150 个碱基就存在 1 个 SNP。SNP 位点在基因编码区域分布较多(即 cSNP),有的非同义 cSNP 位点可能与基因功能有关,可以开发 SNP 功能标记。传统的分子标记与基因功能没有关系,而 SNP 功能标记与目标性状是连锁的,一旦遗传效应与功能序列对应,就能定位相关多态位点或基因。

SNP 是人类可遗传变异中最常见的一种,且为所有已知多态性 90％以上。因此,使人们有机会发现大量存在的 SNP 位点与各种疾病关系,如肿瘤相关基因组突变。有些 SNP 可能不直接导致疾病基因表达,但它与某些疾病基因相邻可成为重要标记。人类 SNP 研究已在人类进化、人类种群的演化和迁徙领域取得了一系列重要成果。

目前 SNP 已成为所有生物分子标记研究的一个重要工具,利用基因组中高密度分布的 SNP 分子标记,可以进行功能标记开发、遗传图谱的构建、分子标记辅助育种、图位克隆、功能基因组学、物种进化等领域研究。

二、浒苔 SSR 分子标记技术建立

我们应用浒苔(*U. prolifera*)全转录组 Illumina 第 2 代测序技术的高通量测序数据,建立了浒苔 SSR 分子标记技术(王灵柯,2017)。

1. 转录组 SSR 位点查找及 SSR 引物设计

SSR 引物的筛选条件:① 引物不能存在 SSR;② 将获得的引物比对到 Unigene 序列,引物的 5′端允许有 3 个碱基的错配,3′端允许有 1 个碱基的错配;③ 去掉那些比对到不同 Unigene 上的引物,筛选那些唯一匹配的引物;④ 使用 ssr_finder 校验 SSR,使用产物序列来寻找 SSR,检验结果是否与 MISA 结果相同,并筛选出相同的 SSR 产物。

基于转录组数据的 SSR 位点检测方法,是以组装出来 Unigene 作为参考序列,使用 SSR 软件 MicroSAtellite(MISA)找出所有的 SSR。对所有 SSR 重复单元在 Unigene 上前后序列的长度进行筛选。只保留前后序列均不小于 150 bp 的 SSR,用其设计引物。

基于 SSR 重复单元前后的序列设计引物,每条包含 SSR 的序列设计产生 5 对引物。使用软件 primer3－2.3.4 设计引物。引物长度最优 23 bp,最小 18 bp,最大 28 bp,产物长度为 80～160 bp、80～240 bp 或 80～300 bp;引物 GC 含量在 40％～60％,以 45％～55％为佳;引物自身和引物之间不能有自

身互补序列,避免发卡样二级结构或引物二聚体;引物应具有特异性;引物自身不能有连续 4 个碱基的互补;引物 T_m 值最优 60℃,最小 55℃,最大 65℃,正反向引物 T_m 差值小于 2℃。

2. PCR 及 SSR 引物的筛选

（1）样品采集与鉴定

实验材料为采自如东、大丰、滨海、连云港(采集年份：2015)以及青岛(采集年份：2008)5 个地点的绿潮藻,先对采集的样品进行分子鉴定,确定为浒苔种的样品用于进行下一步实验。

（2）植物材料与 DNA 提取与分子鉴定

藻材料使用天根植物总基因组试剂盒提取基因组总 DNA,－20℃保存备用。

得到样品的总 DNA 后,使用 ITS 和 5 S 引物对其进行分子鉴定。用这两对引物分别对 20 份样本进行 PCR 扩增,把扩增产物送生工生物工程(上海)股份有限公司测序,测序结果使用 Blastn 进行同源性比较。

（3）SSR 引物验证

对挑选的 60 个 SSR 位点进行 PCR 扩增,挑选的 60 对 SSR 引物由生工生物工程(上海)股份有限公司合成。PCR 扩增反应体系如下(20 μL)：

H₂O	10 μL
dNTP	1.6 μL
Buffer	2.0 μL
PRIMER－F	1.0 μL
PRIMER－R	1.0 μL
模板	2 μL
Taq 酶	2.4 μL
总计	20 μL

PCR 扩增反应温度设置如下：

预变性	95℃	2 min
变性	95℃	30 s ⎫
退火	55℃	30 s ⎬ 30 个循环
延伸	72℃	30 s ⎭
延伸	72℃	7 min
降温到	4℃	保存

PCR 扩增产物用 4% 琼脂糖凝胶电泳检测有无特异性条带,缓冲溶液为 TBE,电压 170 V,时间 60 min。

3. 测定结果判断与分析

（1）浒苔转录组测序结果及 SSR 位点分析

浒苔转录组测序数据组装后共包含 109 239 条独立基因(Unigenes),包含 9 872 个 SSR 位点,发生频率为 9.03%。其中有 8 952 条 Unigenes 序列中只含有 1 个 SSR 位点,发生频率为 8.19%,含 2 个及以上 SSR 位点的 Unigenes 序列有 788 条,发生频率为 0.72%。浒苔转录组序列中平均 2.34 kb 就能发现 1 个 SSR 位点。非混合的 SSR 基序长度因核苷酸类型的不同而互异,最短 SSR 基序为 12 bp 的单核苷酸,最长 SSR 基序为 25 bp 的五核苷酸(表 4.9)。

表 4.9 浒苔转录组中 SSR 重复单元分布特征

重复类型	数 量	频率/%	基序长度/bp	主要重复单元
单核苷酸	4 216	3.86	12～24	A/T,C/G
二核苷酸	2 077	1.90	12～24	AC/GT,AG/CT,AT/AT,CG/CG
三核苷酸	3 130	2.86	15～24	AAC/GTT,AAG/CTT,AAT/ATT,ACC/GGT,ACG/CGT,ACT/AGT,AGC/CTG,CCG/CGG
四核苷酸	111	0.10	20～24	AACG/CGTT,ACAG/CTGT,AGAT/ATCT,AGCC/CTGG,AGGC/CCTG,ATCC/ATGG
五核苷酸	265	0.24	20～25	AAAGT/ACTTT,ACAGC/CTGTG,ACCAT/ATGGT CCGCG/CGCGG
六核苷酸	73	0.07	24	ACAGCT/AGCTGT,ACAGGC/CCTGTG,ACCGCC/CGGTGG,ATGGCC/ATGGCC
合 计	9 872	9.03		

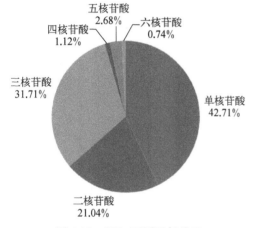

图 4.17 SSRs 不同重复单元

在浒苔的转录组数据中,SSR 的主要重复类型是单核苷酸重复,占 SSR 总数的 42.71%;其次是三核苷酸重复,占 SSR 总数的 31.71%;再是二核苷酸重复,占 SSR 总数的 21.04%;四核苷酸、五核苷酸、六核苷酸重复类型的数量很少,总计 4.55%(图 4.17)。

(2)5 个地点浒苔样品的 DNA 提取与鉴定

对来自如东、大丰、连云港、滨海、青岛 5 个地点的绿潮藻浒苔进行 DNA 提取,所提取的 DNA 琼脂糖凝胶电泳结果如图 4.18 所示,所有样本条带单一主带明显,无明显拖带和降解现象。将 ITS 和 5S rDNA 引物扩增出的序列与 NCBI 上浒苔的序列进行 Blastn 比对,相似性为 100%,可以进行下一步实验。

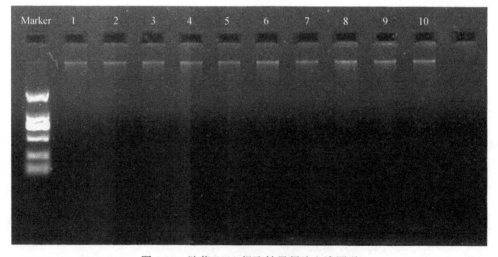

图 4.18 浒苔 DNA 提取结果凝胶电泳图谱

(3)SSR 引物设计和筛选

本研究筛选了 50 对 SSR 引物用于引物标记多态性的研究。这 50 对引物中,有 6 对具有条带多态性,扩增结果显示,其中 3 对(11 号、13 号、30 号)引物多态性较差,仅 2 对引物扩增出 1 或 2 条条带,而 12 号、22 号和 40 号引物多态性较好,能扩增出 2～5 条明显条带,其中 40 号引物最好,能扩增出 3～5

条明显条带(图 4.19)。泳道编号 1 号、2 号、3 号、4 号分别为 2015 年如东、大丰、滨海、连云港海区漂浮浒苔,5 号为 2008 年黄海大规模漂浮浒苔。从图 4.19 中可以看出,2008 年青岛大规模漂浮浒苔有 5 条主带,而如东、大丰、滨海、连云港海区漂浮浒苔采集样品只有 3 条主带,说明 2008 年青岛大规模漂浮浒苔与 2015 年如东、大丰、滨海、连云港海区漂浮浒苔有较大差异。而如东海区漂浮浒苔与大丰、滨海、连云港海区漂浮浒苔约有差异,其第 2 条带和第 3 条带位置约偏高。该结果也表明 2015 年漂浮的浒苔与 2008 年黄海大规模漂浮浒苔有较大差异,2008 年黄海大规模漂浮的浒苔为 5S-Ⅰ型,而 2015 年漂浮的浒苔基本为 5S-Ⅱ型,少量为 5S-Ⅲ型或 5S-Ⅳ型。

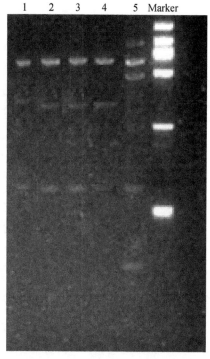

图 4.19　40 号引物 SSR 检测电泳图

三、浒苔 SNP 分子标记技术建立

2014 年,我们建立了绿潮藻浒苔 SNP 分子标记技术,并采用我们实验室浒苔、曲浒苔和扁浒苔标准样品对黄海各地采集的漂浮浒苔 30 个样本(包括江苏如东、大丰、滨海、射阳、连云港海区,以及山东日照、青岛、海阳、威海海区)进行了 SNP 分子标记遗传评估(徐文婷,2016)。采集的漂浮浒苔样本均采用 ITS 基因、5S rDNA 序列分子鉴定。

1. 建库评估

采用 SOAP 软件将采集浒苔样本测序的读取序列(reads)与参考基因组进行比对,结果显示本实验双端(paired-end mapped reads)比对效率为 80.45%,比对效率基本正常。酶切效率是评价简化基因组实验是否成功的一个关键指标。通过统计测序 reads 插入片段中残留酶切位点的比例,统计比例越高,酶切效率越好。本实验酶切效率为 91.60%,表明本实验酶切反应正常,建库合格。

2. 测序数据统计与评估

本实验采用读长 100 bp×2 作为后续数据评估和分析数据,并以水稻数据作为对照评估本实验建库的准确性。经 SLAF-seq 测序平台进行测序,共获得 11.40M reads 数据,测序平均 Q30 为 85.12%,平均 GC 含量为 49.34%(表 4.10)。

表 4.10　漂浮浒苔样品测序数据统计表

样品编号	总 reads 数量	Q30 比例/%	GC 比例/%
32	270 283	82.59	49.27
29	335 492	86.62	49.69
31	264 451	86.31	49.84
48	378 386	85.81	46.85
49	371 119	83.76	51.08
15	370 127	85.98	52.60
12	290 701	83.05	50.75
46	384 162	84.33	51.60
47	226 750	80.07	49.51
42	429 032	86.48	49.10
39	424 345	86.04	51.32
41	370 941	87.79	47.96
1	277 245	88.69	51.94

续　表

样品编号	总 reads 数量	Q30 比例/%	GC 比例/%
2	301 732	86.72	52.79
3	412 177	81.99	51.59
12	374 030	83.69	46.42
15	428 762	84.31	45.88
16	501 753	89.97	41.51
55	542 878	81.75	50.49
35	356 906	85.66	49.80
QD2	342 206	84.12	51.82
QD4	288 226	82.39	50.26

3. SLAF 标签与 SNP 标记的开发

共开发 68 995 个 SLAF 标签,每个样品的平均测序深度为 13.07x(表 4.11)。并对开发得到的 68 995 个 SLAF 标签进行分型,最终得到 3 种类型的 SLAF 标签,其中多态性 SLAF 标签称为 Marker。各类型 SLAF 标签结果统计见表 4.12。根据开发得到的 68 995 个 SLAF 标记统计 SNP 信息,共得到 67 444 个群体 SNP。SNP 信息统计见表 4.13。

表 4.11　SLAF 标签统计

样品编号	SLAF 数量	总 深 度	平均深度
32	25 081	298 464	11.90
29	21 543	309 357	14.36
31	22 620	270 761	11.97
48	23 864	253 913	10.64
49	21 447	227 982	10.63
15	21 511	185 425	8.62
12	21 876	164 726	7.53
46	24 928	301 878	12.11
47	24 872	246 482	9.91
42	20 027	217 493	10.86
39	21 660	275 082	12.70
41	20 552	212 713	10.35
1	11 847	139 202	11.75
2	11 955	164 620	13.77
3	10 657	151 116	14.18
12	20 452	208 201	10.18
16	19 120	151 622	7.93
19	28 577	344 353	12.05
24	10 262	219 299	21.37
34	22 800	178 980	7.85
55	24 462	301 127	12.31
35	13 060	215 751	16.52
QD2	24 059	172 262	7.16
QD4	10 379	140 428	13.53

表 4.12　各类型 SLAF 标签结果统计

类　型	Marker	no poly	repeat	总数量
数量	25 179	43 393	423	68 995
百分比	36.49%	62.90%	0.61%	100%

注:Marker. 多态性 SLAF 标签;no poly. 非多态性 SLAF 标签;repeat. 位于重复序列上的 SLAF 标签

表 4.13　漂浮浒苔样品 SNP 信息统计

样品编号	SNP 总数	样品 SNP 个数	SNP 完整度/%	SNP 杂合率/%
32	67 444	25 232	37.41	38.15
29	67 444	22 037	32.67	15.22
31	67 444	22 947	34.02	16.86
48	67 444	23 141	34.31	33.34
49	67 444	20 760	30.78	26.84
15	67 444	21 610	32.04	27.47
12	67 444	22 458	33.29	27.06
46	67 444	25 765	38.20	25.50
47	67 444	25 774	38.21	34.23
42	67 444	18 784	27.85	13.11
39	67 444	20 319	30.12	15.31
41	67 444	19 555	28.99	13.25
1	67 444	15 348	22.75	25.89
2	67 444	15 128	22.43	37.03
3	67 444	13 263	19.66	23.85
12	67 444	20 608	30.55	17.06
16	67 444	18 799	27.87	19.82
19	67 444	28 649	42.47	26.53
24	67 444	11 298	16.75	26.44
34	67 444	21 252	31.51	31.18
55	67 444	22 049	32.69	13.83
35	67 444	12 405	18.39	27.06
QD2	67 444	27 198	40.32	27.68
QD4	67 444	13 416	19.89	39.05

4. PCA 群落分析

　　基于 SNP，通过 admixture 软件，采用本实验室浒苔（HT）、曲浒苔（QHT）、扁浒苔（BHT）作为标准样品，对 30 份漂浮浒苔样本进行主元成分 PCA 聚类分析，得到同一年份不同地区绿潮藻提供个体的血统来源及其组成信息，结果见图 4.20。通过 PCA 分析，能够得知哪些样品相对比较接近，哪些样品相对比较疏远。

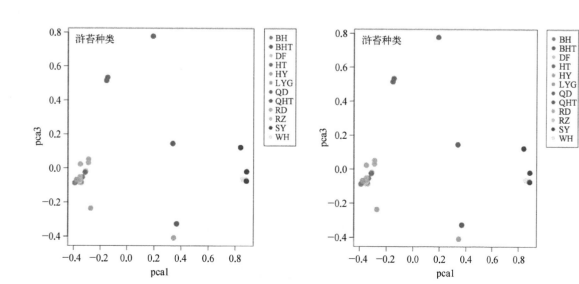

扫一扫　见彩图

扫一扫 见彩图

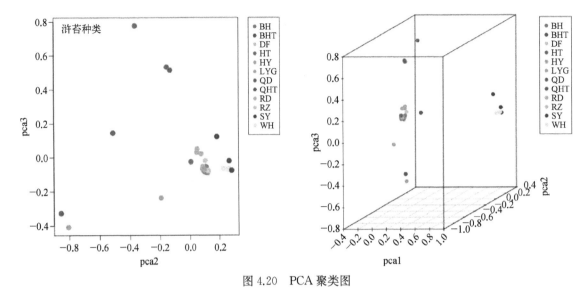

图 4.20　PCA 聚类图

pca1：第一主元成分；pca2：第二主元成分；pca3：第三主元成分；1 个点代表 1 个样品，1 种颜色代表 1 个分组
BH：滨海；DF：大丰；HY：海阳；LYG：连云港；QD：青岛；RD：如东；RZ：日照；SY：射阳；WH：威海；BHT：扁浒苔；HT：浒苔；QHT：曲浒苔

从图 4.20 可以看出，扁浒苔为单独 1 个类群。曲浒苔与连云港 1 个样本聚为一起，但有一定差异。表明曲浒苔、扁浒苔与大部分采集的漂浮浒苔种类不同，故遗传距离明显远于其他样本。如东 3 个样本、大丰 2 个样本、滨海 1 个样本、连云港 2 个样本、日照 1 个样本、海阳 1 个样本与本实验室浒苔标准样本聚为 1 个类群；青岛 3 个样本单独聚为 1 个类群，其中 2 个样本比较近。射阳 3 个样本与威海 3 个样本遗传距离较近，相比较距离其他几个地点遗传关系较远。综合以上结果，我们发现扁浒苔、曲浒苔、浒苔的不同种群之间存在较大的差异，且漂浮浒苔在同一年份漂浮过程中不同地点间也存在遗传多样性，但相对差异较小。

第四节　浒苔类绿潮藻荧光定量 PCR 分子快速鉴定技术

鉴于传统的 ITS＋5S rDNA 间隔区序列鉴定绿潮藻种类的工作需要 7～10 d 才能完成，耗时较长。在已有技术的基础上，研究应用"突变扩增阻滞系统""荧光定量 PCR 技术（包括 TaqMan 和 SYBR Green 技术）"结合"HSP70 基因、5S rDNA 间隔区序列、ITS 基因"设计出荧光定量 PCR 法——绿潮藻快速鉴定技术（徐文婷，2016）。该技术能够对黄海绿潮藻主要种类进行快速和准确鉴定，全程完成仅需 3 h，且 4 种浒苔种类可以在同一时间完成检测，同时样本的要求极低。该方法克服了以往形态学鉴定难度大、杂交障碍、耗时和费用高等困难，大大缩短了鉴定时间、鉴定费用，方便快捷。比对后发现该技术鉴定结果与传统测序结果一致，准确率为 100％。

一、荧光定量 PCR 分子鉴定技术原理

荧光定量 PCR（realtime fluorescence quantitative PCR，RTFQ PCR）是通过荧光染料或荧光标记特异性探针，对 PCR 产物进行标记跟踪，实时监控反应过程，结合相应的软件可以对产物进行分析，计算待测样品模板的初始浓度。

荧光定量 PCR 原理：荧光定量 PCR 根据显色的化学原理可分为荧光探针和荧光染料，相应的荧光定量 PCR 方法可分为特异性和非特异性。特异性检测方法是在 PCR 反应中利用标记荧光基团的基因特异寡核苷酸探针来检测产物；而非特异性检测方法则是在 PCR 反应体系中，加入过量荧光染料，荧

光染料掺入 DNA 双链后,发射出荧光信号。前者特异性高,后者简便易行。

TaqMan 探针(TaqMan probe):TaqMan 探针是一种水解型寡核苷酸探针,其 5′ 端标记荧光基团,3′ 端标记淬灭基团,分别与上游引物和下游引物之间的目标序列配对。当完整的 TaqMan 探针与目标序列配对时,荧光基团发射的荧光因与 3′ 端的淬灭基团接近而被淬灭。在进行延伸反应时,聚合酶的 5′→3′ 外切酶活性将探针酶切,使得荧光基团与淬灭基团分离而发射荧光。一分子的产物生成就伴随着一分子的荧光信号的产生,随着扩增循环数的增加,释放出来的荧光基团不断积累。因此 TaqMan 探针检测的是积累荧光,荧光强度与扩增产物的数量呈正比关系。TaqMan 探针具有特异性强,假阳性低,适合多重荧光定量 PCR 等优点。

荧光染料非特异性检测方法:荧光染料 SYBR 可与双链 DNA,当体系中的模板被扩增时,SYBR 可以有效结合到新合成的双链上面,随着 PCR 的进行,结合的 SYBR 染料越来越多,被仪器检测到的荧光信号越来越强,从而达到定量的目的。

SYBR Green Ⅰ荧光染料:在 PCR 反应体系中,加入过量 SYBR Green Ⅰ荧光染料,其特异性地掺入 DNA 双链后并发射荧光信号,而不掺入链中的 SYBR 染料分子不会发射任何荧光信号,从而保证荧光信号的增加与 PCR 产物的增加完全同步。SYBR Green Ⅰ在核酸的实时检测方面具有价格较低、灵敏度较高等优点。但是,由于 SYBR Green Ⅰ可以与所有的双链 DNA 相结合,因此假阳性高,非特异性强,并且不适合进行多重荧光定量 PCR 反应。

实时荧光定量 PCR 技术是在 PCR 反应体系中加入荧光染料或荧光探针,利用荧光信号积累实时监测整个 PCR 反应进程,最后通过标准曲线对未知模板进行定量分析,具有操作简便、快速高效、高通量且高敏感性等特点(图 4.21)。该技术在分子诊断、分子生物学研究、动植物检疫以及食品安全检测等方面有广泛的应用。

图 4.21　实时荧光定量 PCR 仪器

二、浒苔类荧光定量 PCR 分子快速鉴定技术

1. 特异性引物设计与探针合成

经过反复实验和验证,发现以下特异性引物和特异性探针可以同时区分出扁浒苔、曲浒苔、浒苔和缘管浒苔。该套检测方法包括检测体系 A 和检测体系 B,其中检测体系 A 可以鉴定出扁浒苔、曲浒苔,以及浒苔和缘管浒苔共同样品(不能区分出浒苔和缘管浒苔);而检测体系 B 结果可以直接检测出缘管浒苔,通过与检测体系 A 的检测结果比较,则可分析出浒苔种类。

(1) 检测体系 A(即 TaqMan 体系)

包含扁浒苔(*U. compressa*)、曲浒苔(*U. flexuosa*)、浒苔(*U. prolifera*)、缘管浒苔(*U. linza*)特异性引物和探针,可以检测出扁浒苔、曲浒苔、浒苔或缘管浒苔。

1) 扁浒苔特异性引物及探针序列。

F:GGCGTCCGCCGTTTT;R:GCAGAAGGTTTCATGGGTTAGG

扁浒苔探针序列为 CCGGTGAGGTGCGCTCCCC,其中 5′ 端连接 TAMRA 荧光基团,3′ 端连接淬灭基团 BHQ - 2。

2) 曲浒苔特异性引物及探针序列。

F:TCGTCCGGGGTTCTCGACG;R:CTGGCGCGAAACATGGC

曲浒苔探针序列为 CCTCATTCCTTCCCCATGTCGCCAA,其中 5′端连接 CY5 荧光基团,3′端连接淬灭基团 BHQ－2。

3) 浒苔和缘管浒苔(P)的特异性引物及探针序列。

F:CAACAACCTGCTGGGCAAGT;R:TCGAACACGACCTCGATTTG

探针序列为 CGACCTCACCGGGATTCCTCCC,其中 5′端连接 ROX 荧光基团,3′端连接淬灭基团 BHQ－2。

(2) 检测体系 B(即 SYBR Green 体系)

只要检测出缘管浒苔,即可以区分开浒苔和缘管浒苔。

缘管浒苔(L)特异性引物序列如下。

F:TCCCCTGTGCTGTATCGCTAT;R:CGGCCGCTGTAGACAGATG

2. 浒苔类荧光定量 PCR 分子鉴定

(1) 序列扩增

在检测体系 A 中扁浒苔(C)、曲浒苔(F)、浒苔和缘管浒苔(P)的特异性引物及 TaqMan 探针,以及样品总 DNA,用 TaqMan 反应体系进行 PCR 扩增。

检测体系 B 中加入缘管浒苔(L)特异性引物序列,以及样品总 DNA,用 SYBR Green 反应体系进行 PCR 扩增。

检测体系 A 扩增条件为:50℃预变性 120 s;95℃预变性 5 min;95℃变性 10 s、55℃退火 10 s、72℃延伸 30 s,5 个循环;并在 95℃变性 10 s、60℃下退火 28~34 s 并采集信号,30 个循环。

检测体系 B 扩增条件为:95℃预变性 5 min;95℃变性 10 s、58℃下退火 10 s、72℃下延伸 38~45 s 并采集信号,35 个循环。

体系 A 和体系 B 配方见表 4.14。

表 4.14　TaqMan 探针技术体系

	总体积	Mix	Primer	DNA	ddH20	其　他
检测体系 A TaqMan	20 μL	10 μL(2×TaqManFast qPCR Master Mix)	4 μL (MIX)	1 μL	3 μL	DNF Buffer 2 μL
检测体系 B SYBR Green	20 μL	10 μL(2×SYBR FAST qPCR Master Mix)	1.6 μL	1 μL	7 μL	Low rox 0.4 μL

其中,检测体系 A 中 TaqMan 的 Primer(MIX)组成如表 4.15 所示。

表 4.15　TaqMan 的 Primer(MIX)组成表

名　称	上游引物	下游引物	探　针
C	1.6 μL	1.6 μL	0.8 μL
F	0.2 μL	0.2 μL	0.1 μL
P	0.2 μL	0.2 μL	0.1 μL

(2) 鉴定结果判断

当待测样本为扁浒苔时(图 4.22),体系 A 经荧光检测,扁浒苔引物与 TAMRA 荧光基团连接,当 TAMRA 出现 S 形曲线,说明发生了扩增,即为阳性,表明该检测样本为扁浒苔。而 CY5 和 ROX 荧光扩增曲线为平直曲线,即为阴性,未发生实际扩增。

当待测样本为曲浒苔时(图 4.23),体系 A 经荧光检测,曲浒苔引物与 CY5 荧光基团连接,当 CY5 出现 S 形曲线,说明发生了扩增,即为阳性,表明该检测样本为曲浒苔。ROX 和 TAMRA 荧光扩增曲线为平直曲线,即为阴性,未发生实际扩增。

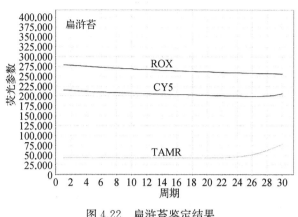

图 4.22　扁浒苔鉴定结果

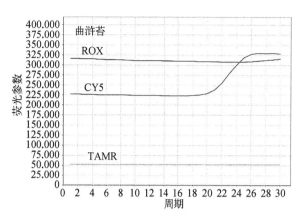

图 4.23　曲浒苔鉴定结果

当待测样本为浒苔、缘管浒苔样本时(图 4.24),因浒苔和缘管浒苔引物均与 ROX 荧光基团连接,其 ROX 线出现相似 S 形曲线,说明发生了扩增,即阳性,说明待测样本为浒苔或缘管浒苔。而 CY5 和 TAMRA 荧光扩增曲线为平直曲线,即为阴性,未发生实际扩增。

当体系 A 检测出为浒苔或缘管浒苔时,则需再用体系 B 检测,则可以区分出浒苔和缘管浒苔。

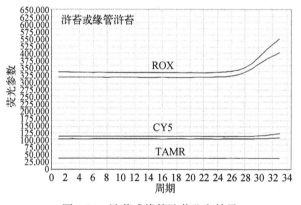

图 4.24　浒苔或缘管浒苔鉴定结果

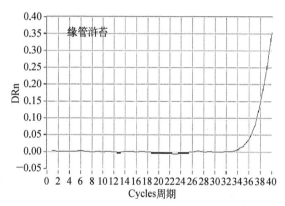

图 4.25　缘管浒苔鉴定结果

分别取浒苔、缘管浒苔样本总 DNA 用体系 B 检测,当样品为缘管浒苔时,体系 B 出现扩增曲线,说明发生了扩增,即为阳性,说明待测样本为缘管浒苔(图 4.25)。当体系 B 体系不出现扩增曲线,表明结果为阴性,说明未发生扩增,则为浒苔。

荧光基团还可替换为 VIC、FAM、CY3 或 HEX,淬灭基团可替换为 MGB,结果相同。

(3) 与 ITS-5S PCR 鉴定技术比较

建立荧光定量 PCR 鉴定方法与 ITS-5S PCR 鉴定技术进行比较,其准确度已达到 100%(表 4.16)。

表 4.16　荧光定量 PCR 鉴定方法与 ITS-5S PCR 鉴定技术比较

编　号	1	2	3	4	5	6	7	8	9	10	11	12	13	14	15	16	17	18	19	20	21	22	23	24
ITS+5S	C	C	C	C	C	C	F	F	F	F	F	F	L	L	L	L	L	L	P	P	P	P	P	P
荧光法	C	C	C	C	C	C	F	F	F	F	F	F	L	L	L	L	L	L	P	P	P	P	P	P
一致性	ü	ü	ü	ü	ü	ü	ü	ü	ü	ü	ü	ü	ü	ü	ü	ü	ü	ü	ü	ü	ü	ü	ü	ü

注:C 为 *U. compressa*;F 为 *U. flexuosa*;L 为 *U. linza*;P 为 *U. prolifera*

表 4.16 为 6 个扁浒苔样、6 个曲浒苔样品、6 个缘管浒苔样品、6 个浒苔样品,分别应用荧光定量 PCR 鉴定方法与 ITS-5S PCR 鉴定技术进行检测,且结果对比全部吻合,其一致率均为 100%。

第五章　绿潮藻基因组及表达图谱研究

　　20世纪90年代,随着科学技术的进步,自动化测序技术得以诞生和发展,并催生了以末端终止法为核心的双脱氧末端终止法(Sanger)测序技术,标志着基因组学的开端。目前基因组测序的方法已经发展了三代,第一代测序技术主要有Sanger(1977)发明的双脱氧核糖核酸链末端终止法。其原理是:每个反应含有所有4种脱氧核苷三磷酸(dNTP)使之扩增,并混人限量的一种不同的双脱氧核苷三磷酸(ddNTP)使之终止。由于ddNTP缺乏延伸所需要的$3'-OH$基团,使延长的寡聚核苷酸选择性地在G、A、T或C处终止,终止点由反应中相应的双脱氧而定。每一种dNTP和ddNTP的相对浓度可以调整,使反应得到一组长几个至千以上个,相差一个碱基的一系列片段。它们具有共同的起始点,但终止在不同的核苷酸上,可通过高分辨率变性凝胶电泳分离大小不同的片段,凝胶处理后可用X-光胶片放射自显影或非同位素标记进行检测。之后毛细管电泳及荧光标记法的诞生使得烦琐的凝胶电泳告终而且大大提高了序列读长与准确度。第二代测序技术主要采用循环阵列合成测序法。应用该方法时,序列都是在荧光或者化学发光物质的协助下,虽然仪器、耗材较贵,但其数据产出量大大提升,单位碱基的费用显著下降,测序速度大幅提高。依赖生物化学反应读取碱基序列更增加了试剂、耗材的使用,在目前测序成本中比例相当大。第三代测序技术采用单分子测序,其中Heliscope单分子测序法采用与Illumina相似的测序原理和流程,但是该方法只采用前者高度敏感荧光检测装置,没有模板扩增这一步。Pacific bioscience的测序平台中,DNA聚合酶被固定在Zero Mode Waveguide的基底表面,将4种带有不同荧光标记的核苷酸以最适于DNA聚合反应的浓度添加到反应体系中,DNA聚合酶与结合了引物的单分子模板序列结合,并催化链的延伸。激光对荧光染料的激发被限制在10^{-21} L的空间里,从而激发处于该范围内的正被DNA聚合酶整合进入延伸链的核苷酸所标记的荧光染料,排除反应体系中其他所有带荧光标记的核苷酸的干扰。纳米孔测序策略完全有别于这些基于链的合成的测序,该方法将核酸分子驱动通过一个纳米孔,逐个检测单碱基与纳米孔的相互作用,或者检测DNA通过纳米孔时电导系数的变化,推测核酸分子序列。

　　科学家基于第一代测序技术,发现了大量的生物基因,由此开始了人类对基因的探索历程。国际拟南芥基因组机构以Sanger测序技术为基础,通过毛细管测序技术的开发以及组装算法和计算能力的改进(Adams et al.,2000),利用细菌人工染色体技术(bacterial artificial chromosome,BAC)完成了拟南芥全基因组的测序工作(arabidopsis genome initiative,2000),开创了此技术在植物基因组测序之先河。随后,在2002年,谷物类的第一个植物基因组——水稻基因组全测序完成,这对其他植物注释基因的探究和直系同源基因的研究提供了一定的基础。在此后的十几年间,包括杨树、葡萄、高粱、玉米、黄瓜、大豆、蓖麻、苹果、草莓、可可树、白菜、土豆、白菜、西瓜、大麻、梅花、谷子、小麦、大麦、印度大麻、番木瓜、木薯、毛竹等在内的近百种植物基因组相关的文章被陆续发表出来。中国科学家在大型海藻基因组研究的最新进展是中国水产科学研究院黄海水产研究所叶乃好课题组2015年发表在 *Nature Communications* 的海带基因组测序结果(Ye et al.,2015)。浒苔属方面,Yamazaki公布了 *U. partita* 的基因组结构(Yamazaki et al.,2017),最近,比利时根特大学Olivier de Clerck教授率领的研究小组

已完成 *U. mutabilis* 的测序,这是第一个公布的绿藻全基因组序列,分析显示它的多细胞家族基因与淡水藻类不同(de Clerck et al.,2018)。

第一节　黄海绿潮藻浒苔全基因组测序与分析

一、浒苔基因组测序与分析

绿潮藻的快速生长得益于其高效的代谢效率和顽强的抗逆作用,我们已从绿潮藻生态习性(Feng et al.,2012)、生理结构(Chen et al.,2013)、分化发育(Chen et al.,2011)、克生作用(Huo et al.,2010)、基因克隆(He et al.,2011)等层面解析了其生长特性,为了从基因结构、转录调控和信号通路等方面深入研究其在短时间内暴发式生长的分子机理及环境诱因,需要了解其基因的序列组成。另外,绿潮暴发与其多样性的繁殖方式有关,绿潮藻能以包括有性生殖、无性生殖和营养生殖等多种方式繁殖(Huo et al.,2014;Zhang et al.,2013),各种繁殖体的生长状态又受温度、光强、盐度、营养盐种类和浓度(Huo et al.,2015)及生长阶段的影响(Han et al.,2013),加之绿潮藻个体在发育过程中可能产生的遗传性状和形态的变异(Zhao et al.,2015),使其种间分子鉴定难度不断增加,传统的分子标记结合形态学鉴定方法有时难以胜任(Zhang et al.,2015),绿潮藻基因组测序显得越来越迫切。

由于各种植物的基因组大小和复杂程度不尽相同,对具体植物的基因组测序,整体研究开始所采取的策略会影响整个基因组的完成进度,选择合适的测序方法或测序平台显得非常重要。由于第三代测序还没有完全成熟,目前的主流研究方法以第一代测序和第二代测序技术为主,同时构建文库并使用不同梯度的插入片段来测序。Sanger 法测序所采用的逐步克隆(clone-by-clone)策略和全基因组鸟枪法(whole genome shotgun)策略;基因组较小的物种可以选择 Roche 454 或 Solexa 测序平台,对于复杂的植物大基因组可以选择两种以上的测序平台测序。本研究中黄海绿潮藻浒苔全基因组测序采用二代测序(Illumina 平台)与三代测序(Pacbio 平台)结合的方法。

完成一个基因组的组装,通常要经过测序、数据过滤、纠错、组装、组装结果分析几个步骤。测序用的浒苔自 2008 年 7 月从青岛(东经 120.19°,北纬 36.04°)采回后,光照强度 140 $\mu mol/(m^2 \cdot s)$ 下 20℃培养,光照周期为 L12 h:D12 h,培养基为 VSE 培养液。放散孢子后无菌条件下继续培养下一代藻体,然后提取 DNA,做质控检测。通过检测的浒苔样品 DNA 可构建插入长度分别为 170 bp、250 bp、500 bp、800 bp、2 kb、5 kb、10 kb、20 kb 和 40 kb 的文库(Solomon et al.,1988),然后用 Hiseq 2 000 对各个文库进行双末端测序(Wheeler et al.,2008),结合分析得到测序原始数据总量为 64 Gb 左右,运用软件对数据进行进一步过滤,得到基因组大小约为 106 Mb,测序深度为 202 X。通过流式细胞仪鉴定的基因组大小约为 85.03 Mb,与高通量测序结果误差范围吻合。序列过滤后利用 SOAP *de novo* 软件组装基因组。组装后的浒苔基因组 GC-depth 分布图中,高或低 GC 含量区的测序深度相较于中等 GC 含量区结果偏低,这符合通常的规律。通过将转录组序列当作 query 再对应到拼接好的基因组上,可以看到拼接的序列覆盖了超过 95% 的已知序列。

随着测序技术的发展,我们同时采用长读长的三代测序(Pacbio 平台)对浒苔基因组进行组装。测序用和二代测序同样株系的浒苔并经过无菌条件下培养和物理打磨处理,提取高质量的 DNA,并通过 g-TUBEs 将基因组 DNA 打断成 20 kb 大小目标片段 DNA。经过纯化和损伤修复的目标片段 DNA 两端连接茎环装接头,构建 SMRTBell 文库,利用切胶仪 BluePippin(Sage Science)筛选目的片段并纯化后,使用 Agilent 2100 Bioanalyzer(Agilent technologies)检测,最终获得合格的文库。将合适浓度和体积文库与酶复合物转移到 Sequel(Pacific Biosciences)系统里开始实时单分子测序。测序共计得到 12.8 Gb 的三代数据,平均 Subreads 长度为 10.3 kb,N50 长度为 15.3 kb。对数据进行质控过滤后,用 Faclon 软件进行基因组序列组装,三代组装的浒苔的基因组大小为 88.7 Mb,Contig N50 为 1.6 Mb,Contig Number 共 230 个。我们同时采用二代数据对三代基因组进行 Scaffold 构建、补 Gap 升级和序列校正,得到 Scaffold 大小为 88.8 Mb,Scaffold N50 为 3.7 Mb。

为了进一步提升基因组组装水平,我们采用 Hi-C 测序对基因组进行了染色体构建。通过核型分析,我们判断浒苔单倍体的基因组为 9($n=9$)。对新鲜活体的浒苔组织使用甲醛进行固定,使 DNA 与蛋白,蛋白与蛋白之间进行交联。通过限制性内切酶 DpnII 酶切消化 DNA、经生物素标记、蛋白酶 K 消化、平末端连接及 DNA 纯化提取,制备 Hi-C 文库,Illumina Hiseq X 平台测序共得到 23.8 Gb 数据。运用软件对数据进行进一步的过滤和比对,LACHESIS 软件进行聚类,共有 86.98 Mb(97.8%)的序列长度被定位到 9 条染色体上。

二、基因组注释

基因组注释主要包含三个方面:重复序列的识别、非编码 RNA 的预测和基因注释。

重复序列包括两大类:串联重复(tandem repeat)序列和反向重复(interpersed repeat)序列。串联重复序列中包含有小卫星序列、微卫星序列等,如 TRF 是一类串联重复序列,可通过 TRF 软件进行查找。散在重复序列(又名转座子元件)包含 DNA 转座子和反转座子,这两者都是以 DNA-DNA 方式转座的(Simpson et al.,2009)。RepBase TEs 和 TE proteins 都是基于 RepBase 库分别通过 Repeat Masker 和 Repeat Protein Mask 软件注释基因组得到的转座子元件,占所有基因比例分别为 0.69% 和 1.50%;De novo 是通过 *de novo* 预测方法 Repeat Modeler 获得的最后序列文件当作库,利用 Repeat Masker 软件对基因组序列进行注释得到的最后结果(Pevzner et al.,2001),占所有基因比例为 27.31%;Combined TEs 是整合以上三种方法并去冗余后的结果,占总基因比例 27.57%。

非编码 RNA 是指不翻译成蛋白质的 RNA,如 rRNA、tRNA、snRNA、miRNA 等,这些 RNA 都具有重要的生物学功能,如 miRNA 可降解靶基因或抑制靶基因翻译成蛋白质,具有沉默基因的功能。tRNA、rRNA 直接参与蛋白质的合成。snRNA 为 RNA 剪切体的主要成分,负责 RNA 前体的加工。浒苔非编码 RNA 总量占基因总数的 0.05%,包括 7 个 miRNA、713 个 tRNA、66 个 rRNA,并无 sn RNA。

基因注释包括结构注释和功能注释两部分,首先通过各种方法预测基因的位置及结构,然后再对其进行功能注释,确定其产物的生物功能、所参与的代谢途径等。在浒苔基因组中,未得到功能注释的基因量占 13.68%,得到注释的基因中,TrEMBL 注释得最多,其次为 InterPro。

三、物种保守性分析

对同源基因进行鉴定并对基因家族进行聚类分析是进化分析中很重要的一个方面,可得到单拷贝基因家族及多拷贝基因家族,这些家族在物种之间较保守。此外还可获得与物种特异性有关的基因和基因家族。浒苔特有的基因(unclustered genes)有 2 703 个,特有的基因家族(unique families)有 637 个,相比于其他物种明显较多(表 5.1)。

浒苔与蓝载藻(*Cyanophora paradoxa*)、高等植物槐树(*Sophora japonica*)、蓝藻(*Cyanidioschyzon merolae*)进行同源基因家族进化分析,发现这 4 种物种共有的同源基因家族数目为 1 364 个。

表 5.1　基因家族聚类结果统计

物　　　　种	总基因数	家族含有基因数	特有基因数	基因家族数	特有基因家族数	每个家族平均含有基因数
Ulva prolifera	12 635	9 932	2 703	5 266	637	1.89
Arabidopsis thaliana	26 637	22 828	3 809	9 004	1 799	2.54
Physcomitrella patens	32 292	20 579	11 713	9 008	1 258	2.28
Chondrus crispus	9 856	6 008	3 848	3 878	360	1.55
Volvox carteri	14 921	11 384	3 537	9 257	271	1.23
Chlamydomonas reinhardtii	17 634	14 144	3 490	10 272	611	1.38
Chlorella variabilis	9 726	7 978	1 748	6 383	182	1.25
Ostreococcus lucimarinus	7 484	5 238	2 246	4 646	95	1.13
Coccomyxa subellipsoidea	9 602	7 583	2 019	6 163	212	1.23
Phaeodactylum tricornutum	10 280	7 701	2 579	5 438	373	1.42
Aureococcus anophagefferens	11 273	8 212	3 061	5 216	548	1.57
Ectocarpus siliculosus	15 877	12 496	3 381	10 069	329	1.24
Cyanidioschyzon merolae	5 009	3 805	1 204	3 465	45	1.1
Saccharina japonica	17 675	14 727	2 948	9 643	344	1.53
Cyanophora paradoxa	31 569	14 681	16 888	6 668	1 792	2.2

四、系统发育分析

生物进化分析时首先对基因集进行一次过滤,然后用过滤后的高质量基因集进行分析,包括基因家族聚类、系统发生分析、基因组共线性分析和全基因组复制分析等。如果分析中用到的某些物种有化石时间,可以进行分化时间的估算。我们利用直系同源基因构建多个物种的系统发育树,每个分支长度代表中性进化速率。通常较慢的变异速率来自大型个体或较长的世代周期。

选取 15 个物种进行了进化分析,其中包括 2 种褐藻(*Saccharina japonica*、*Ectocarpus siliculosus*)、1 种硅藻(*Phaeodactylum tricornutum*)、1 种金藻(*Aureococcus anophagefferens*),2 种红藻(*Cyanidioschyzon merolae*、*Chondrus crispus*),7 种绿藻(*Chlamydomonas reinhardtii*、*Volvox carteri*、*Coccomyxa subellipsoidea*、*Chlorella variabilis*、*Ulva prolifera*、*Ostreococcus lucimarinus*、*Physconmitrella patens*)、1 种陆生植物(*Arabidopsis thaliana*)和 1 种蓝藻(*Cyanophora paradoxa*)。进化树中,15 个物种按照褐藻/金藻、红藻、绿藻/植物和蓝藻聚类。其中,浒苔作为石莼属,在绿藻门中单分一支(图 5.1)。

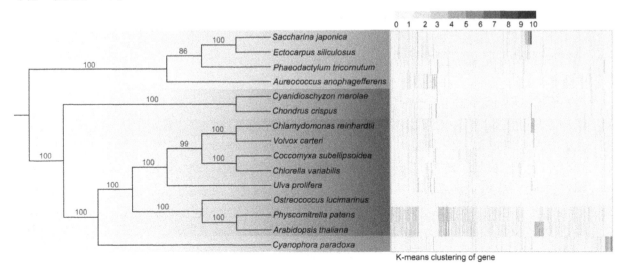

图 5.1　系统发育树

五、微生物污染分析

微生物对绿潮藻的生长影响很大,如硅藻类极易依附于绿潮藻假根部生长,很难去除(Labrenz et al.,1998)。而在大量去除微生物的情况下,藻体本身生长状态也会受影响,如叶片形态发生细微改变(Wagnerdöbler Biebl.2005)。绿潮藻胞内外微生物中占比最大的为变形菌纲的玫瑰杆菌属细菌,包含40多个种群。这一菌群在海水中分布极广,占海洋中所有浮游细菌群落的15%~25%(Geng and Belas,2010)。玫瑰杆菌属细菌对钠离子具有极大的依赖性(Alavi et al.,2010)。很多藻类与玫瑰杆菌属细菌存在共生关系,玫瑰杆菌利用藻类排出的二甲基巯基丙酸为自身提供能量,而该细菌产生的维生素及无机盐反过来也能为藻类生长提供原料(Hube et al.,2009)。此外,玫瑰杆菌属细菌分泌物对藻体形态建成也具有重要影响,这与绿潮形成有一定关系,有待深入研究。浒苔所携带含量排名第二的为交替单胞菌(*Alteromonas*)。后者能促进浒苔属海藻幼苗的萌发,促进绿潮的暴发。

此外,在培养浒苔时发现一种大量共生于藻体表面的菌种,经分子鉴定为黄萎病菌,属于真菌门丝孢纲轮枝孢属。该菌一般寄生于高等植物,如棉花、苜蓿等,导致寄主黄化、矮缩、凋萎等。而被黄萎病菌寄生的浒苔生长缓慢,藻体由绿色逐渐转为黄绿色,生长状态也受到影响。

第二节　浒苔类绿潮藻线粒体基因组

线粒体是真核细胞中能量转换的主要场所,通过氧化磷酸化的作用为各种生命活动提供能量。1963年科学家发现线粒体具有自身的基因组,1981年完成了人类线粒体基因组全序列的测定,大小为15~20 kb,共编码37个基因,其中有13个蛋白质编码基因、两个rRNA基因及22个tRNA基因,另有一个较长的非编码区。脊椎动物线粒体基因组包含两条链,分别为鸟嘌呤含量较多的重链和胞嘧啶含量较多的轻链,重链负责大部分基因的编码,轻链只编码ND6基因和少数几个tRNA基因。线粒体基因组上的基因结构非常紧凑,通常没有内含子,基因之间紧密相连,间隔序列很少。不少相邻基因存在碱基的重叠,基因的排列顺序也是非常保守的,偶尔重排的基因主要发生在tRNA基因,与核DNA相比,线粒体DNA没有组蛋白与之结合,直接裸露在线粒体基质中,很容易受氧化剂的攻击而发生突变和损伤,并且在线粒体中没有有效的DNA损伤修复机制。此外线粒体DNA自身缺乏修补机制,复制过程中易产生序列取代变异,其进化速率是核基因的5~10倍。

一、浒苔线粒体基因组测序与注释

浒苔线粒体基因组的测定与分析包括DNA模板提取,引物设计及调整,PCR扩增大片段后测序,测序结果处理及拼接注释。根据相关物种及已知的保守序列,我们设计了38条引物,利用提取的浒苔总DNA,经ABI 3730 XL测序仪测序,一共获得454条序列,拼接得到一个完整的闭合环状线粒体基因组结构,全长为61 962 bp。浒苔(*U. prolifera*)的线粒体基因组大小为61 962 bp,与NCBI上已经报道的9种石莼纲海藻(*Pseudendoclonium akinetum*,95 880 bp;*U. fasciata*,62 021 bp;*Gloeotilopsis planctonica*,105 236 bp;*G. sarcinoidea*,85 108 bp;*U. linza*,70 858 bp;*U. fasciata*,61 614 bp;*Ulva* sp. UNA00071828,73 493 bp;*U. prolifera*,63 845 bp;*Oltmannsiellopsis viridis*,56 761 bp)的线粒体基因组大小基本相近。与Liu报道的浒苔线粒体基因组只相差了1 883个碱基(Feng and Shao,2016)。

与大部分高等植物的双链环状 DNA 分子相比,浒苔线粒体基因组没有轻链与重链的结构,为单链环状 DNA 分子,只有一条编码链,其编码基因的转录方向均为逆时针方向。在已测定的石莼纲绿藻线粒体基因组中,只有石莼属(*Ulva*)的绿藻线粒体基因组具这样的结构,其余三个属的绿藻 *P. akinetum*(Pombert et al.,2004)、*G. planctonica*(Turmel et al.,2016)和 *O. viridis*(Pombert et al.,2006)都有双链结构。

浒苔线粒体基因组的碱基组成为 A(31.8%)、T(34.3%)、C(17.8%)、G(16.1%),AT 含量远高于 GC 含量,与大部分物种一样,都有不同程度的 AT 偏好性,并且 GC 含量与大部分绿藻门海藻保持一致 (30%~35%)(Zhou et al.,2016)。这与最早出现的脊椎动物鱼类的结果完全相反,这说明了植物和动物的线粒体基因组编码区有着十分显著的不同之处,对氨基酸密码子的选用差异较大。此外,动物的线粒体进化越来越趋近紧凑,而植物基因组的进化通过基因重排等方式不断地扩大基因组。

浒苔的线粒体基因组是由 29 个蛋白质编码基因、21 个转运 RNA 基因和 2 个核糖体 RNA 基因组成的(图 5.2)。浒苔属绿藻的 rRNA 十分保守,rRNA 基因与已测得的石莼属绿藻 *U. linza*、*U. fasciata* 和 *Ulva* sp. UNA00071828 结果一致(Iii et al.,2015;Zhou et al.,2016)。tRNA 基因二级结构中,*trnS*(*uga*)、*trnY*(*gua*)、*trnK*(*uuu*)、与 *trnL*(*uaa*)和 *trnS*(*gcu*)具有 7~12 bp 的可变臂。

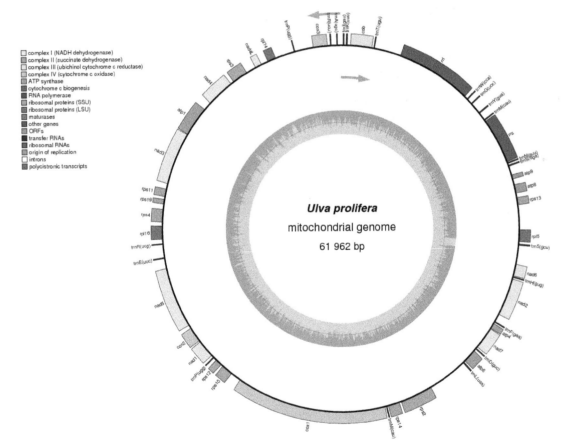

图 5.2 浒苔(*Ulva prolifera*)的线粒体基因组图谱

二、线粒体基因组 rRNA 基因

浒苔线粒体基因组共包含两个核糖体 RNA,分别为 *rrs*、*rrl*,基因产物分别为 16S 核糖体 RNA 和 23S 核糖体 RNA。其中 *rrs* 基因位于 *trnN* 基因与 *trnM* 基因之间,长度为 2 492 bp,A、T、C、G 4 种碱基含量分别为 33.51%、28.69%、16.13%、21.67%；*rrl* 位于 *trnW* 基因与 *trnT* 基因之间，长度为 4 232 bp，A、T、C、G 4 种碱基含量分别为 34.36%、30.01%、15.62%、20.01%。与石莼属其他已测得的线粒体基因组 *U. fasciata* 和 *Ulva* sp. UNA00071828 相比，无论 rRNA 的类型、数量、各种碱基的含量还是基因组中的相对位置都相差很小（表 5.2），说明线粒体核糖体 RNA 在石莼纲绿藻中十分保守，核糖体 23 S 亚基和 16 S 亚基都有着相似的进化速率和核苷酸替代模型。

表 5.2　三种石莼属海藻 rRNA 基因情况表

物　种	基　因	产　物	AT 含量	GC 含量	在基因组中相对位置
Ulva prolifera	*rrs*	23 S RNA	62.20%	37.80%	*trnN* 与 trnM 之间
	rrl	16 S RNA	64.37%	35.63%	*trnW* 与 *trnT* 之间
Ulva fasciata	*rrs*	23 S RNA	59.60%	40.40%	*trnN* 与 *trnM* 之间
	rrl	16 S RNA	63.81%	36.19%	*trnW* 与 *trnT* 之间
Ulva sp. UNA00071828	*rrs*	23 S RNA	60.51%	39.49%	*trnN* 与 *trnM* 之间
	rrl	16 S RNA	64.44%	35.56%	*trnW* 与 *trnT* 之间

三、线粒体基因组 tRNA 分析

通过 tRNAscan-SE 软件对浒苔线粒体基因组中的 tRNA 进行比对注释和二级结构预测，共发现 21 个 tRNA 基因（表 5.3），都具有完整的三叶草型二级结构，即含有 D 环、反密码子环以及 TΨC 环，另外 *trnS*(*uga*)、*trnY*(*gua*)、*trnK*(*uuu*)、*trnL*(*uaa*) 和 *trnL*(*uaa*) 还分别具有 11 bp、7 bp、12 bp、12 bp、12 bp 的可变臂。21 个浒苔 tRNA 的总长度为 1 570 bp，AT 碱基含量 58.09%，GC 碱基含量 41.91%。每个 tRNA 的长度在 69～86 bp，其中最短的（69 bp）为 *trnA*(*ugc*) 和 *trnP*(*ugg*)，最长的（86 bp）为 *trnS*(*gcu*) 和 *trnL*(*uaa*)。在浒苔线粒体基因组的 tRNA 中，一共发现了 36 处错配现象，其中包括 27 处 G-U 弱配对，4 处 U-U 错配，3 处 A-C 错配，1 处 U-C 错配和 1 处 A 碱基缺失。其中 4 处 U-U 错配两两分别位于 tRNA-Met(CAU) 和 tRNA-Met(CAU) 的氨基酸接受臂，A-C 错配位于 tRNA-Thr(UGU) 的 TΨC 臂、tRNA-Arg(UCG) 的氨基酸接受臂和 tRNA-Leu(UAA) 的 TΨC 臂，U-C 错配位于 tRNA-Ile(GAU) 的 TΨC 臂，tRNA-Phe(GAA) 的氨基酸接受臂上有一处 A 碱基的缺失，27 个 G-U 弱配对在 13 个 tRNA 基因的氨基酸接受臂、D 臂、反密码子臂和 TΨC 臂上均有分布，G-U 弱配对在许多物种的 tRNA 结构中出现频率都比较高，推测其可能为线粒体基因组转运 RNA 的一种独特的碱基配对模式。

表 5.3　浒苔线粒体基因组 tRNA 基因信息

基因名称	tRNA	反密码子	氨基酸	长度/bp
trnS(*uga*)	tRNA-Ser	UGA	Ser	84
trnN(*guu*)	tRNA-Asn	GUU	Asn	72
trnM(*cau*)	tRNA-Met	CAU	Met	72
trnY(*gua*)	tRNA-Tyr	GUA	Tyr	81
trnG(*ucc*)	tRNA-Gly	UCC	Gly	71
trnW(*cca*)	tRNA-Trp	CCA	Trp	73
trnT(*ugu*)	tRNA-Thr	UGU	Thr	71
trnK(*uuu*)	tRNA-Lys	UUU	Lys	75
trnI(*gau*)	tRNA-Ile	GAU	Ile	74
trnA(*ugc*)	tRNA-Ala	UGC	Ala	69
trnR(*ucu*)	tRNA-Arg	UCU	Arg	72
trnP(*ugg*)	tRNA-Pro	UGG	Pro	69
trnR(*ucg*)	tRNA-Arg	UCG	Arg	72

续　表

基因名称	tRNA	反密码子	氨基酸	长度/bp
trnE(*uuc*)	tRNA - Glu	UUC	Glu	73
trnP(*ugg*)	tRNA - Pro	UGG	Pro	72
trnM(*cau*)	tRNA - Met	CAU	Met	72
trnL(*uaa*)	tRNA - Leu	UAA	Leu	86
trnD(*guc*)	tRNA - Asp	GUC	Asp	72
trnF(*gaa*)	tRNA - Phe	GAA	Phe	72
trnH(*gug*)	tRNA - His	GUG	His	72
trnS(*gcu*)	tRNA - Ser	GCU	Ser	86

四、线粒体基因组编码基因分析

浒苔线粒体基因组含有 29 个蛋白质编码基因(表 5.4),且所有基因都在一条编码链上,这种现象也在石莼属的其他绿藻,如 *U. fasciata* 和 *Ulva* sp. UNA00071828 中发现且编码方向为逆时针方向,这些基因涉及参与氧化磷酸化和光合磷酸化的 *atp* 基因(*atp1*、*atp4*、*atp6*、*atp8*、*atp9*)、参与细胞呼吸作用的 *cox* 基因(*cox1*、*cox2*、*cox2*)、参与电子传递链的 *nad* 基因(*nad1*、*nad2*、*nad3*、*nad4*、*nad4L*、*nad5*、*nad6*、*nad6*)和细胞色素 b 基因(*cob*)、参与编码核糖体蛋白的基因(*rpl5*、*rpl14*、*rpl16*、*rps2*、*rps3*、*rps4*、*rps10*、*rps11*、*rps12*、*rps13*、*rps14*、*rps19*)。

表 5.4　浒苔线粒体基因组编码基因信息

基　因	长度/bp	氨基酸数	起始密码子	终止密码子
atp1	1 523	541	ATG	TAG
atp4	300	100	ATG	TAA
atp6	747	249	ATG	TAA
atp8	459	153	ATG	TAA
atp9	228	76	ATG	TAG
cob	1 203	401	ATG	TAG
cox1	8 327	500	ATG	TAA
cox2	822	274	ATG	TAA
cox3	786	262	ATG	TAG
nad1	972	324	ATG	TAA
nad2	2 046	682	ATG	TAG
nad3	2 857	120	ATG	TAA
nad4	1 533	511	ATG	TAA
nad4L	369	123	ATG	TAG
nad5	3 303	692	ATG	TAG
nad6	636	212	ATG	TAA
nad7	1 230	410	ATG	TAG
rpl14	462	154	ATG	TAA
rpl16	711	237	ATG	TAA
rpl5	642	214	ATG	TAG
rps10	624	208	ATG	TAA
rps11	420	140	ATG	TAG
rps12	369	123	ATG	TAA
rps13	402	134	ATG	TAG
rps14	642	214	ATG	TAA
rps19	252	84	ATG	TAA
rps2	1 839	613	ATG	TAA
rps3	873	291	ATG	TGA
rps4	693	231	ATG	TAA

浒苔的 29 个蛋白质编码基因全部使用 ATG 作为起始密码子,*rps3* 基因使用 TGA 作为终止密码

子,*atp9*、*cob*、*cox3*、*nad2*、*nad4L*、*nad5*、*nad7*、*rpl5*、*rps11*、*rps13* 这 10 个基因使用 TAG 作为终止密码子,其余 17 个基因均使用 TAA 作为终止密码子。

浒苔线粒体基因组的编码区总长度为 35 370 bp,占全长的 57.08%。A、T、C、G 4 种碱基含量分别为 32.95%、31.40%、16.90%、18.74%,AT 偏向性非常明显。但在鱼类等脊椎动物中,编码区的碱基含量却有明显的 GC 偏向性,这与浒苔的编码区碱基偏向性差距较大,说明了植物和动物的线粒体基因组编码区有着十分显著的不同之处,对氨基酸密码子的选用差异较大。

与石莼纲的其他绿藻,如 *U. fasciata*、*Ulva* sp. UNA00071828、*U. linza*、*P. akinetum*、*G. planctonica* 和 *O. viridis* 相比,浒苔(*U. prolifera*)共有 24 个相同的蛋白质编码基因,与 *P. akinetum* 和 *O. viridis* 相比,缺少了 *mttB* 和 *nad9* 基因,*mttB* 是编码转运子基因,*nad9* 是参与电子传递链及氧化磷酸化复合体 I 基因。与拟南芥、水稻、烟草等高等植物的线粒体基因组的编码基因相对比,浒苔线粒体基因组丢失了电子传递链及氧化磷酸化相关的编码基因:琥珀酸脱氢酶(*sh* 基因)、细胞色素 c 合成蛋白基因(*ccm* 基因)。石莼纲 6 种绿藻的蛋白编码基因差异如表 5.5 所示。

表 5.5　6 种石莼纲绿藻蛋白编码基因含量对比

	Ulva prolifera	*Ulva fasciata*	*Pseudendoclonium akinetum*	*Oltmannsiellopsis viridis*	*Ulva* sp. UNA00071828	*Ulva linza*
atp1	+	+	+	+	+	+
atp4	+	+	+	+	+	+
atp6	+	+	+	+	+	+
atp8	+	+	+	+	+	+
atp9	+	+	+	+	+	+
cob	+	+	+	+	+	+
cox1	+	+	+	+	+	+
cox2	+	+	+	+	+	+
cox3	+	+	+	+	+	+
mttB	−	−	+	+	−	−
nad1	+	+	+	+	+	+
nad2	+	+	+	+	+	+
nad3	+	+	+	+	+	+
nad4	+	+	+	+	+	+
nad4L	+	+	+	+	+	+
nad5	+	+	+	+	+	+
nad6	+	+	+	+	+	+
nad7	+	+	+	+	+	+
nad9	−	−	−	+	−	−
rpl5	+	+	+	−	+	+
rpl14	+	+	+	−	+	+
rpl16	+	+	+	+	+	+
rps2	+	+	+	+	+	+
rps3	+	+	+	+	+	−
rps4	+	+	+	−	−	+
rps10	+	+	+	−	−	+
rps11	+	+	+	+	+	+
rps12	+	+	+	+	+	+
rps13	+	+	+	+	+	+
rps14	+	+	+	+	+	+
rps19	+	+	+	+	+	+

注:+表示含有该基因,−表示丢失该基因

五、浒苔线粒体基因组共线性分析

使用 Mauve 软件对石莼纲已知的 6 种绿藻的线粒体基因组进行基因重排和共线性分析(图 5.3),

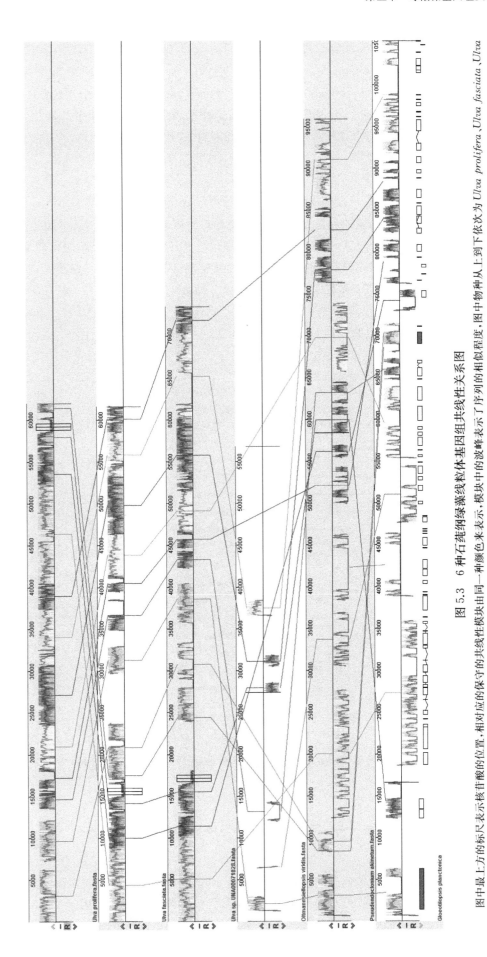

图 5.3　6 种石莼纲绿藻线粒体基因组共线性关系图

图中最上方的标尺表示核苷酸的位置，相对应的保守的共线性模块由同一种颜色来表示，模块中的波峰表示了序列的相似程度。图中物种从上到下依次为 Ulva prolifera，Ulva fasciata，Ulva sp. UNA00071828，Pseudendoclonium akinetum，Gloeotilopsis planctonica 和 Oltmannsiellopsis viridis

可以看出浒苔(U. prolifera)与其他属的藻类相比发生了剧烈的基因重排现象,但是在石莼属中,浒苔(U. prolifera)与裂片石莼(U. fasciata)和石莼未定种 Ulva sp. UNA00071828 的重排,只发生在 cox1、trnM(cau)、rps14、rps2、trnL(uaa)、atp6、trnD(guc)、nad7、atp4、trnF(gaa)、nad2、trnH(gug)、nad6、trnS(gcu)、rpl5 这 15 个基因的位移上且这些基因之间的相互顺序均未发生改变;裂片石莼与石莼未定种的基因排列有着高度共线性,结构非常保守。

六、系统发育分析

浒苔与其他 21 个绿藻门海藻的粒体基因组系统发育树的构建,选用了 7 个共同蛋白质编码基因(cob、cox1、nad1、nad2、nad4、nad5、nad6)的氨基酸序列,用 MEGA 6 最大似然法构建系统进化树,1 000 Bootstrap。包括石莼纲(Ulvophyceae)海藻 6 种、绿藻纲(Chlorophyceae)海藻 10 种、共球藻纲(Trebouxiophyceae)海藻 4 种和青绿藻纲(Prasinophytes)2 种。结果显示浒苔(U. prolifera)和缘管浒苔(U. linza)聚为一支,距离最近,其次为 Ulva sp.和裂片石莼,浒苔与绿藻门的 Polytomella capuana 关系最远,P. capuana 是绿藻纲的一种微藻,其线粒体 DNA 的结构是线性的(图 5.4)。

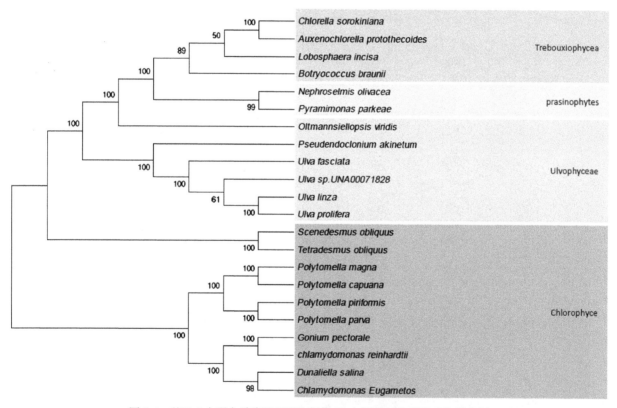

图 5.4　基于 7 个蛋白质编码基因绘制的 22 个绿藻门海藻的系统进化树

第三节　浒苔类绿潮藻叶绿体基因组

叶绿体是细胞内具有自主遗传信息的重要细胞器,从 1986 年首次测序获得烟草和地钱叶绿体全基因组序列以来,目前已公布了超过 800 个完整的叶绿体基因组序列。叶绿体基因组 DNA(chloroplast DNA,cpDNA)一般为双链环状分子,极少数为线状,高等植物的 cpDNA 大小为 120~160 kb,但藻类尤其是绿藻的叶绿体基因组 DNA 的变化很大,小的只有 37 kb,如一种寄生性的绿藻 *Helicosporidium* sp.ex Simulium jonesii,而伞藻的叶绿体基因组则高达 2 000 kb。高等植物的 cpDNA 基因图谱最显著的特征是具有一对反向重复序列(inverted reapeat, IR)——IRa 和 IRb,所含基因完全相同,但排列方向相反。对于藻类来说,cpDNA 结构较高等植物更为复杂。IR 序列并不是藻类叶绿体功能的必需部分,藻类的 IR 较高等植物的小,有逐渐退化的趋势,同时也说明藻类的叶绿体在进化过程中所受到的束缚是比较小的。根据已测定藻类的 cpDNA 序列,推测藻类叶绿体基因组含有 230 个以上的基因,但也有些藻类的叶绿体基因组所含的基因很少。cpDNA 编码的基因可分为 3 类:与叶绿体基因表达有关的基因、与光合作用过程有关的基因和包括 NADH 脱氢酶基因、ORF 及带有内含子的读码结构。cpDNA 序列的测定不仅对功能基因组学的研究意义重大,在藻类起源和系统发育,以及叶绿体起源研究中也起到了不可忽视的作用。

一、浒苔叶绿体基因组测序与注释

测定浒苔叶绿体基因组的方法类似于线粒体基因组,但其中参数有所不同。我们根据相关物种及已知的保守序列,设计了 40 条引物,利用提取的浒苔 DNA,经 ABI3730 XL 测序仪测序,一共获得 665 条序列,拼接得到完整的浒苔叶绿体基因组结构。

浒苔(*Ulva prolifera*)叶绿体基因组大小为 93 066 bp,是一个双链闭合环状结构,但并不是典型的 4 段式结构(典型的叶绿体四段式结构包括大单拷贝区 LSC、小单拷贝区 SSC 和两个反向重复区 IRa 和 IRb),因为它缺失了反向重复区域。在许多藻类中都出现了这种反向重复区丢失的现象,如红胞藻(*Rhodomonas salina*)(Khan et al., 2007),以及石莼属的缘管浒苔、裂片石莼和 *Ulva* sp. UNA00071828 都存在反向重复区的丢失(Rd and Lopezbautista, 2015;Wang et al., 2017)。相比之下,盐生杜氏藻(*Dunaliella salina*)和莱茵衣藻(*C. reinhardtii*)都含有大小分别为 14.4 kb 和 22.2 kb 的反向重复区,因此其基因组大小比浒苔大出很多(Dron et al., 1982)。绿藻门 11 种绿藻的叶绿体基因组基本信息对比见表 5.6。

表 5.6　11 种绿藻门海藻线粒体基因组对比

物　种　名　称	大小/bp	GC 含量/%	蛋白质编码基因	tRNA基因	rRNA基因	编码区所占基因组百分比/%
Ulva prolifera	93 066	24.8	66	26	3	69.8
Ulva sp.UNA00071828	99 983	25.3	71	28	3	81.8
Pseudendoclonium akinetum	195 867	31.5	73	29	3	26.6
Bryopsis plumosa	106 859	30.2	78	26	3	42.6
Oltmannsiellopsis viridis	151 933	40.5	75	26	3	60.4
Gloeotilopsis sterilis	132 626	29.5	79	27	3	34.2
Tydemania expeditionis	105 200	32.8	76	28	3	42.5
Chlorella vulgaris	150 613	31.6	76	33	3	54.5
Dunaliella salina	269 044	23.1	69	28	3	56.8
Chlamydomonas reinhardtii	203 828	34.5	67	27	5	49.9

浒苔叶绿体基因组的碱基组成为 A(38.02%)、T(37.02%)、C(12.33%)、G(12.45%),与大部分藻类一样,均有不同程度的 AT 偏好性,且 GC 含量与大部分绿藻门海藻保持一致(23%～35%)(Turmel et al., 2016),GC 含量较低,为 25.4%。这种现象说明了浒苔在生理代谢方面活力比较高,导致基因表达更加快速,能更快地合成所需酶类,有利于光合作用的顺利进行,积累更多的光合产物。

浒苔叶绿体基因组由 66 个蛋白质编码基因、26 个转运 RNA 基因和 3 个核糖体 RNA 基因(图 5.5)

组成的。其中 3 个核糖体 RNA 基因与已测得的石莼属绿藻 *Ulva* sp.UNA00071828 一样,包括 *rrs*、*rrl* 和 *rrf* 基因,但在缘管浒苔和裂片石莼中只含有 *rrs*、*rrl* 两个 rRNA 基因,缺少了 *rrf* 基因。浒苔的叶绿体基因组所有的 26 个 tRNA 基因都具有典型的三叶草形二级结构,*trnS*(*uga*)、*trnL*(*uag*)、*trnY*(*gua*)、*trnL*(*uaa*)和 *trnI*(*cau*)具有 8~16 bp 的可变臂。浒苔的叶绿体基因组所含有的 66 个蛋白质编码基因中大部分都是参与光合作用的基因:5 个 *psa* 基因、14 个 *psb* 基因、4 个 *pet* 基因、6 个 *atp* 基因、*rbcL* 基因、*clpP* 基因、*chlI* 基因和 *ftsH* 基因;以及参与自身复制的 9 个 *rpl* 基因、11 个 *rps* 基因、4 个 *rpo* 基因和 2 个转录因子 *infA* 和 *tufA* 基因;此外还含有乙酰辅酶 A 羧化酶 β 亚基基因 *accD*、细胞色素 C 起源蛋白 *ccsA*、叶绿体被膜蛋白 *cemA* 和 4 个未知功能基因 *ycf*。

扫一扫 见彩图

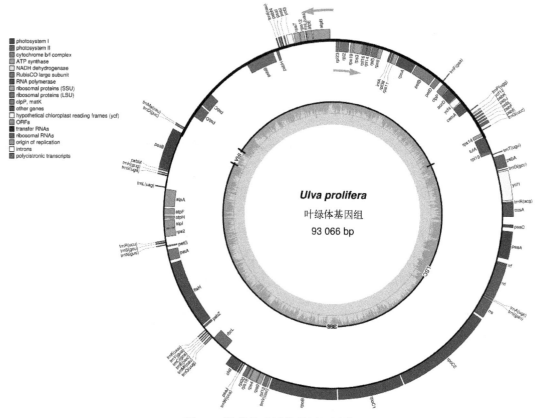

图 5.5 浒苔的叶绿体基因组图谱

在高等植物的叶绿体基因组中,内含子通常在 tRNA 基因上被发现,但在藻类叶绿体基因组的蛋白编码基因中,通常会有较多的内含子存在。在浒苔叶绿体 DNA 中共发现 4 个内含子,其中 1 个位于 tRNA 基因 *trnR*(*ucu*)的反密码子环上,其余 3 个位于蛋白质编码基因 *petB*、*psaB* 和 *psbB* 上。

二、浒苔叶绿体基因组 rRNA 基因

叶绿体基因组的 3 个核糖体 RNA(*rrs*、*rrl* 和 *rrf*)分别对应 16 S 核糖体 RNA 和 23 S 核糖体 RNA 与核糖体再循环因子。其中 *rrs* 基因位于 *rpoC2* 基因与 *trnI* 基因之间,长度为 1 476 bp,A、T、C、G 4 种碱基含量分别为 30.36%、23.71%、19.17%、26.76%;*rrl* 位于 *trnA* 基因与 *rrf* 基因之间,长度为 2 856 bp,A、T、C、G 4 种碱基含量分别为 31.76%、23.63%、18.24%、26.37%;*rrf* 位于 *rrl* 基因与 *psaA* 基因之间,长度为 122 bp,A、T、C、G 4 种碱基含量分别为 31.15%、29.51%、17.21%、22.13%。与石莼属其他已测得的叶绿体基因组 *U. fasciata* 和 *Ulva* sp. UNA00071828 相比(表 5.7),三种石莼属海藻的 rRNA 基因在叶绿体基因组上分布较为紧凑,并且均位于 *rpoC2* 基因与 *psaA* 基因之间。

表 5.7　三种石莼属海藻 rRNA 基因情况表

物　　种	基　　因	长度/bp	AT 含量	GC 含量	相 对 位 置
Ulva prolifera	*rrs*	1 476	54.07%	45.93%	*rpoC2* 与 *trnI* 之间
	rrl	2 856	55.39%	44.61%	*trnA* 与 *rrf* 之间
	rrf	122	60.66%	39.34%	*rrl* 与 *psaA* 之间
Ulva fasciata	*rrs*	1 476	54.34	45.66	*rpoC2* 与 *trnI* 之间
	rrl	2 849	55.07%	44.93	*trnA* 与 *psaA* 之间
Ulva sp. UNA00071828	*rrs*	1 477	59.60%	40.40%	*rpoC2* 与 *trnI* 之间
	rrl	3 618	58.71%	41.35%	*rrf* 与 hypothetical protein 之间
	rrf	122	54.09%	45.91%	*rrl* 与 *psaA* 之间

三、浒苔叶绿体基因组 tRNA 基因

通过 tRNAscan – SE 软件对浒苔叶绿体基因组 tRNA 进行比对注释和二级结构预测,共发现 26 个 tRNA 基因(表 5.8),都具有完整的三叶草形二级结构即含有 D 环、反密码子环以及 TΨC 环(图 5.5),此外 trnS(uga)、trnL(uag)、trnY(gua)与 trnL(uaa)和 trnI(cau)还分别具有 16 bp、9 bp、9 bp、13 bp、8 bp 的可变臂。26 个浒苔叶绿体 tRNA 的总长度为 1 965 bp。其中,碱基 AT 含量为 48.04%,碱基 GC 含量为 51.96%。每个 tRNA 的长度在 71~90 bp,其中最短的(71 bp)为 trnG(ucc)和 trnG(gcc),最长的(90 bp)为 trnS(gcu)。在浒苔叶绿体基因组的 tRNA 中,一共发现了 36 处错配现象,其中包括 23 处 G-U 弱配对、3 处 U-U 错配和 1 处 U-C 错配。其中 3 处 U-U 错配分别位于 tRNA-Gln(UUG)、tRNA-Pro(UGG)的氨基酸接受臂和 tRNA-Arg(ACG)的氨基酸接受臂上;U-C 错配位于 tRNA-Met(CAU)的氨基酸接受臂;23 个 G-U 弱配对在 19 个 tRNA 基因的氨基酸接受臂、D 臂、反密码子臂和 TΨC 臂上均有分布,G-U 弱配对在很多物种的叶绿体基因组 tRNA 结构中均有出现且频率较高。与线粒体基因组 tRNA 一样,这种 G-U 弱配对形式可能是一种细胞器基因组转运 RNA 的特殊碱基配对方式。

表 5.8　浒苔叶绿体体基因组 tRNA 基因信息

基 因 名 称	tRNA	反密码子	氨基酸	长度/bp
trnMe(cau)	tRNA – Met(CAU)	CAU	Met	74
trnD(guc)	tRNA – Asp(GUC)	GUC	Asp	74
trnH(gug)	tRNA – His(GUG)	GUG	His	72
trnS(uga)	tRNA – Ser(UGA)	UGA	Ser	87
trnL(uag)	tRNA – Leu(UAG)	UAG	Leu	81
trnR(ucu)	tRNA – Arg(UCU)	UCU	Arg	72
trnS(gcu)	tRNA – Ser(GCU)	GCU	Ser	90
trnN(guu)	tRNA – Asn(GUU)	GUU	Asn	72
trnK(uuu)	tRNA – Lys(UUU)	UUU	Lys	72
trnY(gua)	tRNA – Tyr(GUA)	GUA	Tyr	82
trnC(gca)	tRNA – Cys(GCA)	GCA	Cys	72
trnE(uuc)	tRNA – Glu(UUU)	UUC	Glu	73
trnMf(cau)	tRNA – Met(CAU)	CAU	Met	74
trnQ(uug)	tRNA – Gln(UUG)	UUG	Gln	72
trnW(cca)	tRNA – Trp(CCA)	CCA	Trp	73
trnV(uac)	tRNA – Val(UAC)	UAC	Val	73
trnI(gau)	tRNA – Ile(GAU)	GAU	Ile	74
trnA(ugc)	tRNA – Ala(UGC)	UGC	Ala	73
trnR(acg)	tRNA – Arg(ACG)	ACG	Arg	73

基因名称	tRNA	反密码子	氨基酸	长度/bp
trnG(*gcc*)	tRNA – Gly(GCC)	GCC	Gly	71
trnT(*ugu*)	tRNA – Thr(UGU)	UGU	Thr	73
trnG(*ucc*)	tRNA – Gly(UCC)	UCC	Gly	71
trnP(*ugg*)	tRNA – Pro(UGG)	UGG	Pro	74
trnF(*gaa*)	tRNA – Phe(GAA)	GAA	Phe	74
trnL(*uaa*)	tRNA – Leu(UAA)	UAA	Leu	84
trnI(*cau*)	tRNA – Ile(CAU)	CAU	Met	85

四、浒苔叶绿体基因组蛋白质编码基因

浒苔的线粒体基因组含有 66 个蛋白质编码基因,不同于浒苔线粒体基因组的单链编码的特性,浒苔的叶绿体基因组是由双链编码的。其中,*psaB*、*psbM*、*chlI*、*rpl20*、*rps18*、*rps4*、*rpoB* 等 30 个基因的编码方向为顺时针方向;*atpA*、*rps2*、*petG*、*ftsH*、*psbZ*、*rbcL* 等 36 个基因的编码方向为逆时针方向(表 5.9)。在大部分植物叶绿体基因组中,编码蛋白质基因都是由双链编码的。

表 5.9　浒苔叶绿体基因组编码基因信息

基因	长度 bp	氨基酸数	编码方向	基因	长度 bp	氨基酸数	编码方向
accD	939	312	—	*psbM*	105	34	+
atpA	1 509	502	—	*psbN*	135	44	+
atpB	1 452	483	+	*psbZ*	189	62	—
atpE	396	131	+	*rbcL*	1 425	474	—
atpF	534	177	—	*rpl12*	387	128	+
atpH	249	82	—	*rpl14*	369	122	—
atpI	732	243	—	*rpl16*	405	134	—
ccsA	1 146	381	+	*rpl19*	276	91	—
cemA	897	298	—	*rpl2*	840	279	—
chlI	1 056	351	+	*rpl20*	342	113	+
clpP	597	198	—	*rpl23*	282	93	—
ftsH	5 979	1 992	—	*rpl36*	114	37	—
infA	183	60	—	*rpl5*	543	180	—
petA	930	309	—	*rpoA*	1 611	536	—
petB	648	215	—	*rpoB*	5 655	1 884	+
petD	483	160	—	*rpoC1*	5 526	1 841	+
petG	114	37	—	*rpoC2*	8 274	2 757	+
psaA	2 256	751	+	*rps11*	396	131	—
psaB	2 208	735	+	*rps12*	372	123	+
psaC	246	81	+	*rps14*	303	100	—
psaI	111	36	+	*rps18*	264	87	+
psaJ	126	41	+	*rps19*	279	92	—
psbA	1 062	353	+	*rps2*	678	225	—
psbB	1 527	508	—	*rps3*	696	231	—
psbC	1 224	407	—	*rps4*	615	204	+
psbD	1 059	352	—	*rps7*	471	156	+
psbE	252	83	+	*rps8*	396	131	—
psbF	129	42	+	*rps9*	402	133	+
psbH	231	76	—	*tufA*	1 224	407	—
psbI	105	34	+	*ycf1*	2 433	810	+
psbJ	129	42	+	*ycf12*	105	34	+
psbK	132	43	+	*ycf3*	504	167	—
psbL	117	38	+	*ycf4*	543	180	—

注:＋表示编码方向为顺时针方向,—表示编码方向为逆时针方向

66 个蛋白质编码基因中大部分都是参与光合作用的基因：5 个 *psa* 基因、14 个 *psb* 基因、4 个 *pet* 基因、6 个 *atp* 基因、*rbcL*、*clpP*、*chlI* 和 *ftsH* 基因；以及参与自身复制的 9 个 *rpl* 基因、11 个 *rps* 基因、4 个 *rpo* 基因和两个转录因子 *infA* 和 *tufA* 基因；此外还含有乙酰辅酶 A 羧化酶亚基基因 *accD*、细胞色素 C 起源蛋白 *ccsA*、叶绿体被膜蛋白 cemA 和 4 个未知功能基因 *ycf*。

在这 66 个蛋白质编码基因中除了 *rps19* 使用 GTG 作为起始密码子，其余 65 个基因均使用 ATG 作为起始密码子；在终止密码子的使用上，除了 *rpoA* 基因使用 TGA 作为终止密码子，*cemA*、*rpl2*、*rps14*、*tufA* 使用 TAG 作为终止密码子，其余 61 个基因的终止密码子均为 TAA。

浒苔叶绿体的编码区总长度为 64 917 bp，占叶绿体基因组全长的 69.75%。A、T、C、G 4 种碱基含量分别为 37.5%、37.1%、12.9%、12.5%，AT 偏向性十分显著。

与绿藻门的 16 种绿藻相对比（表 5.10），浒苔叶绿体基因组的扩张基因有 8 个，分别为 *accD*、*chlI*、*ftsH*、*infA*、*psaI*、*rpl12*、*rpl19*、*ycf12*，收缩基因有 15 个，分别为 *chlB*、*chlL*、*chlN*、*cysA*、*cysT*、*minD*、*petL*、*psaM*、*psbT*、*rpl32*、*tilS*、*ycf20*、*ycf47*、*ycf62*、*PsakCp105*。

表 5.10　16 种绿藻蛋白编码基因含量对比

	1*	2*	3*	4*	5*	6*	7*	8*	9*	10*	11*	12*	13*	14*	15*	16*
accD	+	+	+	+	+	−	−	−	−	+	+	+	+	+	+	+
chlB	−	−	−	+	−	+	+	+	+	−	−	+	+	+	+	+
chlI	+	+	+	+	+	−	−	−	−	−	−	+	+	+	+	+
chlL	−	−	−	+	−	+	+	+	+	−	−	+	+	+	+	+
chlN	−	−	−	+	−	+	+	+	+	+	+	+	+	+	+	+
cysA	−	−	−	−	−	−	−	−	−	−	−	−	−	−	−	+
cysT	−	−	−	−	−	−	−	−	−	−	−	−	−	−	−	+
ftsH	+	+	+	+	+	+	+	+	+	+	+	+	+	+	+	−
infA	+	+	+	+	+	−	−	−	−	−	−	+	+	+	+	+
minD	−	−	−	−	−	−	−	−	−	−	−	+	+	−	+	+
petL	−	−	−	+	+	+	+	+	+	+	+	+	+	+	+	+
psaI	+	+	+	+	+	+	+	+	+	+	+	+	+	+	+	+
psaM	−	−	−	+	+	+	+	+	+	+	+	+	+	+	+	+
psbT	−	−	−	+	+	+	+	+	+	+	+	+	+	+	+	+
rpl12	+	+	+	+	+	+	+	+	+	+	+	+	+	+	+	+
rpl19	+	+	+	+	+	+	+	+	+	+	+	+	+	+	+	+
rpl32	−	+	+	+	+	+	+	+	+	+	+	+	+	+	+	+
tilS	−	−	−	−	−	−	−	−	−	−	−	+	+	+	−	−
ycf1	+	+	+	+	−	+	+	+	+	+	+	+	+	+	+	+
ycf20	−	+	−	−	−	−	−	−	−	−	−	−	−	−	−	+
ycf47	−	−	−	−	−	−	−	−	−	−	−	−	−	−	−	+
ycf62	−	−	−	−	−	−	−	−	−	+	−	−	−	−	−	−
PsakCp105	−	−	−	−	+	−	−	−	−	−	−	−	−	−	−	−

* 1. *Ulva prolifera*；2. *Ulva fasciata*；3. *Ulva* sp. UNA00071828；4. *Oltmannsiellopsis viridis*；5. *Pseudendoclonium akinetum*；6. *Chlamydomonas reinhardtii*；7. *Dunaliella salina*；8. *Gonium pectoral*；9. *Scenedesmus obliquus*；10. *Pedinomonas minor*；11. *Pedinomonas tuberculate*；12. *Chlorella variabilis*；13. *Parachlorella kessleri*；14. *Botryococcus braunii*；15. *Geminella minor*；16. *Lobosphaera incise*

＋表示含有该基因，－表示丢失该基因

atpA, *atpB*, *atpE*, *atpF*, *atpH*, *atpI*, *ccsA*, *cemA*, *clpP*, *petA*, *petB*, *petD*, *petG*, *psaA*, *psaB*, *psaC*, *psaJ*, *psbB*, *psbC*, *psbD*, *psbE*, *psbF*, *psbH*, *psbI*, *psbJ*, *psbK*, *psbL*, *psbM*, *psbN*, *psbZ*, *rbcL*, *rpl14*, *rpl16*, *rpl2*, *rpl20*, *rpl23*, *rpl36*, *rpl5*, *rpoA*, *rpoB*, *rpoC1*, *rpoC2*, *rps11*, *rps12*, *rps14*, *rps18*, *rps19*, *rps2*, *rps3*, *rps4*, *rps7*, *rps8*, *rps9*, *tufA*, *ycf12*, *ycf3* 和 *ycf4* 基因在 16 种藻中均含有，故不重复列出。

五、浒苔叶绿体基因组共线性分析

使用 Mauve 软件对石莼纲的 6 种绿藻（*U. prolifera*、*U. fasciata*、*U. linza*、*Ulva* sp. UNA00071828、

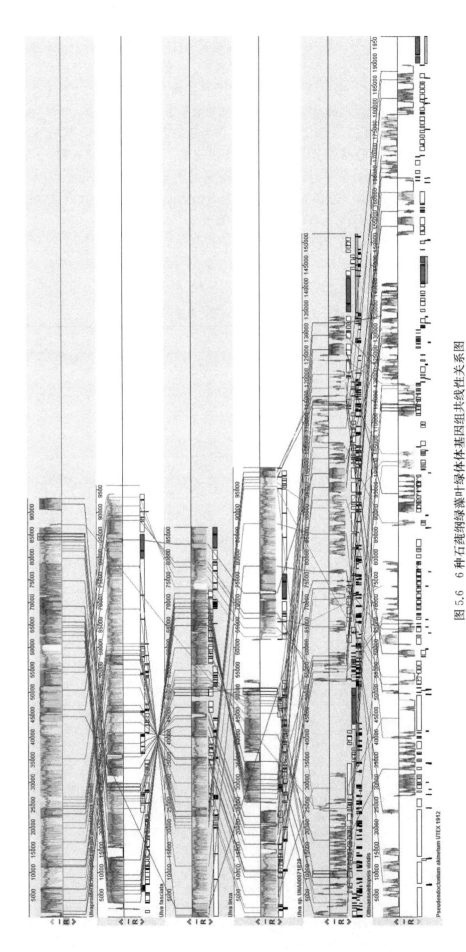

图 5.6　6 种石莼纲绿藻叶绿体基因组共线性关系图

图中最上方的标尺表示核苷酸的位置，相对应的保守的共线性模块由同一种颜色未表示，模块中的波峰表示了序列的相似程度，图中物种从上到下依次为 *Ulva prolifera*、*Ulva fasciata*、*Ulva linza*、*Ulva* sp. UNA00071828、*Oltmannsiellopsis viridis* 和 *Pseudendoclonium akinetum*

P. akinetum 和*O. viridis*)叶绿体基因组进行基因重排和共线性分析,可以看出浒苔(*U. prolifera*)与裂片石莼(*U. fasciata*)发生的基因重排现象最少(图 5.6)。

六、系统发育分析

浒苔与其他 16 个绿藻门海藻的叶绿体基因组系统发育树的构建选用了 51 个共同蛋白质编码基因的氨基酸序列,用 MEGA 6 最大似然法构建系统进化树,1 000 次 Bootstrap。包括石莼纲(Ulvophyceae)海藻 6 种、绿藻纲(Chlorophyceae)海藻 4 种、共球藻纲(Trebouxiophyceae)海藻 5 种和平藻纲(Pedinophyceae) 2 种(图 5.7)。结果显示浒苔(*U. prolifera*)和缘管浒苔(*U. linza*)聚为一支,距离最近,*Ulva* sp.和裂片石莼(*U. fasciata*)也聚为一支距离,次近,*P. akinetum* 和*O. viridis* 与浒苔的距离越来越远。

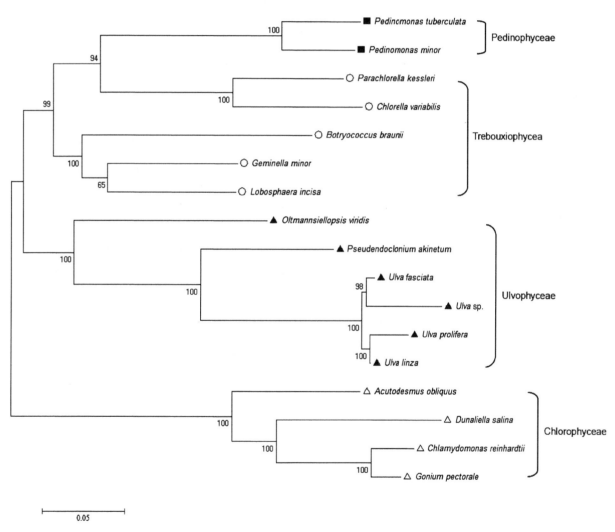

图 5.7　基于 51 个蛋白质编码基因绘制的 17 个绿藻门海藻的系统进化树

除了利用共有基因构建进化树,叶绿体中的 *rbcL* 和*tufA* 是非常成熟的 DNA 条形码,可用作分类鉴定,图 5.8 和图 5.9 显示从 NCBI 上下载石莼属绿藻的 *rbcL* 和*tufA* 基因序列,使用 MEGA 6 软件和 Neighbor‐joining 方法构建的发育树。

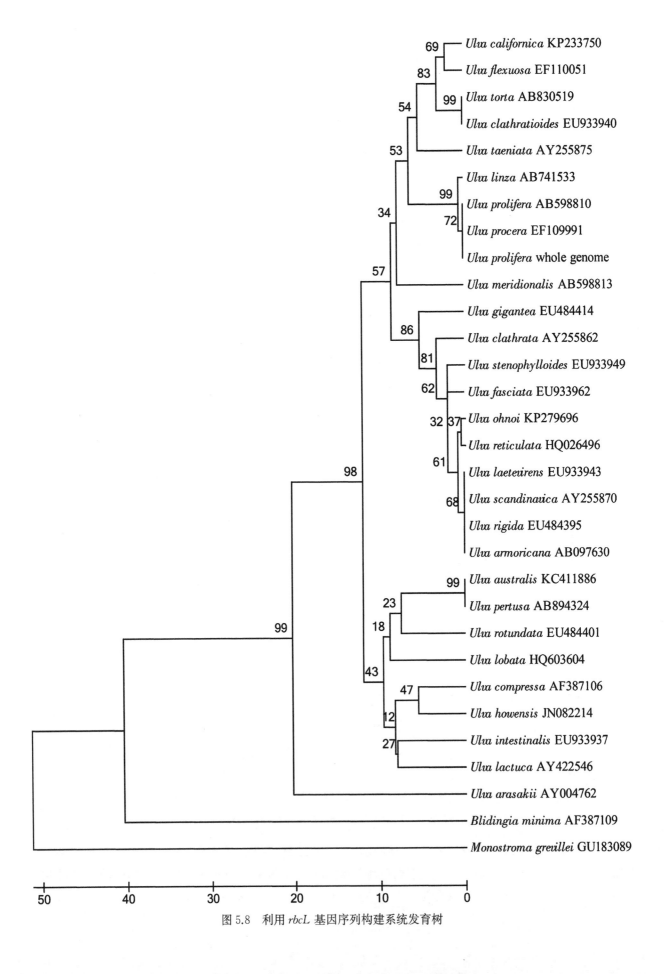

图 5.8　利用 *rbcL* 基因序列构建系统发育树

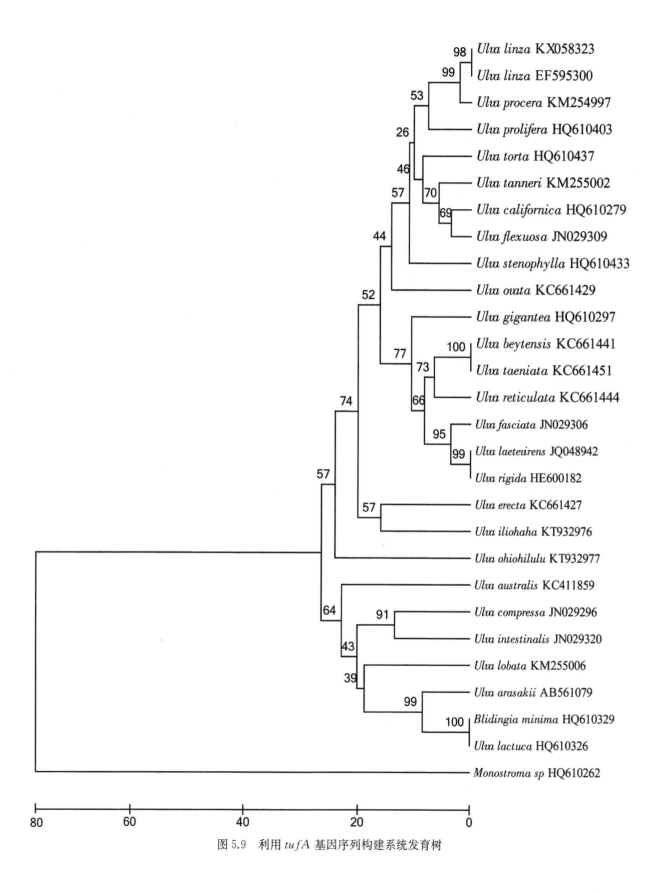

图 5.9 利用 *tufA* 基因序列构建系统发育树

第四节　4种浒苔类绿潮藻高温及高光强胁迫转录组研究

藻类是一个开放体系,生长在自然环境中常常遇到一些不利于自身生长的环境因素,如极端温度是影响植物生长发育的重要环境因子,温度胁迫会引起植物生理上的一系列变化,主要集中在细胞膜结构、蛋白质、渗透调节物、抗氧化物质、光合作用等几个方面。植物应答逆境胁迫研究有助于揭示植物对逆境的应答机理从而采取防范措施,降低逆境胁迫对植物的伤害。转录组学是一门在整体水平上研究细胞中基因转录的情况及转录调控规律的学科,能从整个转录水平揭示逆境胁迫下整个基因组水平的表达情况,对增加胁迫适应和耐受相关的复杂调控网的理解、进行逆境基因组转录调控网络的构建有重大的意义。

转录组从广义上是指特定条件下单个细胞或者细胞群体所转录的所有 RNA 集合,包括编码蛋白质的 mRNA 和一些功能性的 RNA,如 rRNA、miRNA、ncRNA、tRNA 等,从狭义上则单指编码蛋白质的 mRNA。转录组测序技术通过将样本中提取的总 RNA 反转录成 cDNA 后进行高通量测序来确定样品中整体转录组的表达情况。近年来,随着转录组学与高通量测序技术的高速发展,转录组学已经在研究生物体表型和基因表达方面占据了重要的地位。此前 Zhang 介绍了缘管浒苔的转录组图谱(Zhang et al.,2012),Xu 报道了水杨酸抑制浒苔高温胁迫的转录组学研究(Fan et al.,2017)。本部分介绍黄海绿潮藻 4 种常见种响应极端温度和光强的表达图谱,初步揭示绿潮藻温度胁迫的分子机理。

一、转录组测序与分析基本步骤

黄海绿潮藻 4 种常见种(浒苔、扁浒苔、缘管浒苔及曲浒苔)均于 2008 年 7 月采自青岛,实验室培养,培养条件为各自最适合的生长条件。其中浒苔培养温度为$(20\pm1)℃$,培养的光照强度为 $140\ \mu mol/(m^2 \cdot s)$;扁浒苔培养温度为$(10\pm1)℃$,培养的光照强度为 $100\ \mu mol/(m^2 \cdot s)$;缘管浒苔培养温度为$(20\pm1)℃$,培养的光照强度为 $100\ \mu mol/(m^2 \cdot s)$;曲浒苔培养温度为$(25\pm1)℃$,培养的光照强度为 $100\ \mu mol/(m^2 \cdot s)$。光照周期均为 L12 h∶D12 h,培养基为 VSE。之后各取 5 g 鲜重藻体,根据极端温度和光强的组合各分为 9 组进行培养。对所培养的藻体提取 RNA,通过 Illumina Hig - Seq 2000 平台做高通量转录组测序、组装及注释(表 5.11～表 5.14)。

表 5.11　浒苔温度、光照强度实验设计

光照/$[\mu mol/(m^2 \cdot s)]$	30℃	20℃	4℃
400	HT1	HT4	HT7
140	HT2	HT5	HT8
20	HT3	HT6	HT9

注:HT 代表浒苔

表 5.12　扁浒苔温度、光照强度实验设计

光照/$[\mu mol/(m^2 \cdot s)]$	30℃	10℃	4℃
400	B1	B4	B7
100	B2	B5	B8
20	B3	B6	B9

注:B代表扁浒苔

表 5.13　缘浒苔温度、光照强度实验设计

光照/[μmol/(m² · s)]	30℃	20℃	4℃
400	Y1	Y4	Y7
100	Y2	Y5	Y8
20	Y3	Y6	Y9

注：Y 代表缘管浒苔

表 5.14　曲浒苔温度、光照强度实验设计

光照/[μmol/(m² · s)]	30℃	25℃	4℃
400	Q1	Q4	Q7
100	Q2	Q5	Q8
20	Q3	Q6	Q9

注：Q 代表曲浒苔

二、转录组的组装

本实验通过 Illumina Hig-Seq 2 000 对 4 种绿潮藻进行高通量测序,最终得到组装结果如表 5.15~表 5.18 所示。

表 5.15　浒苔测序组装结果

	样本	个数	总长/nt	平均长度/nt	N50	一致性序列	特异性簇数	特异性元件数
Contig	HT1	84 241	36 688 917	436	1 041	—	—	—
	HT2	91 573	38 682 203	422	956	—	—	—
	HT3	57 656	31 428 555	545	1 375	—	—	—
	HT4	66 485	33 030 405	497	1 170	—	—	—
	HT5	62 601	31 885 356	509	1 241	—	—	—
	HT6	59 817	29 516 280	493	1 180	—	—	—
	HT7	60 665	31 104 373	513	1 332	—	—	—
	HT8	56 946	29 578 295	519	1 304	—	—	—
	HT9	72 627	33 918 036	467	1 126	—	—	—
Unigene	HT1	74 111	134 572 338	1 816	4 107	74 111	31 577	42 534
	HT2	71 826	103 649 154	1 443	3 382	71 826	25 979	45 847
	HT3	46 195	62 857 412	1 361	2 847	46 195	14 301	31 894
	HT4	54 685	74 103 684	1 355	2 882	54 685	18 513	36 172
	HT5	49 706	62 609 317	1 260	2 625	49 706	15 383	34 323
	HT6	44 265	47 844 718	1 081	2 216	44 265	11 328	32 937
	HT7	45 949	56 717 245	1 234	2 610	45 949	13 361	32 588
	HT8	43 406	50 523 582	1 164	2 412	43 406	11 536	31 870
	HT9	59 286	82 190 395	1 386	2 929	59 286	21 965	37 321
	All	109 239	231 295 751	2 117	4 517	109 239	49 099	60 140

表 5.16　扁浒苔测序结果

	样本	个数	总长/nt	平均长度/nt	N50	一致性序列	特异性簇数	特异性元件数
Contig	B1	61 175	31 789 163	520	1 368	—	—	—
	B2	57 926	31 546 569	545	1 419	—	—	—
	B3	53 039	29 858 413	563	1 408	—	—	—
	B4	60 338	30 211 644	501	1 379	—	—	—

	样本	个数	总长/nt	平均长度/nt	N50	一致性序列	特异性簇数	特异性元件数
Contig	B5	63 088	30 643 183	486	1 333	—	—	—
	B6	47 861	28 050 472	586	1 515	—	—	—
	B7	47 610	27 555 326	579	1 507	—	—	—
	B8	51 540	28 041 594	544	1 440	—	—	—
	B9	49 950	27 970 377	560	1 440	—	—	—
Unigene	B1	49 954	68 291 318	1 367	2 761	49 954	17 731	32 223
	B2	44 279	57 171 800	1 291	2 622	44 279	13 448	30 831
	B3	41 958	53 241 408	1 269	2 494	41 958	13 057	28 901
	B4	36 178	39 960 668	1 105	1 993	36 178	13 655	22 523
	B5	38 347	41 950 746	1 094	2 034	38 347	14 497	23 850
	B6	36 185	43 513 248	1 203	2 322	36 185	10 009	26 176
	B7	35 869	42 630 564	1 189	2 315	35 869	9 745	26 124
	B8	39 148	46 699 987	1 193	2 372	39 148	11 481	27 667
	B9	38 980	47 689 620	1 223	2 392	38 980	11 814	27 166
	All	92 790	158 854 805	1 712	2 940	92 790	44 151	48 639

表 5.17 缘管浒苔测序结果

	样本	个数	总长/nt	平均长度/nt	N50	一致性序列	特异性簇数	特异性元件数
Contig	Y1	121 747	41 321 914	339	599	—	—	—
	Y2	101 839	39 028 634	383	940	—	—	—
	Y3	98 586	37 988 562	385	942	—	—	—
	Y4	94 614	36 493 134	386	943	—	—	—
	Y5	105 164	38 471 690	366	799	—	—	—
	Y6	96 966	36 424 165	376	840	—	—	—
	Y7	101 877	38 109 270	374	871	—	—	—
	Y8	106 756	39 086 581	366	811	—	—	—
	Y9	89 634	31 600 722	353	705	—	—	—
Unigene	Y1	82 153	114 359 376	1 392	3 134	82 153	43 957	38 196
	Y2	57 552	71 526 466	1 243	2 470	57 552	30 739	26 813
	Y3	56 111	69 483 595	1 238	2 451	56 111	29 621	26 490
	Y4	51 551	56 971 223	1 105	2 218	51 551	25 770	25 781
	Y5	58 135	60 728 955	1 045	2 168	58 135	27 349	30 786
	Y6	54 462	59 469 957	1 092	2 225	54 462	26 431	28 031
	Y7	55 507	60 517 118	1 090	2 208	55 507	27 699	27 808
	Y8	60 858	68 326 775	1 123	2 301	60 858	31 105	29 753
	Y9	50 378	44 401 917	881	1 775	50 378	23 330	27 048
	All	101 056	209 052 506	2 069	3 489	101 056	62 280	38 776

表 5.18 曲浒苔测序结果

	样本	个数	总长/nt	平均长度/nt	N50	一致性序列	特异性簇数	特异性元件数
Contig	Q1	92 659	35 160 122	379	930	—	—	—
	Q2	87 305	37 343 292	428	1 209	—	—	—
	Q3	79 380	36 657 016	462	1 323	—	—	—
	Q4	75 345	32 346 492	429	1 251	—	—	—
	Q5	79 190	33 714 444	426	1 257	—	—	—
	Q6	84 029	33 370 558	397	1 048	—	—	—
	Q7	80 752	34 217 761	424	1 184	—	—	—
	Q8	77 550	34 613 203	446	1 341	—	—	—
	Q9	81 047	37 486 729	463	1 397	—	—	—

续　表

样本		个数	总长/nt	平均长度/nt	N50	一致性序列	特异性簇数	特异性元件数
Unigene	Q1	51 257	41 935 945	818	1 733	51 257	14 772	36 485
	Q2	48 435	52 009 706	1 074	2 175	48 435	17 155	31 280
	Q3	43 431	46 680 997	1 075	2 075	43 431	14 870	28 561
	Q4	42 734	42 507 634	995	2 103	42 734	14 517	28 217
	Q5	44 312	43 600 529	984	2 046	44 312	15 248	29 064
	Q6	47 399	42 210 351	891	1 881	47 399	15 270	32 129
	Q7	44 799	41 542 609	927	1 901	44 799	14 204	30 595
	Q8	42 641	42 356 968	993	2 035	42 641	14 130	28 511
	Q9	44 883	46 789 840	1 042	2 142	44 883	14 944	29 939
	All	85 570	110 449 659	1 291	2 710	85 570	38 292	47 278

三、4 种绿潮藻转录组注释

1. NR 注释

通过 NR 注释发现 4 种绿潮藻同源性、序列相似度及物种匹配度基本相同。其中浒苔、扁浒苔、缘管浒苔和曲浒苔分别有 25%、24.6%、24% 和 21.6% 的注释序列具有极高的同源性（$E\text{-value} < 10^{-60}$），19.2%、19.1%、18.7% 和 18% 注释序列具有较高的同源性（$10^{-60} < E\text{-value} < 10^{-30}$），其余的 55.8%、56.3%、57.4% 和 60.4% 具有同源性（$10^{-30} < E\text{-value} < 10^{-5}$）。3.9%、1.7%、1.6% 和 4.2% 的序列相似度高于 80%，96.1%、98.3%、98.4% 和 95.8% 的序列相似度为 18%～80%。物种匹配度排名均为：① 小球藻；② 团藻；③ 衣藻；④ 褐潮藻；⑤ 蓝隐藻；⑥ 黄瓜属。

2. COG 分类

COG 是一个对基因产物展开直系同源分类的数据库，其中各个 COG 蛋白都被设为来自祖先蛋白，COG 数据库是以藻类、细菌和真核生物中含完整基因组的系统进化关系及编码蛋白为基础构建的。把 Unigene 放到 COG 库中展开比对，并对 Unigene 进行可能的功能预测及相关功能分类统计，将此物种的基因功能分布的特征进行宏观上的掌握。

浒苔通过 COG 和 Gene Ontology（GO）的分类体系和功能注释将含有同源对比信息的 64 931 条转录物展开功能注释和比对（$E\text{-value} < 1\ e^{-05}$）。通过 COG 功能分类分析共获得 45 543 个 COG 功能注释，与 25 个 COG 功能类别相关。其中，一般功能基因（general function prediction only）的转录物比例最大，为 12.05%；其次为翻译、核糖体结构与生物合成（translation，ribosomal structure and biogenesis），比例为 9.18%。这个转录组中，与植株生长发育相关的功能主要有氨基酸转运与代谢（3.46%）、碳水化合物转运与代谢（4.58%）、核酸转运与代谢（1.68%）和脂质转运与代谢（4.06%）等物质代谢过程，信号转导机理（4.60%），无机离子转运与代谢（2.87%），辅酶转运与代谢（1.76%），次级代谢产物生物合成、运输与分解代谢（1.96%）及防御机理（0.66%）等多个生理生化过程。

扁浒苔、缘管浒苔和曲浒苔通过 COG 功能分类分析分别获得 107 408 个、121 722 个和 75 517 个 COG 功能注释，均与 25 个 COG 功能类别相关。其中，一般功能基因的转录物比例最大，分别为 10.54%、11.08% 和 10.57%；其次为翻译、核糖体结构与生物合成，比例为 9.26%、9.76% 和 9.91%。这个转录组中，与植株生长发育相关的功能主要有氨基酸转运与代谢（2.44%、2.78% 和 2.33%）、碳水化合物转运与代谢（4.63%、4.85% 和 4.55%）、核酸转运与代谢（1.35%、1.06% 和 1.12%）和脂质转运与代谢（3.97%、3.77% 和 3.96%）等多个生理生化过程。

3. GO 分类

在 GO 功能分类中,浒苔包含 30 557 条转录物具有具体功能定义,占总转录物的 27.97%。浒苔、扁浒苔、缘管浒苔和曲浒苔分别得到 196 356 个、132 888 个、162 900 个和 105 275 个 GO 功能注释。在所有转录物中,分别有 75 332 个、60 608 个、63 028 个和 41 612 个转录物的 GO 注释归为细胞组分,31 981 个、31 981 个、25 538 个和 16 576 个为分子功能,89 043 个、60 608 个、74 334 个和 47 087 个为生物学过程。上述三大类功能均可划分成更加具体的 53 个类别,分别包含了 17 个、14 个和 22 个功能亚类。

细胞组分功能分类项中,细胞(cell)和细胞部分(cell part)所含比例最高,浒苔、扁浒苔、缘管浒苔和曲浒苔分别为 26.06% 和 26.05%,26.35% 和 26.35%,26.28% 和 26.28%,24.48% 及 24.47%;而病毒体部分(virion part)含量最低,分别仅有 4 条、5 条、2 条和 2 条序列。分子功能分类项中,催化活性(catalytic activity)和蛋白结合(binding)所含比例最高,分别为 54.97% 和 35.38%,54.90% 和 35.29%,56.89% 和 34.59%,50.94% 和 36.66%。浒苔、扁浒苔和曲浒苔蛋白标签(protein tag)比例最低,分别仅有 3 条、2 条和 2 条序列,缘管浒苔营养储存活动(nutrient reservoir activity)比例最低,仅有 1 条序列。生物学过程功能分类项中,浒苔、扁浒苔、缘管浒苔和曲浒苔主要的生命过程分别是细胞过程(cellular process)(19.50%、19.64%、19.80% 和 19.38%)和代谢过程(metabolic process)(18.75%、18.66%、18.37% 和 18.22%),运动(locomotion)比例最低,分别仅有 25 条、31 条、51 条和 2 条序列。

4. KEGG

KEGG 这一数据库是分析基因产物相关的代谢途径和这些基因相关功能的资源,通过 KEGG 数据库可帮助我们深入探索基因在生物学上的复杂行为。另外,通过 KEGG 获得的注释信息可以让我们深入获得相关基因的代谢途径注释。KEGG 代谢途径分成 3 个阶层,阶层 3 拥有具体的通路图和响应的基因,通过比对将 Unigene 注释到各阶层 3 中的通路图上。

通过对 4 种绿潮藻前 10 位共有 KEGG 通路进行比较得出,浒苔与其他 3 类绿潮藻相比,在代谢途径及次生代谢途径相关的基因数量占比突出(图 5.10)。说明浒苔的代谢更替更快,从而更快地进行体内物质的更新及不利物质的排出和有利物质的吸收,这一结果也与基因组中扩张基因研究结论相吻合,浒苔在代谢更替上比另外 3 种浒苔有一定优势。

扫一扫 见彩图

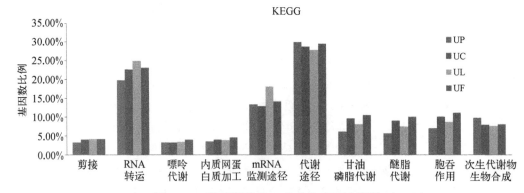

图 5.10 4 种绿潮藻前 10 位共有 KEGG 通路
浒苔、扁浒苔、缘管浒苔、曲浒苔分别简称为 UP、UC、UL、UF

图 5.11 是曲浒苔的碳固定通路图,方框中标出的是 C_4 循环。C_4 循环能促使生物利用强日光下产生的 ATP 推动 PEP 与 CO_2 的结合,提高强光、高温下的光合速率,在干旱时可以部分地收缩气孔孔径,减少蒸腾失水,而光合速率降低的程度就相对较小,从而提高了水分在生物体内的利用率。这一完整通路出现在 4 种绿潮藻中也说明了它们高效的光合固碳作用以及在高温高光中的适应力为绿潮的暴发提供了有利的先决条件。

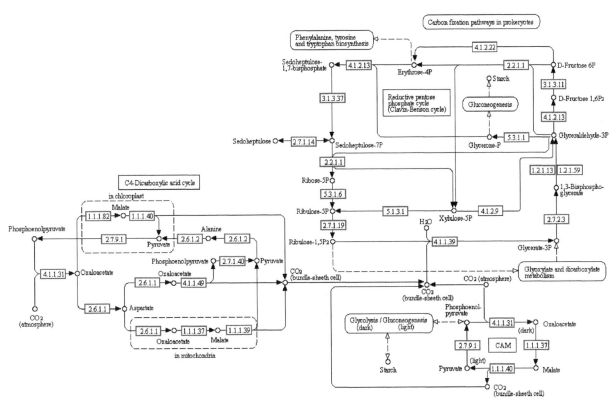

图 5.11　曲浒苔碳固定通路图

四、基因序列表达差异分析

1. 差异表达基因

通过差异基因表达分析可以帮助我们发现不同样本间表达量不同的基因,从而可以对此类基因进行 GO 分类注释及 KEGG 代谢途径分析。通过对比发现,温度变化的情况下,差异表达基因量明显高于光照变化的情况。而在最适条件与极端条件的比较中也发现,高温高光的极端条件下浒苔出现了最多的差异表达基因,因此证明高温高光也正是绿潮暴发时的温度光照条件下,浒苔能够大幅调节基因的表达,从而适应极端环境。

扁浒苔及曲浒苔对温度特别敏感,在温度最适时受光照影响不大,在温度不适时,差异基因量大幅升高。浒苔及缘管浒苔受温度影响也大于光照影响,但在温度不变时光照变化对其也有较大影响,差异基因量呈梯度变化。除曲浒苔以外,其他 3 种藻都在高温高光的条件下差异基因量最大,说明这一条件下,藻体内进行着剧烈的生理调节以应对极端环境。

2. 相关胁迫响应基因分析

生物在受到外界胁迫时,无论是生物胁迫还是非生物胁迫,自身体内某些防御机制会自动启动来响应外界。研究者在对不同的植物进行胁迫实验后发现,其中相当一部分的胁迫响应基因来自这几个方面,包括抗氧化途径、光合作用途径、光保护机制、热应激、冷应激等多个生物途径。其中浒苔的胁迫相关基因中,冷应激相关基因,如编码丝氨酸/苏氨酸激酶的基因在最适条件中表达量极为突出,尤其是相比高温条件及低温中光条件。丝氨酸/苏氨酸激酶在植物的生长转化基质形成及凋亡的生理过程中起着重要作用,这说明了丝氨酸/苏氨酸激酶在浒苔的胁迫条件下作用显著,可能起着重要的调节功能。除了丝氨酸/苏氨酸蛋白激酶,光捕获蛋白、钙结合蛋白、钙依赖性蛋白激酶、分裂酶原蛋白激酶表达活跃。浒苔的相关胁迫基因表达丰度远远高于其他 3 种绿潮藻,这也体现了浒苔在胁迫条件下显著的抗逆性。而在扁浒苔、缘管浒苔及曲浒苔的相关基因比较中,氧化途径、光合作用途径、光保护机制、热应激、冷应激相关蛋白也均得到了有效的表达。

3. 浒苔优势基因

我们通过筛选出 4 种绿潮藻胁迫响应基因,并将其表达量通过 FPKM 值相类比,最终将浒苔优势基因选出,包括过氧化氢酶、光捕获复合体、单脱氢抗坏血酸还原酶、黄嘌呤脱氢酶及与光保护相关的早期光诱导蛋白 ElipL2、羰基还原酶 CBR 和 SEPALLATA 蛋白 SEP。其中多数与光保护途径相关,说明了光保护机制在浒苔对抗非生物胁迫中起到了重要作用。

上述胁迫基因产物中,过氧化氢酶(catalase,CAT)在自然界中广泛存在。在抗氧化过程中,它将过氧化氢作为底物,利用对电子的催化转移从而把过氧化氢分解成水和氧气。这种酶是生物对抗逆境时发挥极大作用的一种关键酶。在与其他 3 类绿潮藻的比较中,过氧化氢酶在浒苔处于高温低光照时表达量明显上升,低温情况下表达量没有得到显著提升,证明过氧化氢在高温逆境时对浒苔有较大的保护作用。

除了过氧化氢酶外,与之相关的单脱氢抗坏血酸还原酶及黄嘌呤脱氢酶也在植物的抗氧化过程中起到关键作用,植物可以通过调节自身体内的单脱氢抗坏血酸还原酶来减少自由基对植物的伤害,并能延缓植物的衰老。浒苔在这两方面也体现出了极为明显的优势,特别是在高温状态下,单脱氢抗坏血酸还原酶及黄嘌呤脱氢酶表达量均远远高于其他 3 类,体现了在高温逆境下这两种抗氧化相关蛋白对浒苔起到的重要保护作用。

光捕获复合体是光保护机制中的一种关键酶,主要负责将捕获的光能能量转移到反应中心从而带动光化学反应。这一复合体位于类囊体膜上,可以通过结合天线或各种辅助色素来完成生物学功能。在与其他 3 类绿潮藻的比较中,光捕获复合体在浒苔处于高低温情况下表达量明显高于最适温度时,而随着光照强度的减弱,光捕获复合体也有明显的表达量提升,证明其在极端温度条件下以及低光照条件下对浒苔起到了较大的保护作用,这也符合以往研究中所表明的,光捕获复合体在光照强度较弱的时候进行,光照强度较大时起保护作用。

当植物遇到光照强度太强的情况时,植物本身会启动一种光保护机制来保护自身免受伤害。参与这一机制的蛋白质有很多,而在我们筛选的相关蛋白质中,在浒苔中表达量较显著的包括光保护蛋白 ElipL2、CBR 以及 SEP 蛋白。其中,浒苔表达量相比最为显著的蛋白 ElipL2 即早期光诱导蛋白,它是在植物受到高光强刺激的早期受到诱导从而表达。研究发现,早期光诱导蛋白及光保护蛋白 CBR 在浒苔处于低温时诱导表达,其中最适光强时表达量最高。而光保护蛋白 SEP 在低温低光时表达量最大,这应该主要受低温诱导造成。

综上所述,浒苔与其他 3 种绿潮藻比较,在抗氧化及光合作用相关基因方面都存在明显优势;单从浒苔自身几种条件比较,浒苔具有较好的光吸收及光保护机制的调节,从而在高温高光环境中脱颖而出。

第五节　水杨酸对绿潮藻浒苔高温胁迫影响的转录组研究

外源水杨酸(SA)可以提高植物抗热性,可能是通过调节活性氧和抗氧化酶的平衡来提高植物的抗性。Fan 等(2016)运用转录组技术,研究了水杨酸调节浒苔抗高温逆境的机制,利用 Illumine RNA-seq 技术,组装成 75 678 条 Unigene。总共有 38 243 条 Unigenes 能够注释到 NCBI-NR、NCBI-NT、Swiss-Prot、KEGG、COG 和 GO 数据库。以未加 SA 的为对照组,在添加 SA 组中共鉴定到 12 296 条差异表达基因(DEG),其中 4 932 条基因上调,7 364 基因下调。在 mRNA 水平,DEG 主要富集到核糖体、光合作用、光合色素蛋白途径。上调的基因涉及抗氧化活性的主要有 thioredoxin、peroxiredoxin、FeSOD、glutathione reductase、glutathione peroxidase、catalase 和 MnSOD;下调的基因主要有 catalase、ascorbate peroxidase、MnSOD、glutathione S－transferase 等。在植物激素信号转导过程中,ABF、auxin response factors、BRI1、BSU1、AHP、ARR－A 以及细胞分裂素反式羟化酶(cytokinin trans － hydroxylase)和 JAZ 的基因下调。

一、浒苔转录组测序结果

宁波大学构建了浒苔的 2 个 cDNA 文库:高温(35℃)对照组(UpHT)和水杨酸＋高温组(UpSHT)。用 Illumina HiSeq2000 进行转录组测序,结果在 UpSHT 和 UpHT 组中分别得到的总长度为 4 666 863 240 nt 和 4 815 957 600 nt 的 clean reads。序列组装后在 UpSHT 和 UpHT 组中分别获得 72 319 和 82 891 条 Unigenes,组装序列的 N50 分别为 2 312 nt 和 2 069 nt。

二、Unigene 功能注释

通过 Blastx 将 75 678 条 Unigene 序列比对到 Nr、SwissProt、KEGG、COG 和 GO 等数据库中,分别有 37 539(98.20%)、7 170(18.75%)、24 469(63.98%)、26 857(70.23%)、22 489(58.81%)和 18 169(47.51%)Unigene 分别在 NR、NT、Swiss－Prot、KEGG、COG 和 GO 等数据库中得到注释,共获得 38 243 条注释的 Unigene 序列。

1. Unigene 基因 NR 注释

在 37 539 条 NR 注释的 Unigene 中,E－value 在 $1e^{-15} \sim 1e^{-5}$ 的最多,占 39.9%,其次在 $1e^{-30} \sim 1e^{-15}$ 的占 21.5%。在相似度分布中最高的是 17%～40%相似度,占 46.1%。物种分布中可以看到,比对同源性较高的藻类分别为:普通小球藻($C.\ vulgaris$,13.4%)、团藻($V.\ carteri\ f.\ nagariensis$,11.5%)、未定种小球藻($Chlorella$ sp.,10.6%)、莱茵衣藻($C.\ reinhardtii$,9.9%)等,其余的 402 个物种总共占到被注释到的物种的 40.30%(图 5.12)。

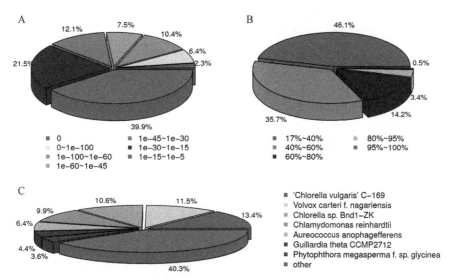

扫一扫 见彩图

图 5.12　NR 注释的浒苔 Unigenes 的 E－value(A)、相似度(B)和物种分布图(C)

2. Unigene COG 注释分类

共有 22 489 条 Unigene 被注释到 25 种 COG 功能分类中(图 5.13)。其中,注释基因最多的是 COG

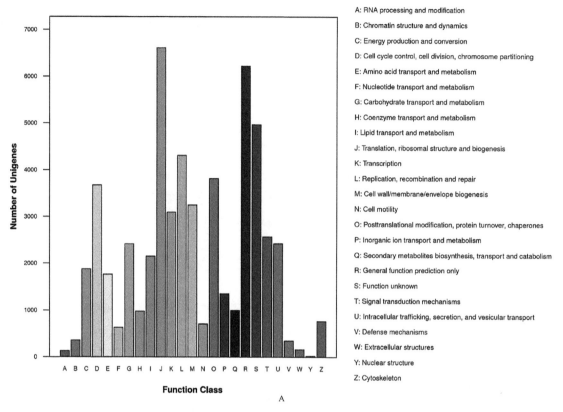

A: RNA processing and modification

B: Chromatin structure and dynamics

C: Energy production and conversion

D: Cell cycle control, cell division, chromosome partitioning

E: Amino acid transport and metabolism

F: Nucleotide transport and metabolism

G: Carbohydrate transport and metabolism

H: Coenzyme transport and metabolism

I: Lipid transport and metabolism

J: Translation, ribosomal structure and biogenesis

K: Transcription

L: Replication, recombination and repair

M: Cell wall/membrane/envelope biogenesis

N: Cell motility

O: Posttranslational modification, protein turnover, chaperones

P: Inorganic ion transport and metabolism

Q: Secondary metabolites biosynthesis, transport and catabolism

R: General function prediction only

S: Function unknown

T: Signal transduction mechanisms

U: Intracellular trafficking, secretion, and vesicular transport

V: Defense mechanisms

W: Extracellular structures

Y: Nuclear structure

Z: Cytoskeleton

A

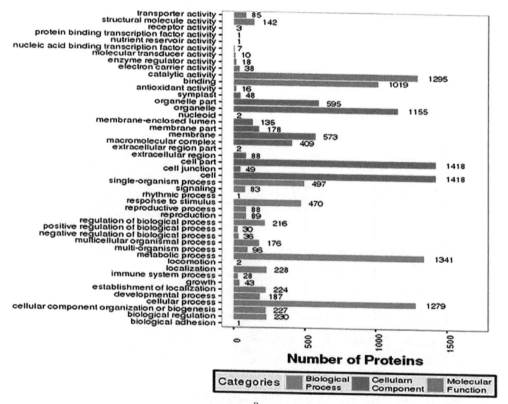

B

图 5.13　COG 的注释分类统计图(A)和 GO 分析统计图(B)

功能分类是"translation, ribosomal structure and biogenesis"（6 620，29.43%），其次是"general function prediction only"（6 614，29.41%）。此外，"function unknown"（4 967，22.08%）和"replication, recombination and repair"（4 312，19.17%），cell cycle control, cell division, chromosome partitioning（3 676，16.34%）等也是COG分类所占比例也较高。

3. Unigene 基因 GO 和 pathway 分析

使用 Blast2GO 软件得到 Unigene 的 GO 注释信息。GO 主要包括基因的分子功能（molecular function）、所处的细胞组分（cellular component）、参与的生物过程（biological process）的描述。在所有的 Unigene 中共有 18 169 条基因被注释归属到 GO 的功能统计里面，结果如图 5.13 所示。对参与的生物过程来说，注释最多的为 cellular process（54.49%）、metabolic process（55.98%）和 response to stimulus（24.42%）。对于细胞组分来说，注释最多的是 cells（66.62%），cell parts（66.62%）和 organelles（38.07%）。以分子功能来说，注释的基因最丰富的为 binding（38.94%）和 catalytic activity（51.80%）；另外抗氧化活性（antioxidant activity）占到注释基因的 0.45%。在 KEGG 分析结果表明共有 26 857 条序列映射到 120 条途径中，富集基因最多有 24 个代谢途径。

三、差异表达基因鉴定和功能分析

1. 差异表达基因的筛选

以 UpHT 为对照组，UpSHT 中共获得 12 296 条差异表达基因（图 5.14A）。其中 4 932 条 Unigene 表达上调，7 364 条 Unigene 表达下调（图 5.14B）。另外，在下调的基因中，有 6 080 条 Unigene 只在 UpHT 的处理下检测到（图 5.14C）。结果表明，高温条件下 SA 的添加使 6.54% 的基因上调，9.76% 的基因下调。

扫一扫 见彩图

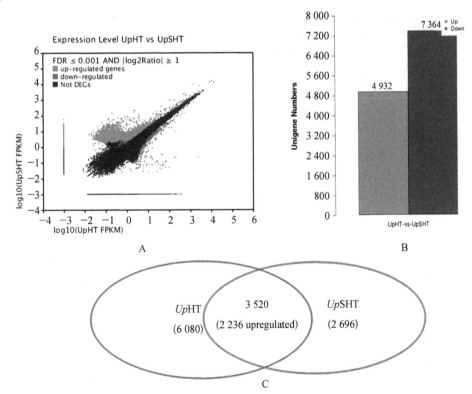

图 5.14 差异表达基因筛选的散点图（A）、条形图（B）和韦恩图（C）

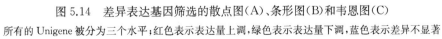

所有的 Unigene 被分为三个水平；红色表示表达量上调，绿色表示表达量下调，蓝色表示差异不显著

2. 差异表达基因 GO 富集分析

共有 4 212 条差异表达基因归纳到 GO terms(图 5.15)。参与生物过程最多的 Unigene 为 cellular process(2 657 条)、metabolic process(2 596 条)、single organism process(1 915 条)和 response to stimulus(1 218 条),分别占注释总数的 63.08%、61.63%、45.46%和 28.92%。参与 cellular component category 中主要是 cells(3 193 条,75.80%)和 organelle(2 681 条,63.65%)。参与 molecular function 较多的主要是 binding(1 853 条,43.99%)和 catalytic activity(1 987 条,47.17%),在 antioxidant activity function 的基因只占到注释 DEG 的 0.45%。

利用 TopGO 进行差异表达基因的富集分析,筛选出富集显著性较高的 GO 信息通路。参与生物过程的 GO 通路中,富集程度最高的是 translation,有 630 条 DEG 富集,cellular protein metabolic process 有 1 126 个 DEG 富集,protein metabolic process 有 1 164 DEG 富集。参与 cellular component 的 GO 通路中,富集程度最高的是 ribosome,共有 703 个 DEG,Intracellular ribonucleoprotein complex 有 765 个 DEG 富集,non-membrane-bounded organelle 和 Intracellular non-membrane-bounded organelle 各有 1 029 DEG 富集,以

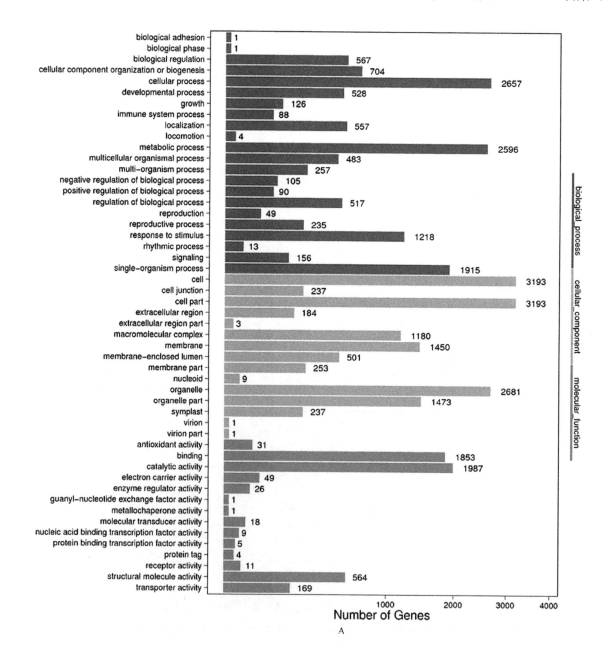

A

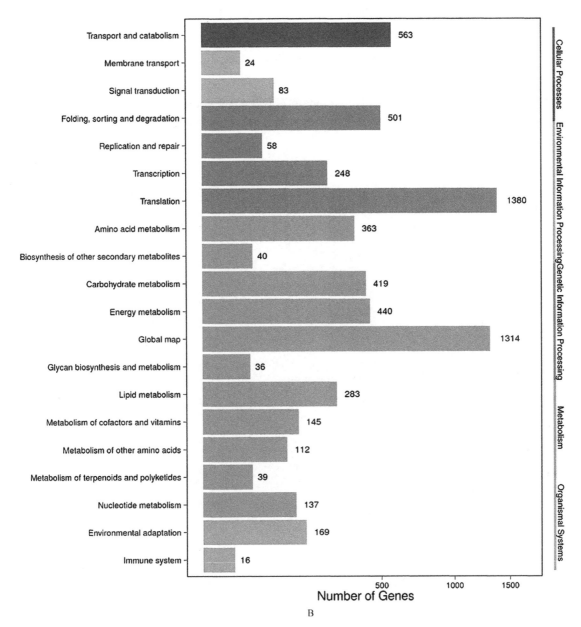

图 5.15　差异表达基因的 GO 分类统计(A)和 KEGG 分析图(B)

横坐标为 GO 三个大类的下一层级的 GO term,纵坐标为注释到该 term 下的差异基因数目

及 Intracellular organelle part 有 1 469 DEG 富集。参与 Molecular function 的共有 9 条,富集程度最高的包括 structural molecule activity(564 个 DEG)和 structural constituent of ribosome(500 个 DEG)。

3. 植物激素和信号转导相关基因鉴定和分析

水杨酸的添加影响了植物激素信号转导和合成途径关键酶基因的表达。我们从 SA 添加组中共筛选到 56 个编码蛋白的差异表达基因(图 5.16)。在生长素信号转导中,生长素响应因子(auxin response factor,ARF)的基因表达下调;在 ABA 的信号转导途径中,丝氨酸-苏氨酸蛋白激酶(serine/threonine-protein kinases,STK)起着重要的作用。目前的研究表明,17 个编码丝氨酸-苏氨酸蛋白激酶的 Unigene 中有 3 个表达水平显著上调,14 个表达水平下调。脱落酸应答元件结合因子(ABA responsive element binding factor,ABF)的基因表达也下调。在玉米素的生物合成过程,腺苷酸异戊烯转移酶(adenylate isopentenyltransferase,IPT)的基因表达上调,细胞分裂素羟化酶(cytokinin hydroxylase)的基因表达下调。在细胞分裂素信号转导通路中,下游的组氨酸传递蛋白(histidine phosphotransfer protein)主要是通过组氨酸残基来转运需要的保守氨基酸。AHPS 和反应调节因子 ARR－A family 的表达水平都明显下调。在油菜素内酯信号转导通路中,油菜素内酯不敏感蛋白 1(brassinosteroid insensitive 1,BRI1)和丝氨酸/苏氨酸蛋白磷酸酶(serine/threonine-protein phosphatase,BSU1)的基因表达均降低。茉莉酸 ZIM 结构域蛋白(Jasmonate ZIM domain-containing(JAZ) protein)在茉莉酸的信号转导中起着重要的调节作用,其基因表达下调。乙烯信号转导途径中共鉴定到 12 个编码 CTR1 的 Unigene,其中 4 个上调、8 个下调。

扫一扫　见彩图

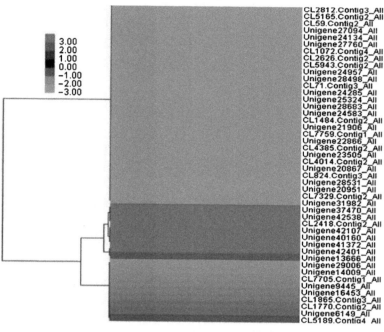

图 5.16　植物激素信号转导和合成相关基因表达和 cluster 分析热图

4. 植物激素合成和信号转导基因响应分析

差异表达基因主要涉及生长素的信号转导、胡萝卜素的生物合成、脱落酸的信号转导、玉米素的生物合成、细胞分裂素和茉莉酸的信号转导途径。在生长素信号转导途径中,生长素响应因子(auxin response factor,ARF)的基因在调控生长素响应基因、生长素信号转导途径以及其他多个生长发育过程具有重要作用。ARF 主要是与生长素的响应元件(auxin response element,AuxRE)的启动子结合,启动基因与 Aux/IAA 的抑制基因结合,从而调节生长素信号转导的途径。浒苔中 ARF 的基因表达是下调的,表明水杨酸影响生长素的信号转导,影响浒苔的生长。涉及 ABA 信号转导途径的 ABA1 和 ABA 的响应元件结合因子(ABA－responsive element binding factor,ABF)基因表达下调,但是黄质醛脱氢酶(xanthoxin dehydrogenase,ABA2)的基因表达上调。在细胞分裂素的信号转导途径中,下游的组氨酸传递蛋白(histidine phosphotransfer protein,AHP)、反应调节因子(ARR－A)和细胞分裂素羟化酶的基因表达都下调。另外,BRI1 是 BR 细胞表面的受体,在 BR 的信号转导中起着关键的调节作用。BRI1 和丝氨酸/苏氨酸蛋白磷酸酶(serine/threonine-protein phosphatase)基因表达下调。JAZ 作为茉莉酸代谢途径的关键负调节因子,在 JA 的信号转导中起核心作用,JAZ 的基因表明下调表明 JA 的信号转导途径增强。在高温下,浒苔通过自身的反应机制增强应激抵抗力,水杨酸的添加缓解了高温相关的压力。因此,在类胡萝卜素生物合成过程中的信号转导通路的关键基因、ABA 信号通路、玉米素和细胞分裂素生物合成途径减弱,而 JA 信号途径增强,说明 JA 信号途径在 SA 介导的缓解高温过程中起着重要的作用。

第六章　我国沿海岸基绿潮藻分布
调查及地理区系特征

大型海藻种类繁多,形态多样,包括红藻、褐藻、绿藻和蓝藻四大门类,广泛生长在潮间带或浅海海底的岩礁上或漂浮生长,和海洋浮游藻类一起构成海洋的主要初级生产者。我国海岸线长,分布着大量暖温带、亚热带、热带,以及少数冷温带和极少数北极的大型海藻,资源十分丰富。关于我国沿海海藻的物种与分布的研究,已有大量的报道,其中,涉及全海域的,有世界著名藻类学家曾呈奎等的一系列论著。曾呈奎也是最早开展我国大型海藻分类研究的中国人,特别是在 1949 年以后,在曾呈奎院士的领导和带领下,我国有序开展了北自黄渤海的鸭绿江口、辽河口,南至南海经北部湾的白伦河口,西沙、中沙、南沙群岛,以及南极海区的海藻采集和分类工作,采集了大量的海藻标本,为我国大型海藻多样性研究奠定了坚实的基础。近年来,国家制定发布了《中国生物多样性保护行动计划》,对我国生物的多样性进行了较深入的研究。全世界现有海藻记录 6 495 种,其中,红藻 4 100 种,褐藻 1 485 种,绿藻 910 种。而我国沿海已有的记录 835 种,约占世界总数的 1/8。

我国目前报道的绿藻门海藻有 10 目 18 科 43 属 163 种及变种(刘瑞玉,2008)。根据丁兰平(2011)的研究,目前我国已记录绿藻门海藻共计有 211 种及变种,分别隶属于 11 目 21 科 48 属。浒苔类绿藻广泛分布于世界范围的海洋中,全世界已知的浒苔种类有 80 余种,中国约有 11 种,浒苔藻体单条或有分枝,圆管状中空,有时部分稍扁,常以固着基固着在潮间带的岩石、石沼或沙砾上,藻体断裂后可随海流漂浮。

针对近几年我国沿海生态环境已发生较大变化,2009~2010 年我们从南到北分别以海南(三亚、陵水、文昌、海口)、广东(湛江、汕尾、汕头)、福建(厦门、龙海、泉州、宁德)、浙江(温州、台州、宁波象山、舟山岛)、江苏(南通、盐城、连云港、赣榆)、山东(日照、青岛、荣成、烟台)、河北(天津、乐亭、秦皇岛)、辽宁(葫芦岛、营口、大连、长海)8 条主线对我国沿海绿潮藻分布状况进行了调查。此次调查共走访了沿海 42 个城市、205 个调查点,共采集了 563 个样品,分离出 189 株系,并全部活体培养,此外活体保种 814 株,制作了 747 件蜡叶标本,拍摄了照片和录像 700 多幅(个)。

从整体来看,我国沿海绿潮藻常见种类主要有浒苔、缘管浒苔、肠浒苔、扁浒苔、条浒苔、管浒苔、曲浒苔等。不同海域绿潮藻常见种类分布有较大差异,其中,江苏、浙江、福建、山东沿海绿潮藻分布较广、生物量较多,特别是江苏沿岸绿潮藻漂浮现象严重,出现大面积成片堆积漂浮现象。广东、广西、海南、河北、辽宁等南北沿海也已出现绿潮藻漂浮现象,且有一定规模。

第一节　南海海域岸基绿潮藻分布调查

一、海南沿岸绿潮藻分布特征

2009 年 4 月,主要调查了三亚、陵水、文昌、琼海、海口等沿海绿潮藻,绿潮藻种类主要有缘管浒苔、肠浒苔、扁浒苔、浒苔、管浒苔、石莼、裂片石莼等种类,其中石莼、裂片石莼、缘管浒苔、浒苔为优势种。海区整体富营养化程度较轻,绿潮藻分布及丰度均明显比其他省市偏少,仅在分布有渔排的港湾水体富营养化严重,绿潮藻生长旺盛并出现漂浮现象,其中海南三亚红沙港和陵水新村港湾水体绿潮藻石莼生物量较大,漂浮现象也最为严重,石莼个体长宽可以达到1~2 m。据当地渔民反映,2~4月为绿潮藻生长最旺时期。三亚鹿回头半岛西部鲍鱼厂污水排放口附近有200~300 m²的海区富营养化比较严重,海边分布有大量固着生长的石莼类和浒苔类,其中石莼长度可达70 cm,绿藻种类主要为缘管浒苔和浒苔。在文昌江入海河口处,分布大量渔排,渔排网箱周边长满了裂片石莼。

三亚绿潮主要在亚龙湾和大东海海滩出现。据报道,以往海滩上曾经出现过少量绿潮藻,但自2004年起,绿潮藻大量出现,且持续时间长。每年进入4月后,随着水温逐渐提高,亚龙湾、大东海等海湾沿岸均不同程度地出现一些季节性绿潮藻,随浪漂移上岸。2004年5~7月,三亚大东海浴场和亚龙湾海滩均遭受大量绿潮藻侵扰,绿潮主要种类为礁膜和浒苔。2007年2月,亚龙湾海滩出现了更大量的绿潮藻,有的堆积高达5 cm厚,并在岸上形成了一条绿色长廊。2008年4月,亚龙湾出现绿潮。2010年2月,三亚亚龙湾发生绿潮,绿潮藻种类主要为礁膜和浒苔,大量的绿潮藻使三亚亚龙湾水域海水呈绿色(图6.1)。5~8月三亚大东海发生绿潮,绿潮藻种类主要为石莼、浒苔及刚毛藻等。由沙滩向海延伸100 m的区域海水均呈墨绿色,大量绿潮藻漂落在沙滩上,当地管理公司依靠人工清除了绿潮鲜藻达30多吨。2013年、2015年、2016年3月,在三亚市大东海海滩均出现绿潮(图6.2)。据《海南省海洋环境状况公报》显示,2016年在海南岛近岸海域共监测到绿潮3次,累计面积约为0.824 km²。绿潮生物种类主要为大型绿藻孔石莼和浒苔。绿潮面积较小,未造成明显生态环境损害,也未造成明显经济损失。据2017年《海南省环境状况公报》显示,2017年在海南近岸海域仅监测到发生绿潮1次。此外,2015年2月28日,在海南省陵水新村港口外近岸海域发现大量绿色藻类呈带状、块状分布并聚集形成绿潮,引发绿潮的藻类初步认定为大型绿藻——孔石莼(*U. pertusa*),该次绿潮于3月18日消退。

图6.1 2010年2月21日三亚亚龙湾出现绿潮

图6.2 2013年3月28日,大东海沙滩出现绿潮

1. 三亚市红沙港绿潮藻分布情况

在海南三亚市红沙港渔排附近,监测发现了大量石莼藻体,藻体多长约2 m,宽1 m,单株藻体重量为2 kg左右。该水域风浪相对较小,盐度20左右,水体富营养化程度比较严重,比较适宜绿潮藻类生长,石莼藻体褶皱厚重,颜色深绿(图6.3)。

海南鹿回头半岛西部鲍鱼厂污水排放口附近海区水体富营养化程度严重,海边分布有大量固着生长的石莼类和浒苔类海藻(图6.4),江蓠和囊藻也有一定的分布,附近岩礁上已形成马尾藻群落。石莼类主要为石莼、裂片石莼和孔石莼,其中石莼长度可达70 cm,浒苔类主要浒苔、缘管浒苔和扁浒苔。

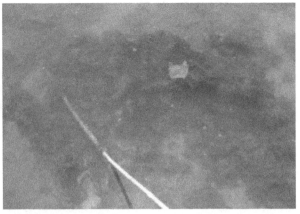

图 6.3　三亚市红沙港渔排附近绿潮藻生长情况

图 6.4　鹿回头半岛沿岸绿潮藻分布情况

2. 陵水绿潮藻分布情况

陵水新村海湾总体面积大约为 30 000 m²,海湾码头附近有大面积麒麟菜栽培,并有数百个渔排聚集,靠近码头海区以及渔排附近水体富营养化程度异常严重,在码头边有大量绿潮藻生长和漂浮堆积现象,渔排网箱中亦均有大量裂片石莼和少量浒苔类固着生长(图 6.5)。

图 6.5　新村海湾码头绿潮藻附着情况

3. 文昌绿潮藻分布情况

在文昌江入海河口处,有大量渔排分布,河道水体较为浑浊,渔排网箱养殖设施几乎长满了裂片石莼和石莼,有的网箱底部几乎全部覆盖了裂片石莼。渔排网箱周边有大量固着生长的裂片石莼和石莼,藻体生长十分旺盛(图 6.6)。

图 6.6 文昌江入海河口处绿潮藻附着情况

二、广东与广西沿岸绿潮藻分布特征

2009 年 3 月 28 日至 4 月 3 日,主要调查了广东湛江、茂名、珠海、汕尾、汕头与广西北海沿岸绿潮藻分布情况。广东沿海绿潮藻分布较广,且比较均匀,绿潮藻种类比较丰富。

在广东汕头、茂名、湛江部分海区发现有绿潮藻漂浮现象,主要为石莼类和少量浒苔类。其中汕头南澳海区绿潮藻漂浮规模最大,监测到绿潮漂浮斑块面积长约 500 m、宽 50 m。石莼个体长和宽均可以达到 0.5 m,大部分石莼已开始腐烂发臭。湛江新屋村海边沙滩上也发现绿潮藻沿海岸线漂落在岸边上,宽度 1 m 左右,长为数千米。茂名茂港区麻元头村海边也发现有少量绿潮漂浮现象,漂浮面积大约为 100 m²。当地渔民反映绿潮藻主要在 1～2 月快速生长。

在沿海岩石上和港湾养殖渔排上,发现大量绿潮藻旺盛生长,颜色鲜绿,并伴有大量红藻和褐藻生长。其中汕头南澳岛渔排上固着生长的海藻种类丰富和生物量巨大,其中石莼类绿潮藻体较大,单株藻体最长可达 2 m。汕尾捷胜镇和遮浪礁石海边岩石上,均固着生长大量裂片石莼和石莼,最高覆盖率可达 100%,藻体长度可达 50～70 cm,生物量较大。在桂山岛的浮标、渔排、船体上均发现有固着生长的石莼类和浒苔类等绿潮藻。

浒苔多分布于富营养化程度较高的海边、池塘中。湛江特呈岛海边浒苔生长规模较大,也有一定数量石莼,并发现有松藻大量出现。珠海市虾塘里发现了大量浒苔,其覆盖率达到 50%～70%。汕尾捷胜镇养殖场排水口、汕尾泥滩、汕尾码头岸边也有一定量的漂浮和固着生长的浒苔。汕头南澳、珠海、茂名池塘中也具有大量刚毛藻和浒苔类绿潮藻生长。

沿海海水养殖废水大多未经处理直排入海,致使广西沿海水质富营养化比较严重,已形成大面积绿潮藻漂浮现象,主要为石莼和少量浒苔。其中冠头岭海区漂浮石莼数量很大,致使海浪呈浓绿色,并在岸边堆积成为藻泥,散发出藻腥臭味。在北海大墩海海区发现了大量石莼和浒苔分布和生长。其虾塘中也发现了少量浒苔和石莼。北海主要优势种类为曲浒苔、缘管浒苔、浒苔、条浒苔等。

自 2010 年起,广西壮族自治区北海市廉州湾海域、银滩海域每年冬季春季都暴发规模不等的绿潮,并且绿潮有逐年提前暴发的趋势。由于广西沿海钦州、北海和防城港三市仍然存在大量生活污水直排口,每年约有3 000多万t污水未经处理直接排海,其中规模化畜禽养殖年排放化学需氧量4.29万t,氨氮3 747 t,总磷1 580 t。大量营养盐排入近海,使近海富营养化十分严重,并已导致北海近海绿潮年年暴发,绿潮优势种主要为曲浒苔。广西北海绿潮一般是发生在3～4月,自2014年起,每年1月就发生绿潮,现在已提前到11月开始暴发绿潮。此外,自2014年12月中旬至今,钦州、北海、防城港的近岸局部海域出现球形棕囊藻异常增殖现象,且时间较长、范围较广,海水一片棕红色,对旅游业、渔业已产生明显负面影响。

　　北海银滩附近海岸线绵延着2 000多亩[①]红树林。2013年10月在北海市草头村(冯家江桥附近)就发现红树林死亡,当时完全死亡面积约3亩,受危害红树林面积20亩。经过调查发现,红树林死亡原因主要为团水虱、藤壶侵蚀蛀空,且与浒苔绿潮覆盖有密切关系(图6.7、图6.8)。为了保护红树林,北海市相关单位积极开展红树林清理浒苔活动,其中2016年12月清理出浒苔90多t,2017年1月清理出135 t绿潮藻。

图 6.7　2014年1月广西北海银滩东区冯家　　　　　　图 6.8　2016年1月北海市银滩东区
　　　　江海红树林上挂满绿潮藻浒苔　　　　　　　　　　　　沿海红树林区域发生浒苔

1. 湛江绿潮藻分布情况

　　湛江绿潮藻优势种主要有缘管浒苔、肠浒苔、浒苔、石莼等种类。特呈岛海边浒苔类生长规模较大(图6.9),石莼也有一定数量,并发现有松藻大量出现。在渔排和船体侧边上也均发现固着生长的浒苔

图 6.9　特呈岛沿岸绿潮藻分布情况

①　1亩≈666.67 m²

图 6.10　湛江沿岸沙滩堆积的绿潮藻

和石莼。在沙滩上看到一些绿潮藻漂落在岸边上（图 6.10）。当时水温 19～22℃，盐度 23.86～24.85。
1～2 月为当地浒苔类旺盛生长季节。

2. 广西北海绿潮藻分布情况

北海大墩海区有大量石莼类和浒苔类分布和生长（图 6.11），还有一定数量的江蓠；在冠头岭海区
漂浮石莼生物量很大，浒苔呈零星分布，大量石莼和浒苔的藻体碎片致使海浪呈浓绿色，并在岸边堆积
成藻泥，散发出藻腥臭味。虾塘有少量浒苔类和石莼类。北海主要优势种类为石莼、缘管浒苔、浒苔。

图 6.11　广西北海大墩海岸边绿潮藻堆积情况

3. 茂名绿潮藻分布情况

水东港码头渔排渔网中偶有浒苔类绿潮藻生长，但生物量较少且藻体个体较小（图 6.12），石莼数量
相对较多且个体较大。茂港区麻元头村海边有少量漂浮和固着生长的浒苔，池塘也有大量浒苔类生长。
1～2 月为浒苔大规模生长季节。常见种主要有管浒苔、浒苔、条浒苔等种类。

4. 珠海绿潮藻分布情况

珠海唐家湾海边并未发现绿潮藻出现。但在附近虾塘里发现了大量浒苔，其覆盖率达到 50%～
70%。在桂山岛的浮标、渔排、船体边上均有较大量旺盛生长的石莼和少量浒苔（图 6.13）。

5. 汕尾绿潮藻分布情况

捷胜镇潮间带岩石上有较大量固着生长的裂片石莼和石莼。浒苔类绿潮藻则多生长于有机质丰富
的地方，如养殖场排水口和富营养化泥沙海边，码头及滩涂礁石上有大量漂浮和固着的浒苔类生长（图
6.14）。常见种主要有缘管浒苔、浒苔、条浒苔。

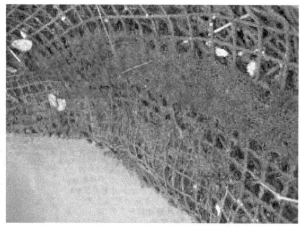

图 6.12　茂名水东港码头渔排固着绿潮藻

图 6.13　桂山岛网箱固着绿潮藻

图 6.14　捷胜镇潮间带固着生长的绿潮藻

6. 汕头南澳岛绿潮藻分布情况

广东汕头南澳岛海区有大规模人工养殖的龙须菜,附近渔排上固着生长的海藻种类十分丰富,其中石莼生物量多且藻体大,最长可达近 2 m(图 6.15);浒苔类多分布于池塘中,并呈漂浮状态。汕头沿岸海边监测到长约 500 m、宽约 50 m 的绿潮藻斑块(图 6.16),大部分藻体已开始腐烂。也有石莼和浒苔固着生长在岩石上。优势种主要为石莼、条浒苔和扁浒苔等。

图 6.15　南澳岛渔排上生长的石莼

图 6.16　南澳岛海边漂浮的绿潮藻

第二节　东海海域岸基绿潮藻分布调查

一、福建沿岸绿潮藻分布特征

　　福建沿海的绿潮藻分布范围和生物量均比广东和海南大,其中厦门海域漂浮绿潮藻现象较为严重,厦门岛同安湾海域靠近养殖池塘排污区海底已覆盖一层石莼,并出现漂移现象。同安湾鳄鱼岛滩涂和养殖石柱上的石莼和浒苔生物量很大,据初步估计,鳄鱼岛周边滩涂上浒苔年产量可达 25 000 kg。当地渔民反映,同安湾鳄鱼岛全年均有绿潮藻生长,浒苔晾晒成干品后可出售,鲜石莼一般供给鲍鱼场。厦门钟宅区滩涂已大面积覆盖绿潮藻。

　　2006 年以来,厦门集美龙舟池频繁出现绿潮灾害,严重影响了集美嘉庚旅游区的景观,引起了社会各界的高度关注。集美凤林人造沙滩、人工红树林光滩和龙舟池,是集美主要的近海旅游休闲场所,而龙舟池更是嘉庚旅游区的重要景观,近年来这三处绿潮频繁暴发。该区域优势大型藻类主要为绿藻门石莼属缘管浒苔($U.\ linza$)、浒苔($U.\ prolifera$)、石莼($U.\ lactuca$)。其中,在凤林人造沙滩主要为缘管浒苔,其固着生长,藻体呈深绿色、鲜绿色或黄绿色,藻体边缘有褶皱,由顶部到基部逐渐变细,藻体生长发育从幼体到成熟呈现为丝状、管状以及片形条状三种形态(曹英昆等,2016)(图6.17)。龙舟池春夏季主要是由石莼引发的,而在秋季则主要由浒苔引发。2018年3月集美龙舟池绿潮暴发规模最大,龙舟池的内池、中池、外池均出现了大量丝状浒苔,其中外池沿岸浒苔长势最旺盛,已基本将沿岸覆盖,并且水面上也已漂浮着很多浒苔。这些浒苔部分已经出现腐烂。

 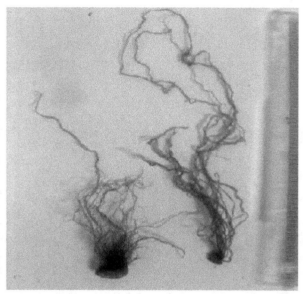

图6.17　厦门沿岸固着在砂砾和砖石上的绿潮藻(曹英昆等,2016)

　　2016年3月厦门筼筜湖也出现石莼和浒苔漂浮现象,并已有藻体开始腐烂并散发臭味,当地管理部门及时采用船只和人工打捞漂浮绿潮藻。

　　漳州东山岛沿海荒废的池塘和养殖池塘排污海域及河口区均有大量绿潮藻分布,其中池塘生长的浒苔类藻体长度可以达到2 m左右,石莼藻体大小可达40 cm×60 cm。海边礁石上固着生长的绿潮藻,部分藻体被海浪打断,零星漂落分布在沙滩上。

　　晋江、福清(三山镇楼前村)沿海池塘和水沟中发现了漂浮绿潮藻,藻体呈黄绿色,囊状结构中充有气体。福建罗源滩涂的刚毛藻数量较多,其次为缘管浒苔和肠浒苔,也有一定生物量的礁膜,但藻体已经开始腐烂。

1. 漳州东山岛绿潮藻分布情况

　　东山岛水质清澈,基质为白色细沙和较为光滑的礁石,绿潮藻多为固着生长,部分藻体被海浪打断,推到沙滩上(图6.18)。绿潮藻种类繁多,生物量较大,并共生伴有其他藻类。

　　东山岛后林村附近池塘水体表面漂浮着大量石莼类、浒苔类和刚毛藻类等绿潮藻(图6.19)。监测水温为19℃,浒苔类绿潮藻不仅生物量大,而且单株藻体个体较大,有的浒苔长度可达2 m,石莼个体亦较大,约为40 cm×60 cm。

2. 厦门海区绿潮藻分布情况

　　厦门岛同安湾海域面积约为91 km²,为半封闭海湾,西部和北部水浅,多为滩涂,南部及东部湾口水域较深,水产养殖面积约为40 km²。同安湾内鳄鱼岛滩涂上以及养殖石柱上有较大量固着生长的石莼类和浒苔类分布。鳄鱼岛全年均有绿潮藻生长,周边滩涂上浒苔年产量可达25 000 kg。当地渔民晾

图 6.18　东山岛海边固着和堆积绿潮藻

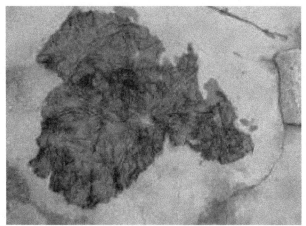

图 6.19　东山岛后林村附近池塘水体表面漂浮大量绿潮藻

晒浒苔成干品后出售,价格大约为 10 元/斤①,鲜石莼可供给鲍鱼场,价格为 0.2～0.4 元/斤。同安湾西部浅海区有大量石莼漂流,每平方米面积的水体有 2～3 颗漂浮石莼藻体(图 6.20)。该海区绿潮藻一般

图 6.20　同安湾海域水体中漂浮的绿潮藻

---

① 1 斤＝0.5 kg

在10月开始生长,12月最为旺盛,生长高峰期可将水底全部覆盖,厚度为1～2 cm,3月开始有腐烂。

3. 泉州晋江绿潮藻分布情况

晋江沿海池塘和水沟中均发现了漂浮绿潮藻,藻体呈黄绿色,并具有囊状结构(图6.21)。在泥沙质堤岸上附生有较为大量的浒苔。

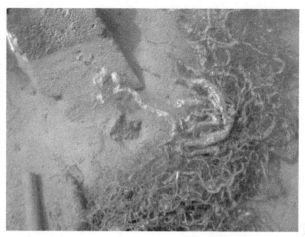

图 6.21　晋江沿海绿潮藻分布情况

4. 福州绿潮藻分布情况

(1) 福清绿潮藻分布情况

福清三山镇楼前村海区监测水温为20℃,海水盐度为23.86。附近贝类养殖筏架上附有少量绿潮藻。海边塘中有大量漂浮浒苔,且一些藻体呈气囊状(图6.22)。藻体多为黄绿色,有的长达1.5 m左右,在25 cm×25 cm样方内,生物量湿重约为11.22 g,干重约为2.45 g,藻体数量约为145株。

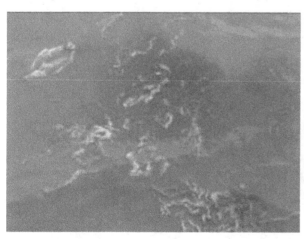

图 6.22　福清三山镇海区漂浮与固着绿潮藻分布情况

(2) 罗源绿潮藻分布情况

罗源海区水温为25℃,海水盐度为29.09。海边滩涂上刚毛藻数量较多,还有部分缘管浒苔和肠浒苔,也有一定数量的礁膜,25 cm×25 cm样方内生物量湿重约为30.84 g,干重约为6.06 g,藻体数量约为189株(图6.23)。

5. 宁德绿潮藻分布情况

(1) 霞浦绿潮藻分布情况

霞浦洪江海区水温为23℃,海水盐度为23.86。沿岸有很多海带养殖场和育苗厂,滩涂上有

图 6.23 罗源沿海绿潮藻生长情况

图 6.24 霞浦洪江沿岸瓦砾上固着绿潮藻

附着生长的绿潮藻,25 cm×25 cm 样方内,生物量湿重约为 28 g,干重约为 5.6 g,藻体数量约为 587 株。海边停靠渔船也附有大量浒苔。泥沙和瓦砾岸堤上也附有刚毛藻和缘管浒苔(图 6.24)。

(2)福鼎绿潮藻分布情况

福鼎店下镇海区水温为 22℃,海水盐度为 23.86。礁石和瓦砾滩涂上附有一定量的绿潮藻,种类为浒苔和肠浒苔,藻体多呈黄绿色,也有一定数量的礁膜(图 6.25)。25 cm×25 cm 样方内,生物量湿重约为 16.55 g,干重约为 2.79 g,藻体数量约为 211 株。

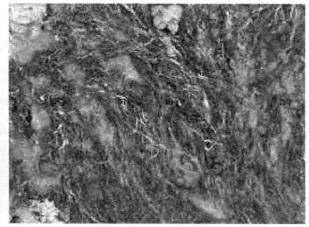

图 6.25 福鼎店下镇沿岸绿潮藻分布情况

二、浙江沿岸绿潮藻分布特征

浙江沿岸绿潮藻种类主要有浒苔、缘管浒苔、肠浒苔、条浒苔、管浒苔等。其中,温州南麂岛水质较好,滩涂上绿潮藻种类较多,生物量较大,在礁石和硬质的岸堤上附有各种藻类,除绿潮藻外,还有马尾藻、裙带菜、紫菜、海带等。乐清虹桥南塘镇海边一工厂附近的池塘和一对虾养殖塘中,均有大量漂浮浒苔,藻体为黄绿色,并具有气囊结构,也有附着于底部生长的缘管浒苔和肠浒苔。

象山是我国野生浒苔最大出产地,当地渔民收集洗净后经晒干到市场出售,且价格很高,一般为 40 元干品/斤左右,浒苔产品已为当地渔民一项重要经济收入。象山滩涂上主要存在浒苔、缘管浒苔和肠浒苔。沿海滩涂都有浒苔类生长,且分布面积也比较大。在沿海的养殖池塘中也有大量绿潮藻生长,并发现部分富营养化较严重的养殖池塘具有大量绿潮藻浒苔漂浮现象。在滩涂养殖筏架上,发现有少量浒苔附着生长。

1. 温州绿潮藻分布情况

（1）南麂岛海区绿潮藻分布情况

温州平阳县南麂岛海区水温为 14.3℃,海水盐度为 29.97。海区水质较好,沙质较软,为白色细沙,没有附着藻类。海带养殖苗绳上挂有大量绿潮藻。礁石和硬质岸堤上附有各种藻类,主要为绿潮藻类、马尾藻、裙带菜、紫菜、海带等。绿潮藻种类非常多,生物量也很大,石莼生长情况很好。滩涂上固着生长的绿潮藻主要有浒苔、缘管浒苔、肠浒苔、条浒苔、管浒苔等(图 6.26),25 cm×25 cm 样方内生物量湿重约为 1.30 g,干重约为 0.66 g,藻体数量约为 237 株。

图 6.26　南麂岛沿岸固着绿潮藻

（2）乐清绿潮藻分布情况

乐清虹桥南塘镇海区水温为 19℃,海水盐度仅有 3.87。靠近海边一工厂旁边的池塘,水的相对密度接近淡水,但漂浮有大量浒苔,藻体具有气囊,黄绿色, 25 cm×25 cm 样方内生物量湿重约为 3.15 g,干重约为 0.76 g,藻体数量为 451 株(图 6.27)。南塘镇海边的一个对虾养殖塘水温为 18℃,海水盐度为 23.86,水面有大量漂浮绿潮藻,底部也有固着生长绿潮藻,其中缘管浒苔和肠浒苔居多,有的藻体长度可达 1.5 m 左

图 6.27　南塘镇沿岸淡水养殖池塘内漂浮绿潮藻分布情况

图 6.28 丹城池塘底部和表层绿潮藻分布情况

右。25 cm×25 cm 样方内生物量湿重约为 11.86 g,干重约为 2.04 g,藻体数量约为2 116 株。

2. 宁波沿岸绿潮藻分布情况

宁波象山是浙江省浒苔主要产区。2013 年 3 月 29 日象山丹城海区水温为 12℃,海水盐度为 23.86。海边滩涂为泥沙基质,有固着生长绿潮藻,25 cm×25 cm 样方内生物量湿重约为 4.34 g,干重约为0.67 g,藻体数量为 179 株。海塘底部有固着生长绿潮藻,水面有漂浮藻体,藻体气囊状、膨大、扭曲,25 cm×25 cm 样方内生物量湿重约为15.6 g,干重约为 2.7 g,藻体数量为 255 株(图 6.28)。当地渔民在滩涂上大量采收浒苔晒干出售,种类主要为浒苔和缘管浒苔(图 6.29)。

图 6.29 当地渔民采收浒苔

2013 年 3 月 30 日象山高泥镇海区水温为 17℃,海水盐度为 26.20。滩涂上有大量固着生长的绿潮藻,种类主要为浒苔、缘管浒苔和肠浒苔,25 cm×25 cm 样方内生物量湿重约为 10.90 g,干重约为 1.73 g,藻体数量为 224 株。象山陈塔镇海区水温 15℃,海水盐度 23.86。瓦砾滩涂有固着生长的绿潮藻,25 cm×25 cm样方内生物量湿重约为 8.98 g,干重约为 1.55 g,藻体数量为 47 株。紫菜养殖网帘上也一定量的绿潮藻。

2013 年 3 月 31 日象山泗州头镇海区水温为 17℃,海水盐度为 23.86。25 cm×25 cm 样方内生物量湿重约为 7.9 g,干重约为 0.9 g,藻体数量为 220 株。大量紫菜养殖网帘均有绿潮藻小苗,泥沙质滩涂上有大量绿潮藻成熟藻体(图 6.30)。

图 6.30 泗州头镇滩涂与紫菜养殖网帘上固着绿潮藻

第三节　黄海海域岸基绿潮藻分布调查

一、江苏沿岸绿潮藻分布特征

江苏沿岸绿潮藻生长条件具有以下特点。

1）干出时间较长的潮位通常不适宜绿潮藻生长。

2）高潮位绿潮藻藻体通常为丝状，低潮位通常为叶片状。

3）沿海人工建筑基质更适宜绿潮藻生长，其中人工堤坝、紫菜养殖筏架、聚丙烯麻袋等固着生长的绿潮藻生物量比自然岩石上的生物量要高出数百倍。每年 3～4 月紫菜养殖筏架上生长大量浒苔类，沿海富营养化养殖池塘中也有大量浒苔类生长，特别是竹蛏养殖池塘出现大量漂浮浒苔类。

启东吕四沿岸防波堤处于高潮位，干出时间较长，绿潮藻生物量较少，低潮位仅有零星绿潮藻分布。海门、如东、大丰沿岸大堤和引桥护坡上分布有大量固着生长的绿潮藻。海门东灶港 7 km 长的渔港围隔大堤上，绿潮藻覆盖面积至少为 70 000 m²，低潮位覆盖率几乎达到 100%，生物量也较大；如东洋口港太阳岛及其引桥护坡上约有 30 000 m² 面积被绿潮藻浒苔 100% 覆盖，生物量均较大；大丰港栈桥护坡基部宽度为 3～5 m，有大面积绿潮藻浒苔生长，覆盖率几乎为 100%，低潮位绿潮藻浒苔生物量较大，主要为细丝状和叶片状两种藻体；连云港丁港和连岛高潮位防波堤及水槽中均有大量绿潮藻生长，覆盖率较高，其中连岛防波堤上覆盖率可达 70%～80%，但生物量不大。

沿岸滩涂和养殖池塘中常有大量绿潮藻生长。在射阳县新洋闸附近，沿该港数公里长的两侧滩涂上发现有绿潮藻浒苔类分布带，全部为丝状藻体，藻体长度可达 1 m，色泽鲜亮；在射阳港附近滩涂上也发现较大面积的绿潮藻浒苔类分布带，但生物量较小。而在大丰港附近近千亩养殖池塘中，发现大量漂浮浒苔类和固着生长的刚毛藻。漂浮浒苔类生物量相当大，当地养殖渔民不断打捞漂浮浒苔堆积于岸边，有的已发白甚至腐烂散发异味。同时，在大丰港附近大面积紫菜养殖筏架上已长满浒苔类。

1. 启东沿岸绿潮藻分布情况

启东吕四沿岸防波堤处于高潮位，且干出时间较长，绿潮藻较少，低潮位有零星浒苔类分布（图6.31）。启东紫菜养殖面积为 5 000 多亩，主要集中于吕四海区。2008～2009 年 3～4 月，紫菜养殖筏架上具有一定量分布，种类主要为浒苔和缘管浒苔等。

图 6.31　启东吕四滩涂绿潮藻生长情况

2. 海门沿岸绿潮藻分布情况

海门东灶港绿潮藻浒苔类分布面积大,在建渔港围隔大堤长约 7 km,浒苔类生长面积至少为 70 000 m²,高潮位为细丝状藻体,低潮位为叶状藻体,低潮位覆盖率几乎达到 100%,且生物量也较大(图 6.32)。

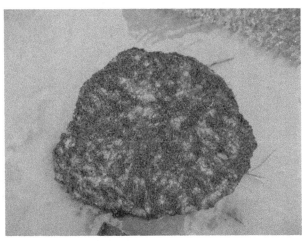

图 6.32　海门渔港围隔大堤固着绿潮藻分布情况

图 6.33　如东洋口港太阳岛堤坝上绿潮藻分布情况

3. 如东沿岸绿潮藻分布情况

如东洋口港太阳岛绿潮藻生长面积很大,太阳岛及其引桥护坡上大约 210 000 m² 面积固着生长了浒苔类,高、低潮位分别有细丝状和叶片状藻体生长,覆盖率几乎为 100%,低潮位生物量较大(图 6.33)。黄海大桥两侧紫菜养殖面积大约为 2 000 000 m²,养殖筏架上固着生长了大量浒苔类(图 6.34)。

4. 大丰沿岸绿潮藻分布情况

大丰港栈桥向海伸展数公里,沿栈桥护坡基部(宽度为 3～5 m)有大面积绿潮藻浒苔类固着生长,浒苔类藻体形态为细丝状和叶片状,覆盖率几乎为 100%,低潮位局部浒苔类生物量很大(图 6.35)。

图 6.34　紫菜养殖筏架与固着绿潮藻

图 6.35　大丰港栈桥护坡固着绿潮藻

　　大丰港附近的蛏子养殖池塘中,发现有大量漂浮的浒苔类和固着生长的刚毛藻。漂浮浒苔类生物量很大,并有大量已被晒白的浒苔类藻体堆积在海塘边,并已腐烂散发异味(图 6.36)。

图 6.36　大丰港附近养殖塘有大量漂浮浒苔

　　在河道入海闸门附近的育苗养殖筏架上有大量漂浮绿潮藻生长,主要为刚毛藻,其数量已经影响正常作业,养殖人员正在打捞(图 6.37)。

图 6.37　河道入海闸门附近养殖筏架上绿潮藻生长情况

5. 射阳沿岸绿潮藻分布情况

射阳新洋闸口附近数公里长河道两侧滩涂有绿潮藻浒苔类分布带,全部为丝状藻体,藻体长度可达 1 m,色泽鲜亮(图 6.38)。射阳港附近滩涂上也分布有绿潮藻浒苔带,但生物量较小。

图 6.38　新洋闸口附近河道滩涂绿潮藻分布情况

射阳港以东 10 km 海域大面积紫菜养殖筏架上(图 6.39),发现有大量固着生长的绿潮藻浒苔,并在紫菜养殖筏架周围发现了零星漂浮的浒苔类藻体。4 月底至 5 月初,盐城海水养殖示范区紫菜养殖筏架已基本拆卸掉并运回陆地。堆放的紫菜养殖筏架和缆绳上还有大量固着生长的浒苔类藻体(图 6.40)。

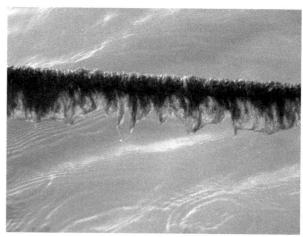

图 6.39　射阳海区紫菜养殖筏架上固着的绿潮藻

图 6.40　回收的紫菜养殖筏架上固着的绿潮藻

6. 连云港沿岸绿潮藻分布情况

(1) 连云港丁港沿岸绿潮藻分布情况

连云港丁港防护堤高潮位水槽中有大量绿潮藻浒苔类生长,主要为浒苔类和刚毛藻类绿潮藻,并观察到从高潮位到低潮位,浒苔类逐渐替代刚毛藻类(图6.41)。附近养殖池塘内也主要有浒苔类和刚毛藻类绿潮藻。

图 6.41　丁港防护堤和附近海塘

(2) 连云港连岛沿岸绿潮藻分布情况

连云港连岛防波堤上有大面积绿潮藻浒苔类生长,藻体覆盖率为70%～80%,但生物量不大。绿潮藻浒苔类藻体主要为细丝状和叶片状两种类型,且在低潮位经常与紫菜混生(图6.42)。

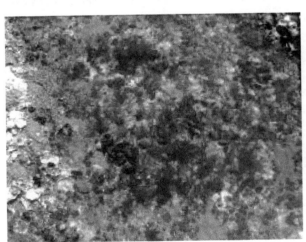 

图 6.42　连岛防波堤上固着绿潮藻

二、山东沿岸绿潮藻分布特征

从山东日照至蓬莱黄渤海沿岸都有零星漂浮的绿潮藻,其中山东青岛第一海水浴场、烟台水产研究所渔港漂浮有大量的绿潮藻,主要为石莼和缘管浒苔等种类,其中还有少量褐藻和红藻漂浮。

日照观海公园滩涂、烟台芝罘区滨海广场沿岸一带(带宽5～10 m)和蓬莱东沙滩有大量绿潮藻。日照观海公园主要绿潮藻为石莼类,片块面积为10～50 m²,生物量很大;在蓬莱东沙滩主要为石莼类和浒苔类,藻体长度可达20～30 cm,覆盖率可达40%左右。

在青岛团岛和威海幸福公园几乎所有人工堤岸都有大规模的绿潮藻密集附着生长,且在青岛团岛人工堤岸上也见有大量紫菜附着生长。而在青岛第一海水浴场、海阳乳山口海湾内和烟台水产研究所渔港海湾内都有小规模绿潮藻漂浮,但生物量很大,主要种类为石莼类和浒苔类,同时伴有红藻、褐藻等藻类共同漂浮现象。

1. 日照沿岸绿潮藻分布情况

日照观海公园滩涂上有大片绿潮藻石莼和缘管浒苔生长,面积为 $10\sim50\ m^2$,生物量很大,且多为固着生长,叶片较大,并且藻体颜色鲜绿(图 6.43)。

 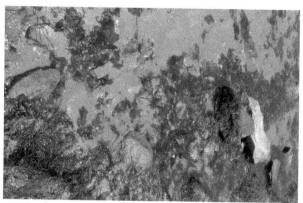

图 6.43 日照观海公园海区石莼和浒苔分布情况

2. 青岛沿岸绿潮藻分布情况

青岛整个沿岸线几乎均有固着绿潮藻分布,主要为浒苔、石莼、缘管浒苔。青岛近海除了暴发特大规模浒苔绿潮,在一些海域还有石莼绿潮的现象(图 6.44、图 6.45)。

图 6.44 青岛近岸固着浒苔分布　　　　　　　　图 6.45 青岛近海石莼绿潮

3. 乳山沿岸绿潮藻分布情况

乳山口海湾内发现大量绿潮藻漂浮现象,多为叶片状,且叶片很大,主要为石莼,并有少量浒苔类(图 6.46)。

4. 威海沿岸绿潮藻分布情况

威海幸福公园几乎所有堤岸都有大规模绿潮藻密集固着生长。在浅滩上也发现零星漂浮绿潮藻,叶片较大,主要为石莼和紫菜(图 6.47)。

图 6.46　海阳乳山口海区绿潮藻

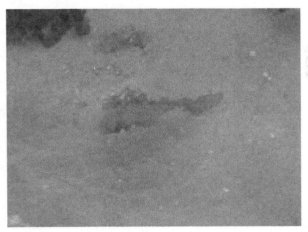

图 6.47　威海幸福公园海区绿潮藻

5. 烟台沿岸绿潮藻分布情况

烟台水产研究所渔港海湾内有小规模绿潮藻漂浮,生物量很大,并有红藻、褐藻等藻类共同漂浮。绿潮藻通常叶片较大,主要为石莼,也有缘管浒苔。烟台芝罘区滨海广场沿岸一带(带宽 5～10 m),有大量绿潮藻密集固着生长,形成一条很宽的绿潮藻带。藻体长度一般为 1～10 cm(图 6.48)。

图 6.48　烟台芝罘区滨海广场海边固着绿潮藻

6. 蓬莱沿岸绿潮藻分布情况

蓬莱东沙滩有大面积绿潮藻生长,且绿潮藻覆盖为40%左右,藻体一般成簇生长,主要为石莼和缘管浒苔等种类,藻体长度可达20~30 cm(图6.49)。

图6.49　蓬莱东沙滩绿潮藻

第四节　渤海海域岸基绿潮藻分布调查

一、河北沿岸绿潮藻分布特征

天津塘沽区、乐亭中晨路液化气码头和翔云湾、秦皇岛北戴河区老虎石沿岸普遍分布绿潮藻。其中,天津海边几乎未发现绿潮藻生长,仅在岸边石头上有漂落的网袋,网袋上有固着生长的绿潮藻。乐亭和秦皇岛沿海海边均发现大量固着生长的绿潮藻,且藻体生长旺盛,同时也在乐亭翔云湾内发现大量固着和漂浮生长的浒苔类,其中漂浮在海面的浒苔颜色开始变黄。

自2012年以来,秦皇岛近岸海域因富营养化逐年提高,已导致绿潮频繁发生。秦皇岛北戴河浴场是我国北方海域最重要的海水浴场和夏季避暑胜地。目前,北戴河海域海洋生态环境还面临一些突出问题,陆源入海排污压力较大,海洋环境灾害及突发事件等风险依然存在。

2015年夏季暴发的绿潮是历年来最严重的一次(图6.50),大量的绿潮藻在海水浴场内堆积腐烂,使海水变黑,发出恶臭的气味,导致游客无法下水游泳,对当地的旅游经济和浴场形象造成了恶劣的影响。2015年,秦皇岛汤河口至鸽子窝沿岸渔场海域发现小规模绿潮,自6月底开始零星发现,7月绿潮规模有所增加,主要分布在距离岸边约30 m宽的水体中,部分随海浪上岸,至8月下旬逐渐减少至消失。

2016年,秦皇岛市部分浴场沿岸海域继续发生小规模绿潮。绿潮自4月14日起初步出现,至8月下旬逐渐消失,主要发生区域为自秦皇岛东山浴场至南戴河天马浴场沿岸的部分岸边区域,发现绿潮的岸线长度约为7 km。2016年的绿潮分为两个阶段:4月14日至6月18日,秦皇岛东山

图6.50　2015年7月2日秦皇岛鸽子窝沿岸浴场绿潮

浴场和秦皇岛西浴场至北戴河金山嘴沿岸距岸边0～3 m的海域出现绿潮,引发绿潮的藻种主要为多管藻、孔石莼和薛羽藻(图6.51)。2016年6月26日至8月下旬期间,绿潮在西浴场至北戴河金山嘴沿岸海域和南戴河天马浴场沿岸海域再次出现,西浴场至戴河金山嘴沿岸的绿潮藻种主要为浒苔,兼有少量江蓠和孔石莼,南戴河天马浴场绿潮藻种主要为江蓠。

图6.51　2016年4月14日秦皇岛西浴场近岸绿潮分布状况

1. 乐亭沿岸绿潮藻分布情况

乐亭中晨路液化气码头海岸线大约数公里,水质较好,清澈,水流较急。发现有大量缘管浒苔、孔石莼和石莼在岩石上固着生长,藻体颜色鲜绿,处于旺盛生长阶段(图6.52)。翔云湾内湾大约100 m×200 m面积海面有大量浒苔类漂浮,漂浮藻体颜色已开始变黄(图6.53),沉没在水下的藻体比较健康。

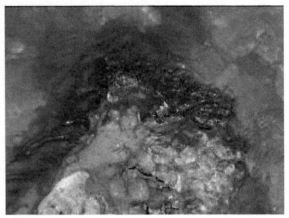

图6.52　乐亭中晨路液化气码头固着绿潮藻

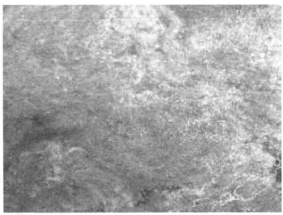

图6.53　翔云湾漂浮绿潮藻

2. 秦皇岛沿岸绿潮藻分布情况

秦皇岛北戴河区老虎石海边长度为数十公里,水质较好,海水清澈。发现沿海有少量石莼固着生长在岩石上,且藻体健康,颜色为鲜绿色(图6.54)。在老虎石沙滩上,发现在沙滩岸边上有一绿潮藻石莼漂落带,且有少量红藻和褐藻,带宽为0.5～1.0 m,带长为数公里(图6.55)。水下也有一石莼漂流带,带宽为2～4 m,带长为数公里。

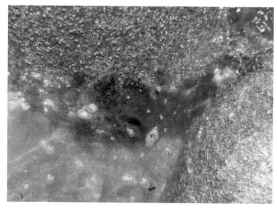

图 6.54　北戴河区老虎石海边固着绿潮藻

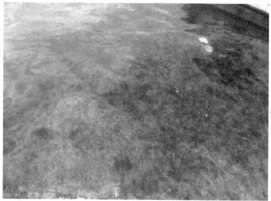

图 6.55　秦皇岛北戴河区老虎石沙滩绿潮藻

二、天津沿岸绿潮藻分布情况

天津塘沽区驴驹河村海滨浴场,基本未发现固着生长的绿潮藻,但在大堤石块上发现飘落渔网上还存在少量固着生长的浒苔(图 6.56)。天津港未发现绿潮藻。

图 6.56　塘沽区驴驹河村海滨浴场固着绿潮藻

三、辽宁沿岸绿潮藻分布情况

从整体上看,辽宁沿海绿潮藻分布和生物量均比江苏、山东等沿海要少。葫芦岛、营口、大连市、长山岛等海域水质清澈,其中葫芦岛滩涂基质为礁石和泥沙,主要种类为石莼、孔石莼和缘管浒苔等,大部分为固着生长类型;营口海域基质为泥沙、礁石和瓦砾,绿潮藻均为固着生长,主要种类为石莼和缘管浒苔;大连、长山岛水质清澈,主要以基岩为主,有大量石莼、孔石莼和缘管浒苔分布,且当地居民均采集石莼类食用,其味道十分鲜美,并已进入酒店餐桌上。

1. 辽宁葫芦岛沿岸绿潮藻分布情况

葫芦岛海区水质清澈,水温为 17℃,海水盐度为 26.2。滩涂基质为礁石和泥沙,绿潮藻大部分为固着生长,主要种类为石莼、孔石莼和缘管浒苔等。25 cm×25 cm 样方内生物量湿重约为 8.39 g,干重约为 3.47 g,藻体数量约为 470 株。

2. 辽宁营口沿岸绿潮藻分布情况

营口海区水温为 26℃,海水盐度为 29.09。滩涂基质主要为泥沙、礁石和瓦砾,绿潮藻均为固着生长类型(图 6.57)。主要种类为石莼和缘管浒苔等,25 cm×25 cm 样方内生物量湿重约为 20.25 g,干重约为 2.83 g,藻体数量为 737 株。

图 6.57　营口海域潮间带绿潮藻分布情况

3. 大连黑石礁、长山岛沿岸绿潮藻分布情况

大连黑石礁、长山岛海区水质清澈,水温为 16℃,气温为 18℃,海水盐度为 29.97。绿潮藻种类以石莼、孔石莼和缘管浒苔居多,25 cm×25 cm 样方内生物量湿重约为 19.70 g,干重约为 3.76 g,藻体数量为 489 株。海区已出现漂浮石莼、孔石莼和缘管浒苔等,特别是黑石礁海边生长的石莼、孔石莼和缘管浒苔藻体颜色鲜绿(图 6.58)。

图 6.58　黑礁石海边绿潮藻分布情况

第七章　黄海绿潮溯源研究

黄海浒苔绿潮是一种典型的跨区域海洋生态灾害,在其长距离的运移过程中,经历复杂的海洋过程;每年4月下旬至5月上旬首先出现于黄海南部长江口以北的近岸海域,然后在季风的驱动下向北漂移,生物量也快速增加,6月中上旬到达青岛近岸海域,形成大规模绿潮。其中,黄海绿潮溯源追踪是了解和认识绿潮发生过程,阐明绿潮暴发机制及解决防控绿潮灾害问题的前提。

虽然绿潮研究内容包含绿潮形成机制、暴发过程和迁移规律,浒苔绿潮立体监测和预警预报技术,浒苔绿潮应急处置和高效资源化利用技术等关键问题,但绿潮研究内容将最终解决浒苔绿潮早期防控和提出综合治理对策。只有实行绿潮发生上游控制原则,从源头抑制绿潮暴发,才可有效控制其暴发规模,降低打捞成本,实现从根本上消除绿潮灾害的目的。

第一节　南黄海绿潮暴发早期源头海区确定

截止到2018年,黄海绿潮已连续12年暴发,严重影响了当地海洋生态环境和生态服务功能。绿潮在世界范围内普遍发生,欧洲、北美、南美、日本和澳大利亚等都暴发了由 *Ulva*、*Chaetomorpha* 和 *Cladophora* 等属的大型海洋绿藻过量生长而聚集形成的绿潮灾害(Fletcher, 1996；Taylor et al., 2001；Nelson et al., 2003)。这些海藻能在条件适合的情况下快速吸收过量的营养盐而呈暴发性的生长,最终形成绿潮(Tan et al., 1999)。而2008年黄海绿潮影响范围和发生规模巨大,造成了严重的经济损失;据测算,相关海域绿潮覆盖面积可达13 000～30 000 km²。此外,不同于世界其他地区发生的绿潮,黄海绿潮在南黄海海域形成,绿潮斑块在季风和表层流的驱动下向北漂移将近500 km,最后在山东半岛登陆,从而在北黄海海域暴发成灾。

卫星遥感数据已显示黄海绿潮源头海区在如东至大丰附近海区范围内。由于当前常规卫星遥感的最大分辨率在30 m左右,只能监测到绿潮聚集直径大于30 m以上斑块,即小于30 m以下绿潮斑块及零星漂浮绿潮藻卫星是无法监测到的。此外,常规卫星的解析能力和黄海海水的浑浊度增加了对早期漂浮绿潮小范围斑块的监测难度。因此,更加直接和方便的监测方式应由船舶现场的断面调查来承担。但卫星遥感信息可大大将绿潮最初漂浮海区缩小至船舶监测的可行性范围内。为了更加系统地了解黄海绿潮从最初漂浮至形成灾害的过程,2010～2013年,我们逐步增大了船舶监测范围,并增加了断面设计密度和断面设计长度。

南黄海的江苏近岸海域(30°44′～35°4′N)海岸线总长954 km,滩涂面积达到了5 100 km²,多为水深较浅的泥底潮间带区域,多数在等深线20 m以内,尤其从大丰海域到长江口附近的较大部分近岸海域均在5～10 m等深线以内。独特的地理优势使许多沿海深水大港建在该区域,已经建成或正在筹建的海港有连云港港口、大丰港、射阳港和洋口港等。同时,该区域也是应用半浮动和全浮动筏架养殖方式养殖条斑紫菜(*Pyropia yezoensis*)的海域。根据历年卫星遥感监测资料结果,我们分别于2010年、2012年和2013年选择江苏沿海的吕四海域、如东海域、大丰海域、射阳海域和连云港海域5条断面中的3～4条断面进行南黄海漂浮浒苔绿潮跟踪监视。

一、黄海绿潮源头海区船舶监测

1. 2010 年断面监测设计方案

2010 年 4 月 20 日至 2010 年 8 月 4 日,在南黄海的江苏近海的如东、大丰、射阳和连云港近海海域,设置长度为 40～50 km 的同步、连续走航式观测断面,每条断面 6 个站位,共 24 个监测站位,如图 7.1 所示。在各监测海域的每一次调查航次中,记录漂浮浒苔绿潮发生的时间、位置、规模和消失时间及过程等信息。2010 年 4～8 月,共进行 8 个航次的同步监测。每次走航监测时,采集漂浮浒苔样品。漂浮绿潮藻样品经过滤海水仔细冲洗后,低温保存并在 24 h 内运至实验室内用于漂浮绿潮藻种类的形态结构观察与分子生物学检测。

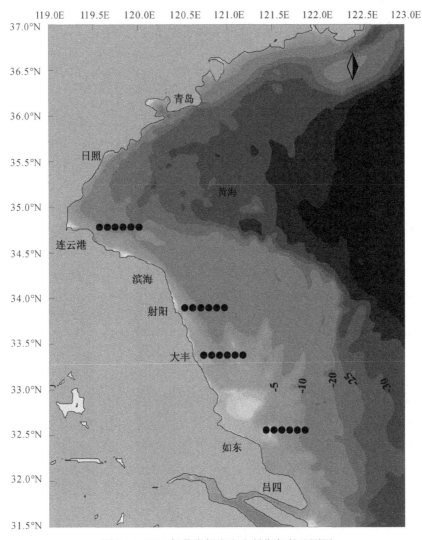

图 7.1   2010 年黄海绿潮发生早期船舶监测图

2010 年 4 月 20 日,最初在如东海区发现黄海绿潮藻呈零星漂浮状态。5 月 11 日,零星漂浮的绿潮藻迅速聚集并形成斑块状绿潮。期间,其他海域(大丰、射阳、滨海)均未发现漂浮绿潮藻。5 月 29 日,大丰海区出现较大斑块状漂浮绿潮,射阳海域也开始出现零星漂浮绿潮藻,而如东海区漂浮绿潮藻逐渐减少并最后消失。7 月 3 日,如东海域未见绿潮藻漂浮,大丰海域仅有少量绿潮藻漂浮,射阳海区则出现了较大斑块状绿潮,连云港海域也逐渐出现漂浮绿潮藻。7 月 24 日,如东海区未出现漂浮绿潮藻,大丰海区至连云港海区仅呈现零星漂浮状态(图 7.2)。卫星遥感监测显示绿潮已漂移至北黄海海域。

扫一扫 见彩图

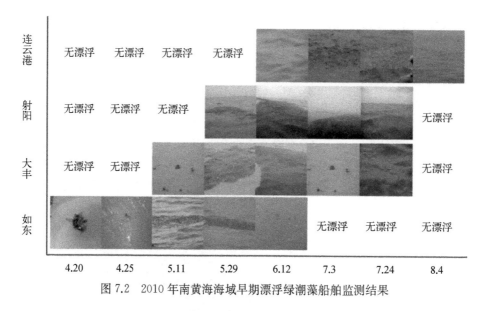

图 7.2 2010 年南黄海海域早期漂浮绿潮藻船舶监测结果

2. 2012 年断面监测设计方案

相对于 2010 年,2012 年度航次计划增加吕四断面,同时保留如东和大丰断面,并将断面长度延长至 100 km,目的为:① 确定吕四海区是否出现漂浮绿潮藻;② 探索外海是否有漂浮绿潮藻;③ 进一步明确和缩小源头海区范围。

本航次每条断面均为 5 个站位,站位布置见图 7.3,每个站位监测包括常规环境与化学指标、南黄海海域绿潮藻显微繁殖体分布规律;航行途中监测漂浮绿潮藻早期分布特征、漂浮绿潮藻形态。

2012 年 4 月 6 日,采用连续走航式跟踪监测,乘坐海监 59 由吕四港出发,途经如东洋口港和盐城大丰港,历时 10 d,航行 1 000 多公里。漂浮绿潮藻总体分布图见图 7.4,结果显示如下。

1)吕四海域未发现漂浮绿潮藻。

2)在由吕四向如东的航行过程中,途经腰沙(北纬 32°24.582′,东经 121°40.409′),发现聚集绿潮藻斑块。

3)如东近岸有零星分布绿潮藻,远海无漂浮绿潮藻分布。

4)由如东向大丰航行过程中,只监测到零星漂浮绿潮藻。

5)大丰海区无漂浮绿潮藻。

3. 2013 年断面监测设计方案

2013 年共设计 4 条断面,除射阳断面为 50 km 外,其余 3 条断面长度为 100 km,调查为 2013 年 1~5 月,逐月调查;调查采用同步走航式观测;观测不同海区漂浮绿潮藻分布情况。此外,外部海域设 3 条断面:第一条断面位于北纬 34°附近海域,垂直岸边向东;第二条断面位于东经 123.5°附近海域,基本平行于海岸,第三条为长江口附近向外延伸的一条断面。航行途中对漂浮绿潮藻藻体形态和生理生态学参数进行观察和测定。船舶监测设计方案见图 7.5。

具体监测结果见表 7.1。2013 年 1~2 月,南黄海海域尚未有漂浮绿潮藻出现。2013 年 3 月 22 日,首次在如东海区太阳岛附近监测发现零星漂浮绿潮藻,藻体多为丝状分枝,伴有少量管状、囊状和褶皱状藻体,藻体鲜绿,藻体长度平均为 8 cm,形态和分子鉴定结果显示其为浒苔;此时,大丰、射阳和滨海以及外部海域尚未发现漂浮绿潮藻。2013 年 4 月 25 日,在站点如东近岸海域发现有潜在性聚集的绿潮藻,藻体有许多形态特征,包括管状、丝状和褶皱状,但仍以丝状长在囊状藻体上的复合形态为主,有多级分枝,藻体颜色深绿色;此外,在大丰海域发现马尾藻和绿潮藻混合漂浮斑块,斑块面积较小,仅有 4 m² 左右;此时,射阳和滨海仍未发现漂浮绿潮藻。2013 年 5 月 15 日,在如东、大丰、射阳和滨海海域均发现斑块状大规模漂浮绿潮。

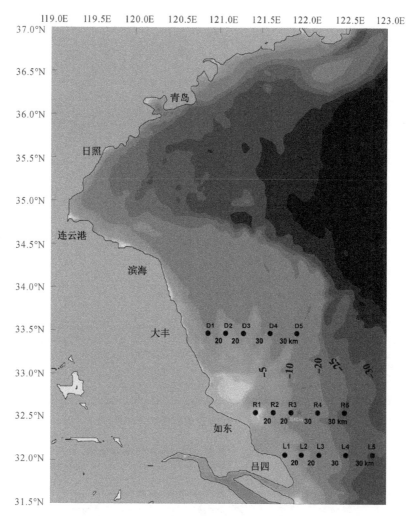

图 7.3　2012 年黄海绿潮发生早期船舶监测图

图中 D 表示大丰，R 表示如东，L 表示吕四

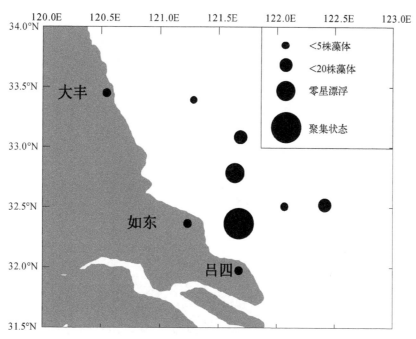

图 7.4　2012 年绿潮发生早期绿潮藻分布特征

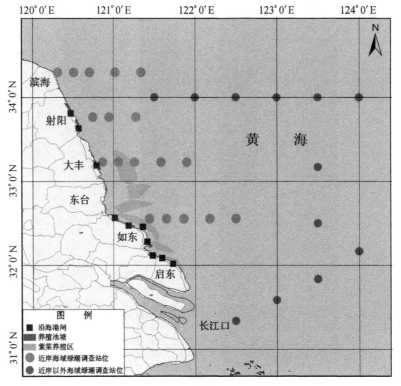

图 7.5 2013 年南黄海绿潮监测航次设计与站位图

表 7.1 2013 年 1~5 月南黄海海域绿潮藻漂浮聚集情况

日　期	如　东	大　丰	射　阳	滨　海
1 月	无漂浮绿潮藻	无漂浮绿潮藻	无漂浮绿潮藻	无漂浮绿潮藻
2 月	无漂浮绿潮藻	无漂浮绿潮藻	无漂浮绿潮藻	无漂浮绿潮藻
3 月	零星分布绿潮藻	无漂浮绿潮藻	无漂浮绿潮藻	无漂浮绿潮藻
4 月	零星分布绿潮藻	零星分布绿潮藻	无漂浮绿潮藻	无漂浮绿潮藻
5 月	斑块状绿潮	斑块状绿潮	斑块状绿潮	斑块状绿潮

二、黄海绿潮源头海区卫星遥感监测

卫星遥感在绿潮监测体系中发挥重要作用。世界范围内绿潮普遍发生,但这些海域的绿潮一般发生在内湾,与这种情况不同,黄海绿潮起源于南黄海海域,在季风、海流、海底地形等综合影响下,逐渐向北黄海漂移,在青岛近岸海域成灾,之后迅速衰亡,次年再以相似的方式周期性发生。我们采用 HJ 卫星遥感数据分析并初步确定历年绿潮最初发生大概范围,以便应用船舶更好地进行现场精细监测和确认。环境卫星 HJ‐1A/1B,全称"环境与灾害监测预报小卫星星座 A、B 星",其地面像元分辨率为30 m。环境卫星分辨率较高,并且可得到每日影像,满足初步确定绿潮源头海区的要求。

1. 卫星遥感影像处理方法

绿潮遥感监测方法依据《海洋监测技术规程第 7 部分:卫星遥感技术方法》(HY/T147.7—2013)中的绿潮判别方法,即假彩色合成图像判别法和归一化植被指数(NDVI)判别法。

假彩色合成图像判别法:利用近红外、红光和绿光波段,合成假彩色图像,并进行适当的图像拉伸增强处理,其中的绿潮信息表现出不同于背景水体特征的亮绿色色调,在此基础上借助相关软件实现绿潮信息的自动或人工交互提取。在利用 HJ‐1A/1B 卫星影像资料时,主要采用波段 3(630~690 nm)、波段 4(760~900 nm)和波段 1(430~520 nm)假彩色合成的方法。

归一化植被指数判别法:根据浒苔大型绿潮藻的近红外、可见光波段光谱特性差异,利用 NDVI 判别法提取其位置及其面积等空间分布信息。归一化植被指数(NDVI)是指近红外波段遥感反射率与红光波段反射率之差与两者之和的比值。NDVI 值的变化范围为−1~1,浒苔等大型藻类的 NDVI 值通常情况为正值,开阔水体则为负值。

利用 HJ‐1A/1B 的 CCD 传感器的 Level2 产品,提取绿潮信息,具体可分为如下 8 个步骤。

1) 亮度计算:首先用 ENVI 遥感软件假彩色合成影像,打开所下载的卫星影像。然后利用绝对定标系数将 HJ‐1A/1B 的 CCD 图像 DN 值转换为辐亮度图像,公式为

$$L = \frac{DN}{A} + L_0$$

式中,A 为绝对定标系数增益,L_0 为绝对定标系数偏移量,转换后辐亮度单位为 $W \cdot m^{-2} \cdot sr^{-1} \cdot \mu m^{-1}$通过辐亮度计算,将图像 DN 值转化为有物理量的辐亮度值。

2) 几何校正:本年度卫星影像几何校正控制点坐标,主要采用在南黄海沿海河流的港闸、堤坝拐点、桥梁等实测的经纬度坐标,GPS 实测坐标经度控制在 10 m 左右,小于 HJ‐1A/1B 影像一个像元大小(30 m),保证了绿潮等卫星影像解译的几何位置精度控制在小于 30 m 的范围之内。所用实测控制点坐标覆盖了上海、江苏及山东沿海。

3) 云掩模:由于南黄海海域卫星影像经常受到天气的影响,卫星影像上有云分布是大概率事件,因而,在浒苔信息解译前,进行去云处理是必要和必需的。

本年度采用多光谱动态阈值法进行云掩模处理。经过实践,用 HJ‐1A/1B 第 3 波段(630~690 nm)云掩模效果较好,主要是因为该波段云的光谱反射率非常高,而水体和浒苔在该波段光谱反射率低,云与目标物光谱反差大,易于用阈值将其分开。

4) 目标区域裁切:用 3、4、1 三波段假彩色合成的影像去云后,根据卫星影像上海陆分布状况和绿潮的可见分布区域,进行卫星影像目标区域的裁切。

5) NDVI 计算:用 HJ‐1A/1B 卫星影像的第 3、4 波段进行 NDVI 波段运算。一般情况下,绿色植被和浒苔绿潮藻 NDVI 值大于 0,云、船、海水水体 NDVI 值小于 0,近岸 NDVI 值偏大,远岸偏小。浒苔绿潮藻如果

分散分布,浒苔会受周边水体影响,NDVI 值也会出现小于 0 的情况。浒苔等大型绿潮藻分布密集区,随绿潮藻富集厚度增加,NDVI 值会增大。因而,不同日期下载的卫星影像,计算得到的 NDVI 值范围都会有所不同。

6）阈值分割:根据计算得到的 NDVI 图,与假彩色合成影像建立动态链接,查看绿潮区域的 NDVI 值,特别是其与水体边缘的临界值,初步确定分割绿潮的阈值大小。由于卫星影像的 NDVI 值范围不固定,因而要用动态阈值法来进行绿潮图斑的分割。

7）绿潮信息提取:结合 GIS 系统,将绿潮阈值分割后的 NDVI 栅格图转为矢量图,叠加绿潮矢量图与假彩色合成影像,进行目视解译比较,去除误判的薄云图块或海岛等,剩下的矢量图斑即为浒苔覆盖区域。

8）绿潮专题产品:由于所用卫星影像是 UTM 投影,WGS-84 坐标系统,可以结合 GIS 软件进行距离、面积等量算功能。

运用 GIS 软件,统计绿潮矢量图斑的总面积,即为绿潮覆盖面积;根据绿潮覆盖区域,沿绿潮图斑外侧边缘线勾绘绿潮分布区,统计的面积即为分布面积;根据绿潮的位置,找出浒苔分布的经度和纬度界限,确定绿潮分布范围;与前期绿潮分布区叠加分析,可得绿潮的移动趋势。

2. 卫星首次发现时的绿潮分布信息

统计 2008～2013 年卫星遥感首次发现的绿潮分布情况,可以看出,首次发现绿潮的时间在每年的 5 月中旬至 6 月初,其中 2013 年最早,2009 年最晚。绿潮主要发生在黄海南部江苏盐城外海($120.5°～122.5°E$,$33.0°～34.7°N$),或集中或分散。覆盖面积在 $3.5～16\ km^2$,分布面积在 $330～1\ 414\ km^2$(图 7.6)。

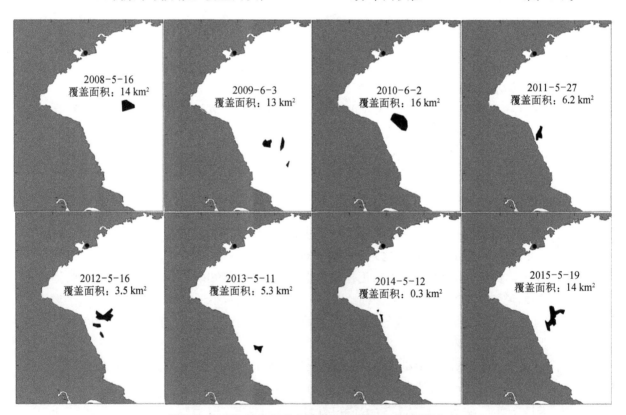

图 7.6　2008～2013 年首次被卫星遥感发现时的绿潮分布

三、黄海绿潮漂移跟踪监测

1. 南黄海最早漂浮绿潮向北漂移跟踪监测

2013 年 5 月 7～10 日,在如东海区($32°42'19.15''N$,$121°20'28.66''E$)监测到条带聚集状绿潮斑块,

随即采用 GPS 跟踪器和船舶跟踪的方式对绿潮漂移路径进行监测,结果显示如东海区绿潮斑块在南风的影响下可漂移至东台和大丰海域,漂浮绿潮藻向北漂移速率大约为 35 km/d (图 7.7)。因此,在如东海区漂浮的绿潮藻在适宜的水文气象条件下可逐渐向大丰海域漂移,并最终漂移至山东海域。

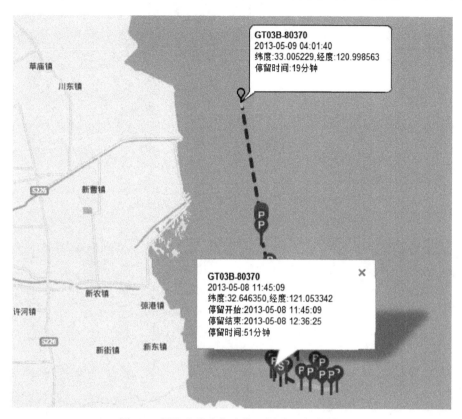

图 7.7 绿潮斑块由如东海区漂移至大丰海区

2. 南黄海早期漂浮海域绿潮藻藻体形态变化跟踪监测

如图 7.8 和图 7.9 结果显示,绿潮自南黄海如东海域最初漂浮,并在腰沙附近聚集和快速生长,藻体呈鲜绿色,丝状藻体附着生长在囊状藻体上,细胞内容物充盈,藻体光合活性普遍较高;当绿潮漂移进入大丰和射阳海域后,斑块面积呈现快速生长特性,绿潮斑块面积迅速扩大,藻体仍为鲜绿色,以丝状藻体

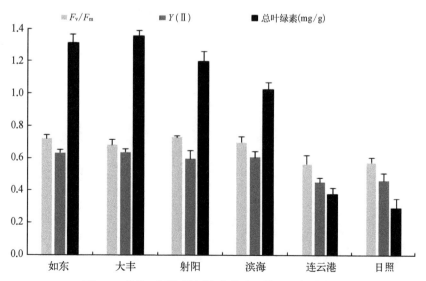

图 7.8 黄海不同海域绿潮藻荧光活性及叶绿素含量

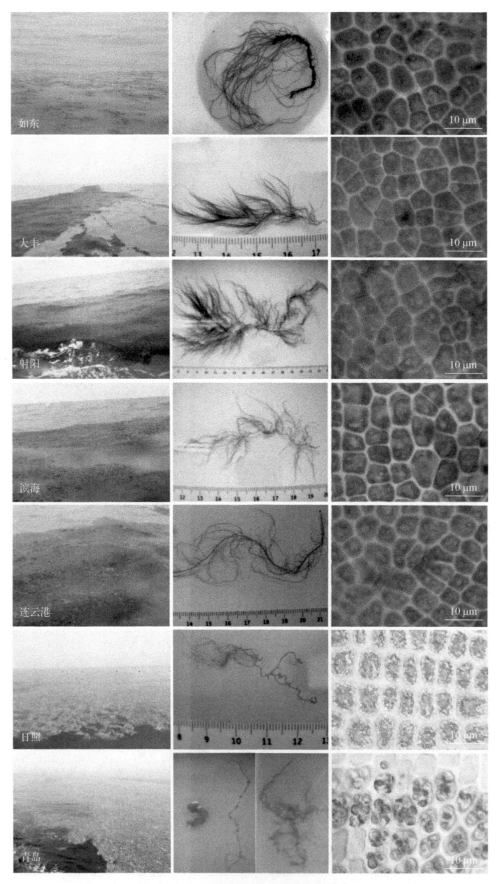

图 7.9　黄海绿潮漂浮各个阶段藻体形态变化

为主,多级分枝,细胞排列紧密,内容物充盈,藻体光合活性达到最大值;绿潮进入滨海和连云港海区后,绿潮斑块仍处于面积增长期,生长速率略低于射阳和大丰海区,绿潮斑块颜色逐渐转为淡绿色,细胞间隔增大,内容物仍较充盈,光合活性仍维持较高状态;当绿潮漂移进入日照和青岛海域后,绿潮斑块面积迅速减小,藻体颜色逐渐转为黄绿色至白色,绿潮藻细胞仍以营养细胞为主,但有小部分细胞逐渐转为生殖细胞囊,部分生殖细胞囊已经放散生殖细胞,显示绿潮进入衰亡期。

3. 南黄海海域沉降绿潮藻分布特征

从 2012 年 12 月至 2013 年 4 月,共对南黄海海域进行了 5 个航次的海底绿潮藻调查,累计调查 81 个站位,仅 13 个站位(图 7.10)检测到绿潮藻,且数量较少。拖网检测到绿潮藻的断面为大丰和如东断面,滨海和射阳断面底拖网未发现绿潮藻存在。大丰断面分别在 2013 年 1 月(DF3,DF4)、2 月(DF1,DF2,DF3,DF4,DF5)发现绿潮藻。特别是 2 月,在 5 个站位均有发现,并且数量相对较多。如东断面从 2013 年 2 月开始到 4 月均发现海底有绿潮藻存在,具体站位分别是 2 月(RD2,RD4,RD5)、3 月(RD1,RD2)、4 月(RD3)。

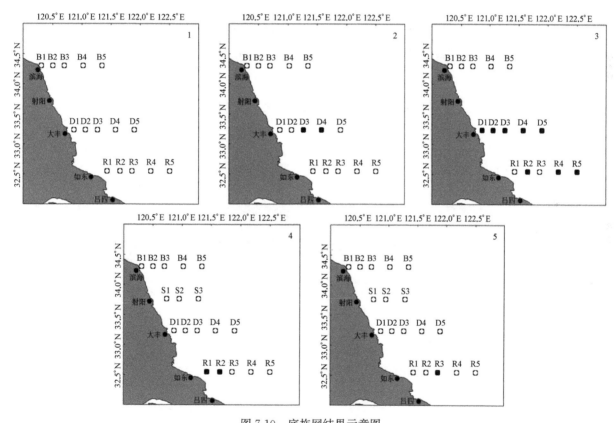

图 7.10 底拖网结果示意图

□ 为未采集到绿潮藻的站位,■ 为采集到绿潮藻的站位;
1~5 分别表示 2012 年 12 月至 2013 年 4 月的调查;B 表示滨海;D 表示大丰;R 表示如东;S 表示射阳

2012 年 12 月:在如东、大丰、滨海 3 条断面中均未拖到沉降绿潮藻。

2013 年 1 月:在如东、大丰、滨海 3 条断面中,仅在大丰第 3 点和第 4 点拖到极少量浒苔,分别为 3 株和 2 株。其中这两点 DF3 和 DF4 处拖到的绿潮藻种类为浒苔(*U. prolifera*)。

2013 年 2 月:针对如东断面,主要调查了各水环境指标以及各生物指标,并进行了 25 h 连续采样。调查中尚未发现漂浮绿潮藻,拖网拖到少量渔获物,并分别在第 2、4、5 三个点拖到少量绿潮藻(图 7.11)。第 2 点有两株,第 4 点有 10 株,第 5 点有 15 株,每个点都有拖到紫菜。其中 RD2 和 RD4 两个站点拖到的绿潮藻种类为浒苔和缘管浒苔,RD5 站点处拖到的绿潮藻种类为浒苔、缘管浒苔和曲浒苔。

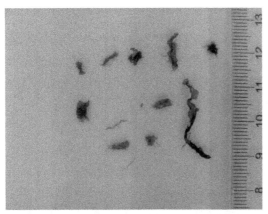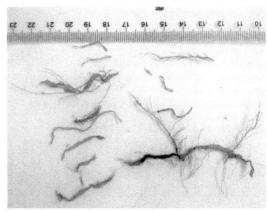

图 7.11　如东断面 3 个站点拖网绿潮藻情况

　　针对大丰断面,站位 DF1～DF3 R 氏拖网网获物中均为大量紫菜和少量浒苔夹杂,而 DF4～DF5 站位 R 氏网网获物仅为少量紫菜、虾蟹和少量浒苔夹杂(图 7.12)。因此,初步推定该绿潮藻来源为紫菜筏架掉落,但不可排除海洋悬浮(沉底)的可能性。其中 DF1 和 DF3 两个站点处拖到的绿潮藻藻种为浒苔,DF2 站点处拖到的为浒苔和缘管浒苔,DF4 和 DF5 处拖到的绿潮藻种类为浒苔、曲浒苔和缘管浒苔。

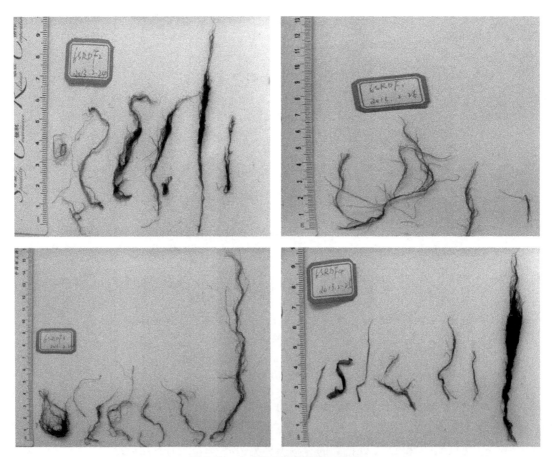

图 7.12　大丰断面绿潮藻调查结果

　　针对滨海断面,未发现沉降绿潮藻。

　　2013 年 3 月:R 氏拖网结果显示,仅如东近岸 2 个站位拖得几株绿潮藻外,其他站位均未获得沉降绿潮藻样本。其中,在 RD1 和 RD2 两个站点处拖网拖到的绿潮藻种类均为浒苔。

2013年4月：R氏拖网结果显示,仅如东第3个站位拖得2颗绿潮藻外,其他站位均未获得沉降绿潮藻样本。在RD3站点处拖网拖到的绿潮藻种类为浒苔。

第二节　南黄海固着绿潮藻分布与调查

一、岸滩堤坝固着绿潮藻分布

　　江苏省海岸线漫长,为了解引起绿潮藻暴发的可能源头,绿潮项目组对江苏启东到射阳长约580 km的海岸线进行了航空遥感监测,依据国家海洋局908专项办公室关于我国近海海洋综合调查与评价专项《海岸带调查技术规程》,对获取的遥感数据和历史数据,进行岸线提取,通过目视解译,获取江苏沿海区域岸线类型的相关矢量数据和分布位置。结果表明：南通区域均为人工岸线,长约263.52 km,占总调查岸线长度的45.41%;盐城区域调查岸线长约316.83 km,其中78.04%为人工岸线,自然岸线长约69.59 km,占总调查岸线长度的12.00%,自然淤泥质岸线,主要分布在丹顶鹤自然保护区和大丰麋鹿自然保护区内,总长约67.89 km(图7.13)。

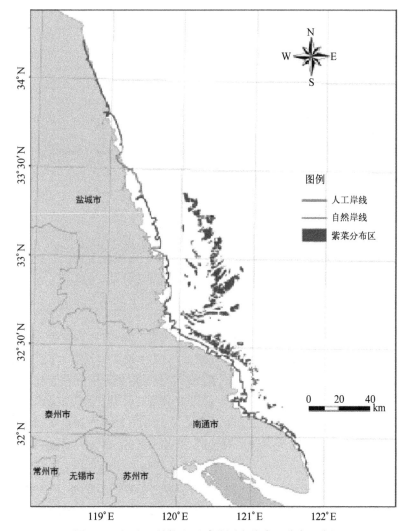

扫一扫　见彩图

图7.13　调查区域航空遥感监测岸线类型分布示意图

引起绿潮暴发的主要种类是浒苔,岸滩堤坝上的浒苔主要生长潮间带的高潮带和中潮带,浒苔在不同类型岸滩上的分布有较大差异。根据本次调查的需要和潮间带的特点,将岸滩类型分为草滩(大米草)、芦苇盐蒿、盐田围坝、沿岸石堤、河口边滩、养殖围坝等 6 类。通过航空遥感对岸滩潮间带数据进行的进一步目视解译,获取了监测岸线区域不同岸滩类型的分布见图 7.14。

扫一扫 见彩图

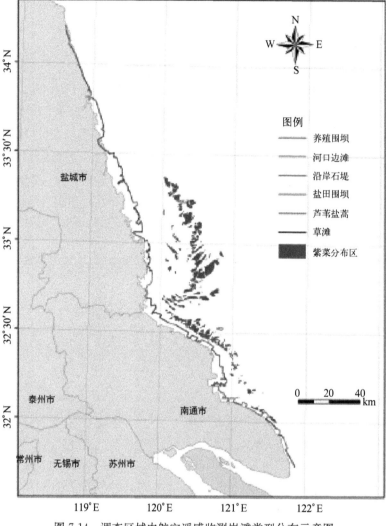

图 7.14　调查区域内航空遥感监测岸滩类型分布示意图

结合本区岸线类型及其分布特点,综合考虑本海域水文泥沙沉积变化可以发现,调查区域岸线人为开发严重,盐城区域岸滩以草滩为主(在该区域养殖围坝外淤积严重,有大面积的米草分布,本报告把该岸滩类型亦归为草滩),其次是沿岸石堤和养殖围坝;南通区域海域工程较多,开发较快,岸滩主要表现为新修的养殖围坝和沿岸石堤。统计结果表明,监测区区域岸滩中,草滩(大米草)岸线最长,约218.67 km,占监测岸线长度的 37.68%;其次为养殖围坝岸线,长约 132.91 km,占监测岸线长度的22.90%;再次为沿岸石堤,长约 124.62 km,占监测岸线长度的 21.47%;芦苇盐蒿、河口边滩等岸线长度较短,分别为 37.83 km 和 27.01 km;其他类型岸滩长约 39.31 km,主要为入海水道、潮沟、岩滩等,占总调查长度的 6.77%。

启东到射阳岸线长达 580 多公里,对该岸线进行调查若要做到全覆盖,基于现实和调查研究的代表性、可行性及科学性考虑,结合河流调查,以调查河流两侧约 5 km 岸线为岸滩调查站点,于 2012 年 12月至 2013 年 5 月对该岸线里蒿枝港岸滩堤坝、东灶港闸岸滩堤坝、东安新闸岸滩堤坝、掘苴新闸岸滩堤坝、洋口外闸岸滩堤坝、王港岸滩堤坝、新洋港河岸滩堤坝、射阳河口岸滩堤坝和阳光岛(连续站)进行了现场调查。这些岸滩包含了岸线的各种类型,并且分布相对均匀合理,满足调查研究需求。

1. 蒿枝港岸滩堤坝

2012 年 12 月蒿枝港两侧岸滩均为人工岸线。2012 年 12 月在蒿枝港两侧岸滩堤坝调查中,未发现有绿潮藻出现。2013 年 1 月在蒿枝港闸南岸滩堤坝口区约 30 m×100 m 的区域有绿潮藻零星分布,该区域岸滩上的草较浅,大部分区域只剩下草根。调查结果表明,其平均总生物量为 16.362 g/m²;种类组成及其生物量百分比分别为:浒苔(96.52%)、缘管浒苔(3.48%),优势种为浒苔。另外,在该岸段还发现有少量非固着状态绿潮藻和紫菜(图 7.15),初步估计可能来自紫菜养殖区。

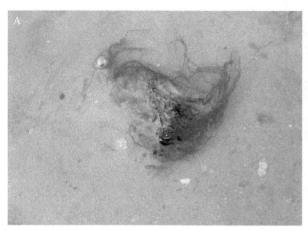

图 7.15　2013 年 1 月蒿枝港闸南岸绿潮藻分布
A. 草根上附着的绿潮藻；B. 遗留在滩涂上的绿潮藻和紫菜

2013 年 2 月在蒿枝港闸南侧岸滩堤坝发现绿潮藻(图 7.16),其在 30 m×100 m 长的区域零星分布。该区域岸滩上的草较浅,大部分区域只剩下草根。同时在该区块北侧方向发现长约 150 m 的带状绿潮藻。调查结果表明,该断面平均总生物量为 192.043 g/m²;种类组成及其生物量百分比分别为:浒苔(79.55%)、曲浒苔(20.45%),优势种为浒苔。

图 7.16　2013 年 2 月蒿枝港闸南绿潮藻分布
A. 滩涂上附生的绿潮藻；B. 堤坝上附着的绿潮藻

2013 年 3 月:在蒿枝港闸南侧岸滩堤坝发现绿潮藻(图 7.17)。滩涂上绿潮藻零星分布于约 30 m×100 m 的区域内,与 2 月相比绿潮藻有所减少,部分藻体有所发白。同时在该区块北侧方向长约

150 m的带状绿潮藻,与2月相比绿潮藻也有所减少。调查结果表明,该断面平均总生物量为26.039 g/m²;种类组成及其生物量百分比分别为:浒苔(20.81%)、曲浒苔(70.39%),缘管浒苔(3.48%),优势种为曲浒苔。

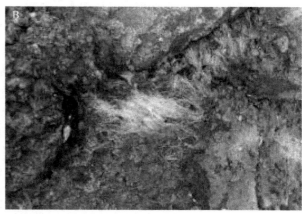

图7.17　2013年3月蒿枝港闸南绿潮藻分布

A. 堤坝上的绿潮藻;B. 附近礁石上的绿潮藻

2013年4月:蒿枝港闸东侧岸滩堤坝发现固着绿潮藻,该区域草较浅,大部分只剩下草根,绿潮藻零星分布于约30 m×100 m的区域内(图7.18)。结果表明其平均总生物量为25.875 g/m²;种类组成及其生物量百分比分别为:浒苔(12.87%)、曲浒苔(64.22%),缘管浒苔(22.91%),优势种为曲浒苔。

图7.18　2013年4月蒿枝港闸东侧岸滩堤坝固着绿潮藻

A. 堤坝上的绿潮藻;B. 滩涂植物根部的绿潮藻

2013年5月:蒿枝港闸东侧岸滩堤坝发现固着绿潮藻分布面积有所减少,主要分布在约10 m×50 m区域,原来附着在米草根部的绿潮藻基本消失,在该区块北侧方向长带状绿潮藻仅有约50 m。但生物量却明显增多,该断面平均总生物量为178.841 g/m²;种类组成及其生物量百分比分别为:浒苔(8.77%)、曲浒苔(78.24%),缘管浒苔(12.99%),优势种为曲浒苔。另外,发现涨潮时海水带来的绿潮藻搁浅在滩涂上(图7.19),面积约为5 m×50 m,经鉴定分析,生物量为111.060 g/m²,种类主要为曲浒苔(81.80%),另外也有浒苔(6.03%)和缘管浒苔(12.17%)。

2. 东灶港闸岸滩堤坝

2012年12月至2013年1月:东灶港闸两侧均为人工岸线,靠近河口处为光滩,远离河口区域有宽100~200 m大米草覆盖。2012年12月至2013年1月在新洋港两侧岸滩堤坝调查中,未发现有绿潮藻出现。

图 7.19　2013 年 5 月蒿枝港闸东侧岸滩堤坝上绿潮藻

A. 堤坝上的绿潮藻；B. 滩涂植物根部的绿潮藻

2013 年 2 月：在东灶港闸西侧岸段发现绿潮藻（图 7.20），位于水泥堤坝上，面积约 8 m×200 m。调查结果表明，其平均总生物量为 597.094 g/m^2，种类鉴定结果为：浒苔（100%）。

图 7.20　2013 年 2 月东灶港闸南绿潮藻分布　　　　图 7.21　2013 年 3 月东灶港闸南绿潮藻分布

2013 年 3 月：在东灶港闸西侧岸段发现绿潮藻（图 7.21），位于水泥堤坝上，面积约 8 m×200 m。与上次相比绿潮藻量有所减少，水泥坝高潮带处的部分藻体死亡。调查结果表明，其平均总生物量为 243.900 g/m^2，种类组成及其生物量百分比分别为：浒苔（83.23%）、曲浒苔（16.77%）。

2013 年 4 月：东灶港闸附近岸段堤坝处均发现绿潮藻，位于水泥堤坝上，面积约 8 m×200 m。调查结果表明，该区域内平均总生物量为 156.260 g/m^2，种类组成及其生物量百分比分别为：浒苔（43.45%）和曲浒苔（56.55%）。

2013 年 5 月：东灶港闸附近岸段堤坝处均发现绿潮藻（图 7.22），位于水泥堤坝上，面积约 8 m×200 m。调查结果表明，该区域内平均总生物量为 349.111 g/m^2，种类组成及其生物量百分比分别为：浒苔（1.47%）和曲浒苔（98.53%），曲浒苔从 2 月到 4 月明显增加，浒苔则呈现明显减少趋势。

图 7.22　2013 年 4～5 月东灶港闸附近岸滩堤坝上绿潮藻

3. 东安新闸岸滩堤坝

2012 年 12 月至 2013 年 3 月：东安新闸两侧

均为人工岸线，靠近河口处为光滩，远离河口区域滩涂上有稀疏的大米草覆盖。2012 年 12 月至 2013 年 3 月在新洋港两侧岸滩堤坝调查中，未发现有绿潮藻出现。

2013 年 4 月：在东安新闸附近岸段堤坝点发现固着绿潮藻，长带状零星分布，面积约 2 m×1 000 m

图 7.23　2013 年 4~5 月东安新闸附近岸滩上的绿潮藻

（图 7.23）。调查结果表明，该区域内平均总生物量为 25.870 g/m²，种类组成及其生物量百分比分别为：浒苔（49.43%）和曲浒苔（41.45%）和缘管浒苔（9.03%）。

2013 年 5 月：在东安新闸附近岸段堤坝（AD04-3）点发现固着绿潮藻，长带状零星分布，面积约 2 m×1 000 m（图 7.23B）。调查结果表明，该区域内平均总生物量为 25.406 g/m²，种类组成及其生物量百分比分别为：浒苔（29.99%）和曲浒苔（19.12%）和缘管浒苔（50.89%）。同时，5 月还发现涨落潮后残留在滩涂上的马尾藻和绿潮藻，面积约为 3 m×80 m，以马尾藻居多，混有紫菜筏架中飘来的竹竿，其中绿潮藻生物量为 54.859 g/m²，种类组成及其生物量百分比分别为：浒苔（91.14%）和曲浒苔（8.86%）。

4. 掘苴新闸岸滩堤坝

2012 年 12 月至 2013 年 1 月：掘苴新闸两侧均为人工岸线，西侧岸滩滩涂上有稀疏的大米草覆盖，东侧滩涂上也有少量大米草，远离河口区域基本为光滩。2012 年 12 月至 2013 年 1 月在新洋港两侧岸滩堤坝调查中，未发现有绿潮藻出现。

2013 年 2 月：在掘苴新闸东岸滩堤坝上有面积约 2 m×200 m 的区域发现了绿潮藻，该区域为光滩，堤坝上包裹着石棉布，绿潮藻附着在石棉布上（图 7.24）。该区域绿潮藻分布较为均匀，成方块状。调查结果表明，其平均总生物量为 25.617 g/m²；种类组成及生物量百分比分别为：浒苔（53.34%）和曲浒苔（46.66%）。

在掘苴新闸西两侧的岸滩堤坝中发现有零星绿潮藻。西侧岸滩堤坝中，绿潮藻零星分布于丁坝两侧滩涂上，分布总长度约 70 m。掘苴新闸西位为处紫菜养殖户的拖拉机上下岸滩的口子处，

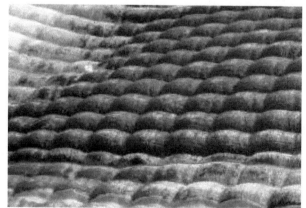

图 7.24　2013 年 2 月掘苴新闸东岸滩堤坝中绿潮藻分布

滩涂上有零星分布的洒落的绿潮藻。种类组成为浒苔和曲浒苔。

2013 年 3 月：掘苴新闸东、西两侧的岸滩堤坝中发现有零星绿潮藻，均位于紫菜养殖户的拖拉机上下岸滩的口子附近。东侧岸滩堤坝中绿潮藻零星生长于滩涂尼龙袋上，分布总长度约 200 m；西侧岸滩堤坝中，绿潮藻零星分布于丁坝两侧滩涂上，分布总长度约 150 m，固着基为废弃的尼龙袋、砖头、石头等（图 7.25）。调查结果表明，其平均总生物量为 66.916 g/m²，种类组成及生物量百分比分别为：浒苔（38.07%）和曲浒苔（61.93%）。

2013 年 4 月：在掘苴新闸岸滩堤坝发现固着绿潮藻（图 7.26），其中 AD05-1 点滩涂上绿潮藻零星

图 7.25 2013 年 3 月掘苴新闸附近岸滩堤坝中绿潮藻分布

图 7.26 2013 年 4 月掘苴新闸附近岸滩上的绿潮藻

分布,面积约 5 m×200 m,大部分绿潮藻有气囊;现场调查了从 AD05-5 到 AD05-6 的每个丁坝,仅在离 AD05-6 最近的一个丁坝之间发现绿潮藻,分布面积约 5 m×300 m。该岸段内平均总生物量为 77.056 g/m²,种类组成及生物量百分比分别为:浒苔(12.32%)、曲浒苔(52.62%)和缘管浒苔(35.06%)。

2013 年 5 月:在掘苴新闸岸滩堤坝岸段内绿潮藻平均总生物量为 38.092 g/m²,种类组成及生物量百分比分别为:浒苔(7.59%)、曲浒苔(92.41%)和少量的缘管浒苔(仅在定性样品中采到)。另外,堤坝附近发现漂来的绿潮藻和少量马尾藻,面积约 3 m×100 m,以绿潮藻居多,混有紫菜筏架,因此推断其可能是紫菜养殖过程收架子和绳子时丢弃的,调查结果表明:该漂来的平均总生物量为 202.969 g/m²,种类组成及生物量百分比分别为:浒苔(64.67%)和曲浒苔(35.33%)(图 7.27)。

图 7.27 2013 年 5 月掘苴新闸滩涂上
残留的漂来绿潮藻和竹竿

5. 洋口外闸岸滩堤坝

洋口外闸东、西两侧岸滩堤坝均为人工岸线,调查区域岸滩内均有大米草密集分布。该区域在 2012 年 12 月至 2013 年 5 月共进行 6 次调查,均未发现绿潮藻。

阳光岛海岛岸线均为人工岸线,由石块和水泥构筑的防波堤组成。2012 年 12 月至 2013 年 5 月对阳光岛海岛堤坝进行了连续的调查研究,历次调查均表明阳光岛人工岸堤上的绿潮藻为连续分布,主要附着在防波岸堤上,长度约 300 m,不同时间的调查面积基本相同,绿潮藻的生物种类有浒苔、曲浒苔和缘管浒苔,2~4 月有浒苔出现,曲浒苔历次调查均有出现,缘管浒苔 2 月开始有出现,但生物量为三者中最少,每次调查的绿潮藻组成见图 7.28。

历次调查的结果如下。

2012 年 12 月调查结果表明,阳光岛海岛堤坝绿潮藻生物量为 1.929 g/m²,绿潮藻种类经显微形态学鉴定为曲浒苔。岸堤上的非绿潮藻主要是盘苔。

2013 年 2 月连续 3 次调查结果发现,阳光岛岸滩堤坝上绿潮生物量比 12 月显著增加,期间平均生物量为 13.331 g/m²,变化范围为 4.955~17.649 g/m²。主要种类组成包括浒苔、曲浒苔和缘管浒苔,三者比例分别为 47.54%、50.87%和 1.59%。非绿潮藻种类中,有较多的盘苔和尾孢藻。

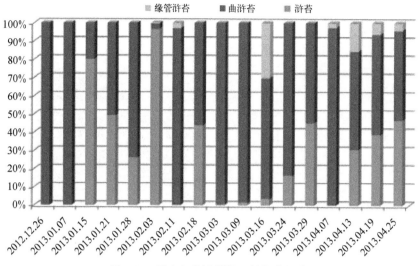

图 7.28　阳光岛岸滩堤坝上绿潮藻组成

2013 年 3 月连续 5 次调查结果发现,阳光岛岸滩堤坝上绿潮生物量比 2 月有所降低,期间平均生物量为 9.778 g/m²,变化范围为 8.366~16.648 g/m²。主要种类组成包括浒苔、曲浒苔和缘管浒苔,三者比例分别为 5.75%、85.67% 和 8.58%。

2013 年 4 月连续 4 次调查结果发现,阳光岛岸滩堤坝上绿潮生物量比 3 月稍低,期间平均生物量为 8.235 g/m²,变化范围为 0.375~13.228 g/m²。主要种类组成包括浒苔、曲浒苔和缘管浒苔,三者比例分别为 37.31%、53.27% 和 9.42%。

2013 年 5 月调查结果表明,阳光岛岸滩堤坝上绿潮藻生物量为历次调查最高,为 14.633 g/m²。主要种类组成包括曲浒苔和缘管浒苔,二者比例为 94.20% 和 5.80%。

6. 王港岸滩堤坝

王港两侧均为人工岸线,岸线为石块和水泥构成的堤坝。

2012 年 12 月,在王港河闸两侧岸滩堤坝调查中,未发现有绿潮藻出现。

2013 年 1 月:王港南岸岸滩堤坝中绿潮藻主要分布在围填海工程用的吹沙袋上,而在石堤中几乎没有分布。从种类组成上主要为缘管浒苔,其量很少,绝大部分均为盘苔。从绿潮藻分布情况发现:围填海吹沙袋在涨落潮时海水能到达的地方有分布,涨落潮很难达到的吹沙袋上则完全无绿潮藻发现。

2013 年 2 月:王港南岸岸滩堤坝中绿潮藻主要分布在围填海工程用的吹沙袋上(图 7.29),而在石

图 7.29　2013 年 2 月王港南岸吹沙袋上的固着绿潮藻

堤中几乎没有分布,平均生物量为 0.774 g/m²,种类组成为浒苔。同时,根据 2013 年 1 月调查样品的分子生物学鉴定结果表明,固着样品中有较多的盘苔和尾孢藻。

2013 年 3 月:王港南岸岸滩堤坝中绿潮藻仍主要分布在围填海工程用的吹沙袋上,绿潮藻出现了大面积发白死亡现象,平均生物量为 2.859 g/m²,种类组成为浒苔。同时,在王港北岸岸滩堤坝发现了零星的绿潮藻,发现面积约 0.3 m×200 m;该断面绿潮藻平均生物量为 12.683 g/m²,种类组成及生物量百分比分别为:浒苔(99.00%)和曲浒苔(1.00%)。

2013年4月：王港北侧岸滩堤坝北侧发现了零星的长带状分布绿潮藻,面积约0.5 m×300 m,该区域内平均总生物量为5.663 g/m²,种类组成及生物量百分比分别为:浒苔(95.93%)和曲浒苔(4.06%)。南侧绿潮藻主要分布在围填海工程用的吹沙袋上和堤坝基部的石头或砖头上,该区域内平均总生物量为290.000 g/m²,种类组成及生物量百分比分别为:浒苔(5.00%)和曲浒苔(95.00%)。

2013年5月：王港北侧岸滩堤坝发现了零星的长带状分布绿潮藻,面积约0.5 m×300 m,该区域内平均总生物量为2.884 g/m²,种类组成及生物量百分比分别为:浒苔(0.03%)和曲浒苔(99.97%)。南侧绿潮藻主要分布在围填海工程用的吹沙袋上和堤坝基部的石头或砖头上,该区域内平均总生物量为243.993 g/m²,种类组成及生物量百分比分别为:浒苔(1.75%)和曲浒苔(98.25%)。同时,在王港北侧岸滩堤坝发现少量飘来的绿潮藻,面积约5 m×15 m,平均总生物量为1.515 g/m²,种类为浒苔(100.00%)。在王港南侧岸段上有较多竹竿和飘来的绿潮藻,面积约20 m×40 m,该区域内平均总生物量为1 267 g/m²,种类组成及生物量百分比分别为:浒苔(94.74%)和曲浒苔(5.26%)。

7. 新洋港河岸滩堤坝

新洋港北侧岸滩为养殖围塘,围塘外海滩上大部分区域有米草覆盖,南侧为丹顶鹤保护区,为自然岸线。

2012年12月至2013年3月：在新洋港两侧岸滩堤坝调查中,未发现有绿潮藻出现。

2013年4月：在新洋港河北岸滩堤坝,米草较浅的一水洼里,米草的草根上发现了极其零星的绿潮藻,面积和数量均极少,种类组成经形态学鉴定结果为曲浒苔。

2013年5月：在新洋港河北岸滩堤坝,4月发现的固着绿潮藻已经消失,但在该岸段米草边缘海陆交界地带,1 m×150 m内残留有较多飘来绿潮藻,该区域内平均总生物量为547.244 g/m²,种类组成及生物量百分比分别为:浒苔(73.13%)和曲浒苔(26.87%)。

2012年12月至2013年5月,6次调查中,南侧岸滩堤坝均未发现绿潮藻。

8. 射阳河口岸滩堤坝

射阳河两侧均为人工岸线,北侧为石堤岸线,南侧养殖围塘外的海堤多为土堤,有米草大量生长。

2012年12月：射阳河口北侧岸滩堤坝中共发现了极少量的零星附着在滩涂上的绿潮藻(图7.30),另有少量附着在枯死的芦苇上和砖块上,面积很小。绿潮藻生物量调查结果为3.416 g/m²,种类为缘管浒苔。该岸段近河口处米草生长较为稀疏,远离河口的滩涂上分布越来越密。

图7.30 射阳河口北岸的绿潮藻
A. 滩涂上的绿潮藻;B. 芦苇上的绿潮藻

2013年1月：本次调查结果与2012年12月调查结果基本一致;而射阳河口南部仅在一个站位的调查中发现了一撮绿潮藻,生物量极低,未能采集到定量样品。定性样品经形态学种类鉴定结果为浒苔和缘管浒苔。

图 7.31　2013 年 2 月射阳河口北岸绿潮藻分布

2013 年 2 月：射阳河口北侧,在一码头建设工程附近岸滩堤坝中发现了附着在工程用石块上的绿潮藻(图 7.31),分布区域约 5 m×500 m,平均生物量为 40.054 g/m²,种类为曲浒苔。

2013 年 3 月：在射阳河口北侧岸滩堤坝中共发现了极少量的零星附着在滩涂上的绿潮藻,少量附着在砖块上,面积约 3 m×10 m,该区域内平均总生物量为 69 g/m²,种类组成为浒苔;在射阳河口北侧发现了附着在工程用石块上的绿潮藻,分布区域约 5 m×500 m,该区域内平均总生物量为 145 g/m²,种类组成为浒苔;而射阳河口南部仅发现了一撮绿潮藻,生物量极低,生长在低洼的泥质潮滩面上,根据形态学鉴定结果为曲浒苔。

2013 年 4 月：射阳河口北侧和南侧岸滩堤坝中均发现了绿潮藻。北侧绿潮藻主要分布在石头上,在面积约为 10 m×3 m 范围内零星分布,平均总生物量为 39.891 g/m²,种类组成及其生物量百分比分别为：浒苔(40.00%)和曲浒苔(60.00%)。在大米草割过的岸滩上,有绿潮藻零星分布,平均总生物量为 4.032 g/m²,种类组成及其生物量百分比分别为：浒苔(23.58%)和缘管浒苔(76.42%)。射阳河口南侧,有绿潮藻零星分布,平均总生物量为 22 g/m²,种类组成及其生物量百分比分别为：浒苔(13.75%)和曲浒苔(86.25%)。在射阳河南侧岸滩离岸滩较近的农民捕捉螃蟹的坛子里,发现了少许绿潮藻分布,种类为曲浒苔;在南侧岸滩水洼里发现了零星的绿潮藻,数量很少,种类组成形态学鉴定结果为浒苔。

2013 年 5 月：射阳河口北侧岸滩堤坝石头或砖头上发现了绿潮藻,平均总生物量为 68.298 g/m²,种类组成为曲浒苔;在石头上绿潮藻较多,面积与 4 月相当,平均总生物量为 151 g/m²,种类组成及其生物量百分比分别为：浒苔(19.65%)和缘管浒苔(80.35%)。而北侧和南侧 4 月发现的绿潮藻已经消失,主要原因可能是受到大米草已经密集生长的影响。

二、入海河流

1. 入海河流概况

江苏地处长江、淮河两大江河流域下游,入海河流众多,主要入海河流有 21 条,大流域骨干河道多数兼具行洪、航运、供水等功能,县级以下较小河道主要以排涝、供水功能为主。上述 21 条入海河流中,射阳河闸最大过闸流量最大,可达 6 340 m³/s,一般闸口流量相对较小,通常不超过 600 m³/s。根据现场调查和对当地闸口管理人员走访显示,各处入海水闸通常基本为关闭状态,仅在汛期才会开闸或船舶需要通航时才开闸,如东安新闸、东灶港、吕四渔港闸等。

根据江苏入海河流特点,选择径流量较大、常年与海洋有水体交换的河流入海区域进行调查。分别在江苏启东、海门、如东、大丰、射阳附近海域选择入海河流 10 条,在每条入海河流闸口内设置调查站位 1 个。连续 6 次环境要素调查结果如表 7.2 所示。

2. 绿潮藻调查结果

（1）绿潮藻种类组成

2012 年 12 月至 2013 年 5 月分别对蒿枝港闸、吕四船闸、东灶港闸、东安新闸、掘苴新闸、洋口外闸、王港闸、斗龙港闸、新洋港闸和射阳河闸等 10 条入海河流开展了调查。其中掘苴新闸、王港闸是水利闸,

表 7.2　2012 年 12 月至 2013 年 5 月入海河流现场调查情况

站位编号	名　　称	气温/℃	水温/℃	盐　度	溶解氧/(mg/L)	pH	备注
HL01	蒿枝港闸	3.8～23.0	3.6～14.7	2.33～4.06	8.45～11.06	7.90～8.93	启东
HL02	吕四船闸	6.8～24.3	5.5～15.2	3.05～9.26	6.3～7.9	7.25～8.06	
HL03	东灶港闸	6.8～25.8	5.9～13.9	7.8～10.89	7.8～12.62	8.56～8.87	海门
HL04	东安新闸	5.7～21.5	3.4～13	5.61～17.76	8.18～11.7	7.82～8.71	如东
HL05	掘苴新闸	8.7～20.5	4.9～17	1.73～4.9	8.6～11.22	7.97～8.97	
HL06	洋口外闸	3.5～21	4.42～15.6	3.3～6.66	3.45～4.48	7.37～7.62	
HL07	王港闸	4.5～18.7	1.26～15.8	0.25～2.24	7.06～11.46	7.47～7.81	大丰
HL08	斗龙港闸	0.5～16.8	2.03～14.7	0.01～0.44	7.97～11.52	7.4～7.78	
HL09	新洋港闸	4.5～16	3.26～15.4	0.5～1.15	7.89～11.21	7.81～7.95	射阳
HL10	射阳河闸	3.8～15.9	2.48～15.2	0.18～0.48	10.11～11.37	7.73～8.12	

其余的调查河闸是船闸兼水利闸。仅在东安新闸发现固着状态绿潮藻,种类组成包括浒苔、曲浒苔、缘管浒苔;东灶港内发现漂浮绿潮藻,种类组成包括浒苔、曲浒苔,其余河流均未发现。仅在吕四船闸水体中发现浒苔绿潮藻的显微繁殖体,东灶港闸、东安新闸、灌河水体中发现曲浒苔和浒苔两种绿潮藻的显微繁殖体,且发现的显微繁殖体的密度都很小,其余河流均未发现。

(2) 绿潮藻生物量

2012 年 12 月至 2013 年 4 月,东安新闸入海河流堤坝绿潮藻中浒苔的比例呈先升高再降低的趋势,曲浒苔的比例呈先降低然后较为平稳的趋势,而缘管浒苔仅在 1 月发现。

2012 年 12 月:东安新闸内侧河流堤坝上发现固着状态绿潮藻,呈连续带状,南岸较多,长 180 m,北岸长 110 m,有的藻丝很长。绿潮藻生物量 250 g/m²,生物量总重约为 36.39 kg,种类组成包括浒苔、曲浒苔。

2013 年 1 月:在东安新闸内侧水泥堤坝和装沙尼龙袋(护岸的)上发现固着状态绿潮藻,有的藻丝很长。其中,南岸较多,呈连续带状,北岸较少,呈不连续带状分布;两侧各长约 400 m。绿潮藻生物量为 117.68 g/m²,生物总重量约为 23.54 kg,种类组成包括浒苔、曲浒苔,缘管浒苔。其中,北岸绿潮藻生物量为 110 g/m²,南岸绿潮藻生物量为 125.32 g/m²。

2013 年 2 月:在闸内侧河流堤坝上发现固着状态绿潮藻,呈连续带状,随着水温上升,部分绿潮藻已产生气囊。南岸长约 160 m,北岸长约 110 m。南岸固着绿潮藻呈三条带状分布,远离水面的绿潮藻生长状况较差,贴近水面部分生长状态较好。绿潮藻生物量为 311.76 g/m²,生物总重量为 42.09 kg,主要种类组成包括浒苔、曲浒苔,各种类生物量组成比例分别为 77.67%、22.33%。其中北岸绿潮藻生物量为 235.36 g/m²,种类组成包括浒苔、曲浒苔,各种类生物量组成比例分别为 88.41%、11.59%。南岸绿潮藻生物量为 388.16 g/m²,种类组成包括浒苔、曲浒苔,各种类生物量组成比例分别为 71.16%、28.84%。

2013 年 3 月:在闸内侧河流堤坝上发现固着状态绿潮藻,呈连续带状,随着水温上升,部分绿潮藻已产生气囊。绿潮藻在南岸分布长约 120 m,北岸长约 50 m。绿潮藻生物量为 142.20 g/m²,生物量总重约为 12.09 kg,种类组成包括浒苔、曲浒苔,生物量组成比例分别为 44.50%、55.50%。从生物量的分布来看,表现为曲浒苔>浒苔。

2013 年 4 月:在东安新闸内侧河流堤坝上发现固着状态绿潮藻,生长于水面之下,呈不连续带状,总长度约 80 m。绿潮藻生物量为 5.40 g/m²,生物量总重为 0.43 kg,种类组成包括浒苔、曲浒苔,生物量组成比例分别为 93.33%、6.67%。从生物量的分布来看,表现为曲浒苔远小于浒苔。

2013年5月：东安新闸内侧河流堤坝上仍然固着有绿潮藻，但数量已明显减少。由于藻体都没于水中很深，因此无法采集样品。

调查结果表明，仅有2条河流闸口处（东安新闸和东灶港）发现有固着或漂浮绿潮藻，主要种类组成为浒苔，曲浒苔和缘管浒苔；有3条河流闸口（吕四船闸、东安新闸和东灶港）处检出有少量绿潮藻繁殖体，数量明显低于海上。

同时根据现场环境调查结果表明，检出有繁殖体或发现有绿潮藻的闸口基本由于受开放闸、盐度上升等影响，而其他河流由于受海水影响较小。

三、陆上养殖池塘

1. 陆上养殖池塘概况

江苏海岸线漫长，海水浅，光照充足，又有长江从陆地带来的大量有机质和营养盐，浮游生物丰富，是多种鱼类栖息、生长及繁育的优良场所。近年来，江苏的海洋生物养殖面积和地区不断扩大。在池塘养殖现代化建设上，已建设有大丰现代渔业示范园、东台市苏东海洋产业示范园、江苏出口水产品示范园、灌南虾蟹生态园等一批现代渔业示范园区及省部级水产健康养殖示范场。养殖池塘大多分布在靠海边以及临水闸区域，便于就近取水排水。从养殖品种分布来看，射阳河北岸海水养殖池塘养殖品种基本为蟹苗，新洋港以南养殖池塘养殖品种较多，一般为脊尾白虾、梭子蟹、南美白对虾、贝类等（表7.3）。从养殖面积来看，陆地池塘养殖面积呈逐年增长趋势，由2004～2005年的11 350.6 hm²增长至2011～2012年的19 333 hm²，养殖面积增加了70.3%。根据陆上养殖池塘面积分布情况，兼顾池塘分布比例和均匀选取调查点的原则，故盐城区域内的养殖池塘选取数量相应增多，我们选取调查池塘分布于蒿枝港闸南侧、东安新闸南侧、掘苴新闸东侧、北凌新闸东侧、梁垛河闸北侧、王港南、新洋港口北和射阳河口北等8处，共13个养殖池塘调查站点（图7.32）。

表7.3   陆上养殖池塘调查表

序　号	站位编号	养殖种类	位　　置	调查站位数	所属区域
1	CT01	梭子蟹、脊尾白虾	蒿枝港闸南	1	启东
2	CT02	梭子蟹、脊尾白虾	东安新闸南	2	如东
3	CT03	梭子蟹、脊尾白虾			
4	CT04	海参	掘苴新闸东	1	
5	CT05	梭子蟹、脊尾白虾	北凌新闸东	1	
6	CT06	贝类	梁垛河闸北	1	东台
7	CT07	贝类	王港南	2	大丰
8	CT08	南美白对虾			
9	CT09	鲤鱼、鲫鱼等淡水鱼混养	斗龙港口南	3	
10	CT010				
11	CT11				
12	CT12	南美白对虾	新洋港口北	2	射阳
13	CT13	贝类			
14	CT14	蟹苗	射阳河口北	3	
15	CT15	蟹苗			
16	CT16	蟹苗			

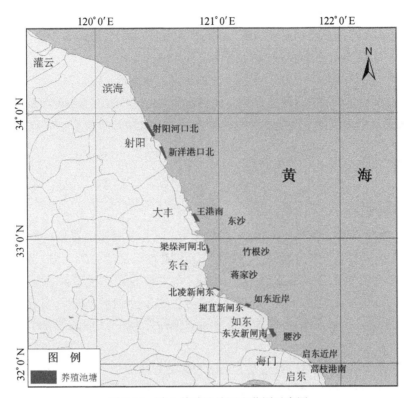

图 7.32　陆上养殖池塘调查范围示意图

2. 养殖池塘绿潮藻调查结果

通过对 2012 年 12 月至 2013 年 5 月共 6 次采自陆上养殖池塘绿潮藻进行鉴定分析,共鉴定出绿潮藻种类 3 种,分别为浒苔、缘管浒苔以及曲浒苔。其中浒苔出现的次数最多。

从区域分布上看,养殖池塘中出现绿潮藻的区域主要分布在江苏南部的南通地区,分别是启东蒿枝港闸南侧和如东东安新闸南侧的养殖池塘;其他区域的养殖池塘没有出现绿潮藻或只在弃用的养殖池塘出现绿潮藻。蓄水池中出现绿潮藻的区域与养殖池塘出现的区域大致相同,主要集中在江苏南部的南通。从时间上来看,养殖池塘的绿潮藻仅出现在 12 月和 1 月;而蓄水池中的绿潮藻出现在 3 月、4 月以及 5 月。

蒿枝港闸南侧养殖池塘的塑料水管上附着了 3 处长度共约 7 m 的固着绿潮藻,分布较为均匀。2012 年 12 月与 2013 年 1 月的调查分布基本一致(图 7.33)。而在此后 4 次调查中,蒿枝港闸南侧养殖

图 7.33　蒿枝港南侧养殖池塘发现的绿潮藻

图 7.34　2013 年 5 月东安新闸南养殖池塘的蓄水河道内的绿潮藻

池塘未发现绿潮藻。在 3 月、4 月和 5 月这 3 次调查中,蒿枝港闸南侧养殖用水的蓄水池发现有固着绿潮藻。3 月该处养殖池塘正处于晒塘时期,由于暴晒于阳光下,蓄水池中有的绿潮藻已出现白化而死亡。4 月和 5 月,蒿枝港南养殖池塘蓄水池内出现零星的绿潮藻。

东安新闸南侧养殖池塘堤坝上在 2012 年 12 月发现固着绿潮藻,藻体呈连续带状,固着在池塘水泥坝上,集中分布在水面处,水下未见,藻丝很短。而到 1 月,由于晒塘,此处绿潮藻消失,池中水也已排干。4 月和 5 月,东安新闸南侧养殖池塘蓄水池内聚集了一定数量的绿潮藻(图 7.34)。

四、紫菜养殖区

1. 绿潮藻调查结果

调查结果表明,紫菜养殖区筏架(网帘、缆绳、竹竿)中均有绿潮藻固着分布。其中,2012 年 12 月至 2013 年 3 月筏架上绿潮藻主要分布在缆绳和竹竿上,随着水温的持续上升,至 2013 年 4 月,各紫菜养殖区绿潮藻生物量有很大程度的上升,其中蒋家沙、竹根沙和东沙紫菜筏架上绿潮藻生物量上升明显,比较各固着介质,发现缆绳、网帘和竹竿中平均生物量分别增加了 20.6 倍、19.3 倍和 1.8 倍。就种类组成而言,分子鉴定结果表明,各紫菜养殖区绿潮藻种类为浒苔、曲浒苔和缘管浒苔,其中浒苔为优势种。

对 2012 年 12 月至 2013 年 4 月采自紫菜养殖区筏架的绿潮藻进行分子鉴定,鉴定结果表明筏架上绿潮藻种类组成有浒苔、曲浒苔和缘管浒苔三种,其中浒苔为优势种(表 7.4)。

表 7.4　紫菜养殖区筏架绿潮藻组成分子鉴定结果

区　域	2012 年 12 月	2013 年 1 月	2013 年 2 月	2013 年 3 月	2013 年 4 月
启东	曲浒苔 缘管浒苔	浒苔 曲浒苔 缘管浒苔	浒苔 曲浒苔	浒苔	浒苔 曲浒苔
腰沙	浒苔 曲浒苔	曲浒苔 缘管浒苔	浒苔 曲浒苔	浒苔 曲浒苔	浒苔 曲浒苔
如东	浒苔 曲浒苔 缘管浒苔	浒苔	浒苔 缘管浒苔	浒苔 曲浒苔 缘管浒苔	浒苔 曲浒苔
蒋家沙	浒苔 曲浒苔	浒苔 曲浒苔 缘管浒苔	浒苔 曲浒苔	浒苔 曲浒苔 缘管浒苔	浒苔 曲浒苔
竹根沙	曲浒苔 缘管浒苔	曲浒苔 缘管浒苔	曲浒苔	浒苔 曲浒苔	浒苔 曲浒苔 缘管浒苔
东沙	曲浒苔	浒苔 曲浒苔	曲浒苔	浒苔 曲浒苔 缘管浒苔	浒苔 曲浒苔 缘管浒苔

采集各紫菜养殖区筏架上绿潮藻,称量其单位生物量,结果表明,2012 年 12 月至 2013 年 3 月筏架上的绿潮藻主要分布在缆绳和竹竿上,此阶段紫菜生长旺盛,随着温度上升,紫菜生长能力的下降,绿潮藻生长速度加快,至 2013 年 4 月底网帘上的绿潮藻生物量急剧增加,超过缆绳和竹竿上的绿潮藻生物量(表 7.5)。

表 7.5　紫菜养殖区绿潮藻生物量调查结果

紫菜养殖区	月　份	生　物　量		
		缆绳/(g/m)	竹竿/(g/m)	网帘/(g/m²)
启东近岸	12	8.112 4	2.160 3	4.901 2
	1	56.560 0	*	*
	2	9.578 9	1.057 2	0.951 9
	3	3.039 9	*	*
	4	6.991 8	2.549 4	58.658 4
腰沙	12	6.712 5	3.278 6	6.030 4
	1	*	*	24.808 9
	2	*	*	*
	3	2.043 2	1.319 6	32.401 6
	4	0.109 9	2.156	0.513 1
如东近岸	12	23.728 8	2.722 5	6.030 4
	1	13.357 8	0.312 5	13.958 9
	2	29.164 1	11.258 1	37.205 5
	3	1.110 5	0.866 1	28.472 3
	4	21.062 4	23.594 6	343.630 3
蒋家沙	12	44.510 3	100.635 8	141.046 6
	1	23.441 7	99.506 7	*
	2	8.273 2	6.221 6	80.451 5
	3	1.030 6	2.388 0	10.238 3
	4	101.200 0	6.250 0	71.609 6
竹根沙	12	57.021 4	82.554 7	159.409 3
	1	64.812 0	*	*
	2	7.846 1	16.218 2	10.249 7
	3	1.444 3	53.812 8	16.184 3
	4	87.5	13.347 3	45.598 6
东沙	12	64.716 3	106.398 6	152.092 5
	1	34.010 0	18.536 5	*
	2	2.914 5	*	0.112 9
	3	3.069 5	6.373 3	48.352 9
	4	129.299 8	1.337 0	*

注：部分区域由于定量采集未能采集到，采用定性采样以确定极少量绿潮藻种类。"＊"表示生物量极低几乎没有

2. 启东紫菜养殖区绿潮藻分布情况

2012 年 12 月：启东蒿枝港海域紫菜养殖区筏架上固着的绿潮藻极少，有固着的个体也都较小。另外，该区域紫菜生长状态相对同期调查的如东以及腰沙海区较差。针对这一状况调查发现该区域滩涂较浅，退潮之后很快露出水面，涨潮时又较晚接触到海水，海藻干出的时间相比较其他区域长，不利于海藻的生长。同时，在该地区发现，在泥沙中生长的绿潮藻，经鉴定为漂浮绿潮藻优势种浒苔。调查结果表明：筏架中缆绳和网帘上均有较多的固着绿潮藻，竹竿上有少量绿潮藻生长。其中，缆绳上绿潮藻平均生物量为 2.570 0 kg/亩，种类组成为浒苔($U.\ prolifera$)(31.61%)、曲浒苔($U.\ flexuosa$)(59.17%)

和缘管浒苔(*U. linza*)(9.22%)。竹竿上绿潮藻种类组成为浒苔(10.42%)和曲浒苔(89.58%)。网帘上绿潮藻种类组成为浒苔(100%)。

2013年1月：启东紫菜养殖区紫菜筏架上固着的绿潮藻比较少,有的养殖筏架有绿潮藻,有的养殖筏架无绿潮藻,这与养殖筏架的地势以及养殖户的管理有很大的关系。之前调查过,此区域的滩涂位置相对较高,对海藻生长不利。此次调查发现该区域中有一片地势相对较低的筏架养殖区,其他区域退潮完全后,该区水位仍然很高,该区域的筏架上绿潮藻固着率明显高于其他筏架,并且绿潮藻的长度也较长。调查结果表明：筏架中缆绳和网帘上均有较多的固着绿潮藻,竹竿上有少量绿潮藻生长。其中,缆绳上绿潮藻平均生物量为17.918 2 kg/亩,种类组成为浒苔(14.66%)、曲浒苔(84.12%)和缘管浒苔(1.22%),竹竿、网帘上无绿潮藻。

与2012年12月调查结果对比发现,该调查区域中紫菜养殖筏架上无论是竹竿还是缆绳上绿潮藻的生物量均有较大幅度的减少。

2013年2月：该区紫菜筏架上固着的绿潮藻比较少,缆绳和竹竿上有绿潮藻,网帘上发现少量绿潮藻幼苗,说明紫菜筏架竹竿、缆绳和网帘上均有绿潮均有藻种质分布。调查结果表明：缆绳上绿潮藻种类组成为曲浒苔(100%)。竹竿上绿潮藻种类组成为曲浒苔(100%)。网帘上绿潮藻平类组成为浒苔(100%)。

2013年3月：调查结果表明,2013年3月启东紫菜养殖区筏架缆绳上有少量绿潮藻,竹竿和网帘上没有绿潮藻,种类组成为浒苔(100%)。

2013年4月：紫菜养殖区筏架缆绳、竹竿和网帘上均有绿潮藻发现,其中,缆绳上绿潮藻种类组成为浒苔(83.21%)和曲浒苔(16.79%)。种类组成为浒苔(24.07%)和曲浒苔(75.93%)。种类组成为浒苔(12.22%)和曲浒苔(87.78%)。

3. 腰沙紫菜养殖区绿潮藻分布情况

2012年12月：紫菜筏架上包括缆绳,竹竿及网帘上基本没有绿潮藻。走访得知当地已经用盐酸处理过紫菜筏架。进一步调查发现腰沙外围紫菜筏架的缆绳上固着了少量绿潮藻,竹竿只有顶端有少量绿潮藻而网帘上基本没有绿潮藻固着。腰沙紫菜筏架上浒苔数量及长度均不及如东近岸海域紫菜筏架。同时在腰沙区域的滩涂上首次发现有绿潮藻与紫菜共生于地面上,绿潮藻种类为浒苔和曲浒苔。调查表明：筏架中缆绳和网帘上均有较多的固着绿潮藻,竹竿上有少量绿潮藻生长。其中,缆绳上绿潮藻平均生物量为2.126 5 kg/亩,种类组成为浒苔(91.34%)、曲浒苔(8.13%)和缘管浒苔(0.53%)。竹竿上绿潮藻平均生物量为0.443 6 kg/亩,种类组成为浒苔(76.94%)、曲浒苔(21.32%)和缘管浒苔(1.74%)网帘上绿潮藻平均生物量为1.809 1 kg/亩,种类组成为浒苔(53.27%)、曲浒苔(46.73%)。

2013年1月：腰沙紫菜养殖区筏架上绿潮藻固着生长极少,连个体较短的绿潮藻小苗都很少发现。部分缆绳上残留发黄发白的绿潮藻,可能为养殖户处理后留下的痕迹。调查结果表明：网帘上绿潮藻平均生物量为7.442 7 kg/亩,种类组成为曲浒苔(47.45%)和缘管浒苔(52.55%),缆绳和竹竿上无绿潮藻。与2012年12月调查相比,绿潮藻明显减少了,这主要与紫菜养殖区对绿潮藻的处理有很大的关系。

2013年2月：与前两个航次相比较,该区域的浒苔生物量依然非常少,只有极少量筏架缆绳和竹竿上面出现绿潮藻小苗。根据现场定性采集的样品(极少量)分析,从种类组成(分子鉴定结果)上看,筏架上分布的绿潮藻种类为浒苔和曲浒苔,且比例分别为浒苔(50%)和曲浒苔(50%)。

2013年3月：腰沙紫菜养殖区紫菜养殖区绿潮藻调查结果表明,缆绳上绿潮藻平均生物量为0.643 7 g/m,种类组成为浒苔(41.89%)和曲浒苔(58.11%)。竹竿上绿潮藻平均生物量为0.178 5 kg/亩,种类组成为浒苔(26.98%)和曲浒苔(73.02%)。网帘上绿潮藻平均生物量为9.720 5 kg/亩,种类组成为浒苔(56.56%)和曲浒苔(43.44%)。

2013年4月：调查结果表明，缆绳上绿潮藻平均生物量为0.034 8 kg/m，种类组成为浒苔(70.87%)和曲浒苔(29.13%)。竹竿上绿潮藻平均生物量为0.291 7 kg/亩，种类组成为浒苔(1.39%)和曲浒苔(98.61%)。网帘上绿潮藻平均生物量为0.153 9 kg/亩，种类组成为缘管浒苔(100%)。

4. 如东近岸紫菜养殖区绿潮藻分布情况

2012年12月：如东近岸紫菜筏架调查中发现只有缆绳上有浒苔固着生长，缆绳上绿潮藻长为3~8 cm，缆绳上种类为浒苔、曲浒苔和缘管浒苔，竹竿上附着一层短小的绿潮藻小苗，种类为浒苔和缘管浒苔，而网帘上紫菜长势较好，绿潮藻很少，稀疏分布于紫菜中间。调查结果表明：筏架中缆绳和网帘上均有较多的固着绿潮藻，竹竿上有少量绿潮藻生长。其中，缆绳上绿潮藻平均生物量为7.517 3 kg/亩，种类组成为浒苔(91.34%)、曲浒苔(8.13%)和缘管浒苔(0.53%)。竹竿上绿潮藻平均生物量为0.368 4 kg/亩，种类组成为浒苔(76.94%)、曲浒苔(21.32%)和缘管浒苔(1.74%)。网帘上绿潮藻平均生物量为1.809 1 kg/亩，种类组成为浒苔(53.27%)和曲浒苔(46.73%)。

2013年1月：筏架中只有缆绳上有较长的绿潮藻固着生长，部分竹竿上固着一层非常短的绿潮藻，成斑块状分布，网帘上绿潮藻很少，零星分布于紫菜中间。调查结果表明：缆绳上绿潮藻平均生物量为4.231 8 kg/亩，种类组成为浒苔(100%)。竹竿上绿潮藻平均生物量为0.042 3 kg/亩，种类组成为浒苔(100%)。网帘上绿潮藻平均生物量为4.187 7kg/亩，种类组成为浒苔(100%)。与2012年12月调查结果相比，竹竿和缆绳上的绿潮藻生物量均有较大程度的减少。

2013年2月：紫菜筏架上绿潮藻的生长状况与2013年1月无明显差异，缆绳上分布有长为5~10 cm的浒苔。筏架竹竿上局部固着短小的绿潮藻小苗。网帘上紫菜长势较好，紫菜中间只是零星分布较少浒苔。调查结果表明：缆绳上绿潮藻平均生物量为9.239 2 kg/亩，种类组成为浒苔(67.61%)和曲浒苔(32.39%)。竹竿上绿潮藻平均生物量为1.523 2 kg/亩，种类组成为浒苔(100%)。网帘上绿潮藻平均生物量为11.161 7 kg/亩，种类组成为浒苔(100%)。

2013年3月：紫菜筏架上绿潮藻的生长状况与2013年2月有所减少，同时滩涂上有少量脱落绿潮藻。调查结果表明：缆绳上绿潮藻平均生物量为0.351 8 kg/亩，种类组成为浒苔(98.53%)和曲浒苔(1.47%)。竹竿上绿潮藻平均生物量为0.117 2 kg/亩，种类组成为浒苔(90.69%)和曲浒苔(9.31%)。网帘上绿潮藻平均生物量为8.541 7 kg/亩，种类组成为浒苔(94.62%)、曲浒苔(4.97%)和缘管浒苔(0.41%)。

2013年4月：紫菜筏架调查发现缆绳上有较长的绿潮藻固着生长，少数竹竿上面有3~5 cm的绿潮藻。网帘上绿潮藻的量较上个月有明显增加的现象，在相当一部分网帘上可以看到接近50 cm的绿潮藻固着生长。其中，缆绳上绿潮藻平均生物量为6.672 6 kg/亩，种类组成为浒苔(61.09%)和曲浒苔(38.91%)。竹竿上绿潮藻平均生物量为3.192 3 kg/亩，种类组成为浒苔(20.34%)和曲浒苔(79.66%)。网帘上绿潮藻平均生物量为13.688 8 kg/亩，种类组成为浒苔(47.05%)和曲浒苔(52.95%)。另外，发现养殖筏区断落的绿潮藻数量有所增加，且有些有气囊，满足漂浮机制。

5. 蒋家沙紫菜养殖区绿潮藻分布情况

2012年12月：蒋家沙海域紫菜养殖筏架缆绳和竹竿上均具有比较多的绿潮藻。紫菜网帘上基本没有绿潮藻。同时，在调查过程中发现明显的经酸处理过的缆绳和竹竿。调查结果表明：筏架中缆绳和网帘上均有较多的固着绿潮藻，竹竿上有少量绿潮藻生长。其中，缆绳上绿潮藻平均生物量为14.100 9 kg/亩，种类组成为浒苔(6.48%)和曲浒苔(93.52%)。竹竿上绿潮藻平均生物量为13.616 0 kg/亩，种类组成为浒苔(0.11%)和曲浒苔(99.89%)。网帘上绿潮藻平均生物量为42.314 0 kg/亩，种类组成为浒苔(96.54%)、曲浒苔(3.46%)。

2013年1月：缆绳上绿潮藻平均生物量为7.426 3 kg/亩，种类组成为浒苔(2.70%)、曲浒苔(95.86%)和缘管浒苔(1.44%)。竹竿上绿潮藻平均生物量为13.463 3 kg/亩，种类组成为浒苔

(7.34%)、曲浒苔(77.56%)和缘管浒苔(15.01%)，网帘无绿潮藻。与2012年12月调查结果相比，竹竿和缆绳上的绿潮藻生物量均减少。

2013年2月：与1月相比，缆绳和竹竿上绿潮藻均减少，这与该地区紫菜筏架缆绳和竹竿经过盐酸处理且2月为紫菜采收旺季，大量的绿潮藻被采集后带到岸上有关。没经盐酸处理的紫菜网帘上开始出现绿潮藻，且在紫菜生长比较差的网帘上比较多。根据现场观察发现，该区域中绿潮藻已开始出现气囊。

调查结果表明：缆绳上绿潮藻平均生物量为2.620 9 kg/亩，种类组成为浒苔(62.70%)和曲浒苔(37.30%)。竹竿上绿潮藻平均生物量为0.841 8 kg/亩，种类组成为浒苔(66.89%)和曲浒苔(33.11%)，网帘平均生物量为21.482 9 kg/亩，种类组成为浒苔(92.49%)和曲浒苔(7.51%)。

2013年3月：筏架缆绳和竹竿上均发现少量绿潮藻，在网帘上绿潮藻极少。调查结果表明，缆绳上绿潮藻平均生物量为0.326 5 kg/亩，种类组成为浒苔(100%)。竹竿上绿潮藻平均生物量为0.323 1 kg/亩，种类组成为浒苔(84.51%)、曲浒苔(3.30%)和缘管浒苔(12.19%)，网帘平均生物量为3.071 5 kg/亩，种类组成为浒苔(90.37%)和曲浒苔(9.63%)。

2013年4月：筏架缆绳、竹竿和网帘上均发现大量绿潮藻(图7.35)。其中，缆绳上绿潮藻平均生物量为32.060 2 kg/亩，种类组成为浒苔(88.56%)和曲浒苔(11.44%)。竹竿上绿潮藻平均生物量为0.845 6 kg/亩，种类组成为浒苔(79.63%)和曲浒苔(20.37%)。网帘上绿潮藻平均生物量为21.482 9 kg/亩，种类组成为浒苔(59.43%)、曲浒苔(40.57%)。

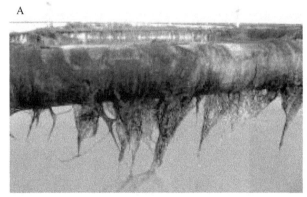

图7.35　蒋家沙紫菜养殖筏架绿潮藻生长情况

A. 紫菜养殖筏架上固着的绿潮藻；B. 紫菜养殖网帘上固着的绿潮藻

6. 竹根沙紫菜养殖区绿潮藻分布情况

2012年12月：紫菜养殖筏架的缆绳和竹竿上均有较多的绿潮藻，紫菜养殖筏架网帘上几乎没有绿潮藻。据调查，主要是由于该区域养殖紫菜渔民在采收紫菜的过程中，将网帘上的绿潮藻一起收走带回了岸上。调查结果表明：筏架中缆绳和网帘上均有较多的固着绿潮藻，竹竿上有少量绿潮藻生长。其中，缆绳上绿潮藻平均生物量为18.064 4 kg/亩，种类组成为浒苔(100%)。竹竿上绿潮藻平均生物量为11.169 7 kg/亩，种类组成为曲浒苔(93.24%)和缘管浒苔(6.76%)。网帘上绿潮藻平均生物量为47.822 8 kg/亩，种类组成为曲浒苔(100%)。

2013年1月：筏架中缆绳和网帘上均有较多的固着绿潮藻，竹竿上有少量绿潮藻生长。其中，缆绳上绿潮藻平均生物量为20.532 4 kg/亩，种类组成为浒苔(1.97%)和曲浒苔(98.03%)，竹竿和网帘上无绿潮藻。与2012年12月调查结果相比，整体上绿潮藻生物量有所增加。

2013年2月：筏架缆绳上有少量的绿潮藻，竹竿上几乎没有绿潮藻，紫菜养殖筏架网帘上出现零星分布的绿潮藻，相对于1月的调查结果，本次调查中缆绳和竹竿上绿潮藻均减少，主要原因在于该地区筏架的缆绳和竹竿上经过了盐酸处理。调查结果表明：缆绳上绿潮藻平均生物量为 2.485 6 kg/亩,种类组成为浒苔(100%)。竹竿上绿潮藻平均生物量为 2.194 3 kg/亩,种类组成为浒苔(100%)。网帘上绿潮藻平均生物量为 3.074 9 kg/亩,种类组成为浒苔(100%)。

2013 年 3 月：紫菜养殖筏架的缆绳上有少量的绿潮藻,竹竿和网帘上均出现较多的绿潮藻。调查结果表明：缆绳上绿潮藻平均生物量为 0.457 6 kg/亩,种类组成为浒苔(5.73%)和曲浒苔(94.27%)。竹竿上绿潮藻平均生物量为 7.280 9 kg/亩,种类组成为浒苔(64.65%)和曲浒苔(35.35%),网帘平均生物量为 4.855 3 kg/亩,种类组成为浒苔(90.35%)和曲浒苔(9.65%)。

2013 年 4 月：该紫菜筏区绿潮藻生物量明显增加,大量绿潮藻,广泛分布于网帘、竹竿和缆绳上。竹根沙紫菜养殖区调查结果表明：筏架缆绳、竹竿和网帘上均发现大量绿潮藻(图 7.36)。其中,缆绳上绿潮藻平均生物量为 27.720 0 kg/亩,种类组成为浒苔(28.96%)和曲浒苔(71.04%)。竹竿上绿潮藻平均生物量为 1.805 9 kg/亩,种类组成为浒苔(0.54%)、曲浒苔(6.32%)和缘管浒苔(93.14%)。网帘上绿潮藻平均生物量为 13.679 6 kg/亩,种类组成为浒苔(16.07%)和曲浒苔(83.93%)。

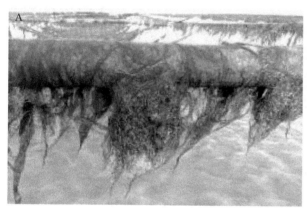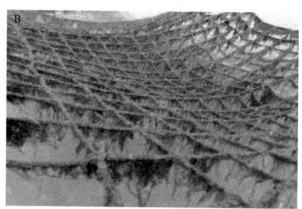

图 7.36　2013 年 4 月竹根沙紫菜养殖筏架绿潮藻生长情况

A. 紫菜养殖筏架上固着的绿潮藻;B. 紫菜养殖网帘上固着的绿潮藻

7. 东沙紫菜养殖区绿潮藻分布情况

2012 年 12 月：筏架中缆绳和网帘上均有较多的固着绿潮藻,竹竿上有少量绿潮藻生长。其中,缆绳上绿潮藻平均生物量为 20.502 1 kg/亩,种类组成为曲浒苔(100%)。竹竿上绿潮藻平均生物量为 14.395 7 kg/亩,种类组成为曲浒苔(85.96%)和缘管浒苔(5.35%)。网帘上绿潮藻平均生物量为 45.627 8 kg/亩,种类组成为曲浒苔(100%)。

2013 年 1 月：筏架中缆绳上均有较多的固着绿潮藻,竹竿上有少量绿潮藻生长,网帘上无绿潮藻。其中,缆绳上绿潮藻平均生物量为 10.774 4 kg/亩,种类组成为浒苔(63.85%)、曲浒苔(21.48%)和缘管浒苔(14.67%)。竹竿上绿潮藻平均生物量为 2.508 0 kg/亩,种类组成为浒苔(29.28%)和曲浒苔(70.72%)。

2013 年 2 月：缆绳上有少量的绿潮藻,竹竿上几乎没有绿潮藻,网帘上偶有零星绿潮藻。相对于 1 月,本月该区域中筏架上绿潮藻量明显减少,主要原因在于筏架经过盐酸处理,且本月正处于紫菜采收旺季,大量绿潮藻被采集后带到岸上。其中,缆绳上绿潮藻平均生物量为 0.923 3 kg/亩,种类组成为曲浒苔(100%)。网帘上绿潮藻平均生物量为 0.033 9 kg/亩,种类组成为曲浒苔(100%)。

2013 年 3 月：缆绳上绿潮藻平均生物量为 0.972 4 kg/亩,种类组成为浒苔(24.15%)、曲浒苔(11.22%)和缘管浒苔(64.63%)。竹竿上绿潮藻平均生物量为 0.862 3 kg/亩,种类组成为浒苔(0.08%)、曲浒苔(70.18%)和缘管浒苔(29.74%)。网帘平均生物量为 14.505 9 kg/亩,种类组成为浒苔(24.40%)、曲浒苔(60.77%)和缘管浒苔(17.83%)。

2013年4月：东沙紫菜养殖区由于紫菜收割后已开始网帘和紫菜筏架的回收,未采集到原采样的养殖区中绿潮藻,因此缆绳的相关数据采用5月初紫菜养殖工艺中调查结果。其中,缆绳上绿潮藻平均生物量为40.962 2 kg/亩,种类组成为浒苔(62.76%)和曲浒苔(37.24%)。竹竿上绿潮藻平均生物量为0.180 9 kg/亩,种类组成为浒苔(24.36%)和缘管浒苔(75.64%),网帘因已经被回收到岸上,因此无法计算生物量。

8. 南黄海绿潮源头排查与生物量分析

如图7.37显示,通过对4月南黄海海域岸基各生境下绿潮藻生物量进行统计分析,结果显示南黄

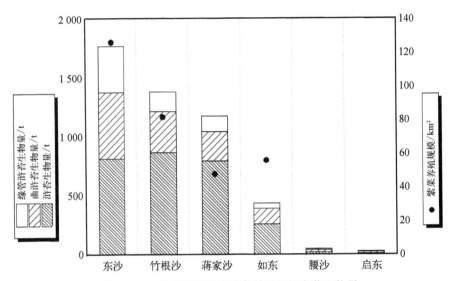

图7.37　2013年辐射沙洲紫菜养殖区绿潮藻生物量

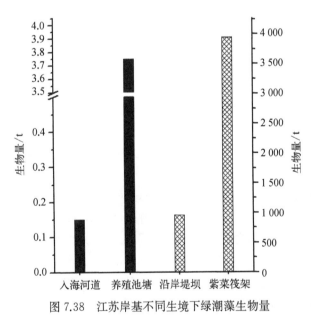

图7.38　江苏岸基不同生境下绿潮藻生物量

海紫菜筏区固着绿潮藻生物量约为4 830 t,东沙、竹根沙、蒋家沙这三沙区域紫菜养殖面积最大,附生绿藻的生物量也最大,尤其是东沙区域,绿潮藻生物量高达1 750 t;竹根沙绿藻生物量为1 360 t,蒋家沙生物量为1 210 t,如东生物量为470 t,其中腰沙和启东绿潮藻生物量均少于50 t,可忽略不计。此外,紫菜养殖区绿潮藻优势种均为浒苔,其次为曲浒苔,缘管浒苔最少。分子鉴定结果显示,紫菜筏区浒苔ITS和5S rDNA序列与漂浮浒苔序列一致。

通过对比4种生境条件下绿潮藻生物量,我们发现紫菜筏区绿潮藻生物量最高,高达4 670 t,其中优势种浒苔生物量达到2 650 t;其次为沿岸堤坝,生物量为930 t,其中优势种浒苔生物量达到450 t;养殖池塘和入海河道内绿潮藻生物量显著小于紫菜筏区和沿岸堤坝上绿潮藻生物量,均小于4 t(图7.38)。

第三节　南黄海紫菜养殖与漂浮绿潮藻源头关系

关于黄海绿潮源头的探讨富有争议性。2010年,Pang等(2010)首次提出江苏近岸养殖池塘中的

绿潮藻可能是黄海绿潮的来源，Pang 的研究主要依据 ITS 和 *rbcL* 分子标记，根据养殖池塘的绿潮藻序列与漂浮浒苔序列一致的情况下断定其为绿潮源头，然而，其他更加精确的分子标记显示序列的不一致（Liu et al.，2011）。Zhang 等（2010，2011）认为沉降绿潮藻为次年绿潮的再暴发提供藻种来源，该结论从另一个侧面提及沉降绿潮藻可作为绿潮发生的补充，但文章仍未涉及最初绿潮溯源。Liu 等（2009，2010）和 Keesing 等（2011）根据卫星遥感数据和生物量调查综合认为江苏苏北辐射沙洲紫菜养殖筏架上固着的绿潮藻为黄海绿潮的源头，但在筏架上一直未发现与 2008 年漂浮浒苔序列一致的藻体。

自 2007 年黄海首次发生绿潮以来，黄海已经连续 12 年暴发大规模绿潮。绿潮的发生逐渐成为这一海域的常态性灾害，绿潮对沿岸海洋生态环境和生态服务功能产生影响，造成巨大经济损失。目前，对于有效控制和进一步治理绿潮的呼声逐年增高，然而绿潮源头一直是解决绿潮问题的关键环节。2009～2012 年，已经初步进行了黄海岸基绿潮藻调查工作，2013 年，从岸基固着、海区漂浮、海区沉降等多方面立体式的对黄海海域绿潮藻进行了更加精细化的调查，同时对不同绿潮藻藻场生物量进行了测定，以期评估不同绿潮藻地理区系对黄海绿潮的贡献作用。

通过对岸基绿潮藻种类和生物量进行调查，我们发现黄海绿潮暴发应该具有多源头策略，岸基的巨大生物量和浒苔种类的广泛分布为绿潮发生提供种源，此外江苏沿岸高度的富营养化程度为其快速生长提供了物质基础，适宜的表面海水温度和光照强度决定了其长期处于高速生长阶段，在受到恰当的海水表面流场和风场的影响，持续向北漂移，同时源头海区又不断向黄海其他海区投送大量绿潮藻，因此黄海绿潮可持续长达 3～4 个月。

虽然绿潮具有多源头特性，但是绿潮的主要源头才对绿潮形成起决定性作用。通过调查发现，入海河道的闸口一般在船舶通行或汛期时才开闸放水；养殖池塘中的海水在进水期要经过 1 个月的晒塘，3 次消毒，即使养殖池塘内存在绿潮藻及其显微繁殖体，经过消毒后绿潮藻均消亡；堤坝上的绿潮藻虽然生物量巨大，但是调查结果显示 3～5 月堤坝上的绿潮藻生物量并未发生显著变化，只是略有降低；此外，沿岸入海河道、养殖池塘和沿岸堤坝上绿潮藻生物量较少。因此，江苏沿岸的入海河道、养殖池塘和岸滩堤坝上的绿潮藻并不是黄海绿潮的主要源头。同时，在对紫菜筏区调查过程中，2013 年我们首次将紫菜养殖区划分为 6 个养殖区块，并通过卫星遥感对每个养殖区域进行养殖面积解译，结果表明，2013 年辐射沙洲紫菜养殖面积约为 435 km²，浒苔生物量巨大，高达 2 784 t，并且其在每个养殖区均有大量分布，分子鉴定显示，其 ITS 序列和 5S rDNA 序列与漂浮浒苔序列一致，相较于 2009～2012 年，与漂浮浒苔序列一致的绿潮藻生物量和组成比例均有极大升高，这些结果均表明，紫菜养殖区固着绿潮藻在黄海绿潮发生过程中起到了重要作用。

一、紫菜采收与漂浮绿潮藻源头关系

4 月上旬（10 日左右）开始紫菜的最后一次收割，5 月初基本完成紫菜的最后一次收割。收割紫菜的同时，先回收紫菜养殖网帘，再回收紫菜养殖筏架和缆绳。筏架上绿潮藻不作处理，回收到拖船或交通船上运输上岸；一些损坏的筏架，扔在了海上。缆绳上的绿潮藻用拖拉机拖刮掉后，工人把缆绳打包缠绕成团，通过拖拉机运输到交通船上，然后运输上岸。6 月初基本收完筏架及缆绳。

1. 紫菜养殖筏架毛竹上固着绿潮藻处理方式

通过现场调查，我们发现紫菜养殖区竹筏上固着有大量绿潮藻，但固着有绿潮藻的竹筏直接被渔民带到拖船上，最后堆积在岸边，因此竹筏上的绿潮藻并不能脱落下来进入海区（图 7.39）。而且，竹筏上的绿潮藻生物量较少，仅有 156 t。这两个原因显示竹筏上的绿潮藻并不是黄海绿潮的源头。

图 7.39　紫菜养殖区毛竹上固着绿潮藻处理方式

A. 渔民将海区中的紫菜养殖筏架采收至渔船上；B. 回收的紫菜养殖筏架堆集在岸上

2. 紫菜养殖筏架网帘固着绿潮藻清除方式

紫菜中夹杂绿潮藻会严重影响紫菜产品的品质，因此如果网帘上附着绿潮藻，渔民在采收紫菜时，会特意举起有绿潮藻的网帘，让收割机跳过绿潮藻区域，防止绿潮藻混进紫菜中，而固着绿潮藻的网帘则直接被托运到岸上堆积，因此网帘上的绿藻也是不会进入海区的(图 7.40)。

但在机器采收紫菜时，或多或少会把网帘上部分紫菜和固着绿潮藻散落进入海区。海区温度在 10℃以下，固着绿潮藻很少形成气囊，即使散落进入海区也不能漂浮海面，多为沉入海底。因此，开始采收紫菜后，底拖网很容易捞到沉底紫菜和绿潮藻；而当海区温度上升到 10℃以上，固着绿潮藻部分藻体已形成较大气囊，当散落进入海区时，这可形成零星漂浮现象，因此在 3~4 月，海区很容易发生零星漂浮现象。3 月和 4 月温度上升很快，网帘上很容易固着绿潮藻，且生长很快，生物量也较大。辐射沙洲共有 20 多万亩紫菜养殖筏架，其网帘固着绿潮藻生物量可以达到 1 673 t，即使网帘上有 1% 的绿潮藻散落进入海区，则共计有 17 t 绿潮藻落入海区。因此，网帘上散落的绿潮藻也是绿潮暴发的一个重要源头。

图 7.40　紫菜养殖区网帘上绿潮藻处理方式

A. 渔民采收紫菜的场景；B. 将固着有浒苔的紫菜网帘堆集在岸上

3. 紫菜养殖筏架缆绳固着绿潮藻清除方式

调查结果显示，缆绳上附着绿潮藻生物量较大时，渔民一般采用拖拉机 U 形环拖曳方式将缆绳上绿潮藻清除下来；当缆绳上绿潮藻生物量较小时，渔民会采用细绳对缆绳上的绿潮藻采用撸刮方式清理下来(图 7.41)。缆绳上一部分绿潮藻具有气囊结构，脱落下来后能够直接漂浮在海水表面。统计结果显示，缆绳上的绿潮藻高达 3 000 t，脱落下来后，具有气囊结构的绿潮藻会漂浮起来形成绿潮，因此缆绳上的绿潮藻是黄海绿潮最主要的源头。

图 7.41　紫菜养殖区缆绳上绿潮藻清除方式

A. 渔民通过机械拖曳方式清理缆绳上的浒苔；B. 渔民通过人工方式清理缆绳上的浒苔

二、紫菜养殖区面积遥感监测

江苏紫菜养殖面积大,现场监测难以获得紫菜养殖区总的分布面积,而社会调查渔民统计养殖区面积难度大,且易重复统计计算。因而,可用利用卫星遥感大范围、宏观监测的优势,对紫菜筏架面积和分布等进行遥感解译。

1. 资料收集

收集了雷达 ERS-2 和可见光 HJ-1A/1B 等卫星遥感资料,用来解译江苏紫菜养殖区位置和分布情况。

ERS-2 卫星是欧洲空间局于 1995 年发射的第二颗资源遥感卫星,携带多种有效载荷,包括侧视合成孔径雷达(SAR)和风向散射计等装置。由于 ERS-2 采用了先进的微波遥感技术来获取全天候与全天时的图像,比起传统的光学遥感图像有着独特的优点。该卫星参数：椭圆形太阳同步轨道,轨道高度为 780 km,半长轴为 7 153.135 km,轨道倾角为 98.52°,飞行周期为 100.465 min,每天运行轨道数为 14−1/3,降交点的当地太阳时为 10∶30,空间分辨率为方位方向＜30 m,距离方向＜26.3 m,幅宽为 100 km。2011 年 ERS-2 退役。

共收集雷达 ERS-2 PRI 产品卫星影像 13 景,成像时段为 2006 年 1 月至 2009 年 3 月,成像时间分别为 2006 年 1 月 22 日、2006 年 2 月 26 日、2006 年 4 月 2 日、2006 年 4 月 17 日、2007 年 1 月 7 日、2007 年 2 月 11 日、2007 年 4 月 22 日、2007 年 9 月 9 日、2007 年 10 月 14 日、2007 年 12 月 23 日、2008 年 12 月 7 日、2009 年 2 月 15 日、2009 年 3 月 22 日;影像覆盖区域为辐射沙洲区。

共收集了可见光 HJ-1A/1B、TM、ETM、中巴和 IRS 等卫星影像资料 38 景,这些卫星影像成像时天气晴好,影像清晰度较高,成像时段为 2000 年 3 月至 2013 年 1 月,影像覆盖区域包括整个江苏沿海海域。

2. 紫菜养殖区卫星遥感解译结果

从卫星遥感解译面积结果来看,江苏全省紫菜养殖区面积从 2008 年 9 月至 2013 年 4 月在一定范围内波动;最低紫菜养殖面积出现在 2011 年 9 月至 2012 年 4 月,为 400 km²,最高紫菜养殖面积出现在 2012 年 9 月至 2013 年 4 月,为 558 km²。从卫星遥感解译出的紫菜养殖区空间分布来看,目前江苏全省紫菜主要分布在盐城市、南通市和连云港市;面积上比较,盐城市＞南通市＞连云港市;盐城市、南通市海域和连云港赣榆海域的紫菜养殖区基本在 0 m 等深线内,而江苏连云港连岛的东西两侧紫菜养殖区基本分布在 0～10 m。结合社会调查,近几年江苏海域养殖区面积基本稳定,因为一是海洋管理部门加强了海域使用的管理,海域使用必须办理海域使用权证,二是半浮动筏式紫菜养殖一般在0 m等深线以上潮间带滩涂才能养殖,向东侧海域滩涂水深不能满足半筏式紫菜养殖条件,限制了紫菜养殖范围的扩大。

遥感解译结果显示,盐城市辐射沙洲(东沙、竹根沙和蒋家沙)是江苏省紫菜养殖区面积增加最多的海域,养殖面积从2001年9月开始呈逐年上升趋势,至2008年9月至2009年4月达到最大值,养殖区面积为288 km²,约占整个当年江苏全省面积的53.6%,2009年9月以来,紫菜养殖规模基本稳定,养殖面积总体有一定的减少。从盐城市辐射沙洲海域养殖紫菜的空间分布来看,东沙海域的紫菜养殖规模和范围从1999年9月至2008年9月逐年增加,从3 km²增加到153 km²,是江苏紫菜养殖增加最快的区域,增加的方式主要是扩大养殖范围和加大养殖密度,2009年9月以来,紫菜养殖规模基本稳定,养殖面积有一定的减少;竹根沙海域1999年9月至2011年4月,养殖规模逐年增加,养殖密度加大,2011年4月以来,紫菜养殖规模基本稳定;蒋家沙海域1999年9月至2005年4月,养殖范围向东逐年增加,养殖密度加大,2005年9月以来,养殖区面积基本稳定(图7.42、图7.43)。

扫一扫 见彩图

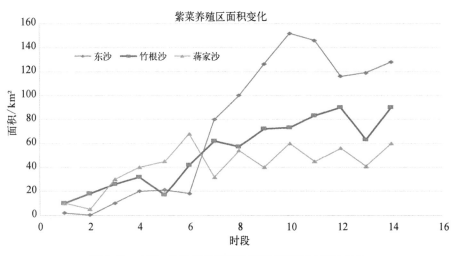

图7.42 东沙、竹根沙和蒋家沙紫菜养殖区面积的变化

黄海绿潮每年周期性暴发,其从南黄海海域逐渐形成,并向北漂移。在漂移过程中,绿潮藻在适宜的水文气象条件下迅速扩增,形成灾害。因此,南黄海海域最初漂浮绿潮藻生物量成为每年黄海绿潮暴发规模的重要生物基础。通过调查,我们发现南黄海海域紫菜养殖区固着浒苔生物量高达3 000 t,但这些绿潮藻并不能全部进入海区漂浮起来。虽然紫菜养殖网帘和竹筏上的绿潮藻基本不被清理,但我们调查结果发现,在绿潮形成早期,部分漂浮绿潮藻和紫菜缠绕在一起漂浮在海面上(图7.44),说明仍有极少量的绿潮藻在进行紫菜收割时(4月初)脱落下来进入海区,当海水温度适宜时,这些少量的绿潮藻才可以漂浮起来呈现零星漂浮状,根据监测结果显示,一般当海水表面温度达到10℃时绿潮藻才可漂浮。

随着紫菜收割工作结束,渔民开始集中回收紫菜养殖设施,而紫菜养殖筏架和养殖网帘直接被托运带回岸上堆积起来。而缆绳上的绿潮藻经拖曳方式脱落进入海区后可大量漂浮起来。但缆绳上的绿藻也并不能全部漂浮起来进入海区,一部分具有气囊结构的浒苔才最终可能漂浮起来,成为黄海绿潮的起始生物量,也为后续绿潮暴发提供重要生物质基础。

3. 三沙区域紫菜养殖对绿潮发生贡献力分析

在19世纪90年代,渔民主要在近岸,尤其是如东近岸进行紫菜养殖,随着养殖工具的改进和船舶的改造,渔民能够达到远距离的辐射沙洲,辐射沙洲远离近岸,不仅养殖面积巨大,而且水质较好,能够提高紫菜养殖产量和降低养殖风险。因此紫菜养殖面积从2000年的仅有159 km²迅速上升到2008年的437 km²。期间,近岸紫菜养殖面积变化不大,而辐射沙洲几乎全部用于紫菜养殖,因此,南黄海海域

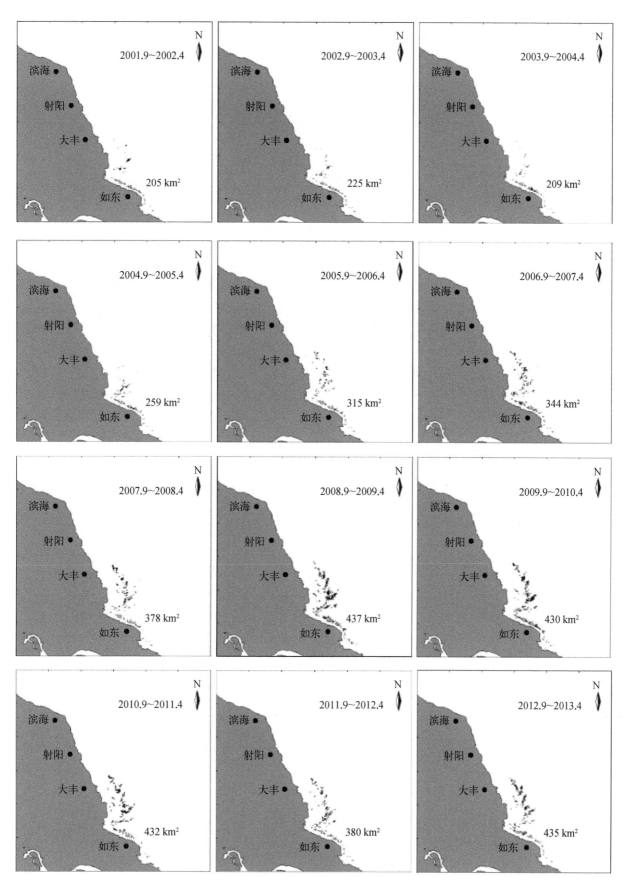

图 7.43　辐射沙洲区域紫菜养殖面积变化图

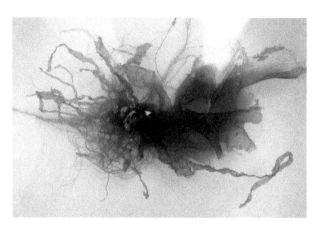

图 7.44　绿潮藻与紫菜缠绕在一起漂浮在海面上

紫菜养殖区面积扩大主要是由辐射沙洲区域紫菜养殖面积的增长引起的。

　　辐射沙洲共有"三沙"组成：东沙、蒋家沙和竹根沙。三沙区域对黄海绿潮贡献力较大。通过调查发现,仅三沙区域浒苔生物量就高达 2 784 t。这些附着的绿潮藻具有气囊结构,通过机械方式清理下来后,部分绿潮藻可漂浮在海水表面,初步形成绿潮。此外,辐射沙洲处于南黄海海域中心地带,由于其面积巨大,所以能够一定程度上阻碍水流的通过,然而随着三沙区域开展紫菜养殖,养殖设施上的固着绿潮藻脱落后可直接进入海区,不再受沙洲的地理阻隔,导致绿潮藻更容易向北漂移。此外,每年养殖设施回收时间与绿潮漂浮时间基本一致,均发生在 4~5 月。因此,正是辐射沙洲区域紫菜养殖面在 2007 年左右迅速增长,导致固着在养殖设施上的绿潮藻脱落后不受地理阻隔的隔离作用,使其更容易进入黄海外海,漂移至青岛。

第八章　黄海近海绿潮藻繁殖体
分布特征研究

　　绿潮藻显微繁殖体(microscope propagules)是指环境中引发绿潮的绿潮藻类的配子、孢子、合子及其不同发育阶段形成的显微阶段个体。研究表明,自 2008 年以来,黄海浒苔类绿潮暴发前的南黄海海域及暴发期间的绿潮漂浮海域的水体及底泥中,存在着较高丰度的浒苔类绿潮藻的显微繁殖体,且浒苔类绿潮藻显微繁殖体具有较强的越冬和度夏能力,这与黄海绿潮年年暴发现象具有密切关系,越冬和度夏留下来的繁殖体可能就是次年绿潮暴发的种源。同时,暴发期间绿潮漂浮藻体可以大量释放孢子/配子,它们通过附着、萌发和快速生长对绿潮生物量的积累起到了重要的作用。因此,研究绿潮藻显微繁殖体生物量的时空分布格局,一方面可以作为一个生物学预报指标预警预测绿潮暴发的规模和范围,另一方面也可以追溯绿潮的源头,即查明绿潮暴发源头构成种的繁殖体库或种子库位点,为揭示和阐明黄海绿潮暴发机制奠定基础。

第一节　绿潮藻显微繁殖体与繁殖能力

一、绿潮藻显微繁殖体

　　引发黄海绿潮的浒苔类绿潮藻繁殖能力很强,它们能以有性生殖、无性生殖和营养生殖等 7 种方式进行繁殖(王晓坤等,2007;钱树本等,2005)。据报道,在黄海绿潮大规模暴发期间,漂浮浒苔类绿潮藻主要以无性生殖和单性生殖来完成生活史,因此水体中的显微繁殖体主要以配子和中性游孢子的形态存在(Liu et al.,2014)。张华伟等(2001)研究发现绿潮漂浮浒苔(U. prolifera)每平方厘米藻体能够产生大约 $5.35×10^6$ 个游孢子或 $1.07×10^7$ 个配子。通过进一步研究发现,一株成熟藻体 25% 左右的部分能够放散生殖细胞,产生约 $1.15×10^7$ 个游孢子或 $2.31×10^7$ 个配子(陈群芳等,2011)。因此,浒苔类绿潮藻强大繁殖能力是引起黄海绿潮暴发的主要原因之一(Zhang et al.,2013)。

　　浒苔类绿潮藻的显微繁殖体“种子库”(microscope propagule seed bank)主要包括绿潮藻的配子、孢子、合子和其不同发育阶段形成的显微阶段个体(图 8.1)(邹定辉等,2004)。绿潮藻显微繁殖体可以附着在海水中的沙粒上,因此随着海流的流动可以使其分布范围更加广泛(Richard et al.,2001)。江苏省近岸海域具有延展数百公里的辐射沙洲,海水浑浊,穿透光强很弱。实验观察研究发现,浒苔配子/孢子可以附着在细沙颗粒上萌发小苗。可见,江苏省辐射沙洲浑浊的海水中大量的泥沙颗粒可能成为浒苔显微繁殖体的附着基,形成一个数量庞大的石莼属海藻显微繁殖体库。在外界条件合适时,浒苔类绿潮藻微观繁殖体会通过在紫菜筏架设施等不同基质表面的固着而形成可见绿潮藻,并可对绿潮藻的生物量产生极大的影响(Lotze et al.,2001)。Worm 等(2001)发现,在波罗的海沿岸,水体中绿藻显微繁殖体的数量可极大地影响潮间带上定生绿藻的生物量。绿藻显微繁殖体的另一个主要的功能是保证绿藻在不利环境条件下的存活(Santelices et al.,1995)。Lotze 等(1999)发现,冬季由于温度过低,在潮间带地区定生绿藻的生物量很低,然而在水体或沉积物中绿藻显微繁殖体的数量却较高,这些微观繁殖体可作为石莼属绿藻在不利环境下的“种子库”并在外界环境适宜时萌发形成新的藻体。

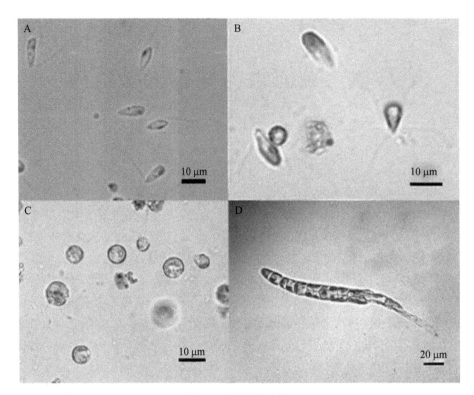

图 8.1　浒苔繁殖体

A. 二鞭毛配子；B. 四鞭毛孢子；C. 受精的合子；D. 萌发的幼苗

二、绿潮藻显微繁殖体定量测定方法

刘峰等(2010)报道了一种定量海水中石莼属海藻显微繁殖体的方法。这一方法通过提供适宜的环境条件最大限度地定量海水中石莼属海藻显微繁殖体数。这个方法的主要优点是通过提供最优的生长条件使石莼属海藻生长同步化,不同发育阶段和不同种类的显微石莼属海藻繁殖体在培养 4 周左右都可以发育并长成为肉眼可见的幼苗。在 2009 年黄海绿潮的初期、暴发期和后期,刘峰等(2010)运用这一技术方法对黄海不同时间和不同站位海水中石莼属海藻显微阶段繁殖体进行了定量。这种通过控制培养条件定量海水和泥中的石莼属海藻的技术方法可以较为准确地评估自然环境条件下肉眼看不见的浒苔显微阶段生物量变化,获得不同物种的活体培养物供准确生物学鉴定,同时也可以应用模型的方法及时预测海水中潜在绿潮海藻的生物量,以预测绿潮暴发的规模,因而在黄海绿潮暴发研究中有重要的应用前景。目前,已经把该方法与黄海绿潮藻种类分子鉴定技术相结合,并建立了绿潮藻显微繁殖体定性定量检测方法(Huo et al.,2014),并已被国家海洋局广泛应用于我国黄海绿潮业务化监测中(图 8.2)。

1. 水体中石莼属海藻显微繁殖体定性定量测定方法

根据调查站位的水深情况,对不同水层(表层、5 m、10 m、15 m、底层)分别取样和定量分析。具体方法:每个航次中每个站位取水样 2 L,通过 100 目的筛绢网过滤后,分装于 2 个 1 L 的培养容器中。每升海水中加入 500 μL 饱和二氧化锗(GeO₂)水溶液,加入 VSE 营养液各 1 mL,然后转到温度为 18℃、光强为 50~80 μmol/(m²·s)、光周期为 12 h(白天)∶12 h(黑夜)条件下培养。培养 5 d 后更换新鲜的消毒海水配制的 VSE 加富的培养液,以后每 5 d 更换一次培养液。培养 20 d 左右,可以见到在烧杯壁和烧杯底部由石莼属海藻显微繁殖体长成的幼苗,包括不同石莼属物种的孢子、配子、合子及其不同发育阶段的显微个体形成的幼苗,此时可以统计石莼属海藻的总数。

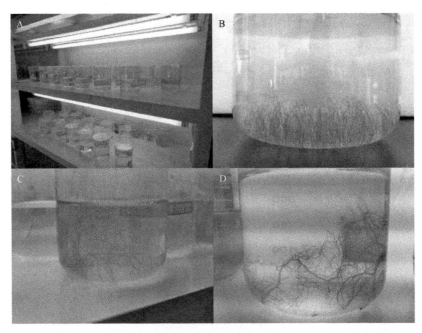

图 8.2　显微繁殖体培养得到的绿潮藻

A. 显微繁殖体培养方式；B. 大量浒苔显微繁殖体萌发附着生长在烧杯底部；C,D. 浒苔显微繁殖体成体

2. 泥样中绿潮藻显微繁殖体定性定量测定方法

每个站位的泥样用采泥器获取，称取来自每个站位的底泥样品湿重 20 g，先于解剖镜（25 倍）下观察并去除藻体片段，然后放于 2 L 的烧杯中，加入消毒海水 2 L，用玻璃棒充分搅拌后，静置 30 min。然后将烧杯上部较澄清的泥浆转入一个新的 2 L 烧杯，丢弃沉入底部的较大颗粒和沙砾，补齐 2 L。再次充分搅拌后，将 100 mL 的浑浊液从 2 L 的烧杯中移入 500 mL 的烧杯中，用于定量泥样中起始石莼属海藻繁殖体个数（显微阶段），然后加入 400 mL 消毒海水，加入 VSE 营养盐各 0.5 ml。然后将烧杯放置于 18℃、光照强度为 50~80 μmol/(m² · s)的培养箱中，光周期为 12 h 光照：12 h 黑暗。泥样中的繁殖体数通过在添加营养盐的消毒海水中培养确定。2~3 周后，每个站位随机选取 10 株石莼属海藻样品，分别培养在单独的烧杯中，用于进行形态学观察和分子生物学分析（图 8.2）。

第二节　绿潮藻显微繁殖体种类与数量时空分布特征

黄海绿潮的溯源问题一直是受争议的焦点问题。目前关于黄海绿潮的起源有多种不同的观点，包括：漂浮绿潮藻来源于江苏沿海紫菜养殖筏架区域（Liu et al.，2009；Huo et al.，2013）；漂浮绿潮体来源于水体中的显微繁殖体，并且江苏近岸海水养殖池塘是这些显微繁殖体的主要来源（Pang et al.，2010）；长江口海域可能是绿潮的发生地（徐兆礼等，2009）；沉降绿潮藻也是来年绿潮暴发的一个重要源头（Zhang et al.，2011）。但刘晨临等（2011）利用 ISSR 分子标记，对来自青岛、大丰和温州等地对虾养殖池塘的浒苔样品和 2008 年我国黄海绿潮漂浮优势种浒苔样品进行亲缘关系分析，结果发现不同地理来源的浒苔亲缘关系很近，属于同一种类，而养殖池塘生长的浒苔与绿潮优势浒苔遗传距离较远，属于不同种类，认为对虾养殖池塘内的浒苔并非绿潮浒苔的最初来源。因此，为了查明黄海绿潮源头，上海海洋大学联合国家海洋局东海分局、北海分局一起对苏北浅滩海域进行联合排查，重点调查了苏北浅滩沿岸池塘、入海河道、堤坝、紫菜养殖海区等显微繁殖体时空分布特征。

绿潮藻类的生殖细胞可以随水流而传播，由于绿潮藻显微繁殖体的运动能力很弱，其传播距离会受到一定限制,导致显微繁殖体集中分布在绿潮藻较多的海域(Richard et al.,2001)。本节主要介绍在南黄海外海、长江口海域、紫菜养殖筏区、江苏沿岸入海河流及养殖池塘等典型区域监测显微繁殖体种类组成与时空分布特征,为黄海绿潮溯源研究和暴发机制解译提供基础数据。

一、江苏沿海岸堤养殖池塘和入海河流显微繁殖体研究

2012年12月至2013年4月,在江苏启东、海门、如东、大丰和射阳附近海域选择径流量较大、常年与海洋有水体交换的入海河流10条及其周围陆上养殖池塘进行显微繁殖体的调查,如图8.3所示。

1. 江苏沿海岸堤养殖池塘和入海河流显微繁殖体时空分布

对陆上海水养殖池塘的调查发现,有绿潮藻显微繁殖体分布的养殖池塘较少。仅在王港南和蒿枝港闸南侧养殖池塘水体中发现显微繁殖体存在。其中蒿枝港闸南侧养殖池塘水体在5次调查中有3次被检出有绿潮藻繁殖体存在,且在2月水体中绿潮藻繁殖体密度最大,密度达到351 ind/L(表8.1)。但在3~4月的调查中,蒿枝港闸南侧养殖池塘水体中绿潮藻繁殖体密度明显减少,在4月的调查中密度为136 ind/L。王港南侧养殖池塘仅3月检测到显微繁殖体存在,且数量较少,其他养殖池塘的水体中均未发现显微繁殖体(图8.3)。

表 8.1　陆上池塘显微繁殖体密度　　　　　　　　　　(单位：ind/L)

区　域	12月	1月	2月	3月	4月
蒿枝港闸南侧	—	—	351	58	136
王港南	—	—	—	14	—
其他养殖池塘	—	—	—	—	—

"—"表示未发现显微繁殖体

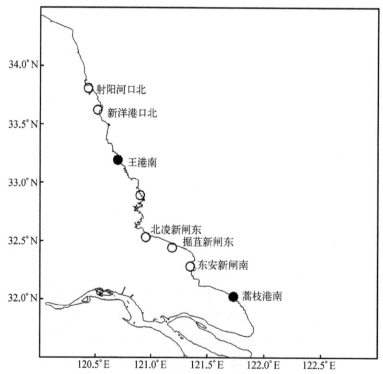

图 8.3　江苏沿海养殖池塘水体绿潮藻显微繁殖体调查结果

○表示各月均未检测到显微繁殖体的站位；●表示检测到显微繁殖体的站位

对江苏沿海入海河流显微繁殖体分布调查发现仅在2013年3月吕四船闸和2013年4月东灶港闸和蒿枝港闸水体中发现绿潮藻显微繁殖体,其余河流均未发现(图8.4)。吕四港闸3月和东安新闸4月水样中显微繁殖体密度分别为2 ind/L和6 ind/L(表8.2)。

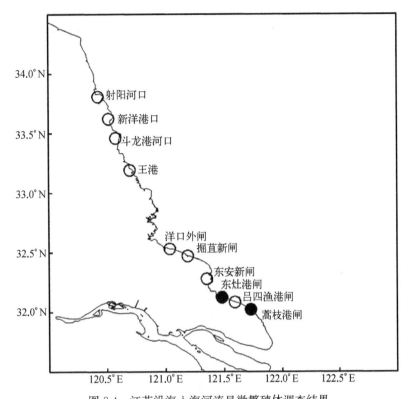

图8.4　江苏沿海入海河流显微繁殖体调查结果

○表示各月均未检测到显微繁殖体的站位;●表示检测到显微繁殖体的站位

表8.2　入海河流中繁殖体密度分布特征　　　　　　　　　　　　　(单位:ind/L)

名　　称	站位	12月	1月	2月	3月	4月
吕四船闸	HL02	—	—	—	2	—
东安新闸	HL04	—	—	—	—	6
其他河流		—	—	—	—	—

"—"表示未发现显微繁殖体

2. 江苏沿海入海河流和养殖池塘显微繁殖体种类组成

根据ITS全长序列构建系统发育树,聚类结果表明入海河流和养殖池塘发现显微繁殖体主要聚为2个类群:*Ulva linza-procera-prolifera*(LPP)复合体类群(14个样品)和曲浒苔(*U. flexuosa*)类群(9个样品)(图8.5)。属于*U. flexuosa*类群的样品与GenBank中的EU933988序列一致。

进一步应用5S rDNA序列对LPP类群的样品进行分析。聚类结果表明发现14个样品分为2种,一种为浒苔(*U. prolifera*)(11个样品),另一种为缘管浒苔(*U. linza*)(3个样品)。检测到的序列一致,与GenBank中的AB298685序列相同。而*U. prolifera*又分为两个亚种,其中4个样品序列一致并与HM031152相同,7个样品序列一致并与HM584786相同(图8.6)。分子系统学分析表明,入海河流和养殖池塘发现的显微繁殖体由曲浒苔、缘管浒苔和浒苔3种构成。

入海河流水体中的显微繁殖体在吕四船闸仅在3月发现,为浒苔,东安新闸则仅在4月检测到曲浒苔和浒苔。养殖池塘水体中培养得到显微繁殖体的站位也较少,蒿枝港闸南侧池塘在2~4月均检测到

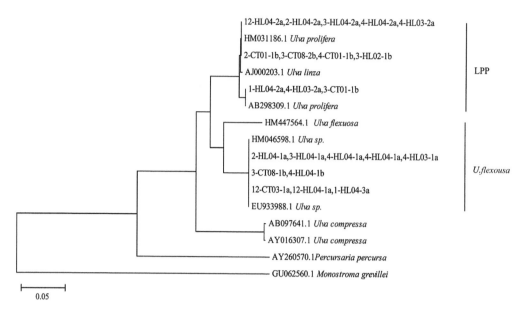

图 8.5　基于 ITS 序列利用 NJ 法构建的系统发育树

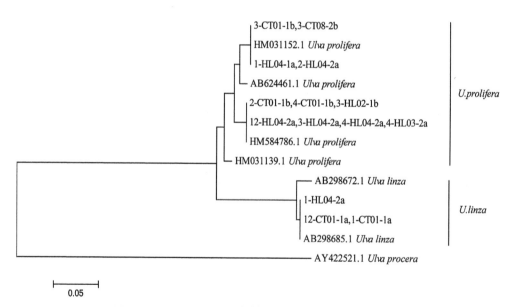

图 8.6　基于 5S rDNA 序列利用 NJ 法构建的系统发育树

绿潮藻显微繁殖体,鉴定发现均为浒苔。王港南侧的池塘仅在 3 月培养出显微繁殖体,经鉴定为曲浒苔和浒苔(表 8.3 和表 8.4)。

表 8.3　入海河流中繁殖体种类组成

名　称	时　间	种 类 组 成
吕四船闸	3 月	*U. prolifera*
东安新闸	4 月	*U. flexuosa*
		U. prolifera
其他河流		—

"—"表示未发现显微繁殖体

表 8.4 陆上养殖池塘繁殖体种类组成

调查区域	种 类				
	12 月	1 月	2 月	3 月	4 月
蒿枝港闸南侧	—	—	*U. prolifera*	*U. prolifera*	*U. prolifera*
王港南侧	—	—	—	*U. prolifera* *U. flexuosa*	—
其他养殖池塘	—	—	—	—	—

"—"表示未发现显微繁殖体

2012 年 12 月至 2013 年 5 月调查期间发现,除了在东安新闸附近和东灶港闸内有发现绿潮藻外,其余河流均未发现有绿潮藻存在。绿潮藻在 2 月之前主要发现区域为蒿枝港闸南侧和东安新闸南侧附近养殖池塘中,基本为附着于池塘塘壁之上,之后随着养殖活动的结束,原先的绿潮藻随着翻塘、晒塘处理而死亡。3~5 月,发现有绿潮藻的区域主要分布在江苏南部蒿枝港和东安新闸南侧蓄水河道中。各入海河流水体中很少有绿潮藻显微繁殖体的存在,仅有两条河闸口附近发现有绿潮藻繁殖体存在,但显微繁殖体密度也很低。

入海河流等生态环境与海区的主要区别在于盐度。浒苔释放配子/孢子需要较高的盐度。现场绿潮藻及环境条件调查结果表明,所有调查的河流中除了东安新闸、东灶港以及吕四船闸外,其余河流闸口附近水体盐度基本小于 5。其中,东安新闸盐度变化范围为 5.61~17.76,受海水影响非常明显;东灶港盐度变化范围为 3.59~10.89。在这种环境中浒苔释放的配子/孢子量较小,这与入海河流水体中显微繁殖体较低的现象相符。

虽然发现少数养殖池塘存在绿潮藻显微繁殖体,但是数量较低。这可能与养殖池塘人为干预绿潮藻的生长有关。江苏沿海海水养殖品种主要包括小白虾、凡纳滨对虾、梭子蟹等,根据现场走访养殖户获得的信息,3~4 月为池塘进水消毒期,5~12 月为养殖期,期间一般只往养殖池塘中加水,不往外排水,养殖活动结束后(1~2 月),养殖池塘中的水通过蓄水河道排入海中。但此时海区环境因子并不利于绿潮藻孢子萌发和藻体快速生长。鉴于水体中显微繁殖体的密度较低,基本可以忽略养殖池塘对绿潮种源的贡献。

二、南黄海外海及长江口海域绿潮藻显微繁殖体研究

李大秋等(2008)根据 MODIS 卫星图像,认为青岛近海海域大规模暴发的绿潮是由长江口以北的黄海中部漂移而来。随着长江流域雨季来临,长江径流强,在东南季风和台湾暖流的作用下,长江径流拐向东北方向,并将在长江口生长的浒苔个体向东北方的南黄海输送。徐兆礼等(2009)基于收集和验证的东黄海海洋物理、海洋生物和海洋化学资料,推断 2008 年黄海浒苔形成过程为:长江口水域营养盐丰富,温盐环境条件良好,成为大规模绿潮暴发的发源地;随着长江冲淡水不断飘向东北方向的黄海南部,由于那里水面开阔,冲淡水水流逐步变缓,导致浒苔个体初步集群,形成规模较小的群体。方松等(2012)于 2011 年 3~5 月对南黄海及长江口附近海域绿潮藻显微繁殖体分布进行调查发现,长江口以北靠近江苏近岸区域有显微繁殖体存在,数量为 1~10 株/dm³,北纬 31° 以南区域和河口内未发现有显微繁殖体分布,由此方松认为黄海浒苔等绿潮藻显微繁殖体不可能由长江水携带入海或来源于长江口南部海域。鉴于此,通过对黄海远海及长江口海域绿潮藻显微繁殖体分布的进一步研究,为确定黄海外海及长江口海域绿潮藻显微繁殖体的时空分布格局提供科学依据。

1. 南黄海外海及长江口海域绿潮藻显微繁殖体分布特征

2013 年对南黄海外部海域进行了 2 月、3 月和 5 月三个月的航次调查,发现外部海域显微繁殖体密

度较低。2月、3月和5月外部海域显微繁殖体密度分别为0~16 ind/L、0 ind/L和0~180 ind/L。3月,12个站位均未检测到绿潮藻显微繁殖体。从2月和5月显微繁殖体分布情况可以看出北部海域高于南部海域的特征。2月南部海域只有两个站位检测到绿潮藻显微繁殖体,密度分别为8 ind/L和4 ind/L,而北部海域有5个站位检测到绿潮藻显微繁殖体,密度范围为4~16 ind/L。5月南部海域密度为0~144 ind/L,而北部海域密度为0~180 ind/L。

长江口附近海域显微繁殖体稀少,DM01和DM02站位为长江口附近海域的站位,在3个月的调查中,仅2月在DM01检测到绿潮藻显微繁殖体的存在(图8.7)。

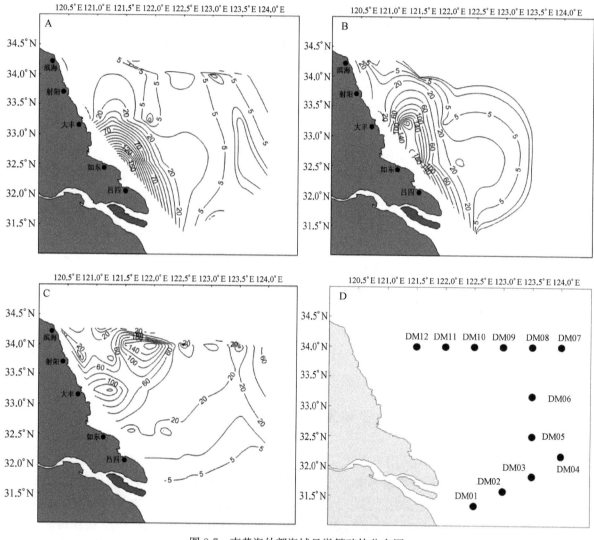

图8.7 南黄海外部海域显微繁殖体分布图

A~C分别代表2月、3月和5月的调查;D为站位分布图

2. 南黄海外海及长江口海域显微繁殖体种类组成研究

根据ITS全长序列构建系统发育树,聚类结果表明5月份,外部海域24个样品主要聚为2个类群,*Ulva linza-procera-prolifera*(LPP)复合体类群(11个样品)和曲浒苔(*U. flexuosa*)类群(13个样品)。属于*U. flexuosa*类群的样品与GenBank中的EU933988序列一致(图8.8)。

进一步用5S rDNA序列对LPP类群的样品进行分析。聚类结果表明11个样品序列完全一致均为*U. prolifera*,与GenBank中的HM031152的序列相同。由此可见,黄海外部海域显微繁殖体主要种类为*U. flexuosa*和*U. prolifera*(图8.9)。

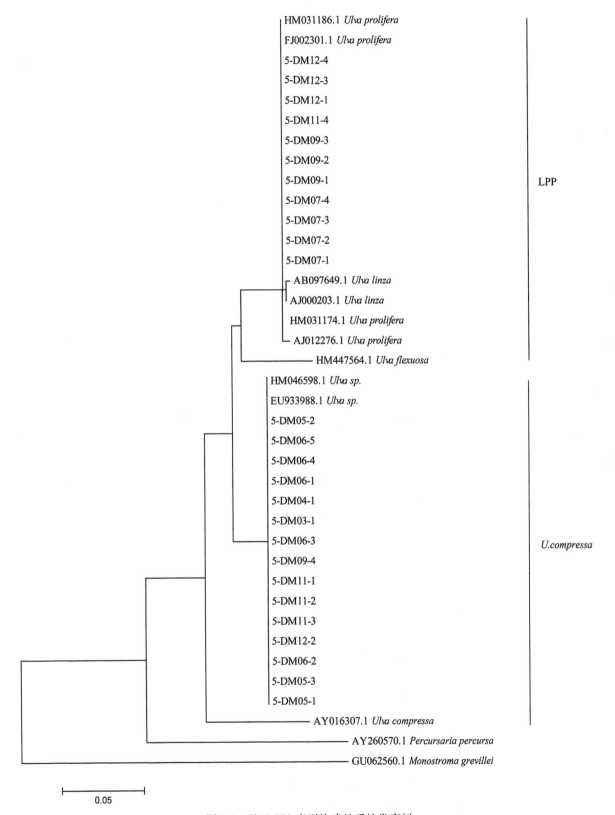

图 8.8　基于 ITS 序列构建的系统发育树

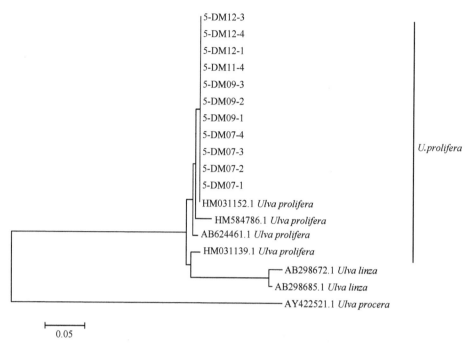

图 8.9　基于 5S rDNA 序列构建的系统发育树

5 月不同站位的显微繁殖体种类组成比较发现,*U. flexuosa* 分布广泛,仅 DM07 一个站位未检测到。而 *U. prolifera* 则主要分布在北部的断面,南部海域的 6 个站位均无 *U. prolifera* 显微繁殖体分布(表 8.5)。

表 8.5　5 月南黄海外部海域显微繁殖体种类组成

	DM03	DM04	DM05	DM06	DM07	DM09	DM11	DM12
种类	曲浒苔	曲浒苔	曲浒苔	曲浒苔	浒苔	曲浒苔 浒苔	曲浒苔 浒苔	曲浒苔 浒苔

徐兆礼等(2009)通过对东海和黄海的海洋环境资料分析,推测绿潮藻优势种的源头可能是外海及富营养化的河口流域。在 2013 年 2 月、3 月及早期绿潮已形成的 5 月,经过对长江口和黄海外部海域进行船舶调查,均未发现漂浮绿潮藻。对水样进行绿潮藻显微繁殖体的培养,发现长江口和黄海外部海域的显微繁殖体的密度均显著低于近岸海域,因此认为导致黄海绿潮暴发的绿潮藻源头来源于长江口和黄海外部海域的可能性较小。

三、南黄海近岸海域绿潮藻显微繁殖体研究

通过对绿潮暴发前期和后期黄海近岸海域显微繁殖体的研究发现,绿潮藻显微繁殖体广泛分布于南黄海近岸海域。绿潮暴发前期 4 月调查海区显微繁殖体密度最高,为绿潮的大规模暴发提供了种子库。绿潮暴发后期大丰和如东海域绿潮藻显微繁殖体数量显著增加,得到来自紫菜养殖筏架固着绿潮藻放散的配子和孢子补充,继而为绿潮藻显微繁殖体的越冬准备了物质条件。

1. 绿潮暴发前期南黄海近岸海域绿潮藻显微繁殖体研究

(1)绿潮暴发前期南黄海近岸海域显微繁殖体时空分布

2012 年 12 月至 2013 年 6 月南黄海近岸海域水体显微繁殖体分布调查发现,绿潮藻显微繁殖体广泛分布于南黄海近岸海域。从 2012 年 12 月至 2013 年 2 月的调查结果可知,冬季近岸海域仍有显微繁

殖体广泛分布,并且在如东和大丰海域的丰度要高于滨海海域。2012 年 12 月至 2013 年 2 月各断面显微繁殖体平均密度分别为如东（66 ind/L,45 ind/L,85 ind/L）、大丰（59 ind/L,63 ind/L,40 ind/L）、滨海（15 ind/L,21 ind/L,7 ind/L）。在绿潮暴发前,4 月绿潮藻显微繁殖体密度最高,密度中心在如东海域且离岸近的站位显微繁殖体密度相对较高,如 2013 年 4 月 RD1 表层水样密度最高,达到 884 ind/L。从 4 月下旬到 5 月,如东漂浮藻体开始减少,而该海域平均显微繁殖体密度也从 173 ind/L 迅速下降到 11 ind/L。5 月和 6 月,如东海区显微繁殖体密度持续下降,大丰及其北部海域成为显微繁殖体密度最高的区域。绿潮暴发过程中显微繁殖体密度中心随大面积漂浮藻体移动（图 8.10 和图 8.11）。

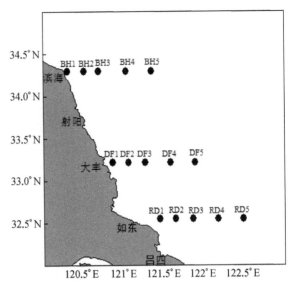

图 8.10　南黄海近岸海域绿潮藻显微繁殖体调查站位图

图中 BH 表示滨海；DF 表示大丰；RD 表示如东

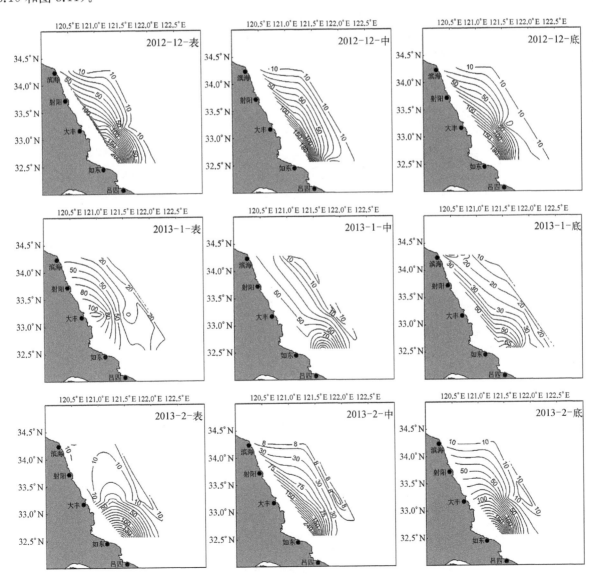

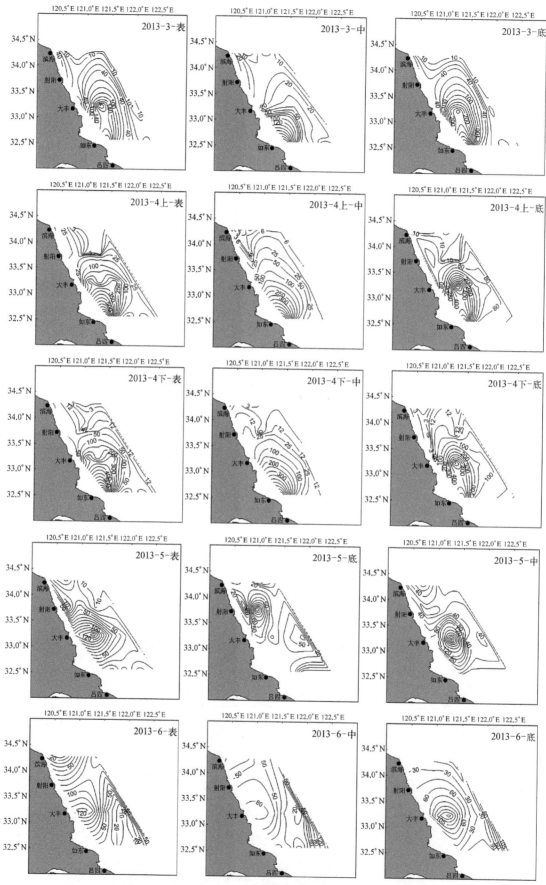

图 8.11 2012~2013 年南黄海近岸海域显微繁殖体分布图

（2）绿潮暴发前期南黄海近岸海域显微繁殖体种类组成

　　根据 ITS 全长序列构建系统发育树,聚类结果表明 89 个样品主要聚为 2 个类群: *Ulva linza-procera-prolifera*(LPP)复合体类群(60 个样品)和曲浒苔(*U. flexuosa*)类群(34 个样品)。属于 *U. flexuosa* 类群的样品分为 2 种类型,一种(24 个样品)与 GenBank 中的 EU933988 序列一致,另一种(10个样品)与 HM031176 序列一致(图 8.12)。进一步用 5S rDNA 序列对 LPP 类群的样品进行分析,聚类结果表明发现 60 个样品分为 2 种,一种为浒苔(*U. prolifera*)(57 个样品),另一种为缘管浒苔(*U. linza*)(3 个样品)。检测到的 *U. linza* 序列一致,与 GenBank 中的 AB298685 序列相同。根据 5S rDNA 序列分析发现南黄海分布的 *U. prolifera* 有 4 种类型,根据序列类型分别命名。第一个类群 *U. prolifera* A(28 个样品)与 GenBank 中 HM031152 的序列完全一致,第二类群 *U. prolifera* B(3 个样品)与 AB624461 的序列完全一致,第三类群 *U. prolifera* C(23 各样品)与 HM584786 的序列完全一致,第四类群 *U. prolifera* D(3 个样品)与 HM031139 的序列完全一致(图 8.13)。由此可见,南黄海绿潮藻显微繁殖体的种类组成主要为曲浒苔、浒苔和缘管浒苔。

　　通过 2012 年 12 月至 2013 年 6 月长达 7 个月的对南黄海近岸海域绿潮藻显微繁殖体种类组成的研究,发现曲浒苔和浒苔的显微繁殖体广泛分布于南黄海,各海区均检测到曲浒苔和浒苔。而缘管浒苔的数量较少,且主要分布在如东海区,只在 4 月检测到。4 种类型的浒苔,分布最广泛的是 *U. prolifera* A(序列同 HM031152)和 *U. prolifera* C(序列同 HM584786),在各海区均检测到 *U. prolifera* A。*U. prolifera* B(序列同 AB624461)和 *U. prolifera* D(序列同 HM031139)的显微繁殖体在南黄海海区的分布较少。*U. prolifera* B 仅 2013 年 1 月和 3 月在如东海区,2013 年 5 月在大丰海区被检测到。*U. prolifera* D 仅 2012 年 12 月在吕四海区、2013 年 1 月和 3 月在如东海区被检测到。

　　黄海绿潮早期的形成可能与如东和大丰海域存在的大量显微繁殖体有关。2013 年 4 月上旬和下旬对南黄海海域进行了 2 个航次的调查发现,4 月绿潮暴发早期如东和大丰近岸海域绿潮藻显微繁殖体的密度非常高。

　　4～8 月,黄海海面维持偏南风流场,在风应力作用下产生了西北向的表层海流,大量绿潮藻在海流作用下向黄海北部海域漂移(李德萍等,2009)。在绿潮藻漂移过程中,显微繁殖体高值区也随着大面积绿潮藻向北部海域转移。绿潮藻的生活史为同型世代交替(马家海等,2009),张华伟(2011)在对绿潮漂浮浒苔繁殖特性的研究中发现漂浮浒苔具有强大的繁殖能力。在 5～8 月,漂浮浒苔主要以单性生殖和无性生殖进行繁殖,放散出的大量配子附着后可直接发育为成体藻(刘峰等,2012)。甚至有的藻体在形成配子体后不经过放散,直接附着在母体上生长(王晓坤等,2007)。另外 Zhang 等(2013)在江苏如东海区进行围隔实验得到浒苔在海区平均生长率可达(23.2%～23.6%)/d。在环境最适宜的情况下,野外处于积累阶段浒苔的生长率最高能达到 56.2%/d。因此,较高的繁殖能力和生长能力使得黄海漂浮绿潮藻生物量得以快速积累。

　　南黄海海域绿潮藻显微繁殖体主要由曲浒苔、缘管浒苔和浒苔组成,与刘峰等(2010)报道的于 2009 年 11 月和 2010 年 12 月在江苏沿海底泥与 2011 年 1 月至 2012 年 4 月在江苏辐射沙洲海域水样和泥样中检测到的显微繁殖体种类组成一致。但是在南黄海水体的显微繁殖体中未检测到扁浒苔(*U. compressa*)。Liu 等(2010)在 2009 年 5 月及 6 月在黄海进行了两个航次的调查,水体中也未检测到扁浒苔。韩渭等(2013)在 2011 年 12 月至 2012 年 4 月对江苏沿岸紫菜养殖筏架固着绿潮藻的 ITS 和 5S rDNA 间隔序列的分析发现,仅 2011 年 12 月在如东海区检测到扁浒苔,其他地区和其他时间均未发现扁浒苔。因此,南黄海水体未检测到 *U. compressa* 可能与紫菜养殖区 *U. compressa* 所占生物量较少有关。

　　U. prolifera B 与 2008 年绿潮优势种浒苔的 5S rDNA 序列一致,但是在显微繁殖体的调查中发现该种浒苔的显微繁殖体在海区的分布非常少,而 *U. prolifera* A 和 *U. prolifera* C 则在海区广泛分布,

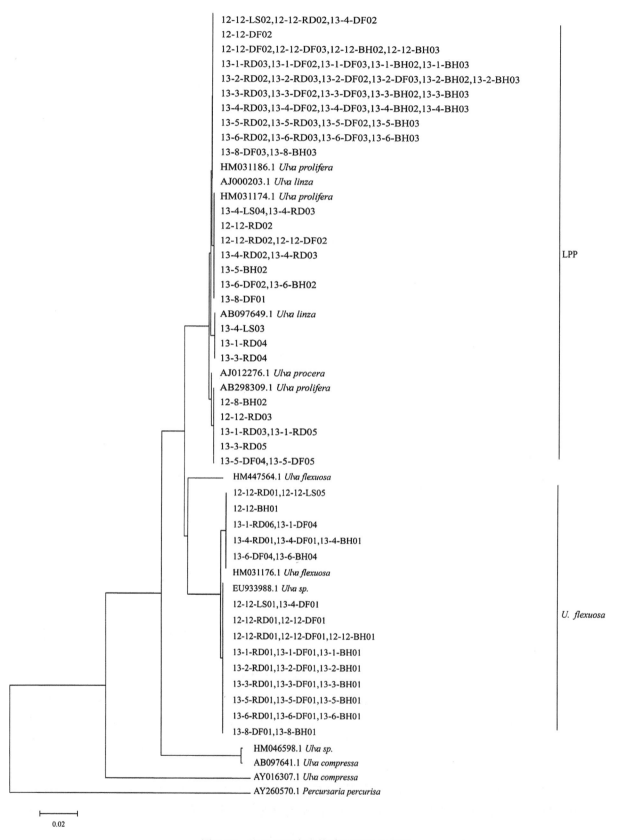

图 8.12　基于 ITS 序列构建的系统发育树

图中 LS 为吕四；RD 为如东；DF 为大丰；BH 为滨海

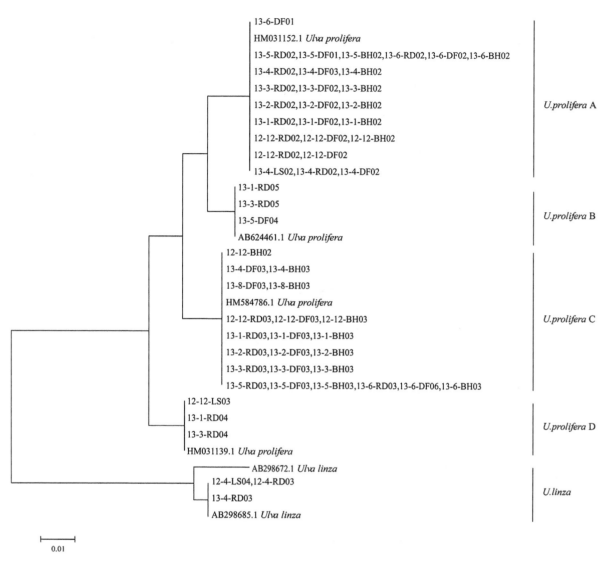

图 8.13　基于 5S rDNA 序列构建的系统发育树

图中 LS 为吕四；RD 为如东；DF 为大丰；BH 为滨海

这与漂浮绿潮藻的演替规律一致。陈丽萍（2012）最早在 2009 年的漂浮绿潮藻中检测到与 *U. prolifera* C 序列一致的种，随后在 2010 年对早期漂浮绿潮藻种类演替规律研究时，发现该种浒苔呈现出时间提前和比例增高的趋势。韩渭等（2013）在对 2011 年和 2012 年漂浮绿潮藻早期演替规律的研究中也发现同样的趋势。江苏近岸海域有大规模的紫菜养殖筏架，浒苔是紫菜栽培的主要敌害，在紫菜养殖筏架上很常见（刘英霞等，2009）。江苏紫菜养殖周期为每年 10 月左右至次年 4 月。并且通过 ITS 和 5 S rDNA 序列分析，发现南黄海显微繁殖体种类组成主要为曲浒苔和浒苔，与紫菜养殖筏架固着绿潮藻的种类组成相似（韩渭等，2013）。因此，江苏紫菜养殖筏架被认为是冬季南黄海绿潮藻显微繁殖体的主要来源。

2. 绿潮暴发后期南黄海近岸海域绿潮藻显微繁殖体研究

（1）绿潮暴发后期南黄海近岸海域绿潮藻显微繁殖体时空分布

2014 年 10～12 月调查海域水样中均有不同丰度的绿潮藻显微繁殖体存在。在调查期间，黄海海域的绿潮藻显微繁殖体的密度高值区中心均在大丰海区。2014 年 10 月，绿潮藻繁殖体数量最高的站位为 DF3 上层，密度为 126 ind/L。2014 年 11 月，调查海区绿潮藻显微繁殖体数量总体呈下降的趋势，但变化不显著。DF2 中层站位绿潮藻繁殖体数量最高，密度为 50 ind/L。2014 年

10～11月,各调查海域除日照海区外,均检测到绿潮藻显微繁殖体的存在。2014年12月,如东和大丰海域绿潮藻显微繁殖体数量显著升高。如东海区绿潮藻显微繁殖体数量由11月的16 ind/L上升到62 ind/L。大丰海区的绿潮藻显微繁殖体数量由34 ind/L上升到72 ind/L。其他各海区绿潮藻显微繁殖体数量不显著。此时,调查海域绿潮藻显微繁殖体密度最高的站位为DF2上层,绿藻繁殖体数量到达了186 ind/L(图8.14～图8.18)。

2014年10～12月,黄海海域泥样中的绿潮藻显微繁殖体分布趋势与水样基本一致。黄海海域泥样中的绿潮藻显微繁殖体密度高值区均集中在大丰海区。在2014年12月,如东和大丰海区泥样中的绿潮藻显微繁殖体数量同样显著提高(图8.16)。

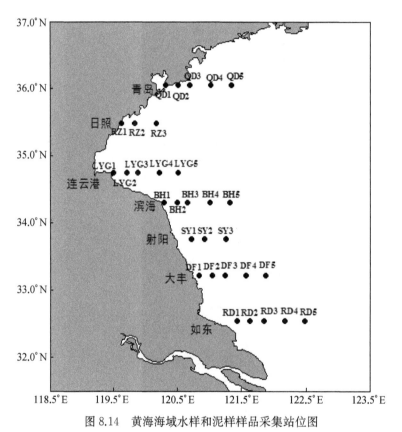

图8.14　黄海海域水样和泥样样品采集站位图

图中 QD 表示青岛;RZ 表示日照;LYG 表示连云港;BH 表示滨海;SY 表示射阳;DF 表示大丰;RD 表示如东

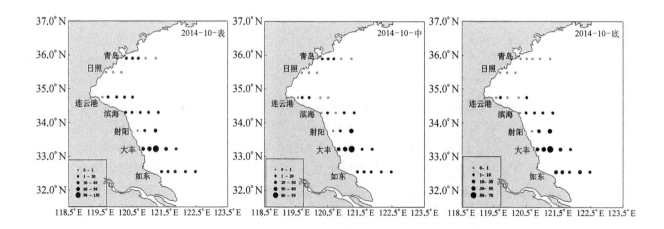

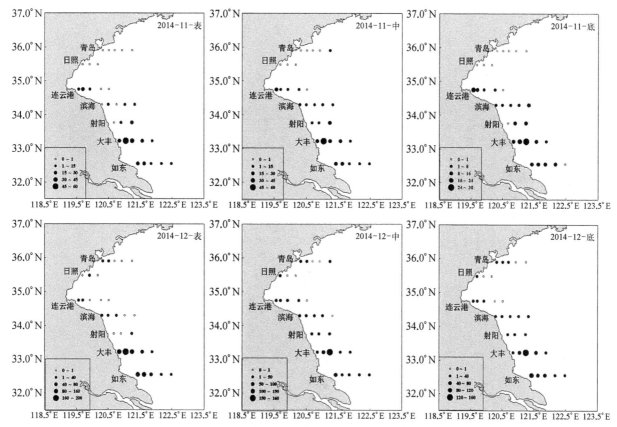

图 8.15　2014 年 10～12 月南黄海近岸海域水样中显微繁殖体分布图

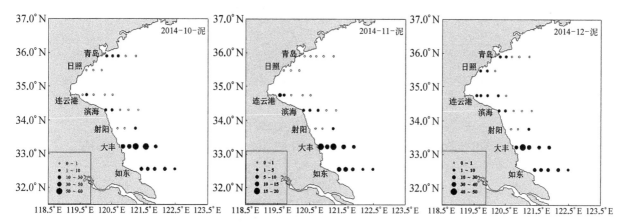

图 8.16　2014 年 10～12 月南黄海近岸海域泥样中显微繁殖体分布图

（2）绿潮暴发后期南黄海近岸海域绿潮藻显微繁殖体种类组成

2014 年 10～12 月，通过对样品中培养出的绿潮藻进行分子鉴定发现，黄海海域绿潮藻显微繁殖体种类为浒苔、缘管浒苔和曲浒苔。如东和大丰海区在 2014 年 10～12 月，均检测到浒苔、曲浒苔和缘管浒苔的存在。但缘管浒苔的丰度显著小于浒苔和曲浒苔的丰度。射阳海区在 2014 年 10～11 月，检测到 3 种绿潮藻显微繁殖体的存在。2014 年 12 月，仅检测到浒苔和曲浒苔显微繁殖体的存在。滨海海区，只在 2014 年 11 月检测到 3 种绿潮藻显微繁殖体的存在，而 10 月和 12 月仅检测到浒苔和曲浒苔显微繁殖体。连云港海区，在 2014 年 11 月和 12 月检测到 3 种绿潮藻显微繁殖体，而 10 月仅检测到浒苔和曲浒苔。日照海区，2014 年 10～11 月，均未检测到绿潮藻显微繁殖体存在，12 月检测到曲浒苔和缘管浒苔显微繁殖体。青岛海区在 2014 年 10～12 月均检测到曲浒苔、缘管浒苔和浒苔显微繁殖体（图 8.19 和图 8.20；表 8.6）。

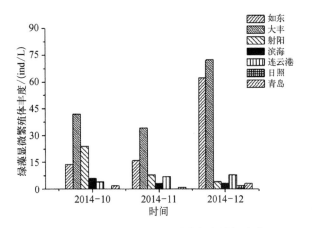

图 8.17　2014 年 10～12 月黄海海域绿潮藻
显微繁殖体平均数量

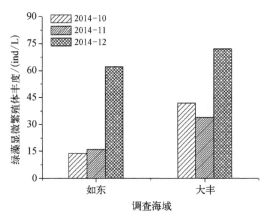

图 8.18　2014 年 10～12 月如东和大丰海域绿潮藻
显微繁殖体平均数量

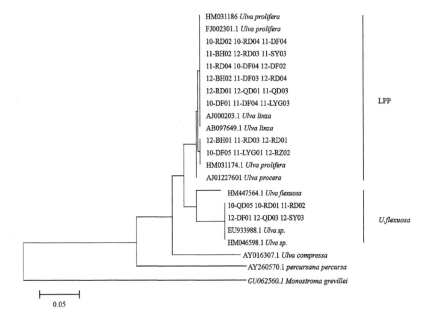

图 8.19　基于 2014 年 10～12 月黄海显微繁殖体绿潮藻样品的 ITS 序列构建进化树

图中 RD 表示如东;DF 表示大丰;BH 表示滨海;SY 表示射阳;QD 表示青岛;LYG 表示连云港;RZ 表示日照

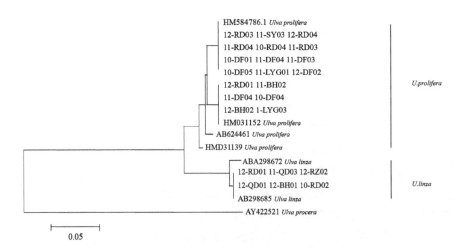

图 8.20　基于 2014 年 10～12 月黄海显微繁殖体绿潮藻样品的 5S 序列构建进化树

图中 RD 表示如东;DF 表示大丰;BH 表示滨海;SY 表示射阳;QD 表示青岛;LYG 表示连云港;RZ 表示日照

表 8.6　2014 年 10～12 月黄海海域绿潮藻繁殖体种类组成

	2014 年 10 月	2014 年 11 月	2014 年 12 月
如东	浒苔 曲浒苔 缘管浒苔	浒苔 曲浒苔 缘管浒苔	浒苔 曲浒苔 缘管浒苔
大丰	浒苔 曲浒苔 缘管浒苔	浒苔 曲浒苔 缘管浒苔	浒苔 曲浒苔 缘管浒苔
射阳	浒苔 曲浒苔 缘管浒苔	浒苔 曲浒苔 缘管浒苔	浒苔 曲浒苔
滨海	浒苔 曲浒苔	浒苔 曲浒苔 缘管浒苔	浒苔 曲浒苔
连云港	浒苔 缘管浒苔	浒苔 曲浒苔 缘管浒苔	浒苔 曲浒苔 缘管浒苔
日照	无	无	曲浒苔 缘管浒苔
青岛	曲浒苔 缘管浒苔 浒苔	曲浒苔 缘管浒苔 浒苔	曲浒苔 缘管浒苔 浒苔

（3）调查海域绿潮藻显微繁殖体与江苏紫菜养殖筏架的关系

2014 年 10～12 月，如东和大丰海区绿潮藻显微繁殖体在 12 月显著增加。此时，海区表面已无漂浮的绿潮藻，无法对海区绿潮藻显微繁殖体进行补充。但是江苏紫菜养殖海域的养殖筏架已经下海，为海区的绿潮藻显微繁殖体的附着提供了附着基。从站位布设和江苏紫菜养殖海域的分布比较发现，如东海区的 RD1 和 RD2 站位靠近紫菜养殖海区，大丰海区的 DF2 和 DF3 站位靠近紫菜养殖海区。从调查结果可知，这 4 个站位的绿潮藻显微繁殖体数量增加显著。12 月，江苏紫菜养殖筏架和缆绳上已经有大量附着的绿潮藻。这些存在的绿潮藻可以在一定温度下不断向海区释放孢子和配子，然后随着海流向紫菜养殖海域周围漂流，但由于海流的限制作用，这些孢子和配子生殖细胞只能分布在紫菜养殖海域周围，使此海域绿潮藻显微繁殖体密度升高。如东和大丰海区的绿潮藻显微繁殖体数量在 12 月显著升高，使该海域的绿潮藻显微繁殖体能以更多的数量和机会度过冬季恶劣的环境，为来年的绿潮暴发提供物质条件。

四、江苏紫菜养殖区绿潮藻显微繁殖体研究

南黄海绿潮溯源和探究绿潮藻显微繁殖体来源是阐明绿潮暴发的重要内容。Liu 等（2009，2010）根据紫菜的养殖规模扩大的时间以及浒苔对氮吸收等数据的模拟分析认为紫菜筏架是漂浮浒苔的地理起源。刘东艳等（2009）等认为江苏近岸存在的大量紫菜养殖筏架为绿潮藻显微繁殖体的固着提供了"苗床"。江苏近岸大规模的紫菜养殖海域是绿潮暴发的源头。方松等（2012）认为紫菜养殖活动过程中筏架上会固着生长大量石莼属等大型绿潮藻类，而这些大型绿潮藻在适宜的条件下会不定期向外释放孢子、配子等生殖细胞，构成了附近海域的显微繁殖体来源。在绿潮暴发前期和早期，紫菜养殖海域适宜的温度、盐度、光照强度、充足的营养盐等条件有利于绿潮藻显微繁殖体的附着和萌发，继而影响该区域绿潮藻的生物量变

化。但是 Zhang 等(2011)通过利用 5S rDNA 间隔序列对漂浮和紫菜筏架上采集的浒苔进行分析,否认紫菜养殖规模的扩大是造成绿潮暴发这一假说。因此,江苏紫菜养殖海域一直是绿潮研究的重点海域。

1. 绿潮藻显微繁殖体在紫菜养殖区的数量分布

2012 年 12 月至 2013 年 4 月江苏紫菜养殖海域均有不同数量浒苔类绿潮藻显微繁殖体存在。在调查期间,江苏紫菜栽培海域绿潮藻显微繁殖体每月的密度高值区均出现在如东近岸的紫菜养殖海域(图8.21)。2012 年 12 月至 2013 年 2 月,启东近岸浒苔类绿潮藻显微繁殖体数量最低。2013 年 1 月,腰沙紫菜栽培海域浒苔类绿潮藻显微繁殖体数量最低。2013 年 3～4 月,调查海域绿潮藻显微繁殖体数量最低点出现在东沙紫菜养殖海域。在调查期间,启东近岸、腰沙、如东近岸、蒋家沙、竹根沙和东沙紫菜栽养殖海域平均绿藻显微繁殖体数量分别为 238 ind/L、324 ind/L、1 094 ind/L、431 ind/L、346 ind/L 和 202 ind/L。调查海域绿潮藻显微繁殖体数量在空间分布上表现为如东近岸紫菜养殖海域显著高于其他紫菜养殖海域。

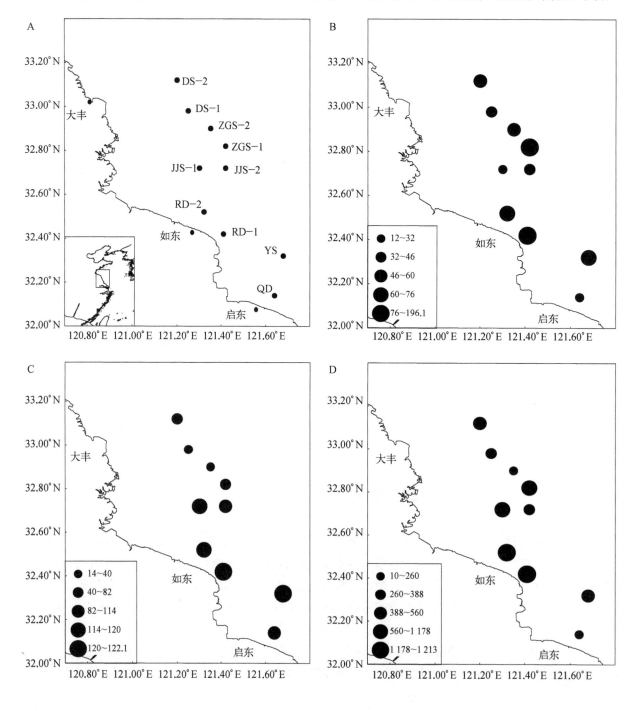

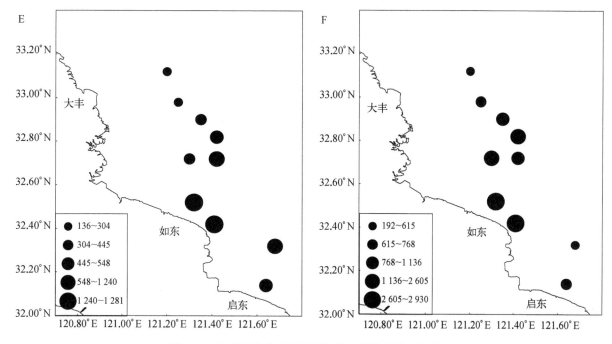

图 8.21   江苏紫菜养殖海域绿潮藻显微繁殖体分布特征

A. 江苏紫菜养殖海域检测位置分布图；B. 2012 年 12 月绿潮藻显微繁殖体检测结果；C. 2013 年 1 月绿潮藻显微繁殖体检测结果；D. 2013 年 2 月绿潮藻显微繁殖体检测结果；E. 2013 年 3 月绿潮藻显微繁殖体检测结果；F. 2013 年 4 月绿潮藻显微繁殖体检测结果；DS 表示东沙，ZGS 表示竹根沙，JJS 表示蒋家沙，RD 表示如东，YS 表示腰沙，QD 表示启东

启东近岸、腰沙、如东近岸、蒋家沙、竹根沙和东沙紫菜养殖海域绿潮藻显微繁殖体数量最高值均出现在 2013 年 4 月。在调查期间，启东紫菜栽培海域在 2013 年 2 月绿潮藻显微繁殖体数量最低。腰沙、如东近岸和竹根沙紫菜养殖海域在 2013 年 1 月绿潮藻显微繁殖体数量最低。蒋家沙和东沙紫菜养殖海域最低绿潮藻显微繁殖体数量出现在 2012 年 12 月。2012 年 12 月至 2013 年 4 月调查海域平均绿潮藻显微繁殖体数量分别为 56 ind/L、71 ind/L、471 ind/L、550 ind/L 和 1 049 ind/L。调查海域绿潮藻显微繁殖体数量在时间分布上呈现逐渐升高的趋势（图 8.22）。

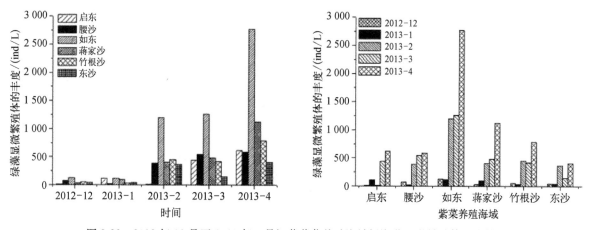

图 8.22   2012 年 12 月至 2013 年 4 月江苏紫菜养殖海域绿潮藻显微繁殖体平均数量

2. 江苏紫菜养殖海域绿潮藻显微繁殖体种类组成

从基于 ITS 序列建立的进化树可以看出，样品主要位于 2 个进化枝中，分别为 LPP 进化枝和曲浒苔（*U. flexuosa*）进化枝（图 8.23）。通过 5S rDNA 间隔序列进一步对 LPP 类群分析并构建进化树，发现聚为一枝为浒苔（*U. prolifera*）（图 8.24）。在调查期间，江苏紫菜养殖海域绿潮藻显微繁殖体种类组成

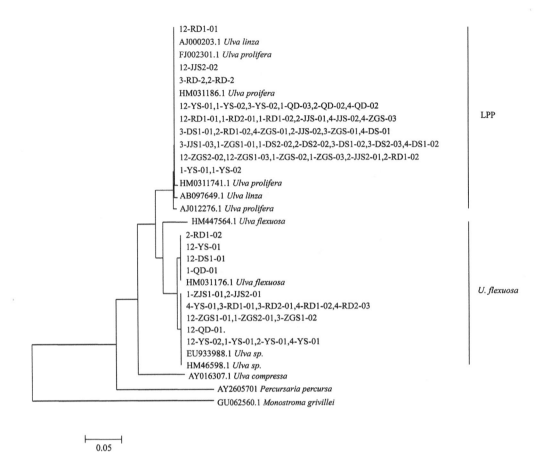

图 8.23　基于江苏紫菜养殖海域显微繁殖体绿潮藻样品的 ITS 序列构建进化树

图中 DS 表示东沙；ZGS 表示竹根沙；JJS 表示蒋家沙；RD 表示如东；YS 表示腰沙；QD 表示启东

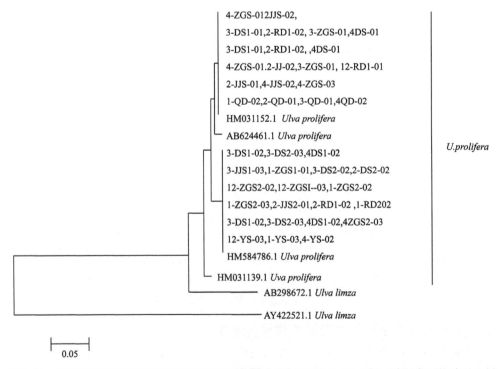

图 8.24　基于江苏紫菜养殖海域显微繁殖体绿潮藻 LPP 类群样品 5S rDNA 间隔序列构建进化树

图中 DS 表示东沙；ZGS 表示竹根沙；JJS 表示蒋家沙；RD 表示如东；YS 表示腰沙；QD 表示启东

为浒苔和曲浒苔。2012 年 12 月,如东近岸和东沙紫菜养殖海域分别仅检测到一种绿潮藻显微繁殖体,分别为浒苔和曲浒苔,其他紫菜养殖海域均已出现浒苔和曲浒苔显微繁殖体。并且除如东近岸紫菜养殖海域外,曲浒苔显微繁殖体均为其他紫菜养殖海域优势种。2013 年 1 月,如东近岸和蒋家沙紫菜养殖海域仅检测到浒苔显微繁殖体,曲浒苔显微繁殖体在其他紫菜养殖海域构成比例明显降低。曲浒苔显微繁殖体在腰沙和东沙紫菜养殖海域却仍为优势种,但构成比例下降到 56.8% 和 62.1%。曲浒苔显微繁殖体在启东和竹根沙紫菜养殖海域构成比例仅为 42.3% 和 49.3%。2013 年 2~4 月,浒苔显微繁殖体为江苏紫菜养殖海域绿潮藻显微繁殖体的优势种,曲浒苔显微繁殖体数量呈逐月下降的趋势(表 8.7)。2014 年 4 月,仅在腰沙和如东近岸紫菜养殖海域检测到曲浒苔显微繁殖体,构成比例分别为 17.4% 和 14.5%。

表 8.7　2012 年 12 月至 2013 年 4 月江苏紫菜养殖海域绿潮藻显微繁殖体种类组成及构成比例(%)

	启东(QD)	腰沙(YS)	如东(RD)	蒋家沙(JJS)	竹根沙(ZGS)	东沙(DS)
2012-12	曲浒苔(58.1) 浒苔(41.9)	曲浒苔(63.8) 浒苔(36.2)	浒苔(100)	曲浒苔(57.4) 浒苔(42.6)	曲浒苔(61.2) 浒苔(38.8)	曲浒苔(100)
2013-1	曲浒苔(42.3) 浒苔(57.7)	曲浒苔(56.8) 浒苔(43.2)	浒苔(100)	浒苔(100)	曲浒苔(49.3) 浒苔(50.7)	曲浒苔(62.1) 浒苔(37.9)
2013-2	浒苔(100)	曲浒苔(33.6) 浒苔(66.4)	曲浒苔(45.6) 浒苔(54.4)	曲浒苔(35.8) 浒苔(64.2)	浒苔(100)	浒苔(100)
2013-3	浒苔(100)	浒苔(100)	曲浒苔(28.9) 浒苔(71.1)	浒苔(100)	曲浒苔(22.9) 浒苔(77.1)	浒苔(100)
2013-4	浒苔(100)	曲浒苔(17.4) 浒苔(82.6)	曲浒苔(14.5) 浒苔(85.5)	浒苔(100)	浒苔(100)	浒苔(100)

3. 紫菜养殖海域绿潮藻显微繁殖体与绿潮之间的关系

调查结果及文献报道(Song et al.,2014)均表明全年南黄海近岸海域水环境中均存在着一定丰度的绿潮藻显微繁殖体。Song 等(2014)研究认为显微繁殖体的来源是南黄海近岸海域紫菜养殖设施上附着的绿潮藻类。Zhang 等(2014)研究认为绿潮发生前,显微繁殖体与紫菜筏架上固着绿潮藻存在着正反馈效应,即固着绿潮藻放散显微繁殖体使其保持较高丰度,而显微繁殖体固着萌发增加了附着绿潮藻的生物量。当固着绿潮藻在人为活动和物理扰动下脱落即可形成漂浮绿潮藻(Huo et al.,2015)。因此,10 月至来年 4~5 月紫菜养殖设施上固着绿潮藻与显微繁殖体的这种正反馈效应加上绿潮藻显微繁殖体具有的越冬能力使得水环境中的显微繁殖体保持着较高的丰度。

Richard 等(2011)研究表明,绿藻的游孢子和合子等在海水剧烈运动的条件下更容易释放。其生殖细胞可以随水流而传播,但其传播距离会受到一定限制,导致显微繁殖体集中分布在绿藻较多的海域。方松等(2012)调查发现南黄海绿潮藻显微繁殖体空间分布特征主要表现为近岸高、远岸低,高值区主要分布在紫菜养殖海域。上海海洋大学课题组调查发现如东近岸紫菜养殖海域显微繁殖体明显高于其他紫菜养殖海域。结合如东近岸海域紫菜养殖筏架上绿潮藻生物量低于竹根沙和东沙紫菜养殖海域(Huo et al.,2015),推测如东沿海岸基附近绿潮藻显微繁殖体对如东近岸紫菜养殖海域繁殖体数量起到补充作用。

江苏紫菜养殖海域在整个冬季均有绿潮藻显微繁殖体存在。2013 年 1 月海水温度最低为 3~5℃。此时江苏紫菜养殖海域绿潮藻显微繁殖体平均密度约为 70 ind/L。2012 年 12 月和 2013 年 2 月调查海域绿潮藻显微繁殖体平均密度分别为 56 ind/L 和 472 ind/L。实验室模拟生态实验也表明,绿潮藻显微繁殖体在低温环境中可以存活 3~4 个月(刘峰,2010)。Liu 等(2012)研究发现,绿潮藻显微繁殖体可以在江苏辐射沙洲底泥中越冬。底泥中的绿潮藻显微繁殖体在海水搅动下,可以重新悬浮起来,成为海水中的显微繁殖体。浒苔游孢子在正常条件下浮游时间最长为 12 h,并且需要附着在基质上才能萌发

(朱明等,2011)。调查期间发现江苏紫菜养殖海域绿潮藻显微繁殖体数量随着时间不断增加。因此,水体中的绿潮藻显微繁殖体被认为是紫菜养殖筏架设施上固着的绿潮藻主要来源,同时大量的养殖器材为这些繁殖体提供较为理想的附着基。随着藻体不断生长和成熟,紫菜筏架上生长的藻类会向外释放配子、孢子等生殖细胞,对该地区的绿潮藻繁殖体库起到不断补充的作用,这一过程使该海域的绿潮藻显微繁殖体能以更多的数量和机会度过冬季恶劣的环境。

江苏紫菜养殖海域绿潮藻显微繁殖体种类组成为曲浒苔和浒苔。Han 等(2013)对 2012 年江苏紫菜养殖筏架绿潮藻进行 ITS 和 5S rDNA 间隔序列分子检测发现,江苏紫菜养殖筏架上浒苔和曲浒苔在整个生长季节中均有分布。在 2010 年、2011 年对启东、如东、大丰、射阳等海区监测早期绿潮暴发时,均发现最早出现漂浮的绿潮藻是扁浒苔,随后出现曲浒苔、缘管浒苔,最后出现浒苔,然后浒苔种群迅速扩大形成大规模绿潮(Huo et al.,2013)。自从 2012 年以来,以上各海区最早漂浮绿潮藻则直接为浒苔。2013 年 2~4 月,江苏紫菜养殖海域绿潮藻显微繁殖体优势种为浒苔,2013 年 4 月,江苏紫菜养殖海域绿潮藻显微繁殖体数量达到 1 049 ind/L。大量绿潮藻显微繁殖体在环境条件适宜的情况下可以迅速萌发并生长成为漂浮藻体(Santelices et al.,1995)。因此,江苏紫菜养殖海域存在的大量绿潮藻显微繁殖体可能为绿潮藻的大规模暴发提供了种子库。

五、绿潮藻显微繁殖体的源头探究

绿潮藻作为一种机会型藻类,其多样性的繁殖和生长方式有利于提高物种在自然竞争中的优势(Hiraoka et al.,2003;王晓坤等,2007)。在绿潮暴发前期南黄海区域水体和沉积物中一直存在着数量可观的绿藻显微繁殖体,对该时期微观繁殖体从何而来,方松等(2012)做了如下推测。

1)来源于上一年遗留的藻体生殖细胞。绿潮的大规模消退时期,由于季节性光照、温度以及藻体自身世代交替等条件会释放大量的配子、孢子等生殖细胞。其中一些生殖细胞可以通过一些休眠等方式度过寒冷冬季在水体和沉积物中保存下来,成为水体和沉积物中的微观繁殖体来源。

2)来源于紫菜养殖筏架区。紫菜栽培活动过程中筏架上会固着生长大量石莼属等绿潮藻,而这些大型绿潮藻在适宜的条件下会不定期地向外释放孢子、配子等有性生殖细胞,构成了附近海域的微观繁殖体来源。

3)来源于江苏近岸陆地沿岸及动物养殖池塘。田晓玲等(2011)认为江苏如东近岸的沿海岸基防波堤有大量的绿潮藻附着且存在着明显的演替趋势。

通过上述讨论绿潮藻显微繁殖体在养殖池塘、入河口、黄海外海、黄海近海以及紫菜养殖海域的时空分布以及物种组成,发现在紫菜养殖海域水样中显微繁殖体的密度显著高于其他海域。且分子系统学分析发现,紫菜养殖海域显微繁殖体种类主要为浒苔。同时,调查显示沿岸固着绿潮藻的生物量很低,因此它们的生殖细胞不能为大型海藻的暴发提供一个种子库。据此,紫菜养殖海域被认为是绿潮藻显微繁殖体的源头。

宋伟等(2014)从 2010 年 10 月到 2011 年 10 月,对苏北浅滩海域进行了周期调查,探究了调查区水中和泥样中显微繁殖体的时空分布。通过全年的调查,绿潮藻显微繁殖体在该区域的时空分布与紫菜养殖活动一致且显微繁殖体的丰度从近岸到远岸显著降低。在 4 月下旬,显微繁殖体密度达到最大值,在冬季和夏季密度最小。在紫菜养殖时期(2010 年 10 月至 2011 年 5 月,2011 年 9 月和 10 月),繁殖体密度最高的站位在紫菜养殖海域。因此,根据它们的时空分布格局,宋伟等(2014)推测显微繁殖体的主要源头为固着在紫菜养殖筏架上的绿潮藻。

Liu 等(2013)指出,在苏北浅滩起初漂浮的绿潮藻在表面流和上升流的共同作用下,由外海带入。同样的,固着在紫菜养殖筏架上绿潮藻释放的显微繁殖体也可以被转运到外部海域。在这个过程中,海水将稀释显微繁殖体,使显微繁殖体密度从紫菜养殖海域到远海海域显著降低。绿潮藻显微繁殖体密度有两个高峰期(2010 年 10 月和 2011 春季)和两个低峰期(冬季和夏季)。Li 等(2015)认为固着在紫菜养殖筏架上的绿潮藻在 4 月达到最大值,并且在冬季生物量最低,这与显微繁殖体在紫菜养殖海域显微繁殖体的变化趋势一致,也可以支持显微繁殖体源头的假说。

Liu 等(2010)推测认为显微繁殖体的数量可能影响了成体藻的生物量。Liu 等(2013)认为固着在紫菜养殖筏架上的绿潮藻来源于水中或者泥样中的显微繁殖体。紫菜养殖筏架在 9 月建立并在下年的 5 月上旬收回。在这段时期,固着藻的生物量和物种组成变化很大。在收割之前,浒苔固着的生物量达到最大值(Huo et al.,2013)。在 5 月,对紫菜养殖筏架的回收利用开始,固着的绿潮藻被从筏架上刮落并被丢弃。在高潮期间,漂浮浒苔通过季风和表层流的作用被运输到青岛海域。在绿潮的形成过程中,绿潮藻显微繁殖体作为种子库,养殖筏架作为显微繁殖体的固着基促进绿潮藻的生长和绿潮的形成。

调查结果及文献资料的报道均显示南黄海海域绿潮藻显微繁殖体的源头是固着在紫菜养殖筏架上的绿潮藻,并且显微繁殖体可以忍受恶劣的环境。

六、环境因子对绿潮藻显微繁殖体丰度的影响

绿潮藻显微繁殖体的丰度主要受成熟藻体的影响(Gao et al.,2010)。盐度、温度、营养盐水平以及水流等是影响成体藻生物量以及显微繁殖体释放的因素。苏北浅滩复杂的海区地形,潮差和潮汐作用可以加速浒苔孢子和配子的释放。李瑞香等(2009)认为富营养化可以加速显微繁殖体的释放。苏北浅滩在射阳和灌云河口之间,被输入充足的营养盐。Liu 等(2013)认为从岸基的海水养殖池塘中输入的大量的营养盐进一步增加江苏沿海海域的富营养化,结果导致苏北浅滩海域富营养化加速绿潮藻显微繁殖体释放。

盐度和绿潮藻显微繁殖体丰度之间存在一个紧密的关系。在以往的研究中,盐度对成体藻和显微繁殖体的影响被忽略(方松等,2012;韩红宾等,2015)。然而,Fong 等(1996)认为浒苔对盐度轻微的变化也很敏感。Gao 等(2010)认为盐度是影响浒苔释放释放显微繁殖体的影响因子。王建伟等(2007)认为盐度在 12～32 时,盐度的升高可以增加显微繁殖体的释放量,因此通过研究认为在苏北浅滩海域盐度的变化可能会影响绿藻显微繁殖体的时空分布,盐度的作用在之前的研究中被忽略。

很多研究都证实了温度是影响绿潮藻显微繁殖体释放以及绿潮藻生物量的重要因子(Agrawal,2009;Liu et al.,2010,2012;方松等,2012;Li et al.,2014)。浒苔是紫菜养殖筏架的主要种类(Liu et al.,2013;韩红宾,2015),苏北浅滩绿潮藻显微繁殖体种类组成主要为浒苔(Liu et al.,2010,2012;Li et al.,2014)。研究也证实了 10～25℃是浒苔种完成它们生活史的适宜温度范围(Agrawal,2009)。因此,从绿潮藻生活史研究中,也可以得出显微繁殖体与温度之间的关系。

在冬季(12 月至下年 2 月),由于低温成体藻的生长和显微繁殖体的释放被限制(王建伟等,2007;Agrawal,2009)。并且,显微繁殖体平均的数量下降和形成第一个最低值。然而,一小部分显微繁殖体可以存活下来应对恶劣的环境(Santelices et al.,1995)。在春季,适宜的温度可以使越冬的显微繁殖体在紫菜养殖筏架上固着和萌发。固着绿潮藻的生物量增加,继而大量的显微繁殖体释放,因此第一个绿潮藻显微繁殖体丰度高值时间段为春季。在 5 月,筏架的回收利用开始影响固着绿潮藻的生物量,因此显微繁殖体的丰度开始下降。6～9 月,显微繁殖体的数量持续性降低。除此之外,在 7 月和 8 月过高的温度导致了部分显微繁殖体的死亡(Agrawal,2009)和第二个低的显微繁殖体丰度的出现。Liu 等(2012)假设显微繁殖体可以固着在水中的微小砂砾上或者苏北浅滩的泥样中,然后形成成体绿潮藻。然而,实验过程中岸基和底拖网调查没有发现这种现象。在接下来的秋季(10～11 月),紫菜养殖筏架

再一次被建立,绿潮藻显微繁殖体开始固着在紫菜养殖筏架,绿潮藻的生物量开始增加,绿潮藻显微繁殖体也随之增加,出现第二个高峰值。总之,海水温度的主要作用是影响了紫菜养殖筏架上绿潮藻生物量,进而影响绿潮藻显微繁殖体释放,而这些显微繁殖体正是黄海海域显微繁殖体的源头。

第三节　黄海海域绿潮藻繁殖体越冬研究

我国南黄海海域自 2008 年至今已连续暴发了主要由石莼属(Ulva)大型海洋绿藻漂浮聚集引发的绿潮(green tides)灾害,对近海海洋生态系统健康和海洋经济发展产生了重大影响,如不采取有效的防控措施,黄海绿潮灾害的发生将呈现常态化趋势。黄海绿潮漂浮优势种为浒苔(丁兰平等,2009),它在海藻的分类中属于绿藻门绿藻纲石莼科浒苔属。现在国际上把浒苔普遍地归属于石莼属(Ulva)(Leliaert et al.,2009;马家海等,2009)。漂浮浒苔绿潮藻在繁殖高峰期,平均每株藻体产生的孢子和配子数可以达到千万数量级(陈群芳等,2011)。当海区的环境条件达到适宜的情况时,海水中大量的绿潮藻显微繁殖体附着在基质上萌发为绿潮藻(Santelices et al.,1995)。

漂浮绿潮藻可通过有性生殖、无性生殖、单性生殖、营养繁殖等多种方式完成生活史(叶乃好等,2008;陈斌斌等,2013)。绿潮藻在恶劣的环境条件下可通过不同生殖方式来完成不同的生殖细胞生活史。法国布列塔尼半岛海域漂浮和定生状态的绿潮藻均来源于越冬期间的孢子(Coat et al.,2006),即该海域越冬期间绿潮藻以孢子为主要的存在形态。黄海绿潮暴发期间海区漂浮绿潮藻产生的微观繁殖体主要以配子和中性游孢子的形式存在,且在不同时间阶段存在着不同的比例(Liu et al.,2015)。漂浮绿潮藻在短时间内生物量的大量增加,藻体本身的快速生长和迅速的大量繁殖是主要原因,而漂浮绿潮藻的大量繁殖是生物量增长的重要方式(Zhang et al.,2013)。在绿潮暴发末期,绿潮藻产生的大量生殖细胞将构成越冬显微繁殖体种子库,将为来年绿潮的初始暴发提供"种源"。绿潮藻越冬显微繁殖体对初始漂浮绿潮的形成和绿潮藻显微繁殖体对漂移绿潮藻生物量的累积均起到重要作用。

关于黄海绿潮藻显微繁殖体如何度过冬季低温的环境,国内对黄海绿潮藻越冬的研究很少,本节主要通过野外试验和室内模拟试验相结合的方法,初步探究绿潮藻显微繁殖体的越冬作用机制。

一、调查海域温度、盐度以及光照强度

在调查的黄海海域设置如东(RD1～RD3)、连云港(LYG1～LYG3)和青岛(QD1～QD3)3 条调查断面(图 8.25),离岸距离分别为 0 km、20 km、50 km。2014 年 1～3 月,连续 3 个月黄海海域绿潮藻显微繁殖体共进行 3 个航次的调查取样。

2014 年 1～3 月,如东、连云港和青岛海域海水表层温度从南向北逐渐降低。如东海域 2014 年 1 月温度最高,约为 7℃。调查海域海水表层温度在 2 月最低,最低温度出现在青岛海域,约为 2.4℃。调查期间该海域盐度没有显著的变化,盐度在 29.5～32.6 波动。青岛海域在 2 月和 3 月温度均在 3℃左右。青岛在 2014 年 1～3 月 0.5 m 水深处光照强度在 70～100 μmol/(m² · s)(表 8.8 和表 8.9)。

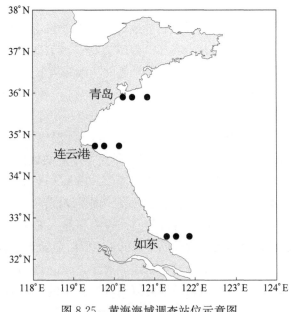

图 8.25　黄海海域调查站位示意图

表 8.8　2014 年 1～3 月黄海海域部分环境因子均值

月份	如 东		连云港		青 岛	
	$T/℃$	S^*	$T/℃$	S	$T/℃$	S
1	7±1.2	30±0.5	6.6±0.8	31±0.8	5.7±1.2	32±0.6
2	6.4±0.9	31±0.5	5.2±1.1	31±0.5	1.6±0.8	32±0.5
3	8.4±1.4	31±0.6	8.9±0.8	31±0.4	2.3±0.7	31±0.4

注：＊表示盐度

表 8.9　2014 年 1～3 月调查海域 0.5 m 水深处光照强度均值

	如 东	连云港	青 岛
光照强度/[μmol/(m² · s)]	30～50	40～70	70～100

二、2014 年 1～3 月黄海近岸海域显微繁殖体时空分布

2014 年 1～3 月调查海域水样中均有不同数量绿潮藻显微繁殖体存在。2014 年 1 月,如东、连云港和青岛海域绿潮藻显微繁殖体数量分别为 160 ind/L、14 ind/L 和 5 ind/L。2014 年 2 月,黄海近岸海域绿潮藻显微繁殖体数量显著降低,如东近岸海域绿潮藻显微繁殖体仅约为 1 月的 1/2,如东、连云港和青岛海域绿潮藻显微繁殖体数量分别为 79 ind/L、10 ind/L 和 4 ind/L。2014 年 3 月,如东和连云港近岸海域的绿潮藻显微繁殖体显著增多,青岛近岸海域的绿潮藻显微繁殖体数量变化不明显。如东、连云港和青岛海域绿潮藻显微繁殖体数量分别为 318 ind/L、18 ind/L 和 3 ind/L,通过每月航次调查发现,黄海近岸海域绿潮藻显微繁殖体密度高值区均出现在如东海域。黄海近岸海域从南向北呈现逐渐递减的趋势。黄海近岸海域绿潮藻显微繁殖体在 2 月数量最低,黄海近岸海域绿潮藻显微繁殖体数量在时间分布上呈现先减少后升高的趋势(图 8.26)。

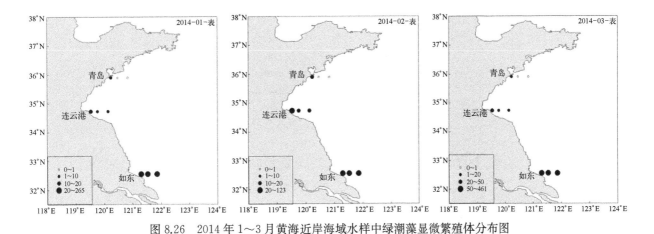

图 8.26　2014 年 1～3 月黄海近岸海域水样中绿潮藻显微繁殖体分布图

三、2014 年 1～3 月黄海海域绿潮藻显微繁殖体种类组成

根据 ITS 序列建立的系统进化树可以看出,绿潮藻样品分别位于 LPP 和曲浒苔两个进化枝之中(图 8.27)。应用 5S rDNA 间隔序列对 LPP 类群的绿潮藻样品进一步进行分析,通过构建系统进化树发现绿潮藻样品主要分布在浒苔和缘管浒苔两个进化枝中(图 8.28)。2014 年 1～3 月,在如东和连云

港海域均发现存在黄海绿潮优势种浒苔(U. prolifera)显微繁殖体,青岛海域仅在3月未发现黄海绿潮优势种的浒苔(U. prolifera)显微繁殖体的存在。

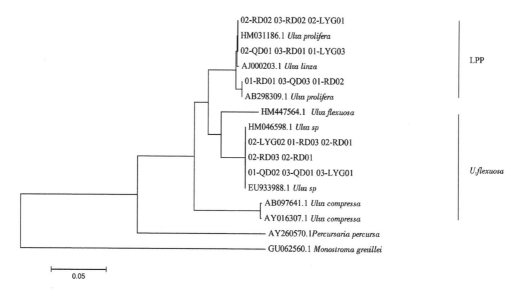

图 8.27　基于 ITS 序列利用 NJ 法构建的系统发育树

图中 RD 表示如东;QD 表示青岛;LYG 表示连云港

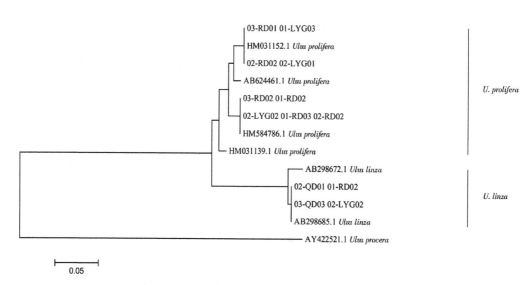

图 8.28　基于 5S rDNA 序列利用 NJ 法构建的系统发育树

图中 RD 表示如东;QD 表示青岛;LYG 表示连云港

四、浒苔孢子/配子在不同温度和保存时间下的萌发

3℃条件下,浒苔孢子/配子在 60 μmol/(m²·s)光照条件下,至少可以保存一个月。高于 60 μmol/(m²·s)光照下至多可保存一个月。随着光照强度的增强,浒苔孢子/配子的存活率降低(图 8.29)。浒苔孢子/配子在光照强度为 30~90 μmol/(m²·s),温度为 5℃水样中至少保存 4 个月,随着保存时间的延长,浒苔孢子/配子的存活率逐步降低。浒苔孢子/配子前两个月的时间内急剧下降,然后随着保存时间的延长,存活率逐步降低(图 8.30)。

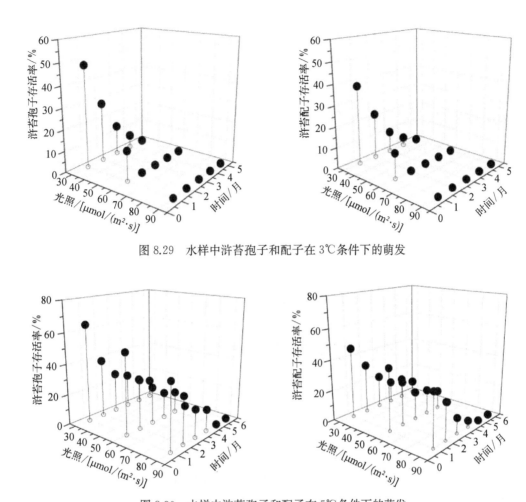

图 8.29　水样中浒苔孢子和配子在 3℃ 条件下的萌发

图 8.30　水样中浒苔孢子和配子在 5℃ 条件下的萌发

五、黄海海域绿潮藻显微繁殖体越冬能力

绿潮能多年连续暴发与绿潮藻具有很强的越冬能力和多样的越冬形式密切相关（唐启升等，2009）。Liu 等（2012，2013）调查表明，11～12 月和 4～5 月南黄海近岸海域沉积物中存在着较高丰度的绿潮藻显微繁殖体，因此认为沉积物中显微繁殖体是黄海绿潮发生的重要越冬种子库。南黄海近岸海域水体中 1～5 月也存在着高丰度的绿潮藻显微繁殖体，而且在靠近紫菜养殖筏架附近显微繁殖体的丰度较高，因此水体中的显微繁殖体是黄海绿潮发生的重要越冬种子库（Pang et al.，2010；Liu et al.，2013；Huo et al.，2013，2014；Li et al.，2014）。而 2012 年 12 月至 2013 年 5 月，在南黄海近岸海域应用 R 氏网进行底托发现多数调查站位并未发现沉降绿潮藻。因此，我国黄海海域与世界其他发生绿潮灾害的海域相比（Malta et al.，1999；Blomster et al.，2002），显微繁殖体而非叶状体可能是南黄海海域绿潮越冬种子库的主要存在形式。

Lotze 等（1999）研究表明，形成水华的 1 年生海藻可以以繁殖体库形式度过冬季低温环境，可以作为第二年春季绿潮中重要的"种子"来源。Schories 等（1993）在对石莼属海藻繁殖体的研究中发现，石莼属海藻孢子的越冬能力的强弱与第二年石莼属海藻的萌发有着密切关系，并且石莼属海藻孢子在实验室完全黑暗的条件下可以保持存活 10 个月以上。Zhang 等（2009）认为黄海绿潮优势种是以其体细胞的形式度过恶劣的环境条件。并且发现在 20℃ 的黑暗的条件下，35.85% 的体细胞可以至少存活两个月。但是黄海海域是否大量存在浒苔的体细胞,还需要野外试验的进一步验证。方松等(2012)在室内通过模拟自然海域的低温黑暗环境对海水中的绿潮藻显微繁殖体进行培养,结果发现,在低温黑暗环境下,海水中绿潮藻显微繁殖体至少可以保存10个月,在保存10个月后,绿潮藻显微繁殖体萌发数量为初始值的1/5。但在前两个月中绿潮藻显微繁殖体数量下降较快,仅为初始值的一半。说明绿潮藻显微繁殖体在低温黑暗的环境条件下,可以存活很长一段时间。实验室模拟生态实验也表明,浒苔显微繁殖体在5℃水样中至少保存4个月。在3℃,60 μmol/(m² · s)以上光照条件下,绿潮藻显微繁殖体至多可以存活1个月。如东和连云港海区1～3月水温均在5℃左右,但青岛海区连续两个月水温在3℃左右,且光照大于60 μmol/(m² · s),说明绿潮藻优势种繁殖体不能在青岛海域越冬,但可以在南黄海如东海域越冬。

Schories等(1993)发现海藻的孢子保存在黑暗和低温条件下较长时间后,再转入适宜的温度、光照和营养盐条件下,海藻的孢子仍可以萌发出海藻小苗,并且生长状态良好。绿潮藻孢子/配子在低温保存条件下,数量在前两个月内会有一个快速的降低,在随后的保存时间内,降低速率会比较缓慢。在低温条件下,水体中的一部分浒苔孢子/配子会逐渐死亡,存活下来的显微繁殖体即可以作为来年绿潮暴发的种子库。固着生长的绿潮藻在适宜的条件下会释放孢子/配子,对该海域的绿潮藻显微繁殖体库起到补充作用,从而可以降低绿潮藻孢子/配子因低温而持续下降的趋势。

六、绿潮藻显微繁殖体在绿潮暴发中的作用

绿潮藻显微繁殖体在低温、低光照条件下可以存活相当长的一段时间,在度过不良环境后仍具有较高的萌发能力(Santelices et al.,2002；Liu et al.,2012),并在温度(Song et al.,2014)、盐度、光照和营养盐等耦合驱动机制作用下开始萌发生长(Sousa et al.,2007)。Liu等(2012)提出假设,南黄海近岸潮间带沉积物中的绿潮藻显微繁殖体在温度、光照和营养盐等条件适宜时可直接萌发成漂浮绿潮藻。Zhang等(2014)提出了"显微繁殖体↔附着绿潮藻"的正反馈机制,由此形成的大量附着绿潮藻在人类活动和物理扰动下脱落即可形成漂浮绿潮藻。另外也有人认为悬浮的绿潮藻显微繁殖体在悬沙条件下可直接附着萌发形成漂浮绿潮藻。可以推论,如果存在沉积物和水体中的显微繁殖体直接形成漂浮绿潮藻的过程,那么在水体中应该存在着不同长度、生物量和发育阶段等一系列的漂浮绿潮藻。虽然并没有对此做过针对性的调查,但在常规的调查中没有发现处于不同发育阶段的漂浮绿潮藻,也未见有文献报道。因此认为冬季存活下来的显微繁殖体通过固着在紫菜养殖筏架上,形成固着绿潮藻,然后在紫菜养殖活动中,固着绿潮藻被遗留在紫菜养殖海区,形成漂浮绿潮藻。

南黄海绿潮藻在向北漂移过程中主要通过单性繁殖和无性繁殖来完成生活史,通过检测水体中显微繁殖体数量可知在此过程中产生了大量的生殖细胞(Huo et al.,2013,2014)。张华伟等(2011)和陈群芳等(2011)研究表明,漂浮浒苔每平方厘米单层藻体叶片产生的配子和孢子的量可达到10⁶和10⁷以上,平均1 g浒苔藻体30%的叶片所形成的生殖细胞囊完全放散生殖细胞后,可以产生10⁸株以上的新藻体。由此推测绿潮藻漂移过程中产生的大量生殖细胞在生物量快速增加过程中起到重要的作用。实验室内短期受控条件下漂浮绿潮藻(20%～30%)/d的生长率应该主要为藻体自身营养繁殖(Liu et al.,2010；Zhan et al.,2014)。Zhang等(2013)报道,在野外围隔实验中绿潮藻浒苔(*U. prolifera*)的特定生长率最高可达56.2%/d。猜测认为如此高的生长率包括了通过生殖细胞增加生物量的方式。在对漂浮绿潮藻藻体的显微观察时发现,有些绿潮藻丝状体可以通过假根附着于其他漂浮绿潮藻成体上。因此,在无其他附着基质的情况下,绿潮藻显微繁殖体可以通过附着于漂浮绿潮藻藻体上萌发和生长的方式完成生活史,进而对生物量的快速累积起到重要作用。

综上分析可知,绿潮藻显微繁殖体在绿潮灾害早期发生和生物量快速累积的过程中均发挥着重要的作用。

第四节 南黄海绿潮藻优势种显微
繁殖体度夏机制研究

　　绿潮藻显微繁殖体在低温、低光照条件下可以存活相当长的一段时间,在度过不良环境后仍具有较高的萌发能力,并在适宜的光照强度、温度和盐度的条件下可以萌发生长,即绿潮藻显微繁殖体对冬季低温与低光的环境具有较强的抗逆性,具备"越冬"能力。那么,夏季南黄海近岸海域水体中持续存在的显微繁殖体是否具有与之相类似的"度夏"能力?

　　Huo 等(2013)报道,7～8 月当大规模绿潮漂移至山东半岛后,南黄海近岸海域漂浮绿潮已消失,而5～10 月紫菜养殖设施尚未投放到该海域中。因此,夏季南黄海海域持续存在的绿潮藻显微繁殖体将成为 10 月至来年 5 月附着绿潮藻和水环境中越冬显微繁殖体的重要"种源"。因此,研究认为 7～9 月绿潮藻显微繁殖体在较高温度和高悬沙生境中具有一定的抗逆能力,相对"越冬"可称为"度夏",来源可能包括绿潮藻显微繁殖体的遗留和输送、陆源补充等方式。

　　在南黄海近岸海域设置调查断面和站位,进行绿潮藻显微繁殖体水样样品采集,7～9 月高温季节进行连续的跟踪监测定量水环境中存在的绿潮藻显微繁殖体的生物量。同时在实验室内不同温度和光照强度系列下进行培养实验,以显微繁殖体最适附着于萌发的温度和光照等条件下的培养实验为参照,根据绿潮显微繁殖体附着和萌发的量来判断绿潮藻显微繁殖体的度夏能力。

一、调查海域温度和盐度的分布

　　在黄海海域设置如东(RD)、大丰(DF)、滨海(BH)、日照(RZ)、青岛(QD)和海阳(HY)6 个断面,每个断面离岸距离为 50 km,每 10 km 设置 1 个站位。2014 年 7～9 月连续 3 个月对黄海海域进行 3 个航次的调查取样(图 8.31)。

　　2014 年 7～9 月,如东、大丰、滨海、日照、青岛和海阳海域海水表层温度从南向北逐步降低,调查期间温度变化显著,8 月各海区温度最高,最高温度出现在如东海域(2014 年 8 月),约为 29℃。调查期间该海域盐度没有显著的变化,在 29.5～32.6(表 8.10)。

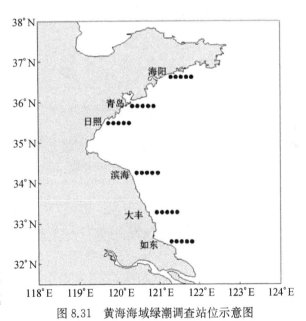

图 8.31　黄海海域绿潮调查站位示意图

表 8.10　2014 年 7～9 月调查海域部分环境因子均值

	6 月 14 日		8 月 14 日		9 月 14 日	
	$T/℃$	S	$T/℃$	S	$T/℃$	S
如东	25.2±0.6	30±0.4	28.8±0.8	29±0.6	24.4±1.1	30±0.5
大丰	24.4±0.8	30±0.3	28.2±0.6	30±0.4	24.6±0.8	30±0.4
滨海	23.4±0.8	29±0.4	27.4±0.7	30±0.5	25.2±0.7	30±0.5
日照	22.3±1.0	30±0.5	26.8±0.6	31±0.8	23.8±0.8	31±0.3
青岛	21.7±1.0	31±0.3	26.2±0.9	32±0.6	24.2±0.7	31±0.6
海阳	20.5±0.8	30±0.3	26.4±1.2	31±0.4	24.6±0.9	30±0.4

二、温度和光照强度对浒苔孢子囊/配子囊形成和放散的影响

浒苔孢子体/配子体在 15～35℃、60～300 μmol/(m²·s)的条件下均能形成孢子囊/配子囊并放散孢子/配子。在 15～35℃,同一光照强度条件下,孢子/配子的放散量随温度的升高先增加后降低,温度为 25℃时,浒苔最先成熟形成孢子囊/配子囊,并且浒苔孢子/配子的放散量在此温度下也达到最大值。

在黑暗环境中,不同温度条件下浒苔孢子体和配子体均没有形成孢子囊/配子囊。同一温度条件下,在光照强度为 60～300 μmol/(m²·s)时,浒苔孢子/配子的放散量随着光照强度的升高先增多后减少,当光照强度为 240 μmol/(m²·s)时,浒苔孢子/配子的放散量最大,但配子体的放散量显著高于孢子体的放散量。在温度为 25℃,光照强度为 240 μmol/(m²·s)时,浒苔孢子/配子放散量达到最大,浒苔孢子最大放散量约为 $2.8×10^7$,浒苔配子最大放散量约为 $5.2×10^7$(图 8.32 和图 8.33)。

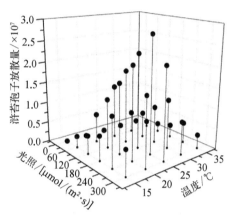 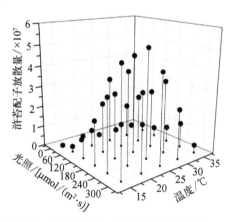

图 8.32 光照和温度对浒苔孢子放散量的影响　　图 8.33 光照和温度对浒苔配子放散量的影响

绿潮暴发期间,黄海海域漂浮大量浒苔藻体。浒苔在 15～35℃、60～300 μmol/(m²·s)的条件下均能放散大量孢子/配子,对水中绿潮藻显微繁殖体数量起到了补充作用,为绿潮藻显微繁殖体的度夏准备了物质条件。

三、黄海绿潮藻显微繁殖体 7～9 月时空分布

2014 年 7～9 月调查海域水样中均有不同数量绿潮藻显微繁殖体存在且各海域繁殖体密度则因地域和时间不同而不同。2014 年 7 月,黄海海域的绿潮藻显微繁殖体的密度高值区在青岛海域和大丰海域。此时,青岛和大丰海域密度分别高达 152 ind/L 和 82 ind/L,远高于其他海区;2014 年 8 月,青岛海区绿潮藻显微繁殖体数量下降很多,而大丰海域繁殖体密度跃升为第 1 位,高达 86 ind/L,如东海域繁殖体密度跃升为第 2 位,达到了 62 ind/L,其他海域繁殖体密度均很低,此时,黄海海域绿潮藻密度高值区中心仍在青岛和大丰海区。2014 年 9 月,各海域孢子密度均下降到很低,青岛海区绿潮藻显微繁殖体下降到 4 ind/L。大丰海域绿潮藻显微繁殖体仍为黄海海域绿潮藻密度高值区中心。日照海域在 9 月未检测绿潮藻显微繁殖体的存在(图 8.34 和图 8.35)。

四、2014 年 7～9 月黄海绿潮藻显微繁殖体种类组成

通过对绿潮藻样品进行 DNA 提取、扩增以及构建系统发育树,发现 2014 年 7～9 月黄海绿潮藻种

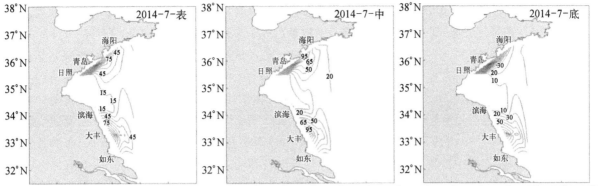

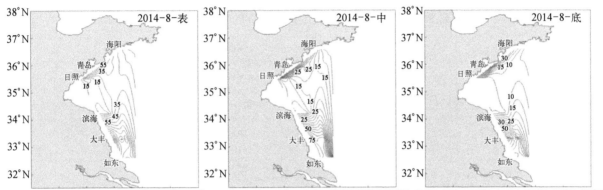

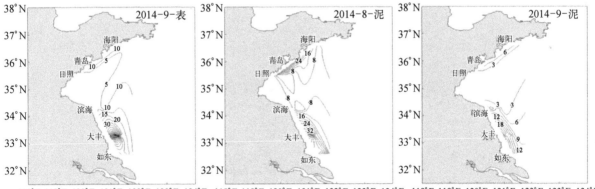

图 8.34　2014 年 7～9 月南黄海近岸海域水样中绿潮藻显微繁殖体分布图

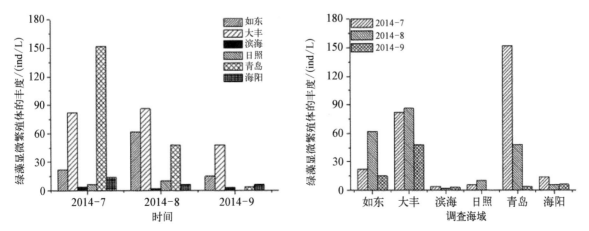

图 8.35　2014 年 7～9 月黄海海域绿潮藻显微繁殖体平均数量

类组成为浒苔、曲浒苔和缘管浒苔。如东海区在 2014 年 7~9 月,水样中绿潮藻显微繁殖体的种类组成为浒苔、曲浒苔和缘管浒苔,其中,浒苔和曲浒苔的数量远高于缘管浒苔。大丰海区只有在 2014 年 7 月未检测到缘管浒苔,8 月和 9 月的绿潮藻显微繁殖体的组成为浒苔、曲浒苔和缘管浒苔。滨海海区只在 2014 年 7 月检测到三种浒苔显微繁殖体,在 8 月和 9 月水样中绿潮藻显微繁殖体的种类为浒苔和曲浒苔。由于日照海区绿潮藻海水中显微繁殖数量很少,2014 年 7 月,海水中检测到浒苔显微繁殖体和曲浒苔显微繁殖体,8 月仅检测到一种显微繁殖体为浒苔显微繁殖体,9 月日照海区海水中未检测到绿潮藻显微繁殖体的存在。青岛海区中,2014 年 7 月水样中绿潮藻显微繁殖体的种类为浒苔、曲浒苔和缘管浒苔,8 月和 9 月水样中检测到绿潮藻显微繁体均为浒苔和曲浒苔。2014 年 7~9 月,对青岛海区水样中绿潮藻种类鉴定中发现,浒苔显微繁殖体的比例逐渐降低,曲浒苔显微繁殖体的种类比例逐渐升高。海阳海区中,2014 年 7 月,水样中绿潮藻显微繁殖体的种类为浒苔、曲浒苔和缘管浒苔。在 2014 年 8~9 月水样中绿潮藻显微繁殖体数量很少,仅检测到浒苔显微繁殖体的存在(图 8.36 和图 8.37,表 8.11)。

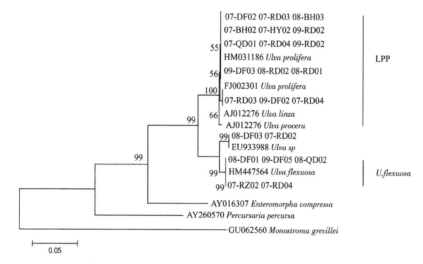

图 8.36　基于 ITS 序列利用 NJ 法构建的系统发育树

图中 DF 表示大丰;RD 表示如东;BH 表示滨海;HY 表示海阳;QD 表示青岛;RZ 表示日照

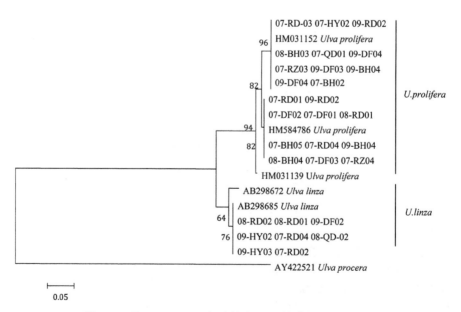

图 8.37　基于 5S rDNA 序列利用 NJ 法构建的系统发育树

图中 DF 表示大丰;RD 表示如东;BH 表示滨海;HY 表示海阳;QD 表示青岛;RZ 表示日照

表 8.11　2014 年 7～9 月黄海海域绿潮藻繁殖体种类组成

	2014-07	2014-08	2014-09
如东	浒苔 曲浒苔 缘管浒苔	浒苔 曲浒苔 缘管浒苔	浒苔 曲浒苔 缘管浒苔
大丰	浒苔 曲浒苔	浒苔 曲浒苔 缘管浒苔	浒苔 曲浒苔 缘管浒苔
滨海	浒苔 曲浒苔 缘管浒苔	浒苔 曲浒苔	浒苔 曲浒苔
日照	浒苔 曲浒苔	浒苔	无
青岛	浒苔 曲浒苔 缘管浒苔	浒苔 曲浒苔	浒苔 曲浒苔
海阳	浒苔 曲浒苔 缘管浒苔	浒苔	浒苔

五、浒苔孢子/配子在不同温度和保存时间下的萌发

浒苔孢子和配子在 35℃ 水样中至少保存 4 个月,随着保存时间的延长,浒苔孢子/配子的存活率逐步降低。在 35℃ 条件下,浒苔孢子和配子在 40 μmol/(m^2·s) 的光照下的存活率显著高于在 280 μmol/(m^2·s) 的存活率,如在 35℃ 条件下保存两个月,浒苔孢子在 240 μmol/(m^2·s) 和 280 μmol/(m^2·s) 光照条件下的存活率分别为 32% 和 28%。浒苔配子存活率则分别为 24% 和 16%。在相同的温度和光照条件下,浒苔孢子比浒苔配子的存活率高(图 8.38)。

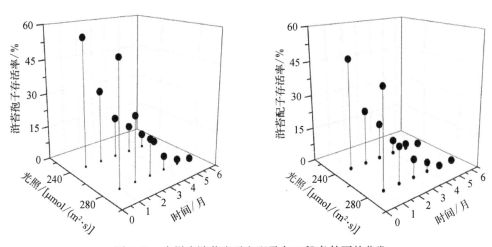

图 8.38　水样中浒苔孢子和配子在 35℃ 条件下的萌发

六、绿潮藻显微繁殖体的度夏能力

Song 等(2014)研究认为水体中绿潮藻显微繁殖体来源于南黄海近岸海域紫菜养殖筏架上固着的

绿潮藻。绿潮发生前,绿潮藻显微繁殖体与紫菜筏架上固着绿潮藻存在着正反馈效应,即固着绿潮藻放散显微繁殖体使其保持较高丰度,而显微繁殖体固着萌发增加了附着绿潮藻的生物量。这些附着绿潮藻在紫菜养殖末期经人为活动和物理扰动下脱落即可形成漂浮绿潮藻(Huo et al.,2014;Zhang et al.,2014)。10月至来年5月紫菜养殖设施上固着绿潮藻与显微繁殖体的这种正反馈效应使得水环境中的越冬绿潮藻显微繁殖体保持着较高的丰度。Huo 等(2013)报道,7~8月当大规模绿潮漂移至山东半岛后,江苏近岸海域漂浮绿潮已消失,而5~10月紫菜养殖设施尚未投放到该海域中。那么在8~10月夏季高温季节江苏近岸海域水体中持续存在的绿潮藻显微繁殖体又来源于哪里?可以推断的是"度过"夏季高温季节的显微繁殖体10月以后在温度下降及存在紫菜养殖设施等条件下开始固着与生长。因此,这些度夏的显微繁殖体成为固着绿潮藻和水体中越冬显微繁殖体的重要"种源"。

通过野外海区调查发现黄海海域水样在2014年7~9月均存在不同数量的绿潮藻显微体。通过室内高温模拟实验发现,在35℃条件下,水样和泥样中的绿潮藻显微繁殖体至少可以存活4个月。调查期间,黄海海域表层水温在30℃左右,且高温的持续时间不会超过4个月。说明绿潮藻显微繁殖体在夏季较高温度的水体中具备一定的抵抗"高温"环境条件的"度夏"能力,存在一个度夏的显微繁殖体库。

第九章　黄海绿潮优势种漂浮机制

自 2008 年以来在我国黄海海域发生的绿潮现象引起社会各界的关注,通过藻体形态学特征、分子鉴定和杂交技术相结合的方法,最终鉴定引发我国黄海海域绿潮暴发的绿藻是石莼属浒苔的亚种,并命名为浒苔青岛亚种($U.$ $prolifera$ subsp. $qingdaoensis$)(Cui et al.,2018)。浒苔是一种潮间带藻类,广泛分布于世界各地的海水或盐碱水中,生态幅较宽,具有较强的环境适应能力(Canter and Lund,1995;van den Hoek et al.,1995;Hiraoka and Oka.,2008;Lin et al.,2008;Shi and Wang,2009)。浒苔幼体常吸附于沙砾、岩石或大型海藻等基质生长,成体具有独特的气囊结构(Lin et al.,2008)。在夏季持续高温高光照条件下,浒苔能够快速进行光合作用,不断向管状藻体内部充气,促进藻体漂浮;另外,海水不断流动过程中,部分气泡(包含藻体本身光合作用产生的气体)吸附于藻体表面,增加藻体的浮力,这些是保障绿潮藻能够长期漂浮在海面,随着表层流和风场漂移 300 km 达到青岛海域的关键。

浒苔藻体拥有中空管状的单层细胞结构,胶质层厚实,藻体在生长发育初期产生分布密集的多级分枝。藻体在海域生长进行光合作用过程时,会释放出大量氧气,部分气体堆积在了浒苔管状结构,随着管状结构中氧气量增多,藻体自身细胞增大形成更大的囊腔形似气囊,还有部分气体在密集的分枝上形成悬挂的气泡,增大了藻体的浮力。藻体内外气体的相互作用使其漂浮于表层海面上。刘正一等(2011)对浒苔气囊中的气体进行成分测定和分析,研究发现浒苔气囊结构是一个封闭空间,在光强 $360\ \mu mol/(m^2 \cdot s)$ 持续照射下叶状体空腔内氧气浓度的最高稳定态约为海水中溶解氧饱和度的 169%,最低稳定态氧浓度仍高于水体的饱和氧浓度。浒苔气囊中储备的氧气可能成为其无光照条件下,进行呼吸作用的氧气来源。

绿潮是大型绿潮藻在适宜的水温条件下、在富营养化的水域中大量繁殖后形成的。漂浮浒苔气囊结构的形成可能是海区中营养盐浓度和水文条件等环境因子发生改变而导致的形态变化。这种形态的产生也可能是浒苔物种在海水富营养化愈加严重的环境条件下,与其他藻类竞争过程中,衍生出的一种新的生存优势。在海中漂浮生长也有利于放散在海水的中的孢子和配子的附着生长,从而也加速其生物量的积累。此外,表层风浪的冲击导致藻体主枝上的分枝断裂脱落,每个分枝都可能发育成完整的藻体。分枝不需要再从主枝吸收营养,直接从海区充分吸取营养盐,形成了新的藻体,进一步丰富了其起始生物密度、增强了其分生增殖能力,生长速度不断加快。在实验室充气培养环境下也曾发现藻体培养液中常有许多细小碎段,将这些碎段继续培养一段时间后,就会形成大的藻体。

通过叶绿素荧光技术配合氧电极技术研究了它们的光合作用情况,结果表明漂浮浒苔藻体的光合活性较强,沉降至泥表面的浒苔光合活性较弱。梁宗英等(2008)在对浒苔漂流聚集形成绿潮现象进行分析时认为,浒苔在长时间漂浮状态下连续增殖,日生长速率可达到 10%~37%。

沿岸海区出现的大量漂浮的浒苔管状藻体易分节,并且此种部位常有连接不紧密,细胞内的细胞质延伸拉长现象。藻体生物学下端细胞的细胞质延伸形成假根。浒苔假根具有极性,切断培养时,藻体靠近基部端的细胞拉长形成假根(Zhang et al.,2016)。有研究表明在对浒苔组织进行切断培养时,发现浒苔细胞的分化速度与其在叶状体中所处的生物学位置相关(Marsland,1975),处于假根部位的细胞的细胞质会继续衍生,而藻体组织生物学上端部分则重新发育成叶状体。处于生物学上端的细胞具有越强的分化成生殖细胞的能力,以更容易形成和释放孢子,越处于叶状体下端的细胞,尤其是假根区的细胞越具有再生成新植株的能力,假根还具有很强的形成分枝的能力。

本章针对黄海绿潮暴发过程中,海区优势种从无到零星漂浮,经过长距离漂浮移动,生物量由小到大面积暴发这一现象,从优势种的藻体的结构特征、长距离漂浮机制、生态因子对藻体漂浮影响和漂浮过程中藻体形态变化4个方面进行阐述。

第一节　浒苔分枝与气囊形成过程

一、浒苔分枝结构形成过程

浒苔幼苗发育形成管状主枝形态后,管壁细胞开始萌芽,随机产生众多突起(图 9.1A、B),随后这些突起细胞进行连续的横分裂形成单列细胞(图 9.1C),这些新形成的单列细胞将发育成为浒苔的一级分枝(图 9.1D、E)。随着浒苔一级分枝继续发生横纵分裂,接着产生次级新分枝(图 9.1F),这些分枝在漂浮过程中也可以充气形成气囊增加浒苔藻体浮力(图 9.1G),或在脱离主枝后形成新的独立浒苔个体。浒苔主枝明显,分枝密集且基部缢缩(图 9.1H),多极分枝有利于生长过程中进行光合作用和呼吸作用释放的气体悬浮于分枝间(图 9.1I),增加浒苔在水中的浮力。

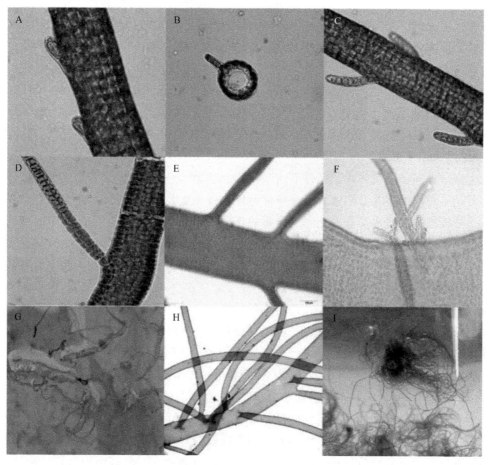

图 9.1　浒苔分枝形成过程

A. 主枝上的随机突起;B. 主枝突起横截面结构;C. 单列细胞分枝;D. 浒苔单列细胞横纵分裂后形成一级分枝;
E. 浒苔一级分枝;F. 浒苔次级分枝;G. 浒苔主枝与分枝皆形成气囊;H. 主枝明显,分枝基部缢缩;I. 浒苔分枝间悬挂气泡

二、浒苔藻体气囊结构形成

在适宜的温度、光照强度等环境因子条件下,管状的浒苔藻体光合作用增强,光合速率变快,封闭的中空管道逐渐汇集气体(图 9.2A)。随着光合作用逐渐增强,其藻体管道内气压越来越大,并形成气囊状(图 9.2B)。另外,当藻体长到一定长度易弯折,会出现一些"节"点(图 9.2C)。节点处的细胞比其他细胞个体大,数量少,细胞内色素体变淡(图 9.2D)。在两节点之间的藻体段容易先形成囊状腔(图9.2E),藻体部分呈囊状后有利于漂浮(图 9.2F)。囊状形成的不同步,也导致了整株藻体最终都形成囊状后皱褶的形成,在囊状藻体上仍可发现原先节点处的囊腔直径比其他部位的细。当囊状藻体继续发育至藻体老化后,藻体破裂成皱褶膜状体。浒苔囊状结构充满气体,使浒苔藻体最终漂浮于水面生长。

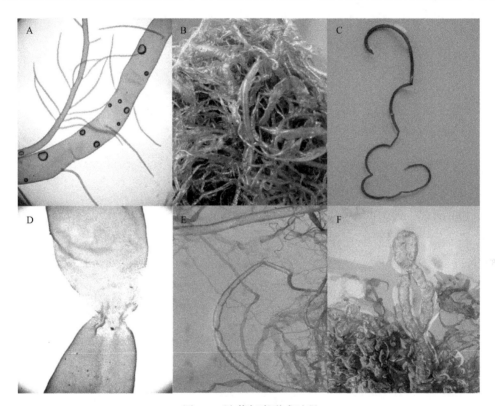

图 9.2 浒苔气囊形成过程

A. 藻体管腔内积累气体;B. 管腔充气形成气囊;C. 藻体弯曲形成"节点";D. "节点"处细胞颜色较淡;
E. "节点"之间充气形成封闭气囊;F. 气囊可漂浮在水面上

通过海区调查监测暴发高峰期的漂浮浒苔生长状况发现,海域漂浮浒苔形态在生长过程中达到成体阶段后大多有气囊状结构。在青岛绿潮发生期间,采集的浒苔主枝有气囊结构,这种气囊结构有利于浒苔在海区漂浮生长。

第二节 黄海绿潮浒苔长距离漂浮机制研究

一、黄海绿潮藻漂移过程中的囊枝悬挂现象

通过对历年绿潮发生中期漂浮绿潮藻进行监测,对漂浮藻体形态进行观测,我们发现了一种浒苔的

气囊-分枝复合漂浮方式,即由主枝形成气囊暴露在空气中长期漂浮于海面上,其管状分枝悬挂其下完全浸泡在海水里。采集后用毛刷刷去杂物和杂藻后用干净的海水冲洗,阴至半干(含水 40%~50%),用低温保种箱带回。将漂浮气囊与悬挂分枝各随机挑选 5 株藻,记录外部形态特征,包括藻体颜色、外形轮廓、主枝有无、分枝粗细及数目。随机取 10 株新鲜藻,在 Olympus BX61 显微镜下观察藻体的表面观细胞排列、形状、大小及内含物情况并拍照记录。

图 9.3 为绿潮暴发过程海上漂浮浒苔现场照片,藻体主枝明显,基本都已形成气囊,且除基部较细以外,其余部位直径均相近,有较多细长分枝,分枝直径明显小于主枝,基部常缢缩。漂浮浒苔的分枝多呈管状,悬挂于气囊主枝下方。图 9.4 显示了不同海区漂浮浒苔悬挂分枝的长度,从图中可以看出,漂浮藻体在由南至北漂移过程中,其悬挂分枝的长度呈递减趋势。

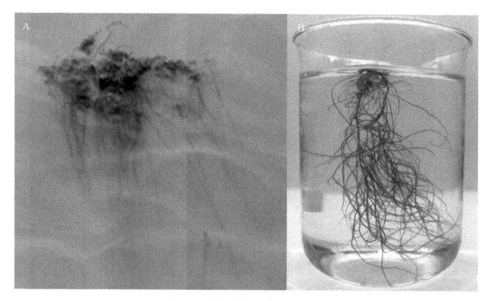

图 9.3 漂浮浒苔悬挂分枝现象
A. 海区漂浮藻体;B. 单株漂浮浒苔藻体

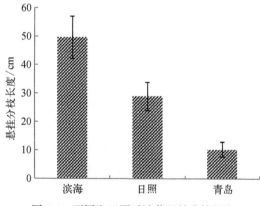

图 9.4 不同海区漂浮浒苔悬挂分枝长度

在海水潮流和风力的共同作用下,浒苔由黄海南部向北部漂移并大量聚集。我们在 2011~2014 年海上监视绿潮暴发时,在江苏滨海、日照、青岛等海域均发现漂浮浒苔存在悬挂分枝现象。在实验室室内培养的绿潮藻优势种浒苔的适应光强为 20~400 μmol/(m² · s),最适生长条件为 100~120 μmol/(m² · s),当光照强度大于 400 μmol/(m² · s)时藻体进入衰亡状态直至完全死亡(Cui et al., 2015)。而在对绿潮的跟踪监测过程中测量所得野外自然光辐照强度平均在 1 000 μmol/(m² · s)以上,在此条件下浒苔应皆处于衰亡状态甚至全部死亡。由于漂浮气囊的遮阴效果,悬挂分枝在海水中所承受的光照强度大大减弱。

由于苏北浅滩水深较浅,海底沉积物易受到风浪的搅动,南黄海海水透明度远低于北黄海,并且由于冬季海上风速较夏季更快,因而冬季黄海的透明度远高于夏季。绿潮藻在夏季向北黄海漂移的过程中所接受的光照强度不断增强,经过日照海域的绿潮藻颜色显著变浅,已处于衰亡状态。漂移在北黄海漂浮的绿潮藻已开始进入衰亡期,藻体状态较差,生长率较低。绿潮藻漂浮于海面上时,其囊状藻体直接接触阳光且部分暴露在空气中,而悬挂分枝完全浸没在海水中并有囊状藻体替其遮挡阳光。

二、漂浮气囊藻体与悬挂分枝藻体的叶绿素荧光参数比较

用德国 walz 公司生产的 PHYTO‐PAM 浮游植物荧光仪完成浒苔叶绿素荧光各个参数的测定，并且利用 Phyto‐Win 软件收集、分析和储存数据。测量前浒苔暗适应 8 min，先用检测光照射测得初始荧光 F_o，再用强饱和脉冲光[10 000 $\mu mol/(m^2 \cdot s)$，300 ms]激发，测的最大荧光参数 F_m，然后，光化光被打开，使样品开始进行光合作用，光照样品的最大荧光值(F_m')被记录，从而计算出浒苔 PSⅡ 在不同处理条件下的最大光化学效率 F_v/F_m 和实际光化学效率 $Y(Ⅱ)$：

$$F_v/F_m = (F_m - F_o)/F_m$$

$$Y(Ⅱ) = (F_m' - F)/F_m'$$

所有实验均进行 5 次重复。

图 9.5 为同一株漂浮浒苔气囊与分枝的光合荧光参数的比较，可以看见，悬挂分枝藻体的光合荧光参数 F_v/F_m 和 $Y(Ⅱ)$ 值均明显高于气囊主枝，其中，悬挂分枝藻体的最大光化学效率(F_v/F_m)平均值为0.6，是气囊分枝藻体的 2.14 倍，悬挂分枝藻体的实际光化学效率 $Y(Ⅱ)$ 平均值是气囊藻体的 3.63 倍。可见，漂浮气囊藻体处于胁迫状态。

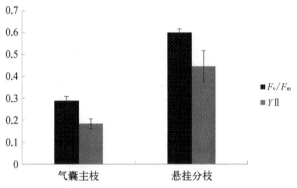

图 9.5　漂浮浒苔气囊藻体与悬挂分枝藻体 F_v/F_m 值及 $Y(Ⅱ)$ 值的比较

叶绿素荧光参数与光合作用中各个反应过程都紧密相关，任何逆境对光合作用中各过程的影响都可以通过叶绿素荧光参数的变化反映出来。因此，叶绿素荧光参数可作为逆境条件下植物抗逆反应的重要指标之一(Gao et al.，2010；Han et al.，2008)。当光照、温度、盐度等环境因子处于过高或者过低的极端水平时，会对浒苔产生不利的影响。叶绿素荧光技术的优点为：活体测定，在不损伤藻体的前提下进行迅速测定，且灵敏度高，操作简便。本实验利用叶绿素荧光仪 Phyto‐PAM(德国 walz)测定不同状态浒苔的叶绿素荧光参数，测量方法参照 Han 等(2008)和汤文仲等(2009)通过 PSⅡ 的最大光化学效率(F_v/F_m)和实际光化学效率 $Y(Ⅱ)$ 两参数判断浒苔在不同状态条件下的生理状态。F_v/F_m 反映的是当所有 PSⅡ 反应均处于开放状态时的量子产量，反映了植物的潜在最大光合能力，是检测植物体生长状态的最重要的和最常用的参数，非环境胁迫条件下浒苔叶状体的荧光参数 F_v/F_m 极少变化，不受生长条件的影响，即在正常生理状态下，F_v/F_m 是一个很稳定的值，通常认为绿潮藻的 F_v/F_m 为 0.7～0.75。$Y(Ⅱ)$ 反映了当前光照下 PSⅡ 的实际量子产量，即植物的实际光合效率。当 F_v/F_m 和 $Y(Ⅱ)$ 数值下降时，表明植物受到了胁迫。

在石莼属海藻体内，光系统Ⅱ(PSⅡ)对环境条件的胁迫极为敏感，因此它常被用于指示藻类对上述指标的响应程度。通过对叶绿素荧光参数变化的监测来间接观察光合作用的变化是一种非常简便、

快捷、可靠的方法。浒苔产生气囊后可以长期漂浮于海面上,随着水流风浪向北方海域漂移。在强烈的日光下,漂浮的气囊主枝交缠在一起,可以替悬挂其下的分枝遮挡部分光照,从而保证了浒苔的生存。漂浮气囊光合作用较差,细胞开始衰亡,藻体处于胁迫状态下,经过适宜条件培养后释放繁殖体或直接死亡解体;悬挂分枝生理状态较好,叶绿素含量显著高于漂浮气囊,光合效率也较高,细胞结构饱满,属于健康藻体。悬挂分枝呈管状或丝状藻体,藻龄较低,在适宜条件下能够保持健康状态,在漂浮分枝保护下可以悬浮在海水中避光并持续生长,若受到光照刺激也可以生成气囊,继续漂浮并保护其他分枝。这种漂浮-悬挂的复合漂浮方式大大增加了浒苔的生存能力,是浒苔成为绿潮藻优势种的原因之一。

三、漂浮浒苔气囊藻体与悬挂分枝藻体的叶绿素含量比较

将绿潮藻样品分组后,吸干表面水分后分别取每份 0.2 g 藻体,每组 3 份测定藻体叶绿素含量。本实验中采取浸提法(张宪政,1986),浸提液为丙酮:无水乙醇=1:1。每份样品置于 10 mL 浸提液中,于室温黑暗中浸泡 10 h,再用滤纸过滤洗脱入 25 mL 的容量瓶中,定容至 25 mL。用分光光度计测量样品在 645 nm 和 663 nm 波长下的吸光度,并计算出叶绿素的含量:

$$C_a = 12.71 OD_{663} - 2.59 OD_{645}$$
$$C_b = 22.88 OD_{645} - 4.67 OD_{663}$$
$$C_T = C_a + C_b = 8.04 OD_{663} + 20.29 OD_{645}$$

将青岛海域采集的漂浮浒苔分成气囊主枝与悬挂分枝两组后分别测量叶绿素浓度并进行比较,由图 9.6 可见叶绿素含量的变化趋势与光合荧光参数变化趋势结果相同,气囊藻体主枝的叶绿素含量显著低于悬挂分枝藻体。其中,悬挂分枝藻体的叶绿素 a、叶绿素 b 及总叶绿素含量分别高达 0.523 mg/g、0.347 mg/g、0.871 mg/g,分别是气囊藻体的 2.55 倍、3.07 倍、2.74 倍。

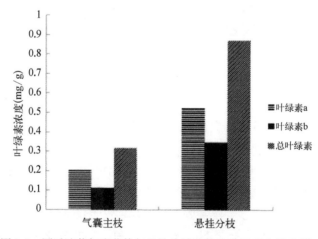

图 9.6 漂浮浒苔气囊藻体与悬挂分枝藻体的叶绿素含量比较

四、漂浮浒苔气囊藻体与悬挂分枝藻体的细胞显微结构比较

漂浮浒苔藻体主枝均已形成气囊,且气囊藻体中发白面积比例较大且成斑块状(图 9.7A)。进一步通过细胞显微结构观察,发现发白藻体的细胞可以分为 3 种状态。

1)藻体细胞质向一边偏移或向中央萎缩变色(图 9.7B、C)。
2)藻体细胞质颗粒化后褪色变白,失去活性(图 9.7D、E)。

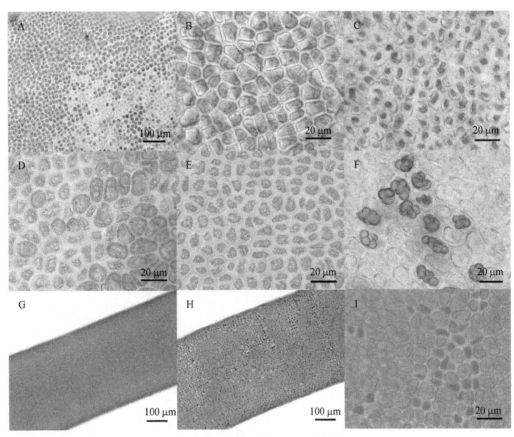

图 9.7　漂浮浒苔细胞显微结构

A. 漂浮气囊藻体上的白色斑块；B. 藻体细胞质向一边偏移；C. 藻体细胞质萎缩变色；D. 部分细胞质颗粒化后褪色；E. 细胞质颗粒化后变白死亡；F. 藻体形成生殖细胞囊；G. 悬挂分枝藻体呈健康营养细胞状态；H. 部分藻体细胞质萎缩发白；I. 少部分细胞细胞质萎缩

　　3）营养细胞形成生殖细胞囊后，放散出繁殖体成空细胞（图 9.7F）。而悬挂分枝则多为管状，少部分为丝状，颜色较绿且无明显斑块（图 9.7G），细胞内容物充盈，多呈营养细胞状态，仅少部分细胞细胞壁增厚、细胞质萎缩（图 9.7H～I）。可见，悬挂分枝藻体的细胞多呈活跃生长状态，而气囊藻体的细胞处于逐渐死亡状态。

　　悬挂分枝在形态上与健康浒苔藻体相一致，呈深绿色或鲜绿色，由单层细胞组成中空管状体，体长可达 1 m，直径可达 2～3 mm，主枝明显且高度分枝，有些藻体分枝密集呈羽毛状，细胞形状多为圆形或多角形，细胞直径为 20～40 μm，具有较多蛋白核。浒苔的截面观察具有典型的单层细胞管状结构，细胞位于单层藻体中央，管状叶状体被一层蛋白聚糖覆盖，厚度能够达到 5 μm，且每个细胞都含有一个或多个蛋白核。然而浒苔为了适应环境的变化（营养、盐度等），会发生一些形态上的改变，从而更好地适应不断改变的生存环境，在形态上有较强的可塑性。

五、气囊与悬挂分枝生长潜力

　　将气囊与悬挂分枝分别培养一周后观察其细胞形态变化。气囊主枝经过最适条件培养后，藻体仍然呈白绿色且白色斑块部分范围进一步扩大（图 9.8A），显微镜下观察到其细胞部分已死亡，细胞壁增厚，细胞间隙增大，藻体有解体分离趋势（图 9.8B）；未死亡的细胞都已形成生殖细胞囊，且多数细胞已经放散出繁殖体形成空细胞（图 9.8C、D），在藻体周围的海水中也存在大量的活跃繁殖体（图 9.8E、F）。悬挂分枝经培养后，藻体细胞仍处于营养细胞状态，且细胞质萎缩部分减少（图 9.8G～I）。

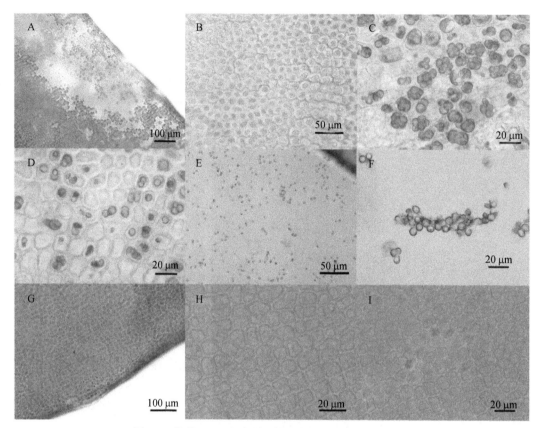

图 9.8　培养 10 d 后漂浮气囊及悬挂主枝显微细胞结构

A. 漂浮气囊藻体白色斑块面积较大；B. 细胞壁增厚且间隙增大；C. 形成生殖细胞囊；D. 部分繁殖体未放散完全；E. 漂浮气囊藻体周围海水中的繁殖体；F. 繁殖体聚集固着；G. 悬挂分枝藻体呈健康绿色；H. 健康营养细胞；I. 少部分细胞细胞质略萎缩

第三节　外界生态因子对浒苔漂浮的影响

一、藻体漂浮状态的判断标准

停止充气培养的浒苔藻体，静止一段时间后，观察藻体在培养器所处的位置。藻体全部沉入培养器底部为不漂浮（图 9.9A），藻体大部分悬浮在培养器底部以上为半漂浮（图 9.9B），藻体全部悬浮在培养器底部以上为全漂浮（图 9.9C）。

二、温度和光强对浒苔藻体漂浮状态的影响

将浒苔藻体培养于 10℃、15℃、20℃、25℃、30℃ 5 个温度梯度下，观察藻体漂浮状态，实验结果见表 9.1 和图 9.10。结果显示，除 30℃组藻体因温度太高死亡外，其他温度（10℃、15℃、20℃、25℃）藻体均能漂浮。其中，当光照强度在 $10 \sim 20\ \mu mol/(m^2 \cdot s)$ 时，10℃、15℃、20℃、25℃各温度组的藻体均为半漂浮状态，当光照强度 $60 \sim 140\ \mu mol/(m^2 \cdot s)$ 时，10℃、15℃、20℃、25℃各温度组的藻体均为全漂浮状态。

图 9.9 藻体漂浮判定标准

A. 不漂浮；B. 半漂浮；C. 全漂浮

表 9.1 各条件培养下藻体最终漂浮状态

温度/℃	光强/[μmol/(m² · s)]				
	10	20	60	100	140
10	半漂浮	半漂浮	漂浮	漂浮	漂浮
15	半漂浮	半漂浮	漂浮	漂浮	漂浮
20	半漂浮	半漂浮	漂浮	漂浮	漂浮
25	半漂浮	半漂浮	漂浮	漂浮	漂浮
30	两天内藻体死亡				

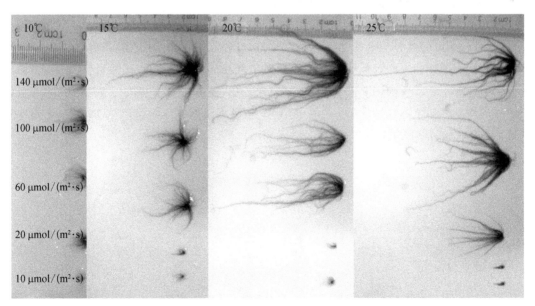

图 9.10 各条件下藻体生长状况比照

将浒苔藻体培养于 10 μmol/(m² · s)、20 μmol/(m² · s)、60 μmol/(m² · s)、100 μmol/(m² · s)、140 μmol/(m² · s)5 个光照强度梯度下，观察藻体漂浮状态。从表 9.1 和图 9.10 可以看出，10 μmol/(m² · s)、20 μmol/(m² · s)、60 μmol/(m² · s)、100 μmol/(m² · s)、140 μmol/(m² · s)5 个光照强度组下，浒苔藻体均能存话，且当光照强度在 10～20 μmol/(m² · s)时，各温度组藻体均为半漂浮状态，当光

照强度在 60 μmol/(m² · s)以上、140 μmol/(m² · s)以下时,各温度组藻体均为全漂浮状态。可见光照强度对浒苔藻体漂浮更为重要。

　　观察到实验藻体只要超过 10℃,光照强度超过 60 μmol/(m² · s)就能漂浮,且观察到漂浮藻体周围有气泡产生(图 9.11)。藻体在一定适宜培养条件下,通过光合作用释放氧气并在藻体外侧形成小气泡,这些小气泡大部分仍然附在藻体外侧,当藻体外侧积累一定数量小气泡时,可以使藻体漂浮起来。因此,光合作用较强的藻体更容易漂浮起来,藻体分枝较多的藻体附着小气泡更多也更容易漂浮起来。

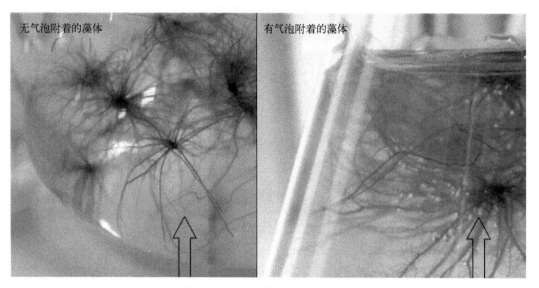

图 9.11　气泡在藻体上的附着情况

三、不同条件下培养的藻体 F_v/F_m 的测定

　　本实验的数据显示(图 9.12),浒苔在 15～25℃,60～140 μmol/(m² · s)的条件下能较好地维持自身的光能转化效率。温度和光照对藻体最大光化学量子产量的影响有极显著性差异($P<0.01$)。漂浮与否与光合速率的大小有一定的相关性,能够漂浮的实验组,藻体的最大光化学量子产量也相对较高。高的光化学量子产量反映了藻体较高的光合作用水平,也就意味着藻体可以产生更多利于漂浮的气体,也就是说两个环境因素在光合作用方面促进了藻体的漂浮。

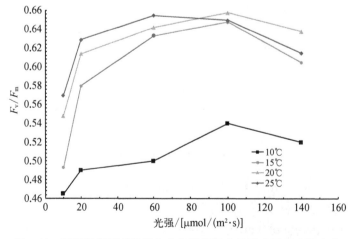

图 9.12　不同温度下藻体最大光化学量子产量随光照强度的变化

四、藻体气囊对藻体漂浮的影响

当浒苔藻体在适宜培养条件下培养一定时间后，一般在 2 周以后藻体易出现气囊结构，藻体内部气管充满光合作用释放的氧气而膨大形成气囊，藻体一旦形成气囊后，可以很长时间漂浮在水体表面上，直到有外力将气囊破坏。

浒苔在温度为 15℃、20℃、25℃，光照度为 60 μmol/(m^2·s)、100 μmol/(m^2·s)、140 μmol/(m^2·s)的培养条件下能够实现漂浮，这显示了藻体的漂浮需要较强的光照和适宜的温度。10℃是一个临界温度，达到此温度，藻体能顺利漂浮，而光强只需高于 60 μmol/(m^2·s)就能全漂浮。PSⅡ的最大光量子产量（F_v/F_m），在非环境胁迫条件下极少变化，是一个很稳定的值，当藻类处于不适宜的光照强度时，光系统就会受到不同程度的损伤，从而造成光合能力的下降。实验数据显示，浒苔在 15～25℃，60～140 μmol/(m^2·s)的条件下能较好地维持自身的光能转化效率。而方差分析显示温度和光照对藻体最大光化学量子产量的影响有极显著性差异。漂浮与否与光合速率的大小有一定的相关性，能够漂浮的实验组，藻体的最大光量子产量也相对较高。高的光量子产量反映了藻体较高的光合作用水平，也就意味着藻体可以产生更多利于漂浮的气体，也就是说两个环境因素在光合作用方面促进了藻体的漂浮。藻体生长后期即最少两周后才容易出现气囊结构，即藻体呈现黄色或发白透明状尤其容易出现气囊结构，一般生长旺盛期深绿色或健康绿色的藻体不易出现气囊结构，因此可推断健康绿色藻体不易出现气囊结构而发白衰老藻体易出现气囊结构，而在野外环境下也可出现了类似情况。

五、室外条件下外界因素对浒苔漂浮的影响

1. 藻体漂浮全过程观察
实验结果表明，野外条件下，在 7.5～8℃时晴天时，部分浒苔藻体已经能产生少量气泡，但不足以使全部藻体实现半漂浮，但温度一旦达到 10℃时，光强大于 30 μmol/(m^2·s)时就能实现半漂浮，而大于 80 μmol/(m^2·s)就能实现全漂浮（表 9.2）。

表 9.2　天气及温度条件对浒苔漂浮的影响

光强/[μmol/(m^2·s)]	5℃	7.5～8℃	10℃	12.5～13℃	15℃
晴天（光强>300）	不漂浮	不漂浮，少数有气泡	全漂浮	全漂浮	全漂浮
阴及多云（80<光强<300）	不漂浮	不漂浮	全漂浮	全漂浮	全漂浮
雨天（30<光强<80）	不漂浮	不漂浮	半漂浮	半漂浮	全漂浮

当晴天天气且温度在 15℃时，藻体放置在窗台一定时间后，由于受光合作用放氧影响，沉于烧杯底部的藻体发生整体上升现象，藻体从底部沉底状态到完全漂浮全程只需 12 min 左右。藻体生物量对藻体漂浮有显著作用，15℃晴天状态下，0.60 g 藻体漂浮速度比 0.10 g、0.25 g 藻体快，从沉底状态到完全漂浮只需 12～13 min，而 0.10 g 藻体和 0.25 g 藻体从沉底状态值完全漂浮至少需 1 h 左右。

2. 天气对浒苔藻体漂浮的影响
晴天天气浒苔藻体漂浮状态观察结果见表 9.2，从表中可以看出，晴天气温在 10～15℃时，藻体均

处于全漂浮状态。而在晴天 5℃条件下,藻体全部沉底,不发生漂浮现象;而在晴天 7.5～8℃条件下,浒苔藻体全部沉底,部分藻体可产生少量气泡,但不足以实现半漂浮。浒苔藻体在 10～15℃多云(阴天)天气里,藻体均可以处于全漂浮状态;而在 5～8℃多云(阴天)天气里,藻体全部处于沉底状态。浒苔藻体在 15℃雨天天气里,藻体均处于全漂浮状态,在 10～13℃雨天天气里,藻体均处于半漂浮状态,而在 5～8℃雨天天气里,藻体全部处于不漂浮状态。

3. 藻体生物量对藻体漂浮的影响

图 9.13 为 15℃晴天天气下,各重量组藻体对藻体漂浮状态的影响。各重量组最终均可达到全漂浮状态,但 0.60 g 组藻体漂浮过程所用时间比 0.10 g 组和 0.25 g 组短,从烧杯沉底状态到全漂浮状态也只需 12～13 min,而 0.10 g 组藻体和 0.25 g 组藻体从沉底状态到全漂浮状态则需 1 h 左右。可见藻体生物量对藻体漂浮有显著作用,即藻体生物量大时,其藻体分枝多,更容易产生漂浮现象。

图 9.13 藻体生物量对漂浮的影响
藻体重量从左至右分别为 0.25 g、0.60 g、0.10 g

整个室内实验结果显示,较强的光照和温度能够促进藻体的漂浮,这种促进作用可能是通过两方面来实现:一是通过促进藻体的生长,增加藻体或绿潮藻群体的重量从而增加藻体密度,而使藻体浮力增加从而将藻体托至水面;二是增强藻体的光合作用能力,使放氧量增大,加大气体对藻丝的附着概率,使得光合作用产生的气体不逸散。

而在整个室外实验中,我们同样发现浒苔藻体进行光合作用过程时会释放出氧气,藻体密集多级的分枝利于"捕获"更多的气体,气体堆积在浒苔多级分枝周围(图 9.14),随着氧气量增多,增大了藻体的浮力,浒苔藻体能漂浮于海面上。

在本实验室中藻体进行光合作用释放氧气,如在 15℃下漂浮只需要 12 min,因此可利用浮力定律对浮力进行推算,在 12 min 内藻体从沉底状态到漂浮状态,在此忽略藻体本身生物量的增加,而溶液密度 ρ 为海水密度,不会有变化,盐度 30 海水的密度约为 1.023 5,通过推导得出 0.5 g 实验藻体漂浮至表面最少需要 0.511 75 cm^3 的气体。

无论是室内实验还是室外实验都确实观察发现了藻体气囊多出现于生长后期、发白或透明状衰老藻体,推测藻体自身的衰败细胞无法对细胞内外氧气进行调节,因此气囊逐步扩大直至藻体死亡,漂浮藻体在海面上动态产氧过程是一研究难点。有的研究只是对漂浮浒苔气囊结构的形成做出推测,推测气囊结构的出现是海区营养盐浓度和水文条件等环境因子发生改变而随之产生的形态变化,认为这种结构有利于藻体在海面漂浮生长,但还是没有解释清楚气囊的形成机制及漂浮机制。由此可以推断,导致浒苔漂浮的可能因素可以是海水透明度的增加或者太阳辐射的增强以及海域气温的上升。

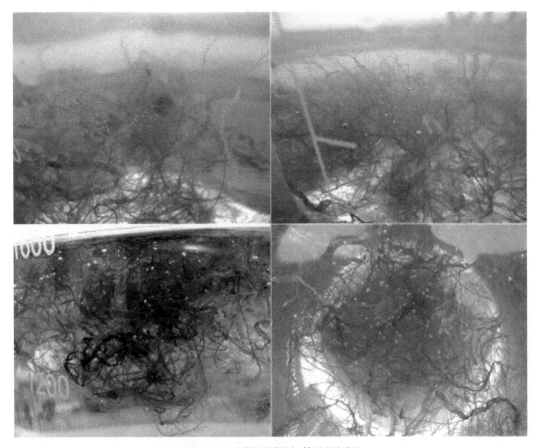

图 9.14　藻体对周围气体的"捕获"

第四节　黄海绿潮漂移过程中藻体状态变化

一、漂浮浒苔藻体颜色划分

沿黄海绿潮漂移路径,重点采集了江苏省吕四海区、如东海区、大丰海区、连云港海区及山东省日照海区、青岛海区6个海区共72份样品,通过对藻体颜色的观察,漂浮浒苔藻体颜色暂且大致分为深绿色或亮绿色,标为 G;浅绿色或黄绿色标为 GY;黄色或黄白色标为 Y;白色或透明状标为 W,其中白色藻体在干出呈现白色,在水体中则为透明状。藻体颜色分类详见图 9.15。

二、黄海绿潮漂移过程中浒苔藻体颜色变化趋势

根据各个海区采集的漂浮浒苔藻体颜色分类发现,各个海区均存在深绿色、黄绿色、浅黄色、白色4种类型藻体(图 9.16),但每种颜色的藻体所占比例不一样(图 9.17)。其中吕四海区、如东海区、大丰海区、连云港海区、日照海区、青岛海区的 G 类漂浮浒苔分别占该海区绿潮藻中的 64.89%、65.21%、58.33%、32.18%、6.97%、0.76%;而 W 类漂浮浒苔分别占海区绿潮藻中的 1.04%、2.11%、1.79%、2.81%、25.93%。可见,吕四、如东及大丰海区藻体颜色及形态变化不显著($P>0.05$),随着绿潮藻继续向北漂移,藻体颜色出现变化,颜色组成比例变化趋势极其显著($P<0.01$)。

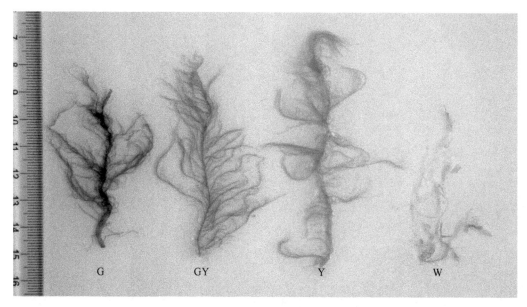

图 9.15　漂浮浒苔藻体颜色分类

G. 深绿色或亮绿色；GY. 浅绿色或黄绿色；Y. 黄色或黄白色；W. 白色或透明色

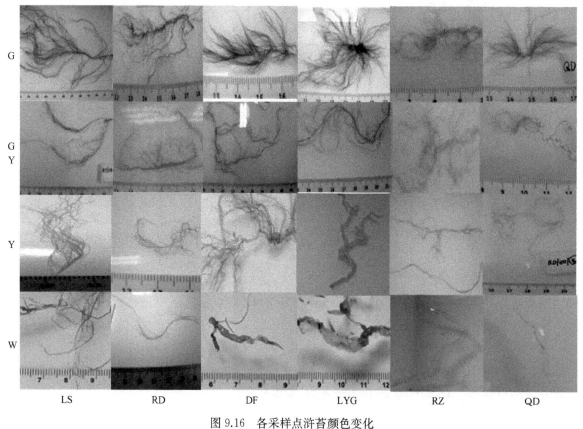

图 9.16　各采样点浒苔颜色变化

LS 表示吕四；RD 表示如东；DF 表示大丰；LYG 表示连云港；RZ 表示日照；QD 表示青岛

三、黄海绿潮漂移过程中浒苔藻体气囊比例变化

2014 年对各个海区的漂浮浒苔进行了采集与不同状态藻体比例的测算。根据各个海区采集的漂

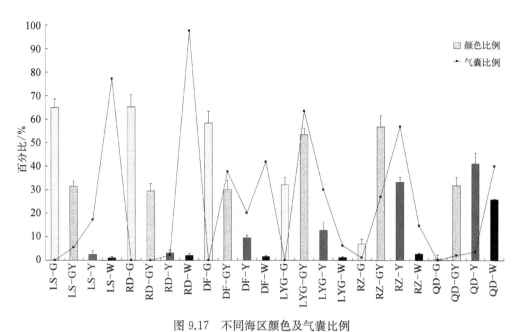

图 9.17　不同海区颜色及气囊比例

LS 表示吕四；RD 表示如东；DF 表示大丰；LYG 表示连云港；RZ 表示日照；QD 表示青岛

浮浒苔藻体成长状态分类发现，各个海区均存在丝状、管状、囊状、褶皱状 4 种类型的藻体（图 9.18）。由图 9.19 可知，如东海区、连云港海区、日照海区、青岛海区漂浮浒苔的丝状藻体分别占该海区绿潮藻中

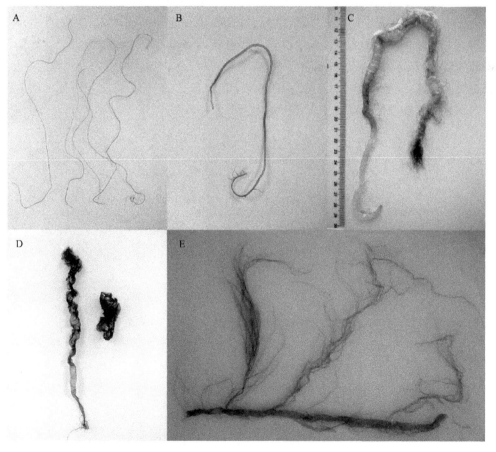

图 9.18　绿潮藻形状分类

A. 丝状藻体；B. 管状藻体；C. 囊状藻体；D. 褶皱状藻体；E. 整株藻体

的 41.67％、28.33％、5.86％、0.49％,而囊状藻体分别占海区绿潮藻中的 15.67％、27.33％、64.06％、67.00％。沿海海区绿潮藻漂移过程中,由南至北丝状及管状藻体比例呈降低趋势,而囊状藻体比例呈增高趋势,褶皱状藻体比例变化不大。

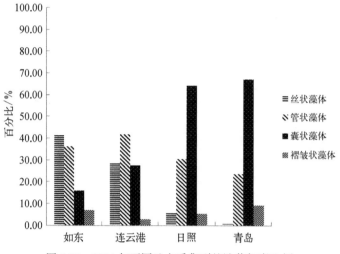

图 9.19　2014 年不同地点采集到的浒苔气囊比例

　　初步对绿潮暴发期间各海区调查,发现暴发期间漂浮浒苔会呈现不同的颜色且比例也有所不同,气囊的出现也随着海区的不同,比例也不同,而气囊结构的出现使浒苔在海区进行漂浮生长,尽管国内外学者对漂浮浒苔的生物学特性进行过相关研究,但有关漂浮浒苔的气囊研究,国内外均未见有具体的报道。马家海等(2009,2010)等也只报道了漂浮生长的变异长石莼局部有气囊结构的产生,其研究结果认为这种结构有利于藻体在海面漂浮生长。具有多级分枝的藻体在海域生长进行光合作用过程时,会释放出大量氧气,部分气体堆积在了浒苔管状结构,随着管状结构中氧气量增多,藻体自身细胞增大形成更大的囊腔形似气囊,还有部分气体在密集的分枝上形成悬挂的气泡,增大了藻体的浮力,而最终通过藻体内外气体的相互作用使其漂浮于表层海面上。

第十章 黄海绿潮早期暴发优势种群演替

第一节 黄海绿潮早期暴发浒苔优势种群演替现象

应用分子生物学检测技术,项目组从 2008 年至今已经连续 11 年跟踪研究了江苏海域紫菜筏架固着绿潮藻种群以及早期漂浮绿潮藻种群变化现象,发现紫菜筏架固着绿潮藻优势种群与早期漂浮绿潮藻优势种群具有一定演替规律(田晓玲等,2011;陈丽平,2012;Huo et al.,2013;Han et al.,2013;徐文婷,2016;Zhang et al.,2015;Wang et al.,2018)。

项目组在连续 11 年绿潮暴发早期监视过程中,应用形态分类以及 ITS 序列和 5S rDNA 间隔序列(进化速率比 ITS 快 10 倍左右)分子鉴定技术,最早确定绿潮暴发早期(每年 4～5 月)绿潮藻漂浮优势种主要有 4 个种群:浒苔(*U. prolifera*)、扁浒苔(*U. compressa*)、曲浒苔(*U. flexuosa*)、缘管浒苔(*U. linza*)(田晓玲等,2011;陈丽平,2012;Huo et al.,2013;Han et al.,2013)。并发现最早漂浮的绿潮种类组成与如东-大丰辐射沙洲海区紫菜养殖筏架上的绿潮藻种类组成是密切对应相关的,且 4 个浒苔类绿潮藻分子序列相似度均高达 100%(陈丽平,2012)。

研究表明黄海绿潮早期漂浮优势种群逐年发生变化现象,且呈现一定种群演替规律。在 2009～2011 年,黄海绿潮最早漂浮的种类不是浒苔(*U. prolifera*),而是扁浒苔(*U. compressa*)和曲浒苔(*U. flexuosa*),随后出现缘管浒苔(*U. linza*),最后才出现浒苔(*U. prolifera*),且仅浒苔(*U. prolifera*)最终成为优势种大规模暴发并漂至山东海区,其他 3 种在漂浮过程中逐渐消失(陈丽平,2012;Han et al.,2013;Huo et al.,2013)。2011 年 11～12 月在江苏如东海区条斑紫菜养殖筏架上发现大量固着生长的浒苔(*U. prolifera*),其形态与 2008 年黄海大规模漂浮浒苔(*U. prolifera*)相同(图10.1),且 ITS 序列和 5S rDNA 间隔序列分析证明即为 2008 年黄海大规模漂浮绿潮藻优势种浒苔(*U. prolifera*)。2012 年后,漂浮绿潮藻演替规律发生很大变化,2008 年黄海大规模漂浮浒苔(*U. prolifera*)已直接成为最早漂浮种类,并贯穿大规模暴发全过程,其他 3 种浒苔种类伴随发生,但也仅浒苔(*U. prolifera*)优势种大规模暴发并漂至山东海区(陈丽平,2013;Huo et al.,2012;Han et al.,2013)。

此外,项目组还进一步发现黄海绿潮优势种浒苔(*U. prolifera*)生态型也逐渐发生变化(陈丽平,2012;Han et al.,2013;Huo et al.,2013;Wang et al.,2018)。根据 ITS 序列差异分析结果,我们把2008 年黄海绿潮漂浮浒苔(*U. prolifera*)定为漂浮生态型,而把江苏沿海池塘固着生长的浒苔(*U. prolifera*)定为池塘生态型。应用 5S rDNA 间隔区序列,进一步发现大规模绿潮暴发优势种浒苔(*U. prolifera*)漂浮生态亚型又可以分为 5S-Ⅰ型、5S-Ⅱ型、5S-Ⅲ型和 5S-Ⅳ型等(陈丽平,2012;Han et al.,2013)。其中,把 2008 年我国黄海绿潮暴发漂浮优势种浒苔(*U. prolifera*)定为 5S-Ⅰ型,而浒苔(*U. prolifera*)池塘生态型 5S 序列定为 5S-Ⅱ型。我们已发现黄海绿潮暴发优势种浒苔(*U. prolifera*)逐步由 5S-Ⅰ型向 5S-Ⅱ型转变,可见黄海绿潮暴发早期漂浮优势种演替变化很大(Zhang et al.,2015;徐文婷,2016;Wang et al.,2018)。

国外暴发绿潮优势种多为石莼属石莼类种群,而我国黄海暴发大规模绿潮藻种类为石莼属浒苔类

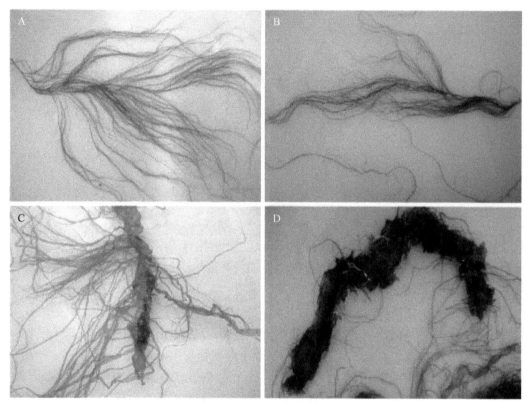

图 10.1　紫菜筏架固着浒苔与漂浮浒苔形态对比

A,C 为漂浮浒苔(*U. prolifera*)形态;B,D 为紫菜筏架固着浒苔(*U. prolifera*)形态

种群,且国外暴发绿潮优势种自始至终基本为同一个种群,而我国黄海暴发大规模绿潮早期却出现多个种群,并且存在演替现象,这表明我国黄河绿潮暴发机制更具复杂性。因此,黄海绿潮优势种群演替规律研究具有很重要意义,将有助于全面深入了解和掌握我国黄海绿潮优势种群演替规律和趋势,为进一步深入揭示我国黄海绿潮暴发和防控机制奠定基础。

第二节　南黄海紫菜养殖筏架固着绿潮藻优势种群演替

国内外绿潮研究学者认为黄海绿潮优势种起源于紫菜筏架,并认为紫菜养殖规模的扩大导致了绿潮发生(Liu et al.,2013)。美国国家航空航天局(NASA)的 MODIS 图像结果显示 2005 年、2006 年渤海、黄海与东海海域均无明显绿潮海藻分布迹象。2007 年 6 月在我国黄海海域首次发现绿潮现象,随后在中国黄海北部和中部局部海域发现了由石莼属海藻大量增殖形成的绿潮。2008 年 5 月在连云港以东海面上发现成片的漂浮浒苔区(Ding et al.,2009),对各海域特点进行分析,结果发现浒苔最有可能来源于黄海西南海域,这与 2008 年 MODIS 对浒苔暴发轨线的分析结果相一致(乔方利等,2008)。根据国家卫星海洋应用中心 2009 年的信息,从绿潮暴发时间上来看,基本上是由南到北依次出现,4～5月主要分布在东海长江口外,6 月转移至苏北海域,7～8 月集中在山东省日照至青岛沿海。黄海绿潮暴发轨线表明绿潮浒苔的最初来源是来自江苏北部(梁宗英等,2008)。刘东艳和 John 曾对江苏苏北辐射沙洲海域紫菜养殖规模扩大时间、规模以及浒苔对 N 吸收等数据模拟分析,推测紫菜筏架是漂浮浒苔的地理起源(Liu et al.,2009,2010,2011)。

但是,张晓雯等(2018)利用 5S rDNA 间隔序列对漂浮和紫菜筏架上采集的浒苔进行分子水平分析,发现 2008 年漂浮浒苔虽然和浒苔聚为一支,但歧化度分析表明,漂浮浒苔与筏架上固着生长浒苔的序列歧化度在 3.6%～4.0%,与缘管浒苔的差异在 14.7%～17.1%,差异十分明显。我们调查结果也显示,2008～2011 年在江苏紫菜筏架上并未发现大量漂浮生态型浒苔(*U. prolifera*)固着生长(Han et al.,2013)。为了进一步查清黄海绿潮漂浮浒苔与紫菜养殖筏架上固着生长的石莼属浒苔种类之间的关系,我们自 2010 年以来对南黄海紫菜养殖区进行了绿潮藻跟踪调查和溯源研究。

一、江苏省近海条斑紫菜栽培状况

南黄海江苏近岸海域(北纬 30°44′～北纬 35°04′)海岸线总长 954 km,滩涂面积达到了 5 100 km²,多为水深较浅的泥底潮间带区域,多数在等深线 20 m 以内。该区域已经建成海港主要有连云港、大丰港、射阳港和洋口港等。同时,该海域也是我国最大规模条斑紫菜栽培海域,主要采用半浮动式和插杆式筏架栽培方式。2018 年条斑紫菜栽培面积大约为 65 万亩(何培民等,2018)。该海域每年条斑紫菜栽培时间是从 10 月至次年 4 月,条斑紫菜栽培筏架一般于当年 8～9 月搭建,于次年 4～6 月拆除并运回陆地,经过炎热夏季处理和清理可以多次反复使用(何培民等,2018)。

二、紫菜养殖筏架上固着生长绿潮藻种类与种群演替

1. 2009 年江苏紫菜养殖筏架固着生长绿潮藻种类与种群演替

2009 年 3 月底至 5 月中上旬,对江苏沿海如东、大丰、射阳、连云港岸基进行了绿潮藻调查,调查区域包括沿岸堤坝、海水养殖池塘、入海河道和紫菜养殖筏架,共采集 35 个样品。

根据 ITS 全长序列聚类分析,可将 2009 年 35 个样品聚为 4 个类群(图 10.2):复合体(LPP *Ulva linza-procera-prolifera*)类群(21 个样品),曲浒苔(*U. flexuosa*)类群(4 个样品),扁浒苔(*U. compressa*)类群(4 个样品),盘苔(*Blidingia* sp.)类群(6 个样品)。

对属于 LPP 类群的 21 个样品进行 5S rDNA 间隔区序列分析(图 10.3),可分为浒苔(*U. prolifera*)类群(10 个样品)和缘管浒苔(*U. linza*)类群(11 个样品)两大类群,类群间歧化度达12.7%～14.1%。其中浒苔(*U. prolifera*)类群中 3 个样品 ITS 序列与 2008 年黄海绿潮优势种 RD802相同,但是 5S rDNA 间隔区序列与 2008 年漂浮优势种不一样,其中 1 个来自养殖池塘样品 5S rDNA间隔区序列属于Ⅱ型(同 HM584786),2 个样品 5S rDNA 间隔区序列相同为Ⅲ型(同 HM031152)。Zhang 等(2011)在南通紫菜筏架、射阳河道发现了 ITS 序列与 2008 年漂浮优势种完全一样,但 5S rDNA 间隔区序列属于Ⅳ型(同 HM031139)。缘管浒苔(*U. linza*)存在 2 种 5S rDNA 间隔区序列,其中连云港样品 5S rDNA 间隔区序列为同一序列。

紫菜养殖筏架主要有浒苔(*U. prolifera*)(42.9%),其次为曲浒苔(*U. flexuosa*)(28.6%)以及扁浒苔(*U. compressa*)、缘管浒苔(*U. linza*)和盘苔(*Blidingia* sp.)。如东、大丰和射阳条斑紫菜养殖筏架采集绿潮藻样本共 7 个,其中如东紫菜养殖筏架上采集 3 个物种,分别为缘管浒苔(*U. linza*)、曲浒苔(*U. flexuosa*)和扁浒苔(*U. compressa*);大丰紫菜养殖筏架上只采集到了缘管浒苔(*U. linza*);射阳紫菜养殖筏架上采集到了浒苔(*U. prolifera*)和缘管浒苔(*U. linza*)2 个物种。后经证实,2009 年江苏近海紫菜筏架固着生长的浒苔(*U. prolifera*)均为池塘生态型(表 10.1)。

如东、大丰、射阳三地沿海岸基的绿潮藻种类构成基本相同,堤坝、紫菜筏架上固着生长的曲浒苔(*U. flexuosa*)、扁浒苔(*U. compressa*)、缘管浒苔(*U. linza*)、盘苔(*Blidingia* sp.)与海区早期漂浮这四大种类 ITS 序列完全一样,说明海区早期漂浮的曲浒苔(*U. flexuosa*)、扁浒苔(*U. compressa*)、缘管浒苔(*U. linza*)、盘苔(*Blidingia* sp.)来自堤坝、紫菜筏架上固着种类(田晓玲等,2011)。连云港沿海岸基

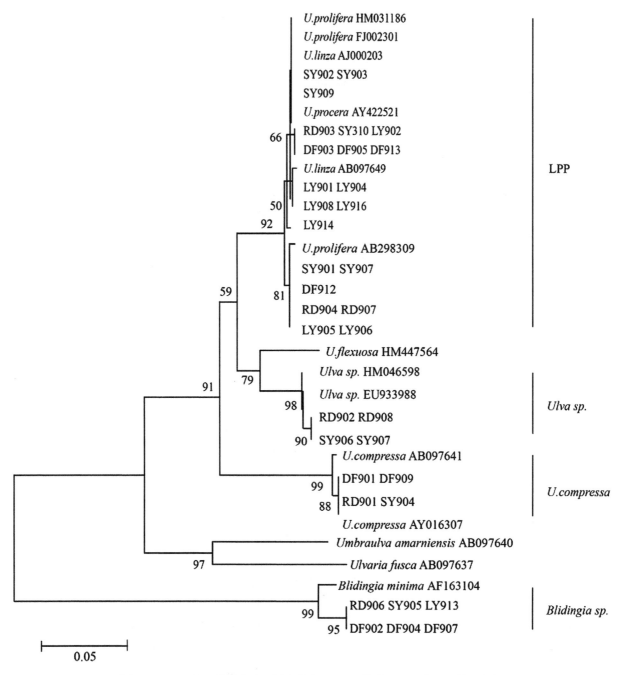

图 10.2　2009 年江苏沿海岸基绿潮藻基于 NJ 法构建的 ITS 序列系统发育树

图中 SY 表示射阳;RD 表示如东;DF 表示大丰;LY 表示连云港

主要为缘管浒苔(*U. linza*)(70%),大部分样品都是单独聚一支的,仅 1 个样品与其他三地缘管浒苔(*U. linza*)聚为一支,说明连云港沿海岸基绿潮藻构成与如东、大丰、射阳三地不同,因此我们推测江苏连云港以南至长江以北海域可能是黄海绿潮的重要发源地。徐兆礼等(2009)也从营养基础推测绿潮发源地出自东海北部及江苏南部沿海的可能性较大,其次是江苏中部和北部沿海。Keesing 等(2011)通过分析 2004~2009 年卫星图片得出江苏沿海南通至盐城一带是重要发源地。

养殖池塘样品主要为浒苔(*U. prolifera*),其 ITS 序列与 HM031181 相同,5S rDNA 间隔区序列属于Ⅱ型(序列与 HM584786 相同)。2009 年我们对全国沿海岸基绿潮藻预调查中,采集的各地池塘样

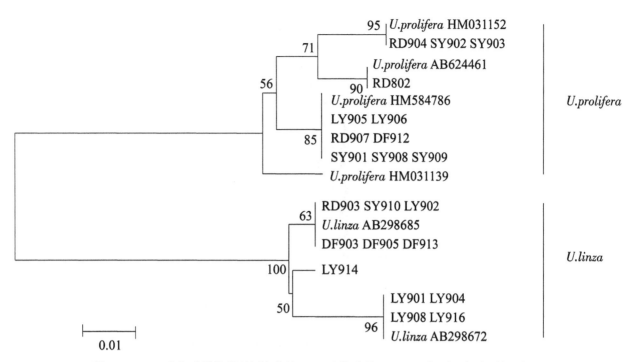

图 10.3　2009 年江苏沿海岸基绿潮藻基于 NJ 法构建的 5S rDNA 间隔区序列系统发育树

图中 RD 表示如东；SY 表示射阳；DF 表示大丰

表 10.1　2009 年江苏沿海不同生境下绿潮藻种类构成及样品数

生　境	种　类				
	U. prolifera	*U. linza*	*U. flexuosa*	*U. compressa*	*Blidingia* sp.
沿岸堤坝	4	9	1	1	5
紫菜筏架	3	1	2	1	
近岸漂浮		1		3	
养殖池塘	3		1		1

品的 ITS 序列和 5S rDNA 间隔区序列完全一样，说明 ITS 序列同 HM031181、5S rDNA 间隔区序列属于 Ⅱ 型（同 HM584786）的池塘生态型也是我国沿海岸基浒苔（*U. prolifera*）主要优势种群。

2. 2010 年江苏紫菜养殖筏架固着生长绿潮藻种类与种群演替

2010 年 4 月上旬至 5 月上旬，在海区尚未出现漂浮绿潮藻之前，对江苏如东、大丰、射阳的沿岸堤坝、海水养殖池塘、入海河道和紫菜养殖筏架等典型区域进行绿潮藻调查。

根据 ITS 全长序列可将 2010 年 36 个样品划分为 4 个类群（图 10.4）：LPP 复合体（*Ulva linza-procera-prolifera*）类群（27 个样品），曲浒苔（*U. flexuosa*）类群（4 个样品），扁浒苔（*U. compressa*）类群（2 个样品），盘苔（*Blidingia* sp.）类群（3 个样品）。其中 5 个样品 ITS 序列与 2008 年黄海绿潮漂浮浒苔（*U. prolifera*）序列一致。

对属于 LPP 类群的 27 个样本进行 5S rDNA 间隔序列分析（图 10.5），可分为缘管浒苔（*U. linza*）和浒苔（*U. prolifera*）2 个类群。其中浒苔（*U. prolifera*）5S-Ⅱ型 13 个，5S-Ⅲ型 2 个，另外采自射阳池塘 1 个样品和如东河道 1 个样品的 5S rDNA 间隔序列与日本沿海浒苔（*U. prolifera*）（AB298639）相似率为 100%（Shimada et al.，2008），且与 2008 年黄海漂浮绿潮藻优势种的遗传距离最小，仅为 0.005。射阳紫菜筏架 1 个样品与 2008 年黄海漂浮绿潮藻优势种浒苔（*U. prolifera*）ITS 序列和 5S rDNA 间隔序列完全一样，但该样品被认为漂浮浒苔（*U. prolifera*）掉落在紫菜筏架上。

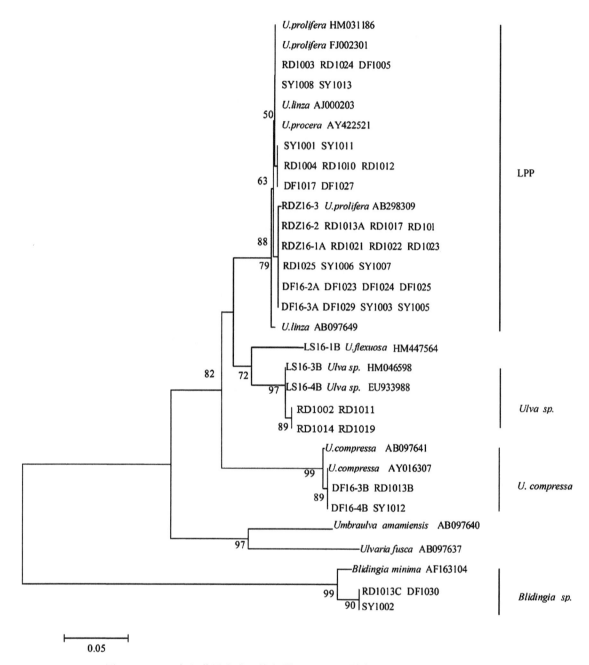

图 10.4 2010 年江苏沿海岸基绿潮藻基于 NJ 法构建的 ITS 序列系统发育树
图中 RD 表示如东；SY 表示射阳；DF 表示大丰

2010 年在江苏沿海共采集到 5 种绿潮藻物种，浒苔（U. prolifera）为主要优势种类（58.5%），缘管浒苔（U. linza）次之（19.5%），再依次为曲浒苔（U. flexuosa）（9.8%）、扁浒苔（U. compressa）（7.3%）、盘苔（Blidingia sp.）（4.9%）。

紫菜筏架采集到的物种最多，5 个物种均有采集；沿岸堤坝次之，采集到 4 种；入海河道和养殖池塘采集到的物种数最少，均仅采集到了 2 个物种。沿岸堤坝主要以缘管浒苔（U. linza）为主，占总样本数的 45.5%，浒苔（U. prolifera）、曲浒苔（U. flexuosa）和盘苔（Blidingia sp.）分别占 27.3%、18.2% 和 9.1%，但未采集到扁浒苔（U. compressa）。在入海河道和养殖池塘均以浒苔（U. prolifera）占优势，分别占各自样本数的 88.9% 和 90.9%。在紫菜筏架生境中，浒苔（U. prolifera）和缘管浒苔（U. linza）稍多，分别占 30%（表 10.2）。

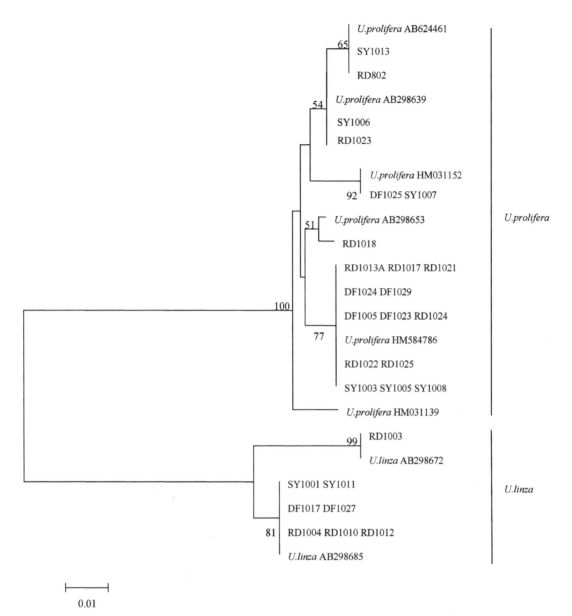

图 10.5　2010 年江苏沿海岸基绿潮藻基于 NJ 法构建的 5S rDNA 间隔区序列系统发育树

图中 SY 表示射阳；RD 表示如东；DF 表示大丰

表 10.2　江苏沿海不同生境下绿潮藻种类构成与样品数

生　　境	种　　类				
	U. prolifera	*U. linza*	*U. flexuosa*	*U. compressa*	*Blidingia* sp.
沿岸堤坝	3	5	2		1
紫菜筏架	3	3	1	2	1
入海河道	8		1		
养殖池塘	10				1

　　养殖池塘、入海河道主要为浒苔（*U. prolifera*），其 ITS 序列（同 HM031181）与 2008 年黄海绿潮藻优势种相差 2 bp，5S rDNA 间隔区序列具有 4 种亚型，以 5S‐Ⅱ型占绝对优势。且养殖池塘检测到了 ITS 同 2008 年黄海漂浮浒苔（*U. prolifera*），但 5S rDNA 间隔区序列属于 5S‐Ⅱ型。日本学者进行了黄海漂浮绿潮藻与缘管浒苔（*U. linza*）、浒苔（*U. prolifera*）杂交试验，研究结果表明黄海漂浮绿潮藻

优势种与浒苔(*U. prolifera*)无生殖障碍,与缘管浒苔(*U. linza*)存在部分生殖障碍(Hiraoka et al.,2011)。黄海海域已经连续5年暴发绿潮了,我们推测在黄海沿海各海区应该广泛存在2008年黄海绿潮漂浮优势种与当地浒苔(*U. prolifera*)杂交后代。

本次调查在射阳养殖池塘和如东河道发现了少量浒苔(*U. prolifera*),其5S rDNA间隔序列与日本沿海的浒苔(*U. prolifera*)(AB298639)相似率为100%。浒苔(*U. prolifera*)(AB298639)为日本沿海主要浒苔(*U. prolifera*)类群(张晓雯等,2008)。2008年黄海绿潮漂浮浒苔(*U. prolifera*)优势种5S rDNA间隔序列遗传距离与日本沿海浒苔(*U. prolifera*)(AB298639)最小,仅为0.005,而与我国沿海岸基主要优势浒苔(*U. prolifera*)遗传距离最大,为0.021。表明2008年黄海绿潮漂浮浒苔(*U. prolifera*)优势种与日本浒苔(*U. prolifera*)亲缘关系较近,与我国沿海的浒苔(*U. prolifera*)类群亲缘关系较远。

3. 2010~2011年江苏紫菜养殖筏架固着生长绿潮藻种类与种群演替

2010年11月至2011年4月对江苏如东海域紫菜养殖筏架绿潮藻进行断面详细调查,沿垂直海岸断面,每隔大约5 km设置1个采样点,共设置4个采样点(图10.6),每个样点为随机选取5个紫菜养殖筏架进行采样,每个筏架采样均包括1张网帘、2根缆绳及6根竹筏架固着生长绿潮藻。

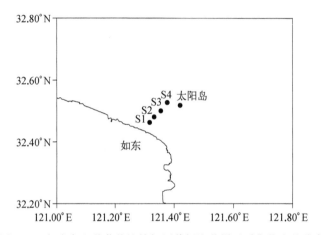

图10.6　如东条斑紫菜栽培筏架固着绿潮藻样品采集位点的分布

对2010年11月至2011年4月所采集自江苏省如东海区的条斑紫菜栽培筏架上固着生长的绿潮藻样品进行ITS和5S rDNA间隔序列分析(图10.7和图10.9)。鉴定结果显示如东条斑紫菜栽培筏架固着种类主要为曲浒苔(*U. flexousa*)、缘管浒苔(*U. linza*),扁浒苔(*U. compressa*)和浒苔(*U. prolifera*)。其中,18个样品为曲浒苔(*U. flexousa*)、12个样品为LPP类群(碱基差异仅为1 bp)、12个样品为扁浒苔(*U. compressa*)(相似性为100%)、6个样品为浒苔(*U. prolifera*)固着生态亚型(ITS及5S rDNA间隔区序列相似性为100%)。曲浒苔(*U. flexousa*)样品与*U. flexousa*(AB097646.1;HM031176.1)相似性为99.7%,与Blomster等(2002)报道的曲浒苔(*U. flexousa*,HM481178.1)相似性为96.7%。

表10.3显示不同季节如东海区紫菜养殖筏架绿潮藻浒苔类优势种群变化情况。其中2010年11月至2011年1月,海水表面温度(SST)较高(10~18℃),如东海区紫菜养殖筏架上绿潮藻优势种主要为曲浒苔(*U. flexousa*)和缘管浒苔(*U. linza*),没有检测到扁浒苔(*U. compressa*)和浒苔(*U. prolifera*);2011年初海区温度下降较晚,随后3月海区温度开始上升,3月16日海区温度已达7.5℃,我们发现紫菜筏架固着绿潮藻种类有扁浒苔(*U. compressa*)和浒苔(*U. prolifera*),且采集到的浒苔(*U. prolifera*)样品与2008年黄海绿潮漂浮优势种浒苔(*U. prolifera*)ITS序列及5S rDNA间隔序列完全一致,无碱基差异,相似性达100%。2011年4月,海水表面温度(SST)温度逐渐升高,为10℃,其构成种类主要为缘管浒苔(*U. linza*)、曲浒苔(*U. flexousa*)和扁浒苔(*U. compressa*),没有检测到浒苔(*U. prolifera*)。

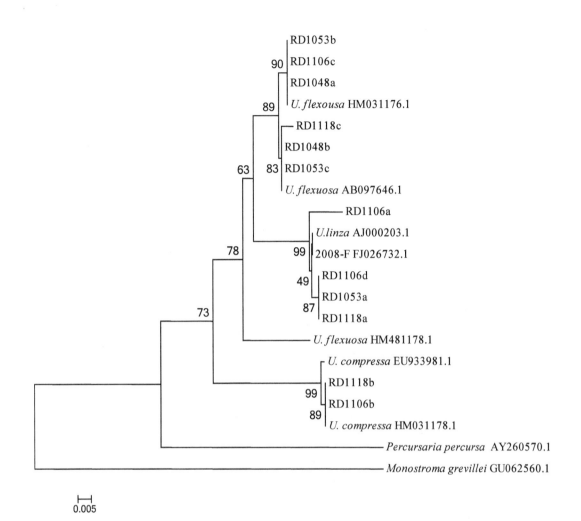

图 10.7　基于如东紫菜筏架样品的 ITS 序列系统发育树

图中 RD 表示如东

表 10.3　江苏如东海区紫菜筏架固着生长绿潮藻种群演变

采样时间	2010 年 11 月 19 日	2011 年 1 月 18 日	2011 年 3 月 16 日	2011 年 4 月 20 日
种类	*U. flexuosa*	*U. flexuosa* *U. linza*	*U. flexuosa* *U. linza* *U. compressa* *U. prolifera* （5S-Ⅰ型）	*U. flexuosa* *U. linza* *U. compressa*

2011 年 3 月分别在江苏沿岸海区吕四、如东、海安、东台、大丰等地条斑紫菜栽培筏架采集固着绿藻样品，根据形态将藻体进行分类单株 ITS 序列分析。将同一个点得到的不同序列分别标记为 a、b、c，应用 MEGA 4.0 软件，以 DF1113b（*Urospora sp.*）序列为外类群，进行 ITS 基因序列聚类分析，结果如图 10.8 所示，样品聚类为 LPP（*U. linza-procera-prolifera*）类群、曲浒苔（*U. flexuosa*）和扁浒苔（*U. compressa*）三大支。其中，海安和如东采集到扁浒苔（*U. compressa*），与 NCBI 扁浒苔（*U. compressa*，EU933981.1）置信值达 99。海安和大丰采集的曲浒苔（*U. flexuosa*）与曲浒苔（*U. flexuosa*，HM031176.1）置信值达 99，但与日本曲浒苔（*U. flexuosa*，AB097646.1）置信值为 69。采集 5 个点均有 LPP 类群，占样品总数高达 58%，吕四、如东、大丰、海安采集到浒苔（*U. prolifera*）与浒苔（*U. prolifera*，FJ026732.1）均聚为 LPP 类群。

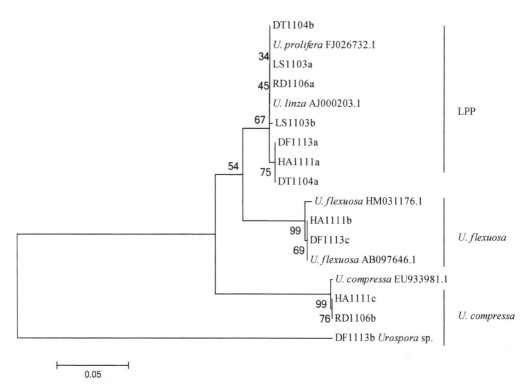

图 10.8　2011 年 3 月江苏沿岸条斑紫菜栽培筏架绿潮藻 ITS 序列系统发育树

图中 LS 表示吕四；RD 表示如东；DF 表示大丰；HA 表示海安；DT 表示东台

对 LPP 类群进一步 5S－PCR 扩增和分析，结果如图 10.9 所示。LPP 类群主要为缘管浒苔(*U. linza*)和浒苔(*U. prolifera*)。仅在如东发现 LPP 类群中浒苔(*U. prolifera*)与 2008 年黄海绿潮漂浮浒苔(*U. prolifera*)ITS 和 5S(HM031139.1)序列置信值达 100。其余漂浮浒苔(*U. prolifera*)均与日本缘管浒苔(*U. linza*，AB298685.1)和黄海缘管浒苔(*U. linza*，HM461899.1)聚在一起。表明 2011 年 3 月江苏如东近海紫菜筏架固着生长的浒苔(*U. prolifera*)已出现漂浮生态型。

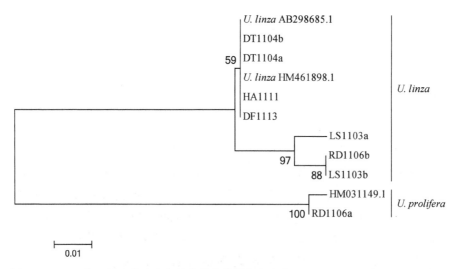

图 10.9　2011 年 3 月江苏沿岸条斑紫菜栽培筏架绿潮藻 5S rDNA 间隔序列系统发育树

图中 LS 表示吕四；RD 表示如东；DF 表示大丰；HA 表示海安；HM 表示海门；DT 表示东台

4. 2011～2012 年江苏紫菜养殖筏架固着生长绿潮藻种类与种群演替

2011 年 11 月至 2012 年 4 月，每月在吕四、如东、射阳、连云港 4 个海区条斑紫菜栽培筏架采集固着

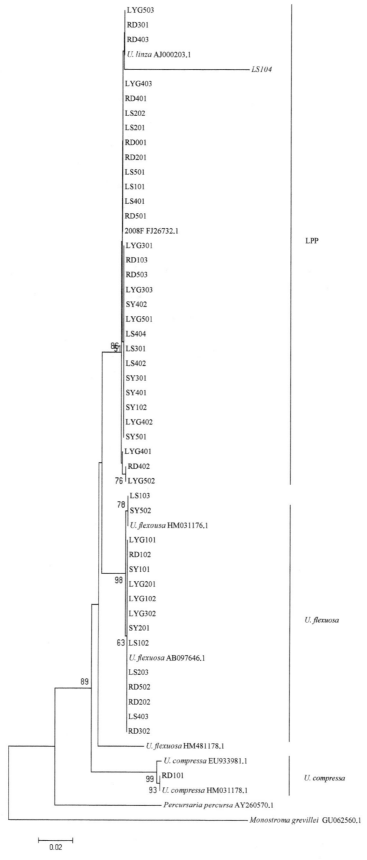

图 10.10 2010～2011 年基于江苏沿岸海区紫菜筏架样品的 ITS 序列系统发育树

图中 LYG 表示连云港；RD 表示如东；LS 表示吕四；SY 表示射阳

绿潮藻样品,单株 DNA 提取后进行 ITS 序列和 5S rDNA 间隔区序列扩增及测序分析(图 10.10)。结果表明,2011 年 11 月如东海区条斑紫菜栽培筏架固着生长优势种为浒苔(U. prolifera),且与 2008 年漂浮浒苔(U. prolifera)ITS 及 5S rDNA 间隔序列完全一致。进一步形态观察发现,该藻体均为多分枝,并具有二级分枝。该浒苔(U. prolifera)固着种群已广泛存在于如东紫菜筏架。2011 年 12 月、2012 年 2 月、3 月和 4 月对江苏沿岸海区吕四、如东、射阳和连云港固着绿潮藻样品的调查中,江苏沿岸海区的条斑紫菜栽培筏架绿潮藻的种类主要为浒苔(U. prolifera)、缘管浒苔(U. linza)、扁浒苔(U. compressa)和曲浒苔(U. flexuosa),且以 LPP 类群为主。其中 LPP 类群和曲浒苔(U. flexuosa)在整个生长季节中均有分布,且发现如东和吕四养殖筏架均存在大量 2008 年漂浮的浒苔(U. prolifera)。2012 年在吕四和如东发现大面积固着绿潮藻浒苔(U. prolifera),其形态与 2008 年黄海漂浮绿潮藻优势种浒苔(U. prolifera)的完全相同。且在温度较高的 3 月、4 月,分布尤为广泛,生物量巨大。2011 年到 2012 年紫菜筏架固着绿潮藻种类构成的改变,推测优势种浒苔(U. prolifera)经过若干年已适应当地环境才逐步定居下来。

2011 年 12 月至 2012 年 4 月,对江苏沿岸紫菜养殖筏架固着绿潮藻的 ITS 和 5S rDNA 间隔序列的分析发现,季节性调查不明显(表 10.4)。LPP 类群和曲浒苔(U. flexuosa)广泛存在于紫菜筏架的各个季节,其中浒苔(U. prolifera)主要在温度较高的 3 月、4 月以及 11 月广泛存在,生物量巨大。曲浒苔(U. flexuosa)则在温度较低的 12 月、1 月和 2 月占筏架固着绿潮藻浒苔类的优势种。

表 10.4　2011 年 11 月～2012 年 4 月江苏沿岸海区条斑紫菜栽培筏架固着生长绿潮藻种群演变

采样时间	采 样 地 点			
	吕　四	如　东	射　阳	连云港
11 月		U. prolifera		
12 月	U. linza U. flexuosa	U. prolifera U. flexuosa U. compressa	U. linza U. flexuosa	U. flexuosa
1 月	U. linza U. flexuosa	U. linza U. flexuosa	U. flexuosa	U. flexuosa
2 月	U. prolifera U. linza	U. prolifera U. flexuosa	U. linza	U. linza U. flexuosa
3 月	U. prolifera U. flexuosa	U. prolifera	U. linza	U. linza
4 月	U. prolifera	U. prolifera U. linza U. flexuosa	U. linza U. flexuosa	U. linza

5. 2012～2013 年江苏紫菜养殖筏架固着生长绿潮藻种类与种群演替

2012 年 12 月至 2013 年 5 月,逐月对江苏启东近海、腰沙、如东近海、蒋家沙、竹根沙、大丰东沙、连云港海区条斑紫菜栽培筏架进行绿潮藻分布调查,提取单株基因组 DNA 进行 ITS 序列和 5S rDNA 间隔区序列分析,结果表明筏架上绿潮藻种类组成有浒苔(U. prolifera)、曲浒苔(U. flexuosa)和缘管浒苔(U. linza)3 种,其中浒苔(U. prolifera)为优势种。

ITS 序列分析表明,江苏条斑紫菜栽培筏架的绿潮藻主要有 LPP、曲浒苔(U. flexuosa)、盘苔(Blidingia sp.)三大类群,其中不同样品号来源的曲浒苔(U. flexuosa)、盘苔(Blidingia sp.)样品间 ITS 序列基本一致。5S rDNA 间隔区序列进一步分析,获得浒苔(U. prolifera)和缘管浒苔(U. linza)。以 2008 年黄海绿潮优势种浒苔(U. prolifera)ITS(HM031186,FJ026732)、5S rDNA 间隔区序列(HM031149)作对照,对来自条斑紫菜栽培筏架的所有样品进行 ITS 和 5S rDNA 间隔区序列详细分析,发现条斑紫菜栽培筏架的浒苔(U. prolifera)种群 ITS 和 5S rDNA 间隔序列较为单一,ITS

序列完全同 2008 年黄海绿潮,90% 样本与 5S rDNA 间隔区序列 HM584786 相同(即 Ⅱ 型),少量与 HM031149 相同(即 Ⅰ 型)。2012 年 12 月至 2013 年 4 月江苏启东近海、腰沙、如东近海、蒋家沙、竹根沙、大丰东沙海区条斑紫菜栽培筏架每个月份绿潮藻种类组成和生物量比例及演替见表 10.5。

(1) 启东紫菜养殖区

2012 年 12 月优势种主要为浒苔(*U. prolifera*),其次为曲浒苔(*U. flexuosa*),缘管浒苔(*U. linza*)较少;2013 年 1 月优势种为曲浒苔(*U. flexuosa*),其次为浒苔(*U. prolifera*),缘管浒苔(*U. linza*)很少;2013 年 2 月优势种为曲浒苔(*U. flexuosa*),其次为浒苔(*U. prolifera*),缘管浒苔(*U. linza*)较多;2013 年 3 月优势种主要为浒苔(*U. prolifera*);2013 年 4 月优势种为曲浒苔(*U. flexuosa*),其次为浒苔(*U. prolifera*)。

(2) 腰沙紫菜养殖区

2012 年 12 月优势种主要为浒苔(*U. prolifera*),其次为曲浒苔(*U. flexuosa*),缘管浒苔(*U. linza*)极少;2013 年 1 月优势种主要为缘管浒苔(*U. linza*)和曲浒苔(*U. flexuosa*);2013 年 2 月没有采到绿潮藻;2013 年 3 月优势种主要为浒苔(*U. prolifera*)和曲浒苔(*U. flexuosa*);2013 年 4 月优势种主要为曲浒苔(*U. flexuosa*)和缘管浒苔(*U. linza*),浒苔(*U. prolifera*)较少。

(3) 如东近海紫菜养殖区

2012 年 12 月优势种为浒苔(*U. prolifera*),其次为曲浒苔(*U. flexuosa*),缘管浒苔(*U. linza*)极少;2013 年 1 月优势种主要为浒苔(*U. prolifera*);2013 年 2 月优势种主要为浒苔(*U. prolifera*),少量为曲浒苔(*U. flexuosa*);2013 年 3 月优势种主要为浒苔(*U. prolifera*),少量为曲浒苔(*U. flexuosa*),缘管浒苔(*U. linza*)极少;2013 年 4 月优势种主要为曲浒苔(*U. flexuosa*)和浒苔(*U. prolifera*)。

(4) 蒋家沙紫菜养殖区

2012 年 12 月优势种主要为浒苔(*U. prolifera*),其次为曲浒苔(*U. flexuosa*);2013 年 1 月优势种为曲浒苔(*U. flexuosa*),浒苔(*U. prolifera*)和缘管浒苔(*U. linza*)少量;2013 年 2 月优势种主要为浒苔(*U. prolifera*),曲浒苔(*U. flexuosa*)少量;2013 年 3 月优势种主要为浒苔(*U. prolifera*),曲浒苔(*U. flexuosa*)少量,缘管浒苔(*U. linza*)极少;2013 年 4 月优势种主要为浒苔(*U. prolifera*),其次为曲浒苔(*U. flexuosa*)。

(5) 竹根沙紫菜养殖区

2012 年 12 月优势种主要为曲浒苔(*U. flexuosa*),其次为浒苔(*U. prolifera*),缘管浒苔(*U. linza*)极少;2013 年 1 月优势种主要为曲浒苔(*U. flexuosa*),浒苔(*U. prolifera*)很少;2013 年 2 月优势种主要为浒苔(*U. prolifera*);2013 年 3 月优势种主要为浒苔(*U. prolifera*),其次为曲浒苔(*U. flexuosa*)。2013 年 4 月优势种主要为曲浒苔(*U. flexuosa*),其次为浒苔(*U. prolifera*),缘管浒苔(*U. linza*)很少。

(6) 大丰东沙紫菜养殖区

2012 年 12 月优势种主要为曲浒苔(*U. flexuosa*),浒苔(*U. prolifera*)很少,缘管浒苔(*U. linza*)极少;2013 年 1 月优势种主要为浒苔(*U. prolifera*),其次为曲浒苔(*U. flexuosa*),缘管浒苔(*U. linza*)较少;2013 年 2 月优势种主要为曲浒苔(*U. flexuosa*);2013 年 3 月优势种主要为曲浒苔(*U. flexuosa*),其次为浒苔(*U. prolifera*)和缘管浒苔(*U. linza*);2013 年 4 月优势种主要为浒苔(*U. prolifera*),其次为曲浒苔(*U. flexuosa*)。

以上结果可以看出,紫菜养殖区绿潮藻种类主要为 *U. prolifera*、*U. flexuosa*、*U. linza*。其中,2012 年 12 月启东近海、腰沙、如东近海、蒋家沙均以 *U. prolifera* 为优势种,如东比例最高(80.78%),而竹根沙和大丰东沙则以 *U. flexuosa* 为优势种(81.9% ~ 98.16%);2013 年 1 月如东近海以 *U. prolifera* 为优势种(100%),其次为大丰东沙(57.50%),而启东近岸和蒋家沙、竹根沙均以 *U.*

flexuosa 为优势种（84.12%～98.03%），腰沙则以缘管浒苔（*U. linza*）（52.55%）和曲浒苔（*U. flexuosa*）（47.45%）为优势种；2013 年 2 月竹根沙以浒苔（*U. prolifera*）为优势种（100%），其次为蒋家沙（90.07%）和如东近岸（89.39%），而大丰东沙则以曲浒苔（*U. flexuosa*）（100%）为优势种，其次为启东近岸（77.88%）。2013 年 3 月启东近海以浒苔（*U. prolifera*）为优势种（100%），其次为如东近海（94.69%）和蒋家沙（90.61%）、竹根沙（75.82%），而大丰东沙则以曲浒苔（*U. flexuosa*）（56.35%）为优势种，其次为腰沙（44.35%）。2013 年 4 月蒋家沙以浒苔（*U. prolifera*）为优势种（73.71%），其次为大丰东沙（62.60%），启东近海（82.43%）、竹根沙（74.25%）、如东近海（50.68%）及腰沙（48.93%）以曲浒苔（*U. flexuosa*）优势种（表 10.5）。

表 10.5　2012 年 12 月至 2013 年 5 月江苏沿岸海区条斑紫菜栽培筏架固着生长绿潮藻种群演变　（%）

海区	2012 年 12 月	2013 年 1 月	2013 年 2 月	2013 年 3 月	2013 年 4 月
启东近海	*U. prolifera* (61.02) *U. flexuosa* (34.38) *U. linza* (4.59)	*U. prolifera* (14.66) *U. flexuosa* (84.12) *U. linza* (1.22)	*U. prolifera* (12.37) *U. flexuosa* (77.88) *U. linza* (9.75)	*U. prolifera* (100)	*U. prolifera* (17.57) *U. flexuosa* (82.43)
腰沙	*U. prolifera* (70.17) *U. flexuosa* (29.48) *U. linza* (0.35)	*U. flexuosa* (47.45) *U. linza* (52.55)		*U. prolifera* (55.65) *U. flexuosa* (44.35)	*U. prolifera* (5.12) *U. flexuosa* (48.93) *U. linza* (43.26)
如东近海	*U. prolifera* (80.78) *U. flexuosa* (18.79) *U. linza* (0.43)	*U. prolifera* (100)	*U. prolifera* (89.39) *U. flexuosa* (10.61)	*U. prolifera* (94.69) *U. flexuosa* (4.92) *U. linza* (0.40)	*U. prolifera* (47.32) *U. flexuosa* (50.68)
蒋家沙	*U. prolifera* (69.43) *U. flexuosa* (30.57)	*U. prolifera* (5.65) *U. flexuosa* (84.21) *U. linza* (10.08)	*U. prolifera* (90.07) *U. flexuosa* (9.93)	*U. prolifera* (90.61) *U. flexuosa* (8.69) *U. linza* (0.70)	*U. prolifera* (73.71) *U. flexuosa* (26.29)
竹根沙	*U. prolifera* (17.40) *U. flexuosa* (81.90) *U. linza* (0.70)	*U. prolifera* (1.97) *U. flexuosa* (98.03)	*U. prolifera* (100)	*U. prolifera* (75.82) *U. flexuosa* (24.18)	*U. prolifera* (22.56) *U. flexuosa* (74.25) *U. linza* (3.19)
大丰东沙	*U. prolifera* (1.14) *U. flexuosa* (98.16) *U. linza* (0.70)	*U. prolifera* (57.50) *U. flexuosa* (30.52) *U. linza* (11.98)	*U. flexuosa* (100)	*U. prolifera* (23.57) *U. flexuosa* (56.35) *U. linza* (20.09)	*U. prolifera* (62.60) *U. flexuosa* (37.40)

6. 2014～2015 年江苏紫菜养殖筏架固着生长绿潮藻种类与种群演替

2014 年 11 月至 2015 年 3 月对江苏启东、如东内海与外海、大丰紫菜养殖筏架固着绿潮藻进行采样调查。提取单株基因组 DNA 进行 ITS 序列和 5S rDNA 间隔区序列分析，分子鉴定结果主要有浒苔（*U. prolifera*）、曲浒苔（*U. flexuosa*）和缘管浒苔（*U. linza*）、盘苔（*Blidingia* sp.）4 种，其中以曲浒苔（*U. flexuosa*）为优势种。表 10.6 为每个月份紫菜养殖筏架固着绿潮藻监测种类，其中，启东在 2014 年 12 月和 2015 年 1 月监测到优势种为曲浒苔（*U. flexuosa*），2015 年 2 月为浒苔（*U. prolifera*）。如东近海和外海每个月优势种均为曲浒苔（*U. flexuosa*），仅 2015 年 3 月内海还发现有缘管浒苔（*U. linza*）。大丰 2014 年 12 月和 2015 年 1 月监测到优势种为曲浒苔（*U. flexuosa*），而 2014 年 11 月、2015 年 2 月、2015 年 3 月均监测到优势种为曲浒苔（*U. flexuosa*）和浒苔（*U. prolifera*）。

表 10.6　2014 年 11 月至 2015 年 3 月江苏条斑紫菜栽培筏架绿潮藻组成分子鉴定结果

海区	2014 年 11 月	2014 年 12 月	2015 年 1 月	2015 年 2 月	2015 年 3 月
启东		*U. flexuosa*	*U. flexuosa*	*U. prolifera*	
如东内海	*U. flexuosa*	*U. flexuosa*	*U. flexuosa*	*U. flexuosa*	*U. flexuosa*

续 表

海 区	2014 年 11 月	2014 年 12 月	2015 年 1 月	2015 年 2 月	2015 年 3 月
如东外海	*U. flexuosa*	*U. flexuosa*	*U. flexuosa* *Blidingia* sp.	*U. flexuosa*	*U. linza* *U. flexuosa*
大丰	*U. flexuosa* *U. prolifera*	*U. flexuosa*	*U. flexuosa*	*U. flexuosa* *U. prolifera*	*U. flexuosa* *U. prolifera*

7. 2016 年江苏紫菜养殖筏架固着生长绿潮藻种类与种群演替

2016 年 1～4 月,对江苏省吕四、如东、大丰海区条斑紫菜栽培筏架固着绿潮藻进行采样调查。采集 40 个样品并提取单株基因组 DNA 进行 ITS 序列和 5S rDNA 间隔区序列分析。基于 ITS 序列分析,采集绿潮藻样品主要聚集在 LPP、曲浒苔(*U. flexuosa*)和扁浒苔(*U. compressa*)3 个类群。其中 LPP 类群样品为 21 个,进一步进行 5S rDNA 间隔区序列分析,可分为浒苔(*U. prolifera*)和缘管浒苔(*U. linza*)2 个类群。ITS 序列和 5S rDNA 间隔区序列所构建的系统发育树见图 10.11 和图 10.12。

实验结果显示种类主要有曲浒苔(*U. flexuosa*)、缘管浒苔(*U. linza*)、扁浒苔(*U. compressa*)和浒苔(*U. prolifera*)。其中吕四海区中 1 月、2 月、4 月均为曲浒苔(*U. flexuosa*)且数量最大,3 月缘管浒苔(*U. linza*)数量增加,未发现浒苔(*U. prolifera*)。如东内沙 1 月以曲浒苔(*U. flexuosa*)数量居多,2～4 月,缘管浒苔(*U. linza*)数量增多,曲浒苔(*U. flexuosa*)数量减少。如东中沙,1～3 月均为缘管浒苔(*U. linza*)且数量最多,1 月有部分曲浒苔(*U. flexuosa*),4 月种类丰富,主要为曲浒苔(*U. flexuosa*)及少量扁浒苔(*U. compressa*)和少量浒苔(*U. prolifera*);如东外沙同样在 1～3 月以缘管浒苔(*U. linza*)数量最大,1 月还有部分曲浒苔(*U. flexuosa*)和浒苔(*U. prolifera*)。大丰海区 1 月主要为曲浒苔(*U. flexuosa*)且数量居多,2～4 月缘管浒苔(*U. linza*)数量增多、曲浒苔(*U. flexuosa*)数量减少,4 月有少量扁浒苔(*U. compressa*)出现(表 10.7)。

表 10.7 如东、大丰和吕四紫菜筏架区固着绿潮藻种群

地 点	2016 年 1 月	2016 年 2 月	2016 年 3 月	2016 年 4 月
大丰	*U. flexuosa U. linza*	*U. linza U. flexuosa*	*U. linza U. flexuosa*	*U. linza U. flexuosa* *U. compressa*
如东内沙	*U. flexuosa* *U. linza*	*U. linza U. flexuosa*	*U. linza U. flexuosa*	*U. linza U. flexuosa*
如东中沙	*U. linza U. flexuosa*	*U. linza*	*U. linza*	*U. linza U. flexuosa* *U. compressa* *U. prolifera* (5S-Ⅲ)
如东外沙	*U. linza U. flexuosa* *U. prolifera* (5S-Ⅲ)	*U. linza*	*U. linza*	*U. linza U. flexuosa*
吕四	*U. flexuosa* *U. linza*	*U. flexuosa*	*U. linza U. flexuosa*	*U. flexuosa* *U. linza*

仅如东中沙和如东外沙紫菜筏架上发现 2 个浒苔(*U. prolifera*),其 5S rDNA 间隔区序列与 GenBank 序列 HM031152.1 完全一致,为 5S-Ⅲ型。在 GenBank 发表的序列 HM031140.1 和序列 AB298685,仅存在 1 个碱基的替换,因此两个序列所在分支之前的置信值为 99。

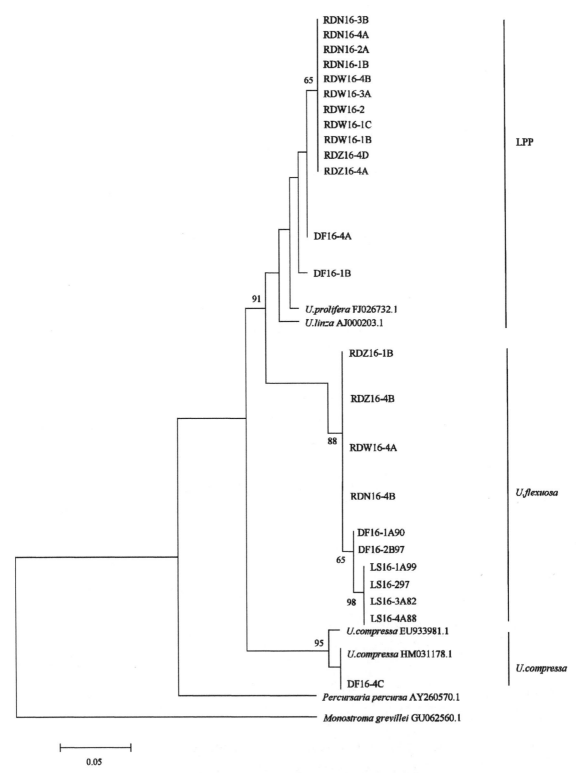

图 10.11　江苏沿岸紫菜筏架固着绿潮藻基于 NJ 法构建的 ITS 序列系统发育树

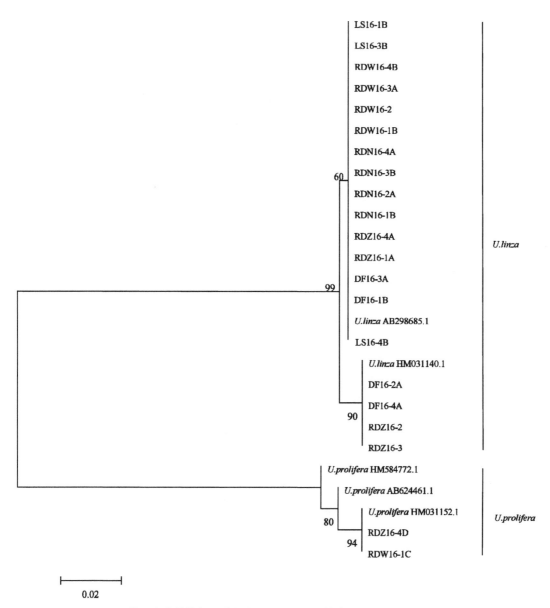

图 10.12　江苏沿岸紫菜筏架固着绿潮藻基于 NJ 法构建的 5S rDNA 序列系统发育树

8. 2016～2017 年江苏紫菜养殖筏架固着生长绿潮藻种类与种群演替

2016 年 11 月至 2017 年 5 月对江苏省吕四、如东、大丰海区条斑紫菜栽培筏架固着绿藻进行采样调查。采集 60 个样品并提取单株基因组 DNA 进行 ITS 序列分析,其中属于 28 个样品属于 LPP 类群,再进一步采用 5S rDNA 序列分析。基于 ITS 序列和 5S rDNA 间隔区序列所构建的系统发育树图如图 10.13 和 10.14 所示。

缘管浒苔(*U. linza*)与 GenBank 序列 HM031140.1 和序列 AB298685 仅存在 1 个碱基替换,其置信值为 99。浒苔(*U. prolifera*)样品只有 7 个,其中 1 个样品 5S rDNA 序列与 GenBank 序列 AB624461.1 完全一致,6 个样品与 GenBank 序列 HM031152.1 完全一致。

2016 年 11 月至 2017 年 5 月,如东、大丰和吕四的紫菜养殖筏架固着绿潮藻主要有曲浒苔(*U. flexuosa*)、缘管浒苔(*U. linza*)、扁浒苔(*U. compressa*)和浒苔(*U. prolifera*)(表 10.8),其中曲浒苔(*U. flexuosa*)和缘管浒苔(*U. linza*)分布时空最广,数量最多,浒苔(*U. prolifera*)主要分布于吕四、如

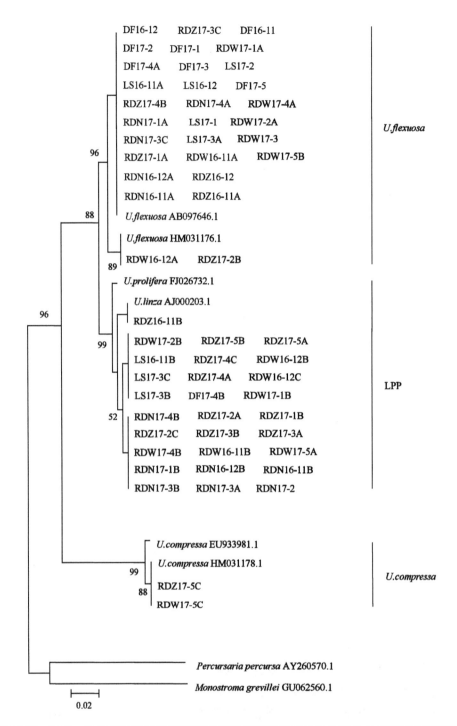

图 10.13　2016～2017 年江苏沿岸紫菜筏架固着绿潮藻基于 NJ 法构建的 ITS 序列系统发育树

图中 DF 表示大丰；LS 表示吕四；RDN 表示如东内沙；RDZ 表示如东中沙；RDW 表示如东外沙

东内沙、中沙紫菜养殖筏架，扁浒苔(U. compressa)数量最少，仅如东中沙和外沙发现。吕四海区 2016 年 11 月至 2017 年 3 月每月均检测到曲浒苔(U. flexuosa)，而缘管浒苔(U. linza)只在 2016 年 11 月和 2017 年 3 月被检测到，浒苔(U. prolifera)则在 3 月出现，未见扁浒苔(U. compressa)。如东内沙主要为曲浒苔(U. flexuosa)，2016 年 11 月至 2017 年 1 月期间数量逐渐减少，而缘管浒苔(U. linza)数量逐渐增多，2017 年 2 月主要为缘管浒苔(U. linza)，3～4 月则主要为缘管浒苔(U. linza)和曲浒苔(U. flexuosa)，且 3 月检测到浒苔(U. prolifera)5S-Ⅲ型；如东中沙主要为缘管浒苔(U. linza)(仅 12 月

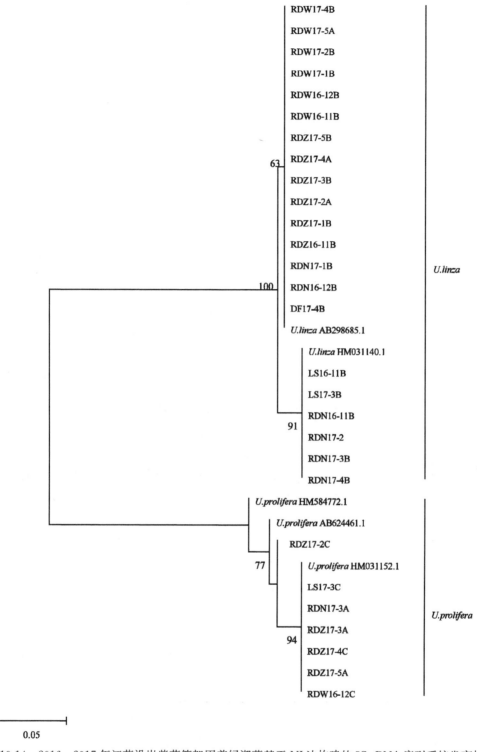

图 10.14　2016～2017 年江苏沿岸紫菜筏架固着绿潮藻基于 NJ 法构建的 5S rDNA 序列系统发育树

未被检测到），且 2～5 月均出现浒苔（*U. prolifera*）5S-Ⅲ型，扁浒苔（*U. compressa*）仅 5 月出现；如东外沙主要为缘管浒苔（*U. linza*），且 2016 年 11 月至 2017 年 3 月逐渐减少，浒苔（*U. prolifera*）仅出现 2016 年 12 月，扁浒苔（*U. compressa*）仅出现 2017 年 5 月。大丰海区主要以曲浒苔（*U. flexuosa*）为主，仅 2017 年 4 月发现缘管浒苔（*U. linza*），未见浒苔（*U. prolifera*）和扁浒苔（*U. compressa*）（表 10.8）。

表 10.8　2016～2017 年江苏沿岸紫菜筏架固着绿潮藻种群演替

	2016 年 11 月	2016 年 12 月	2017 年 1 月	2017 年 2 月	2017 年 3 月	2017 年 4 月	2017 年 5 月
吕四	*U. flexuosa* *U. linza*	*U. flexuosa*	*U. flexuosa*	*U. flexuosa*	*U. linza* *U. flexuosa* *U. prolifera* (5 S-Ⅲ)		
如东内沙	*U. flexuosa* *U. linza*	*U. flexuosa* *U. linza*	*U. flexuosa* *U. linza*	*U. linza*	*U. linza* *U. flexuosa* *U. prolefera* (5 S-Ⅲ)	*U. flexuosa* *U. linza*	—
如东中沙	*U. flexuosa* *U. linza*	*U. flexuosa*	*U. flexuosa* *U. linza*	*U. linza* *U. flexuosa* *U. prolifera* (5 S-Ⅰ)	*U. linza* *U. flexuosa* *U. prolifera* (5 S-Ⅲ)	*U. linza* *U. flexuosa* *U. prolifera* (5 S-Ⅲ)	*U. linza* *U. compressa* *U. prolifera* (5 S-Ⅲ)
如东外沙	*U. flexuosa* *U. linza*	*U. flexuosa* *U. linza* *U. prolifera* (5 S-Ⅲ)	*U. flexuosa* *U. linza*	*U. flexuosa* *U. linza*	*U. flexuosa*	*U. flexuosa* *U. linza*	*U. linza* *U. flexuosa* *U. compressa*
大丰	*U. flexuosa*	*U. flexuosa*	*U. flexuosa*	*U. flexuosa*	*U. flexuosa*	*U. flexuosa* *U. linza*	*U. flexuosa*

第三节　南黄海绿潮早期漂浮绿潮藻优势种群演替

1. 2009 年南黄海绿潮早期漂浮种类及种群演替

2009 年 4～6 月对江苏如东、大丰、射阳海区漂浮绿潮藻进行监测。采集样品进行单株提取 DNA，并进行 ITS 和 5S rDNA 间隔序列分析，分别构建 ITS 全长序列和 5S rDNA 间隔序列系统发育树（图 10.15 和图 10.16）。

ITS 序列分析将 14 个样品聚为 4 个类群：扁浒苔（*U. compressa*）类群（4 个样品）、LPP 复合体类群（7 个样品）、曲浒苔（*U. flexuosa*）类群（2 个样品）、盘苔（*Blidingia* sp.）类群（1 个样品）。扁浒苔（*U. compressa*）类群、曲浒苔（*U. flexuosa*）类群群内各样品 ITS 序列完全相同，遗传距离均为 0；LPP 复合体类群内各样品 ITS 序列有较小差异，遗传距离为 0～0.002，属内群间遗传距离为 0.080～0.135；不同属类群间遗传距离较大，为 0.484～0.524。

7 个 LPP 复合体样品进一步进行 5S rDNA 间隔区序列分析，可分为浒苔（*U. prolifera*）和缘管浒苔（*U. linza*）两大类群，系统发育分析见图 10.16。5 个浒苔（*U. prolifera*）样品 5S rDNA 间隔区序列完全一样，且 ITS 序列与 2008 年黄海绿潮优势种浒苔（*U. prolifera*）ITS 序列（FJ002301 或 HM031186）完全相同（相似率 100%），2 个缘管浒苔（*U. linza*）样品 5S rDNA 间隔区序列也完全一样。

2009 年如东海区漂浮绿潮藻种群构成与演替见表 10.9，主要有浒苔（*U. prolifera*）、扁浒苔（*U. compressa*）、曲浒苔（*U. flexuosa*）、缘管浒苔（*U. linza*）四大类群。4 月 21 日太阳岛附近海域（32°30′N，121°28′E）最早出现聚集漂浮绿潮藻，经分子鉴定 90% 左右为曲浒苔（*U. flexuosa*），10% 左右为扁浒苔（*U. compressa*），且这 2 种群内部样品间 ITS 序列完全一样，与来自江苏沿海堤坝、紫菜筏架的样品 ITS 序列完全一致。5 月 11～31 日绿潮藻漂浮聚集密度和面积逐渐增大，漂浮聚集斑块出现频率也逐渐增多，经检测 65% 为曲浒苔（*U. flexuosa*）、20% 为扁浒苔（*U. compressa*）、15% 为缘管浒苔（*U. linza*），且大部分曲浒苔（*U. flexuosa*）藻体尾部已经变白放散孢子了，处于生殖衰老阶段，藻体越来

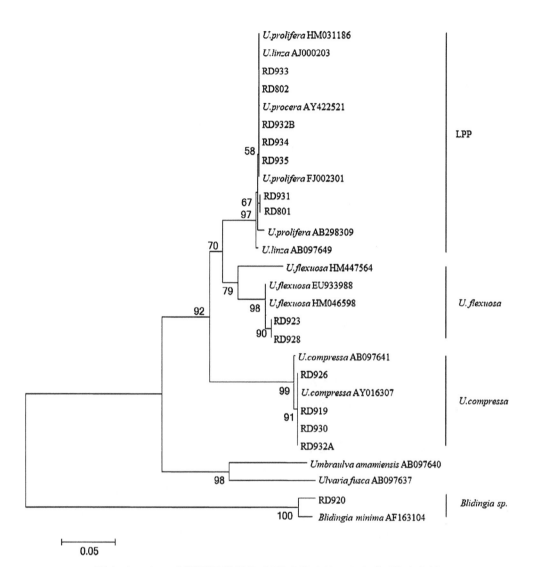

图 10.15　2009 年漂浮绿潮藻基于 NJ 法构建的 ITS 序列系统发育树

图中 RD 表示如东

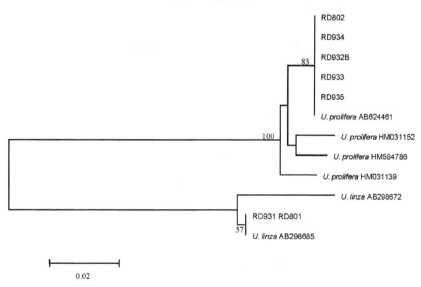

图 10.16　2009 年漂浮绿潮藻基于 NJ 法构建的 5S rDNA 序列系统发育树

图中 RD 表示如东

越少,而扁浒苔(*U. compressa*)等丝状藻体不断增多。6月2~7日,出现大面积漂浮绿潮藻,并大规模向西北方向漂移。分子鉴定表明90%左右为浒苔(*U. prolifera*),其ITS序列和5S rDNA间隔序列与2008年黄海绿潮优势种完全一样(漂浮生态亚型,Ⅰ型),10%为扁浒苔(*U. compressa*)。我们对其进行跟踪监测发现漂浮绿潮藻团逐渐向西北向漂移,规模不断增大;6月8~14日,如东近海漂浮绿潮藻逐渐向西北漂移,采集样品经鉴定99%为浒苔(*U. prolifera*),当地绿潮逐步减少,直至消失。大丰和射阳海区(离岸10 km范围内)分别在5月和6月才开始出现零星和大片漂浮绿潮藻。

表 10.9　2009 年如东海区漂浮绿潮藻类群构成与演替

时　间	4月21日	5月11日	6月2日	6月8日	6月14日
位置	32°30′N 121°28′E	32°33′N 121°25′E	32°28′N 121°43′E	32°44′N 121°25′E	33°48′N 120°42′E
种类	*U. flexuosa* (90%) *U. compressa* (10%)	*U. flexuosa* (65%) *U. compressa* (20%) *U. linza* (15%)	*U. prolifera* (90%) *U. compressa* (10%)	*U. prolifera* (99%)	*U. prolifera* (100%)

2. 2010 年南黄海绿潮早期漂浮种类及种群演替

2010年4月至2010年7月在江苏如东、大丰、射阳和连云港4个海域分别同时沿断面(离岸40~50 km)调查漂浮绿潮藻,每条断面设7个站位,共28个监测站位。

根据绿潮藻样品ITS全长序列构建系统发育树(图10.17),34个样品聚为LPP、曲浒苔(*U. flexuosa*)和扁浒苔(*U. compressa*)三大类群,其中曲浒苔(*U. flexuosa*)类群为4个样品来自如东和大丰海域,扁浒苔(*U. compressa*)类群3个样品均来自如东海域,LPP类群27个样品为如东、大丰海域大部分样品及射阳海域、连云港海域全部样品。扁浒苔(*U. compressa*)和曲浒苔(*U. flexuosa*)2个种群内部样品间的ITS序列完全一样,且与来自江苏沿海堤坝、紫菜筏架和养殖池塘的样品的ITS序列完全一样。

LPP类群27个样品ITS全长序列与缘管浒苔(*U. linza*)、浒苔(*U. prolifera*)和*U. procera*相应序列仅有0~3个碱基差异,相似性在99%以上。其中浒苔(*U. prolifera*)24个样品与2008年黄海绿潮优势种ITS序列(FJ002301或HM031186)完全相同,仅3个样品(如东1个样品和大丰2个样品)ITS序列与2008年黄海绿潮优势种ITS序列(FJ002301或HM031186)存在2个转换/颠换位点,相似率为99.6%。

用5S rDNA间隔序列对LPP类群27个样品及7个对照样进行系统发育分析和构建系统发育树(图10.18),分为缘管浒苔(*U. linza*)(4个样品)和浒苔(*U. prolifera*)(30个样品)两大种类。4个缘管浒苔(*U. linza*)样品(如东3个样品和大丰1个样品)相似性为100%。30个浒苔(*U. prolifera*)样品中,有29个样品ITS序列与2008年黄海绿潮优势种浒苔(*U. prolifera*)ITS序列(FJ002301)完全相同,但5S rDNA间隔序列出现了4种不同序列,根据样品数量多少分为Ⅰ~Ⅳ类型,其中5S-Ⅰ型(21个样品)包括2008年和2009年如东海域绿潮藻优势种以及2010年如东、大丰、射阳、连云港海域主要漂浮样品,5S-Ⅱ型(6个样品)在如东、射阳、连云港海域各有2个漂浮样品,5S-Ⅲ型(1个样品)来自大丰海域早期漂浮样品,5S-Ⅳ型(1个样品)来自大丰海域早期漂浮样品。

2010年4月20日首次在如东海区发现成片漂浮绿潮藻,80%为曲浒苔(*U. flexuosa*),10%为扁浒苔(*U. compressa*),10%为缘管浒苔(*U. linza*)。曲浒苔(*U. flexuosa*)和缘管浒苔(*U. linza*)藻体尾部放散生殖细胞进入衰老阶段。5月11日采样发现,曲浒苔(*U. flexuosa*)比例减少至50%,浒苔(*U.*

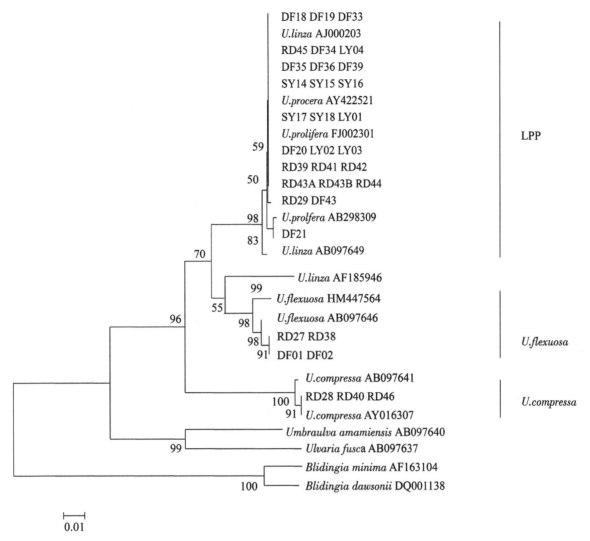

图 10.17 基于 ITS 序列构建的 NJ 系统发育树

图中 RD 表示如东；DF 表示大丰；SY 表示射阳；LY 表示连云港

prolifera)提高至 40%，扁浒苔(*U. compressa*)约为 10%。5 月 29 日后采集海区漂浮样品 99% 为浒苔(*U. prolifera*)。6 月 12 日和 7 月 14 日采集的样品全部为浒苔(*U. prolifera*)(表 10.10)。

表 10.10 2010 年如东海区漂浮绿潮种群时间演替

采样时间	4 月 20 日	5 月 11 日	5 月 29 日	6 月 12 日	7 月 4 日
种类构成	*U. flexuosa*(80%) *U. compressa*(10%) *U. linza*(10%)	*U. flexuosa*(50%) *U. compress*(10%) *U. prolifera*(40%)	*U. prolifera*(99%)	*U. prolifera*(100%)	*U. prolifera*(100%)

并且我们发现 2010 年漂浮绿潮藻种群存在纬度演替规律。如东海区漂浮绿潮藻种类有曲浒苔(*U. flexuosa*)、缘管浒苔(*U. linza*)、扁浒苔(*U. compressa*)、浒苔(*U. prolifera*)4 种，随着温度越来越高和光照强度越来越强，早期以曲浒苔(*U. flexuosa*)为主，并有缘管浒苔(*U. linza*)、扁浒苔(*U. compressa*)，后期则曲浒苔(*U. flexuosa*)数量迅速减少，缘管浒苔(*U. linza*)数量有所减少，扁浒苔(*U. compressa*)数量变化不大，最终浒苔(*U. prolifera*)快速扩展占据整个海区；大丰海区漂浮绿潮藻种类自始至终只有曲浒苔(*U. flexuosa*)和浒苔(*U. prolifera*)，而缘管浒苔(*U. linza*)和扁浒苔(*U.*

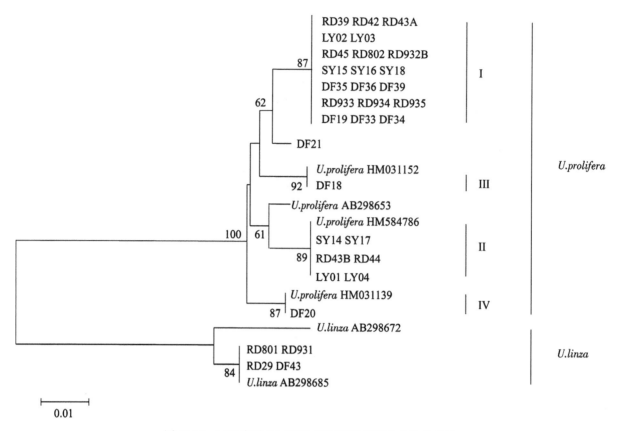

图 10.18　LPP 类群 5S rDNA 间隔序列邻接法系统发育树

图中 RD 表示如东;LY 表示连云港;SY 表示射阳;DF 表示大丰

compressa)在该海区已消失,且有浒苔(*U. prolifera*)逐步取代曲浒苔(*U. flexuosa*)的演替趋势。射阳和连云港海区漂浮绿潮藻 99% 为浒苔(*U. prolifera*),说明曲浒苔(*U. flexuosa*)到不了射阳海域。所以南黄海早期漂浮绿潮藻种群存在一个由南到北的演替规律(表 10.11)。

表 10.11　2010 年南黄海早期漂浮绿潮藻种群空间演替

海　域	如　东	大　丰	射　阳	连云港
种类	*U. flexuosa* *U. compressa* *U. linza* *U. prolifera* (Ⅰ、Ⅱ)	*U. flexuosa* *U. prolifera* (Ⅰ、Ⅲ、Ⅳ)	*U. prolifera* (Ⅰ、Ⅱ)	*U. prolifera* (Ⅰ、Ⅱ)

3. 2011 年南黄海绿潮早期漂浮种类及种群演替

2011 年 4 月中旬开始,我们在如东海区太阳岛附近进行定点监测。4 月 20 日最早出现漂浮绿潮藻,此后每隔 15 d 左右对周围海域采样,并进行分子检测。

根据对海区采集样品进行 ITS 全长序列分析(图 10.19),12 个样品聚为 LPP 复合体类群(5 个样品)、扁浒苔(*U. compressa*)类群(4 个样品)、曲浒苔(*U. flexuosa*)类群(3 个样品)三大类群。扁浒苔(*U. compressa*)类群、曲浒苔(*U. flexuosa*)类群群内各样品 ITS 序列完全相同,遗传距离均为 0。LPP 复合体类群内 3 个样品与 2008 年黄海绿潮优势种 ITS 序列(FJ002301 或 HM031186)完全相同,相似率为 100%;2 个样品与 2008 年黄海绿潮藻优势种 ITS 序列(FJ002301 或 HM031186)ITS1 区存在 2 个转换/颠换位点。

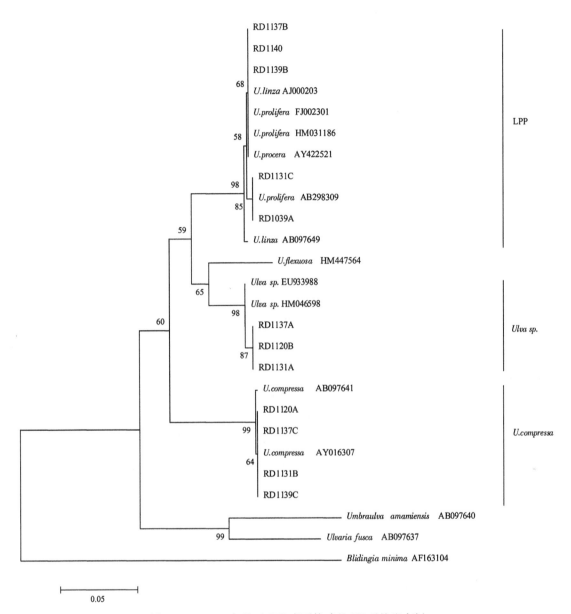

图 10.19　2011 年基于 ITS 序列构建的 NJ 系统发育树

图中 RD 表示如东

　　对 LPP 复合体类群 5 个样品进行 5S rDNA 间隔区序列系统发育分析(图 10.20)。其中,1 个样品为缘管浒苔(*U. linza*),与 GenBank 中 AB298685 序列完全一致;3 个样品中为浒苔(*U. prolifera*),其 ITS 序列完全一致,但均存在 5S 序列 5S-Ⅰ和 5S-Ⅱ亚型,5S-Ⅰ型与 2008 年黄海漂浮优势种浒苔(*U. prolifera*)5S rDNA 间隔序列完全一致,5S-Ⅱ型 5S rDNA 间隔序列与 GenBank 中 HM584786 相似率为 100%。相对于 2010 年,5S rDNA 间隔序列 5S-Ⅱ型种群出现时间提前,且数量呈现增多趋势。

　　2011 年 4 月 20 日最早在太阳岛附近采集到零星漂浮绿潮藻,此时海水表面温度(SST)为 13.5℃。经 ITS 及 5S rDNA 分子鉴定为曲浒苔(*U. flexuosa*)和扁浒苔(*U. compressa*)。4 月 23 日和 5 月 6 日采集绿潮藻为曲浒苔(*U. flexuosa*)、扁浒苔(*U. compressa*)和缘管浒苔(*U. linza*)。5 月 14 日,SST 升至 17.5℃,采集的藻体鉴定为曲浒苔(*U. flexuosa*)、扁浒苔(*U. compressa*)和浒苔(*U. prolifera*),浒苔

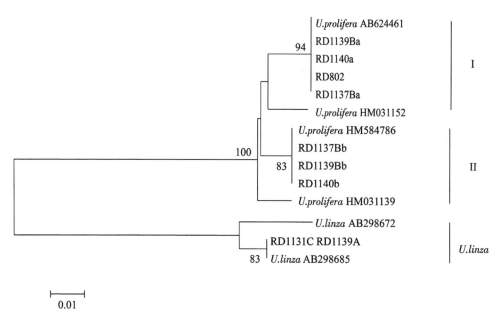

图 10.20　2011 年基于 5S rDNA 间隔区序列 NJ 法构建的系统发育树

图中 RD 表示如东

（U. prolifera）占 30％，为高度分枝并伴有二级分枝，随后一直存在，且发现自始至终存在 5S-Ⅰ型和 5S-Ⅱ型。随后漂浮绿潮藻规模越来越大，该形态浒苔（U. prolifera）所占比例增多，且气囊也明显增加。6 月 12 日采集的绿潮藻样品中 99％为漂浮浒苔（U. prolifera）优势种（表 10.12）。

表 10.12　2011 年如东太阳岛附近海域早期漂浮绿潮藻种群演替变化规律

采样时间	4 月 20 日	4 月 23 日	5 月 6 日	5 月 14 日	5 月 24 日	6 月 12 日
种类构成	U. compressa U. flexuosa	U. compressa U. flexuosa U. linza	U. compressa U. flexuosa U. linza	U. compressa U. flexuosa U. prolifera （Ⅰ，Ⅱ）	U. compressa U. flexuosa U. prolifera （Ⅰ，Ⅱ）	U. prolifera （Ⅰ，Ⅱ）

4. 2012 年南黄海绿潮早期漂浮种类及种群演替

　　2012 年在如东海区太阳岛附近海区采集漂浮绿潮藻样品，从最早出现漂浮绿潮藻后，每隔一段时间采样，单株提取基因组 DNA 并进行 ITS 序列和 5S rDNA 间隔区序列扩增和测序分析，并以 Percursaria percursa 和 Monostroma grevillei 为外类群构建系统树（图 10.21）。经分子鉴定，2012 年主要漂浮种类有浒苔（U. prolifera）、曲浒苔（U. flexuosa）、缘管浒苔（U. linza）。

　　2012 年早期漂浮绿潮藻种群演替变化规律见表 10.13。2012 年 3 月 30 日最早在太阳岛附近采集到零星漂浮绿潮藻，经 ITS 及 5S rDNA 分子标记鉴定为浒苔（U. prolifera）。早期漂浮浒苔（U. prolifera）样品与条斑紫菜栽培筏架固着绿潮藻浒苔（U. prolifera）样品 ITS 及 5S rDNA 间隔序列完全相同，且自始至终存在 5S-Ⅰ型和 5S-Ⅱ型（图 10.22）。4 月 10 日，漂浮优势种经鉴定为浒苔（U. prolifera），并发现少量曲浒苔（U. flexuosa），随后浒苔（U. prolifera）数量所占比例增多，且气囊也明显增加。4 月 17 日采集样品鉴定为浒苔（U. prolifera）、曲浒苔（U. flexuosa）和缘管浒苔（U. linza），且缘管浒苔（U. linza）数量很少，与日本缘管浒苔（U. linza，AB298685.1）序列相似性为 100％。5 月 14 日和 5 月 24 日漂浮绿潮藻规模越来越大，采集样品 99％为漂浮浒苔（U. prolifera）优势种。2012 年没有检测出漂浮扁浒苔（U. compressa）。

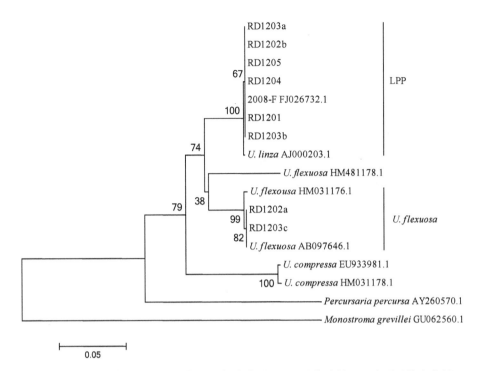

图 10.21　2012 年如东海域早期漂浮绿潮藻基于 NJ 法构建的 ITS 序列系统发育树

图中 RD 表示如东

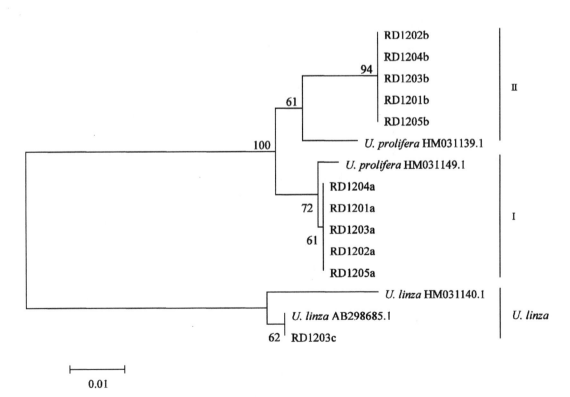

图 10.22　2012 年如东海域早期漂浮绿潮藻基于 NJ 法构建的 5S rDNA 序列系统发育树

图中 RD 表示如东

表 10.13　2012 年如东海区漂浮绿潮藻种群演替

采样时间	3 月 30 日	4 月 10 日	4 月 17 日	5 月 14 日	5 月 24 日
种类构成	*U. prolifera*	*U. prolifera* *U. flexuosa*	*U. prolifera* *U. flexuosa* *U. linza*	*U. prolifera*	*U. prolifera*

5. 2013 年漂浮绿潮藻种群演替

2012 年 12 月至 2013 年 5 月每月分别在江苏如东、大丰、射阳和滨海近海 100 km 断面进行调查，采集的漂浮绿潮藻样品采用单株提取基因组 DNA，并进行 ITS 序列和 5S rDNA 间隔区序列分析，分子鉴定结果见表 10.14。

表 10.14　2013 年江苏沿海漂浮绿潮藻种群演替

站　位	3 月	4 月	5 月	6 月	7 月
如东	*U. prolifera*	*U. prolifera* *U. flexuosa*	*U. prolifera*	*U. prolifera*	*U. prolifera*
大丰	—	*U. prolifera*	*U. prolifera*	*U. prolifera* *U. flexuosa*	*U. prolifera*
射阳	—	—	*U. prolifera*	*U. prolifera*	*U. prolifera*
滨海	—	—	*U. prolifera* *U. flexuosa*	*U. prolifera*	*U. prolifera*

"—"表示未见

2012 年 12 月、2013 年 1 月和 2 月各个断面均未发现漂浮绿潮藻。3 月如东海区最早开始出现漂浮绿潮藻，主要分布在离岸较近的区域，经鉴定发现漂浮绿潮藻种类主要为浒苔 (*U. prolifera*)。4 月如东断面漂浮绿潮藻开始聚集，采集到的绿潮藻样品经鉴定基本为浒苔 (*U. prolifera*)，有少量曲浒苔 (*U. flexuosa*)；大丰断面首次出现漂浮绿潮藻，经分子鉴定均为浒苔 (*U. prolifera*)。5 月大丰断面海域发现大面积漂浮绿潮藻，经分子鉴定均为浒苔 (*U. prolifera*)。射阳和滨海海域出现零星漂浮绿潮藻，射阳海区漂浮绿潮藻经鉴定均为浒苔 (*U. prolifera*) 和少量曲浒苔 (*U. flexuosa*)，滨海海域均为浒苔 (*U. prolifera*)。6 月如东断面海域只有零星漂浮浒苔 (*U. prolifera*)，大丰断面海域则以零星漂浮浒苔 (*U. prolifera*) 为主，伴有少量曲浒苔 (*U. flexuosa*)。7 月各断面均为漂浮浒苔 (*U. prolifera*)。

6. 2014～2015 年漂浮绿潮藻种群演替

2014 年 6～7 月和 2015 年 6～7 月对江苏如东至山东海阳等海区漂浮绿潮藻进行调查，采集的漂浮绿潮藻样品采用单株提取基因组 DNA，并进行 ITS 序列和 5S rDNA 间隔区序列分析，分子鉴定结果见表 10.15 和表 10.16。

表 10.15　2014 年我国黄海绿潮漂浮浒苔种群演替

站　位	如东	大丰	射阳	滨海	连云港	青岛	日照	海阳
种类	*U. prolifera*	*U. prolifera*	*U. prolifera*	*U. prolifera*	*U. prolifera*	*U. prolifera*	*U. prolifera*	*U. prolifera*
亚型	Ⅱ	Ⅱ	Ⅱ	Ⅰ(1/90) Ⅱ	Ⅱ	Ⅱ	Ⅱ	Ⅱ

调查结果显示 2014 年和 2015 年江苏至山东海区漂浮绿潮藻种类组成与以往鉴定一致，仅为浒苔 (*U. prolifera*)。但浒苔 (*U. prolifera*) 5S-Ⅰ型和 5S-Ⅱ型的比例有变化。2014 年仅在滨海海域发现 5S-Ⅰ型浒苔 (*U. prolifera*)，且仅为 1 株，而 2015 年未见 5S-Ⅰ型浒苔 (*U. prolifera*)。结合往年

表 10.16 2015 年我国黄海绿潮漂浮种浒苔种群演替

站 位	如东	大丰	射阳	滨海	连云港	青岛	日照	海阳
种类	*U. prolifera*	*U. prolifera*	*U. prolifera*	*U. prolifera*	*U. prolifera*	*U. prolifera*	*U. prolifera*	*U. prolifera*
亚型	Ⅱ	Ⅱ	Ⅱ	Ⅱ	Ⅱ	Ⅱ	Ⅱ	Ⅱ

数据,2008 年浒苔(*U. prolifera*)样品 5S rDNA 间隔区序列全部为 5S-Ⅰ型,2009 年以后同时存在 5S-Ⅰ型和 5S-Ⅱ型,且 5S-Ⅱ型比例由 2009 年的 1∶10.25 增加到 2010 年的 1∶2.33,至 2011 年已经超过 5S-Ⅰ型成为优势亚型,比例已经高达 4.625∶1。我们发现从江苏至山东沿海海区,漂浮浒苔(*U. prolifera*)生态型逐年演替现象非常明显,已经由 5S-Ⅰ型完全演替为 5S-Ⅱ型,即 2015 年黄海绿潮暴发过程中采集的漂浮浒苔(*U. prolifera*)生态类型 100% 为Ⅱ型(表 10.16)。

7. 2016 年漂浮绿潮藻种群演替

2016 年 4~5 月在江苏省如东海区和大丰海区进行漂浮绿潮藻调查,并对采集的漂浮绿潮藻进行单株 DNA 提取及 ITS 序列和 5S rDNA 间隔区序列分析,其系统发育树图见图 10.23 和图 10.24。

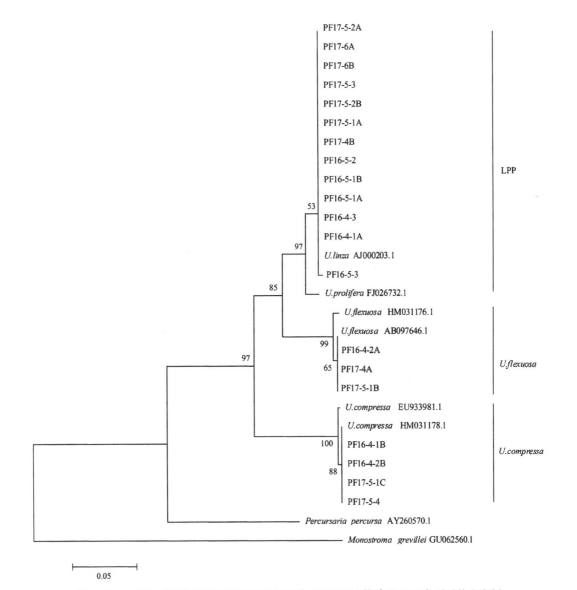

图 10.23 2016~2017 年江苏早期漂浮绿潮藻基于 NJ 法构建的 ITS 序列系统发育树

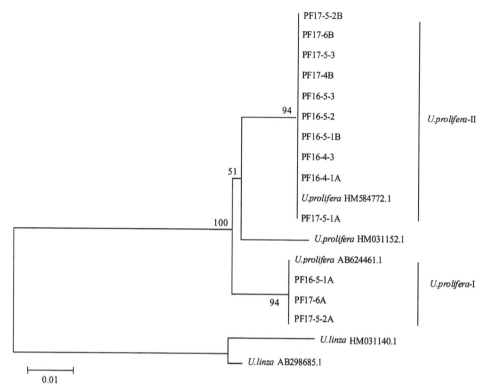

图 10.24　2016～2017 年江苏早期漂浮绿潮藻基于 NJ 构建的 5S rDNA 序列系统发育树

ITS 序列分析结果显示 2016 年如东海区和大丰海区漂浮绿潮藻分别为 LPP 复合体、曲浒苔(*U. flexuosa*)和扁浒苔(*U. compressa*)3 个类群,其中 LPP 复合体类群浒苔(*U. prolifera*)采集样品 ITS 序列与 2008 年黄海绿潮漂浮浒苔(*U. prolifera*)序列完全一致,曲浒苔(*U. flexuosa*)采集样品 ITS 序列与 Genbank 序列 AB097646 完全一致,扁浒苔(*U. compressa*)采集样品 ITS 序列与 Genbank 序列 HM031178.1 完全一致。将 LPP 复合体中样品进行 5S rDNA 序列分析,进一步确认仅为浒苔(*U. prolifera*)类群,其中 1 个样品序列与 Genbank 序列 AB624461.1 完全一致,为 5S-Ⅰ型,其余 5 个样品序列与 Genbank 序列 HM584772.1 完全一致,为 5S-Ⅱ型。

2016 年 4 月 21 日在如东海区发现最早漂浮绿潮藻,主要为零星漂浮,且漂浮种类主要为浒苔(*U. prolifera*)、曲浒苔(*U. flexuosa*)和扁浒苔(*U. compressa*)等种类,其中扁浒苔(*U. compressa*)数量极少。5 月海区发现了块状漂浮绿潮藻,所有采集的漂浮绿潮藻样品,经分子检测均鉴定为浒苔(*U. prolifera*),进一步用 5S rDNA 间隔区序列分析,结果显示均为 5S-Ⅰ型和 5S-Ⅱ型漂浮生态型浒苔(*U. prolifera*),但采集样品中 5S-Ⅰ型数量极少,大部分为 5S-Ⅱ型。

8. 2017 年漂浮绿潮藻种群演替

2017 年 4～6 月在江苏省如东海区和大丰海区进行漂浮绿潮藻调查,并对采集漂浮绿潮藻进行单株 DNA 提取及 ITS 序列和 5S rDNA 间隔区序列分析,其系统发育树图见图 10.23 和图 10.24。

ITS 序列分析结果显示 2017 年如东海区和大丰海区漂浮绿潮藻分别为 LPP 复合体、曲浒苔和扁浒苔 3 个类群,其中 LPP 复合体类群浒苔(*U. prolifera*)采集样品 ITS 序列与 2008 年黄海绿潮漂浮浒苔(*U. prolifera*)序列完全一致,曲浒苔(*U. flexuosa*)采集样品 ITS 序列与 GenBank 序列 AB097646 完全一致,扁浒苔(*U. compressa*)采集样品 ITS 序列与 GenBank 序列 HM031178.1 完全一致。

将 LPP 复合体中样品进行 5S rDNA 序列分析,进一步确认仅为浒苔(*U. prolifera*)类群。其中 2 个样品序列与 GenBank 序列 AB624461.1 完全一致,为 5S-Ⅰ型,其余 5 个样品序列与 GenBank 序列

HM584772.1 完全一致,为 5S-Ⅱ型。

2017 年 4 月 16 日在如东海区最早发现漂浮绿潮藻,采集的漂浮绿潮藻种类主要为浒苔(*U. prolifera*)和曲浒苔(*U. flexuosa*)。5 月海区漂浮的绿潮藻主要种类为浒苔、曲浒苔(*U. flexuosa*)和扁浒苔(*U. compressa*)种类,扁浒苔(*U. compressa*)仅在 5 月被检测到,且数量极少。6 月采集的漂浮绿潮藻样品经分子检测均确定为浒苔(*U. prolifera*),包括 5S-Ⅰ型和 5S-Ⅱ型漂浮生态型,其中 5S-Ⅱ型漂浮生态型数量远大于 5S-Ⅰ型(表 10.17)。

表 10.17　2016～2017 年江苏如东-大丰海区早期漂浮绿潮藻种群演替

采样时间	4 月	5 月	6 月
2016 年	*U. compressa* *U. flexuosa* *U. prolifera* (5S-Ⅱ)	*U. prolifera* (5S-Ⅰ, 5S-Ⅱ)	—
2017 年	*U. flexuosa* *U. prolifera* (5S-Ⅱ)	*U. compressa* *U. flexuosa* *U. prolifera* (5S-Ⅰ, 5S-Ⅱ)	*U. prolifera* (5S-Ⅰ, 5S-Ⅱ)

第四节　黄海绿潮优势种浒苔亚型演替规律

我们已发现并确定 2008 年黄海绿潮大规模暴发漂浮优势种是浒苔(*U. prolifera*),江苏沿海岸线养殖池塘里固着生长的绿藻优势种也是浒苔(*U. prolifera*)。通过 ITS 序列分析,证明 2008 年黄海绿潮大规模暴发漂浮优势种浒苔(*U. prolifera*)ITS 序列与江苏沿海岸线养殖池塘里固着生长的绿藻优势种浒苔(*U. prolifera*)ITS 序列是有差异的,图 10.25 显示了 2 个生态亚型 ITS 序列差别。进一步采用 5S rDNA 序列分析,发现漂浮浒苔(*U. prolifera*)和池塘固着生长的浒苔(*U. prolifera*)5S rDNA 序列也是有差异的,如图 10.25 所示,主要为漂浮浒苔(*U. prolifera*)缺失 53 bp 碱基,以及池塘里固着

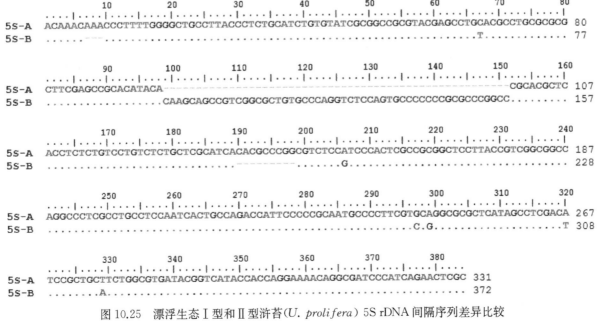

扫一扫 见彩图

图 10.25　漂浮生态Ⅰ型和Ⅱ型浒苔(*U. prolifera*) 5S rDNA 间隔序列差异比较

上序列为 5S-Ⅰ型;下序列为 5S-Ⅱ型

生长浒苔(*U. prolifera*)存在个别碱基替代现象,这 2 个 5S 间隔序列歧化度达到 1.9%。

从 2008~2015 年,黄海绿潮暴发优势种浒苔(*U. prolifera*)生态亚型发生了重大变化。在长期跟踪监测黄海绿潮漂浮浒苔优势种群过程中,逐步发现浒苔漂浮生态亚型内部还存在差异,虽然它们 ITS 序列完全相同(100%),但 5S rDNA 间隔序列是有差异。目前根据 5S rDNA 序列及大小,我们发现浒苔(*U. prolifera*)漂浮生态亚型至少存在 5S-Ⅰ型、5S-Ⅱ型、5S-Ⅲ型、5S-Ⅳ型 4 种类型(陈丽平,2013)。其中,我们把 2008 年黄海绿潮大规模暴发的优势种浒苔(*U. prolifera*)定为漂浮生态亚型 5S-Ⅰ型,而把 ITS 序列与 2008 年黄海绿潮大规模暴发优势种浒苔(*U. prolifera*)相同,但 5S rDNA 间隔序列与池塘生态型相同的浒苔(*U. prolifera*)定为 5S-Ⅱ型(陈丽平,2012;Han et al.,2013)。

2008~2015 年黄海绿潮优势种浒苔漂浮生态亚型变化规律见表 10.13。2008 年,我们发现黄海绿潮漂浮的优势种浒苔(*U. prolifera*)全部是 5S-Ⅰ型。然而在 2009 年,我们发现黄海绿潮漂浮优势种浒苔(*U. prolifera*)已出现漂浮生态 5S-Ⅱ型,但数量很少,5S-Ⅰ型:5S-Ⅱ型只为 10:1。然后漂浮生态亚型 5S-Ⅰ型每年逐步向漂浮生态 5S-Ⅱ型转变,且比例越来越高。2010 年,黄海绿潮漂浮优势种浒苔(*U. prolifera*)5S-Ⅰ型:5S-Ⅱ型为 1:4.6。2013 年发现黄海绿潮藻优势种漂浮生态 5S-Ⅱ型浒苔(*U. prolifera*)比例已高达 90% 以上,2014 年黄海绿潮藻优势种漂浮生态 Ⅰ 型浒苔(*U. prolifera*)仅发现 1 株。至 2015 年,采集的黄海绿潮漂浮优势种浒苔(*U. prolifera*)55 个样本,经检测全部为漂浮生态 5S-Ⅱ型(表 10.18)。可见,2008~2015 年,我国黄海绿潮漂浮优势种浒苔(*U. prolifera*)已由漂浮生态 5S-Ⅰ型全部转变为漂浮生态 5S-Ⅱ型(陈丽平,2012;Huo et al.,2013;Han et al.,2013;Zhang et al.,2015;徐文婷,2016;Wang et al.,2018)。

表 10.18　2008~2015 年黄海绿潮优势种浒苔漂浮生态亚型变化

年　份	Ⅰ型	Ⅱ型	Ⅰ型/Ⅱ型	Ⅰ型/%	Ⅱ型/%
2008	20	0	—	100%	0
2009	41	4	10.25:1	91.1%	8.9%
2010	35	15	2.33:1	70.0%	30%
2011	8	37	1:4.625	17.8%	82.2%
2012	7	35	1:5	16.7%	83.3%
2013	2	30	1:15	6.3%	93.7%
2014	1	138	—	1%	99%
2015	0	55	—	0	100%

我们进一步研究分析发现,2008~2011 年,仅 2011 年 3 月紫菜养殖筏架上检测出漂浮生态亚型浒苔(*U. prolifera*),之前一直未在紫菜养殖筏架上检测出漂浮生态 5S-Ⅰ型浒苔(*U. prolifera*),也未见到紫菜养殖筏架上检查出漂浮生态 5S-Ⅰ型浒苔(*U. prolifera*)报道。从 2011 年秋季开始,漂浮生态亚型浒苔(*U. prolifera*)大量分布在紫菜养殖筏架上,其形态十分相似于 2008 年青岛海区暴发的黄海绿潮漂浮浒苔(*U. prolifera*)(图 10.1),致使 2012 年绿潮暴发早期最先漂浮的是漂浮生态亚型浒苔(*U. prolifera*),并贯穿暴发全过程。

第十一章 黄海绿潮暴发生物学机制

我国南黄海绿潮暴发是浒苔类关键生物学过程、物理海洋学过程以及水文气象要素的耦合过程。其中,关键生物学过程包括浒苔类绿潮藻的漂浮、聚集、暴发、消亡等。由于绿潮已年年频发,故绿潮源头区域关键生物种类的越冬和度夏特别重要。因此,关键生物学机制包括了关键生物种类休眠与萌发、生长与繁殖、营养吸收、光合作用等重要方面。阐明南黄海浒苔类绿潮藻暴发的关键生物学过程和机制对于揭示黄海绿潮暴发机制、进行有效的监测与防控都具有重要的科学和实际意义。

浒苔类绿潮藻类的生长和繁殖受到海区光照强度及光照周期、温度、盐度、营养盐等环境因子的强烈影响。因此,各种关键环境因子变化将直接影响到黄海浒苔类绿潮灾害的发生、发展、暴发和消亡等过程。研究关键生态因子,如温度、光照强度、盐度、pH和营养盐等对黄海浒苔类绿潮藻生长和繁殖的影响,对于揭示黄海绿潮暴发机制、黄海绿潮业务化预测与预警及评价黄海绿潮发生对近海海洋生态系统的影响提供科学依据。因此,本章重点阐述关键生态因子对南黄海浒苔类绿潮藻生长和繁殖的影响,分析黄海绿潮暴发的生物学机制。

第一节 外界因子对浒苔类绿潮藻生长的影响

一、外界因子对浒苔生长率的影响

浒苔类绿潮藻的生长主要受到光照强度、温度、盐度、营养盐等环境因子的影响。环境因子变化直接影响到浒苔类绿潮藻类的生长和繁殖,将直接关系绿潮的暴发与衰亡。研究关键环境因子对浒苔类绿潮藻生长和营养盐吸收的影响,将为绿潮藻暴发的机制解译、预警预测和对海洋生态系统的影响评价提供重要科学依据。

1. 温度和光照强度对浒苔生长率的影响

自然条件下,温度是影响浒苔类绿潮藻生长的关键生态因子之一。国内外学者就不同条件下温度对浒苔类绿潮藻生长的影响开展了较多的研究,且不同实验室研究的结果稍有差异。

吴洪喜等(2000)最早研究了浒苔在光照强度 $60\ \mu mol/(m^2 \cdot s)$、盐度 27 条件下,不同温度对采自乐清湾沿岸海水养殖池塘的浒苔($U.\ prolifera$)生长的影响。结果表明,浒苔不能在 40℃的海水中存活,在 35℃的海水中也不能长期保持正常生长,在 10~30℃的海水中浒苔能保持正常生长,其中在 15~25℃的海水中生长最为旺盛(表 11.1)。

我国南黄海浒苔暴发后,孙修涛等(2008)对 2008 年采于青岛太平角海域的浒苔($U.\ prolifera$)进行了在光照强度 $30\ \mu mol/(m^2 \cdot s)$下的温度耐受性研究。结果表明,在 15~25℃条件下,培养 7 d 的浒苔,色泽没有明显变化,细胞形态正常;在 30℃下,3 d 后浒苔部分藻体变软,且藻团外缘部分藻体颜色由绿变黄,10 d 后少部分变黄的藻体进一步变白死亡。在 40℃下培养 40 h,部分藻体开始变黄,2 d 后部分藻体变软并开始腐烂,7 d 后大多数藻体仍然较正常,但少量藻体出现色泽变白的现象。14 d 后,

40%藻体死亡,约40%藻体正常,另30%藻体介于二者之间(表11.2)。

表11.1　不同水温对浒苔生长的影响(吴洪喜等,2000)　　　　　　(单位:g)

藻体湿重	水温/℃						
	10	15	20	25	30	35	40
原藻体湿重	10	10	10	10	10	10	10
6 d后藻体湿重	12.0	13.4	13.8	14.3	12.1	10.5	死亡
10 d后藻体湿重	12.2	14.1	14.8	15.5	13.5	10.3	—

注:光照强度在 60 μmol/(m^2·s)以上;海水盐度为 26.9～28.2;Ph 为 8.3～8.4

表11.2　浒苔在不同温度培养箱中的死亡率(孙修涛等,2008)　　　　　　(%)

时间/d	实验温度/℃				
	15	20	25	30	40
0	0	0	0	0	0
1.6	0	0	0	0	0
2	0	0	0	0	10
3	0	0	0	5	10
7	0	0	0	5	20
10	0	0	0	10	30
14	0	0	0	15	40

光照强度是绿潮藻浒苔生长的另一个重要因子,也是决定浒苔类绿潮藻分布区域的关键生态因子之一。有研究表明,浒苔(U. prolifera)在 0～1 μmol/(m^2·s)的低光照强度下 7 d 后就死亡;在 20 μmol/(m^2·s)以上的光照强度下,藻体能够生长,但在 100～120 μmol/(m^2·s)光照强度下生长最快;在高于 200 μmol/(m^2·s)的强光照条件下,生长又转为减慢,但藻体生长仍呈正增长。另外,李德等在海水温度为 24～25℃、盐度 29 的条件下研究了光照强度(表11.3)对缘管浒苔(U. linza)生长的影响。缘管浒苔在 0 μmol/(m^2·s)的低光照强度下无法长时间存活,7 d 后就死亡;在 100 μmol/(m^2·s)的光照强度下藻体生长最快;而在 160 μmol/(m^2·s)左右的强光条件下,生长又转为缓慢。

表11.3　不同光照强度对缘管浒苔生长的影响(李德等,2008)　　　　　　(单位:g)

藻体湿重	光照强度/[μmol/(m^2·s)]			
	1	40	100	160
原藻体湿重	20.0	20	20.0	20.0
6 d后藻体湿重	13.0	21.4	23.3	21.3
10 d后藻体湿重	死亡	21.9	24.7	22.4

注:海水温度为 24～25℃;盐度为 29%

国内外学者较多地开展了不同温度和光照强度组合对我国黄海浒苔类绿潮藻生长的影响。王阳阳等(2009)研究了低温和低光照强度对扁浒苔(U. compressa)生长的影响(表11.4)。在光照强度为 (60±5)μmol/(m^2·s)条件下,在 7.5～12.5℃时,扁浒苔特定生长率为(7.24%～8.06%)/d,彼此之间差异不显著($P>0.05$),但均显著高于 5℃的生长率和显著低于 15℃的生长率($P<0.05$)。

表11.4　不同温度对扁浒苔生长的影响(王阳阳等,2009)

指　　标	温度/℃				
	5	7.5	10	12.5	15
特定生长率 SGR/(%/d)	5.31	7.24	8.06	7.55	9.27

由表 11.5 可知,在(22.5±0.5)℃时,扁浒苔在光照强度为 4 μmol/(m² · s)时的生长率显著低于在其他光照强度下的生长率($P<0.05$),在 10~30 μmol/(m² · s)的生长率为(7.20%~8.14%)/d,彼此差异不显著($P>0.05$),而 20~40 μmol/(m² · s)的生长率差异也不显著($P>0.05$),但扁浒苔在 40 μmol/(m² · s)光照强度下的生长率却显著高于在 10 μmol/(m² · s)时的生长率($P<0.05$)。

表 11.5　不同光照强度对扁浒苔生长的影响(王阳阳等,2009)

指　标	光照强度/[μmol/(m² · s)]				
	4	10	20	30	40
特定生长率 SGR/(%/d)	5.72	7.2	8.14	8.01	8.37

综合起来,不同温度和光照强度组合对扁浒苔的生长率影响如图 11.1 所示,扁浒苔在 5℃时的生长率显著低于其他温度条件($P<0.05$),但 5℃低温下各光照强度对生长的影响差异不显著($P>0.05$)。在 10~15℃,不同光照强度对扁浒苔特定生长率的影响有显著性差异,在 15℃时,30~40 μmol/(m² · s)光照条件下扁浒苔生长率最高。对扁浒苔而言,在 5℃低温和 4 μmol/(m² · s)的弱光下仍然具有较高的生长率(4.32%/d)。

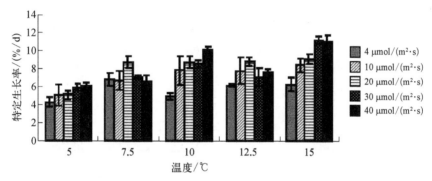

图 11.1　温度和光照强度对扁浒苔生长的影响(王阳阳等,2009)

因此,较多的学者开展了温度和光照强度对两种或两种以上黄海浒苔类绿潮藻类生长影响的比较研究。Luo 等(2009)在实验室条件下比较研究了温度和光照强度对采自 2009 年 7 月乳山湾的浒苔(*U. prolifera*)和 2009 年 5 月采自射阳的缘管浒苔(*U. linza*)生长率的影响(图 11.2)。从图中可以看出,在相同条件下经过 16 d 的培养,随着温度和光照强度的增强,浒苔和缘管浒苔的生长率增加不同。在低温(2.5℃和 5℃)或低光照强度[0.10 μmol/(m² · s)和 10 μmol/(m² · s)]的情况下,两种浒苔的生长率没有明显变化。而在大于 8℃或大于 20 μmol/(m² · s)后,浒苔的生长率显著高于缘管浒苔($P<0.001$)。

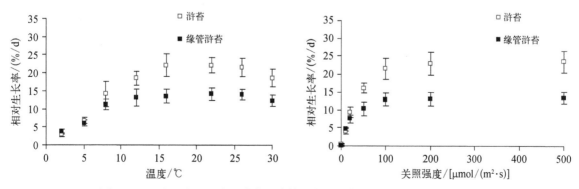

图 11.2　温度和光照强度对浒苔和缘管浒苔生长率的影响(Luo et al., 2009)

田千桃等(2008)在实验室条件下比较研究了不同温度和光照强度组合对浒苔(*U. prolifera*)和条浒苔(*U. clathrata*)幼苗和成体藻生长的影响。浒苔和条浒苔成体藻在(25±0.5)℃、60 μmol/(m² · s)、盐度26

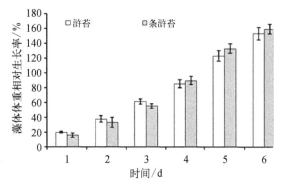

图 11.3　浒苔和条浒苔成熟藻体体重
相对生长率(田千桃等,2008)

以及光周期 12L：12D(L 为光照,D 为黑暗)条件下的体重生长率分别为 17.30％/d 和 16.82％/d (图 11.3)。在 20℃和 25℃时,2 种浒苔幼苗体长日生长率保持在 40％以上,显著高于在其他温度条件下的生长率($P<0.05$)。在光照强度为 140 μmol/(m² · s) 时,浒苔和条浒苔幼苗在 25℃的体长日生长率显著高于在 20℃时。除在 30℃和 32.5℃外,2 种浒苔幼苗的体长日生长率随着光照强度的增加而升高,而在 30℃以上,2 种浒苔幼苗的生长基本停滞,甚至出现负增长的现象(图 11.4)。分析表明,在 20~27.5℃和 20~140 μmol/(m² · s)的光照条件下,2 种浒苔幼苗体长日生长率差异不显著($P>0.05$)。图 11.5 所示浒苔幼苗在 25℃和 140 μmol/(m² · s)时的体长生长情况。

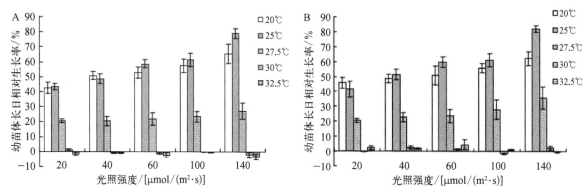

图 11.4　浒苔(A)和条浒苔(B)幼苗体长相对生长率(田千桃等,2008)

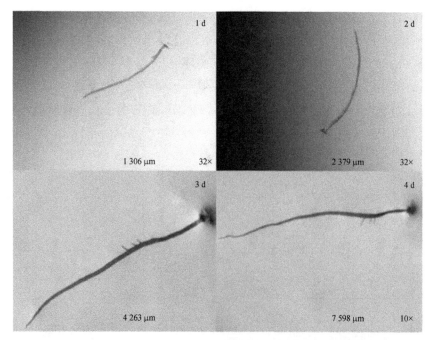

图 11.5　25℃、140 μmol/(m² · s)时浒苔幼苗生长情况(田千桃等,2008)

Taylor 等(2001)在实验室条件下进行了温度(10℃、15℃、20℃、25℃、30℃)、光照强度 72 μmol/(m²·s)和盐度 34 的条件下和光照强度[0 μmol/(m²·s)、9 μmol/(m²·s)、18 μmol/(m²·s)、44 μmol/(m²·s)、88 μmol/(m²·s)、175 μmol/(m²·s)]、温度 15℃ 和盐度 34 的条件下对扁浒苔和缘管浒苔生长率影响的比较研究。结果如图 11.6 所示,光照强度对浒苔的生长率影响显著($P < 0.001$),所有实验藻均表现出较宽的温度生态幅。缘管浒苔的生长率在光照强度为 88~175 μmol/(m²·s)时,生长率显著下降,而扁浒苔在 10℃ 和光照强度为 175 μmol/(m²·s)时有最大的生长率。

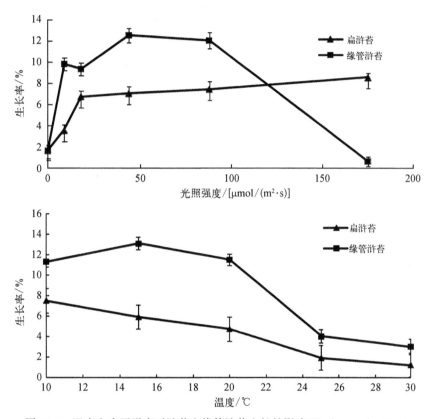

图 11.6　温度和光照强度对浒苔和缘管浒苔生长的影响(Taylor et al.,2001)

绿潮项目组最早研究发现,我国南黄海绿潮暴发的优势种类包括浒苔(*U. prolifera*)、扁浒苔(*U. compressa*)、曲浒苔(*U. flexuosa*)和缘管浒苔(*U. linza*)4 种浒苔类绿潮藻。但在黄海绿潮暴发过程中,漂浮绿潮藻种类发生了种类演替现象,漂浮后期浒苔(*U. prolifera*)成为漂浮优势种类。漂浮绿潮藻的种类演替是各种漂浮绿潮藻对温度、光照强度等环境因子响应的结果。崔建军(2014)系统地比较研究了温度和光照强度对黄海绿潮早期漂浮的 4 种主要浒苔种类扁浒苔、浒苔、曲浒苔和缘管浒苔生长的影响。在实验条件为浒苔、缘管浒苔培养温度为 20℃,扁浒苔培养温度为 10℃,曲浒苔培养温度为 25℃,光照强度均为 100 μmol/(m²·s),光周期均为 12L:12D 的情况下,初始长度为 2 cm 的 4 种绿潮藻小苗日生长率测定结果见图 11.7。从图 11.7 可以看出,在最适生长条件下,4 种绿潮藻随着藻体长度增加,其日生长率呈逐渐降低的趋势,其中 2~6 cm 小苗日生长速率高达 72.56%~82.17%,而 29~33 cm 成体的日生长率为 9.41%~15.99%,小苗日生长率是成体的 5.1~7.7 倍。

在此基础上,崔建军(2014)在光照强度为 70 μmol/(m²·s)和盐度为 20 条件下,研究温度(5~35℃)对 4 种浒苔类绿潮藻小苗和成体藻的生长影响(图 11.8 和图 11.9)。在 5~10℃ 时扁浒苔日生长率最高,曲浒苔最低,这表明扁浒苔最耐低温,而曲浒苔不耐低温。5℃ 时,4 种绿潮藻小苗日生长率为 30%~40%,而成体日生长率在 5% 以下。10℃ 时,扁浒苔小苗和成体日生长率均达到最高,分别为 65.32% 和 23.77%。15~20℃ 时,浒苔日生长率已成为最高,而扁浒苔成为最低,且随着温度升高越来

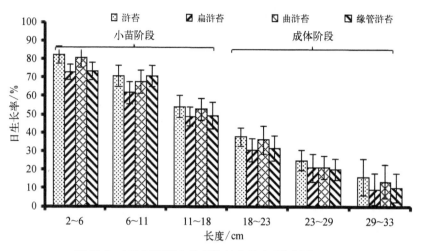

图 11.7　4 种绿潮藻小苗藻体日生长率(崔建军, 2014)

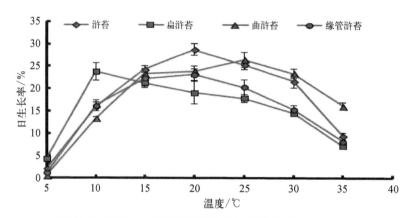

图 11.8　温度对 4 种绿潮藻成体生长的影响(崔建军, 2014)

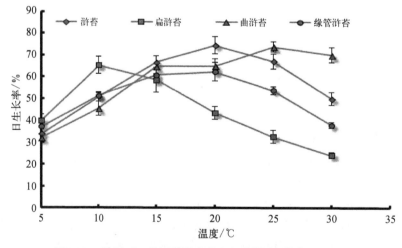

图 11.9　温度对 4 种绿潮藻小苗生长的影响(崔建军, 2014)

越低。20℃时, 浒苔小苗和成体日生长率均达到最高值, 分别为 74.52% 和 28.76%, 缘管浒苔小苗和成体日生长率也均达到最高峰, 但仅次于曲浒苔。25～35℃时, 曲浒苔小苗和成体日生长率均高于其他 3 种, 可见曲浒苔为高温种。25℃时曲浒苔小苗和成体日生长率均达到最高值, 分别为 73.84% 和 26.44%。30℃时 4 种绿潮藻小苗和成体日生长率均下降, 35℃时, 4 种绿潮藻小苗在 6 d 内均陆续死亡, 成体生长状态较差, 藻体部分变白。

崔建军等继续开展了温度和光照强度组合对 4 种浒苔生长的影响研究(图 11.10～图 11.14)。各种温度下 4 种绿潮藻小苗最佳光照强度均为 70～100 μmol/(m² · s)。10℃时,各光照强度组均以扁浒苔小苗日生长率最高,且光照强度为 70 μmol/(m² · s)时最高,可达 66.01%。15～20℃时,各光照强度组均为浒苔生长最好,20℃时浒苔小苗日生长率在 70 μmol/(m² · s)光照强度下达到最高,为 76.21%,且缘管浒苔小苗日生长率也达到最高,在 100 μmol/(m² · s)光照强度下为 66.75%。浒苔在高光照强度[200～400 μmol/(m² · s)]下的日生长率是其他 3 种绿潮藻的 2.0～8.0 倍。25℃与 30℃时,曲浒苔小苗日生长率在 70 μmol/(m² · s)的光照强度下达到最高,分别为 72.93% 和 69.96%。当光照强度在

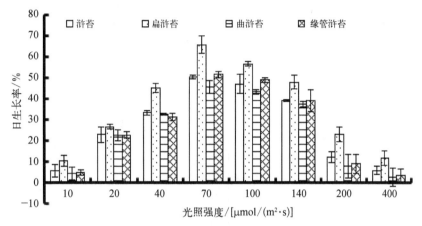

图 11.10 10℃条件下光照强度对 4 种绿潮藻小苗生长率的影响(崔建军,2014)

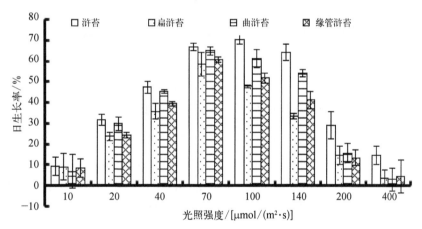

图 11.11 15℃条件下光照强度对 4 种绿潮藻小苗日生长率的影响(崔建军,2014)

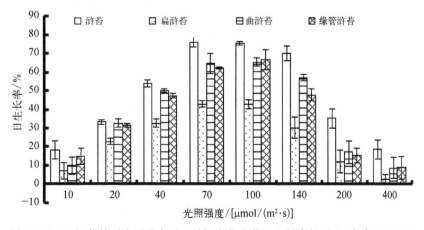

图 11.12 20℃条件下光照强度对 4 种绿潮藻小苗日生长率的影响(崔建军,2014)

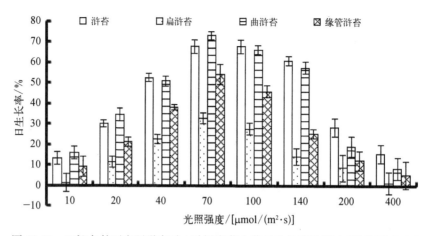

图 11.13　25℃条件下光照强度对 4 种绿潮藻小苗日生长率的影响（崔建军，2014）

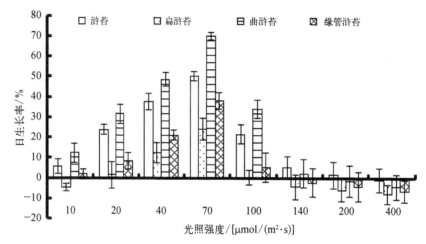

图 11.14　30℃条件下光照强度对 4 种绿潮藻小苗日生长率的影响（崔建军，2014）

70 μmol/(m² · s)以下时，多以曲浒苔小苗日生长率最高 [40 μmol/(m² · s) 组除外]，但光照强度在 100 μmol/(m² · s) 以上时，均为浒苔小苗日生长率最高。30℃时，当光照强度高于 100 μmol/(m² · s) 时，4 种绿潮藻小苗均出现变白衰亡现象，到达 140 μmol/(m² · s) 时扁浒苔和缘管浒苔为负增长。当光照强度升高为 200 μmol/(m² · s) 时，曲浒苔呈现负增长；当光照强度高达 400 μmol/(m² · s) 时，浒苔最后进入负增长。由此可见，浒苔小苗比其他 3 种绿潮藻的小苗更耐受高光强。

图 11.15～图 11.19 为不同光照强度和温度对 4 种绿潮藻成体生长率的影响。由图可知，4 种绿潮藻的日生长率均在光照强度为 100～140 μmol/(m² · s) 时达到最高。10℃时，各光照强度组均为扁浒苔成体日生长率最高，且扁浒苔在光照强度为 100 μmol/(m² · s) 时达到最高，为 23.39%。15～20℃时，各光照强度组均以浒苔成体日生长率为最高，且最适光照强度为 140 μmol/(m² · s)，而其他 3 种绿潮藻均以 100 μmol/(m² · s) 为最适光照强度，其中扁浒苔成体日生长率最低；20℃时浒苔和缘管浒苔成体达到最高日生长率，分别为 28.52% 和 23.42%。25～30℃曲浒苔最适生长光强为 100 μmol/(m² · s)，25℃曲浒苔成体日生长率达到最高，为 26.82%。分析表明，当光照强度为 70～100 μmol/(m² · s) 时，均为曲浒苔成体日生长率最高，而光照强度为 140～600 μmol/(m² · s) 时，则均为浒苔日生长率最高。当光照强度为 200～600 μmol/(m² · s) 时，浒苔成体日生长率是高温种曲浒苔的 1.3～1.7 倍，即使在最低光照强度 [10 μmol/(m² · s)] 下，浒苔成体日生长率也是曲浒苔的 3.1 倍。30℃条件下，当光照强度达到 200 μmol/(m² · s) 以上时，4 种绿潮藻均开始出现变白衰亡现象，当光照强度为 400 μmol/(m² · s)

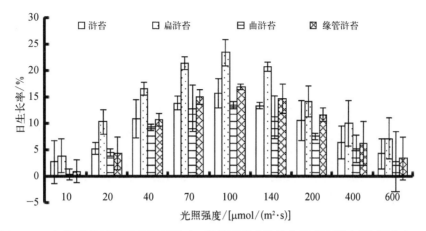

图 11.15 10℃条件下不同光照强度对 4 种绿潮藻成体日生长率的影响（崔建军，2014）

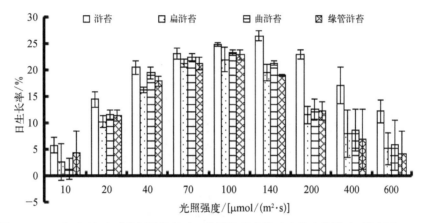

图 11.16 15℃条件下不同光照强度对 4 种绿潮藻成体日生长率的影响（崔建军，2014）

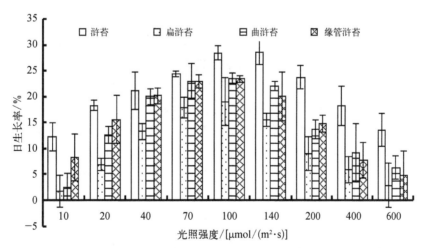

图 11.17 20℃条件下不同光照强度对 4 种绿潮藻成体日生长率的影响（崔建军，2014）

时，扁浒苔开始负增长。可见，浒苔比其他 3 种绿潮藻更能耐受高温和高光照强度。

黄海不同浒苔类绿潮藻种类对温度适应性具有较大差别。其中，扁浒苔为低温种类，适于低温生长，曲浒苔为高温种类，适于高温生长环境，而缘管浒苔和浒苔适于生长的温度生态幅度较宽。温度对浒苔（U. prolifera）生长的影响研究报道中，吴洪喜等（2000）研究表明，在 10～30℃的海水中，浒苔能保持正常生长，最适温度为 15～25℃，而浒苔不能在 40℃的海水中存活，在 35℃时也不能长期保持正常

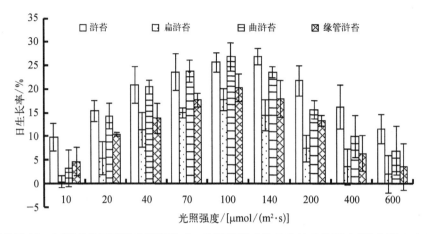

图 11.18 25℃条件下不同光照强度对 4 种绿潮藻成体日生长率的影响(崔建军,2014)

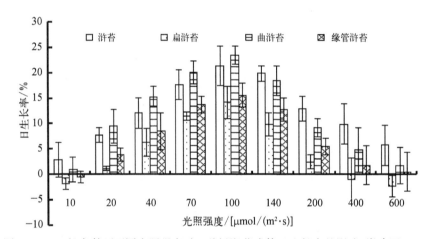

图 11.19 30℃条件下不同光照强度对 4 种绿潮藻成体日生长率的影响(崔建军,2014)

生长。孙修涛等(2008)研究也表明,在 40℃下培养 40 h,浒苔部分藻体开始变黄。忻丁豪等(2009)研究表明浒苔在高于 32℃条件下培养 3 d 即死亡。在 5~15℃、光照强度为 4~40 μmol/(m^2·s)时,随温度降低,光照强度的减弱,扁浒苔特定生长率呈现下降趋势,在 5℃和 4 μmol/(m^2·s)时,藻体生长率最低,但仍可保持 5%左右的特定生长率。这与张寒野等(2006)对条浒苔的研究结果相一致。崔建军等(2011)研究表明缘管浒苔和浒苔在 20℃时日特定生长率最高,而 Taylor 等(2001)研究表明,缘管浒苔藻体生长最适温度为 15℃,李德等(2009)实验表明缘管浒苔最适温度为 25℃,汤文仲等(2009)研究表明缘管浒苔光合作用和生长适宜的温度条件为 15~25℃。崔建军(2014)所得的浒苔藻体体重日生长率在乔方立等报道的浒苔日生长率 13.5%~31%的范围内,与梁宗英等(2008)报道的浒苔 23%的日生长率相近。不同研究者得到的结论基本一致。

每年黄海绿潮暴发的 4~6 月,南黄海近岸海域水体温度在 15~25℃,是黄海绿潮优势种类浒苔的适宜生长温度,且此时在东南季风的影响下,一直向北漂向山东半岛近岸海域,其温度也随着时间推移逐步上升,使漂浮浒苔($U.$ $prolifera$)一直处于最适温度条件下,在漂移的过程中暴发性生长,致使黄海绿潮的规模越来越大。Keesing 等认为影响漂浮浒苔生物量的外界因素中,温度的变化和出现的时期决定了浒苔类绿潮的暴发。浒苔($U.$ $prolifera$)藻体在整个生长阶段特定日生长率平均为 23.2%~23.6%,最高特定日生长率达 37.8%;其在 8~30℃、光照强度为 50~500 μmol/(m^2·s)的条件下浒苔日生长率均高于缘管浒苔;而扁浒苔属于低温、低光物种,在 15℃、30 μmol/(m^2·s)的条件下取得最高日生长率,为 11%左右,还不足浒苔藻体整个生长阶段生长率的一半;在 25℃条件下,条浒苔取得最高生长率,为 35.15%,也小于浒苔藻体最高生长率。王阳阳等(2010)实验表明,光照强度对扁浒苔生长的影响没有温度的影响大,在光照强度为 20~30 μmol/(m^2·s)时,扁浒苔可在生长缓慢的情况下保持较好的生长状态,光照强度超过 30 μmol/(m^2·s)时,表现出快速生长的趋势。因此,相对于其他浒苔类绿潮藻,浒苔藻体在适宜的温度和光照强度范围内具有最高的生长率。

2. 盐度和 pH 对浒苔生长率的影响

盐度是海水中多种无机盐浓度的一种量度,盐度高低将直接影响海水渗透压的大小。海藻在其生长过程中需要随时对藻体的渗透压进行相应的调节,通常当环境中渗透压变小时,藻体会通过改变离子浓度进行渗透调节,而当渗透压增大时藻体则通过改变离子和甘露醇浓度进行渗透调节。一般来说,大型海藻的种类和数量随盐度的下降而减少,盐度耐受范围大的藻类能在潮间带广泛分布。

国内外学者开展了盐度和 pH 对浒苔类绿潮藻生长的影响。吴洪喜等(2000)研究了盐度和 pH 对浒苔($U.~prolifera$)生长的影响(表 11.6)。浒苔对盐度适应范围极广,除在盐度为 0 的水中不能生长而很快死亡外,在盐度为 7.2~53.5 时都能生长,尤在海水盐度为 20.2~26.9 时,生长最为旺盛。pH 对浒苔生长的影响如表 11.7 所示,在 pH 为 3 的海水中,浒苔 1 d 后死亡;在 pH 为 4 的海水中,浒苔 3 d 后死亡;在 pH 为 5 的海水中,浒苔生长呈负增长;在 pH 为 6~9 时,浒苔随 pH 升高,生长加快;当 pH 达 10 时,浒苔生长转为负增长,可见,浒苔生长的适宜 pH 为 6~9,最适 pH 为 7~9。

表 11.6　不同海水盐度对浒苔生长的影响(吴洪喜等,2000)　　(单位: g)

藻 体 湿 重	海水盐度								
	0.0	7.2	13.7	20.2	26.9	33.4	40.1	46.8	53.5
开始试验时藻体湿重	3.0	3.0	3.0	3.0	3.0	3.0	3.0	3.0	3.0
生长 10 d 后藻体重量	死亡	4.8	5.9	6.2	6.2	5.6	4.5	4.3	4.2

注: 试验水温为 18.2~22.1℃;光照强度为室外自然光;pH 为 8.3~8.4

表 11.7　不同 pH 对浒苔生长的影响(吴洪喜等,2000)　　(单位: g)

藻 体 湿 重	pH							
	3	4	5	6	7	8	9	10
开始试验时藻体湿重	6	6	6	6	6	6	6	6
生长 10 d 后藻体湿重	1 d 后死亡	3 d 后死亡	5.4	6.2	6.3	6.8	6.5	5.9
生长 15 d 后藻体重量	—	—	5.3	6.4	6.7	8.1	7.1	5.8

注: 海水水温为 16~19℃;海水盐度为 25.8~26.3;光照强度为 2 000~3 000 lx;pH 为 8.3~8.4

王建伟等在实验室内温度为 20℃,光照强度为 36 μmol/(m^2·s)的条件下研究了盐度和 pH 分别对浒苔($U.~prolifera$)生长的影响(图 11.20 和图 11.21)。在 pH 为 7 时,浒苔在盐度为 12~40 的海水中均能正常生长,但对高盐度的适应能力要强于低盐度。盐度为 24~28 时最适合浒苔生长,当海水盐度为 24 时达到最大生长量。在海水盐度 24 条件下,浒苔在 pH 为 5 时浒苔生长缓慢,但仍能存活;pH 为 6~10 时能够正常生长;pH 为 8 时达到最大生长量;pH 为 9 或 10 时的生长量大于 pH 为 7 时的生长量。

除对浒苔的研究之外,Taylor 等(2001)在温度为 15℃,光照强度为 72 μmol/(m^2·s)的条件下研究了盐度对缘管浒苔和扁浒苔生长的影响(图 11.22)。盐度对缘管浒苔和浒苔生长的影响极显著($P<0.01$)。在盐度从 23.8 增加到 27.2 的过程中,缘管浒苔的生长率随盐度增加而增加,而扁浒苔在盐度为 6.8 时具有最大生长率。在盐度为 0 时,2 种浒苔类绿潮藻均未表现出增长,然而将剩余藻体放回全海水的环境中又会恢复生长,这说明其在淡水中能够存活或具有一定的增长,只是增长率较低。

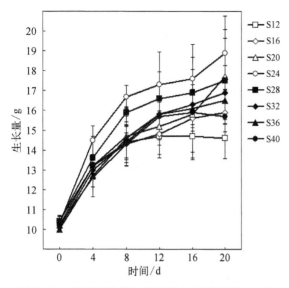

图 11.20 盐度对浒苔生长的影响(王建伟等,2007)
S表示盐度

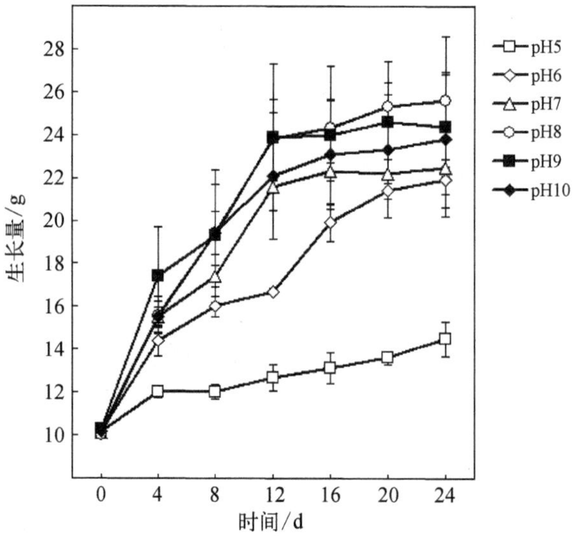

图 11.21 pH 对浒苔生长的影响(王建伟等,2007)

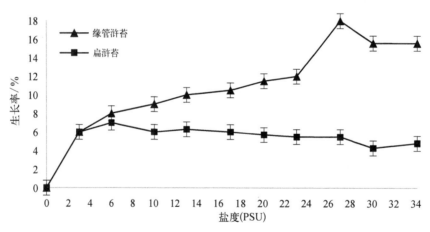

图 11.22 盐度对浒苔、扁浒苔等生长的影响(Taylor et al.,2001)

在野外自然环境下,Martins 等于 1998 年研究了不同月份(4 月、5 月、6 月、10 月)位于蒙太古河口的肠浒苔(*U. intestinalis*)的生长情况。各月份外界条件如表 11.8 所示,其中盐度的变化幅度较大,在 0～32。在此条件下,肠浒苔各月份的生长情况结果如图 11.23 所示,在盐度小于 1 和盐度为 3 时,肠浒苔的生长率极低,最后死亡。相对于 15～20 的盐度,盐度在低于 15 和高于 25 时肠浒苔的生长率也较低,这表明盐度是影响蒙太古河口肠浒苔生长的重要环境因素。

表 11.8 采样站位外界条件情况(Martins et al.,1998)

试 验	时 间	平均盐度	平均温度/℃	平均光照/[mol/(m² · s)]	光周期/h
1	4 月/5 月	3～29	23	345	14
2	5 月	0～10	26	365	14
3	6 月	1.5～5.2	28	724	15
4	10 月/11 月	9～32	17	124	10.5

关于盐度和 pH 对浒苔类绿潮藻生长影响的研究表明,浒苔类绿潮藻属广盐、耐酸和微嗜碱的大型海洋绿藻,自然环境适应能力强。这符合浒苔广泛地生长于世界大部分地区海洋沿岸潮间带、滩涂和石

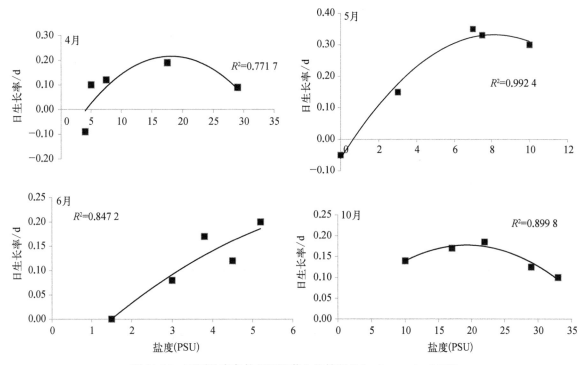

图 11.23 不同盐度条件下肠浒苔生长情况(Martins et al.，1998)

沼中的生态学分布特点。浒苔(*U. prolifera*)能在碱性的海水中保持较高的生长率,王建伟等研究显示 pH8、pH9 和 pH10 的生长量均高于 pH 为 7 的生长量。这表明,当漂浮浒苔类绿潮藻可以在进行剧烈的光合作用而导致局部 pH 环境快速上升的环境中保持较高的生长速率。

3. 营养盐对浒苔生长率的影响

李瑞香等(2008)于 2008 年青岛近岸大规模发生绿潮灾害时采集漂浮浒苔(*U. prolifera*)样品,在 20℃,光照周期比 12 h∶12 h 和光照强度 120 μmol/(m²·s)的条件下进行了不同营养盐条件对浒苔生长影响的研究(表 11.9)。相比对照组,添加营养盐的实验组生物量明显比对照组增加得快,尤其是加 N、P、Fe、Mn 微量元素的 V 组,2 d 内生物量由 0.200 g 增加到 0.326 g。只加 P,只加 N,N 和 P 都加的 4 个实验组(Ⅰ~Ⅳ),生物量增加幅度差别不太明显。随着培养时间的增加,实验各组浒苔的生物量增加速率逐渐趋缓,第 13 天时,加 N、P 和微量元素的实验组(Ⅴ,Ⅵ),每 2 d 更换一次培养液的 V 组及一直不换培养液的Ⅵ组,生物量都开始下降。其他组在第 15 天或第 17 天也有不同程度的下降(图 11.24)。

表 11.9 营养盐添加设计与添加后本底实测浓度(李瑞香等,2008)

实验组	添加设计浓度		本底实测浓度			
	N	P	PO_4^{3-} - P	NO_3^- - N	NO_2^- - N	NH_4^+ - N
C(对照)	—	—	0.059	1.740	2.066	1.596
Ⅰ	—	1	0.936	4.874	2.234	2.952
Ⅱ	10	—	0.330	18.968	3.441	1.963
Ⅲ	50	—	0.283	46.219	3.451	1.944
Ⅳ	20	1	0.874	24.731	6.124	2.006
Ⅴ	80	12	12.445	82.594	3.359	2.460
Ⅵ	同Ⅴ	同Ⅴ	同Ⅴ	同Ⅴ	同Ⅴ	同Ⅴ

　　实验中浒苔湿生物量的变化曲线表明,实验初期生物量增加很快,2 d 内除对照组(C)在 10% 左右外,其他实验组的增重比为 27%～62%。营养盐浓度高且营养元素种类多的条件下,增重比就高。但随着培养时间的增加,生物量的增加幅度明显比实验初期的小。2 个营养盐最丰富的实验组(V 和 Ⅵ),初期生物量增加最快,但后期生物量出现下降的时间也较早。

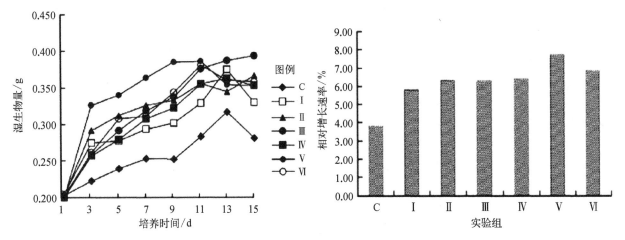

图 11.24　浒苔湿生物量的变化(李瑞香等,2008)　　　　图 11.25　不同营养盐条件下浒苔的相对增长率
　　　　　　　　　　　　　　　　　　　　　　　　　　　　　　　　　　　　　(李瑞香等,2008)

　　不同营养盐条件下,浒苔相对增长率有显著差别,由图 11.25 可以看出,对照组(C)营养盐相对贫乏,浒苔相对增长率最低,只有 3.85%/d;只加 P 的组(Ⅰ)浒苔相对增长率比对照组高,为 5.79%/d;只加 N 组(Ⅱ,Ⅲ),2 组的浒苔增长率几近相等,分别为 6.31%/d 和 6.32%/d,高于只加 P 组;只加 N 组(Ⅱ,Ⅲ)和 N、P 全加(Ⅳ)组之间的差别不明显。V 和 Ⅵ实验组,浒苔相对增长率最高,每 2 d 更换 1 次培养液的实验组(V)又比不换培养液组(Ⅵ)的明显高,分别为 7.75%/d 和 6.84%/d。本实验中,Ⅰ～Ⅵ 6 个组的浒苔相对增长率差别明显,比较 N 限制的加 P(Ⅰ)实验组和 P 限制的 2 个加 N 实验组(Ⅱ,Ⅲ),前者的浒苔生长率低于后两者,这说明浒苔对 N 的需求高于 P,从 N 和 P 全加(Ⅳ)组与只加 N 的2 组比较,浒苔生长率没有明显差别,这也说明了 P 对浒苔生长的限制作用相对小于 N 的限制。

　　朱明等(2011)研究了不同氮磷水平对 2010 年采自连云港的缘管浒苔(U. linza)生长的影响(图11.26)。实验结果表明,氮对缘管浒苔的生长有显著的影响,氮加富在对照 P 水平的情况下显著提高缘管浒苔的相对生长率,但在磷浓度为 15 μmol/L 和 60 μmol/L 时,氮的作用不明显。磷也显著影响缘管浒苔生长,在海水中 N 为对照水平时,P 加富(15 μmol/L 和 60 μmol/L)都显著促进藻体的相对生长。但在 N 加富的情况下,P 的 3 种处理间没有显著差别($P>0.05$)。但当 N 或者 P 其中的一种保持在相对高的浓度水平时,另一种的浓度的增加对藻体的生长速率没有显著影响,这表明对于缘管浒苔来说,富营养化海水中无论是 N 还是 P,只要浓度保持在一定的水平,藻体都能够保持足够的生长速率。

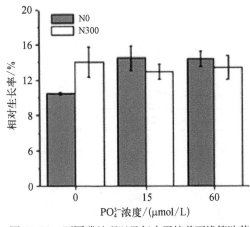

图 11.26　不同磷处理以及氮水平培养下缘管浒苔
相对生长率的变化(朱明等,2011)

图中 N0 和 N300 分别表示培养海水中的两种 N
水平:0 和 300 μmol/L

　　不同营养盐结构对浒苔类绿潮藻生长影响显著。Li 等(2010)等报道了不同营养盐结构对采自江苏近岸海域的浒苔(U. prolifera)相对生长率的影响。在 20℃、盐度 20 和光照强度为 60 μmol/(m² · s)的条件下分别设置高氮高磷(HNHP,添加 500 μmol/L NaNO₃ 和 30 μmol/L

NaH$_2$PO$_4$）、高氮低磷（HNLP，添加 500 μmol/L NaNO$_3$，不添加 NaH$_2$PO$_4$）、低氮高磷（LNHP，不添加NaNO$_3$，添加 30 μmol/L NaH$_2$PO$_4$）、低氮低磷（LNLP，不添加 NaNO$_3$ 和 NaH$_2$PO$_4$）4 组（图 11.27 和图11.28）。低氮低磷组的浒苔生长率均显著低于其他组别。在第 8 天时，与低氮低磷组相比，高氮高磷、低氮高磷和高氮低磷组的鲜重分别增加了 128%、56% 和 104%，相对生长率分别增加了 10%、5.5% 和8.7%。相对生长率在高氮高磷和高氮低磷组之间差异不显著，浒苔在高氮高磷组具有最大的生长量和相对生长率。

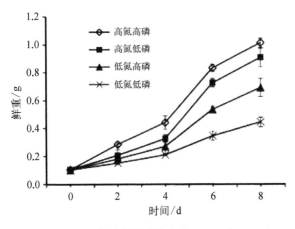

图 11.27 8 d 内浒苔鲜重的变化（Li et al.，2010）

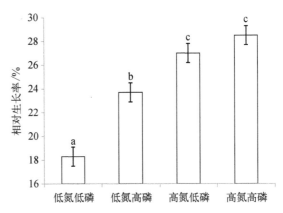

图 11.28 浒苔在 4 种氮磷组合条件下的相对生长率（Li et al.，2010）

针对黄海浒苔类绿潮藻的 4 个优势种类，很多学者也开展了营养盐对浒苔类绿潮藻的比较研究。Luo 等（2012）在 16℃，100 μmol/(m^2·s) 的光照下研究了 NO$_3^-$（5 μmol/L、10 μmol/L、20 μmol/L、50 μmol/L、100 μmol/L、200 μmol/L）、NH$_4^+$（5 μmol/L、10 μmol/L、20 μmol/L、50 μmol/L、100 μmol/L、200 μmol/L）和 PO$_4^{3-}$（0 μmol/L、5 μmol/L、10 μmol/L、20 μmol/L、30 μmol/L、40 μmol/L）对近岸浒苔和缘管浒苔生长的影响相同。氮含量（NO$_3^-$ 或 NH$_4^+$）对浒苔和缘管浒苔的生长率具有显著影响。在氨氮和硝氮含量相同的情况下，浒苔的生长率明显大于缘管浒苔（$P > 0.05$，图 11.29）。在相同的氮含量条件下，磷对两种藻的生长影响不显著（图 11.30）。

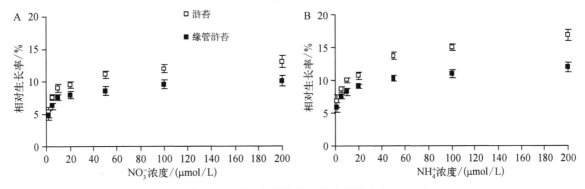

图 11.29 营养盐对浒苔和缘管浒苔生长率的影响（Luo et al.，2012）

相较于 Luo 等（2012）对浒苔和缘管浒苔进行了营养盐对其生长影响的比较研究，Taylor 等在 2001年研究了在 15℃、光强为 72 μmol/(m^2·s) 和盐度 34.0 的条件下营养盐对扁浒苔和缘管浒苔生长的比较研究（图 11.31）。PO$_4^{3-}$ 对扁浒苔和缘管浒苔生长率具有显著影响（$P < 0.05$），随着 PO$_4^{3-}$ 浓度增加到最佳水平，生长率不断增加，在 PO$_4^{3-}$ 浓度为 20 μmol/L 和 30 μmol/L 时扁浒苔的生长率最大，而在PO$_4^{3-}$ 浓度为 50 μmol/L 时缘管浒苔具有最大生长率。在 PO$_4^{3-}$ 浓度较低时，所有实验藻类均表现出了

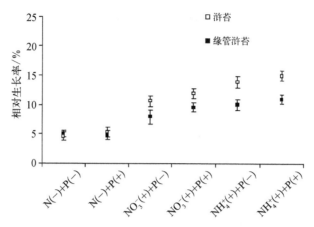

图 11.30 相同氮磷条件下浒苔与缘管浒苔生长率(Luo et al., 2012)

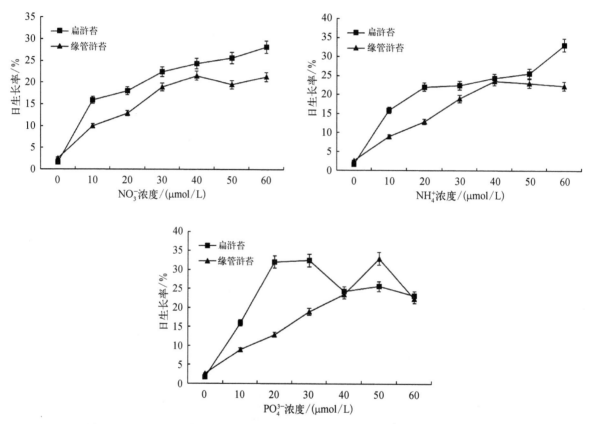

图 11.31 NO_3^-、NH_4^+、PO_4^{3-} 对缘管浒苔、扁浒苔生长率的影响(Taylor et al., 2001)

较低的生长率。其中,扁浒苔在 NH_4^+ 浓度为 60 $\mu mol/L$ 时具有最大生长率。

通过以上研究结果的分析可知,浒苔类绿潮藻可在较宽的营养盐幅度内保持较高的生长速率,提高营养盐浓度可显著浒苔类绿潮藻的生长率。同时,通过营养盐对不同浒苔类绿潮藻生长影响的比较研究结果可知,浒苔(*U. prolifera*)在相同的营养盐浓度及结构下比其他浒苔类绿潮藻具有更快的生长速率。

二、外界因子对浒苔光合作用的影响

在黄海绿潮暴发和消亡的过程中,外界环境因子及其藻体的状态对浒苔类绿潮藻光合作用的能力和效率将产生显著的影响。浒苔类绿潮藻光合作用的强弱及其效率将会直接或间接地影响浒苔类绿潮藻的生长能力、越冬与度夏能力。因此,研究外界因子对黄海浒苔类绿潮藻光合作用的影响,对于判断黄海浒苔类绿潮藻的增殖潜力、绿潮藻的暴发时间、规模及其消亡都具有重要的科学和实际意义。

1. 温度和光照强度对浒苔光合作用的影响

PSⅡ的最大光量子产量(F_v/F_m)是度量光抑制程度的重要指标,表示光反应中心原初光能转化效率,也就是潜在最大光合能力。非环境胁迫条件下叶片的荧光参数 F_v/F_m 极少变化,不受生长条件的影响,即在正常生理状态下,F_v/F_m 是一个很稳定的值,藻类中该值约为 0.65。当藻类处于不适宜的光照强度等环境条件时,光系统就会受到不同程度的损伤,从而造成光合能力的下降。

王阳阳等(2010)研究了低温和光照强度对扁浒苔 F_v/F_m 的影响(表 11.10 和表 11.11)。扁浒苔叶绿素荧光活性 F_v/F_m 在 5.0~10.0℃时差异不显著($P>0.05$),但显著低于 12.5℃和 15℃时的 F_v/F_m($P<0.05$),而扁浒苔在 12.5℃和 15℃时的 F_v/F_m 差异不显著($P>0.05$)。由表 11.11 可知,扁浒苔在光照强度为 10 μmol/(m² · s)和 20 μmol/(m² · s)时的 F_v/F_m 为 0.498 和 0.529,显著低于在 30~40 μmol/(m² · s)时,并显著高于在 4 μmol/(m² · s)时的 F_v/F_m($P<0.05$),但在 10 μmol/(m² · s)和 20 μmol/(m² · s)之间、30 μmol/(m² · s)和 40 μmol/(m² · s)之间差异不显著($P>0.05$)。同时,温度和光照强度对扁浒苔 F_v/F_m 值的交互作用不显著($P>0.05$)。表明在 4~40 μmol/(m² · s)的低光照范围内随着光照强度的增强,扁浒苔 F_v/F_m 值呈上升趋势。在 4 μmol/(m² · s)的光照条件下,5~7.5℃与 10~15℃对 F_v/F_m 值的影响差异性显著($P<0.05$)。

表 11.10　不同温度对扁浒苔 F_v/F_m 的影响

指　标	温度/℃				
	5.0	7.5	10	12.5	15
F_v/F_m	0.498a	0.507a	0.502b	0.522b	0.577b

注:同行数据后的字母不同者表示差异显著($P<0.05$),下表同

表 11.11　不同光照强度对扁浒苔 F_v/F_m 的影响

指　标	光照强度/[μmol/(m² · s)]				
	4	10	20	30	40
F_v/F_m	0.432a	0.498a	0.529b	0.584b	0.593b

对于缘管浒苔,汤文仲等(2009)研究了 7 组不同温度和光照强度对缘管浒苔光合作用各参数的影响。不同温度和光照强度对缘管浒苔光系统 PSⅡ光化学效率(F_v/F_m)的影响见图 11.32。由图可知,在同一温度下,缘管浒苔的 F_v/F_m 的值随着光照强度的增加出现先上升后下降的趋势。且温度过高或过低时 F_v/F_m 下降较大。

光照强度和温度对缘管浒苔光系统 PSⅡ初始荧光的影响如图 11.33 所示。初始荧光 F_0 变化趋势基本维持在 960~1 482,且随温度变化可分成 3 种类型。在 5~15℃,F_0 在低光照强度范围内,随着光照强度提高

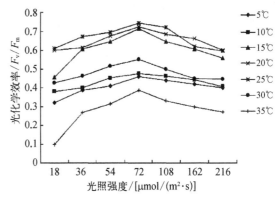

图 11.32　长石莼 PSⅡ光化学效率(F_v/F_m)的变化(汤文仲等,2009)

而快速上升,当光照强度为 54 μmol/(m² · s)时,F_0 达到最高值(1 129~1 209),随后随着光照强度提高而逐步下降,在 108 μmol/(m² · s)达到低谷后随着光照强度提高而逐步上升;在 20~30℃,F_0 在低光

照强度范围内随着光照强度提高而快速上升,在 72 μmol/(m² · s)达到最高值(1 161~1 482)后随着光照强度提高而逐步下降;当温度高达 35℃时,F_0 在低光照强度范围内随着光照强度提高而逐步下降,在 72 μmol/(m² · s)达到最低值(1 212)后随着光照强度提高而逐步上升。

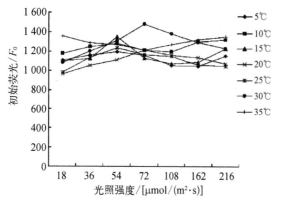

图 11.33　光照强度和温度对缘管浒苔光系统 PSⅡ初始荧光的影响(汤文仲等,2009)

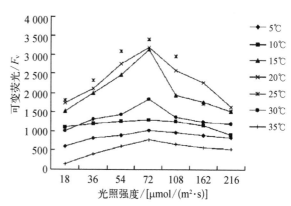

图 11.34　光照强度和温度对长石莼光系统 PSⅡ最大荧光的影响(汤文仲等,2009)

温度对缘管浒苔的最大荧光 F_m 具有显著影响($P<0.01$)。15~25℃时 F_m 值较高。温度过高或过低,F_m 值显著下降($P<0.01$)。光照强度也对 F_m 具有显著影响($P<0.01$),其中 72 μmol/(m² · s)组 F_m 值最高,低光照强度范围[18~72 μmol/(m² · s)]内随光照强度提高而上升,高光照强度范围[72~216 μmol/(m² · s)]内随光照强度提高而下降。并且在 15~30℃时各光照强度组的 F_m 值变化比 5℃、10℃和 35℃时更为明显(图 11.34)。

同样,温度对缘管浒苔光系统 PSⅡ可变荧光 F_v 具有显著影响($P<0.01$),15~25℃时 F_v 较高,其中 25℃最高,其次为 20℃和 5℃。温度过高或过低时 F_v 下降较大。光照强度对 F_v 具有极显著影响($P<0.01$)。在 18~72 μmol/(m² · s)光照强度下各温度的 F_v 随光照强度提高而上升,72 μmol/(m² · s)达到最高值,随后随光照强度提高而逐步下降。其中 15℃、20℃、25℃条件下,各光照强度组的 F_v 值变化幅度较大,而 5~10℃和 30~35℃各光照强度组的 F_v 值变化幅度较小(图 11.34)。

光照强度对缘管浒苔相对电子传递效率 ETR$_{max}$ 影响的 Duncan 分析结果见表 11.12。缘管浒苔 ETR$_{max}$ 随着光照强度的增加而不断下降,其中在低光照强度范围[18~72 μmol/(m² · s)]内 ETR$_{max}$ 差异不显著($P>0.05$),而当光照强度高于 72 μmol/(m² · s)后,光强的增加对 ETR$_{max}$ 影响显著($P<0.01$)。由表 11.13 分析发现,缘管浒苔 ETR$_{max}$ 随着温度的增加而逐渐上升,当温度超过 35℃后下降幅度较大。在 10~25℃,相邻两个温度的 ETR$_{max}$ 差异不显著($P>0.05$),但与其他温度存在显著差异($P<0.01$)。温度和光照强度变化对缘管浒苔相对电子传递速率差异极显著,存在交互作用(表 11.14)。

表 11.12　不同光照强度对缘管浒苔 ETR$_{max}$ 影响的 Duncan 分析(汤文仲等,2009)

光照/[μmol/(m² · s)]	N	均衡子集				
		1	2	3	4	5
216	21	27.138				
162	21		30.893			
108	21			35.729		
72	21				39.562	
54	21				42.736	42.736
36	21					43.610
18	21					43.962
Sig.		1.000	1.000	1.000	0.026	0.416

表 11.13　不同温度对缘管浒苔相对电子传递速率 Duncan 分析(汤文仲等,2009)

温度/℃	N	均衡子集					
		1	2	3	4	5	6
35	21	22.479					
5	21		29.714				
10	21			36.393			
15	21			38.302	38.302		
20	21				41.614	41.614	
25	21					42.921	
30	21						52.214
Sig.		1.000	1.000	0.177	0.020	0.358	1.000

表 11.14　不同光照强度和温度对缘管浒苔相对电子传递速率 Duncan 分析(汤文仲等,2009)

变异来源	三类平方差	自由度	均　方	F 值	P 值
光照	5 559.247	6	926.541	44.741	0.000
温度	11 565.116	6	1 937.361	93.069	0.000
光照×温度	333.171	36	179.326	8.659	0.000
矫正模型	23 579.142a	48	491.232	23.721	0.000
误差	2 029.487	98	20.709		
总变异	234 108.629	147			

　　光系统 PS Ⅱ 的最大光量子产量(F_v/F_m)是度量光抑制程度的重要指标,表示光反应中心原初光能的转化效率,也就是潜在最大光合能力。非环境胁迫条件下叶片的荧光参数 F_v/F_m 极少变化,不受生长条件的影响,即在正常生理状态下,F_v/F_m 是一个很稳定的值,藻类中该值约为 0.65。当藻类处于不适宜的光照强度时,光系统就会受到不同程度的损伤,从而造成光合能力的下降。王阳阳等对不同温度和光照强度条件下扁浒苔的叶绿素荧光活性进行了测定,结果显示低温、低光照强度时 F_v/F_m 值明显低于正常生理状态。相同温度下随着光照强度的升高,F_v/F_m 值升高,这可能是由于光照和温度胁迫使 PS Ⅱ 受到了伤害,降低了 PS Ⅱ 原初光能转化效率。也有的研究表明,低温对光合作用的抑制机制与高温抑制机制存在不同,低温下 PS Ⅰ 要比 PS Ⅱ 敏感,光合作用下降可能更多的是由暗反应效率的下降引起的,即碳同化能力的下降,电子传递链被过度还原,从而对光系统造成伤害。因此低温对浒苔光合作用抑制的机制还有待于进一步研究与探讨。

2. 藻体状态等对浒苔光合作用的影响

　　在黄海浒苔类绿潮暴发过程中的监测结果表明,在黄海绿潮发生的不同阶段,亦即黄海绿潮的发生、发展、暴发和消亡期间,浒苔类绿潮藻体的形态结构发生着显著的变化,从管状、扁状、囊状直至褶皱状,颜色有鲜绿、浅绿、黄绿和白色等。因此,不同状态的漂浮浒苔类绿潮藻将会对光合作用产生影响,进而影响漂浮浒苔类绿潮藻的生长状态。为此,不同学者开展了浒苔类绿潮藻的不同藻体状态对其光合作用的影响研究。

　　崔建军等(2014)研究了黄海漂浮绿潮藻浒苔藻体不同形态下的叶绿素含量和表征光合作用的叶绿素荧光参数的变化。结果表明,囊状、扁状、管状和褶皱状的漂浮浒苔藻体的叶绿素含量无显著性差异(图 11.35,$P>0.05$)。不同颜色的漂浮浒苔藻体叶绿素含量以鲜绿色最高(2.17 mg/g),其次为浅绿色;黄绿色和白色藻体叶绿素含量显著低于鲜绿色和浅绿色藻体(图 11.36,$P<0.05$)。

　　不同藻体形态和不同藻体颜色的漂浮浒苔的光系统 PS Ⅱ 光化学效率(F_v/F_m)与不同藻体形态和藻体颜色的漂浮浒苔藻体的叶绿素含量具有相一致的结果(图 11.37 和图 11.38)。由图可知,囊状、扁

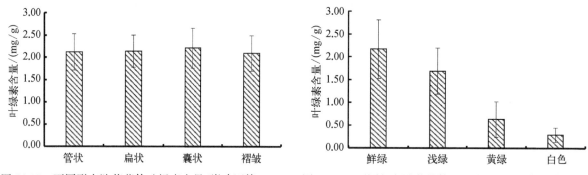

图 11.35　不同形态浒苔藻体叶绿素含量（崔建军等,2014）　　图 11.36　不同颜色浒苔藻体叶绿素含量（崔建军等,2014）

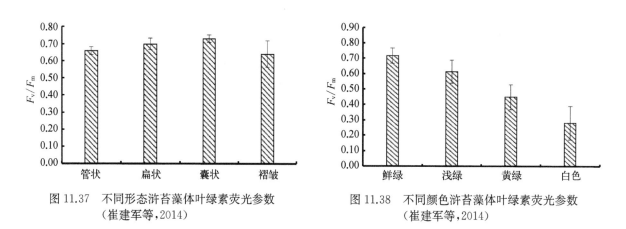

图 11.37　不同形态浒苔藻体叶绿素荧光参数　　　　　图 11.38　不同颜色浒苔藻体叶绿素荧光参数
（崔建军等,2014）　　　　　　　　　　　　　　　（崔建军等,2014）

状、管状和褶皱状的不同藻体形态的漂浮浒苔的 F_v/F_m 无显著性差异（$P>0.05$）。不同颜色漂浮浒苔藻体 F_v/F_m 以鲜绿色最高（0.72），其次为浅绿色；黄绿色和白色藻体的 F_v/F_m 显著低于鲜绿色和浅绿色藻体（$P<0.05$）。

林阿朋等（2009）于 2009 年对青岛奥帆赛海域表层漂浮的和沉降到海底表层的浒苔（$U.\ prolifera$）的光合作用进行了研究。结果表明,青岛近岸海域水体表层漂浮浒苔藻体的 F_v/F_m 值约为 0.6,比沉降浒苔藻体高出了 7 倍多,表层漂浮藻体的光系统 PSⅡ实际量子产量[$Y(Ⅱ)$]更是比沉降浒苔高出了 15 倍有余。而沉降浒苔的 $Y(NPQ)$（调节性能量耗散）和 $Y(NO)$（非调节性能量耗散）都比奥帆 A 赛区南部水表藻体高出了 1 倍。培养 24 h 后发现,漂浮浒苔藻体的 F_v/F_m 从 0.6 左右下降到了 0.5 左右;参数 $Y(Ⅱ)$ 稍有下降,而参数 $Y(NPQ)$ 和 $Y(NO)$ 都略有上升。沉降浒苔藻体在培养 24 h 后,参数 F_v/F_m、$Y(Ⅱ)$ 和 $Y(NPQ)$ 降至 0;与此同时,$Y(NO)$ 上升到 1（图 11.39）。

结合漂浮浒苔藻体光合放氧和呼吸的研究结果,林阿朋等（2009）认为虽然漂浮浒苔藻体光合活性较强,但潜在光合活性明显低于正常值,而沉降浒苔藻体的光合活性极弱,表明青岛近岸海域的漂浮浒苔藻体已受到较严重的环境胁迫,沉降浒苔藻体已经死亡或正处于死亡的边缘。同时,沉降至泥表的浒苔藻体即使重新获得光照也不能恢复其光合活性,提示该海域的沉降浒苔藻体即使能够上升到水表也无法成为次生浒苔的种质来源。

三、外源激素对浒苔内源植物激素和光合作用的影响

浒苔快速繁殖的原因很多,其中植物激素可能是浒苔绿潮快速暴发的原因之一。植物激素（phytohormone 或 plant hormone）是植物体产生的对生长发育、代谢、环境应答等生理过程起重要调控作用的微量代谢产物,在极低浓度下就会产生明显的生理效应,用于调节植物光合作用、生长繁殖等系

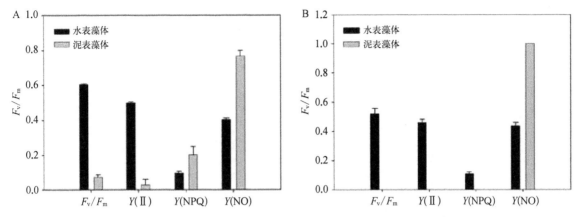

图 11.39　奥帆 A 赛区南部水表和团岛湾泥表浒苔藻体的荧光动力学参数的比较

A. 采样后立即测量；B. 采样后于光照培养箱中培养 24 h 后的情况

列生命活动。植物激素主要包括生长素（auxins）、赤霉素（gibberellins，GA）、细胞分裂素（cytokinins，CTK）、脱落酸（abscisic acid，ABA）、乙烯（ethylene，ET）五大类经典植物激素，以及水杨酸（salicylic acid，SA）、茉莉酸（jasmonate，JA）、油菜素内酯（brassinosteroids，BR）、多胺（polyamines，PA）、十三烷醇（triacontanol）五大类新型植物激素等。高等植物的激素生理和代谢得到了充分的研究，对其分子生理也有大量的报道（许智宏和薛红卫，2012）。

相比于高等植物，藻类植物激素研究开展得比较晚（Tarakhovskaya et al.，2007）。我国藻类植物激素的研究主要集中在藻类植物激素的检测方法及其生理作用等（黄冰心等，2001；汪芳俊等，2015）。尽管藻类与高等植物的激素具有相同或相似的作用，但是藻类植物激素的代谢途径及其相互作用与高等植物仍存在着差异。随着现代生化检测技术和生物信息学技术的应用，藻类植物激素的研究逐渐深入，在微量检测、分子效应等方面都取得了较大的进展。

1. 表油菜素内酯对浒苔的影响

24-表油菜素内酯（EBR）是油菜素内酯类植物激素中用得最多、用途最广泛的一种。研究发现，其能促进 DNA、RNA 和蛋白质的合成，提高抗氧化酶活性和光合作用，保护植物免受生物或非生物的伤害，如低温胁迫、盐胁迫和虫害等。胡伟等（2014）采用 LC-MS 检测等方法，研究了 EBR 对浒苔（*U. prolifera*）内源植物激素含量及其叶绿素荧光参数、可溶性蛋白和糖含量、抗氧化酶活性等的影响。结果表明，浒苔体内含有吲哚乙酸（IAA）、赤霉素（GA）、玉米素（ZR）、反式玉米素核苷（TRZ）、异戊烯腺嘌呤核苷（iPA）、茉莉酸（JA）等多种促生长性内源植物激素，但不含有异戊烯腺嘌呤。内源植物激素对外源添加 EBR 的响应程度不同，大多数植物激素在处理第 1 天含量变化最快。低浓度 EBR 处理时，各种内源植物激素的含量增高，均呈现先升高后降低的趋势。0.2 mg/L 的 24-表油菜素内酯处理组的效果最明显，在该浓度下，EBR 对生长相关激素含量、最大光能转化效率（F_v/F_m）和相对电子传递速率（ETR）、可溶性蛋白和可溶性糖含量、过氧化物酶（POD）活性等均有较大的促进作用。0.1 mg/L EBR 处理组浒苔的体外抗氧化能力最强（图 11.40）。

24-表油菜素内酯能够影响植物体内相关植物激素的水平，进而调节其生长和抗逆等生理作用。生长素和油菜素内酯都能促进植物生长，协同调控很多生理过程，目前对两者的作用机制和信号转导的相互作用研究成为植物激素研究的热点，其相互作用过程涉及下游基因转录调控、信号组分互作，以及合成代谢等多个层面的调控。低浓度 EBR 可以提高浒苔的内源 IAA、GA、ZR、TRZ、iPA 和 JA 含量，最适浓度为 0.2 mg/L；而高浓度 EBR 抑制浒苔的内源植物激素的积累，0.5～1.0 mg/L 的 EBR 对浒苔的内源 TRZ、iPA 的影响不明显或者有抑制作用；在整个实验过程中，浒苔的内源植物激素呈现先升高后降低的变化趋势。

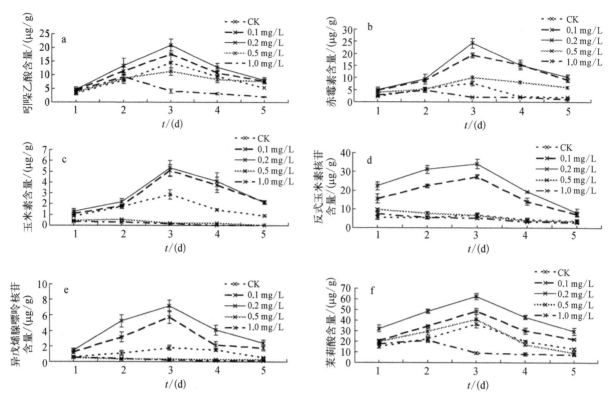

图 11.40 不同浓度的 24-表油菜素内酯对浒苔植物激素的影响(胡伟,2014)

CK 为对照

低浓度的 EBR 促进浒苔 F_v/F_m 和 ETR,提高浒苔可溶性蛋白和可溶性糖的含量,且 0.2 mg/L 效果最明显,对 ETR 最大促进效率为 24.51%。高浓度的 EBR 有一定的抑制作用。因此,整个实验周期内浒苔可溶性蛋白和可溶性糖含量先升高后降低(图 11.41)。油菜素内酯能提高抗氧化防护酶 SOD 和 CAT 活性(图 11.42),而这种诱导机制被 H_2O_2 产生抑制剂二苯基碘(DPI)和 MEK1/2 抑制剂 PD98059 阻断。胡伟等(2014)发现 0.2 mg/L 的 EBR 处理的浒苔 SOD 活性最大,但整个过程中 SOD 活性变化

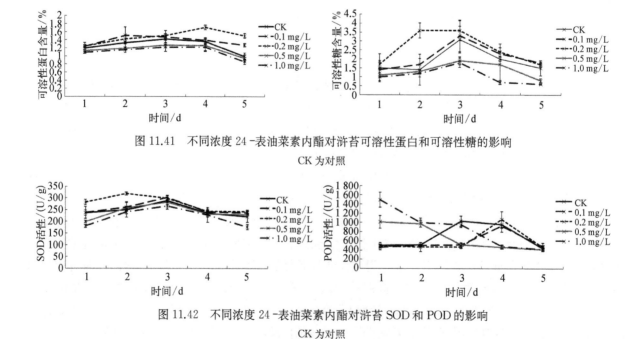

图 11.41 不同浓度 24-表油菜素内酯对浒苔可溶性蛋白和可溶性糖的影响

CK 为对照

图 11.42 不同浓度 24-表油菜素内酯对浒苔 SOD 和 POD 的影响

CK 为对照

不明显;而不同浓度 EBR 处理的浒苔 POD 变化明显,高浓度的 EBR(0.5 mg/L 和 1.0 mg/L)处理,浒苔 POD 活性在第 1 天达到最大值。不同浓度 EBR 处理的浒苔 DPPH 抗氧化活性不同,低浓度(0.1~0.2 mg/L)EBR 对浒苔的抗氧化活性有一定的促进作用,而高浓度(0.5~1.0 mg/L)的 EBR 则有抑制作用。

2. 赤霉素对浒苔内源植物激素的影响

胡伟等(2015)分别用 0 mg/L、0.1 mg/L、0.2 mg/L、0.5 mg/L 和 1.0 mg/L 的外源赤霉素处理浒苔,研究其对浒苔内源性植物激素含量及其生理反应的影响。结果显示,浒苔体内 6 种内源性植物激素对赤霉素的响应各不相同,大多数植物激素在赤霉素处理第一天含量变化最快。与对照组相比,内源吲哚乙酸(IAA)含量增加最大,为 2.0 倍,内源赤霉素(GA)增加 17.0 倍,玉米素(ZR)增加 4.0 倍,反式玉米素核苷(TRZ)增加 5.0 倍,异戊烯腺嘌呤(iP)增加 7.0 倍,异戊烯腺嘌呤核苷(iPA)增加 74.0 倍,茉莉酸(JA)增加 2.0 倍;在不同浓度处理组中,0.5~1.0 mg/L GA 对浒苔生长及各项生理指标促进作用最明显。0.5 mg/L GA 处理组的 F_v/F_m、ETR、可溶性蛋白含量和抗氧化酶活性均明显高于其他处理组和对照组;1.0 mg/L GA 处理组的可溶性糖含量最高。表明赤霉素能引起浒苔中植物激素和其他生理性应激性反应,其中 0.5~1.0 mg/L GA 引起浒苔生理反应最强(图 11.43)。

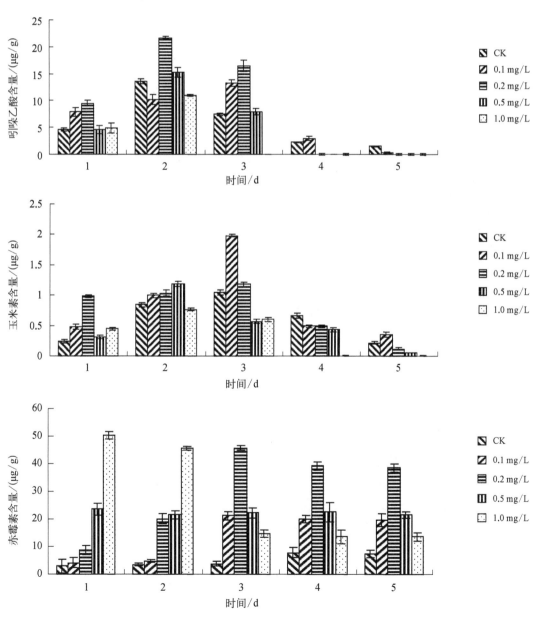

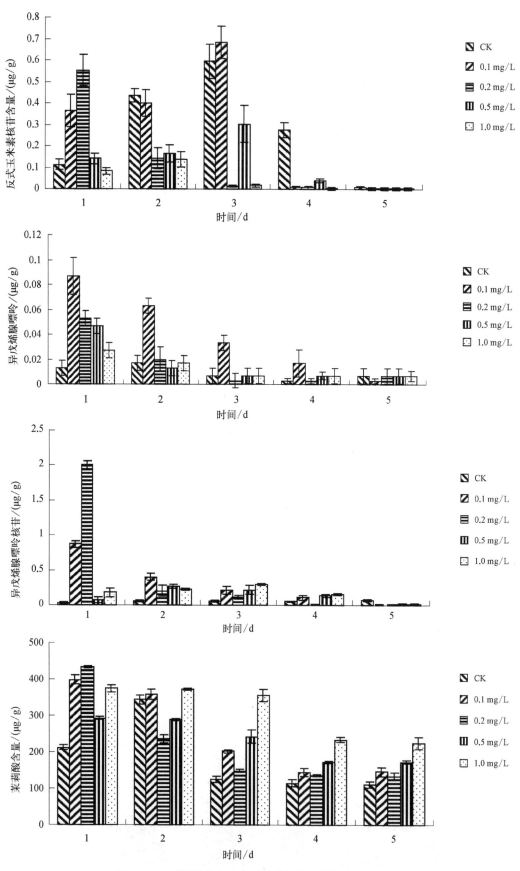

图 11.43　不同浓度赤霉素对浒苔的内源植物激素的影响

CK 为对照

外源赤霉素对浒苔的内源 ZR 含量和内源 TRZ 含量有比较明显的影响,而内源赤霉素和茉莉酸的含量变化趋势一致,随着后期内源茉莉酸和内源赤霉素含量的降低,外源赤霉素对浒苔的相关植物激素的作用减小,在整个实验周期内,浒苔体内的吲哚乙酸含量都保持在一个相对稳定的水平,可推测外源赤霉素对浒苔的吲哚乙酸没有明显的作用,或者促进作用是一个缓慢的过程。Tarakhovskaya 等(2013)发现 GA 能够促进褐藻的 F_v/F_m 和 ETR。外源 GA 对浒苔的 F_v/F_m 和 ETR 也有一定的促进作用,且随着浓度增加,其促进作用变明显。当 GA 浓度达到 0.5 mg/L 时,其促进作用最显著,当其浓度继续增加时,GA 反而抑制了浒苔的 F_v/F_m 和 ETR。F_v/F_m 的变化趋势可以明显分为两个阶段:第一个阶段是 GA 浓度为 0.1~0.5 mg/L,F_v/F_m 增加,表明光合作用随着 GA 浓度的增加而增强;第二个阶段是 GA 浓度为 0.5~1.0 mg/L,F_v/F_m 下降,表明 GA 胁迫使 PSⅡ受到了伤害,降低了 PSⅡ原初光能转化效率,使浒苔 PSⅡ潜在活性中心受损,光合作用原初反应过程受抑制。

3. 表油菜素内酯对不同温度、盐度培养浒苔的影响

藻体植物激素的作用也受到光照、温度和盐度等条件的影响(王东等,2016;Zhuo et al.,2019)。盐度是影响浒苔生长的一个重要因素,如在 15℃时,适度的低盐处理可以促进浒苔的生长。在盐度为 10 的条件下,相对于盐度 25,浒苔的生长增幅约为 45.9%;而盐度继续降低则抑制浒苔的生长,相对生长速率约降低 24.8%。而 EBR 的添加进一步影响了浒苔的生长,在盐度为 5 时添加 EBR,浒苔相对生长速率约降低 7%(图 11.44);在盐度 25 时添加 EBR 浒苔出现负生长的现象,此时 EBR 的存在诱发了浒苔孢子的大量释放。

不同处理影响浒苔的叶绿素 a、叶绿素 b 及类胡萝卜素的含量。相对于盐度 25,低盐度提高了浒苔的叶绿素 a 和叶绿素 b 的含量,尤其是盐度 5 处理时,叶绿素 a 和叶绿素 b 的含量显著增加,增幅分别为 54% 和 31%,而类胡萝卜素的含量有所下降,约降低 12%。同时,EBR 的存在显著增加了叶绿素 a、叶绿素 b 的含量,尤其在盐度为 5 的处理下,增长最显著,增幅分别为 89% 和 80%,但类胡萝卜素的含量显著降低,降幅约为 30%。

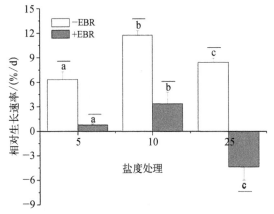

图 11.44　浒苔在不同处理下的相对生长速率

短横线表示同一盐度下不同 24-表油菜素内酯(EBR)处理间的差异显著,不同字母表示同一 EBR 处理不同盐度间差异显著($P<0.05$)。图中数据为平均值±标准差($n=3$)

此外,EBR 和盐度共同影响了叶绿素 a、叶绿素 b 与类胡萝卜素的比值,尤其是在低盐条件下,比值显著增加。

整体来看,盐度和 EBR 对浒苔最大光化学效率(F_v/F_m)的影响不显著,基本维持在 0.65 左右。而有效光化学效率(F_v'/F_m')则受 EBR 影响。在不加 EBR 的处理下,不同盐度处理间浒苔 F_v'/F_m' 差异不显著。而在盐度为 5 时,EBR 的添加促进了浒苔的 F_v'/F_m' 的增加;在盐度为 25 和 10 的处理下,EBR 的添加则显著降低了浒苔的 F_v'/F_m',尤其是在盐度为 25 处理时,降幅约为 46%(图 11.45)。

在不同盐度下,EBR 对浒苔生理指标及孢子放散等表现出不同的作用。与盐度 25 相比,浒苔的生长在盐度 10 处理下显著增加,增幅约为 45.9%,但在盐度 5 处理下显著降低。盐度 5 处理的浒苔相比其他盐度处理具有较高的叶绿素 a 和可溶性蛋白含量。0.2 mg/L 的 EBR 的加入显著抑制了浒苔的生长,尤其在盐度 25 时,浒苔呈现负增长的趋势,并大量释放孢子,有效光化学效率、SOD 活性和可溶性糖含量也明显降低,但可溶性蛋白含量显著增加。可见,在 15℃时,可通过适当降低盐度促进浒苔的生长;同时,在盐度 25 条件下,可通过添加 EBR 来促进浒苔孢子的释放,为浒苔的规模养殖提供原料。

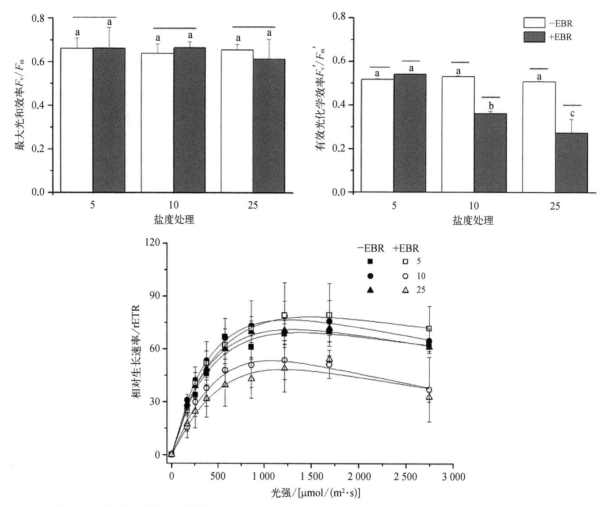

图 11.45 浒苔在不同处理下的最大光合效率(F_v/F_m)、有效光合效率(F_v'/F_m')和相对电子传递速率

四、外界因子对浒苔营养吸收的影响

在南黄海浒苔类绿潮暴发的 5～8 月,南黄海近岸海域水体中的溶解无机氮和活性磷酸盐的浓度仅为 21.43～27.69 μmol/L(Huo et al.,2014),低于 Taylor 等(2001)报道的浒苔类绿潮藻为获得最大生长率所需要的最适 PO_4^{3-}、NO_3^- 和 NH_4^+ 的浓度,然而漂浮浒苔类绿潮藻却能够保持较高的生长速率。这与浒苔类绿潮藻对营养盐的吸收利用能力及南黄海氮磷等营养盐的持续供应有关,其中浒苔类绿潮藻对营养盐较强的吸收能力起到了重要的左右。

1. 浒苔对 NO_3^--N 和 PO_4^{3-}-P 吸收动力学特征

浒苔对 PO_4^{3-}-P 和 NO_3^--N 的吸收符合饱和吸收动力学特征,见图 11.46 和图 11.47(王阳阳等,2011)。在稳态条件下,可应用自 1967 年 Dugdale 提出用酶促动力学米氏(Mihcaelsi-Menton)方程的方法表征浒苔(U. prolifera)对 NO_3^--N 和 PO_4^{3-}-P 的吸收特性。在 25℃、盐度 26、光照强度 60 μmol/(m²·s)和光暗周期分别为 12 h∶12 h 的条件下,随着氮、磷浓度的增加,浒苔对两种营养盐的吸收速率也随之增加,但增加的速率逐渐降低;随着时间的延长,浒苔对 PO_4^{3-}-P 和 NO_3^--N 的吸收速率逐渐降低,其动力学 Michaelis-Menten 方程如式(1)和式(2)所示,可得浒苔对 PO_4^{3-}-P 的最大吸收速率(V_{max})为 3.345 μmol/(g·h),半饱和常数(K_s)为 5.24 μmol/L;对 NO_3^--N 的最大吸收速率(V_{max})

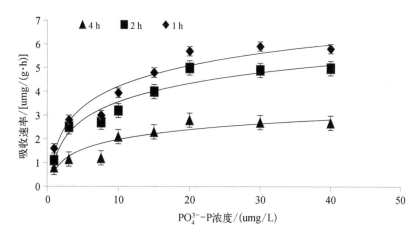

图 11.46　不同浓度磷培养液中浒苔对 $PO_4^{3-}-P$ 的吸收动力学特征

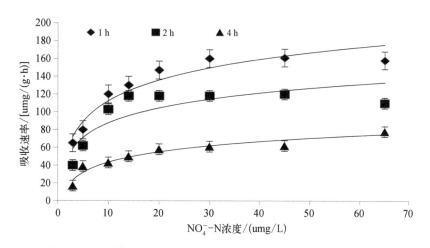

图 11.47　不同浓度氮培养液中浒苔对 NO_4^--N 的吸收动力学特征

为 84.811 $\mu mol/(g \cdot h)$，半饱和常数(K_s)为 8.39 $\mu mol/L$。

$$V_P = 3.345 \times \frac{C_P}{5.24 + C_P} \quad (R^2 = 0.951) \tag{1}$$

$$V_N = 84.811 \times \frac{C_N}{8.39 + C_N} \quad (R^2 = 0.953) \tag{2}$$

式中，C_P为培养介质中 $PO_4^{3-}-P$ 浓度；C_N表示培养介质中 NO_3^--N 浓度。

在 $PO_4^{3-}-P$ 和 NO_3^--N 的初始浓度为 30 $\mu mol/L$ 和 200 $\mu mol/L$ 的条件下，浒苔对 $PO_4^{3-}-P$ 和 NO_3^--N 的吸收速率变化趋势相似(图 11.48)。在 0~60 min，$PO_4^{3-}-P$、NO_3^--N 浓度快速下降，最大吸收速率分别为 5.82 $\mu mol/(g \cdot h)$ 和 250.43 $\mu mol/(g \cdot h)$；在 60~320 min，吸收速率逐渐趋于平缓；在 320~720 min，吸收速率基本不变并达到最低，分别为 1.32 $\mu mol/(g \cdot h)$ 和 36.72 $\mu mol/(g \cdot h)$。浒苔对两种营养盐的吸收速率与时间符合幂函数分布，拟合方程为 $PO_4^{3-}-P$：$y = 13.472x^{-0.3486}$($R^2 = 0.9687$)；NO_3^--N：$y = 1417.4x^{-0.5657}$($R^2 = 0.9684$)。

比较分析表明，处于饥饿状态的浒苔在初始阶段表现出快速吸收营养盐的特性，其最大吸收速率远超过其他海藻，且浒苔在较低 NO_3^--N 浓度环境仍然可吸收 N，表明浒苔具有超强的吸收能力和生长速率。实验 6 h 后，浒苔培养介质中 NO_3^--N 的浓度降低 88%，说明浒苔与曾经报道的刺松藻(*Codium fragile*)、硬毛藻(*Chaetomorpha linum*)和石莼(*U. rigida*)一样，均表现出饱和吸收动力学特征，即主

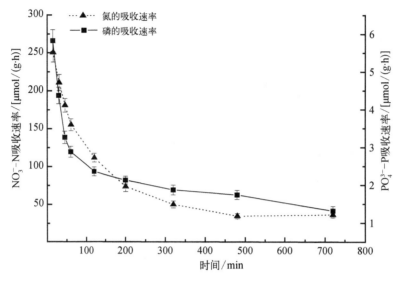

图 11.48 浒苔对 $PO_4^{3-}-P$ 和 NO_3^--N 的动态吸收速率

动传递方式。并且,浒苔对 $PO_4^{3-}-P$ 的吸收速率高于龙须菜和菊花江蓠。然而,也有研究表明,大型海藻对 $PO_4^{3-}-P$ 的吸收,不仅与水中的氮磷比有关,还与温度及海藻细胞内的 $PO_4^{3-}-P$ 的浓度有关。

研究表明,当介质中的氮浓度一定时,N/P 值对海藻 P 的吸收有着显著的影响。一般认为,海藻同化氮磷的比例为 30∶1,而浒苔对氮磷的同化比例可以远远高于 30∶1,极高的氮磷比对浒苔的氮吸收速率并无明显限制。这说明,浒苔吸收同化的氮磷受外界环境氮磷比的影响较小,因此在这种环境中,浒苔同化氮磷的特点则具有极大的优势,可以有效地吸收水体中的氮磷,特别是对氮的吸收速率达到极高数值,几乎不受环境氮磷比变化的影响。

2. 温度、盐度和光照强度对浒苔营养吸收的影响

田千桃等(2010)在 25℃, NO_3^--N、NH_4^+-N、$PO_4^{3-}-P$ 浓度分别设为 20 $\mu mol/L$、20 $\mu mol/L$、2 $\mu mol/L$ 的条件下,研究了光照强度[0 $\mu mol/(m^2 \cdot s)$、30 $\mu mol/(m^2 \cdot s)$、60 $\mu mol/(m^2 \cdot s)$、90 $\mu mol/(m^2 \cdot s)$、120 $\mu mol/(m^2 \cdot s)$、150 $\mu mol/(m^2 \cdot s)$ 和 200 $\mu mol/(m^2 \cdot s)$]对浒苔(*U. prolifera*)营养吸收的影响。结果表明(图 11.49),浒苔对 NH_4^+-N 与 NO_3^--N 的吸收速率在 120 $\mu mol/(m^2 \cdot s)$ 处最大,当光强增加至 200 $\mu mol/(m^2 \cdot s)$ 时,对 NH_4^+-N 的吸收速率略微降低,对 NO_3^--N 的吸收速率显著降低($P<0.05$)。浒苔对 $PO_4^{3-}-P$ 的吸收速率在 30 $\mu mol/(m^2 \cdot s)$ 处最大,当光强增加至 200 $\mu mol/(m^2 \cdot s)$ 时,对 $PO_4^{3-}-P$ 的吸收速率显著降低($P<0.05$)(图 11.50)。由图 11.50 可知,以 NH_4^+-N 为氮源对 $PO_4^{3-}-P$ 的吸收速率显著大于以 NO_3^--N 为氮源对 $PO_4^{3-}-P$ 的吸收速率($P<0.05$)。

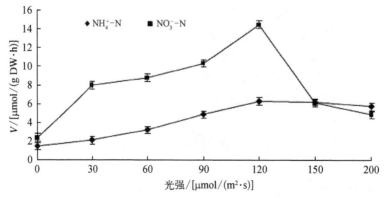

图 11.49 不同光照强度下浒苔对 NH_4^+-N 与 NO_3^--N 的吸收速率(田千桃等,2010)

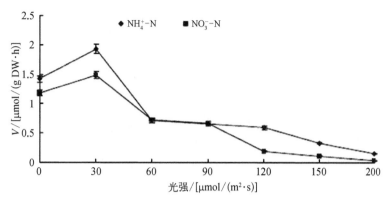

图 11.50 光照强度对 $PO_4^{+}-P$ 的吸收速率的影响(田千桃等,2010)

在光照强度为 120 $\mu mol/(m^2 \cdot s)$、$NO_3^{-}-N$、$NH_4^{+}-N$、$PO_4^{3-}-P$ 的初始浓度分别为 20 $\mu mol/L$、20 $\mu mol/L$、1 $\mu mol/L$ 的条件下,研究了 15℃、20℃、25℃、30℃ 和 35℃ 和盐度 10、15、20、25 和 30 对浒苔(U. prolifera)营养吸收的影响。温度对浒苔 $NH_4^{+}-N$ 吸收速率的影响极显著($P<0.01$),不同温度造成的组间差异最大,表明浒苔 $NH_4^{+}-N$ 的吸收速率对温度变化最敏感;而盐度、温度与盐度交互作用的影响则比较小。当温度为 20℃ 和 25℃ 时,浒苔对 $NH_4^{+}-N$ 的吸收速率较大(图 11.51),其中温度为 25℃、盐度为 25 时的 $NH_4^{+}-N$ 吸收速率最大。

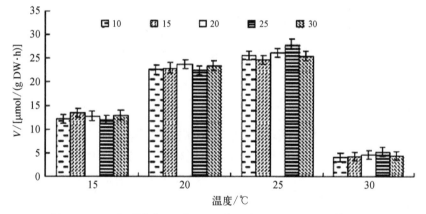

图 11.51 温度对浒苔 $NH_4^{+}-N$ 吸收速率的影响(田千桃等,2010)

温度和盐度对浒苔 $NO_3^{-}-N$ 吸收速率的影响表现出与 $NH_4^{+}-N$ 相同的特征。温度对浒苔 $NO_3^{-}-N$ 吸收速率为极显著影响($P<0.01$),不同温度造成的组间差异最大;而盐度、盐度与温度交互作用的影响较小。当温度为 20℃ 和 25℃ 时,浒苔对 $NO_3^{-}-N$ 的吸收速率较大(图 11.52),其中温度为 25℃、盐度为 20 时的 $NO_3^{-}-N$ 吸收速率最大。

浒苔对 $PO_4^{3-}-P$ 的吸收速率与 N 相似(图 11.53),温度对浒苔对无机磷(DIP)吸收速率均为极显著影响($P<0.01$),同样在温度为 25℃、盐度为 25 时,浒苔对 $PO_4^{3-}-P$ 的吸收速率最大。

浒苔对不同化合态 N 的吸收速率随光照强度的不同而变化,在 30~150 $\mu mol/(m^2 \cdot s)$ 时,对 $NO_3^{-}-N$ 的吸收速率最大,在较弱的光强条件[30 $\mu mol/(m^2 \cdot s)$]下,浒苔对 $NO_3^{-}-N$ 的吸收速率比 150 $\mu mol/(m^2 \cdot s)$ 时降低了 29.70%;浒苔对 $NH_4^{+}-N$ 的吸收速率随光强变化的趋势与 $NO_3^{-}-N$ 相似,在低光强[<60 $\mu mol/(m^2 \cdot s)$]和高光强[>150 $\mu mol/(m^2 \cdot s)$]下,$NH_4^{+}-N$ 吸收速率迅速降低。而对 $PO_4^{3-}-P$ 的吸收速率,在 60 $\mu mol/(m^2 \cdot s)$ 和 150 $\mu mol/(m^2 \cdot s)$ 时无显著差异,当光强高于 30 $\mu mol/(m^2 \cdot s)$ 后,$PO_4^{3-}-P$ 吸收速率显著下降。

研究结果表明,温度对浒苔无机氮(DIN)与无机磷(DIP)吸收速率影响极显著。当温度为 20℃、

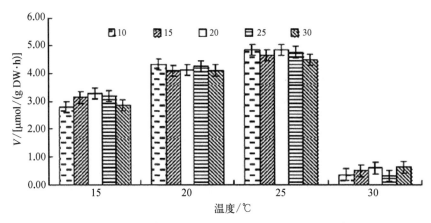

图 11.52 温度对浒苔 $NO_3^- - N$ 吸收速率的影响(田千桃等,2010)

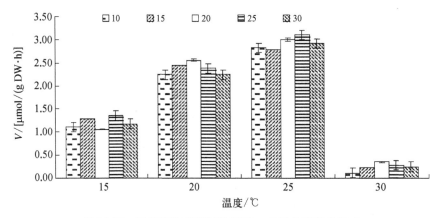

图 11.53 温度和盐度对浒苔 $PO_4^{3-} - P$ 吸收速率的影响

25℃,浒苔对 DIN、DIP 的吸收速率均较高;温度为 30℃时显著下降;温度为 15℃时吸收速率较小,此结果与浒苔(*U. prolifera*)生长适宜温度条件相对应。盐度对浒苔 DIN、DIP 吸收速率影响不显著。浒苔属广盐性海藻,和细基江蓠繁枝变型一样,其生长和营养吸收特性均能适应于盐度较低的河口地区。

3. 不同氮磷比对浒苔吸收氮磷的影响

同时,田千桃等(2010)开展了不同氮磷比对浒苔吸收氮磷的影响研究。实验中,将 $NO_3^- - N$、$NH_4^+ - N$ 浓度分别设 $20~\mu mol/L$、$50~\mu mol/L$、$100~\mu mol/L$、$150~\mu mol/L$、$200~\mu mol/L$ 5 个梯度,5 种 N 浓度下各设 N:P 为 1、8、16、50、100 共 5 个梯度,分为 $NO_3^- - N$、$PO_4^{3-} - P$ 和 $NH_4^+ - N$、$PO_4^{3-} - P$ 两组。实验条件为光强 $120~\mu mol/(m^2 \cdot s)$,温度 25℃。

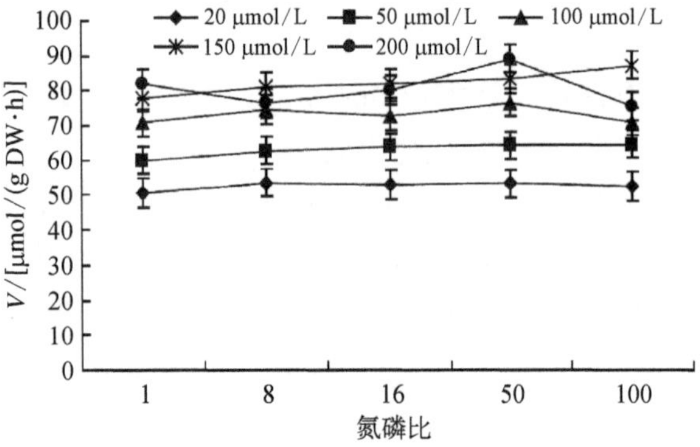

不同氮磷比对 $NH_4^+ - N$ 和 $NO_3^- - N$ 吸收的影响如图 11.54 和图 11.55 所示。同一种氮浓度下不同氮磷比对浒苔吸收 $NH_4^+ - N$ 与 $NO_3^- - N$ 速度的影响不显著($P > 0.05$),各不同氮磷比下,浒苔对 $NH_4^+ - N$ 和 $NO_3^- - N$ 的吸收速率随着浓度的增加而增加。氮浓度与氮磷比没有显著的交互作用($P > 0.05$)。

氮浓度和氮磷比对浒苔吸收 $PO_4^{3-} - P$ 的影响极显著($P < 0.01$),两者的交互作用对 P 吸收速率的影响也极显著($P < 0.01$)。浒苔对 $PO_4^{3-} - P$ 的吸收速

图 11.54 氮磷比对 $NH_4^+ - N$ 吸收速率的影响(田千桃等,2010)

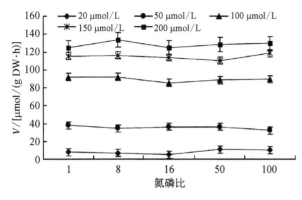

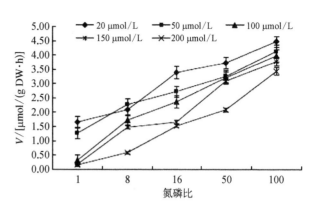

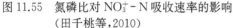

图 11.55　氮磷比对 $NO_3^- - N$ 吸收速率的影响
（田千桃等，2010）

图 11.56　氮磷比对 $PO_4^{3-} - P$ 吸收速率的影响
（田千桃等，2010）

率随氮磷比的增加而呈现增高趋势，其中在 DIN 为 50 μmol/L 和 N∶P＝100 时的 $PO_4^{3-} - P$ 吸收速率最高，达到（4.47±0.135）μmol/(g·h)（图 11.56）。各组氮磷比下，浒苔对 $PO_4^{3-} - P$ 的吸收速率均随 DIN 浓度的升高而显著降低，当 DIN 浓度达到 150 μmol/L 和 200 μmol/L，N∶P＝1 时，对 $PO_4^{3-} - P$ 吸收速率最低，介质磷浓度的变化几乎无法检出。

当 N 浓度一定时，N∶P 的变化对浒苔吸收 N 的速率的影响不显著，而对 P 的吸收速率有极显著的影响。由于 N 浓度不变，N∶P 变化即相应地浓度发生变化，当 N∶P 的值越大，P 浓度即越小。本研究中 DIN 在 50～150 μmol/L 的高浓度范围内，当 N∶P 为 1 时，P 浓度也达到 50～150 μmol/L，过高的 P 可能抑制了浒苔对 P 的吸收；当 N∶P 升高至 150 μmol/L 时，此时 P 浓度（0.33～1.0 μmol/L）处于有利于浒苔吸收的适宜范围，吸收速率显著增大。Lundberg 等（1989）用 ^{31}P、^{14}N 核磁共振法研究石莼 N、P 吸收之间相互作用的结果表明，介质中 $NH_4^+ - N$ 和 $NO_3^- - N$ 浓度升高时，细胞内储存的用于维持生长的多聚磷酸盐含量下降，因此磷的吸收受抑制，其中 $NO_3^- - N$ 可能是直接抑制磷吸收的主要因素，如通过与磷传递体结合或阻止其作用，这可能与介质中高浓度氮和低氮磷比时浒苔对 P 的吸收速率降低有关。某些富营养化海域的海水营养盐浓度较高，N 浓度最高接近 100 mol/L，N∶P 最高甚至可达 160。浒苔在该环境条件下可有效吸收氮和磷，特别是对 N 的吸收速率较高，几乎不受环境氮磷比变化的影响。

4. 浒苔对 $NH_4^+ - N$ 和 $NO_3^- - N$ 吸收的相互作用

氮元素是大型海藻类生长繁殖所必需的主要营养元素之一，在许多海区氮成了大型海藻类生长的限制因子。氮在海洋中的形态较多，除溶解的无机态（NO_3^-、NO_2^-、NH_4^+）和有机态（PON、DON）外，还存在着气态的 N_2、N_2O 和 NH_3，其中 $NO_3^- - N$ 和 $NH_4^+ - N$ 是海藻生长繁殖所利用的最主要的氮源。田千桃等（2010）研究报道了 $NO_3^- - N$ 和 $NH_4^+ - N$ 以不同比例存在时，浒苔（U. prolifera）对 $NO_3^- - N$ 和 $NH_4^+ - N$ 吸收的相互作用结果。

实验在 23℃、盐度 26 和光照强度 60 μmol/(m²·s) 的条件下进行。设置等比例浓度实验、高浓度比实验和低浓度比实验三种类型。等浓度比实验见表 11.15，设置 $NO_3^- - N$ 和 $NH_4^+ - N$ 的浓度比为 1∶1，分别为 5 μmol/L、10 μmol/L、20 μmol/L、50 μmol/L、100 μmol/L、200 μmol/L 6 个梯度，每组 3 个重复。

表 11.15　各实验组 $NO_3^- - N$ 和 $NH_4^+ - N$ 等浓度比配置

组　号	D1	D2	D3	D4	D5	D6
$NO_3^- - N/(\mu mol/L)$	5	10	20	50	100	200
$NH_4^+ - N/(\mu mol/L)$	5	10	20	50	100	200

高浓度比实验见表 11.16，设置 $NO_3^- - N$ 和 $NH_4^+ - N$ 浓度比为 1、2、4、8、16，其中 $NO_3^- - N$ 浓度均为 50 μmol/L 浓度，而 $NH_4^+ - N$ 浓度依次为 50 μmol/L、25 μmol/L、12.5 μmol/L、6.25 μmol/L、

3.125 μmol/L,共 5 个梯度,每组 3 个重复。

表 11.16 实验组 NO₃⁻-N 和 NH₄⁺-N 高浓度比配置

组 号	H1(1∶1)	H2(2∶1)	H3(4∶1)	H4(8∶1)	H5(16∶1)
NO₃⁻-N/(μmol/L)	50	50	50	50	50
NH₄⁺-N/(μmol/L)	50	25	12.5	6.25	3.125

低浓度比实验见表 11.17,设置 NO₃⁻-N 和 NH₄⁺-N 浓度比为 1、1/2、1/4、1/8、1/16,其中 NH₄⁺-N 均为 50 μmol/L 浓度,而 NO₃⁻-N 浓度依次为 50 μmol/L、25 μmol/L、12.5 μmol/L、6.25 μmol/L、3.125 μmol/L,共 5 个梯度,每组 3 个重复。

表 11.17 实验组 NO₃⁻-N 和 NH₄⁺-N 低浓度比配置

组 号	L1(1∶1)	L2(1∶2)	L3(1∶4)	L4(1∶8)	L5(1∶16)
NO₃⁻-N/(μmol/L)	50	25	12.5	6.25	3.125
NH₄⁺-N/(μmol/L)	50	50	50	50	50

由图 11.57 可知,NO_3^--N 和 NH_4^+-N 浓度分别为 5 μmol/L、10 μmol/L 和 20 μmol/L 时,浒苔对 NO_3^--N 和 NH_4^+-N 吸收速率随浓度升高而升高,两者差异不显著($P>0.05$);当 NO_3^--N 和 NH_4^+-N 浓度分别>20 μmol/L 时,浒苔对 NO_3^--N 的吸收速率随着浓度的升高而降低,对 NH_4^+-N 的吸收速率随着浓度的升高而升高,两者差异极显著($P<0.01$)。浒苔对 NO_3^--N 的吸收速率在其浓度为 20 μmol/L 时最高,为 17.78 μmol/(g·h);对 NH_4^+-N 吸收速率在其浓度为 200 μmol/L 时最高,为 84.03 μmol/(g·h)。

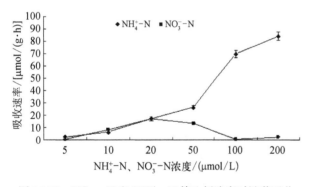

图 11.57 NO_3^--N 和 NH_4^+-N 等比例浓度对浒苔吸收速率的影响(田千桃等,2010)

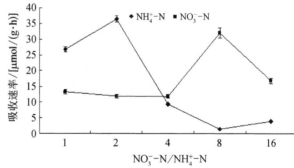

图 11.58 NO_3^--N 和 NH_4^+-N 高比值对藻体吸收速率的影响(田千桃等,2010)

在 NO_3^--N 的浓度保持 50 μmol/L 不变情况下,浒苔对 NH_4^+-N 吸收速率随着浓度降低而降低,而对 NO_3^--N 的吸收速率逐渐升高(图 11.58)。当 $NO_3^--N∶NH_4^+-N=1∶1$ 和 2∶1 时,浒苔对 NH_4^+-N 吸收速率高于对 NO_3^--N 的吸收速率;而当 $NO_3^--N∶NH_4^+-N=8∶1$ 和 16∶1 时,浒苔对 NO_3^--N 吸收速率高于对 NH_4^+-N 的吸收速率。

当 NH_4^+-N 浓度保持在 50 μmol/L 不变时,藻体对 NO_3^--N 的吸收速率随着浓度的降低而降低,而对 NH_4^+-N 吸收速率逐渐升高(图 11.59)。当 $NH_4^+-N∶NO_3^--N=8∶1$ 时,浒苔对 NH_4^+-N 的吸收速率最高,达 70.35 μmol/(g·h);当 $NH_4^+-N∶NO_3^--N=1∶1$ 和 2∶1 时,浒苔对 NO_3^--N 的吸收速率分别为 13.28 μmol/(g·h)和 15.10 μmol/(g·h),两者差异不显著($P>0.05$),但显著高于其他各组中浒苔对 NO_3^--N 的吸收速率($P<0.01$)。

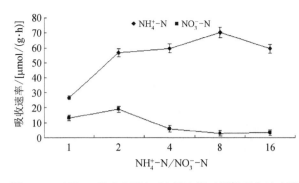

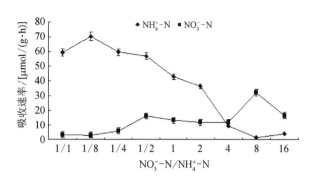

图 11.59　NO_3^--N 和 NH_4^+-N 低比值对藻体吸收速率的
影响(田千桃等,2010)

图 11.60　NO_3^--N 和 NH_4^+-N 不同浓度比对浒苔吸收
速率影响(田千桃,2010)

由图 11.60 可知,随着 NO_3^--N：NH_4^+-N 值的增加,浒苔对 NH_4^+-N 的吸收速率逐渐减低,而对 NO_3^--N 的吸收速率逐渐升高。当 NO_3^--N 与 NH_4^+-N 的比值达到 8：1 和 16：1 时,浒苔对 NO_3^--N 的吸收效率才极显著高于对 NH_4^+-N 的吸收效率($P<0.01$)。

大型海藻 NO_3^--N 和 NH_4^+-N 吸收的相互作用复杂多变,主要可分为优先选择吸收 NH_4^+-N、NH_4^+-N 抑制 NO_3^--N 的吸收以及相互抑制 3 种情况。一般认为,在低光照和氮不足的情况下,NH_4^+-N 的优先吸收较强,而在低光照和氮充足的情况下,则抑制 NO_3^--N 吸收现象增强。

本研究中,在光照和氮充足以及 NH_4^+-N：$NO_3^--N=1$：1 的情况下,在 NH_4^+-N 和 NO_3^--N 浓度均在 20 $\mu mol/L$ 内时,浒苔对 NH_4^+-N 和 NO_3^--N 均有较高的吸收速率,两者差异不显著。而当培养液中 NH_4^+-N 浓度继续上升时,尽管水体中 NO_3^--N 有着与 NH_4^+-N 相同的浓度,但浒苔表现为优先吸收 NH_4^+-N,这符合 Flynn(1991)从能量学角度的解释,即 NO_3^--N 比 NH_4^+-N 吸收需要较多的能量支出。等比例浓度实验说明,当水体中 NH_4^+-N 浓度较高时(20 $\mu mol/L$),仍不能满足浒苔对氮源的需求,需要 NO_3^--N 作为氮源。当 NH_4^+-N 浓度达到很高时(100~200 $\mu mol/L$),浒苔几乎不再以 NO_3^--N 为氮源。因此,漂浮浒苔可能是典型机会种,在环境中有营养存在或出现时,必须要快速地吸收进入体内,或利用或储存,因此选择产生了同时利用不同化合态氮的能力,这为暴发性增殖提供了必要的物质基础。

NO_3^--N 和 NH_4^+-N 低浓度比实验中,浒苔对 NH_4^+-N 的吸收速率随着 NH_4^+-N/NO_3^--N 的升高而升高。同样,在 NO_3^--N 和 NH_4^+-N 高浓度比实验中,浒苔对 NO_3^--N 的吸收速率随着 NO_3^--N/NH_4^+-N 的升高也逐渐升高,因此在一定浓度范围内任意一种氮源的存在都会影响浒苔对另一种氮源的吸收。综合 NO_3^--N 和 NH_4^+-N 高浓度比和低浓度比实验也可知道,当环境中 NH_4^+-N 和 NO_3^--N 浓度为 25~50 $\mu mol/L$ 时,浒苔对两者均表现为较高的吸收效率,但对前者的吸收效率远高于后者,这可能与吸收 NO_3^--N 要支出较多的能量有关。

综合来看,漂浮浒苔具有同时利用水体中较高浓度的 NH_4^+-N 和 NO_3^--N 的能力,只有当 NH_4^+-N 或 NO_3^--N 浓度较低时,才以相对应的氮源为主。这说明,漂浮浒苔能够快速、大量地吸收水体中氮源,为暴发性增殖贮备物质条件。同时,即便两种氮源同时存在,浒苔对 NH_4^+-N 的吸收速率也远高于对 NO_3^--N 的吸收速率,因此控制 NH_4^+-N 的大量输入仍是预防浒苔绿潮暴发的关键。

第二节　外界因子对绿潮藻浒苔繁殖的影响

一、外界因子对浒苔生殖细胞放散的影响

外界环境因子对浒苔类绿潮藻的生长、发育和繁殖有重要影响。例如,温度的周期性变动对大型海

藻的生存、发育、繁殖和分布具有深刻的影响,同时,不同的光照强度对浒苔类绿潮藻生长、发育和繁殖的影响情况也不尽相同。对于多数大型海洋绿藻而言,高光照强度可以促进细胞生殖细胞囊的形成与放散,同时其生殖细胞的形成与放散等过程也是随着水温的升高而加快。除了温度和光照强度之外,盐度、营养盐及海流速度等都会影响浒苔类大型海洋绿潮生殖细胞囊形成、生殖细胞的放散等繁殖过程。因此,综合国内外研究进展主要阐述外界环境因子对浒苔类大型绿潮繁殖的影响,以期为阐释黄海绿潮发生的生物学机制、为黄海绿潮预测预警提供科学依据和基础资料。

1. 温度和光照强度对浒苔孢子囊/配子囊形成与放散的影响

2008 年以来我国南黄海海域持续暴发大面积浒苔漂浮形成的绿潮灾害。在暴发海区营养盐充足的海况条件下,温度和光照强度则是影响浒苔类绿潮暴发的重要生态因子。浒苔类绿潮藻在适宜的环境条件下,可迅速形成孢子囊和配子囊并放散出大量的孢子和配子,附着后萌发形成新的藻体。因此,研究温度和光照强度对浒苔类绿潮藻繁殖过程中孢子囊和配子囊的形成与放散的影响,有助于掌握浒苔繁殖规律,从而为解密黄海浒苔绿潮大量暴发的机制提供科学依据。

(1)温度和光照强度对浒苔孢子囊形成和放散的影响

陈群芳等(2011)报道,浒苔孢子体在 15～25℃,60～160 μmol/(m²·s)条件下均能形成孢子囊并放散孢子。在 15～25℃,同一光照强度条件下,孢子的放散量随温度的升高而增加。实验过程中所用的浒苔藻体在 30℃时,各光照条件下,未发现成囊现象,并且培养的藻体色素体变淡,藻体颜色偏淡黄色。有实验还发现 25℃浒苔最先成熟形成孢子囊,此温度下孢子的释放量达到实验各对照组中的最大值。在黑暗[0 μmol/(m²·s)]环境中,不同温度下培养的浒苔孢子体只能进行呼吸作用,没有形成孢子囊现象。由图 11.61 和图 11.62 可知,在同一温度条件下,浒苔孢子的放散量随着光照强度的升高而增多,高光强有助于浒苔放散孢子,黑暗条件下培养的藻体在各温度值下均未形成孢子囊。

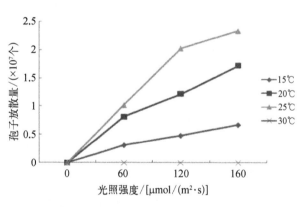

图 11.61　不同温度对浒苔孢子放散量的影响
(陈群芳等,2011)

图 11.62　不同光照强度对浒苔孢子放散量的影响
(陈群芳等,2011)

(2)温度和光照强度对浒苔配子囊形成与放散的影响

由图 11.63 可知,浒苔配子体在 15～25℃,60～160 μmol/(m²·s)条件下均能形成孢子囊并放散孢子。在 15～25℃,同一光照强度条件下,配子的放散量随温度的升高而增加。浒苔藻体在 30℃,各光照条件下,未发现成囊现象,并且培养的藻体色素体变淡,藻体颜色偏淡黄色。实验中还发现 25℃浒苔最先成熟形成配子囊,此温度下配子的释放量达到实验各对照组中的最大值。在黑暗[0 μmol/(m²·s)]环境中,不同温度下培养的浒苔配子体只能进行呼吸作用,没有形成配子囊的现象。由图 11.64 可知,在同一温度条件下,浒苔配子的放散量随着光照强度的升高而增多,高光强有助于浒苔放散配子,黑暗条件下培养的藻体在各温度值下均未形成配子囊。配子体的放散量高于孢子体的放散量。配子体的单个配子囊含有的配子数量约为单个孢子囊内数量的 2～3 倍。

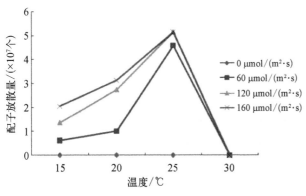

图 11.63　不同温度对浒苔配子放散量的影响
（陈群芳等，2011）

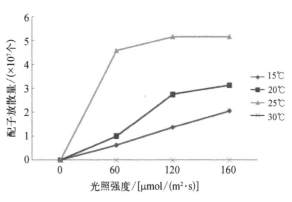

图 11.64　不同光照强度对浒苔配子放散量的影响
（陈群芳等，2011）

在我国黄海海域暴发的浒苔是一种分布广泛、对环境适应能力较强的大型绿藻。在 25℃,8 000 lx 条件下,浒苔 3 cm 藻段细胞完全成熟形成孢子囊或配子囊,并完全放散。而在 30℃,浒苔未发生成熟,说明过高的温度或光强会抑制浒苔的成囊机制发生。高温和高光强使浒苔自身的光合速率增强,但不利于浒苔孢子和配子形成和释放。

绿潮种浒苔在海区营养盐充分的情况下,温度和光照强度等外界气候条件达到其最适点时就可能会引起机会性暴发。因此,这些条件都有可能成为 2008 年青岛海域绿潮暴发的诱因。不过这些影响因素对于解释绿潮暴发仍然不够充分,因为在海区的大环境下除了温度、光照强度、营养盐外,还有海流作用等其他外界因素,但温度和光强条件在绿潮暴发过程的影响作用不容忽视。因此,仍需要进行进一步的研究。

浒苔在适宜的温度和光照条件下会大量繁殖,有研究指出,我国长江口的水域环境在春夏之交完全符合浒苔大规模暴发所需的一些环境要素,如光照、温度、营养盐等。据资料显示,长江口经常发生大规模赤潮现象,近年来却有逐渐减少的趋势,赤潮的发生使长江口的海洋生物都大面积死亡,包括对浒苔藻体的生存构成威胁。2007 年后大规模赤潮现象减少的同时,伴随着浒苔暴发规模的逐年增长。长江口水域环境的变化与浒苔的暴发有一定的关联。长江口受淡水冲击影响,水面光投射度增大,对浒苔生存水域的光照强度增强,使浒苔藻体大量成熟放散孢子和配子,从而使得浒苔生物量得到迅速的积累。

2. 盐度变化对浒苔孢子放散的影响

盐度变化对浒苔(U. prolifera)的孢子(spores)放散均有不同程度的促进作用(高珍等,2010)。由图 11.65 可知,当盐度维持在 30 时,孢子放散量是所有盐度里面最低的。降低盐度对浒苔孢子放散具有明显的促进作用,以孢子密度为指标,盐度从 30 分别降至 0、10、20 的 3 个实验组对孢子放散促进作用显著,实验结束时孢子密度分别为(37 ± 1.7)个/mm²、(114 ± 6.2)个/mm²、(49.3 ± 2.1)个/mm²,而盐度为 30 时孢

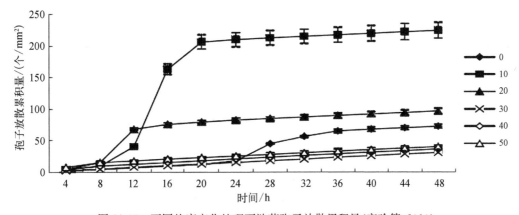

图 11.65　不同盐度变化处理下浒苔孢子放散累积量(高珍等,2010)

子密度仅为(15.7±0.6)个/mm²。降低盐度的处理比升高盐度的实验处理对孢子放散的影响明显,但升高盐度的实验处理仍对孢子放散有一定的促进作用(特别是在实验前期),盐度为40和50实验组的孢子终密度分别为(21.7±2.3)个/mm²和23个/mm²。

不同的盐度变化处理对孢子集中放散的时间也有明显影响(图11.66)。在4 h和8 h这个实验点上,盐度升高比盐度降低对孢子放散的促进作用明显;而随着处理时间的延长,盐度升高实验组孢子放散量下降,盐度降低的各实验组孢子放散量则急剧增加。盐度降低至10的实验组,不论其孢子单一时段孢子放散量还是放散总量,在各实验组中是最高的;10的实验组孢子集中放散的时间为实验开始后的8~20 h,所放散的孢子量占孢子放散总量的89.5%,单一时段放散最高峰出现在12~16 h,净增孢子量占总放散量的55.8%。盐度降低至20的实验组的放散变化趋势与盐度10的实验组基本相同,而盐度降至0的实验组的孢子集中放散时间有所延后,20~36 h是其集中放散时期,单一时段放散最高峰出现在24~28 h。

扫一扫 见彩图

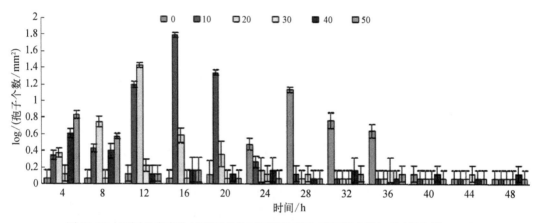

图11.66 不同盐度变化处理下单位时间段浒苔孢子密度净增加量(高珍等,2010)

3. 干出失水对浒苔孢子放散的影响

高珍等(2010)报道适度失水后复水能够刺激浒苔的孢子放散(图11.67和图11.68)。在实验设定的时间范围内,藻体干出12~48 h对浒苔孢子放散的促进效应十分显著,干出12 h、24 h和48 h实验组最终孢子密度分别达到(25.7±1.5)个/mm²、(36.0±2.0)个/mm²和(43.7±0.6)个/mm²,而对照组的最终孢子密度为(15.7±0.6)个/mm²;干出2 h和6 h对浒苔孢子放散的促进作用不明显。从孢子放散量来看,复水后前8 h是孢子放散的集中时段,统计数据表明,干出12 h、24 h、48 h实验组在复水后8 h内放散的孢子量分别占孢子放散总量48.3%、59.7%和67.1%;而复水16 h后,孢子放散与没有干出时藻体放散没有区别。实验结果说明,干出后复水对孢子的放散有即时效应。

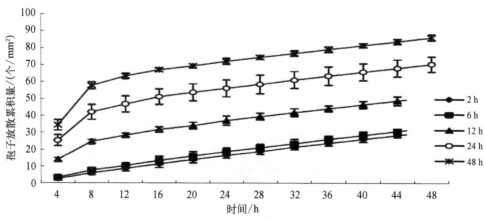

图11.67 不同干出失水实验条件下浒苔孢子放散累积量(高珍等,2010)

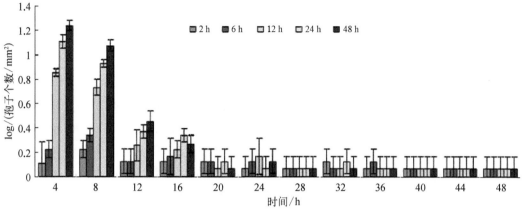

扫一扫 见彩图

图 11.68　不同干出处理条件下单位时间段浒苔孢子密度净增加量(高珍等,2010)

4. 藻体破碎对孢子放散的影响

Gao 等(2010)报道了不同长度藻体片段对浒苔孢子放散的影响。浒苔营养藻体叶绿体充满,细胞充盈,细胞排列紧密(图 11.69A);藻体破碎后,叶绿体会形成颗粒状(图 11.69B),然后集中到细胞的中

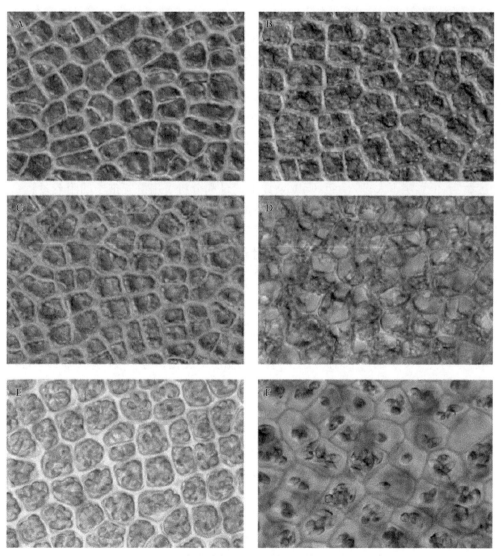

图 11.69　破碎藻段中孢子囊形成过程(Gao et al.,2010)

央(图 11.69C),几小时后液泡会增大,引发叶绿体的聚合(图 11.69D)。在 72 h 之后,梨形的孢子在孢子囊中形成(图 11.69E),随后会在孢子囊中释放出来(图 11.69F)。藻体破碎情况不同,形成的孢子囊所占的比例也不同。当碎片在培养 96 h,切除的藻体碎片的直径小于或等于 1.00 mm 时,所形成的孢子囊的区域占所有区域的 90% 以上。当碎片直径是 2.00 mm 和 2.50 mm 时,孢子囊所占比例分别为 40% 和 60%。当碎片直径大于 3.00 mm 时,孢子囊所占比例小于 15%,且孢子囊只形成在碎片边缘地带。但是孢子的释放率不遵循这一规律,当碎片直径是 2.00 mm 和 2.50 mm 时,孢子释放率能达到 82%,当碎片直径小于或等于 1.00 mm 时,孢子囊形成率达到 90% 以上,当碎片直径大于 2.50 mm 时,随着直径的增大,孢子囊形成面积比率和孢子释放率逐渐减少(图 11.70)。

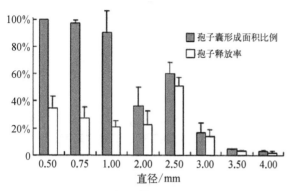

图 11.70　不同藻体破碎程度下孢子囊形成面积比例和孢子释放率

5. 水流速度对浒苔孢子放散的影响

Gordon 和 Brawley(2004)研究表明,水流速度对浒苔的繁殖有很大的影响。研究表明,当孢子囊(sporophylls)开始放散的 30 min 内,有水流影响的培养液中孢子囊可释放$(2.17\pm1.16)\times10^8$个孢子(zoospores),在静置的培养液中孢子囊可以释放$(15.8\pm4.41)\times10^6$个孢子。在同样条件下,水流影响下可释放的配子数是$(10.9\pm1.62)\times10^8$,而在静置条件下可释放的配子数是$(4.69\pm1.26)\times10^8$。

二、外界因子对浒苔孢子附着的影响

1968 年,Christie 和 Margaret 对温度、盐度和光照强度对肠浒苔(*U. intestinalis*)孢子附着的影响进行了研究,研究表明,肠浒苔孢子附着的最适温度是 20~25℃,最适盐度是 25~30,光照强度对孢子的附着有一定影响,但影响不大;1997 年,Callow 详细记录和分析了扁浒苔孢子的附着过程;2009 年李德等研究了温度、盐度和光照等对缘管浒苔孢子附着的影响,结果显示,缘管浒苔孢子附着的最适温度为 25℃,最适盐度为 20~27,光照强度对孢子附着的影响不大,不是影响孢子附着的决定性因素;2011年,张晓红研究了温度以及水动力条件对浒苔孢子附着的影响,研究表明,温度是影响浒苔孢子附着的重要条件,最适温度为 25℃。进行温度、盐度、光照等基本环境因子对浒苔孢子附着的研究对于调控浒苔生长、控制黄海绿潮有着重要的意义。

1. 温度对浒苔孢子附着的影响

温度对浒苔(*U. prolifera*)孢子在尼龙绳上的附着率有一定的影响(图 11.71)。在实验温度范围内,24 h 的附着率均高于 6 h,但两个时间点上附着率随温度的变化趋势一致,在 10~25℃,浒苔孢子附着率随着温度的增加而增加,超过 25℃后,附着率有下降趋势。25℃时,浒苔孢子在尼龙绳上的附着率最高,6 h 和 24 h 的附着率分别为 41.12% 和 44.98%。温度对浒苔孢子在竹竿上的附着率也有一定的影响,并且随着温度的变化规律与尼龙绳上的基本一致。实验温度范围内,6 h 和 24 h 两个时间点上附着率随温度的变化趋势一致。在 10~25℃,浒苔孢子附着率随着温度梯度依次增加,30℃时附着率较25℃有所降低。6 h 后,25℃时浒苔孢子在竹竿上的附着率最高,为 33.98%。24 h 后孢子附着率有了明显增加,25℃时浒苔孢子在竹竿上的附着率达到 37.83%。

2. 盐度对浒苔孢子附着的影响

随着盐度的变化,浒苔孢子在尼龙绳上的附着率有所不同(图 11.72)。实验盐度范围内,24 h 的附着率均高于 6 h,但两个时间点上的附着率随盐度的变化规律相同,盐度在 10~30,浒苔孢子均可在尼

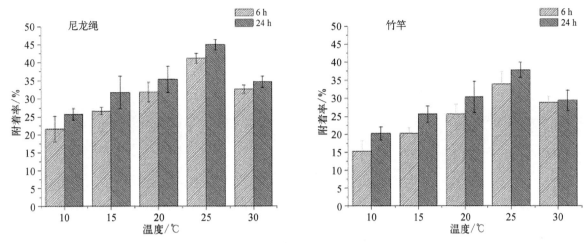

图 11.71　温度对浒苔孢子在不同附着基上附着率的影响(孙雷,2014)

龙绳上附着,盐度低于 25 时,附着率随着盐度的增高而增高,盐度高于 25,附着率随着盐度的增高而降低。6 h 和 24 h 的最高附着率均出现在盐度为 25 时,分别为 38.28% 和 41.36%。盐度对浒苔孢子在竹竿上的附着率的影响与其在尼龙绳上的附着率的影响基本一致。6 h 和 24 h 的测定结果均为盐度为 25 时浒苔孢子附着率最高,分别为 30.25% 和 32.44%。

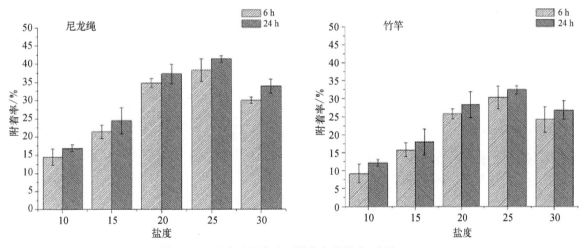

图 11.72　盐度对浒苔孢子附着率的影响(孙雷,2014)

3. 光照强度对浒苔孢子附着的影响

光照对浒苔孢子在尼龙绳上的附着率有一定影响(图 11.73)。在实验光强范围内,24 h 后的浒苔孢子附着率高于 6 h,但在 6 h 和 24 h 两个时间点上浒苔孢子的附着率随着光照强度的变化趋势相同,在 $1 \sim 60~\mu mol/(m^2 \cdot s)$,附着率随着光照强度的增加而增加,$80~\mu mol/(m^2 \cdot s)$ 时附着率较 $60~\mu mol/(m^2 \cdot s)$ 有所降低。但在 $40 \sim 80~\mu mol/(m^2 \cdot s)$,浒苔孢子附着率均较高,为浒苔孢子在尼龙绳上附着的较适光强范围。6 h 和 24 h 的最高附着率均出现在光强为 $60~\mu mol/(m^2 \cdot s)$ 的实验组,附着率分别为 40.77% 和 43.37%。光照对浒苔孢子在竹竿上的附着率的影响与其在尼龙绳上的附着率的影响相同。6 h 和 24 h 的最高附着率均出现在光强为 $60~\mu mol/(m^2 \cdot s)$ 的实验组,附着率分别为 32.59% 和 36.49%,浒苔孢子在竹竿上附着的较适光照强度也在 $40 \sim 80~\mu mol/(m^2 \cdot s)$。

浒苔孢子附着对温度、盐度和光照强度也具有较为广泛的适应性,温度范围为 10~30℃、盐度范围为 10~30,光照强度范围为 $1 \sim 80~\mu mol/(m^2 \cdot s)$ 均可进行附着。防止浒苔孢子附着,对浒苔进行防治,必须考虑其生长繁殖及其生态特点,寻求合适的方法限制其生长繁殖所需要的环境条件,且不影响其他

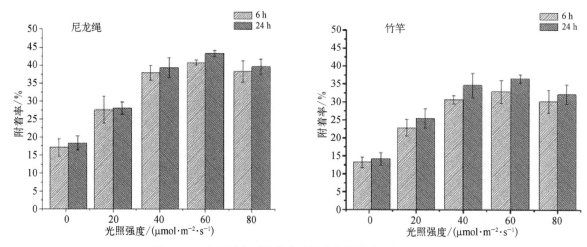

图 11.73　光照强度对浒苔孢子附着率的影响(孙雷,2014)

水产养殖生物的产量,从而达到抑制浒苔生长繁殖的目的。

4. 表面物理性质对浒苔孢子附着的影响

除了温度、盐度、光照强度、水流等环境因子外,附着材料的表面特性也会影响浒苔孢子的附着,Callow 等(2000,2002)认为,在自由水体中,附着基表面的粗糙程度是影响微小孢子附着最重要的因素。关于浒苔孢子对不同附着材料的选择,也有较多的报道。Callow 等(2000,2002)研究发现,浒苔游动的孢子优先附着于材料表面的凹陷处而不是隆起处,孢子附着数量随着凹陷的变窄而迅速增加,大多数的孢子附着于凹陷底部和侧壁,表明孢子对附着地点表面特性的选择可能与孢子的能量需求有关。Finlay 等(2002)研究发现,缘管浒苔孢子在亲水性的基质具有更强的附着能力。朱明等(2011)研究发现,浒苔孢子在较粗糙的紫菜养殖网绳和网布等上附着率高,而相对光滑的玻璃片、塑料绳等材料不适于孢子附着,这表明附着基的粗糙程度可对浒苔孢子的附着产生影响。吴洪喜等研究发现,在同样的条件下,浒苔孢子对于附着基具有选择性,附着率以木板最高,竹片最低。

5. 不同防污涂料对浒苔孢子附着的影响

尼龙绳上涂覆聚二甲基硅氧烷(PDMS)、添加苯甲酸钠(NaB)的 PDMS 和添加吡啶硫酸铜(NaPT)的 PDMS 三种防污涂料后,浒苔孢子的附着率相对于在未涂覆防污涂料的尼龙绳明显降低。24 h 后浒苔孢子的附着率略高于 6 h 后浒苔孢子的附着率。其中,以添加 NaB 的 PDMS 防附着效果最好,6 h 附着率低至 3.1%,24 h 后的附着率为 3.3%;添加 NaPT 的 PDMS 防污效果次之,6 h 后附着率为 7.7%,24 h 后附着率为 9.5%;涂覆 PDMS 尼龙绳,6 h 后附着率为 23.4%,24 h 后的附着率为 25.5%,也明显低于在未做任何处理的尼龙绳上的附着率。

在竹竿上涂覆 PDMS(A 涂料)、添加 NaB 的 PDMS 和添加 NaPT 的 PDMS 三种防污涂料后,对浒苔孢子起到了良好的防附着作用,附着率相比未做处理的竹竿大大降低。6 h 后浒苔孢子基本完成附着,24 h 后的附着率略高于 6 h 后附着率。其中,添加 NaB 的 PDMS 防污涂料的防污效果最好,6 h 后浒苔孢子的附着率低至 2.5%,24 h 的附着率也仅为 2.8%;添加 NaPT 的 PDMS 的防污效果次之,6 h 后附着率为 6.5%,24 h 后附着率为 8.6%;涂覆 PDMS 的防污效果也比未涂覆防污涂料的效果好,6 h 后附着率为 19.3%,24 h 后附着率为 21.7%,未涂覆防污涂料的竹竿上,6 h 后附着率为 41.2%,24 h 后附着率为 36.7%。

三、外界因子对浒苔生殖细胞萌发的影响

1. 温度和光照强度对浒苔孢子和配子萌发的影响

浒苔生活史为同型世代交替,主要繁殖方式是单性生殖、无性生殖和有性生殖。浒苔生物量的暴发

式累积与其独特的繁殖方式息息相关,释放出的大量孢子和配子在海况适宜的条件下附着于相应的基质上,萌发后对绿潮暴发起到了一定的作用。温度和光照强度是影响浒苔类绿潮藻生殖细胞萌发的重要生态因子,因此研究温度和光照强度对浒苔孢子和配子萌发时期的影响有助于掌握浒苔的繁殖规律,为黄海绿潮暴发生物机制解释和有效防控提供支撑。

(1) 温度对浒苔孢子和配子萌发的影响

陈群芳等(2015)研究了不同温度对浒苔孢子和配子萌发的影响。在10~20℃,浒苔孢子萌发的生物量随着温度的升高而升高;在20℃时生物量最多,萌发率最高。在25℃时,浒苔孢子的萌发幼苗数量出现下降。30℃时浒苔幼苗数量很少,萌发率仅为8.9%。35℃时,孢子没有萌发,因此高温不利于浒苔孢子的萌发。浒苔孢子萌发的适宜温度为10~30℃,最适温度为20℃(表11.18)。

表 11.18　不同温度对浒苔孢子萌发的影响(陈群芳等,2011)

温度/℃	幼苗/株	温度/℃	幼苗/株
10	307	25	806
15	835	30	89
20	883	35	0

在10~20℃,浒苔配子萌发的生物量随着温度的升高而升高;在20℃时生物量最多,萌发率最高。在25℃时,浒苔配子的萌发幼苗数量出现下降。30℃时浒苔幼苗数量很少,萌发率仅为10.3%。35℃时,配子没有萌发,因此高温不利于浒苔配子的萌发。浒苔配子萌发的适宜温度为10~30℃,最适温度为20℃(表11.19)。

表 11.19　不同温度对浒苔配子萌发的影响(陈群芳,2011)

温度/℃	幼苗/株	温度/℃	幼苗/株
10	342	25	695
15	761	30	103
20	778	35	0

(2) 光照强度对浒苔孢子和配子萌发的影响

在60~100 $\mu mol/(m^2 \cdot s)$,浒苔孢子萌发的生物量随着光强的增强而增多;光强为60 $\mu mol/(m^2 \cdot s)$和100 $\mu mol/(m^2 \cdot s)$时的生物量较为接近,萌发率分别达81.9%和82.5%。该实验条件中,光强为140 $\mu mol/(m^2 \cdot s)$时,未见浒苔孢子有成功萌发出幼苗的现象。浒苔孢子萌发的适宜温度为30~100 $\mu mol/(m^2 \cdot s)$,最适光照强度为60~100 $\mu mol/(m^2 \cdot s)$。浒苔孢子具有负趋光特性,孢子倾向于在弱光处固着,高光强的刺激使浒苔孢子无法稳定附着,不利于萌发出幼苗(表11.20)。

表 11.20　不同光照强度对浒苔孢子萌发的影响(陈群芳,2011)

光照强度/[$\mu mol/(m^2 \cdot s)$]	幼苗/株	光照强度/[$\mu mol/(m^2 \cdot s)$]	幼苗/株
0	0	100	825
30	747	140	0
60	819		

在30~100 $\mu mol/(m^2 \cdot s)$,浒苔配子萌发的生物量随着光强的增强而增多;光强为60 $\mu mol/(m^2 \cdot s)$和100 $\mu mol/(m^2 \cdot s)$时的生物量较为接近,萌发率分别达76.6%和82.1%。本次实验条件中,光强为140 $\mu mol/(m^2 \cdot s)$时,浒苔配子萌发生物量减少。可以推断出高光强对浒苔配子的萌发有一定影响,抑制其萌发生长。浒苔配子萌发的适宜温度为30~100 $\mu mol/(m^2 \cdot s)$,最适光照强度为100 $\mu mol/(m^2 \cdot s)$。

当光强为 $100\,\mu mol/(m^2 \cdot s)$ 时,浒苔配子的萌发率最高达 82.1%(表11.21)。

表11.21　不同光照强度对浒苔配子萌发的影响(陈群芳,2011)

光照强度/[μmol/(m² · s)]	幼苗/株	光照强度/[μmol/(m² · s)]	幼苗/株
0	0	100	821
30	693	140	116
60	766		

　　温度和光照强度是藻类生存所需的最基本外界条件。浒苔通过释放孢子和配子萌发形成新个体,是浒苔生活史得以周期性循环的关键。这种周期性生长在自然环境条件下与光照强度、温度等因素有着密切关联。浒苔孢子幼体早期的萌发生长阶段在浒苔大量暴发的过程中具有很大的影响作用。绝大多数的藻类生殖细胞的萌发需要光强的刺激,少部分也可以在黑暗中萌发。石莼属藻类的萌发是需要光照的,黑暗时间越长越不利于孢子的萌发生长。因此,对孢子和配子在48 h内的固着状况进行显微观察,发现处于黑暗中的浒苔孢子和配子在最初的2 d内都开始固着,但在实验周期内未成功萌发成幼苗,说明浒苔孢子和配子可以在黑暗中固着,萌发则需要光照条件,正常的光合作用是使其萌发的重要机制。

　　孢子和配子的萌发生长表现出了其自身的趋光性。在较高光强下相对远离光强的培养皿的半边边壁底上固着的孢子幼苗密度大于靠近光强壁底上固着的密度;配子则为相反情况,靠近光照部分的培养皿壁底的幼苗数量较多。实验采用十六等分计数格计算幼苗个体的数量的原因,用该种技术方法可以减少误差数,使数据较为准确。在其他光照梯度下,孢子和配子的分布基本均匀。但过高的光强又不利于浒苔孢子和配子的萌发。李信书等(2010)通过紫外辐射影响孢子固着生长的实验指出,浒苔孢子的存活取决于最初3 d,因为孢子在附着和萌发阶段还没有形成完善的防紫外系统,萌发3 d后的存活率将不再受阳光紫外的影响。浒苔生殖细胞的存活是其藻体最终生长生存的关键,因为一旦藻体建立起来,藻体将不再容易受到 UVB 的影响而导致死亡。孢子的生存能力与藻体生长的水层相关,那些从高紫外辐射的环境中生长的藻体上释放的孢子具有较高的萌发率和存活率。在实验室光照条件下,没有人为的制造强紫外干扰因素,因此浒苔孢子和配子的萌发率较高。由此可以推断浒苔最初在黄海海域大量繁殖时处于阳光辐射不强烈时期,因此孢子和配子得以迅速顺利萌发生长,后期随着季节性的阳光辐射强度增大,浒苔生殖细胞受光伤害更为敏感,因为生物量不再继续增长。实验周期内,浒苔孢子和配子在 35℃ 时没有萌发形成幼苗,通过这次实验并结合国内外的相关研究报道,可以推断出,浒苔孢子和配子并不具有耐高温性,尽管浒苔成体可以在较高的环境中生存,但是高温对其生殖细胞的萌发并不有利。

　　许多文献都曾指出,石莼属海藻的孢子、配子、由配子接合形成的合子以及其不同发育阶段的显微幼苗个体是石莼属海藻繁殖和生物量扩增的主要方式之一,并且在绿潮规模扩张过程中发挥重要的作用。刘峰等对通过培养技术手段来定量海水中石莼属藻类的显微阶段个体,并且在培养这些显微个体6周后对海区不同的海藻形态特征进行分类鉴定,试图预测绿潮暴发并鉴定出暴发时的优势物种。

　　孢子液中孢子在萌发时是一个孢子萌发出一株幼苗个体。配子在萌发时情况则不相同,当配子液中同时存在雌雄配子时,异性配子间会先发生接合,通过形成的合子再发育成新的个体,同时雌雄配子也可单独发育成新藻体,因此浒苔孢子和配子的不同发育方式也成为对海区显微个体定量方面的一个难题。

　　在进行的实验周期中,曾对浒苔孢子和配子的固着情况进行过显微观察,发现浒苔孢子和配子固着的最适温度在 25℃。在培养 24 h后发现仍有少数孢子和配子会发生游动,这可能是由于培养皿的玻璃基质及孢子和配子的密度影响。曾有研究报道指出浒苔孢子在附着密度较小时相互之间会互相协作,而当密度过高时则会发生排斥现象。Dan 等(2002)根据研究浒苔属藻体成熟最低光强要求为 16 μmol/(m² · s)，而释放生殖细胞的最低光强在 8 μmol/(m² · s)。由此可知本次实验设计的温度和光照强度条件是科学的。

温度和光强对藻类的生理机能有广泛的影响。浒苔萌发的单因子影响实验表明,浒苔属于广温、广辐照适应的藻类,自然环境适应能力强。但在实验培养过程中反映出的浒苔的这些特性也符合浒苔广泛存在于世界许多地区的低潮区沙砾、岩石、滩涂和石沼中的生态学分布特点。国外的研究者认为,影响浒苔属的孢子萌发和成体生物量增加的影响因素依赖于外界因素的共同作用,除了温度、光照强度外,还有海水盐度、营养盐条件等一些其他因素。暴发绿潮的时间多集中在春末夏初时段,在春季和夏季的海水温度以及水中光照强度的辐射值最适合浒苔属和石莼属孢子的萌发生长以及藻体生物量的累积。

2. 盐度对浒苔孢子萌发的影响

据高珍等(2010)的实验研究报道,盐度在 20 和 30 时适宜浒苔孢子的萌发,在盐度为 0 和 50 的条件下,浒苔的孢子不能萌发,在盐度为 10 和 40 的条件下能够萌发但萌发率低(图 11.74)。因此,浒苔孢子能够萌发的适宜盐度是 10～40。在盐度为 20 时,浒苔孢子萌发率最高达 62.41%,在盐度 10 时浒苔孢子萌发率为最低的 13.33%,最高萌发率是最低萌发率的 4.68 倍。

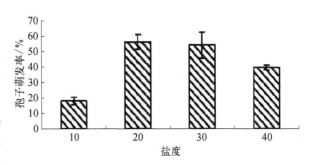

图 11.74　不同盐度条件下浒苔萌发率(高珍等,2010)

四、黄海漂浮浒苔繁殖力的研究

陈群芳在实验室条件下对绿潮漂浮优势种类浒苔(*U. prolifera*)孢子与配子放散量、萌发率等繁殖生物学特性进行研究,为研究绿潮暴发的繁殖特征及原因提供相关理论依据。从表 11.22 中可以看出,每平方厘米浒苔叶片(单层)形成的生殖细胞囊数为(7.10～8.28)×10⁵个,其中孢子体叶片放散量达(2.84～6.62)×10⁶个,而配子体则高达(1.14～2.65)×10⁷个,是孢子体叶片放散量的 1.7～9.3 倍。从表 11.23 可以看出,浒苔孢子的平均萌发率为 91.6%,配子的平均萌发率为 96.1%。

表 11.22　浒苔叶片繁殖率计算(陈群芳, 2011)

观察对象	藻体面积/μm²	生殖细胞囊数	囊中生殖细胞数
观察结果	65×65	30～35	孢子 4～8/配子 16～32
计算项	1 cm²单层藻体生殖细胞囊数	1 cm²单层藻体放散孢子/配子量	1 g 浒苔藻体放散孢子/配子量 (1 g≈53.5 cm²)
结果	(7.10～8.28)×10⁵	(2.84～6.62)×10⁶/ (1.14～2.65)×10⁷	(3.05～7.08)×10⁸/ (1.22～2.84)×10⁹

表 11.23　浒苔生殖细胞萌发率(陈群芳, 2011)

组号	配子数	萌发幼苗	萌发率/%	孢子数	萌发幼苗	萌发率/%
1	4 500	4 198±10	93.3%	1 500	1 442±5	96.1%
2	6 000	5 394±10	89.9%	2 000	1 928±5	96.4%
3	5 500	5 038±10	91.6%	1 500	1 437±5	95.8%
平均			91.6±0.2%			96.1±0.3%

张华伟等(2011)研究结果显示,绿潮漂浮浒苔藻体能够产生的平均游孢子数量约为 5.35×10^6 个/cm^2;平均配子数量约为 1.07×10^7 个/cm^2;在漂浮浒苔繁殖高峰的 5～8 月,平均每株成熟的藻体能够产生约 1.15×10^7 个游孢子或 2.31×10^7 个配子。Fjeld 的研究结果表明,石莼属绿潮藻的藻体能够产生约 10^7 个/cm^2 配子或孢子,Callow 等(2000,2002)研究发现缘管浒苔($U.\ linza$)在几个月的繁殖期内每株藻体每天能够产生约 5.3×10^5 个孢子。游孢子或每两个配子结合后形成的合子均可发育成一株新的藻体,配子不经过结合也能发育成为新的藻体,王晓坤等(2007)和丁怀宇等(2006)曾分别报道了浒苔($U.\ prolifera$)和缘管浒苔($U.\ linza$)的单性生殖。且在 5～8 月,漂浮浒苔主要以单性生殖和无性生殖为主要繁殖方式,配子无须经过接合,其日相对生长速度能够达到 27% 左右,绿潮藻幼苗很快就能生长成为成体。4～8 月,直接附着后发育,这种繁殖方式更增加了绿潮藻的繁殖速度和数量。石莼属海藻的生殖细胞具有很强的活动能力,在没有合适附着基的情况下,游孢子能够存活 8 d 左右,而配子能够存活 6 周以上。这种强大的活动能力能够十分有效地扩大它们附着生长的范围。绿潮漂浮浒苔的配子具有正趋光性,这有利于在海面聚集并在漂浮藻体上附着生长;合子虽然是负趋光性的,但是由于海浪的冲击以及有大量漂浮的藻体作为附着基,多数合子也附着在漂浮藻体上在海面生长发育,成为新一代的漂浮绿潮藻。根据李瑞香等的研究,浒苔在适宜的环境正是绿潮藻的繁殖季节,强大的繁殖力使其生物量经一次繁殖就呈几何级数增长。

Jaanika 等(2002)发现在芬兰发生的一次绿潮是由大量形态变异的肠浒苔引起的,作者认为绿潮藻的形态变异常常使其能够在与其他藻类的竞争中占到优势。绿潮漂浮浒苔依靠藻体内的气囊在海面上漂浮,易聚集成为优势种群,使其在环境资源的争夺和利用上占有一定的优势;同时充足的阳光不仅有利于漂浮浒苔的光合作用和呼吸作用,更能促进其生殖细胞的成熟和放散,进行快速的繁殖。有利的环境条件和绿潮漂浮浒苔强大的繁殖力是漂浮绿潮藻生物量迅速增长难以控制从而引发绿潮的主要原因之一。

第三节　海区围隔内绿潮藻浒苔生长动力学

在 2008 年黄海绿潮灾害暴发后,开展环境因子对于浒苔类绿潮藻生长的实验研究,用于解译黄海绿潮发生的过程和机制等问题显得尤为重要。由于室内模拟实验研究的环境因子可控、简单、快速和易操作等,国内外学者开展了大量的有关各类环境因子对于黄海浒苔类绿潮藻生长影响的室内实验研究,取得了不少有价值的成果。但由于黄海绿潮发生海域的自然环境复杂多变,如光照强度、温度、盐度、流场等水文气象环境要素通常存在着显著的日变化、昼夜变化及月变化等特点,因此室内模拟实验结果必须结合野外现场模拟实验研究才能用于黄海浒苔类绿潮藻生长动力学模型的研究中。因此,很有必要开展海区围隔生态系统中浒苔类绿潮藻生长特征的研究,为解译黄海浒苔类绿潮暴发过程和机制提供科学依据,也为黄海绿潮生态动力学模型研究提供基础资料。本节较为详细地论述海区围隔内浒苔类绿潮藻生长动力学特征。

Zhang 等(2013)在黄海绿潮的起始暴发的如东海域(32°12′N～32°36′N,120°42′E～121°22′E)构建了 3 个大型围隔(图 11.75),开展海区围隔内浒苔类绿潮藻的生长的围隔实验研究。围隔系统(图 11.76)由 3 个面积为 9 m^2(3 m 长,3 m 宽,1 m 高)的钢架结构组成,钢架结构由尼龙纱窗作为封闭结构,因此海水可以从纱窗的孔洞中自由通过,而漂浮绿潮藻则被阻挡在围隔内部。

3 个大型围隔被放置在如东海区太阳岛附近,太阳岛距岸 10 km,这里水流通畅,水深 10 m,即使在落潮时刻,最低水深也可达 4 m,较适宜进行围隔实验。此外,每年 4 月初均可在太阳岛附近发现漂浮绿潮藻,因此适宜作为生长模拟实验地点。

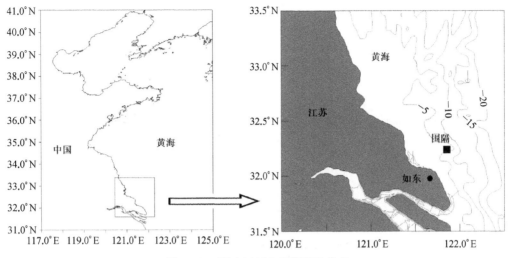

图 11.75　研究区域和围隔实验位点

图 11.76　如东海区大型原位围隔设置状态

用于进行围隔实验的漂浮绿潮藻样品采集于如东当地海区,选取健康藻体,用清洁的海水冲洗几次,清除附着在上面的污染物,定量选取浒苔样品,放置于围隔内,每 3 d 再称量重量,计算其特定生长率,并定期测定围隔内浒苔藻体叶绿素含量以及藻体状态。

通过连续 3 年在绿潮源头的如东海区进行围隔实验,绘制出围隔内绿潮藻的生长曲线(图 11.77)。结果显示,围隔内浒苔生长曲线呈现周期性,一般其生长周期为 20 天,该生长曲线可划分为 4 个时期:适应期(lag phase)、快速生长期(accelerated phase)、稳定期(stationary phase)和衰亡期(decline phase)。4 个时期的平均时长分别为 8 d、8 d、2 d 和 2 d。

整个生长过程的平均生长率为(23.2%～23.6%)/d,在适应期,绿潮藻处于缓慢生长状态;在快速生长期,浒苔呈现高速生长的状态,其生长率可高达 56.2%/d;在稳定期,浒苔处于生长停滞状态,或者增加的浒苔生物量与死亡的浒苔生物量大体相同;在衰亡期,浒苔加速衰败,生物量下降;此后,浒苔生长再次进入下一个生长周期。

围隔内浒苔生长周期的不同时期,浒苔藻体呈现不同形态(图 11.78)。在适应期,丝状藻体附着母体上,母体呈现褶皱状或囊状;在快速生长期,藻体主要呈现丝状,附着在母体上的丝状藻体增长,更为密集,丝状藻体具有快速生长能力;在稳定期,丝状藻体逐渐转变为管状结构,管状结构内充满气体;在衰亡期,藻体逐渐转变为囊状和褶皱状。

不同时期的藻体叶绿素含量也有较大差别(图 11.79),快速生长期时,丝状藻体为主要形态,其叶绿素含量显著高于其他时期($P<0.05$)。衰亡期藻体的叶绿素含量最低,保持在 0.13 mg/g。

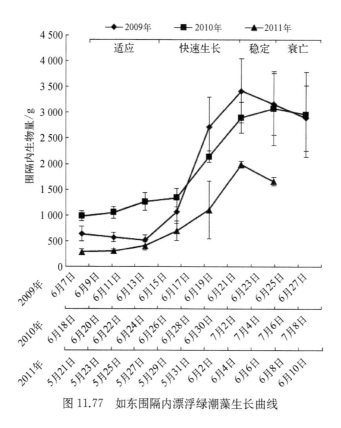

图 11.77 如东围隔内漂浮绿潮藻生长曲线

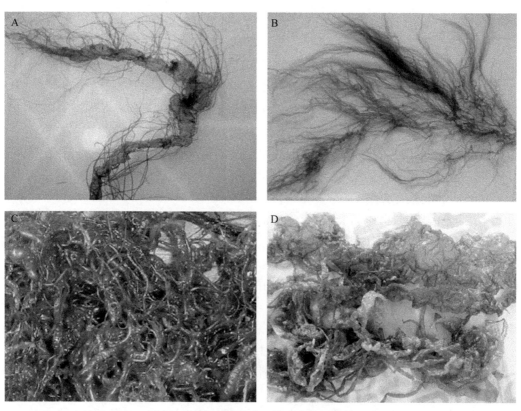

图 11.78 围隔内浒苔生长不同时期形态变化规律

A. 囊状藻体上逐渐萌发分枝;B. 丝状藻体;C. 管状和囊状藻体;D. 褶皱状藻体

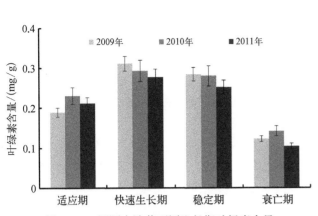

图 11.79　围隔内浒苔不同生长期叶绿素含量

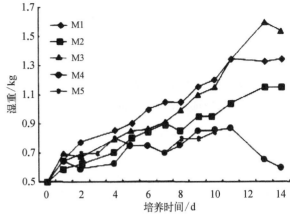

图 11.80　湿重日变化(吴晓文等,2010)

另外,吴晓文等在青岛近岸海域开展了营养盐对浒苔生长及对营养盐吸收的实验研究。实验结果表明,添加营养盐的围隔内浒苔湿重生物量(M1、M2 和 M3)明显高于对照组 M4(未添加营养盐的围隔)和 M5(围隔外海区)。其中,实验组 M1 的浒苔湿重生物量在实验前期、中期均是最高,自第 11 天起生长速率平缓下降;实验组 M3 中浒苔湿重生物量仅次于 M1,从第 11 天起持续增长超过 M1,至第 13 天达最高值,为 1.6 kg,是初始值的 320%;实验组 M2 的浒苔生长趋势与 M3 的相似,生物量相对 M1、M3 较低,也从实验第 12 天起平缓下降,最高增长是初始值的 230%;对照组 M4 和围隔外海区 M5 的浒苔湿重生物量明显偏低,二者生物量增长曲线基本一致,至第 11 天达到其最大值,为 0.875 kg。所有添加营养盐的围隔组中浒苔藻体生物量的最大值(M3,1.6 kg)是围隔外海区中浒苔生物量最大值(M5,0.85 kg)的 1.88 倍。由此可见,N 和 P 对浒苔生长具有强烈的刺激作用,能够促进浒苔在短期内快速大量生长,尤其是 N 营养盐(图 11.80)。

各围隔中浒苔湿重生物量的日均相对增长率见图 11.81。添加营养盐的围隔组浒苔湿重生物量的日均相对增长率均高于 2 个对照组(无添加),而一次性添加大量营养盐的 2 个围隔组(M1、M3)又高于其他几组的日均相对增长率,添加 N、P 的实验组(M1)日均相对增长率略高于只添加 N 的实验组(M3)。实验组 M1 和 M3 中浒苔日均相对增长率分别达到 10.3% 和 9.9%,围隔内对照和海区对照的浒苔日均相对增长率仅为 6.1% 和 6.4%。每日添加营养盐的实验组 M2 浒苔日均相对增长率为 7.4%,低于实验组 M1 和

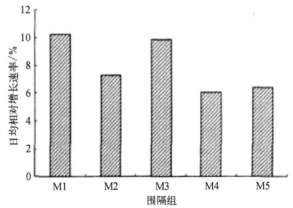

图 11.81　生物量日均相对增长率变化(吴晓文等,2010)

M3。实验组 M1 中 N、P 总添加量各为 0.132 mol 和 5.430×10^{-3} mol,实验组 M2 每日营养盐的总添加量为 N 0.033 mol、P 5.430×10^{-3} mol,前者的浒苔生物量和日均相对增长速率均明显高于后者,结果说明一次性过量补充营养盐对浒苔的快速增长更具刺激作用。

为了探讨原位状态下不同增殖方式得到的绿潮藻浒苔生物体生长的差异,刘雅萌等(2014)通过原位围隔实验研究,比较了经漂浮浒苔释放的孢子萌发形成的藻体(ST)和浒苔自身营养增殖得到的藻体(VT)的生长和光合作用的差异。结果表明,ST 的生长速率比自身营养增殖得到的藻体显著高出 61.27%,并且 ST 的最大光合作用速率(P_{max})、光合效率(α)和光合活性(P/R)比 VT 分别显著高出 25.33%、14.93% 和 134.69%,而呼吸作用速率和光补偿点比 VT 显著低了 45.7% 和 52.2%,这表明 ST

与 VT 相比具有更大的生长优势。另外,VT 的相对电子传递速率(rETR)显著高于 ST,在高光下尤为显著,并且 VT 在高光下具有更高的非光化学猝灭(NPQ)能力,这说明浒苔通过自身营养增殖产生的藻体对高光的适应能力比其由孢子萌发形成的藻体更强。

庞秋婷等于 2012 年在黄海海区进行了现场的船基实验以研究不同营养盐条件下浒苔的生长特征,实验发现浒苔对营养盐有极强的吸收能力,在营养盐适中时,相对生长率最高可达 82%,即使在低营养盐条件下也会保持 10%左右的生长速率。特别是在磷酸盐含量适中时,高浓度的硝酸盐更能促进浒苔的生长。充足、连续的营养盐补充是浒苔绿潮暴发的物质基础。

综合以上研究结果表明,浒苔生命史存在周期性,形态也随着周期性变化而改变。丝状藻体是浒苔快速生长的主要形态,囊状和褶皱状是浒苔消亡期的主要形态。在海区调查过程中发现漂浮在海水表面的主要为具有囊状结构的藻体,而囊状藻体下面垂着大量的丝状藻体,丝状藻体的长度可长达 30～50 cm。漂浮在表面的囊状藻体不仅可以维持藻团的漂浮状态,还会对下垂的丝状藻体起到遮阴效应;当表面漂浮的藻体逐渐衰亡时,垂在下面的丝状藻体也在适宜的光照条件下,进行光合作用而逐渐演变为新的囊状藻体。丝状藻体生长速率极高,因此整个绿潮斑块的生物量越来越高,规模逐渐增大。

海区绿潮藻在漂移过程中的形态变化与围隔内浒苔藻体形态变化一致。围隔内囊状藻体上逐渐长出新的丝状藻体,由于丝状藻体相对于囊状藻体生物量较少,因此整个丝状和囊状藻体的组合体具有一定的适应时间,这段时间是丝状藻体积蓄生长能量,为进入快速生长期做准备,同时丝状藻体叶绿素含量较高,能够高效进行光合作用,因此丝状藻体比例逐渐增高,进入快速生长期的藻体也主要以丝状藻体为主,大量丝状藻体逐渐转变为囊状结构,当丝状藻体生长速率和囊状藻体衰亡速度持平时,生长进入稳定期,随着囊状藻体比例逐渐增加,生长才逐渐进入衰亡期,当囊状藻体由于复杂条件的影响逐渐萌发出新的丝状藻体时,则进入下一个生长周期。

浒苔繁殖潜力巨大。浒苔单个营养细胞最大可释放 32 个配子或 16 个孢子,释放的大量生殖细胞能够快速固着萌发形成新的藻体。在适宜的条件下,浒苔几乎整个藻体可完全释放,其中释放的生殖细胞一部分萌发,另一部分完成越冬和度夏过程,可能成为来年的种源补充。新萌发的浒苔幼苗生长能力旺盛,可保持在 80%以上的生长率,因此释放的生殖细胞能够快速形成生物量巨大的绿潮。浒苔生活史为配子体和孢子体世代交替,但单独的配子和单独的孢子均能够固着并萌发形成新的藻体,这种能力是世代交替范围之外。作为机会主义的绿潮藻,浒苔具有强大的繁殖能力。

浒苔藻体的破碎片段也是绿潮能够迅速暴发的一个重要原因。紫菜养殖区固着的绿潮藻与绿潮暴发紧密相连,筏架上的绿潮藻在经过渔民的预处理后形成大量的藻体片段,浒苔片段在不同的环境条件下具有不同的增殖途径。切段处理的浒苔最重要的方式是释放生殖细胞,另一种方式是在浒苔片段上重新萌发出新的分枝或者在形态学上端长出大量叶状体,从而进行营养生长,浒苔生长速率远高于其他绿藻。而且一根浒苔藻体可形成大量浒苔片段,每个浒苔片段又作为单独的个体重新生长,因此该过程加快了浒苔生物量的扩增速度。

第四节　黄海绿潮暴发生物学机制解析

2009～2017 年,应用 MODIS 和 HJ‐1A/B 卫星遥感监测与船舶的跟踪监测结果表明,每年的 4～5 月黄海绿潮斑块最初在南黄海海域聚集形成,零星斑块状的绿潮在季风和表层流等复杂的物理过程驱动下在逐渐向北黄海海域漂移过程中聚集形成较大斑块,同时在漂移过程中绿潮面积迅速扩增,面积最快增长率可达 33%,而绿潮漂移进入北黄海海域后至 7～8 月,绿潮的影响面积则逐渐减少直至消亡。同时,根据绿潮藻显微繁殖体的时空分布特征、沉降绿潮藻的时空分布特征、漂浮绿潮藻浒苔的生理学特征以及江苏近岸紫菜养殖筏区固着绿潮藻的生物量调查等资料,确定南黄海近岸海域为黄海绿潮暴发的源头海域,而南黄海近岸紫菜养殖筏区固着绿潮藻为每年黄海绿潮暴发的重要源头。因此,通过对引发黄海绿潮的浒苔类绿潮藻优势种类的越冬和度夏机制、浒苔绿潮藻漂浮与沉降机制研究、营养吸收特征、光合作用能力和生长与繁殖策略等研究,解译黄海绿潮灾害暴发的生物学机制。综合前面几章的内容,现将黄海绿潮暴发的浒苔类绿潮藻生物学机制解译如下。

一、黄海绿潮暴发的生物学适应性机制

1. 浒苔类绿潮藻漂浮与沉降机制

浒苔($U.$ $prlifera$)幼苗萌发过程中,繁殖体逐渐发育成单层细胞管状结构并分化出叶状体及假根,在管状藻体上可形成众多分枝,在进行光合作用吸收营养物质的同时还可以悬挂住海水中的气泡以达到藻体漂浮的效果。藻体叶状体管腔成熟后弯曲形成"节点",在封闭的藻段中充满气体形成气囊,气囊使得浒苔可以在海水中长期漂浮。

浒苔类绿潮藻漂浮于海面需要一定的光照和温度条件。室内模拟实验表明,当在 $15\sim25℃$、光照强度为 $60\sim140$ $\mu mol/(m^2 \cdot s)$ 时,浒苔($U.$ $prolifera$)藻体可以完全漂浮;当温度为 $10℃$,且光照强度大于 10 $\mu mol/(m^2 \cdot s)$ 时,浒苔藻体处于半漂浮状态;当温度为 $30℃$,浒苔藻体受到伤害易死亡。室外模拟实验的结果表明,当温度为 $5℃$ 和 $7.5℃$ 时,晴天、多云和雨天这 3 种天气下的藻体均不漂浮,仅在 $7.5℃$ 的晴天时少数浒苔藻体周围有气泡聚集,但仍无法实现漂浮。当温度为 $10\sim15℃$ 时,晴天、多云、雨天 3 种天气下的藻体均能实现完全漂浮。漂浮后的浒苔藻体即使再放置于 $5℃$ 时的雨天条件下,均不会沉降。表明浒苔藻体漂浮临界温度为 $10℃$ 左右,且如果一旦漂浮成功后即可较长时间处于漂浮状态。

浒苔漂浮藻体可分为海面漂浮及水下悬挂两部分,海面漂浮藻体因高光强胁迫而大部分逐渐变白死亡,而水下悬挂藻体可以躲避高光强度逆境胁迫生存下来。浒苔漂浮气囊多呈白绿色,F_v/F_m 值和叶绿素含量均较低,细胞质多数发生偏移或萎缩变色,另有部分气囊细胞形成生殖细胞囊或已放散出繁殖体;而悬挂分枝多呈绿色且 F_v/F_m 值和叶绿素含量相对较高,细胞内容物充盈,只有少部分细胞开始萎缩。将气囊主枝与悬挂分枝于 $25℃$、80 $\mu mol/(m^2 \cdot s)$ 环境下培养一周后再次观察,漂浮气囊主枝细胞基本都已形成繁殖细胞囊或已放散成空细胞,而悬挂分枝培养后则保持健康生长,细胞质萎缩比例减小。

黄海绿潮于每年的 8 月上旬开始进入衰亡期,面积逐渐减小。沉降浒苔类绿潮藻在适宜条件下培养仍能够进行快速的营养繁殖,无生殖细胞囊产生,光合荧光参数及叶绿素含量略有下降,F_v/F_m 值平均为 0.65,总叶绿素含量降至 1.27 mg/g。通过暗处理模拟研究海底无光状态下浒苔的形态及生理状态变化,浒苔停止生长甚至呈腐烂状态,光合生理状态显著下降,F_v/F_m 值平均为 0.09,总叶绿素含量为 0.14 mg/g,细胞质萎缩,细胞壁降解释放出原生质体。

2. 浒苔类绿潮藻的生长特征

通过对黄海绿潮早期发生过程中海水表面温度、盐度、浊度、溶解氧、pH 等常规环境参数进行跟踪监测显示,南黄海海域海水表面温度逐渐升高,浊度逐渐降低,盐度、溶解氧和 pH 等参数均未发生明显变化。因此,温度和光照强度是影响黄海浒苔类绿潮藻生长的关键生态因子。室内模拟实验的结果表明,扁浒苔、缘管浒苔、曲浒苔和浒苔($U.$ $prlifera$)幼苗最适的温度和光照强度组合分别为 $10℃$ 与 70 $\mu mol/(m^2 \cdot s)$、$20℃$ 与 70 $\mu mol/(m^2 \cdot s)$、$25℃$ 与 70 $\mu mol/(m^2 \cdot s)$ 和 $20℃$ 与 100 $\mu mol/(m^2 \cdot s)$,最高日生长率分别为 $66.0\%/d$、$66.75\%/d$、$72.93\%/d$ 和 $76.21\%/d$,这 4 种浒苔类绿潮藻成体最适的温度和组合分别为 $10℃$ 与 100 $\mu mol/(m^2 \cdot s)$、$20℃$ 与 100 $\mu mol/(m^2 \cdot s)$、$25℃$ 与 100 $\mu mol/(m^2 \cdot s)$ 和

20℃与140 μmol/(m^2·s),其最高日生长率分别为23.39%/d、23.42%/d、26.82%/d、28.52%/d。分析表明,扁浒苔为低温适应种,其在10℃条件下生长最快,曲浒苔为高温适应种,其在25℃条件下生长最快,同时在15～20℃条件下也保持较高生长速率,缘管浒苔在15～20℃条件下生长最快,而浒苔的最适生长温度为20℃,此外,虽然浒苔在200 μmol/(m^2·s)下生长速率最高,但其在600 μmol/(m^2·s)下仍可以快速生长,显著高于其他3种绿潮藻。因此,浒苔(U. prolifera)具耐高温和耐高光特性,才能在绿潮发生过程中一直处于高速生长状态,从而取代其他3种浒苔类绿潮藻成为优势种。

野外围隔实验结果表明,浒苔(U. prolifera)藻体形态呈现4个阶段的变化:急速增长期,浒苔以丝状体形态出现,藻体浓绿鲜亮;缓慢增长期,丝状体腔体逐渐充气,变成滚圆的管状,在这一过程中保持缓慢的增长;平稳期,管状体基本停止生长,但继续充气,呈现泡状,腔体直径可达5～10 mm,藻体坚韧富有弹性,颜色渐成浅绿色;下降期,泡状体破裂,藻体管壁收缩褶皱,部分藻体颜色全部褪去,剩下白色的纤维骨架结构。在急速增长期浒苔藻体的最大日生长率达到56.2%/d。

3. 浒苔类绿潮藻的繁殖特征

浒苔类绿潮藻的繁殖方式包括单性生殖、无性生殖和有性生殖以及营养生殖等多种方式。研究表明,在黄海绿潮暴发过程中,漂浮浒苔绿潮藻通过无性生殖和单性生殖的方式完成生活史占有优势。因为不论是在无性生殖过程中的游孢子还是单性生殖过程中的配子,一经附着即可生长,无须经过有性生殖雌雄配子的接合过程,这就缩短了繁殖周期,加之配子囊和孢子囊放散配子和孢子的数量很大,在海况条件适宜的情况下,漂浮绿潮藻大量繁殖,从而成为黄海绿潮暴发的重要生物机制之一。

浒苔(U. prolifera)形成孢子和配子的适宜温度为15～25℃,最适温度为25℃;适宜光照强度为60～160 μmol/(m^2·s),最适光强为160 μmol/(m^2·s)。因此当温度为25℃,光照强度为160 μmol/(m^2·s)时,浒苔最容易发育形成孢子囊和配子囊,而且释放生物量较大。浒苔孢子和配子适宜萌发的温度为10～30℃,且在10～20℃,孢子和配子萌发的数量随着温度升高而增多,当20℃时萌发的生物量最多,萌发率最高。浒苔附着的孢子和配子萌发的适宜光照强度分别为30～100 μmol/(m^2·s)和30～140 μmol/(m^2·s)。

黄海绿潮暴发过程中,漂浮浒苔类绿潮藻的繁殖力惊人。以浒苔(U. prolifera)为例,每平方厘米浒苔单层成熟藻体叶片可以产生$(2.84\sim6.62)\times10^6$个孢子或$(1.14\sim2.65)\times10^7$个配子,放散的生殖细胞中的91.6%～96.4%可以成功萌发形成新的藻体。因此,经推算可知,在绿潮暴发高峰期,平均1 g浒苔成熟藻体30%的叶片所形成的生殖细胞囊完全放散生殖细胞后,可以产生$(0.84\sim8.21)\times10^8$株新藻体。漂浮浒苔强大的繁殖力是生物量快速扩增的重要原因,也是我国沿海绿潮暴发的一个主要原因。

4. 浒苔类绿潮藻的光合作用

黄海绿潮暴发期间,浒苔类绿潮藻能够在短时间内积累大量的生物量,这揭示了其一定具有高效的光合作用能力,尤其是碳的固定途径。绿潮藻通常通过C$_3$途径进行光合作用,但是近年来的代谢标记和基因组序列研究资料近来研究表明,绿潮藻也可以通过C$_4$途径进行光合作用。Xu等(2012)通过对黄海绿潮藻优势种浒苔(U. prolifera)的转录组序列分析中,均发现了C$_3$和C$_4$光合作用基因,同时结果表明磷酸丙酮酸二激酶活性提高可能改变碳代谢,并导致C$_4$代谢的部分运行,因此这可能是黄海浒苔(U. prolifera)绿潮大范围、大规模分布和反复暴发的原因。

5. 浒苔类绿潮藻的营养吸收特征

浒苔类绿潮藻类具有快速吸收水体中氮和磷营养盐的能力。浒苔(U. prolifera)对氮、磷的吸收速率与介质中氮、磷含量可用Mihcaelsi - Menton方程来描述。浒苔对$NO_3^- - N$和$PO_4^{3-} - P$的吸收速率与时间均呈幂函数关系,并存在3个不同的生理阶段:在60 min内呈快速吸收阶段,最大吸收速率分别达到了250.43 μmol/(g·h)和5.82 μmol/(g·h),而在60～320 min吸收速率变化相对缓慢,最大吸收速率为155.12 μmol/(g·h)和2.36 μmol/(g·h),在320～720 min吸收速率基本接近平衡,此时浒苔

对 $NO_3^- - N$ 和 $PO_4^{3-} - P$ 的最大吸收速率为 $36.72\ \mu mol/(g \cdot h)$ 和 $1.32\ \mu mol/(g \cdot h)$。

当 $NH_4^+ - N$ 和 $NO_3^- - N$ 两种氮源等浓度比例存在时,随着两者浓度升高,藻体对 $NH_4^+ - N$ 的吸收速率逐渐升高,而对 $NO_3^- - N$ 的吸收受到抑制;当 $NO_3^- - N$ 和 $NH_4^+ - N$ 高浓度比存在时,藻体对 $NH_4^+ - N$ 的吸收速率随着 $NO_3^- - N/NH_4^+ - N$ 值的升高和 $NH_4^+ - N$ 浓度的下降而降低;当 $NO_3^- - N$ 和 $NH_4^+ - N$ 低浓度比存在时,藻体对 $NH_4^+ - N$ 保持较高的吸收速率,而对 $NO_3^- - N$ 的吸收效率随着 $NO_3^- - N$ 浓度的降低而降低;浒苔具有同时利用水体中较高浓度的 $NH_4^+ - N$ 和 $NO_3^- - N$ 的能力,只有当 $NH_4^+ - N$ 或 $NO_3^- - N$ 浓度较低时,才以吸收相对应的氮源为主。这说明浒苔能够快速、大量地吸收水体中氮源,为暴发性增殖贮备物质条件。

6. 浒苔类绿潮藻的越冬与度夏能力

通过对实验室内和野外调查发现,黄海浒苔类绿潮藻成藻/显微繁殖体具备成功越冬与度夏的能力。7~9 月,通过对海区调查发现,在海区温度最高的情况下,各海区泥样和水样中仍有不同数量的浒苔类绿潮藻显微繁殖体存在。研究发现,浒苔孢子体/配子体在 $15 \sim 35℃$、$60 \sim 300\ \mu mol/(m^2 \cdot s)$ 条件下均能形成孢子囊/配子囊并放散孢子/配子,为黄海浒苔类绿潮藻的度夏准备物质条件。通过探究浒苔孢子/配子在高温、不同保存时间下的萌发情况发现,在 $35℃$ 高温条件下,水样和泥样中的浒苔显微繁殖体至少可以存活 4 个月,说明绿潮藻显微繁殖体在黄海海域具有度夏能力。

10~12 月,通过野外研究发现浒苔类绿潮藻显微繁殖体的密度中心均在大丰海区,在 12 月,如东和大丰海区水样和泥样中的绿潮藻显微繁殖体数量显著提高。通过 ITS 和 5S rDNA 序列对绿潮藻显微繁殖体培养得到的藻体进行分析,发现南黄海海域绿潮藻显微繁殖体由浒苔、曲浒苔和缘管浒苔组成。12 月,如东和大丰紫菜养殖筏架已有绿潮藻存在,说明浒苔类绿潮藻具有越冬的能力。

二、黄海绿潮暴发的生物与水文耦合机制

我国南黄海的江苏近岸海域的紫菜养殖周期是每年的 10 月至来年的 4 月。因此,从每年的 9 月开始,大量的紫菜养殖筏架设施放置于江苏近岸海域。此时海水温度已经从 $27 \sim 28℃$ 降低到 $25℃$ 左右,此时该海域沿岸堤坝、水体中和沉降于底泥中的成功度夏的浒苔类绿潮藻及浒苔类绿潮藻显微繁殖体可恢复生长,并通过固着、萌发和生长,迅速增加在紫菜养殖筏架等附着设施上的生物量,此时的海水温度、光照强度等环境因子是浒苔类绿潮藻生长、繁殖的最适环境条件。在此环境因子条件下,浒苔类绿潮藻通过"生长-放散-固着-萌发-生长"然后进行循环的"正反馈"效应而扩大江苏近岸海域紫菜筏架、沿岸堤坝等绿潮藻类的生物量,加之浒苔类绿潮藻类具备高效的营养盐吸收能力和光合作用能力,因此可在短时间内积累生物量。

到 12 月,海水温度降低至 $9℃$ 左右,至 1~2 月,海水温度降低至 $4 \sim 5℃$,光照周期也同时缩短,附着的浒苔类绿潮藻生长、孢子囊和配子囊的形成以及生殖细胞的放散速率显著降低,同时附着的绿潮藻配子、孢子或合子的萌发和早期发育速率显著降低,调查显示此时海水中的绿潮藻显微繁殖体的丰度达到全年最低。至 5 月时,海水水体温度迅速上升至 $15 \sim 17℃$,光照周期加长,成功越冬的浒苔类绿潮藻及其显微繁殖体快速地生长、放散和萌发。调查显示在紫菜收获的 4 月期间,江苏近岸海域的紫菜养殖筏架上固着浒苔类绿潮藻生物量达到最大值。在紫菜收获期间,通过人工或机械收获的去除办法,紫菜养殖筏架上固着的部分浒苔类绿潮藻被人为丢弃到潮间带。这些浒苔类绿潮藻类在适宜的温度、光照强度等环境因子的作用下,藻体形成具有气囊的结构而形成零星的漂浮的浒苔类绿潮藻。

形成气囊结构而漂浮于海水表面的零星浒苔类绿潮藻生物量持续增加,同时漂浮至海水表面的浒苔类绿潮藻在温度、光照强度、盐度和营养盐浓度等适宜的生态条件下,通过生长与繁殖(包括营养生殖、单性生殖和无性生殖)快速增加其生物量。生物量逐渐增多的零星漂浮的浒苔类绿潮藻在江苏近岸

辐射沙洲海域的潮余流以及辐聚辐散的作用下,逐渐汇聚成斑块状的绿潮漂浮浒苔,这增加了浒苔类绿潮藻生殖细胞的附着基的面积。

5～6月,南黄海海域的风向发生转变,漂浮浒苔类绿潮藻在风声流的驱动下向北黄海漂移。在此过程中,海水表面温度由18～22℃逐渐上升至25℃左右,盐度由于降雨及入海河流的作用降低,同时光照强度和光照周期持续增加,海水营养盐浓度由于干湿沉降、河流输入等也相应增加。因此,漂浮浒苔绿潮藻快速积累营养物质,通过高效的光合作用与惊人的繁殖能力快速积累生物量,这时早已形成可用卫星遥感监测到的大面积漂浮浒苔。另外,在向北黄海漂移的过程中,存在着其他源头的漂浮浒苔类绿潮藻的生物量补充,如江苏近岸海域的海水池塘养殖排放的浒苔类绿潮藻及显微繁殖体。

在浒苔类绿潮藻漂过连云港海域,海水中的悬沙浓度显著降低,海水透明度显著升高,海水中的透射光急速加强,真光层加深。表层漂浮的浒苔类绿潮藻由于光合作用加强而形成较大的囊状分枝,内部充满氧气而使整个植株漂浮在水体表面,但由于强的光照强度,表层的浒苔类绿潮藻藻体死亡,而在下部的悬挂分枝由于表层的"遮阴"作用未受到损伤,仍然保持较高的C_3和C_4途径的光合作用速率而旺盛生长。在此过程中,由于物理作用而导致藻体断裂而进行的营养生殖快增加生物量,同时增加的藻体表面积也为成熟藻体放散的配子和孢子等生殖细胞提供附着基质而增加生物量。因此,黄海漂移浒苔在向北漂移的过程中漂浮浒苔类绿潮藻的生物量快速增加,形成了在卫星遥感影像资料上显示的大规模和大面积漂浮情况。在此过程中,由于黄海浒苔类绿潮藻优势种的浒苔、缘管浒苔、扁浒苔和曲浒苔对温度和光照强度的生态适应性差异,导致漂浮浒苔群落的演替,最终浒苔($U.\ prolifera$)成为绝对的优势种类。

7～8月,当黄海浒苔类绿潮漂移至山东半岛近岸海域时,由于山东半岛的阻隔,部分漂移浒苔类绿潮藻在风场的作用下堆积到潮间带上,部分漂浮浒苔类绿潮藻由于温度和光照强度的持续升高,浒苔藻体的光合作用减弱而导致漂浮浒苔绿潮藻逐渐沉降和衰亡。因此,黄海由于浒苔类绿潮藻引发的黄海绿潮灾害于每年的8月在山东半岛近岸海域消亡。

第十二章　黄海绿潮发展过程
应急预测预警技术

国外学者在绿潮预测方面的研究主要集中在绿潮的生长机制、运动方向和速度等要素方面,并得到了初步的成果。但是这些绿潮预测研究多针对海湾和潮间带区域,而黄海绿潮发生在开阔海域,并进行大规模、长期的漂移,因此这些研究不能很好地预测黄海绿潮的暴发和漂移。Aurousseau 等(2001)在法国绿潮灾害比较严重的 Brest 湾,建立了三维生物地球化学模式(Me'Nesguen, 1988, 1992),对该海域漂浮绿潮的生长和腐败-漂移-沉降进行了模拟。Cugier 等(2005)建立浮游植物的三维生态学模式和三维水动力模式,建立适用于 Brest 湾绿潮特征的三维生物地球化学模式,同时开展了潮间带绿潮的预报研究。Perrot 等(2004)发展了预测潮间带海藻的简单方法,并于 2007 年 5 月建立了绿潮在潮间带生长和漂移的预测模式。

国内科学家从生物学和海洋大气环境动力学等不同角度来研究绿潮漂流聚集现象,已经取得了一定进展(梁宗英等,2008;张苏平等,2009;衣立等,2010;刘志亮等,2009;Lin et al., 2011;刘峰,2010;范士亮,2012;李大秋,2008;李德萍,2013),但在绿潮应急漂移预测方面开展的工作比较少。北海预报中心连续 9 年利用黄海绿潮监测结果和大气海洋数值模拟方法,并根据政府相关部门的需求,对绿潮漂移轨迹进行应急预测(黄娟等,2011),建设了集黄海绿潮应急监测、信息提取与融合、数据收集、应急预测预警及产品发布等功能于一体的综合业务化系统(吴玲娟等,2015)。该系统的核心部分就是黄海绿潮发展过程应急预测预警技术,主要包括黄海绿潮动力环境实时同化预报技术、黄海绿潮应急快速漂移预测模型建立以及模型后报实验和结果验证三大部分。

第一节　黄海绿潮动力环境实时同化预报技术

一、绿潮海表面环境动力预报系统

1. WRF 模型介绍

本系统中大气模式采用美国国家大气研究中心(NCAR)开发的 WRF - ARW 版本。该模式是正在开发的新一代中尺度非静力模式和资料同化系统,具有研究和气象模拟功能的广泛的应用范围。目前已基本替代 MM5 模式,许多研究中心和业务化预报部门将其用于业务化工作,如美国国家环境预报中心(NCEP)等。本系统主要基于由 NCAR 发展的 ARW(the Advanced Research WRF)方案。ARW 目前为显式分离的欧拉模式,分为地形追随质量(气压)坐标和高度坐标(理想模块),其中气压和温度是由热动力方程诊断出来的。水平方向采用 Arakawa C 型跳点网格,运用了高分辨率的地形和下垫面分类资料,垂直方向 WRF 提供了两种选择:一种为高度坐标,即地面为 0 m,逐步上升到大气顶;另外一种为质量坐标,是在 σ 坐标的基础上建立的,即地面为 1,模式顶层为 0。在时间积分方案上,WRF 推荐使用 Runge - Kutta3 阶方案,也提供了 Runge - Kutta2 阶方案作为选择。总体来说,WRF 模式物理过程包含陆面过程,大气水平和垂直涡动扩散,积云对流参数化方案,太阳短波辐射和大气长波辐射方案等。

2. 模型设置及运行

北海预报中心现有的气象数值预报系统总共有 4 个区域,分别是中国海区、东中国海区、北海区和青岛近海(图 12.1 和表 12.1)。东中国海区和北海区的预报系统采用双重嵌套方式,同时起算运行,青岛近海与北海区预报系统采用单向嵌套方式。

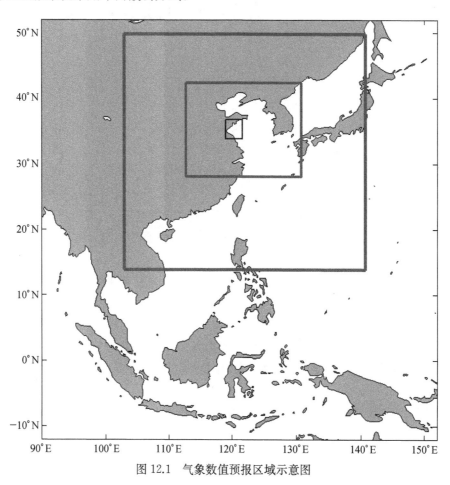

图 12.1　气象数值预报区域示意图

表 12.1　气象数值预报系统设置

模式分区	范　　围	模型名称	精度	垂向分层	边界条件	业务化运行
中国海区	90°E~152°E 12°N~52°N	WRF	27 km	30层	美国国家环境预报中心(NCEP)提供的全球预报资料(GFS,水平分辨率1°×1°),时间间隔为 6 h 北海区边界条件由大区(东中国海区)提供	每天 13 时运行,耗时 1 h
东中国海区	103.8°E~140.4°E 14.5°N~48.58°N	WRF	27 km	30层		每天业务化运行两次:01 时和 12 时,分别预报该海区 180 h 和 72 h 的气象要素,耗时 1.5 h
北海区	116°E~129°E 28.5°N~42.5°N	WRF	9 km	30层		
青岛近海区	119°E~121.5°E 35°N~36.5°N	WRF	3 km	30层	青岛近海区边界条件由北海区提供	每天 13 时业务化运行预报该海区 72 h 的预报结果,耗时 0.5 h

为提高模式初始场质量,开发了 WRF-3DVAR 业务化同化模块,现已实现高空站、地面站、船舶、海洋站、浮标、ASCAT 风场等资料 24 h 同化时间窗的实时数据同化,并已投入业务化应用(图 12.2)。预报系统的业务化运行的详细配置信息如表 12.1 所示。

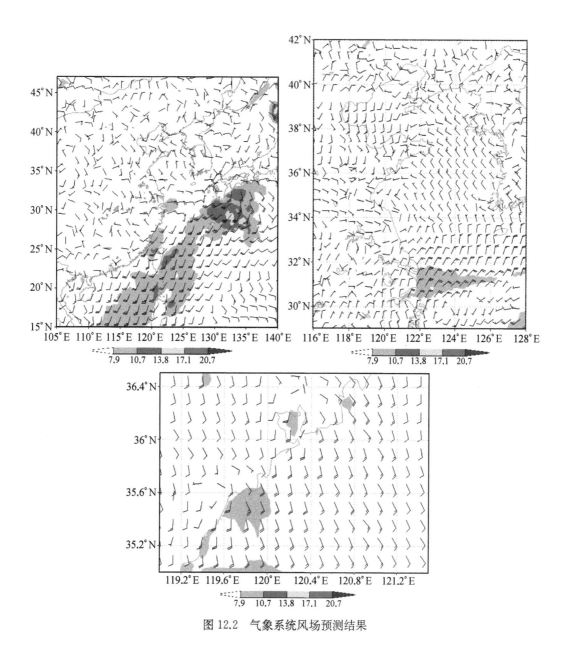

图 12.2　气象系统风场预测结果

二、绿潮海洋环境动力预报系统

1. ROMS 模型介绍

ROMS 海洋模型由罗格斯大学(Rutger University)与加州大学洛杉矶分校(UCLA)共同研究开发完成。与其他模式相比,有许多值得关注的特点,比如,其使用的 S 坐标系使得温跃层和底边界层等这些让人更感兴趣的层面有更高的解析度;在水平对流、垂向混合等问题的处理上,也有更多的方案可供选择等。ROMS 所使用的方法可以减少计算上的误差,以及它允许使用较大数值积分步长,有增加计算效率的优点。ROMS 模式中使用新的水平压力梯度 Shchepectkin 算法,相对于 POM 的算法,可以有效减少模式计算误差的累积。该模式作为主要的海洋业务化模式之一,在 COOPS 已经开始大量使用,并且将其列为今后 5 年业务化海洋模式的重要模式之一。

2. FVCOM 模型介绍

基于 FVCOM(finite volume community oceam model)模型模拟黄海近岸的海洋环境动力情况。FVCOM 模型由美国麻省理工学院海洋科学和技术学院海洋生态模型实验室和美国伍兹霍尔海洋研究所合作完成。该模型在水平方向采用无结构化非重叠的三角形网格,可以方便地拟合复杂的边界与进行局部加密,这个优点使其在研究岛屿众多、近岸岸线复杂的问题时表现尤为突出。

3. 模型设置及运行

根据绿潮所在位置、范围以及政府部门对应急预测的不同需求,北海预报中心现有中国海区、北海区和近海小区三个区域的海流数值预报系统(图 12.3 和表 12.2)。中国海区、北海区和近海小区采取单向嵌套的方式(Xu et al.,2014;吴玲娟等,2015)。

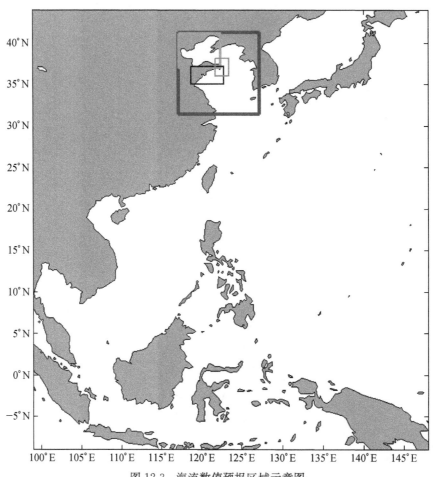

图 12.3　海流数值预报区域示意图

表 12.2　海流数值预报系统设置

模式分区	范 围	模型名称	精度	垂向分层	开边界条件	表面驱动	业务化运行
中国海区	99°E～148°E 9°N～44.05°N	ROMS	0.1°×0.1°	25	温度场、盐度场、流场、水位取自美国 HYCOM 预报的结果	中心西北太区气象预报模式	每天 16 时业务化运行 1 次
北海区	117°E～127°E 32°N～41°N	ROMS	1/30°×1/30°	6	温度场、盐度场、流场、水位取自美国 HYCOM 预报的结果	中心中国海区气象预报模式	每天 7 时业务化运行 1 次
青岛近海小区	120°E～120.6°E 35.7°N～36.3°N	FVCOM	最小 15 m	3	流场、水位由潮汐调和常数计算	中心北海区气象预报模式	每天 7 时业务化运行 1 次

中国海区和北海区的开边界由环流场和温盐场共同驱动。开边界水位采用 Chapman 边界条件,正压流速采用 Flather 边界条件,三维斜压流速采用 Orlanski 辐射边界条件。近海区 ROMS 模型的开边界由环流场、温盐场和潮汐水位共同驱动。预报系统的具体配置信息见表 12.2。

三、预报系统验证

1. 海表面环境动力预报系统验证

进行 2015 年 1~12 月数值预报产品中 0~24 h、24~48 h、48~72 h 这 3 个时段范围内逐时风向的均方根误差检验、逐时风速的均方根误差和相对误差检验。

(1) 逐时海表面 10 m 风向预报平均绝对误差(R_θ)检验

计算公式为 $R_\theta = \dfrac{\sum\limits_{i=1}^{N} |\theta_{fi} - \theta_{oi}|}{N}$,其中 θ_{oi} 为检验海域实测的逐时海表面 10 m 风向,θ_{fi} 为检验海域预报的逐时海表面 10 m 风向,N 为检验样本数。

(2) 逐时海表面 10 m 风速预报均方根误差(R_D)检验

计算公式为 $R_D = \sqrt{\dfrac{\sum\limits_{i=1}^{N} (d_{oi} - d_{fi})^2}{N}}$,其中 d_{oi} 为检验海域实测的逐时海表面 10 m 风速,d_{fi} 为检验海域预报的逐时海表面 10 m 风速,N 为检验样本数。

(3) 逐时海表面 10 m 风速预报相对误差(P_D)检验

计算公式为 $P_D = \dfrac{\sum\limits_{i=1}^{N} \left| \dfrac{d_{fi} - d_{oi}}{d_{oi}} \right|}{N}$,其中 d_{oi} 为检验海域实测的逐时海表面 10 m 风速,d_{fi} 为检验海域预报的逐时海表面 10 m 风速,N 为检验样本数。

计算 2015 年 1~12 月浮标站位 N13(122° 49.75′E, 37° 13.59′N)、N14(120° 44.87′E, 35° 14.28′N)和小麦岛海洋站的海表面风场 0~24 h 预报误差。统计分析看出,浮标站 24 h 预报结果的风速均方根误差在 1.96~2.2 m/s,风向平均绝对误差在 18.6°~33.39°;而海洋站 24 h 预报结果的风速均方根误差在 2.22 m/s,风向平均绝对误差在 26.11°,相对浮标误差较高。这主要是由于海洋站位于岸边,风速、风向受地理位置和周边环境影响较大,风力较之海上有明显衰减,使得实测风速小于预报风速,但整体趋势仍较为一致;对于离岸较远、受陆地影响小的开阔海面,数值模拟结果可以很好地反映风力变化。从相关系数上看,浮标站风向的相关系数在 0.78~0.93,海洋站风向相关系数在 0.81~0.90,说明预报与实测风向的一致性较好,能反映天气系统的演变过程。以 N14 站位为例进行了逐月的风速风向相关分析,来研究季节因素的影响情况。研究结果发现,两站平均风速较低的 6~8 月,风速相关系数也较低,主要原因为夏季天气系统较弱,风速小,呈现出较强的随机性变化趋势,冬季受冷空气影响系统稳定,且平均风速大,因此相关性更好;风向也呈现出夏季相关系数变小的特征,但总体上相关性较好。

2. 海洋环境动力预报系统验证

逐月对 2015 年的数值预报产品中逐时海流流向进行均方根误差检验,逐时海流流速进行均方根误差和相对误差检验。

(1) 逐时海流流向预报平均绝对误差(R_θ)检验

计算公式为 $R_\theta = \dfrac{\sum\limits_{i=1}^{N} |\theta_{oi} - \theta_{fi}|}{N}$,其中 θ_{oi} 为检验海域实测的逐时海流流向,θ_{fi} 为检验海域预报的

逐时海流流向，N 为检验样本数。

（2）逐时海流流速预报均方根误差（R_D）检验

计算公式为 $R_D = \sqrt{\dfrac{\sum\limits_{i=1}^{N}(d_{oi}-d_{fi})^2}{N}}$，其中 d_{oi} 为检验海域实测的逐时海流流速，d_{fi} 为检验海域预报的逐时海流流速，N 为检验样本数。

（3）逐时海流流速预报相对误差（P_D）检验

计算公式为 $P_D = \dfrac{\sum\limits_{i=1}^{N}\left|\dfrac{d_{fi}-d_{oi}}{d_{oi}}\right|}{N}$，其中 d_{oi} 为检验海域实测的逐时海流流速，d_{fi} 为检验海域预报的逐时海流流速，N 为检验样本数。

2015 年 1～12 月，对北海区海难事故易发区的综合流流速和流向数值预报产品进行了 N13、N14 逐月检验，并得到了各月各站位流速相对误差、均方根误差和流向平均绝对误差，以及曲线对比图、散点图和相关系数。选取浮标实测流速＞20 cm/s 的数据进行统计，结果可以看出，各站各月综合流流速预报的均方根误差为 8.09～16.17 cm/s，相对误差在 12.69%～26%，误差最小值出现在 N14 站位。各站各月综合流流向预报的绝对误差为 19.34°～27.17°，满足业务化系统建设要求小于 30°的条件。

第二节　黄海绿潮应急快速漂移预测模型建立

在不考虑绿潮自身生态特征的情况下，其在海水中的移动，可以看作质点跟随海流的物理运动，所以绿潮应急漂移预测，采用拉格朗日粒子追踪方法。

一、拉格朗日粒子追踪方法介绍

动力数学模型是基于欧拉场建立，而要描述质点的运动，需采用拉格朗日的观点，这就涉及如何将欧拉场中的结果转换为拉格朗日质点位移（Zhang et al.，1995）。

在欧拉场中，对平面二维问题，任意空间点的速度可表示为

$$\vec{V} = \vec{V}(x,\ y,\ t)$$

采用拉格朗日观点，任意质点的速度可表示为

$$\vec{V}_L = \vec{V}_L(x_L,\ y_L,\ t) = \frac{\mathrm{d}\vec{X}}{\mathrm{d}t}$$

上式实际上建立了求解质点位移的一阶常微分方程。改写上式，质点的运动轨迹可通过如下积分求得：

若每一时刻的 $\vec{V}_L$ 已知，可通过数值积分的方法由上式求出质点的运动轨迹。

粒子的漂移速度 $\vec{V}_L$ 计算公式为

$$\vec{V}_L = \vec{V}_w + \vec{V}_t + \vec{V}_r + \vec{V}_h$$

式中，$\vec{V}_w$ 为由风力和波浪作用产生的速度分量；$\vec{V}_t$ 为潮流作用产生的速度分量；$\vec{V}_r$ 为潮致余流作用产

生的速度分量；$\vec{V}_h$ 为环流(包括风海流和密度流)作用产生的速度分量。

潮流流速分量 $\vec{V}_t$ 和 $\vec{V}_r$，由潮流调和常数预报得到。环流流速分量 $\vec{V}_h$，由预报系统预报环流流场数据插值得到。

二、风力系数

风力系数是粒子漂移速率与风速的比值。粒子漂移速率 U_{wc}(东分量)和 V_{wc}(北分量)，分别由下式计算：

$$U_{wc} = C_1 U_w$$
$$V_{wc} = C_1 V_w$$

式中，U_w 为风速的东向分量；V_w 为风速的北向分量；C_1 为风力系数(%)。

风力系数 C_1 是一个常数，根据实测结果，C_1 的变化范围为 5%～50%。如果表面流场计算已经考虑了风的因素，风力系数应相应地减小。在我们的漂移预测模型中，物体漂移的速度是作用于物体上的风力和海流(潮流和环流综合在一起)的综合结果，与漂移物的形状、大小等特征有关。因此海流和风针对不同漂移物分别有一个作用系数。海流系数与模型模拟精度有关，是由多次数值试验的结果给出。

三、风偏角

风偏角是风向与粒子漂移方向的夹角，顺时针为正。风力引起的漂移速率，U_{wd}(东分量)和 V_{wd}(北分量)由下式计算：

$$U_{wd} = U_{wc} \cos\theta + V_{wc} \sin\theta$$
$$V_{wd} = -U_{wc} \sin\theta + V_{wc} \cos\theta$$

式中，U_{wd} 为考虑风偏角的风速东向分量；V_{wd} 为考虑风偏角的风速北向分量；θ 为风偏角。

四、考虑障碍物的阻挡作用

2008 年绿潮大面积暴发，为了有效阻挡和打捞绿潮，在奥帆赛场附近海域采用围栏和流网等障碍物进行阻挡(图 12.4 左图中 A、B、C、D、E 指奥帆赛区，在其外围的虚线指围栏和流网)，因此在绿潮漂移预测模式中设置不同的标志使绿潮斑块大部分被阻挡在围栏和流网外，而海水可以通过围栏和流网(图 12.4)，有效模拟了障碍物的阻挡。

五、绿潮应急预测方法建立

应急预测方法业务流程：基于应急遥感监测结果和每天已业务化完成的海洋大气动力环境场，利用绿潮应急快速漂移模型，自动搜索绿潮所在区域，快速预测绿潮发展过程中漂移的轨迹和方向，并根据政府及相关部门的需要，漂移预测结果以漂移趋势图、动态图和轨迹图等不同形式呈现。

模型输入场：基于绿潮灾害应急多源监测数据的融合结果，根据应急预测的需求，输入绿潮斑块的外缘或者代表绿潮斑块的散点。

海洋大气动力环境场：绿潮动力环境实时同化系统每天 8:00 之前提供业务化的大气和海洋环境

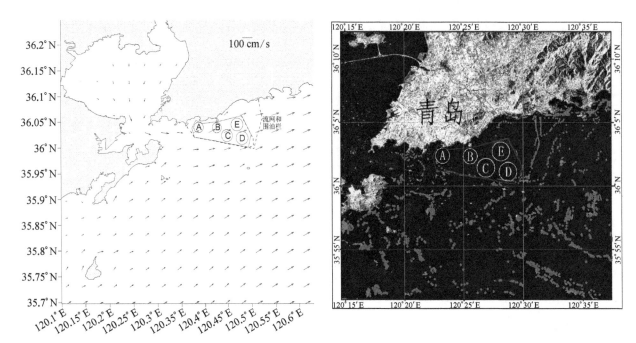

图 12.4　奥帆赛区附近海域考虑围栏和流网

要素(主要包括海面风场、潮流场和环流场等)。

快速算法:2008 年绿潮大面积暴发,对 2008 年北京奥运会帆船/板赛比赛的顺利进行是极大的威胁,绿潮预测和打捞工作十分紧急,国家海洋局北海预报中心紧急研发了快速预测方法,根据卫星监测综合结果,基于业务化的海洋动力环境实时同化系统的海面风场和流场(包含了潮流和密度流),在模式中自动搜索绿潮所在范围,缩小模式的计算范围,很大程度上缩短了计算时间,实现了对绿潮漂移轨迹和方向的快速预测。

产品内容:内容和形式丰富多样,黄海海域 72 h 风、浪预报,关注海域(如海阳或青岛海域)的 72 h 天气、风向、风速、波高、海温、潮时的专项海洋环境预报工作。每天预报关注海域的未来三天每小时风向、风速,为绿潮漂移预测提供基础数据。绿潮应急漂移预测结果根据政府需要,以绿潮漂移趋势图、动态图和轨迹图等不同形式出现,同时制作绿潮现场打捞图、绿潮综合分析图和绿潮预警信息等信息。

第三节　绿潮应急漂移预测模型后报实验和结果验证

一、海流和风力系数的比值修正

漂移目标的漂移轨迹,除了与当地的海况和自然环境有关以外,漂移物的自身特性也对漂移轨迹有很大影响,比方说浸没比例和压载状况。为了更好地确定自然因素对搜寻物漂移轨迹影响的参数,国外专家进行了多次海上实验以及实验室仿真实验;而在国内为修正模型参数而进行的海上的仿真实验较少。为了解在青岛外海海域绿潮的漂移情况,国家海洋局北海预报中心于 2011 年 7 月 20 日在青岛大公岛外海海域开展了绿潮漂移预测的海上现场实验(黄娟等,2014)。

二、绿潮斑块海上漂移模拟试验

渔船在发现绿潮较大斑块的边界后(图 12.5),跟踪绿潮斑块的移动,数据采集要求如下:每 10 s 记录 1 次 GPS 位置;每 10 min 记录海面风速风向;搭载走航式 ADCP 测流,每 1 min 记录整层海流数据;连续跟踪测量 12 h。

图 12.5　绿潮斑块

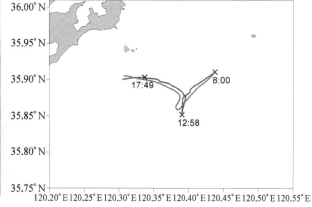

扫一扫 见彩图

图 12.6　绿潮漂移轨迹观测值(绿线)和模拟值(红线)

从图 12.6 可以看出,被跟踪的绿潮斑块在 8:00 的时候先向西南偏南向漂去,在 13:00 转向,向北接近于原路的方向返回,于 13:30 左右开始向西北偏西向漂去直至 17:49 开始向西。

三、漂移轨迹与影响因素的相关关系分析

图 12.7 为绿潮斑块跟踪船上负载的 ADCP 测量的流矢量随时间变化的曲线图。从图中可以看出,当时的流速平均在 23 cm/s,最大为 45 cm/s。于 12:00 之前基本上为西南向的流,之后至 13:00 表现为东向,13:30~14:50 逐渐转为东北向,之后转向为西北向,最后在接近 18:00 时转至西向。当天观测的海表面风随时间变化曲线见图 12.8,从图中可以看出,该海域在当天基本上都是南风,10:00 前和 18:00 后风速较小,中间时段风速较大,平均为 3 m/s。绿潮斑块开始在西南向流和南风的共同作用下向西南方向移动,当流转向为东向时,绿潮斑块开始向北偏东向移动,在海流转向为东北向的这段时间里,由于海流和风同向,绿潮斑块快速向东北向移动,随后继续跟随海流向西北向移动。由此可见,当天绿潮斑块在海面的漂移主要跟随海流的变化,略有延迟。

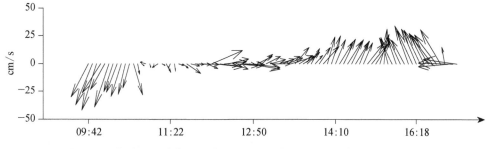

图 12.7　绿潮组跟踪船上负载的 ADCP 测量的流失量随时间变化曲线

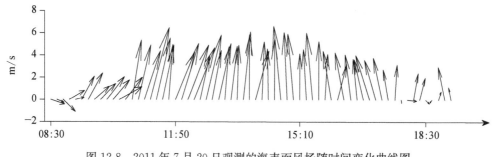

图 12.8　2011 年 7 月 20 日观测的海表面风场随时间变化曲线图

四、修正海流和风力系数的比值

本次海上试验的主要目的是通过海上试验的观测数据来修正现有海上漂移预测模型在该海域对该类漂移物的轨迹预测中模型参数的设定,修订已有的海流系数和风流系数。

原来在该海区对绿潮漂移预测时,海流系数跟风力系数的比值为 1.5∶2.0,即模拟实验 GT01,模拟的位置均方差误差和漂移方向的均方差误差均在合理的范围内。通过对海上实验观测数据的分析发现,风对绿潮的影响较大,因此进行风力系数调大,海流系数不变的实验,发现 GT02 实验中位置均方差误差略有增大,但是漂移方向均方差误差减小;当风力系数保持不变,海流系数调大时(GT03),位置均方根误差和方向均方根误差都增大;最后发现当海流系数和风力系数比例增大为 GT06 时,漂移方向和位置均方根误差最小(模拟轨迹见图 12.6 所示)。

对比 ADCP 观测的流场数据和漂移目标的轨迹,发现绿潮在海上的漂移轨迹与落水人员一致,但是落水人员受到海流的作用比绿潮大。由于绿潮漂浮在水表面,受风的影响较大。通过反复试验,更正了数值模型中海流系数和风力系数的比值,使模拟结果更吻合于实测数据,提高了绿潮漂移轨迹的预报精度。

五、风拖曳角度变化对绿潮漂移路径影响研究

由于绿潮表面相对海水表面比较粗糙,衣立等(2010)研究表明:绿潮密集区的移动更倾向于与盛行风向一致,向下风方偏右 5°~40°方向漂移,受风影响和绿潮聚集程度有关。根据学者研究,黄海绿潮多发源于江苏外海附近海域,3 月初到 3 月中旬出现。因此,采用 NCEP 分辨率为 1°×1°的再分析资料作为初边值条件,采用 3Dvar 数据同化技术获得优化初值场,使用 WRF 中尺度气象模型进行降尺度数值模拟,得到高分辨率的气象强迫场,用以驱动海洋环境动力预报模型,模拟 2009 年高分辨率海面风场及流场,并通过浮标观测数据进行模型验证。在模型中,将绿潮粒子初始位置放在长江口外海以及江苏省南部外海海域,范围为 121.0°E~122.5°E,31.5°N~32.5°N,在海面 1/18°间隔等间距释放 356 个粒子。追踪开始计算时间从 3 月 1 日开始,持续到 8 月 31 日。为了便于分析统计,把源地划分为 ABCD 4 块区域(图 12.9),受绿潮影响比较严重的青岛附近海域是本次研究的主要目标海域,设定为 E 区,范围为 119.5°E~121.0°E,35.5°N~36.7°N。

在黄海绿潮漂移预测模型中分别设置右偏角度为 10°、20°、30°、40°,分析了风偏角对绿潮漂移路径的影响,并统计进入青岛附近的海域 E 区粒子数。

图 12.10 分别给出了不同风拖曳角度绿潮粒子的轨迹分布。通过比较明显看出,沿着江苏沿岸运动的粒子随着偏转角度变大,逐渐往东北方向偏移。在 10°的偏转角度下,粒子更多地集中在海州湾,少

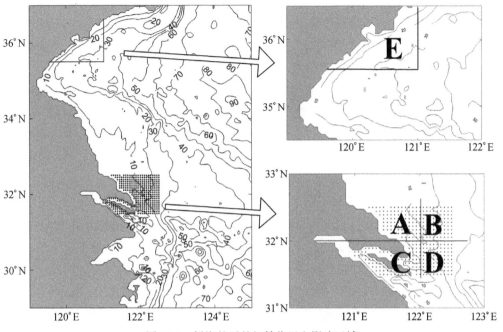

图 12.9　绿潮粒子的初始位置和影响区域

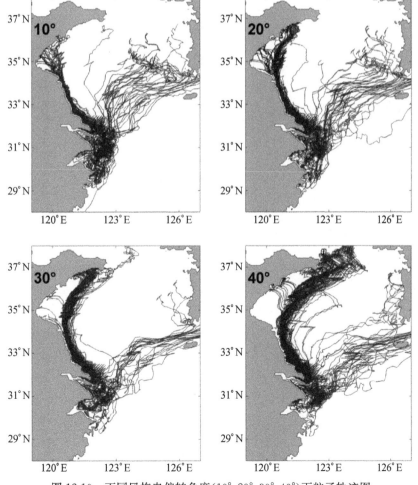

图 12.10　不同风拖曳偏转角度(10°、20°、30°、40°)下粒子轨迹图

量粒子进入青岛外海。在 20°的偏转角度下,有 17.13%的粒子到达 E 区。随着角度的进一步增大,绿潮粒子逐渐偏离青岛附近外海,向山东海阳和乳山方向漂移。当右偏角度增加到 40°时,部分绿潮粒子越过成山角进入北黄海,此时对山东荣成有较大影响。同时随着偏转角度增大,向杭州湾和浙闽沿岸漂移的粒子逐渐变少,向朝鲜半岛漂移的粒子增多。

　　设置风的右偏角度分别为 20°,30°,40°,给出 6 月 15 日、6 月 30 日、7 月 15 日、7 月 30 日这 4 天绿潮粒子分布情况,比较模型结果和遥感得到的绿潮分布(图 12.11)。从图看出,绿潮实测数据更为分散,模型数据相对更加集中,呈长条状。随着偏转角度的变大,粒子偏向东北方向移动,所覆盖的区域也越分散。根据 2009 年绿潮 MODIS 卫星监测结果发现(图 12.12),2009 年黄海绿潮发生比 2008 年晚约 15 d。6 月初在黄海中部盐城外海域发现明显漂浮绿潮;6 月中下旬黄海中部海域出现大面积漂浮绿潮,通过解译 6 月 22 日 MODIS 卫星影像,绿潮分布面积约为 17 000 km²,最近距青岛大公岛 68 km;此后绿潮缓慢的向北偏东方向漂移,至 7 月中旬绿潮分布面积达到最大为 51 000 km²,实际覆盖面积为 1 600 km²;7 月下旬绿潮分布在青岛、烟台、海阳等近岸海域,之后逐渐消亡。卫星监测结果可以看出 2009 年绿潮的规模大,但绿潮影响停留在青岛、烟台、海阳等近海海域,仅有零星绿潮登陆青岛沿岸。综合卫星监测结果和风偏角数值模拟实验(图 12.10 至图 12.12)可以看出模型结果和实测在绿潮向北运动的纬度上符合得较好,模型能较好地反映出绿潮北上的速度。在实际情况下,随着风速和绿潮堆积程度的变化,风拖曳速度的偏转角度不会保持一个定常值,风偏角在 20°~30°比较合适。

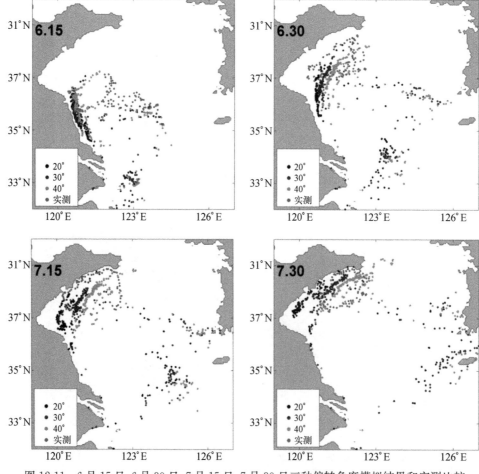

图 12.11　6 月 15 日、6 月 30 日、7 月 15 日、7 月 30 日三种偏转角度模拟结果和实测比较

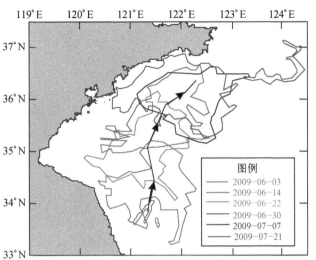

扫一扫 见彩图

图 12.12 利用 MODIS 卫星解译的 2009 年黄海绿潮漂移趋势图

六、绿潮应急漂移预测结果和验证

绿潮应急监测子系统中多源遥感监测结果,为海洋数值模式提供绿潮初始场,基于绿潮动力环境模型和漂移预测模型,模拟绿潮的漂移轨迹和方向,分析对重点海域和沿岸的影响。绿潮应急漂移预测结果根据政府需要,以绿潮漂移趋势图、动态图和轨迹图等不同形式出现。

1. 绿潮漂移趋势和验证

根据 2008 年 6 月 30 日海监飞机监测结果,提取绿潮位置和分布范围等信息,基于三维全动力 ROMS 和 WRF 模式和绿潮应急预测结果,预测绿潮的漂移轨迹。数值模拟结果显示受偏北向海流的影响,绿潮未来 6 d 向偏北方向漂移,漂移速度 12.8 km/d,与同时段卫星等多源监测的结果大体一致。

2. 绿潮漂移动态和验证

SAR 卫星成像分辨率为 30 m,与 MODIS 和 HY-1B 卫星比对,能较好反映绿潮的信息。2008 年青岛近海绿潮密集度比较高,绿潮分布特征比较明显。恰好 2008 年 7 月 16 日 SAR COSMO-1 和 COSMO-2 分别于 18:16 和 19:04 经过青岛近海(图像来源于国家卫星海洋应用中心,图 12.13)。中 A、B、C、D、E 区域表示 2008 年奥运会帆船/板赛海域,蓝色多边形代表奥帆赛场警戒区,绿色代表绿潮。这个时间内绿潮打捞工作已经停止打捞,而且 SAR 成像不受云覆盖的影响,所以从 SAR COSMO-1 图像中提取有效信息作为绿潮漂移模式的初始场,预报 48 min 后绿潮的位置(图 12.14),与 SAR COSMO-2 监测结果作比较。受青岛近海东北向流的影响,绿潮向东北偏东向漂移。综合考虑绿潮有可能会沉降、SAR COSMO-1 和 COSMO-2 成像也会出现一些差别等因素,绿潮数值预报结果与 SAR COSMO-2 监测结果大体一致。另外从图 12.13 和图 12.14 可以看出,由于考虑围栏和流网等障碍物的阻挡作用,绿潮大部分被阻挡在围栏和流网外,而海水可以通过围栏和流网。

2011 年 7 月 11 日 SAR COSMO 和 MODIS 恰好分别于 06:02 和 10:59 经过青岛近海,图 12.15 左图中绿色代表绿潮浒苔斑块。由于 SAR 成像不受云覆盖的影响,我们选取 SAR COSMO 和 MODIS 两张影像图,6 个绿潮形状变化不大的区域中提取有效信息作为绿潮漂移模式的初始场,预报未来 4 h 绿潮斑块的位置,并与 MODIS 监测结果(图 12.15 右图)作比较(图 12.16)。受青岛近海东北向流的影

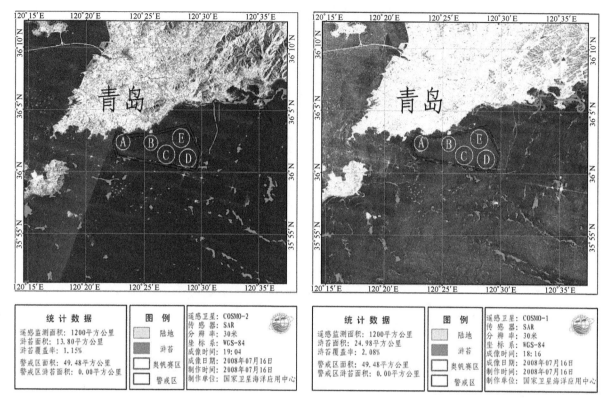

图 12.13　2008 年 7 月 16 日 SAR COSMO‐1 和 COSMO‐2 绿潮卫星监测解译图

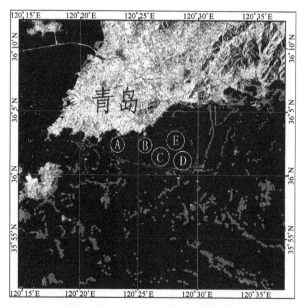

图 12.14　2008 年 7 月 16 日绿潮漂移模拟结果与 SAR COSMO‐2 卫星监测结果比较

响,绿潮斑块向东北偏东向漂移。综合考虑绿潮有可能会沉降、SAR COSMO 和 MODIS 成像也会出现一些差别等因素,绿潮数值预报结果与 MODIS 监测结果大体一致。

　　2008 年 7 月 16 日的卫星图片仅相差 1 h 左右,漂移角度均方差为 12°,平均速率相对误差为 5.6%;2011 年 7 月 11 日的卫星图片相差 5 h 左右,漂移角度均方差为 16°,平均速率相对误差为 11.1%;从图 12.13 至图 12.16 来看,5 h 内的预报结果还是较为理想的。

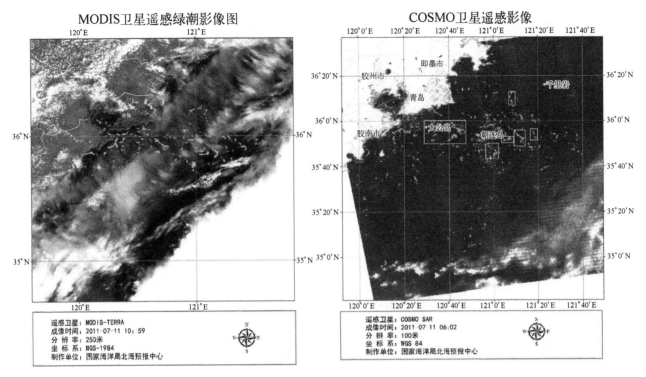

图 12.15　2011 年 7 月 11 日绿潮卫星遥感解译图

右图方框为模拟验证区域

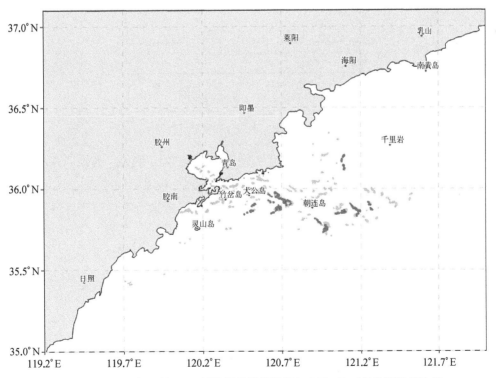

扫一扫 见彩图

图 12.16　2011 年 7 月 11 日绿潮漂移模拟结果与 MODIS 卫星监测结果比较

红色为选的模拟区域的绿潮,绿色为 MODIS 绿潮解译图

七、绿潮生态动力学模型研究

1. 绿潮生态动力学模型建立

基于绿潮应急漂移模型,建立绿潮物理-生态模型,在模型中,不仅考虑了绿潮随风和流的物理运动,还考虑了浒苔绿潮的生长和死亡过程,藻类的生长受温度、光照、pH、盐度和营养盐等诸多环境因素的影响,浒苔发生的时间段主要在每年的3~8月,这期间,海洋温度和光照变化较大,浒苔生长对盐度和pH变化耐受范围相对较大,因此本文模型主要考虑了温度和光照对浒苔生长和死亡的影响,暂不考虑营养盐供给等因素的影响(图12.17)。

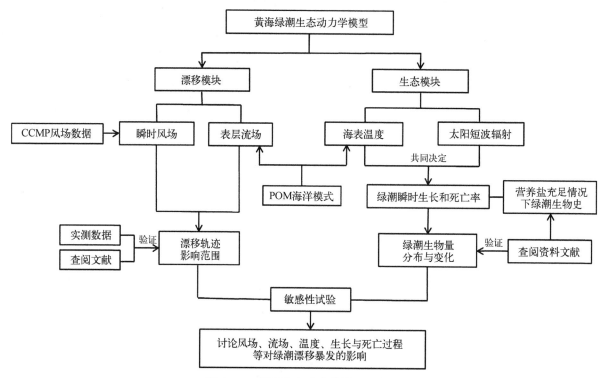

图 12.17　绿潮生态动力学模型示意图

利用 NCEP 分辨率为 $1° \times 1°$ 的再分析资料作为初边值条件,采用 3Dvar 数据同化技术获得优化初值场,使用 WRF 中尺度气象模型进行降尺度数值模拟,得到高分辨率的气象强迫场,用以驱动海洋动力模型,模拟自 2009 年高分辨率气象强迫场及水动力场,并通过国家海洋局的浮标观测数据进行模型验证。太阳短波辐射数据由 NCEP 再分析资料中的云量资料计算得出,采用 Dobson 和 Smit(1988)方法计算,用于浒苔生长函数的计算。所采用的是全云覆盖量数据,选取时间长度是 2009 年全年,时间分辨率是 1 h。

2. 绿潮生物量计算

藻类的生长系数和温度是直接相关的,Epply(1972)通过分析各类水域的藻类生长率,给出藻类生长速率为

$$G_T = G_{\max} \theta^{T - T_{\max}}$$

式中,G_T 为温度 T 下的藻类生长率;$G_{\max}$ 为最适宜温度;$T_{\max}$ 下最大生长率;θ 为水温影响调节常数,θ 为 1.01~1.18。浒苔是一种大型藻类,本文采用类似公式计算浒苔生长率随温度的变化。

梁宗英等(2008)研究表明,海面聚集漂浮的浒苔日生长速率为10%～37%,15～20 d 后死亡,随温度升高,浒苔死亡率越大。忻丁豪等(2009)研究表明,26～32℃藻类不能保持正常生长。范士亮等(2012)研究表明,浒苔最高生长速率均出现在15～20℃,2009 年和 2010 年的平均增长率分别高达36%和43%。综合文献所述,设定浒苔的日生长率函数如下:

$$G_T = G_{\max} * \theta_1^{T-15} \quad (5\sim15℃)$$
$$G_T = G_{\max} \quad (15\sim20℃)$$
$$G_T = G_{\max} * \theta_2^{20-T} \quad (20\sim30℃)$$

浒苔日死亡率函数类似生长函数如下:

$$D_T = D_{\max} * \theta_3^{T-25} \quad (5\sim25℃)$$
$$D_T = D_{\max} \quad (>25℃)$$

式中,$D_{\max}$ 为最大死亡率,θ_1、θ_2、θ_3 为调节常数。

海藻的光合作用速率在一定范围内会随着光照强度的增大而增加,但超出了一定限度后反而会受到抑制。因此模型中,光照对浒苔生长的影响参考下列公式:

$$Light = \frac{1}{I_0} e^{\left(1-\frac{I}{I_0}\right)}$$

其中 I_0 是最适合光强,$Light$ 为 0～1。浒苔具有典型的潮间带海藻的光合特性,具有高的饱和光强[平均为 567 $\mu mol/(m^2 \cdot s)$]和较高的补偿光强[平均为 62 $\mu mol/(m^2 \cdot s)$],从光补偿点到光饱和点有较大的距离,说明绿潮藻生长和死亡过程对绿潮分布影响研究浒苔对光强有广泛的适应性。实验结果显示,浒苔最适合光照 90～108 $\mu mol/(m^2 \cdot s)$,160～320 $\mu mol/(m^2 \cdot s)$,饱和光照强度在 320～400 $\mu mol/(m^2 \cdot s)$。本文中 I_0 取值为 400 $\mu mol/(m^2 \cdot s)$。

采用 2009 年风场、有效光强、流场、温度场作为背景强迫场,考虑了绿潮在漂移过程中的生长和死亡过程。模拟 2009 年自长江口释放的浒苔粒子生物量的变化过程。风拖曳偏转角度设定为 20°,粒子释放区域位于长江口外 121.0°E～122.5°E,31.5°N～32.5°N 的海域,共 356 个粒子,从 3 月 1 日追踪到 8 月 31 日,生长死亡函数中系数设置 $G_{\max}=40\%$,$D_{\max}=10\%$,$\theta_1=1.12$,$\theta_2=1.80$,$\theta_3=1.10$。

图 12.18 给出浒苔粒子的漂移路径和不同时刻的空间分布图,以及浒苔在漂移过程中生物量变化的分布。粒子沿着江苏沿岸向东北方向漂移,最终抵达到山东半岛南岸。靠近山东半岛后,浒苔并没有正面登陆,而是向东北方向漂移,远离山东半岛。从图 12.18 看出,在 3 月到 4 月底,绿潮生长较为缓慢,进入 5 月后,特别在 5 月中下旬,由于温度适宜(15～20℃),浒苔开始暴发性生长,到最顶峰时,最大值约为起始生物量的 500 倍。进入 7 月后,由于温度的继续增高,死亡率增大,浒苔生长率受到制约,净生长率减小,并且不同近岸水域的温度也有所不同,但都比远离陆地的海域的温度高,因此增长率出现波动。进入 8 月,东中国海海水水温进一步增温,浒苔不再生长,进入了消亡期,进入 8 月,浒苔基本消失。在实际情况中,浒苔受到人为的打捞和沉降等因素的影响,可会加快生物量减少。

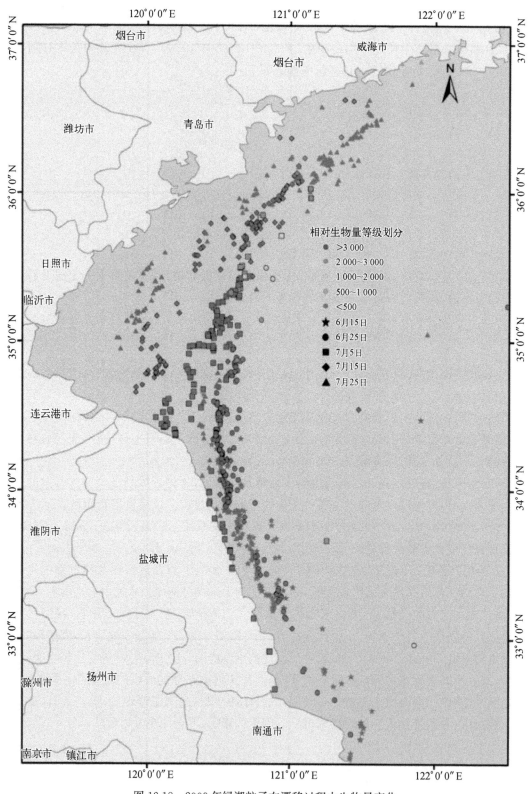

图 12.18　2009 年绿潮粒子在漂移过程中生物量变化

第十三章　黄海绿潮对我国近海生态效益研究

中国黄海沿海海域的富营养化是导致绿潮暴发的环境要因之一,但同时绿潮藻大量繁殖正是对海水营养成分过高的海洋生态系统的反馈调节。黄海大规模绿潮暴发过程中,通过浒苔的生长及迁移,实现了海水中碳、氮、磷、硫等生源要素的吸收、转化以及释放,对黄海海域营养盐的再分布、碳循环起到了重要作用,对该海域的生态系统产生了重大影响。大型海藻(包括海草)作为近海生态系统的重要初级生产者,其生物量巨大,可吸收多种生源要素(包括碳),经采收或拦截打捞后在陆地上被加工利用,可从海水中"取出"大量的碳,该海区相对于海藻暴发或养殖前处于明显缺碳状态,从而促使大气 CO_2 向海水中转移,增加海洋储碳能力,因此大型海藻在近岸海洋生产力及碳循环中起着重要作用。浒苔绿潮盛期的巨大生物量能从海水中吸收 36 万 t 的碳、2.3 万 t 的氮、400 t 的磷和 1.6 万 t 的硫,并随绿潮的迁移而发生迁移,将大量的营养物质从江苏沿岸海域输送至山东半岛海域。丁月旻(2014)研究发现,大气中二氧化碳浓度的升高不仅导致了温室效应,目前海洋吸收的 CO_2 导致海洋表层的 pH 下降了 0.12,对海洋生物和生态系统造成不良影响。浒苔大型藻类具有很高的生长率,在海水中 1 个光周期内光合固碳速率为 10.92 mg/(g·d),而暴露在空气中光合固碳速率约为 46.14 mg/(g·d)。海洋中漂浮浒苔藻体中碳含有量约为 43%(干重),估计 2013 年共固碳可达 19 万 t。浒苔吸收海水中可溶性无机碳的同时可提升海水 pH,封闭条件下可使海水提升到 9.6。水生生物间的相生相克作用能够改变水域生态系统的结构和交替顺序,且绿潮藻对海洋赤潮微藻有着显著的克生作用。绿潮藻对米氏凯伦藻、三角褐指藻、球等鞭金藻、赤潮异弯藻、中肋骨条藻、利玛原甲藻、海洋原甲藻等微藻具有抑制作用,充分说明了绿潮藻对赤潮的生物防治效应。

第一节　黄海绿潮藻吸收氮磷动力学研究

海洋环境的变化是诱发绿潮灾害的基本环境条件。根据国家海洋局《中国海洋环境状况公报》,2012~2015 年南黄海江苏省沿海海水水质基本为第Ⅳ类海水或劣于第Ⅳ类海水水质标准。依据《海水水质标准》(GB3097—1997),按照海域的不同使用功能和保护目标,海水水质分为四类。

第Ⅰ类:适用于海洋渔业水域,海上自然保护区和珍稀濒危海洋生物保护区。

第Ⅱ类:适用于水产养殖区,海水浴场,人体直接接触海水的海上运动或娱乐区,以及与人类食用直接有关的工业用水区。

第Ⅲ类:适用于一般工业用水区,滨海风景旅游区。

第Ⅳ类:适用于海洋港口水域,海洋开发作业区。

2008~2012 年如东至连云港海域的相关海洋环境资料,来源包括常规大面监测数据、定期监测数据、台站自动监测数据、相关项目数据等,包括水温、盐度、悬浮物、pH、溶解氧、化学需氧量、活性磷酸盐、无机氮等指标。对调查海域 2008~2012 年大面监测表层水体活性磷酸盐进行统计,结果见表 13.1。

表 13.1   2008～2012 年调查海域表层水体活性磷酸盐统计表   （单位：mg/L）

活性磷酸盐含量	2008 年	2009 年	2010 年	2011 年	2012 年
最小值	0.002 00	0.001 00	0.002 60	0.001 10	0.002 10
最大值	0.024 0	0.065 0	0.064 8	0.585	0.054 0
平均值	0.008 19	0.016 4	0.018 2	0.083 1	0.035 2

2008 年，调查海域水体活性磷酸盐含量为 0.002 00～0.024 0 mg/L，平均活性磷酸盐含量为 0.008 19 mg/L；2009 年，活性磷酸盐含量为 0.001 00～0.065 0 mg/L，活性磷酸盐含量均值为 0.016 4 mg/L；2010 年，活性磷酸盐含量为 0.002 60～0.064 8 mg/L，活性磷酸盐含量均值为 0.018 2 mg/L；2011 年，活性磷酸盐含量为 0.001 10～0.585 mg/L，活性磷酸盐含量均值为 0.083 1 mg/L；2012 年，活性磷酸盐含量为 0.002 10～0.054 0 mg/L，活性磷酸盐含量均值为 0.035 2 mg/L（图 13.1）。

海水中悬活性磷酸盐会对绿潮藻的生长产生直接影响。为分析一年中各月份间海域无机氮浓度的变化，以 2011 年对辐射沙洲区进行连续观测的 6 个站位为例，进行分析，以了解该区域悬浮物浓度的月际变化规律。

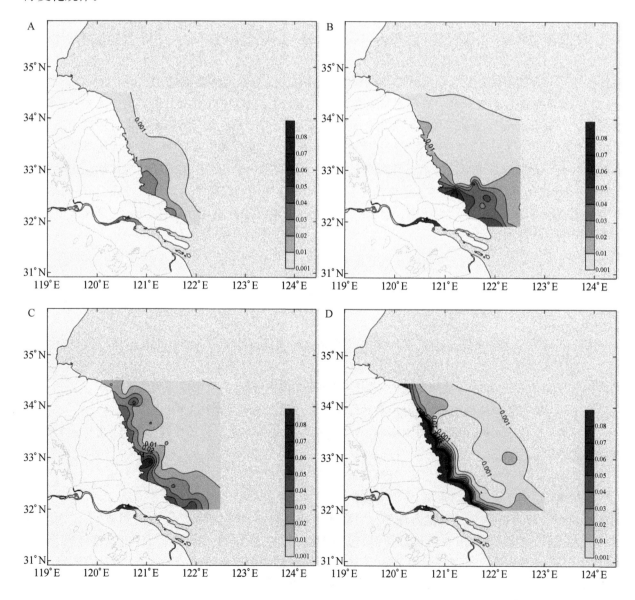

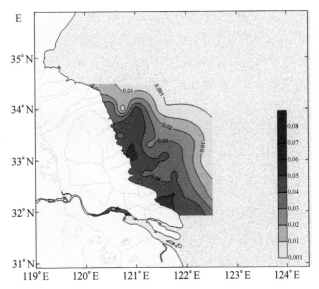

图 13.1　2008～2012 年调查海域表层水体活性磷酸盐含量(mg/L)平面分布图

A. 2008 年；B. 2009 年；C. 2010 年；D. 2011 年；E. 2012 年

如图 13.2 所示,6 个连续观测站位的活性磷酸盐浓度表现出相似的趋势,每年 2～6 月海水中活性磷酸盐含量较低,8 月起开始逐渐上升,多数站位最高值出现在 12 月。

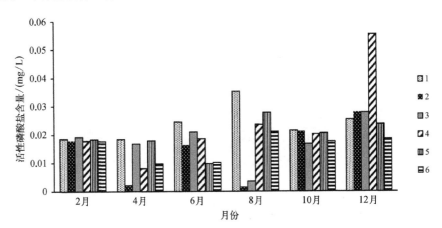

图 13.2　2011 年辐射沙洲区连续站活性磷酸盐浓度月季变化

如图 13.3 所示,从 2008～2012 年大面监测的 10 个同站活性磷酸盐含量来看,连续站的活性磷酸

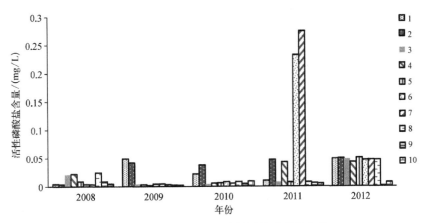

图 13.3　2008～2012 连续站活性磷酸盐含量

盐含量存在年际波动,各连续站均值最低年份为 2008 年,为 0.010 6 mg/L,最高为 2011 年,为 0.064 2 mg/L。从空间分布来看,海域南部的连续站活性磷酸盐含量高于其他区域。但是整个海域的整体活性磷酸盐含量较高,可能对绿潮藻的生长已不构成营养限制,均可保证其快速生长。

对调查海域 2008~2012 年表层大面监测水体无机氮进行统计,统计结果见表 13.2。

表 13.2　2008~2012 年调查海域表层水体无机氮统计表　　　　（单位：mg/L）

无机氮	2008 年	2009 年	2010 年	2011 年	2012 年
最小值	0.091 0	0.053 4	0.065 2	0.035 0	0.015 0
最大值	0.645	2.08	0.776	1.75	0.930
平均值	0.304	0.307	0.280	0.510	0.442

2008 年,调查海域水体无机氮含量为 0.091 0~0.645 mg/L,平均无机氮含量为 0.304 mg/L;2009 年,无机氮含量为 0.053 4~2.08 mg/L,无机氮含量均值为 0.307 mg/L;2010 年,无机氮含量为 0.065 2~0.776 mg/L,无机氮含量均值为 0.280 mg/L;2011 年,无机氮含量为 0.035 0~1.75 mg/L,无机氮含量均值为 0.510 mg/L;2012 年,无机氮含量为 0.015 0~0.930 mg/L,无机氮含量均值为 0.442 mg/L(图 13.4)。

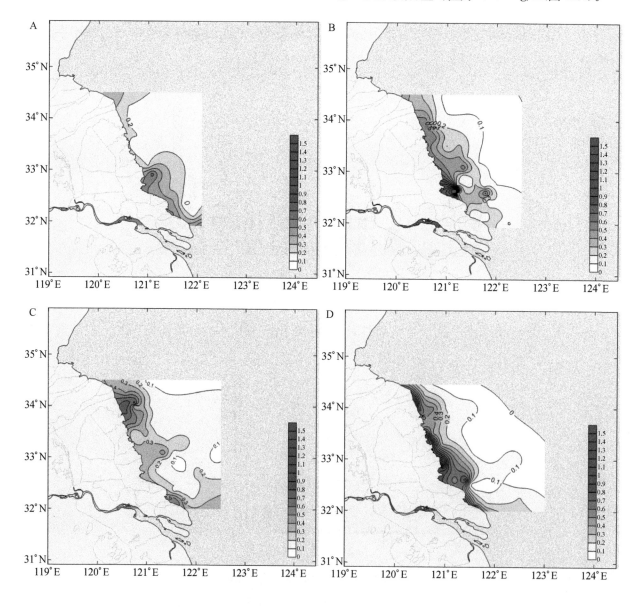

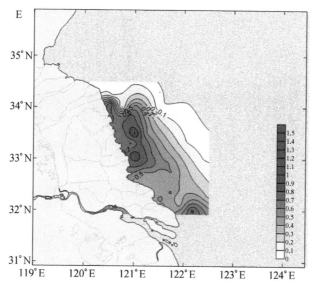

图 13.4　2008~2012 年调查海域表层水体无机氮含量(mg/L)平面分布图

A. 2008 年;B. 2009 年;C. 2010 年;D. 2011 年;E. 2012 年

连续站月际变化:海水中悬无机氮变化会对绿潮藻的生长产生直接影响。为分析一年中各月份间海域无机氮浓度的变化,以 2011 年对辐射沙洲区进行连续观测的 6 个站位为例,进行分析,以了解该区域无机氮浓度的月际变化规律。

如图 13.5 所示,6 个连续观测站位的无机氮浓度表现出相似的趋势,每年 2 月海水中无机氮含量为全年最低,4 月起开始逐渐上升,虽然各站最高值出现时间有所差异,但多数站位最高值出现在 8 月或10 月。

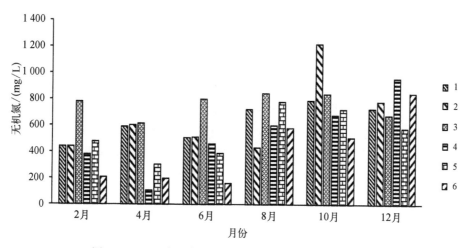

图 13.5　2011 年辐射沙洲区连续站无机氮浓度月季变化

连续站年际变化:如图 13.6 所示,从 2008~2012 年大面监测的 10 个同站无机氮来看,连续站的无机氮含量存在年际波动,各连续站均值最低年份为 2009 年,为 0.28 mg/L,最高为 2011 年,为 0.50 mg/L。从空间分布来看,海域南部的连续站无机氮含量低于其他区域。但是从整个海域的整体无机氮含量较高,可能对绿潮藻的生长已不构成营养限制,均可保证其快速生长。

历年该海域的环境要素调查结果显示,该区域海洋环境特点为本区域绿潮灾害的暴发提供了可能发生的条件。

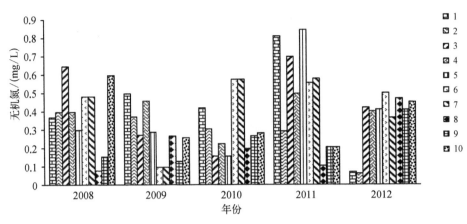

图 13.6　2008～2012 连续站无机氮含量

　　从水温的月际分布来看,4 月后水温开始超过 10℃,进入浒苔生长的温度适应范围,并出现较快增长,此后一直维持在较高水温,有利于 4 月以后入海绿潮藻的快速增殖。从水温的年际比较来看,2000年后该海域春季温度,特别是 4 月水温有所提高,使海域中利于绿潮藻生长的时间有所增加,这也可能会促进该海域绿潮灾害的暴发。

　　各监测台站盐度最低值均出现在夏季,最高值则多出现在春季。从空间分布来看,在绿潮生长的几个月中,南部的吕四站平均盐度最低为 26.92,洋口港最高为 32.85,其他站位均值在 30 左右波动,均处于浒苔的适应范围内,对浒苔生长不会构成限制。不同年份间的盐度虽然存在一定波动,但是没有表现出明显的升高或者降低趋势。

　　悬浮物浓度每年冬季的 12 月与 2 月含量较高,而夏季的 8 月为全年最低月份。而每年 8 月是绿潮藻覆盖面积最大时期,该阶段绿潮藻生长速度快,需要较强的光照,该海域夏季的低悬浮物浓度可能为绿潮藻的快速生长提供有利条件。近 3 年来持续下降的站位占总站位数量的 70%,仅 1 个站位逐年升高,说明该海域近 3 年来悬浮物浓度呈现出降低的趋势,但是由于连续站数据时间较短,仍需更多常年观测数据支持。

　　2008 年,调查海域 pH 为 7.06～9.27;2009 年,pH 为 7.51～8.32;2010 年,pH 为 7.77～8.37;2011年,pH 为 7.40～8.38;2012 年,pH 为 6.93～8.61,均符合浒苔 pH 6～9 的生长适应范围。

　　2008 年,调查海域水体溶解氧为 5.49～13.88 mg/L,平均溶解氧为 8.08 mg/L;2009 年,溶解氧含量为 5.60～8.55 mg/L,溶解氧含量均值为 6.86 mg/L;2010 年,溶解氧含量为 5.24～7.67 mg/L,溶解氧含量均值为 6.22 mg/L;2011 年,溶解氧含量为 0.72～12.01 mg/L,溶解氧含量均值为 5.96 mg/L;2012年,溶解氧含量为 4.84～8.36 mg/L,溶解氧含量均值为 6.50 mg/L。

　　从海水中营养物质来看,每年 2～6 月海水中活性磷酸盐含量较低,8 月起开始逐渐上升,多数站位最高值出现在 12 月。从空间分布来看,海域南部的连续站活性磷酸盐含量高于其他区域。

　　无机氮浓度表现出相似的趋势,每年 2 月海水中无机氮含量为全年最低,4 月起开始逐渐上升,虽然各站最高值出现时间有所差异,但多数站位最高值出现在 8 月或 10 月。从空间分布来看,海域南部的连续站无机氮含量低于其他区域。但是从整个海域的整体营养物质的含量较高,可能对绿潮藻的生长已不构成营养限制,均可保证其快速生长。

　　海洋富营养化日趋严重是我国近海绿潮频频暴发的主要原因,因此减轻和治理近海富营养化才是真正治本,同时也是长期而又艰巨的任务。受江苏沿岸、长江流域和长三角城市化进程快速发展的影响,大量工农业、生活污水已让长江干流近岸形成了明显污染带,长江口附近海域已成为全国近海海域富营养化最为严重的区域。这一区域不仅包括长江口河口地区,还包括江苏苏北浅滩海域。"十一五"

期间,国家海洋局的《中国海洋生态环境状况公报》显示,长江口、苏北浅滩与杭州湾海域大部分水质劣于Ⅳ类水质标准,均处于不健康或亚健康状态。其中,主要的污染物质包括无机氮、活性磷酸盐等主要的生源要素的物质,这为南黄海早期绿潮的暴发提供了物质基础。因此,改善长江口附近海岸带水质,减少氮、磷等生源要素的输入通量是改善长江口海域生态系统状况、控制黄海海域绿潮发生的规模和提高长江口海域海洋经济产值的有效措施。

近岸海域生态环境的建设,整治附近海岸带海水环境是基础,恢复海洋生态资源是核心。其中长江口地区附近海岸带水质是整个生态长江口建设的前提条件和基础保障。因此,要达到长江口附近海岸带水质改善的目标就需要统筹长江口地区海洋环境保护与陆源污染防治、加强长江口地区海洋生态系统保护和修复,坚持保护优先和自然修复为主,加大长江口海域的生态保护和建设力度,从源头上扭转生态环境恶化趋势,同时要加强长江口海域的综合管理。具体的措施如下。

1) 开展长江口地区海域主体功能区划,明确并执行主体功能区制度,按照主体功能,严格按照重点开发、优化开发、限制开发和禁止开发的原则统筹海洋环境保护与陆源污染防治。

2) 长江口地区海域水质改善,不仅要从立法、规划等高层次入手,也亟需从政策措施上下手,其中,生态补偿机制与排污权交易即为两项重要的措施。

3) 从源头上扭转生态环境恶化趋势,减少氮、磷等主要污染物质的输入量就要大力发展科学技术和产业,提升工业污水处理率,改进除磷脱氮工艺,完善污水管网的铺建,实现雨污分流,实现污水收集率为100%;对农业面源和城市径流面源进行综合治理,加强禽畜养殖污染控制,高效利用有机肥料,加强城市景观水体和人工湿地的建设,实现城市自净生态功能。

4) 加强近岸海域海洋生态系统保护和修复,开展富营养化生境的退化诊断与评价、开发滩涂底质与近海海域水质生态修复集成技术与生物质综合利用技术研究、建立长江口附近海岸带各典型生态系统类型的富营水质生态修复集成模式。通过以上措施的实施,将有效改善长江口附近海域水环境质量,有效减缓和控制黄海绿潮的发生,促进海洋经济的发展。

第二节　绿潮藻浒苔对赤潮藻化感抑制作用

一、绿潮藻浒苔对中肋骨条藻的抑制作用

大型海藻与海洋微藻同为海洋生态系统的初级生产者,生态位高度重叠,所以大型海藻会与微藻竞争营养、光照和生长空间等。但当光照和营养盐充足时大型海藻对浮游藻类也有明显的生化抑制效应,大型海藻能够向环境中释放化感物质,抑制微藻的生长。

水生生物间的相生相克作用确实能够改变水域生态系统的结构和交替顺序,且绿潮藻对海洋赤潮微藻有着显著的克生作用。有关绿潮藻对海洋赤潮微藻抑制作用的研究近年来呈现上升趋势,其中绿潮藻对赤潮藻的化感作用近年来有很多研究进展。例如,浒苔对米氏凯伦藻的作用、条浒苔对三角褐指藻的作用、浒苔对球等鞭金藻的作用、浒苔对赤潮异弯藻的抑制作用、长浒苔与中肋骨条藻的抑制作用、缘管浒苔和利玛原甲藻的抑制作用、肠浒苔对海洋原甲藻和赤潮异弯的抑制作用等,这充分说明绿潮藻用于赤潮的生物防治很有必要。

1. 浒苔新鲜组织对中肋骨条藻的生长影响

以中肋骨条藻为研究对象,研究绿潮藻浒苔新鲜组织、干粉、培养水过滤液对赤潮藻中肋骨条藻生长的化感抑制作用。浒苔(*U. prolifera*)于2011年5月在山东日照绿潮暴发海区采集,并且采用低温运输带回实验室,用高压灭菌过的自然海水清洗,并用VSE培养液充气培养,本实验所用为浒苔叶片部

分。中肋骨条藻(*Skeletonema costatum*)藻种购自中国科学院水生生物研究所藻种库,培养于含有硅酸钠的 f/2 培养液中。两种藻均培养于光照培养箱内,其中浒苔暂养,中肋骨条藻为藻种。培养条件为:温度 20℃,光照强度 60 μmol/(m² · s),光照周期 12L:12D。微藻培养每天定时摇瓶 2 次,防止贴壁生长。实验采用大型海藻与微藻共培养系统,参照贾睿等(2012)。取处于指数生长期的中肋骨条藻,与不同重量的浒苔新鲜组织同时接种于含有 100 mL f/2 培养液的 250 mL 锥形瓶中。中肋骨条藻初始接种细胞数量为 5×10⁴ 个/mL,浒苔新鲜组织的密度梯度为 0 g/L、0.5 g/L、1.0 g/L、2.0 g/L 和 5.0 g/L。实验组和对照组均设置 3 个重复,实验周期为 12 d。每 2 d 定时对中肋骨条藻计数。

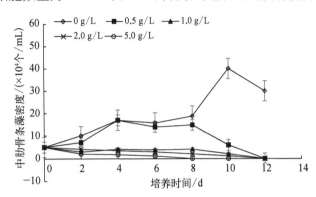

图 13.7 浒苔新鲜组织对中肋骨条藻生长的影响

图 13.7 为共培养系统中浒苔对中肋骨条藻生长的抑制作用。与对照组相比,每个实验组浒苔对共培养系统中的中肋骨条藻生长均有显著抑制作用($P<0.05$),尤其是在 5 g/L 的高密度组,在培养第 8 天,中肋骨条藻全部死亡。0.5 g/L、1.0 g/L 和 2.0 g/L 密度组的中肋骨条藻生长也均受到显著抑制,在第 12 天时接近全部死亡。

2. 浒苔干粉末对中肋骨条藻生长的影响

新鲜浒苔组织在 45℃ 烘箱中干燥 3 d,烘干之恒重,磨成粉。接种中肋骨条藻到含有 40 mL f/2 培养液的 100 mL 锥形瓶中,中肋骨条藻初始细胞密度为 1×10⁵ 个/mL。浒苔干粉末添加量分别为 0 g/L、0.2 g/L、0.6 g/L、1.2 g/L。实验组和对照组均设置 3 个重复,实验周期为 12 d。每 2 d 定时采样 20 μL 用于中肋骨条藻计数。

在对图 13.8 经过分析之后可以得出:浒苔干粉末对中肋骨条藻具有化感抑制作用。第 12 天时,0.2 g/L 组、0.6 g/L 组、1.2 g/L 组对中肋骨条藻生长抑制率分别为 23%、45%、48%。另外还可以看出,前期比后期抑制效果更高。其中 1.2 g/L 组在前期(第 4 天)抑制率可以达到 80%,后期(第 12 天)抑制率接近 50%,可见时间越长,抑制效果下降。

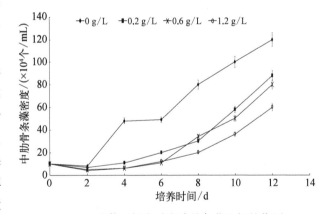

图 13.8 浒苔干粉末对中肋骨条藻生长的作用

3. 浒苔培养水过滤液对中肋骨条藻的生长影响

(1) 一次性培养

将 32 g/L 新鲜浒苔培养在 f/2 培养液内,经过 3 d 培养,培养液使用 0.22 μm 的微孔滤膜抽滤并重新配制为 f/2 培养液,中肋骨条藻藻种的初始接种量为 1×10⁵ 个/mL。对照组为未培养浒苔的 f/2 培养液。每组设 3 个重复,培养条件见上述,实验周期为 12 d。每 2 d 定时采样 20 μL 用于中肋骨条藻计数。

图 13.9 为在中肋骨条藻培养液中,如果一次性添加浒苔培养过滤液,对中肋骨条藻生长的抑制作用。从图中可以看出,与对照组相比,10 d 前实验组有一定的抑制作用,且密度均呈递增状态,但第 12 天时对照组已开始衰减,从以上结果可以初步看出浒苔液存在抑制中肋骨条藻生长的化感物质。

(2) 半连续培养

在数个培养缸内接种新鲜浒苔,藻体密度为 32 g/L,使用 f/2 培养基。4 d 后,将一部分培养缸内浒

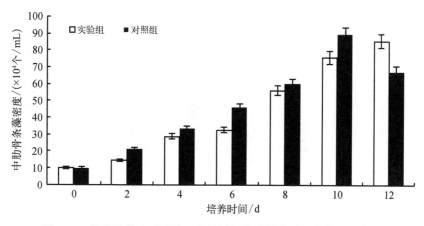

图 13.9　浒苔培养水过滤液一次性添加方式的中肋骨条藻细胞密度

苔移出,并过滤浒苔培养液,配制为 f/2 培养液后用于中肋骨条藻的培养。对照组设置是将中肋骨条藻接种于含有 f/2 培养液的海水中,锥形瓶内培养液总体积为 40 mL。另一部分培养缸内浒苔继续培养,为半连续培养实验提供所需浒苔培养水过滤液。每 2 d 从实验组锥形瓶取出 10 mL 藻液,同时补充 10 mL 已经重新配制为 f/2 培养液的浒苔培养水过滤液。对照组也用上述方法取出 10 mL 藻液,但是用 10 mL 新配制的 f/2 培养液补充进去。实验组和对照组均设置 3 个重复,实验周期为 12 d,每 2 d 定时采样 20 μL 用于中肋骨条藻计数。

图 13.10 为在中肋骨条藻培养液中,每 2 d 添加一次浒苔培养过滤液对中肋骨条藻生长的影响。从图中可以看出,前期(2~4 d)实验组与对照组差别不大,第 6~12 天实验组对中肋骨条生长具有显著抑制作用($P < 0.05$),抑制率在 50%~88%,平均抑制率达到 75%。试验结果表明,浒苔培养过滤液中化感物质是逐渐释放的,只有在连续添加浒苔培养过滤液条件下,对中肋骨条藻生长才有显著抑制作用。

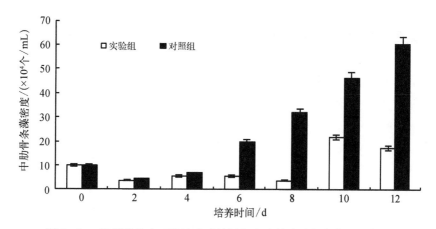

图 13.10　浒苔培养水过滤液半连续添加方式的中肋骨条藻细胞密度

(3) 高温高压浒苔培养水过滤液培养

培养方法参见贾睿等(2012)。将浒苔培养液过滤液后在 121℃条件下保持 20 min,然后配制为 f/2 培养液,将中肋骨条藻以 1×10^5 个/mL 的接种密度接种到锥形瓶中,实验使用以新鲜海水配制的 f/2 培养液为对照组。实验组和对照组均设置 3 个重复,实验周期为 12 d,每 2 d 定时采样 20 μL 用于中肋骨条藻计数。

图 13.11 为在中肋骨条藻培养液中半连续添加经过高温处理过的浒苔培养过滤液实验结果。从图中可以看出,实验组与对照组没有差异,说明浒苔培养液中的化感物质已被高温破坏,不显示抑制作用。

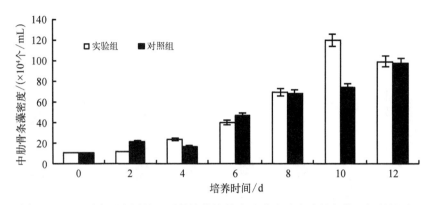

图 13.11　经过高温高压处理后的浒苔培养水过滤液对中肋骨条藻生长的影响

4. 营养竞争抑制作用与化感物质抑制作用贡献率

以上述各实验第 8 天的结果为例（表 13.3），可以计算出营养竞争和化感物质抑制作用贡献率。从表中可以看出，营养竞争作用和化感抑制作用共同组成了浒苔对中肋骨条藻的抑制作用，其中化感抑制作用包括释放出来的和未释放出来的，占总抑制作用的 65.4%，营养竞争作用虽然是营养盐充足条件下进行的，但是依然存在，占总抑制作用的 34.6%。

表 13.3　第 8 天浒苔对中肋骨条藻的抑制情况

抑 制 方 式	第 8 天抑制率	说　　　明
新鲜组织（5 g/L）	100%	5 g/L 新鲜组织
干粉末（1.2 g/L）	75%[52.1%/(5 g/L)]	相当于 7.2 g 新鲜组织的量
培养过滤液	85%[13.3%/(5 g/L)]	为 32 g/L 新鲜组织培养至第 8 天的培养水
营养抑制	34.6%	是在营养充分的情况下仍然具有的抑制率

二、浒苔与球等鞭金藻相互抑制作用

实验采用浒苔和球等鞭金藻共存的培养系统。实验设浒苔单培养组、球等鞭金藻单培养组和共培养组，每组设置 3 个重复。培养液用 KNO_3 和 KH_2PO_4 溶液调节 N、P 浓度分别至 4.2 mg/L 和 1.2 mg/L。实验在盛有 800 mL 培养液的 1 L 锥形瓶中进行。浒苔起始密度设置为 1 g FW/L，处于指数生长期的球等鞭金藻的初始密度为 1×10^4 个/mL。

每日定时计数微藻细胞密度，同时测定培养液中 NO_3^-、PO_4^{3-} 浓度。实验结束时，用滤纸吸干浒苔藻体表面的水分，用感量为 10^{-4} g 的电子天平称量鲜重。微藻细胞在 Olympus 光学显微镜下，用血细胞计数器计数。NO_3^-、PO_4^{3-} 浓度应用 SKALAR 流动分析仪测定。实验结束后对浒苔和球等鞭金藻进行显微观察，记录藻体形态变化。

图 13.12 为单培养组和共培养组中球等鞭金藻生长速率。根据冈市友利公式求得单培养组球等鞭金藻生长速率为 0.509 个/d；共培养组球等鞭金藻细胞密度从第 2 天开始显著低于单培养组，至第 7 天实验结束时细胞密度比初始时减少

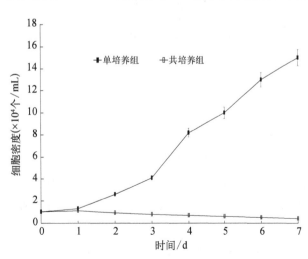

图 13.12　单培养和共培养系统中球等鞭金藻细胞密度变化

了 48%,根据冈市友利公式求得其死亡速度为 0.154/d。由此可见,共培养组中球等鞭金藻细胞密度持续下降,是因为引入浒苔抑制了球等鞭金藻生长而造成的,其对球等鞭金藻的抑制率为 96.62%。

单培养组中的浒苔由起始的 1.0 g 鲜重生长到 1.18 g,平均日生长率为 2.1%;共培养组中的浒苔至实验结束时的重量为 0.986 g,呈现负增长。结合图 13.12 发现,共培养组中浒苔发生了断裂和死亡。因此,球等鞭金藻的引入对浒苔的生长也产生抑制作用,其抑制率为 19.67%。

浒苔单培养组、球等鞭金藻单培养组和共培养组 NO_3^-、PO_4^{3-} 浓度随时间的变化曲线如图 13.13 所示。实验前 3 天,所有实验组中的 NO_3^- 浓度显著下降,球等鞭金藻和浒苔单培养组中 NO_3^- 浓度显著低于共培养组,而浒苔单培养组中 NO_3^- 浓度又显著低于球等鞭金藻单培养组($P<0.01$)。从第 4 天开始至实验结束,共培养组中的 NO_3^- 浓度又持续上升。而单培养组中,随着球等鞭金藻细胞密度的上升,NO_3^- 浓度持续下降而与浒苔单培养组差异不显著($P>0.05$)。

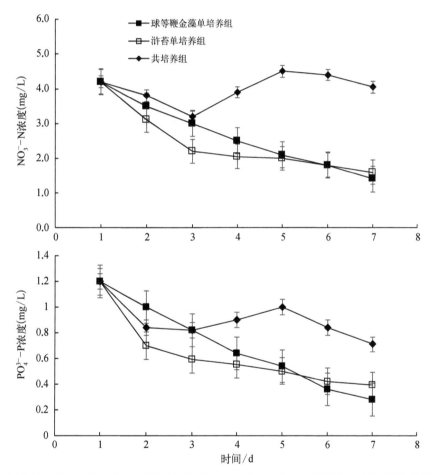

图 13.13　球等鞭金藻与浒苔单培养和共培养系统中 NO_3^--N 和 PO_4^{3-}-P 浓度的变化

各实验组中,PO_4^{3-} 浓度变化与 NO_3^- 浓度变化趋势相近。共培养组中 PO_4^{3-} 浓度从第 4 天开始缓慢上升。浒苔单培养组中 PO_4^{3-} 浓度显著低于球等鞭金藻单培养组,从第 5 天开始,两者浓度无显著差异($P>0.05$)。

共培养组中球等鞭金藻部分细胞受到浒苔抑制后,藻体形态发生变化,正常的藻细胞失去活动力,部分破裂,最后死亡。而浒苔也受到球等鞭金藻的抑制,藻体断裂发黄,部分断裂的藻体死亡(图 13.14)。

化感作用是水域生态系统中的一种普遍的自然现象,包括高等植物之间、高等植物和微生物之间相互促进或相互抑制的作用。Jin 和 Dong 等(2003)研究证实孔石莼(*U. pertusa*)通过向环境中释放化感物质抑制赤潮异弯藻(*Heterosigma akashiwo*)和亚历山大藻(*Alexandium tamarense*)的生长。王兰刚

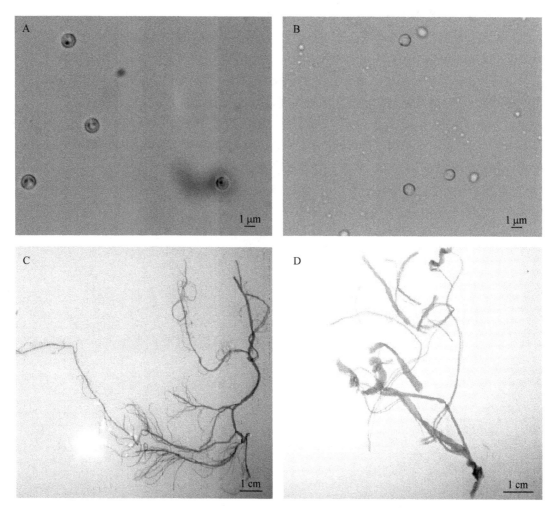

图 13.14　球等鞭金藻单培养(A)、共培养(B)与浒苔单培养(C)、共培养(D)藻体的形态变化

等(2007)研究表明条浒苔(*U. clathrata*)对三角褐指藻(*Phaeodactylum tricornutum*)也具有显著的抑制作用。以上研究均是在实验室内排除了营养、光照强度以及细菌微生物作用的研究结果,且引入的大型海藻要有较高的生物量。但在营养限制条件下,对大型海藻与微藻之间的化感作用研究较少,原因是营养竞争产生的影响可能会掩盖化感作用的表征。在本实验研究的条件下,研究结果表明在营养盐限制和引入浒苔生物量为 1 g FW/L 的条件下,浒苔与球等鞭金藻彼此之间均表现出了显著的抑制效应。本实验单培养组中,球等鞭金藻的生长速率低于浒苔的生长速率,可能是因为球等鞭金藻的诱导期较长,当球等鞭金藻由原来的 f/2 培养液接种至 N、P 浓度不同的新培养液中,需要一个适应阶段。

植物之间的互相影响是多种作用机制耦合的结果,资源竞争是最重要的机制之一。龙须菜(*G. lemaneiformi*)与东海原甲藻(*Prorocentrum donghaiens*)共培养时,龙须菜对营养盐的快速吸收利用,使得共培养体系中营养盐迅速降低,最终导致东海原甲藻消亡。张善东等(2008)的研究还表明,当龙须菜(*G. lemaneiformis*)和锥状斯氏藻(*Scrippsiella trochoidea*)的接种密度分别为 0.2 g/L 和 3.0×10^3 个细胞/mL 时,单独培养组锥状斯氏藻胞内 NO_3^- 含量是共培养组的 1.5 倍,说明龙须菜能够通过竞争性吸收环境中的 NO_3^- 来降低锥状斯氏藻胞内 NO_3^- 的储存含量,从而有效抑制其生长。在本实验条件下,在前 3 天,共培养组中 NO_3^- 含量显著高于浒苔和球等鞭金藻单培养组,是因为共培养系统中彼此之间克生效应降低了浒苔和球等鞭金藻对 NO_3^- 的吸收,而随着浒苔和球等鞭金藻发生断裂、涨破和死亡,逐渐向培养液中释放营养盐,因而从第 4 天开始,介质中的 NO_3^- 逐渐升高。共培养体系中 PO_4^{3-} 浓度的变化趋势与 NO_3^- 的变化趋势相同。而球等鞭金藻单培养组中的 NO_3^- 和 PO_4^{3-} 浓度在试验的前 4 天显著低于浒苔单培养组,而随着细胞密度的升高,对培养液中的营养盐吸收加快,因而营养盐浓度与浒苔单培养组相近,无显著差别。在本实验条件下,并未出现如江蓠属(*Gracilaria*)大型海藻在营养盐限制条件下,可通过营养竞争抑制赤潮微藻的生长,而是通过化感作用对彼此都产生了抑制效应。

在较低营养盐浓度下,较低接种量的浒苔和球等鞭金藻彼此之间存在着显著的化感作用,而营养竞争作用不显著。由此可以推断,在自然海域中,只有浒苔在较高的生物量下,才能对浮游植物群落产生显著的抑制作用和营养竞争作用,否则对彼此均有显著的抑制效应。

三、浒苔与米氏凯伦藻相克作用

1. 浒苔鲜组织对米氏凯伦藻生长的影响

实验在盛有 800 mL 培养液的 1 L 锥形瓶中进行。将处于对数生长期的米氏凯伦藻接种到新鲜培养液中,调整初始密度约为 1×10^4 个细胞/mL。浒苔起始密度设定为 0 g/L、0.5 g/L、1.0 g/L、2.0 g/L、5.0 g/L 和 10 g/L。实验设 4 个重复,实验时间为 7 d。

由图 13.15 可知,各初始密度浒苔对米氏凯伦藻生长均有显著抑制作用($P<0.01$)。10 g/L 和 5 g/L 浒苔培养组,藻细胞分别在 72 h 和 96 h 内完全死亡;2 g/L 培养组,米氏凯伦藻细胞不能正常生长繁殖,在实验进行至第 7 天即完全致死;实验结束后,浒苔初始密度为 1.0 g/L 和 0.5 g/L 培养组,米氏凯伦藻种群密度比对照组分别降低了 98.48% 和 95.58%。

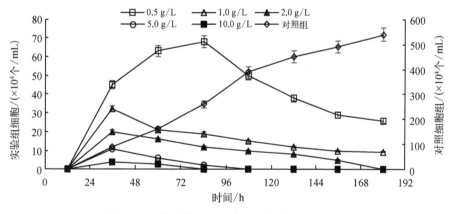

图 13.15 浒苔鲜组织对米氏凯伦藻生长的影响

2. 浒苔干粉末对米氏凯伦藻生长的影响

浒苔经蒸馏水清洗后,于 60℃ 恒温干燥 3 d,干物质用研钵研磨成粉末状。干粉末的添加浓度设定为 0.2 g/L、0.4 g/L、0.6 g/L、1.2 g/L 和 2.4 g/L,以不添加干粉末的米氏凯伦藻培养组为对照,米氏凯伦藻的初始浓度为 1×10^4 个细胞/mL,每组均设 4 个重复。实验在盛有 800 mL 培养液的 1 L 锥形瓶中进行。实验时间为 7 d。

在添加相对高浓度(2.4 g/L 和 1.2 g/L)浒苔干粉末后,米氏凯伦藻细胞经培养 48 h 和 72 h 后即完全死亡(图 13.16);添加浓度为 0.6 g/L 时,对米氏凯伦藻生长抑制效应在 96 h 后减弱,微藻生长逐渐恢复;添加相对低浓度(0.4 g/L 和 0.2 g/L)干粉末后,与对照组相比,米氏凯伦藻生长受到显著抑制($P<0.01$),但微藻种群密度仍逐渐增加,培养至第 7 天时抑制率分别为 83.15% 和 86.12%。

3. 浒苔水溶性抽提液对米氏凯伦藻生长的影响

取新鲜浒苔 10 g,加少许蒸馏水研磨成浆,用消毒海水在 4℃ 下以 6 000 r/min 离心 10 min,重复 3

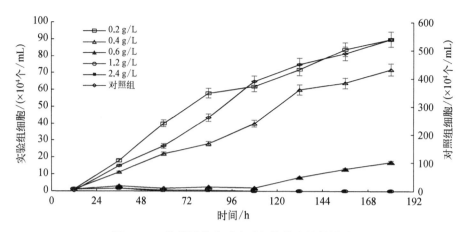

图 13.16　浒苔干粉末对米氏凯伦藻生长的影响

次,收集上清液共 100 mL 作为母液,再用消毒海水做不同稀释倍率,使其浓度分别为 0.1 g/L、0.2 g/L、0.5 g/L、1.0 g/L 和 2.0 g/L,后用 40 倍 f/2 营养液重新加富,立即接种处于对数生长期的米氏凯伦藻,初始密度约为 1×10^4 细胞/mL。以相同条件下培养于 f/2 加富消毒海水中的米氏凯伦藻为对照组,营养水平、接藻量与实验组一致。

不同浓度的浒苔水溶性抽提液对米氏凯伦藻生长均有显著抑制作用($P < 0.01$),抑制作用随着抽提液浓度增加而加强(图 13.17)。在 2.0 g/L 抽提液试验组中,实验进行至 120 h 时米氏凯伦藻完全致死;1.0 g/L 抽提液处理下,第 7 天可使米氏凯伦藻完全致死;抽提液浓度为 0.5 g/L、0.2 g/L 和 0.1 g/L 实验组,实验结束时对米氏凯伦藻的抑制率分别为 99.06%、64.96% 和 41.90%。

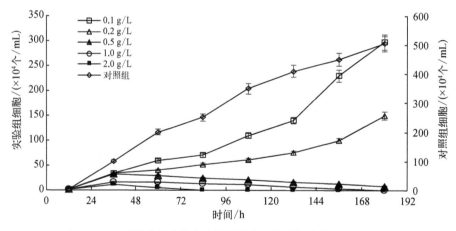

图 13.17　不同浓度浒苔水溶性抽提液对米氏凯伦藻生长的影响

4. 浒苔一次性培养滤液对米氏凯伦藻生长的影响

将密度为 10 g/L 的浒苔在 f/2 培养液中培养 3 d 后取出,将培养液经高温灭菌的滤膜过滤。所得滤液用 40 倍 f/2 营养液重新加富,立即接种处于对数生长期的米氏凯伦藻,初始密度约为 1×10^4 个细胞/mL。以相同条件下培养于 f/2 加富消毒海水中的米氏凯伦藻为对照组,营养水平、接藻量与实验组一致。实验于盛有 40 mL 培养液的 100 mL 锥形瓶中进行,每组均设 4 个重复,实验时间为 7 d。

由图 13.18 可知,将米氏凯伦藻接种至浒苔的培养滤液后,前 72 h 实验组的米氏凯伦藻细胞密度均显著低于对照组($P < 0.05$),但 96~168 h,培养滤液对米氏凯伦藻生长已无显著抑制作用($P > 0.05$)。

5. 浒苔半连续培养滤液对米氏凯伦藻生长的影响

将米氏凯伦藻接种于浒苔培养水的过滤液中。每天将每个培养瓶中的培养液移出 10 mL,然后加

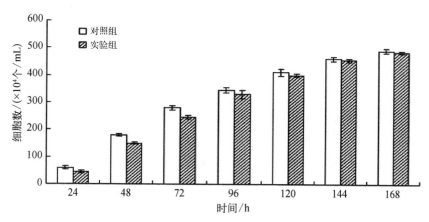

图 13.18　浒苔培养滤液一次性添加对米氏凯伦藻生长的影响

入 10 mL 经营养加富的新鲜浒苔培养滤液以保持培养液体积的恒定。对照组添加 10 mL 营养水平一致的 f/2 营养液。

由图 13.19 可知,在半连续添加新鲜浒苔培养滤液的实验组中,米氏凯伦藻生长从 24 h 起已受到显著抑制($P<0.01$),细胞密度由 40.20×10^4 个细胞/mL 不断降至 7 d 后的 2.01×10^4 个细胞/mL,此时与对照组相比,降低率为 99.69%。

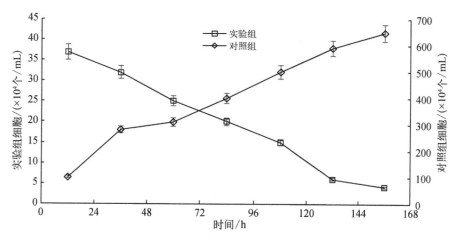

图 13.19　浒苔培养过滤液连续性添加对米氏凯伦藻生长的影响

相生相克效应是一种植物(包括微生物)通过向环境释放的化学物质而对其附近的另一些植物产生直接或间接的、有利或有害的作用的现象。海洋生态系统中,利用大型海藻对海洋微藻的克生作用对赤潮进行生物防治,近年来也引起了较大关注。应用绿潮藻对赤潮微藻的抑制作用研究多见于石莼属(*Ulva*)海藻。许妍等(2005)研究发现,缘管浒苔(*U. linza*)组织内存在克生物质,可有效抑制赤潮异弯藻生长。王兰刚等(2007)研究表明,条浒苔(*U. clathrata*)与海洋微藻三角褐指藻间存在相生相克作用。但关于浒苔(*U. perlifera*)对赤潮藻的克生作用研究较少。

浒苔对米氏凯伦藻生长的实验表明,绿潮藻浒苔组织内含有并在生长过程中分泌克藻物质,对赤潮微藻表现较强的克生效应。因此,近海海域大规模浒苔绿潮暴发可显著地抑制赤潮微藻的生长,降低赤潮发生的概率,具有对富营养化海域生态修复的作用。营养竞争作用是大型海藻影响微藻的另一个重要因素。张善东等(2005)研究表明,龙须菜(*G. lemaneiformis*)对营养盐 NO_3^- 和 PO_4^{3-} 的吸收能力远远高于东海原甲藻,可导致东海原甲藻的消亡。

除了以上绿潮藻浒苔对各种微藻的抑制作用以外,浒苔提取物水相对于赤潮异弯藻具有一定的抑制作用,但是随着浓度变化的趋势不明显,抑制作用在20%～50%。随着水相浓度提高,具有一定的浓度效应。

　　浒苔提取物乙酸乙酯相对于赤潮异弯藻具有显著的抑制作用,0.4 mg/mL以上的提取物可以致使赤潮异弯藻24 h后全部死亡,0.1～0.2 mg/mL也有30%的抑制作用。说明浒苔甲醇提取物乙酸乙酯相中存在很好的抑制赤潮异弯藻生长的活性物质,这些研究结果说明绿潮藻浒苔中存在对于赤潮微藻有明显抑制作用的化感物质,而且化感物质绝大部分存在于有机相之中,进一步研究表明,对于不同的赤潮藻也有不同的抑制作用,这些结果为我们进一步探索指明了方向。通过硅胶柱层析、凝胶柱层析、薄层层析等方法可分离出软脂肪酸(棕榈酸)、α-亚麻酸等活性物质,研究结果证明了其对微藻的化感作用并具有生物学活性。

第三节　绿潮藻浒苔光合固碳与防止海洋酸化生态作用

一、绿潮藻浒苔光合固碳原理

　　绿潮藻浒苔($U.\ prolifera$)为生长最快的大型海藻之一,日增重最高可达45.1%～78.9%。在生长过程中将大量吸收海洋中N、P及C等重要生源要素,可以防止海洋富营养化和海水酸化。芬兰学者Gómez等(2004)的研究发现,浒苔的最小饱和光强(E_k)为(324.4±9.7)μmol/(m^2·s),Binzer的研究则得出,单根浒苔($Ulva$ sp.)的饱和光强低于160 μmol/(m^2·s),而处于群体中时,光强达到1 750 μmol/(m^2·s)时仍未达到饱和点。也有些学者研究了曲浒苔($Ulva\ flexuosa$)孢子体和配子体的光合和呼吸作用,发现浒苔孢子体和配子体的最大净光合速率与成体浒苔相近,但呼吸速率是成体的1.5～6倍,饱和光强(I_k)和补偿光强(I_c)差别也很大,成体I_c、I_k分别为32.8 μmol/(m^2·s)和195.6 μmol/(m^2·s),孢子体的I_c、I_k则为393.8 μmol/(m^2·s)和620.2 μmol/(m^2·s)。

　　绿潮暴发后,国内一些学者对浒苔的光合作用及其荧光动力学参数也进行了研究。林阿朋等通过海区现场测定发现,月中旬的浒苔($U.\ prolifera$)叶绿素a(Chla)含量为(0.258±0.052)mg/g(FW),叶绿素b(Chlb)含量为(0.208±0.038)mg/g(FW),光饱和点为418c,电子传递速率(ETR)为54.12,净呼吸和净光合速率的比值(P/R)为3.26;王超等(2008)也对暴发的浒苔绿潮做了相关研究,得出浒苔Chla含量为(0.210+0.065)mg/g(FW),Chlb含量为(0.123+0.037)mg/g(FW),P/R值为6.331。汤文仲等(2009)通过研究不同光温对缘管浒苔($U.\ linza$)光合作用的影响得出浒苔在25℃、72 μmol/(m^2·s)条件下PSⅡ的光化学效率(F_v/F_m)值最大。

　　开放海域中(pH为7.8～8.3),DIC浓度大约为2 mmol/L,其中HCO_3^-、CO_3^{2-}、CO_2的浓度分别为1.8 mmol/L、0.35 mmol/L和0.01～0.02 mmol/L,90%以HCO_3^-形式存在,能被藻类直接利用的游离CO_2不足1%。大量研究结果表明:除CO_2外,HCO_3^-也是海洋植物的主要无机碳源。紫菜和浒苔都具有HCO_3^-型无机碳利用能力。肠浒苔($U.\ intestinalis$)既可以通过胞外CA酶催化HCO_3^-利用,也可以过直接吸收HCO_3^-。

　　多数大型海藻在长期进化过程中,显示出低光呼吸作用、低CO_2补偿点、对O_2敏感性低等特点,在低CO_2生长的藻类还能在胞内积累大量DIC,表明这些藻类光合作用对DIC的利用效率非常高,存在CO_2浓缩机制(CCM)。大型海藻CCM主要通过HCO_3^-的利用来实现,借助于细胞内或细胞外的碳酸酐酶(CA)将HCO_3^-转化为CO_2以供Rubisco利用。当CO_2浓缩和CA活性被抑制时,藻体光合作用的光呼吸速率和K_m(CO_2)值就会明显增加,表明这些藻类依靠CCM和CA提高了其对DIC的利用效率。Beer 等(1987)发现扁浒苔($U.\ compressa$)是一种 C_3 植物,因其有 CCM,对 O_2 的敏感性低,而没有 O_2 抑制。

浒苔是一种 C_3 植物,但是没有 O_2 抑制,因为它有 CO_2 浓缩机制。海水中 HCO_3^- 的浓度约为 2 500 $\mu mol/L$,CO_2 浓度为 10 mmol/L,所以 HCO_3^- 的浓度是饱和的,而 CO_2 不充足。漂浮浒苔浮于海面,既浸入海水又暴露在空气中,所以漂浮浒苔的光合作用机制复杂。有研究发现,漂浮浒苔也可以直接吸收空气中的 CO_2。冯子慧等研究表明,浒苔在海水中 1 个光周期内光合固碳速率为 10.92 mg/(g·d),而暴露在空气中光合固碳速率约为 46.14 mg/(g·d),是水中的 4.23 倍。

海区围隔实验中,浒苔日生长率可达 51.6%;室内实验得出,其幼苗日生长率高达 78.9%。浒苔在生长暴发过程中可大量"取走"海水里 C、N、P 等重要元素,从而对防治海洋富营养化和海水酸化起一定作用。冯子慧等(2012)实验得出,水生条件下,一个光周期内浒苔净光合固碳速率为 10.92 mg C/(g FW·d),DIC 去除率为 73.9%,pH 升高了 0.48;同时发现,浒苔对 DIC 的吸收速率随藻体密度的增加而升高,5 d 实验结束时,培养密度为 0.5 g/L、1.0 g/L 和 2.5 g/L 的三种培养液 DIC 去除率分别为 77.8%、88.0%、97.0%,而三种密度的培养液 pH 均保持在 9.9 左右。

一般来说,大型海藻生长周期越长,固定 CO_2 效率越高。大多数海藻生长周期为一年,有的海藻生长周期比较长,如马尾藻属的一种马尾藻生长周期为 10~100 年。有的海藻整个生命周期都在吸收外界碳,部分海藻在海洋中沉降,变为腐殖质,成为海洋沉积物的一部分,离开外界碳循环。

自然环境下的浒苔的光合固碳作用受到温度、光强、营养盐、盐度、pH 等因素的影响,处于不断的波动之中。

温度对浒苔光合净光合速率影响十分明显,5℃时,净光合速率几乎为零,25℃附近为最适温度,40℃时比 25℃时下降了 86%,高温对浒苔光合作用有明显的限制作用。温度对石莼光合作用(P-I)曲线的形状也有很大影响,光合速率在 20~30℃时较大,而在 10℃时则较小;在 10~30℃内,光补偿点和饱和点都随温度的增加而增加。

变温对潮间带大型海藻光合作用有显著影响。当变温平均值低于或等于最适温度时,大型海藻光合速率增加;当变温超出适温上限时,大型海藻光合速率下降。不同变温幅度对潮间带不同生态位海藻光合作用影响也不同。

二、物理因子对绿潮藻浒苔光合固碳的影响

1. 光照对绿潮藻浒苔光合固碳的影响

光合作用作为大型海藻基础而复杂的生理代谢过程,必然会受到光强影响。研究发现,长石莼在 25℃ 时,其饱和光强为 72 $\mu mol/(m^2 \cdot s)$,在达到光饱和点前,增强光能的吸收可促进其光合作用,在光抑制后,长石莼叶片光响应能力显著降低,光合固碳能力也随之下降。刘长发等(2001)研究了孔石莼光合作用速率和光照强度的关系,结果表明,在低光照强度下,光合速率与光照强度呈线性比例,随着光照强度的增加,孔石莼的光合速率表现出非线性增加。有实验结果显示,低光照下,扁浒苔 F_v/F_m 值明显低于正常生理状态,相同温度下随着光照强度的升高,F_v/F_m 值升高,扁浒苔在光照强度为 10 $\mu mol/(m^2 \cdot s)$ 和 20 $\mu mol/(m^2 \cdot s)$ 时,F_v/F_m 显著低于在 30~40 $\mu mol/(m^2 \cdot s)$ 时和 40 $\mu mol/(m^2 \cdot s)$ 时的值。当光强在 1 200 $\mu mol/(m^2 \cdot s)$ 以前,浒苔都能保持较高光合速率,说明浒苔耐强光,对光照有较广的适应性。

7 组不同光照强度条件下浒苔培养液中 DIC 浓度在 48 h 期间的变化趋势见图 13.20。其中 0~12 h 为藻体光合固碳吸收 DIC,使其浓度大幅度降低,12~24 h 为藻体黑暗呼吸作用,DIC 有所回升,24~48 h 再次通过光合固碳-呼吸作用后,DIC 浓度降低幅度较小。100 $\mu mol/(m^2 \cdot s)$ 组 DIC 下降速率最大,第 1 天光照期间(0~12 h)下降速率达 49.95 μmol C/(g FW·h),显著高于 20 $\mu mol/(m^2 \cdot s)$ 和

40 μmol/(m² · s)组,12~24 h黑暗期间,由于浒苔呼吸作用释放一定的CO₂,所有实验组培养液中 DIC 浓度均有所回升,但上升幅度不大。在第 2 个光周期期间(24~48 h),所有实验组 DIC 浓度均下降,最后稳定在 0.86~1.14 mmol/L,低于浒苔 DIC 饱和点(1.2 mmol/L)。

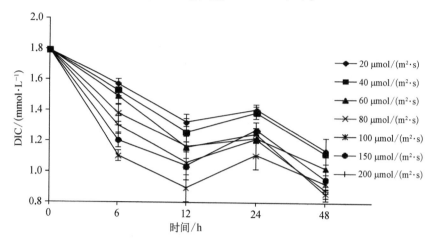

图 13.20　不同光照条件下浒苔培养液中 DIC 浓度变化

实验均在 20℃条件下进行,分别实验 0 h、6 h、12 h、24 h 和 48 h 后测定培养液中 DIC 浓度,图中误差线为 SD 值($n=3$)

实验发现 0~12 h,20 μmol/(m² · s)、40 μmol/(m² · s)和 60 μmol/(m² · s)组前 6 h浒苔固碳速率高于后 6 h,而 80 μmol/(m² · s)、100 μmol/(m² · s)、150 μmol/(m² · s)和 200 μmol/(m² · s)组前 6 h浒苔固碳速率却低于后 6 h(表 13.4)。同时也发现第 2 天净浒苔固碳速率也比第 1 天要小很多(图 13.20)。

表 13.4　12 h 内不同光照强度对浒苔光合固碳速率的影响

固碳速率/ [μmol C/(g FW · h)]	光照强度/[μmol/(m² · s)]						
	20	40	60	80	100	150	200
0~6 h	24.29e	28.94de	33.33d	45.48c	76.51a	65.02b	54.20c
6~12 h	27.81b	30.47b	36.72a	24.96c	23.39cd	19.33d	27.65b
平均	26.05d	29.71cd	35.03bc	35.22bc	49.95a	42.18ab	40.93b

注:同行数据后字母不同者之间表示存在显著差异($P<0.05$)

2. 干出对绿潮藻浒苔光合固碳的影响

潮间带大型海藻由于生活环境的特殊性,须经受涨潮、落潮导致的干出和沉水交替环境的影响。低潮时,大型海藻暴露在空气中,由沉水转变为干出,导致藻体脱水,对其光合作用产生不同程度的影响。研究发现,一些潮间带海藻显示出在干出状态下的光合能力比在淹没条件下小,如羽状凹顶藻(*Laurencia pinnatifida*);而另一些潮间带海藻,则在干出状态下比在海水中更高,如条斑紫菜。

邹定辉(2001)研究结果表明,在一定干出程度下,浒苔光合速率随脱水量的增加而逐渐下降,而呼吸速率在干出过程中基本保持不变;在严重干出时,浒苔光合效率和羧化效率表现出下降趋势,而光补偿点与 CO₂ 补偿点则表现出增高趋势。Gao 等(2011)研究结果显示,随着干出程度的增加,浒苔 PSⅡ最大光量子产量 F_v/F_m 呈下降趋势,表明严重干出对潮间带大型海藻光合特性影响极大。

3. 温度对浒苔光合固碳能力的影响

图 13.21 为 10℃、15℃、20℃、25℃、30℃、35℃ 6 组不同温度条件下浒苔培养液中 DIC 浓度在实验 48 h 期间变化趋势。其中 0~12 h 为藻体光合固碳吸收 DIC,使其浓度大幅度降低,12~24 h 为藻体黑暗呼吸作用,DIC 有所回升,24~48 h 再次通过光合固碳-呼吸作用后,DIC 浓度降低幅度较小。

从图中可以看出,25℃组 DIC 浓度降幅最大,第 1 天光照期间(0~12 h)降幅达到 0.95 mmol/L,其次依次分别为 30℃、20℃、15℃、10℃组,降幅分别为 0.87 mmol/L、0.65 mmol/L、0.58 mmol/L、

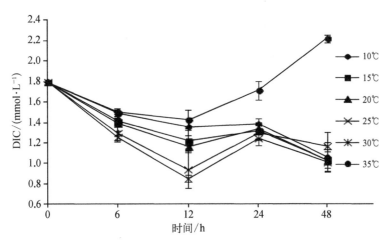

图 13.21 不同温度条件下浒苔培养液中 DIC 浓度变化

实验均在 60 $\mu mol/(m^2 \cdot s)$ 条件下进行,分别实验 0 h、6 h、12 h、24 h 和 48 h 后测定培养液中 DIC 浓度,图中误差线为 SD 值($n=3$)

0.45 mmol/L,最低为 35℃组,降幅只有 0.38 mmol/L,且第 2 天已升至 2.25 mmol/L,近半藻体发白,说明藻体已崩溃不适应 35℃。

实验发现 0~12 h 内前 6 h,浒苔固碳速率最高,而后 6 h 速率有所下降(表 13.5)。同时也发现第 2 天浒苔净固碳速率也比第 1 天要小很多,且除 35℃组外,其 DIC 浓度降低值也比较接近(图 13.21)。

表 13.5　12 h 内不同温度对浒苔光合固碳速率的影响

固碳速率/ [μmol C/(g FW · h)]	温度/℃					
	10	15	20	25	30	35
0~6 h	33.37c	43.74b	46.14b	61.17a	56.78a	35.24c
6~12 h	16.65d	21.24cd	25.59c	44.85a	39.67b	6.84e
平均	25.01d	32.49c	35.87c	53.01a	48.22b	21.04d

注:同行数据后字母不同者之间表示存在显著差异($P<0.05$)

三、化学因子对大型海藻光合固碳的影响

氮(N)、磷(P)营养盐影响大型海藻的生长环境,对大型海藻光合特性有一定的影响。研究结果表明,高 N 高 P(HNHP)处理条件下,龙须菜(*G. lemaneiformis*)的生长和光合无机碳利用能力比低 N 低 P(LPLN)、低 N 高 P(LNHP)、高 N 低 P(HNLP)均高;低 P 和高 N 高 P 对龙须菜 PSⅡ光化学活性的抑制作用最强;硝氮浓度增加能使龙须菜藻体色素和可溶性蛋白含量得到显著提高。朱明等(2011)对不同氮磷水平对缘管浒苔光合作用的影响进行研究,结果表明,添加 N 和 P 都显著增加缘管浒苔藻体的光合作用速率、可溶性蛋白含量,最终显著提高藻体的相对生长率,缘管浒苔对 N 和 P 的利用可以在一定范围内相互弥补。另外,低光强下,NH_4^+ 超过 0.07 mmol/L 时可抑制孔石莼的光合作。NH_4^+ 比 NO_3^- 和 NO_2^- 更有利于促进孔石莼对水体中 DIC 的吸收。

1. 氮磷加富对浒苔生长及光合固碳能力的影响

对于大型海藻而言,高浓度 N、P 将显著影响其生长、光合生理特性以及生化组成。李信书等(2012)研究显示,同时解除 N、P 限制,可以促进条斑紫菜(*P. yezoensis*)快速生长。李枫等(2009)发现氮磷加富能显著提高龙须菜的生长和光合无机碳利用能力,降低其光化学效率。朱明等(2011)报道,添加 N、P 能显著增加缘管浒苔(*U. linza*)的光合作用速率、可溶性蛋白含量。对于近年来连年暴发的绿

潮藻优势种浒苔(*U. prolifera*),不同 N、P 水平下,在浒苔相对日生长率、叶绿素荧光参数、光合速率以及吸收 DIC 能力的影响方面已做了大量研究。

(1) 不同 N、P 水平对浒苔光合速率的影响

由图 13.22 可以看出,N 或 P 的加富均能显著提高藻体光合速率($P<0.05$)。

HNHP 组光合速率最高,达到 114.0 μmol C/(g FW·h),分别是 LNHP、HNLP 和 LNLP 组的 1.17 倍、1.21 倍和 1.52 倍。LNHP 与 HNLP 之间光合速率无显著性差异($P>0.05$),且都显著低于 HNHP 组($P<0.05$),HNHP 组光合速率分别比 LNHP 和 HNLP 组提高了 16.51% 和 20.57%。说明 N、P 加富可提高浒苔光合能力,且 N、P 同时加富其促进能力更强。

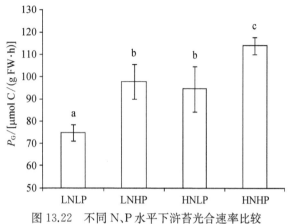

图 13.22 不同 N、P 水平下浒苔光合速率比较

图中误差线为 SD 值($n=3$),小写字母表示不同 N、P 水平下光合速率(P)的差异显著性($P<0.05$)

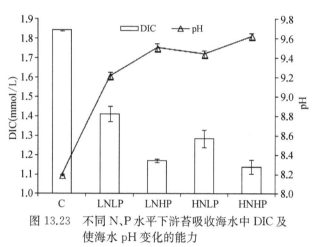

图 13.23 不同 N、P 水平下浒苔吸收海水中 DIC 及使海水 pH 变化的能力

图中误差线为 SD 值($n=3$),横坐标中"C"表示实验前海水的 DIC 浓度及 pH

(2) 不同 N、P 水平对浒苔吸收海水中 DIC 及提升海水 pH 的影响

图 13.23 为不同 N、P 水平下,实验 12 h 后海水中 DIC 及 pH 含量。从图中可以看出,实验结束后,HNHP 组 DIC 含量最低,为 1.14 mmol/L,其次是 LNHP 组(1.17 mmol/L)、HNLP 组(1.28 mmol/L),LNLP 组最高(1.41 mmol/L)。实验前后 4 种 N、P 水平间海水 DIC 变化量(ΔDIC)存在显著性差异(表 13.6),LNLP 组 ΔDIC 最小,为 0.43 mmol/L,显著低于其他 3 组($P<0.05$);其次是 HNLP 组(ΔDIC=0.55 mmol/L),与 LNHP 组和 HNHP 组存在显著性差异($P<0.05$);LNHP 组和 HNHP 组间差异不显著,其变化量分别为 0.67 mmol/L 和 0.70 mmol/L,说明 N、P 的增加能促进浒苔对 DIC 的吸收。

表 13.6 实验前后海水中 DIC 及 pH 变化量

N、P 水平	LNLP	LNHP	HNLP	HNHP
ΔDIC/(mmol/L)	0.43±0.038a	0.67±0.009c	0.55±0.045b	0.70±0.036c
ΔpH	1.02±0.035a	1.31±0.042b	1.25±0.036b	1.43±0.036c

注:表中测定值为平均值+标准差($n=3$),小写字母表示不同 N、P 水平下 ΔDIC 和 ΔpH 的差异显著性($P<0.05$)

海水中 pH 变化趋势与 DIC 相对应(图 13.23),HNHP 组 pH 最高,达到 9.62,其次是 LNHP 组(9.50)、HNLP 组(9.44),LNLP 组最低,为 9.22。表 13.6 显示实验前后不同 N、P 水平下,海水 pH 变化量(ΔpH)的差异性,HNHP 组 ΔpH 最大,为 1.43,显著高于其他实验组($P<0.05$);LNHP 组与 HNLP 组间无显著性差异($P>0.05$),其 ΔpH 分别为 1.31 和 1.25,且均显著高于 LNLP 组(ΔpH=1.02),说明 N、P 的增加在促进浒苔吸收海水中 DIC 的同时,提升了海水 pH。

N、P 营养盐对大型海藻生长起着至关重要的作用。$NO_3^- - N$ 和 $PO_4^{3-} - P$ 作为大型海藻最主要的可利用性 N、P 源,提高其浓度,在一定程度上均能促进大型海藻生长。对江苏、山东近海海域进行监测

发现,2013 年夏季各海区 $NO_3^- - N$ 和 $PO_4^{3-} - P$ 浓度均较低,分别小于 20 $\mu mol/L$ 和 1 $\mu mol/L$,且各海区之间 $NO_3^- - N$ 和 $PO_4^{3-} - P$ 浓度相当,关联系数在 0.70~0.90,结合以上结果,说明目前中国近海海水中 $NO_3^- - N$ 和 $PO_4^{3-} - P$ 浓度对大型海藻生长具有限制性。邹定辉等(2001)以及 Pereira 等(2006)对石莼及紫菜的研究证明藻体对 P 的需求小于 N。本实验结果与以上研究一致,N、P 的加富能显著提高浒苔相对日生长率及光合速率,且 N 的促进能力强于 P。这可解释为 N 的加富提供了藻体充足的 N 源,P 的加富促使藻体光合磷酸化水平升高,增加 ATP 的合成,进而提高其生长率和光合能力。

海洋植物的生长除了与海水中 N、P 营养盐密切相关外,DIC 也是至关重要的,三者都是海洋植物生长所必需的生源要素,是海洋初级生产力的基础。海洋植物光合作用吸收 CO_2 将其转化为有生命的颗粒有机碳的同时,也把海水中营养盐转化为初级生产力,其总反应方程可表示为

$$106CO_2 + 16NO_3^- + HPO_4^{2-} + 122H_2O \longrightarrow (CH_2O)_{106}(NH_3)_{16}H_3PO_4 + 138O_2$$

从方程式中可以看出,海洋生物对 C、N、P 理论吸收比值为 C:N:P=106:16:1,生物吸收 CO_2 同时消耗营养盐,增加 N、P 营养盐可促进生物对 CO_2 的吸收,从而显著影响水体无机碳体系。韩婷婷(2013)研究得出,N 加富增强海带光合作用时,水体 DIC 浓度下降,海带生长率增大;在一定范围内,随着 N 浓度的增加,水体中 DIC、HCO_3^- 及 pCO_2 的下降速度逐渐加快,海带固碳能力增强。从本实验结果可以看出,N、P 加富,显著促进浒苔光合固碳吸收海水中 DIC,且 P 的促进能力强于 N,这可能由于 N 含量过高,相对降低了 CO_2 及 P 含量所致。浒苔吸收营养盐及 DIC 将其转化为初级生产力的同时,引起了海水表层 pCO_2 的降低和海水 pH 的提升,从而促进空气中 CO_2 向海水溶解。

综上所述,自然海水中 N、P 水平对浒苔生长速率有限制作用,但不影响其生长潜力,水体中 N 或 P 的增加都能显著提高藻体生长率和光合固碳能力,且在一定程度上 N、P 具有互补性。另外,N、P 的加富还能加快浒苔对海水中 DIC 的吸收,降低海水中 DIC 含量,促使海洋不断"取走"空气中 CO_2,增加海洋碳汇强度。同时进一步解析了我国黄海绿潮暴发机制及浒苔成为其优势暴发藻种。

2. 二氧化碳浓度

大型海藻光合固碳能力受到大气 CO_2 浓度水平的限制,CO_2 浓度增加,潮间带海藻光合固碳能力增强。然而,CO_2 浓度过高,许多大型海藻光合能力下降,对海水中 HCO_3^- 利用能力降低,并使得光量子产量下降,而部分大型海藻则无上述光合作用下调现象。高浓度 CO_2 使得海水中的 DIC 浓度增加,而 pH 下降。研究发现,5 000 $\mu L/L$ CO_2 浓度使得条浒苔(U. clathrata)光合作用提高;700 $\mu L/L$ CO_2 浓度对其光补偿点及无机碳补偿点的影响比 5 000 $\mu L/L$ CO_2 浓度较小;5 000 $\mu L/L$ CO_2 浓度条件下石莼的光合能力下降。扁浒苔处于水生状态时,光合作用受到无机碳的限制,当暴露在空气中少量脱水时,无机碳源充足,光合作用达到饱和。研究发现,对于不同大型海藻,高 CO_2 浓度对其长期效应在不同藻类间存在很大差异,如高 CO_2 浓度下,江蓠属中的 G. gaditana 的光合能力增强,细基江蓠(G. tenuistipitata)的光合能力下降,而紫菜属中的 P. leucostica 的光合能力没有明显变化。高 CO_2 浓度对珊瑚藻光合作用具有负面影响。

碳酸酐酶(CA)和 Rubisco 酶是海藻吸收利用外界无机碳的两个最关键的酶。高 CO_2 浓度下,细基江蓠的胞外 CA 活性下降,并且其 CA 合成也受阻,导致 HCO_3^- 利用能力以及向 Rubisco 供应 CO_2 能力下降。Stit 和 Krapp(1999)认为,在大型海藻中,光合能力降低可能是因为 Rubisco 酶蛋白含量、活化水平及比活性降低。研究表明,高 CO_2 浓度使得细基江蓠 Rubisco 含量降低。Rubisco 含量影响着光合作用关键酶对 CO_2 的羧化能力,进而影响光合速率。蔡春尔等(2009)认为,CO_2 浓度升高时,Rubisco 倾向于向浒苔叶绿体基质中扩散;CO_2 浓度较低或无 CO_2 培养时,Rubisco 酶不断向蛋白核中集中。

3. 盐度及 pH

已有研究表明,大型海藻光合速率受盐度影响,如近岸海水中的一种红藻 *Hypnea musciformis* 具

有较宽盐度耐性,冬季盐度为20‰时光合速率最大,夏季则为36‰时最大。刘长发等研究表明,孔石莼在盐度20‰左右光合速率最大。冯子慧等(2012)研究结果表明,在淡水与海水之间的广阔盐度范围内,浒苔光合速率均较高,盐度在10‰附近其光合最高;Φ_{PSII}在高盐度下缓慢下降,对应电子传递速率也下降。同时得出,浒苔净光合速率先随着pH的升高而升高,后随pH升高而降低。pH为7和8时,浒苔净光合速率较高,达到10.42 μmol/(g DW·min)。pH为8时,浒苔rETR最大,pH9.5时最低;Φ_{PSII}在pH为8时达到最大,之后随pH升高迅速下降。另外,不同大型藻类对pH的耐受性也有差异,其光合固碳能力也会有差别。光合放氧速率、叶绿素含量、叶绿素荧光参数可反映浒苔的光合生理特性。

图13.24(A)为不同DIC浓度对浒苔净光合速率的影响。由图可以看出,DIC浓度保持在0.6 mmol/L以上时,浒苔能够保持较高的净光合速率,DIC浓度为1.2 mmol/L时,浒苔的净光合速率即可达到最高值,为11.21 μmol/(g DW·min)。

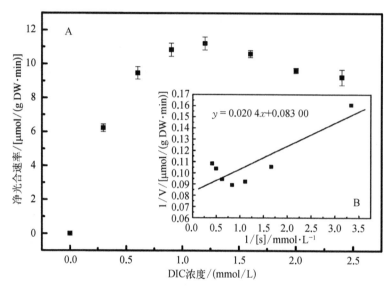

图13.24　不同无机碳(DIC)浓度对浒苔净光合作用的影响(A)以及
浒苔净光合速率Lineweaver-Burk双倒数图(B)

根据双倒数方程$1/V = K_m/V_{max} \cdot 1/[S] + 1/V$,$K_m$为米氏常数(mmol/L),$V_{max}$为最大光合速率[$\mu$mol/(g DW·min)],[S]为DIC浓度(mmol/L),以1/[S]为横坐标,1/V为纵坐标可以得到一条双倒数曲线,对曲线进行线性拟合,可得到线性回归方程及相关系数R^2(图13.24(B))。通过方程可求出米氏常数K_m和最大光合作用速率V_{max},K_m也就是光合作用达到最大速率的一半时的DIC浓度,通过K_m可以看出浒苔利用无机碳的能力。水生状态下浒苔的K_m值极低,为0.205 mmol/L,仅为现有海水中的DIC浓度(2.4 mmol/L)的1/11,表明浒苔具有很强的无机碳利用能力。光合作用达到饱和时,DIC浓度也只为现有海水DIC浓度一半,可见现有海水DIC浓度完全可以满足浒苔持续光合作用和旺盛生长要求。

浒苔能在淡水到海水的广阔盐度范围内进行高速光合,盐度在10附近光合最高,介于淡水与海水之间,这正是长江如海口附近盐度的特点,因此能在中国江苏中部和北部沿海海域生存发展。浒苔适应盐度不同带来的渗透胁迫。Φ_{PSII}在高盐度下缓慢下降,对应电子传递速率也下降。激发压最高的不是本实验中的最高盐度,而是在海水盐度附近(盐度30~40),什么原因还不清楚。盐度在30以内NPQ变化较小,盐度大于30后逐步缓慢上升,表明高盐胁迫下非光化学途径启动,耗散激发能。

海水pH影响水中DIC的形式,偏酸性条件下,DIC主要以CO_2形式存在,偏碱性条件下,DIC主要以HCO_3^-形式存在。本实验发现pH在7~8时都有最高的光合速率,pH为7与pH为8的不同形式DIC的浓度是有很大不同的,暗示浒苔利用不同形式的DIC能力很强。激发压在pH8时最低,暗示这个 pH 下光合机构最稳定。在偏酸性 pH 下比偏碱性 pH 条件非光化学途径较高,暗示浒苔利用不同形式的 DIC 时候可能采用不同的能量耗散机制。

最近几年黄海海域由漂浮浒苔形成的绿潮频发,特别是 2008 年的 5~7 月,在青岛奥帆赛区暴发了可以说是世界上最大的一次绿潮,绿潮覆盖范围多达 13 000~30 000 km²,仅打捞上来的绿潮藻就有 100 多万吨。浒苔生长迅速离不开光合作用,除了温度外,浒苔对各个环境因子都表现出较宽广的适应范围,表明浒苔是一种光合效率较高适应能力较强的海藻。这应该也是其暴发速度快速的重要原因之一。

浒苔属于广温性大型海藻,但温度过高、过低都将抑制浒苔光合固碳作用,从而影响其生长。同样,光虽然提供了浒苔光合固碳时光化学提取电子和光系统固定碳所需要的能量,但光照强度过高或过低对浒苔固碳能力均有显著影响。

浒苔对温度和光照强度的耐受范围较广,具有较强的生存能力。浒苔光合固碳能力最适条件为温度 25℃,光照强度 100 $\mu mol/(m^2 \cdot s)$ 的组合。最佳组合条件下,浒苔固碳速率高达 53.10 $\mu mol\ C/$ $(g\ FW \cdot h)$,根据浒苔干湿比为 15.63/100,其固碳速率转化成干重约为 339.73 $\mu mol\ C/(g\ DW \cdot h)$。另外,水生状态下浒苔固碳速率约为气生状态下的 1/4,若浒苔同时利用充足 CO_2 及 HCO_3^- 作为碳源进行光合作用,其固碳速率理论上将超过 1 358 $\mu mol\ C/(g\ DW \cdot h)$,显著高于坛紫菜(P. haitanensis)[约 600 $\mu mol\ C/(g\ DW \cdot h)$]、石莼(U. lactuca)[约 500 $\mu mol\ C/(g\ DW \cdot h)$]和羊栖菜(H. fusiformis) [约 160 $\mu mol\ C/(g\ DW \cdot h)$]等大型海藻。可见,浒苔光合速率之高、生长速率之快、繁殖效率之高,是其他海藻及陆生高等植物均望尘莫及的,并且浒苔光合固碳减低海水中 DIC 含量能促进空气中 CO_2 不断向海水中转移。

海水中 DIC 以 CO_2(0.014 mmol/L,15℃)、HCO_3^-(2.1 mmol/L,15℃)和 CO_3^{2-}(0.2 mmol/L,15℃)3 种不同形式存在,一般认为 CO_3^{2-} 不能作为海藻的直接碳源。海水中 CO_2 含量极少且扩散速度极慢(CO_2 在水中扩散速度是空气中的万分之一左右)。因此,为克服 CO_2 浓度限制,藻类建立了 CO_2 浓缩机制(CCMs),利用碳酸酐酶(CA)将藻类吸收的 HCO_3^- 转化为 CO_2 以供 Rubisco 利用,进而完成 CO_2 固定。有研究认为,大型海藻如果能使其培养液 pH 提升到 9.2 以上则说明此藻能利用 HCO_3^- 作为碳源进行光合作用,如浒苔、龙须菜(G. lemaneiformis),另外,最近有研究发现浒苔既能利用 CO_2 完成 C_3 途径,又能利用 HCO_3^- 完成 C_4 途径,这能在很大程度上提高其固碳效率、生物量及环境适应能力。

图 13.25 为气生状态下不同重量浒苔总固碳量(A)及单位固碳速率(B)示意图,由图 13.25(A)可知气生状态下浒苔的总固碳量随着光合仪叶室内藻体重量的增加而增加,当藻体重量从 0.05 g 增加 0.1 g 时,浒苔总固碳也随之增长了 110%,但当重量继续增加到 0.2 g 时,总固碳量仅增加了 14%;呼吸作用消耗的总碳量变化较小。从图 13.25(B)可以看出,叶室内藻体重量为 0.05 g 和 0.1 g 浒苔光合固碳速率相近,分

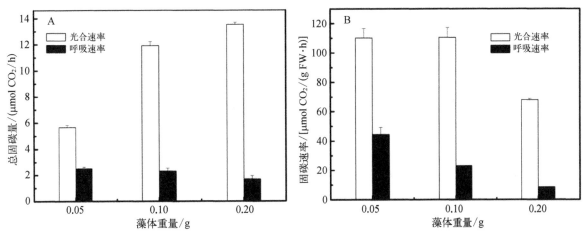

图 13.25　气生状态下不同重量浒苔的总固碳量(A)和单位光合固碳速率(B)

别为 110.16 μmol CO$_2$/(g FW·h)、110.45 μmol CO$_2$/(g FW·h),但当浒苔藻体重量的持续增加到 0.2 g 时,光合固碳速率降到 68.06 μmol CO$_2$/(g FW·h),仅为 0.1 g 时的 61.6%;呼吸速率随藻体重量的增加而持续降低,光合速率和呼吸速率的差值分别为 60.44 μmol CO$_2$/(g FW·h)、87.39 μmol CO$_2$/(g FW·h)、59.66 μmol CO$_2$/(g FW·h)。以藻体重量为 0.1 g 的浒苔固碳量为依据,通过计算得出,一个光周期 (12L∶12D)气生状态时浒苔固定的 CO$_2$ 的量最高约为 46.14 mg CO$_2$/(g FW·d)。

Chung 等(2010)对比了 40 多种大型海藻的生长速率,浒苔属藻类平均生长速度是最快的。李检平等(2010)发现绿潮藻浒苔是生长速度最快的大型海藻,日增重最高可达 45.1%。项目组在室内发现绿潮藻浒苔幼苗日生长率可以高达 78.9%,海区现场围隔实验也可以高达 51.6%。根据我们的研究结果推算,每 100 万 t 浒苔在海水中漂浮一天就能够吸收约 11 t 的 CO$_2$。青岛海区近几年来暴发的浒苔绿潮,虽然对海域生态和景观带来很大负面影响,但是浒苔固碳能力强于其他大型经济海藻,属广温、广盐性的海藻,对环境的适应能力和繁殖能力较强,而且暴发浒苔的生物量巨大,对增加我国海洋碳汇及防治海洋酸化有着十分重要的意义。

此外,对绿潮藻固碳能力的评估应将其考虑作为替代能源。已有大量研究表明,绿潮藻可用于能源生产,作为农业有机肥、饲料及生物活性物质等。因此在绿潮暴发过程中,如果我们已具备了拦截和打捞漂浮绿潮藻能力和技术装备,则完全可以将绿潮灾害变为绿色宝贝和绿色财富。同时,绿潮的发生可能会对海水中细菌的群落结构及生物多样性产生影响,项目组对绿潮暴发时被绿潮藻覆盖 125 km^2 的海区进行监测发现,覆盖区域海水 pH 显著高于无绿潮藻覆盖区。Liu 等(2011)及 Guo 等(2011)对细菌群落结构进行研究发现,绿潮暴发后变形菌和蓝藻细菌数量明显增多,而变形菌和拟杆菌种类则减少。除了温度和光照强度外,其他生态因子对浒苔光合固碳能力及改变近岸生态系统海水 pH 亦有影响,且有待进一步研究。

四、绿潮藻浒苔的降低海洋酸化效应

1. 温度与光照强度对提升海水 pH 速率的影响

温度和光照强度是影响浒苔吸收海水中 DIC 及提升海水 pH 能力的重要因子,浒苔光合固碳速率及海水 pH 提升速率的研究结果可为评价绿潮藻浒苔的降低海洋酸化能力及近岸海洋生态系统的评估提供理论依据。

图 13.26 为不同温度条件下浒苔培养液中 pH 在实验 48 h 的变化趋势,其结果显示各组培养液中 pH 上升速度与 DIC 下降速度呈正相关关系。从图中可以看出,第 1 天光照期间(0～12 h),25℃组 pH

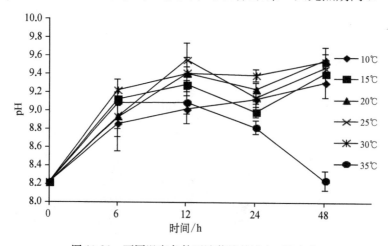

图 13.26　不同温度条件下浒苔培养液中 pH 变化

实验均在 60 μmol/(m^2·s)条件下进行,分别实验 0 h、6 h、12 h、24 h 和 48 h 后测定培养液中 pH,图中误差线为 SD 值($n=3$)

升高最快,达到 9.56,显著高于其他温度组。第 2 光周期实验结束后,35℃组近半藻体发白,pH 已降至 8.25,说明藻体已崩溃不适应 35℃。

实验发现 0~12 h 内前 6 h,pH 提升速率最高,其中 15℃、30℃和 35℃组 pH 提升速率显著高于其他温度组,与 DIC 下降速率相反,而后 6 h 速率均有所下降(表 13.7)。同时也发现第 2 天培养液 pH 净提升速率也比第 1 天要小很多,且除 35℃组外,其 pH 上升值也比较接近。

表 13.7　12 h 内不同温度对浒苔提升海水 pH 速率的影响

pH 提升速率/ (gFW·h)	温度/℃					
	10	15	20	25	30	35
0~6 h	0.071c	0.101a	0.080b	0.080b	0.112a	0.097ab
6~12 h	0.017c	0.017c	0.053b	0.069a	0.021c	0.000d
平均	0.044c	0.059b	0.067ab	0.075a	0.067a	0.049bc

注:同行数据后字母不同者之间表示存在显著差异($P < 0.05$)

2. 光照强度对海水 pH 变化的影响

不同光照条件对浒苔培养液中 pH 影响较大(图 13.27),实验结果显示各组培养液中 pH 上升速度与 DIC 下降速度呈正相关关系。从图表中可以看出,第 1 天光照期间(0~12 h),100 μmol/(m²·s)光照强度下 pH 上升最快,达到 9.76,其提升速率为 0.086/(g FW·h),显著高于其他光强组(表 13.8)。第 1 天黑暗期间(12~24 h),因浒苔呼吸作用释放一定 CO_2,所有光照强度组培养液 pH 均下降。第 2 光周期实验结束后,所有实验组 pH 均上升,最后保持在 9.56~9.96,但上升速率却反过来,其中 40 μmol/(m²·s)和 200 μmol/(m²·s)组 pH 上升速率最快,达到 0.012/(g FW·h),而 100 μmol/(m²·s)和 150 μmol/(m²·s)组却最慢,为 0.007/(g FW·h),可能与 pH 补偿点有关。

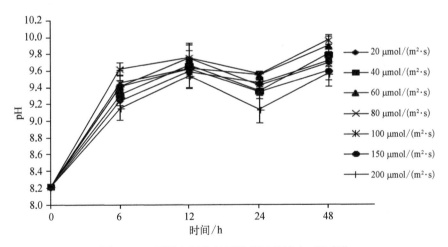

图 13.27　不同光照条件下浒苔培养液中 pH 变化

实验均在 20℃条件下进行,分别实验 0 h、6 h、12 h、24 h 和 48 h 后测定培养液中 pH。图中误差线为 SD 值($n = 3$)

表 13.8　12 h 内不同光照强度对浒苔提升海水 pH 速率的影响

pH 提升速率/ (g FW·h)	光照强度[μmol/(m²·s)]						
	20	40	60	80	100	150	200
0~6 h	0.115c	0.122c	0.133b	0.139b	0.157a	0.134b	0.104d
6~12 h	0.037a	0.039a	0.037a	0.019bc	0.015c	0.023b	0.043a
平均	0.076d	0.080c	0.085b	0.079b	0.086a	0.079a	0.074b

注:同行数据后字母不同者之间表示存在显著差异($P < 0.05$)

3. 12 h 浒苔光合固碳及提升海水 pH 能力两因子交互效应分析

图 13.28 为 12 h 光照期间温度和光照强度对浒苔光合固碳能力的交互作用,在 10~25℃和光照强度 20~100 $\mu mol/(m^2 \cdot s)$ 范围内,浒苔固碳速率随温度上升和光强增加而提高,超过该范围后速率下降。35℃时,浒苔固碳速率最慢,但 20~100 $\mu mol/(m^2 \cdot s)$,其速率也呈上升趋势,而 150 $\mu mol/(m^2 \cdot s)$ 和 200 $\mu mol/(m^2 \cdot s)$ 组,浒苔可能受到高温强光伤害,致使培养液中 DIC 浓度增加。可以看出,浒苔光合固碳能力的温度-光照强度最佳组合为 25℃-100 $\mu mol/(m^2 \cdot s)$,此时浒苔固碳速率为 53.10 $\mu mol\ C/(g\ FW \cdot h)$。

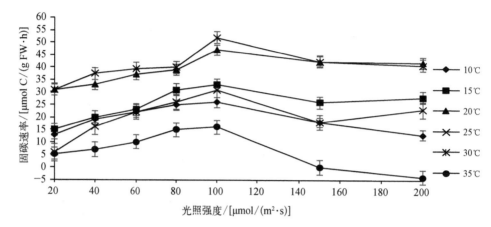

图 13.28 不同温度、光照强度对浒苔光合固碳能力的影响

在 42 个温度光强组合下实验 12 h(08:00~20:00)后测定浒苔固碳速率,图中误差线为 SD 值($n=3$)

温度和光照强度对浒苔提升海水 pH 能力的交互影响见图 13.29,pH 提升速率与浒苔光合固碳速率呈正相关关系。35℃时,150 $\mu mol/(m^2 \cdot s)$ 和 200 $\mu mol/(m^2 \cdot s)$ 组,浒苔可能受到高温强光伤害,致使培养液中 DIC 浓度增加,pH 迅速下降至 8.12 和 7.90,低于海水原始初始 pH(8.22)。由图可见,在浒苔提升海水 pH 能力的温度-光照强度最佳组合 [25℃-100 $\mu mol/(m^2 \cdot s)$] 下,pH 提升速率为 0.091/(g FW·h),培养液 pH 达到 9.86。

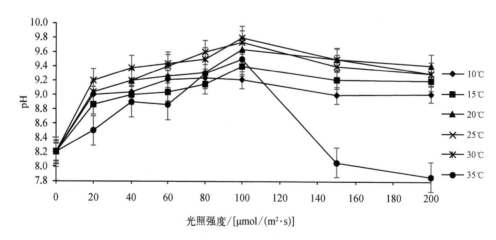

图 13.29 不同温度、光照强度对海水 pH 变化的影响

在 42 个温度光强组合下实验 12 h(08:00~20:00)后测定海水 pH。图中误差线为 SD 值($n=3$)

另外,温度、光照强度对浒苔光合固碳能力影响的方差进行分析(表 13.9),总离差平方和为 23 026.044,温度的离差平方和为 17 460.787,在三种条件中最大,温度×光照强度条件的自由度为 30,在三种条件中最高。对温度、光照强度对浒苔培养液中海水 pH 变化影响的方差进行分析(表 13.10),总离平方和为

0.054 0,温度的离差平方和为 0.021 5,在三种条件中最大,温度×光照强度条件的自由度为 30,在三种条件中最高。

表 13.9　温度、光照强度对浒苔光合固碳能力影响的方差分析

变 异 来 源	离差平方和	自由度	均　方	F 值	P
光照强度	4 008.116	6	668.019	368.80	0.001 **
温　度	17 460.787	5	3 492.157	1 927.93	0.001 **
温度×光照强度	1 404.987	30	46.833	25.86	0.001 **
误　差	152.154	84	1.811		
总　计	23 026.044	125			

** 差异极显著($P<0.01$)

表 13.10　温度、光照强度对浒苔培养液中海水 pH 变化影响的方差分析

变 异 来 源	离差平方和	自由度	均　方	F 值	P
光照强度	0.015 2	6	0.002 5	288.49	0.001 **
温　度	0.021 5	5	0.004 3	488.94	0.001 **
温度×光照强度	0.016 6	30	0.000 6	62.96	0.001 **
误　差	0.000 7	84	8.78×10^{-6}		
总　计	0.054 0	125			

** 差异极显著($P<0.01$)

4. 关于浒苔的 DIC 饱和点和 pH 补偿点

当浒苔处于水生状态时,DIC 浓度为 1.2 mmol/L,浒苔的净光合速率即可达到最高值,1.2 mmol/L 即为浒苔的 DIC 饱和点,且海水中 DIC 浓度保持在 0.6 mmol/L 以上时浒苔能一直保持较高固碳速率。第一光周期光照期间(0~12 h),前 6 h,各组固碳速率均高于后 6 h,但前 6 h 实验后培养液中 DIC 浓度仍大于浒苔的 DIC 饱和点,且 12 h 后,培养液中 DIC 浓度在半饱和点(0.6 mmol/L)以上,能较真实反映浒苔固碳能力。后 6 h 固碳速率较低原因可能有:① 前 6 h pH 提升较快;② 前 6 h 光合代谢产物对其有抑制作用。

DIC 浓度下降的同时,培养液中 pH 随之升高,12 h 后,pH 在 9.56~9.76(>9.3),pH 为 9.3 时,DIC 主要存在形式为 HCO_3^-(≈40%)和 CO_3^{2-}(≈60%),此时 HCO_3^- 含量下降且比例降低,且实验时无外源 CO_2 补充,若延长实验时间,将会影响浒苔固碳能力。从实验结果来看,与 12 h 相比,48 h 后浒苔培养液中 pH 上升幅度不大,基本保持稳定,pH 最终高达 9.96,这与冯子慧等(2012)研究结果(9.9 为浒苔的 pH 补偿点)一致。另外,考虑到一个光照期实验更能与开放海区浒苔每天固碳能力相结合,因此,采用光照实验 12 h 计算浒苔固碳能力较为真实、合理。

5. 滨海海域漂浮浒苔光合特性及其对海水无机碳体系的影响

2013 年 6 月 15 日,研究人员乘船出发前往江苏滨海漂浮浒苔覆盖区域,发现浒苔呈聚集状态,零星分布较少,在位点 A(34.47°N,120.57°E)和位点 B(34.43°N,120.58°E)处发现两块较大浒苔聚集斑块(图 13.30),A 处聚集形状近似矩形,覆盖面积约为 1.25×10^5 m²,B 处聚集形状近似圆形,面积约为

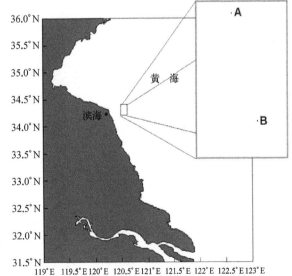

图 13.30　2013 年 6 月 15 日滨海海区漂浮浒苔
覆盖范围及调查航迹

$1.0 \times 10^5 \ m^2$。根据浒苔聚集形状和面积设置合理采样位点(图 13.31)。

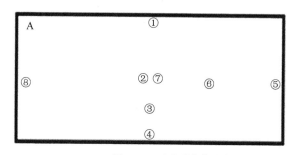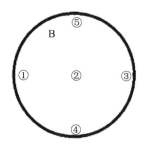

图 13.31　漂浮浒苔聚集区域形状及采样位点

(1) 浒苔光合固碳速率测定

参照彭刚等(2007)方法并加以改进。2013 年 6 月,在滨海海区围隔实验处采用表层挂黑白瓶法测定浒苔光合固碳速率,现场采集暴发的漂浮浒苔,将其洗净,分别称取一定质量藻体于盛满海水的黑白瓶中,盖紧,挂于原采样点,外界海水没过瓶口即可,挂瓶时间为 10:00~14:00。同时做白瓶不放藻对照以除去其他自养生物产氧量,每组实验 3 个平行。采样时固定初始溶氧,用碘量法(GB/T 12763.4—2007)测定黑白瓶中的溶解氧,然后计算出水柱日产量,从而得出浒苔光合固碳速率。实验同时做好测定点水温、透明度、光照强度、盐度、天气情况等的测定记录。浒苔光合固碳速率按以下公式计算:

$$总光合速率 \ P_G = (白瓶溶氧 - 白瓶对照溶氧 - 黑瓶溶氧) \times V/(4 \times W)$$
$$呼吸速率 \ R = (原始溶氧 - 黑瓶溶氧) \times V/(4 \times W)$$
$$净光合速率 \ P_n = (白瓶溶氧 - 白瓶对照溶氧 - 原始溶氧) \times V/(4 \times W)$$

式中,V 为黑白瓶中海水体积(L);W 为所取藻体质量(g);4 为挂瓶时间(h);溶氧单位为 $\mu mol/L$;光合速率单位为 $\mu mol \ C/(g \ FW \cdot h)$。

(2) 浒苔覆盖区域海水无机碳体系各参数及 pH 的测定

由于实验在野外现场进行,开放海区系统比较稳定,则可通过测定海水 pH 和总碱度(T_A),结合同时测定的温度、盐度等数据按照以下公式计算海水溶解性无机碳(DIC)及各参数 HCO_3^-、$CO_{2(T)}$、CO_3^{2-} 含量。

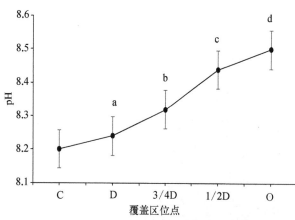

图 13.32　2013 年 6 月滨海海域漂浮浒苔覆盖区域不同位点海水 pH 变化情况

图中误差线为 SD 值($n=3$)。横坐标中"C"代表无浒苔覆盖区域;"D"代表覆盖区域边缘;"3/4 D"代表覆盖中心到边缘距离的 3/4 处;"1/2 D"代表覆盖中心到边缘距离的 1/2 处;图中小写字母代表不同位点的差异显著性($P<0.05$)

pH 采用 FE20 数显 pH 计(Mettler Toledo 公司,瑞士)测定,总碱度(T_A)采用 pH 法(GB/T 12763.4—2007)测定。

图 13.32 为漂浮浒苔覆盖区域不同位点海水 pH 的变化趋势。从无浒苔区域(C)到覆盖中心(O),pH 逐渐升高,且覆盖区域不同位点间均存在显著性差异($P<0.05$),覆盖中心(O)pH 高达 8.52。

DIC 浓度变化特征与 HCO_3^- 相似(图 13.33A 和 B),从覆盖边缘到中心,DIC 浓度逐渐降低,变化范围为 2 140~1 992 $\mu mol/L$,且不同位点间存在显著性差异($P<0.05$),同时也都显著低于无绿潮藻区域(C);HCO_3^- 浓度变化范围为 2 089~1 947 $\mu mol/L$(图 13.33B),覆盖中心(O)与覆盖中心到边缘距离的 1/2 处(1/2 D)HCO_3^- 浓度无显著性差异($P>0.05$)。

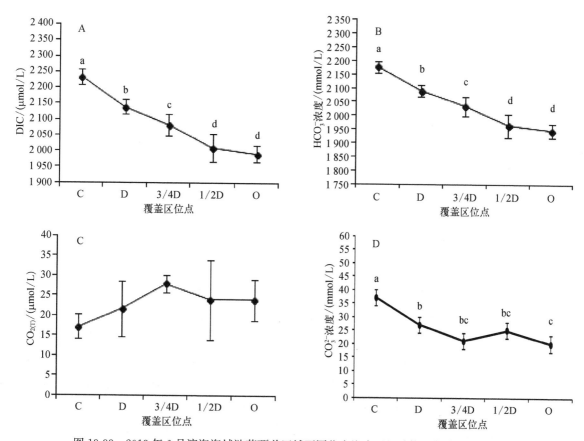

图 13.33　2013 年 6 月滨海海域浒苔覆盖区域不同位点海水无机碳体系各参数变化情况

图中误差线为 SD 值($n=3$)。横坐标中"C"代表无浒苔覆盖区域;"D"代表覆盖区域边缘;"3/4 D"代表覆盖中心到边缘距离的 3/4 处;"1/2 D"代表覆盖中心到边缘距离的 1/2 处;图中小写字母代表不同位点的差异显著性($P<0.05$)

覆盖区域不同位点间 $CO_{2(T)}$(图 13.33C)无显著性差异,但均略高于无浒苔对照区域(C)。CO_3^{2-} 浓度变化趋势与 $CO_{2(T)}$ 相反,但不同位点间存在显著性差异,中心(O)显著低于边缘(D),且覆盖区域均显著低于无覆盖区域(C)($P<0.05$)。无覆盖区域与藻体覆盖中心 DIC 相差量为 240 μmol/L,HCO_3^- 相差量为 231 μmol/L,$CO_{2(T)}$ 相差量为 7 μmol/L,CO_3^{2-} 相差量为 16 μmol/L。这表明浒苔对无机碳的吸收能力极强,能促进海水无机碳体系循环,提高海水 pH。

(3) 2008～2013 年黄海绿潮固碳量估算

利用元素分析仪 Vario MAX CN(Elementar Analysensysteme GmbH 公司,德国)测定浒苔组织含 C 量。根据暴发的绿潮藻覆盖面积、厚度以及单位体积生物量估算每年暴发绿潮藻的总生物量,再结合绿潮藻组织含 C 量估算出其固碳量。计算公式如下:

$$生物量＝覆盖面积×厚度×单位体积生物量$$
$$固碳量＝生物量×干湿比×含 C 量$$

我们已具备了完全拦截和打捞漂浮绿潮藻能力和技术装备,如果将全部打捞上岸的绿潮藻通过加工为食物、饲料、有机肥或用作生物替代能源,那么则完全可以将绿潮灾害变为绿色宝贝和绿色财富,直接对碳汇做出贡献。表 13.11 为 2008～2013 年黄海绿暴发相关信息。

通过实验得出,海区漂浮浒苔组织含 C 量为 32.78%,干湿比 15.6：100(数据未发表)。根据表 13.11 数据、浒苔组织含 C 量以及干湿比,可计算出绿潮藻生物量及固碳量,结果见表 13.12。如表 13.12 所示,若将 2008～2013 暴发的全部绿潮藻打捞上岸后加工成饲料、肥料或作为代替能源,则可以固定 1 843.67×10^4 t CO_2。

表 13.11　2008～2013 年黄海绿潮暴发相关信息

年　份	2008	2009	2010	2011	2012	2013
日　期	0629	0624	0707	0619	0526	0629
覆盖面积/km²	497.3	682	330.9	201.4	219.6	527
影响面积/km²	10 905	31 246	38 254	11 360	13 623	13 556
覆盖厚度/cm	20					
单位体积生物量/(t/m³)	0.2					

注：部分数据来自国家海洋局东海分局

表 13.12　2008～2013 年暴发绿潮藻生物量及固碳量

年　份	2008	2009	2010	2011	2012	2013	累　计
生物量/10⁴ t	1 989.2	2 728	1 323.6	805.6	878.4	2 108	9 832.8
固碳量/10⁴ t	101.72	139.50	67.68	41.19	44.92	107.80	502.82
固定 CO₂量/10⁴ t	372.98	511.50	248.18	151.05	164.70	395.25	1 843.67

　　植物体内叶绿素荧光大部分来自 PSⅡ 天线系统,通过对 F_v/F_m、F_v/F_0、Yield、NPQ 等参数的分析,可以反映所测样品的光合生理状态及其对强光的耐受能力。F_v/F_m 反映光合植物或藻体潜在最大光合能力,正常情况下,其值比较稳定,绿潮藻浒苔在 0.70～0.75,当藻体受环境胁迫时,F_v/F_m 显著下降。Yield 是 PSⅡ 实际光量子产量,表示 PSⅡ 光化学的能量占 PSⅡ 天线系统吸收的总光能的比例。NPQ 反映植物 PSⅡ 反应中心非辐射能量耗散能力及植物光保护能力的大小。rETR 为相对电子传递速率,与植物光照条件变化密切相关,可作为植物逆境胁迫的指示参数。该研究结果表明,2013 年 6 月滨海海域暴发的漂浮浒苔 F_v/F_m 为 0.67,略低于健康旺盛藻体的 F_v/F_m(0.70～0.75),说明浒苔状态良好,藻体健康等级为 Ⅱ 级(F_v/F_m 在 0.60～0.69);而 Yield、F_v/F_0、NPQ 等参数值表明浒苔光适应下藻体 PSⅡ 反应中心非辐射能量耗散能力及植物光保护能力的大小较强,反映了滨海海域藻体忍受逆境胁迫能力仍较强。

　　叶绿素含量与藻类光合作用密切相关,其值的高低决定植物吸收和转化光能的多少,同时反映其对强光的耐受性能力,是藻类生理状态的重要指标。该研究表明,浒苔 C_a/C_b 为 1.40,在 1.0～2.3,但趋于下限,说明藻体可能已处于亚健康状态。C_a/C_b 的降低说明藻体忍受逆境胁迫能力较强,能提高保护 LHCⅡ 的能力,以最大可能地捕获光能,用于光合作用。核酮糖- 1,5 -二磷酸羧化酶/加氧酶(Rubisco)是光合植物进行光合固碳的关键酶,其活性高低直接反映光合固碳强度。该研究浒苔样品 Rubisco 活性为 11.39 μmol CO₂/(g FW·min),显著低于健康旺盛藻体活性[17.12 μmol CO₂/(g FW·min)],说明藻体受逆境胁迫严重影响其光合固碳能力。该研究结果显示,浒苔即使受到逆境胁迫,其光合能力仍较强,达到 66.99 μmol C/(g FW·h),根据浒苔干湿比为 15.63：100(文中实验部分未显示),浒苔固碳速率转化成干重约为 430 μmol C/(g DW·h),与健康石莼(U. lactuca)[约 500 μmol C/(g DW·h)]相当,且显著高于羊栖菜(H. fusiformis)[约 160 μmol C/(g DW·h)],可见,浒苔对逆境的忍受能力极强。

　　海水中低盐区域 pH 相对较低,一般来说,海水 pH 较稳定,但海藻聚集暴发时,强烈的光合作用也会对其产生显著性影响。冯子慧等(2012)研究结果表明,浒苔暴发时大量吸收海水中 DIC,DIC 浓度降低的同时,会伴随海水 pH 的升高。该研究得出相似结论,漂浮浒苔聚集区域海水 pH 显著高于无浒苔覆盖区域($P<0.05$)。同时,由于绿潮藻的暴发,覆盖区域海水 DIC、HCO_3^-、$CO_{2(T)}$、CO_3^{2-} 浓度也发生了显著性变化。漂浮浒苔大量生长吸收了更多 CO_2,促使三种无机碳形式之间的动态平衡(CO_2 + H_2O ⟷ H_2CO_3 ⟷ $H^+ + HCO_3^-$ ⟷ $CO_3^{2-} + 2H^+$)向左发生移动,进而根据 pH 计算公式可发现 pH 增加。

　　此外,已有研究表明,大型海藻可作为生物能源、农业肥料、饲料及生物活性物质等,那么如果我们运用拦截和打捞漂浮绿潮藻能力和技术装备,在绿潮暴发中后期将其全部打捞并充分加工为以上资源加以利用,则完全可以将绿潮灾害变为绿色宝贝和绿色财富,进而将会减少碳税的征收。本实验计算得出,2008～2013 连续 6 年暴发的绿潮藻生物量累计达 9 832.8×10^4 t 湿重,据计算,这可固定 CO_2 量达 1 843.67×10^4 t。如果近期碳税按照 15 元/t CO_2 征收,则每暴发 1.0×10^6 t 绿潮藻将节约 281.25×10^4 元碳税,那么从 2008～2013 年连续 6 年暴发巨大生物量绿潮藻就能减少 2.76×10^8 元碳税,说明绿潮藻浒苔固碳能力很强,能对 CO_2 减排做出一定贡献,降低征收碳税对能源价格、能源供应与需求造成的对经济增长等方面的影响,从而将绿潮灾害变为绿色宝贝和绿色财富。

第十四章　黄海绿潮生态灾害的源头控制

绿潮暴发不仅会危害渔业、观光业,同时会带来一系列的次生生态环境危害。例如,浒苔大量繁殖遮蔽阳光,导致海底藻类得不到充足的光照从而生长受到影响;浒苔死亡后消耗水中的氧气,降低海水溶氧,导致海洋生物缺氧死亡;此外,浒苔分泌的化学物质有可能会对其他海洋生物产生克生作用;在近海堆积死亡的藻体经过细菌的分解,体内大量的蛋白质以及糖类化合物溶出、降解,对近岸海域的水质产生一定影响。

20 世纪八九十年代日本多处海域发生绿潮暴发,日本政府部门及科研单位曾尝试采用真空泵、绿潮藻专用回收船等方式清除绿潮藻,但大多终因设备工作效率低或成本过高而失败。法国大西洋沿岸大量堆积绿潮藻的清除也主要依靠人工搬运的方法,耗费大量人力、物力。

针对黄海绿潮发生海域对岸滩堤坝、陆上养殖池塘、河流、紫菜养殖区、海域等可能的源头进行了社会调查、水动力数值模拟、大范围高频率的现场监测、卫星遥感等手段开展的大量绿潮灾害源头排查和分析研究表明,江苏海域为最早出现绿潮藻漂浮和聚集的区域。针对源头,需要科学制订相应源头绿潮防控方案,最大程度地降低绿潮灾害对海洋经济与海洋生态环境的损害。

如何防控绿潮藻主要包括两个方面:一是针对固着绿潮藻的防控,二是针对漂浮绿潮藻的防控。

第一节　绿潮藻灭杀与防止固着技术

绿潮的形成种浒苔是江苏沿岸紫菜养殖海区绿潮藻群落的主要构成种,网帘上的绿潮藻是条斑紫菜养殖的主要灾害之一,其严重降低了紫菜的产量和品级,给紫菜养殖业造成了巨大的经济损失。在育苗期,海水和果孢子水中的浒苔孢子钻入贝壳,与条斑紫菜营养藻丝共同生长;秋季采苗时,又能与壳孢子一起固着在网帘上,成为养殖筏架上浒苔难以根除的主要原因。因此研究一种能有效杀灭浒苔而保留紫菜的方法,不仅能够提高紫菜产量和品级,更重要的是能为清除海区漂浮绿潮藻提供参考。固着绿潮藻的防控包括物理方法、化学方法、生物方法。绿潮藻的采收技术主要包括紫菜筏架缆绳固着绿潮藻采收技术、海区漂浮绿潮藻打捞技术。

一、生物方法

生物除藻可分为三方面:① 利用病毒、病原菌控制藻类生长;② 酶处理技术;③ 利用动植物控制藻类。

1. 浮游动物

利用大型溞(*Daphnia magna*)吞食藻类是比较有效的除藻方法。大型溞是一种经过驯化的滤食性枝角类,可在各种恶劣的水环境中生长繁殖,比野生枝角类个体大得多,既可吞食蓝绿藻,又可转化蓝藻毒素。有报道称一个大型溞一昼夜能吞食 30 万个小球藻。高世荣和潘力军(2010)研究了富营养化水体中大型溞生物株对藻类生长的影响。试验结果表明,大型溞吞食藻类效果明显,能有效降低蓝细菌以及铜绿微囊藻的生物量,自然环境稳定性良好,易于操控。但是现今并没有驯化出的可吞食浒苔孢子或配子的食藻虫品种,所以以大型溞控制浒苔显微繁殖体的控藻方法还未可行。

2. 微生物

利用微生物和藻类的竞争关系,使藻类因得不到足够的营养而死亡也是比较有效的生物控藻技术。近年来,关于小型富营养化水体生物除藻技术的研究表明,有效微生物群(EM)、Micro - Bac 发酵液(复合微生物)、微生物组合(光合细菌、硝化细菌等)等是比较高效的微生物除藻技术。对于防治绿潮而言,杨秀兰等(2008)认为比较有效的方法是利用硅藻与浒苔孢子或配子竞争,使其没有适宜的条件萌发,从而抑制浒苔的生长。

还有部分国外研究发现,溶藻细菌(Algae-lysing bacterium)可能与赤潮和水华的突然消亡有关。细菌溶藻分为直接和间接两种方式。直接溶藻,指菌体直接攻击宿主,与宿主细胞直接接触,甚至进入藻细胞达到溶藻效果;间接溶藻是利用细菌分泌某种代谢物质溶藻或通过营养竞争抑制藻类生长。汪靖超和辛宜轩(2011)从青岛海域的海泥中分离纯化得到一株可抑制浒苔生长的海洋细菌——弯曲芽孢杆菌 EP23,并通过实验证明 EP23 分泌的胞外物质可有效抑制浒苔生长。

利用生物方法杀灭绿潮藻虽然不会对环境带来二次污染,但是适用区域存在一定的局限性,由于硅藻、细菌等微生物可能成为紫菜养殖中的病害来源,所以必须要在远离养殖区的海域投放。

3. 鱼类

海洋中的草食性鱼类与海藻类具有相对的动态关系,即食物链关系(seaweed-herbivore interactions),一般包括直接关系和间接关系。草食类动物可以通过摄食藻类满足自己的能量需求,通过摄食也会影响到藻类群落的结构。丁平真等(2017)研究了浒苔(*U. prolifera*)不同藻体状态对黄斑篮子鱼幼鱼(*Siganus canaliculatus*)摄食量的影响及黄斑篮子鱼幼鱼对绿色状态浒苔的摄食节律实验研究,发现黄斑篮子鱼幼鱼对绿色状态浒苔的摄食量可达 0.56 g/ind·h。黄斑篮子鱼幼鱼对浒苔的摄食节律实验显示,黄斑篮子鱼幼鱼的摄食高峰出现在 5:00～7:00、9:00～11:00 和 13:00～15:00 的时间段内,而在当日 20:00 至次日 2:00 几乎不摄食。鱼类对于浒苔状态也具有不同响应,黄斑篮子鱼幼鱼对投喂绿色状态的浒苔摄食量显著高于投喂黄绿色和黄色状态浒苔。

二、化学方法

利用化学药剂杀除藻类是目前国内外使用最多的除藻技术,化学药剂除藻速度快,效果明显,但是其对非目标生物也具有杀灭作用,投放后会加速藻毒素释放从而影响水生生态系统的安全,使水环境产生恶性循环,严重地影响生态系统的结构和功能,这导致其发展和应用在一定程度上受到限制。

1. 硫酸铜

硫酸铜是研究和应用最早的除藻剂。铜离子进入藻细胞后,会与叶绿体等结构发生氧化反应使其遭到破坏,大大抑制藻体的光合、呼吸作用和各种酶的活性,从而抑制藻类生长。国内外已将硫酸铜应用到许多去除微型藻类的研究中,如吕启忠(2000)通过硫酸铜对黄河地面原水进行了除藻实验研究,结果表明,有效剂量为 0.5～1.0 mg/L 的硫酸铜抑藻剂对水中藻类的去除率可达 70%～90%。若添加铁盐、铝盐等作增效剂,可大大提高硫酸铜的除藻能力,在美国 Green 湖的应用实例中,在硫酸铜杀藻剂中投加了铝盐,使水环境得到了明显改善。

同样,铜离子对大型海藻也有一定的抑制效果。有研究报道了重金属铜对缘管浒苔的影响,结果显示,经过 Cu^{2+} 处理的藻体,其可溶性蛋白质含量降低、膜脂质过氧化作用加剧,相对离子外渗率增大,

0.5 mg/L 的 Cu^{2+} 就可使缘管浒苔迅速死亡。这与 Leonardo 等的研究结果相符，0.5 mg/L Cu^{2+} 处理后的曲浒苔光合放氧速率低于呼吸耗氧速率，表明其光合作用受到抑制，同时对亚细胞结构进行分析，发现藻体这些生理变化与光合作用运输蛋白变性、酶失活有关。

虽然硫酸铜能有效杀灭各种藻类，但过量使用硫酸铜会导致水中铜离子含量超标，破坏水生态；而且硫酸铜会破坏藻细胞，使细胞内藻毒素渗入水体中，增加水体中藻毒素含量，现已逐步被禁用。

2. 次氯酸钠

次氯酸钠是强氧化剂，是水处理中常用的净水剂、杀菌剂、消毒剂，能与水以任意比互溶。其杀藻灭菌原理是水解形成次氯酸后，次氯酸再分解成新生态氧[O]，[O]极强的氧化性可以使菌体和藻细胞内的蛋白质变性，从而使菌体和藻细胞死亡。由于次氯酸钠用于除藻不产生二次污染，所以是一种高效、广谱、安全的杀藻药剂。赵玉华等（2006）通过实验确定硫酸铜、高锰酸钾、臭氧、二氧化氯以及次氯酸钠这 5 种灭藻剂最佳投加量，并从这 5 种除藻剂中筛选出最高效的灭藻剂，得出 5 种除藻剂的优劣顺序为：次氯酸钠＞臭氧＞二氧化氯＞硫酸铜＞高锰酸钾。孙修涛等（2008）通过实验探索了浒苔在极端理化因子下的抗逆能力和一些药物对它的抑制与杀灭效果，其中次氯酸钠在有效氯浓度为 1 000 μL/L 时，15 min 内即可看到明显的漂白致死效果。

江苏如东海区条斑紫菜养殖筏架固着浒苔类绿潮藻属于绿藻门（Chlorophyta）石莼目（Ulvales）石莼科（Ulvaceae）石莼属（*Ulva*），该属中的浒苔类还有浒苔（*U. prolifera*）、缘管浒苔（*U. linza*）、扁浒苔（*U. compressa*）、曲浒苔（*U. flexuosa*）。浒苔类绿潮藻主要分布在紫菜筏架的缆绳和竹竿上，偶尔有少量分布在网帘上，其自然繁殖能力强，生长旺盛期主要在 12 月至次年 4 月。

次氯酸钠（NaClO）具有强氧化性，在水处理中用作消毒剂、净水剂、杀菌剂，也是常用的杀藻药剂。目前 NaClO 在杀藻方面的研究还仅见于对水体中微藻的影响，上海海洋大学课题组以江苏如东紫菜养殖筏架固着浒苔类绿潮藻为研究对象，研究不同浓度的 NaClO 溶液对其叶绿素含量、荧光特性及其光合放氧速率的影响，为消除紫菜筏架上和海区漂浮的绿潮藻提供参考。

（1）叶绿素光谱特性及含量的测定

图 14.1 为绿潮藻样品提取色素的吸收光谱，叶绿素 a 的最大吸收波长在 436 nm 和 663 nm，叶绿素 b 的最大吸收波长在 463 nm 和 645 nm。如图所示，提取的浒苔色素样品的最大发射波长在 680 nm 处。由此可见，紫菜养殖海区的绿藻含有正常的叶绿素 a 和叶绿素 b。

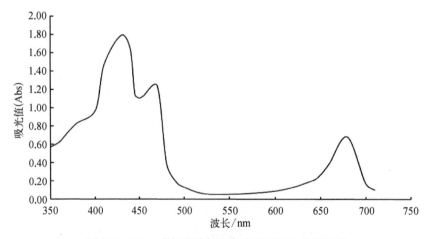

图 14.1 *Ulva* 类绿潮藻提取色素的可见光吸收光谱

（2）不同浓度 NaClO 对藻体荧光参数的影响

图 14.2 为 NaClO 处理前后藻体细胞状态的对比，可看到经次氯酸钠处理的藻体细胞明显收缩，并由绿色褪为黄绿色；从表 14.1 可知，经 NaClO 溶液浸泡后，藻体叶绿素 a 和叶绿素 b 含量均呈下降趋

势,这进一步证明了图 14.2 中细胞褪色是由于叶绿体受到损伤。2.00 mmol/L 的 NaClO 溶液处理就能使藻体叶绿素含量明显减少,且随 NaClO 浓度升高,叶绿素 a、叶绿素 b 含量及 Chla/Chlb 值均呈递减趋势,其中 10.0 mmol/L 实验组藻体的叶绿素 a 较空白组下降了 91.10%,而叶绿素 b 下降了 79.69%。

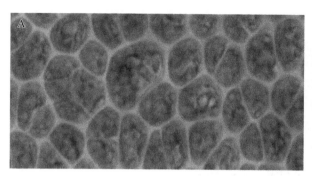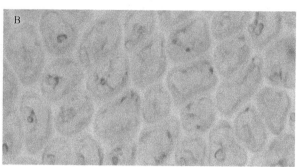

扫一扫 见彩图

图 14.2　NaClO 处理前后细胞状态比较

A. NaClO 处理前藻体状态;B. NaClO 处理后藻体状态

表 14.1　不同浓度 NaClO 处理后叶绿素含量的变化

NaClO 浓度/(mmol/L)	Chla/(mg/g)	Chlb/(mg/g)	Chla/Chlb
0	0.337±0.014	0.192±0.009	1.75±0.028
2.00	0.206±0.004	0.136±0.005	1.52±0.077
4.00	0.125±0.007	0.115±0.006	1.09±0.059
6.00	0.106±0.011	0.114±0.006	0.93±0.141
8.00	0.054±0.006	0.066±0.003	0.82±0.061
10.00	0.030±0.001	0.039±0.004	0.77±0.058

由图 14.3 可知,叶绿素荧光参数最大光量子产量 F_v/F_m 和实际光量子产量 Yeild 随着 NaClO 浓度的升高呈逐渐递减的趋势,对照组藻体的荧光参数 F_v/F_m 值可达 0.64,4.00 mmol/L 实验组藻体的 F_v/F_m 已降至 0.1,10.0 mmol/L 处理后已测不到藻体的荧光参数。

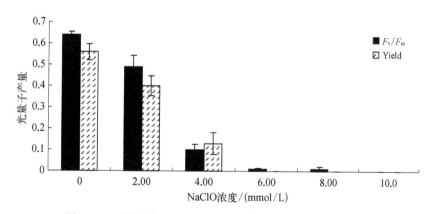

图 14.3　不同浓度 NaClO 处理后藻体叶绿素荧光特性的比较

氧电极是通过测定放氧量来反映植物的光合速率,能够直接、准确地反映植物的光合规律,客观性要远好于传统的光合仪测定方法。图 14.4 为不同浓度 NaClO 处理后绿潮藻的光合速率变化,由图可以看出,藻体的光合速率与 NaClO 溶液浓度呈负相关,2.00 mmol/L 的 NaClO 溶液便可以使藻体光合速率下降至对照组的 36%,10.0 mmol/L 组藻体的光合速率已呈负值,说明藻体光合放氧速率低于呼吸耗氧速率,已不能进行光合作用维持正常代谢氧速率。

如图 14.5 所示,次氯酸钠有效氯含量随着光照时间的延长而降低,而且温度越高,次氯酸钠的分解

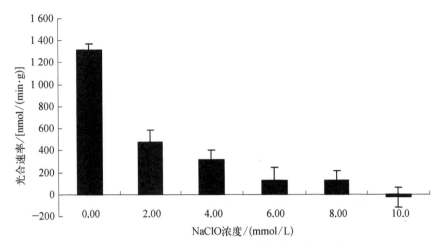

图 14.4　不同浓度 NaClO 对藻体光合速率的影响

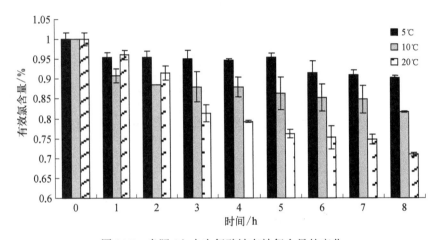

图 14.5　光照 8 h 内次氯酸钠有效氯含量的变化

速度越快。5℃时,经过 8 h 的光照有效氯含量仅降低了 9.7%,而在 20℃下,8 h 光照次氯酸钠有效氯含量能降低 30%。

　　针对江苏沿岸紫菜养殖筏架固着浒苔类绿潮藻,结果表明较低浓度的 NaClO 就可以引起藻体中叶绿素含量的较大幅度降低,光合荧光特性和光合速率与叶绿素变化趋势一致,均与 NaClO 浓度呈负相关关系。结合叶绿素含量、F_v/F_m 和光合速率三个生理指标,认为 NaClO 对绿潮藻的急性致死浓度约为 6.00 mmol/L。

　　目前,很多研究都集中在如何提高 NaClO 溶液的稳定性方面,但正是由于它不稳定的特性能够防止其在实际生产应用中的扩散问题,降低了在清除绿潮藻过程中 NaClO 对紫菜和环境造成的影响。次氯酸钠在日光作用下极易发生光化学分解,其分解产物主要是 NaCl、NaClO₃ 等海水组成成分。有文献报道,光照 20 h 就能使 NaClO 溶液中的有效氯含量降低 90%,且 pH 对其分解速率也有一定影响,当溶液的 pH 较低时,NaClO 也会加速分解,更重要的是重金属离子,特别是 Fe、Ni、Co、Mn、Cu 等会对次氯酸钠分解起催化作用,次氯酸钠在重金属的催化下会发生如下反应:

$$2\text{MO} + \text{NaClO} === \text{M}_2\text{O}_3 + \text{NaCl}$$
$$\text{M}_2\text{O}_3 + \text{NaClO} === 2\text{MO} + \text{NaCl} + \text{O}_2$$

M 表示重金属离子。

　　虽然实验结果显示在 20℃下,光照 8 h 后 NaClO 还是有较高的残留,但由于 NaClO 的分解特性,在运用到实际生产中时,可直接用海水配制溶液,利用海水里丰富的金属离子加速 NaClO 分解,而且在实际操作过程中,由于温度、pH、光照强度等多种因素影响,残留率可能比室内实验低。关于 NaClO 溶液在实际应用中的分解速率还需要在海区实验中进一步证实。

3. 过碳酸钠

过碳酸钠($2Na_2CO_3 \cdot 3H_2O_2$)又称固体过氧化氢,其水溶液呈碱性,可分解为碳酸钠和过氧化氢,具有氧化性,作为漂洗剂、显色剂被广泛用于纺织工业,也可单独作为消毒杀菌剂、除味剂等。上海海洋大学课题组以 *U. prolifera* 为研究对象,研究不同浓度的过碳酸钠溶液对其叶绿素含量、荧光特性及光合速率的影响,以期为消除紫菜筏架上的固着绿潮藻提供参考。

(1) 不同浓度过碳酸钠对浒苔叶绿素含量的影响

由图 14.6 可知,经过碳酸钠处理后,浒苔叶绿素 a 和叶绿素 b 含量均下降,且随过碳酸钠浓度升高,叶绿素 a 和叶绿素 b 含量呈递减趋势,且下降趋势缓慢平稳。其中各实验组叶绿素 a 含量较对照组分别下降了 23.2%、26.0%、39.1%、42.2%、53.8%,叶绿素 b 分别下降了 28.8%、30.5%、42.6%、42.4%、55.8%,叶绿素含量总体分别下降了 25.2%、27.6%、40.3%、42.3%、54.5%。

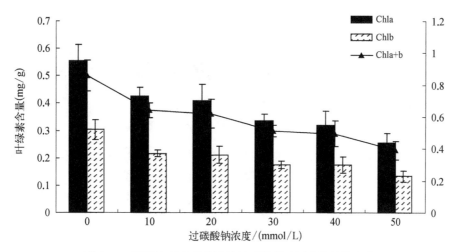

图 14.6　不同浓度过碳酸钠处理后浒苔叶绿素含量的变化

(2) 不同浓度过碳酸钠对浒苔荧光参数的影响

过碳酸钠对浒苔叶绿素荧光参数的影响如图 14.7 所示,浸泡 5 min 后实验组藻体最大光量子产量较对照组有所下降,且随着过碳酸钠浓度升高,F_v/F_m 值呈逐渐降低趋势,各浓度下藻体的 F_v/F_m 值分别为 0.73、0.67、0.62、0.51、0.37、0.28,肉眼观察不到藻体颜色的变化。经过 96 h 恢复培养后,10 mmol/L、20 mmol/L、30 mmol/L 组藻体的 F_v/F_m 值已恢复到正常水平,而 40 mmol/L、50 mmol/L 组藻体的

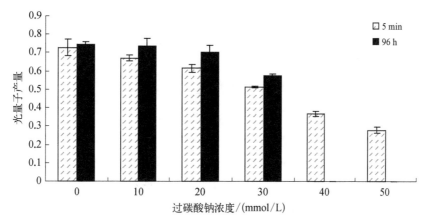

图 14.7　不同浓度过碳酸钠处理后浒苔藻体叶绿素荧光特性的比较

F_v/F_m 值已经检测不到,同时可观察到这两组藻体已经变白死亡。

(3) 不同浓度过碳酸钠对浒苔光合速率的影响

过碳酸钠对浒苔光合速率有极强的抑制作用,由图14.8可以看出,10 mmol/L 的过碳酸钠溶液便可使藻体光合放氧速率大幅下降,仅为对照组的1/3,20~50 mmol/L组藻体的光合放氧速率无显著差异;而藻体呼吸速率的变化不显著,10~50 mmol/L组藻体的变化幅度为对照组的46%~70%;净光合放氧速率与呼吸耗氧速率之比 P/R 明显下降,10~20 mmol/L组该值约为2,30~50 mmol/L组藻体该值只有1左右。

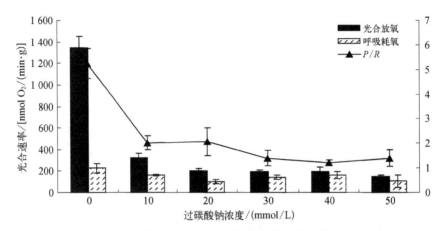

图14.8 不同浓度过碳酸钠对浒苔藻体光合速率的影响

如图14.9所示,过碳酸钠的残留率与光照时间呈负相关。在第1 h内,三个温度下过氧化氢含量均降低,但是三个梯度间差异并不显著,从第2 h开始,20℃组的残留率显著低于另外两组,而直至第5 h,5℃和10℃组间才表现出差异。经过8 h光照后,5℃、10℃、20℃下过碳酸钠残留率分别为41.7%、31.7%、9.73%。

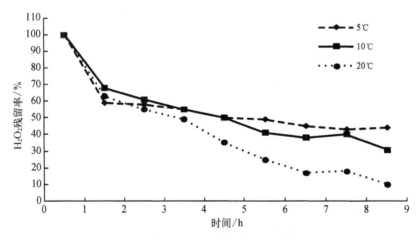

图14.9 光照8 h内过氧化氢残留率的变化

近年来对于过碳酸钠的研究主要集中在制备方法、在洗涤中的应用及净水效果,少部分针对过碳酸钠杀菌效果的研究选用的对象也仅限于微藻,于萍等对过碳酸钠的杀菌效果及毒性进行了研究,表明过碳酸钠对大肠杆菌、金黄色葡萄球菌、白色念珠菌等有较强的杀灭效果,并且对小鼠进行的急性经口毒性试验表明过碳酸钠属于低毒类。李灏等(2008)研究了过碳酸钠对亚历山大藻LC3的杀灭效果,结果表明2%过碳酸钠对亚历山大藻LC3的杀灭率为77%,且对藻的抑制作用不随时间延长而增强,并不适宜用于防治赤潮。通过对江苏沿岸紫菜养殖筏架的固着绿潮藻浒苔进行研究,以叶绿素含量、荧光特性及光合速率作为判断藻体活性的指标。

实验结果显示，藻体经 10 mmol/L 的过碳酸钠溶液浸泡 5 min 后，叶绿素含量、最大光量子产量 F_v/F_m 及光合速率均有所下降，并且随着过碳酸钠溶液浓度的增大叶绿素含量和 F_v/F_m 值下降幅度越大，而光合速率在 20～50 mmol/L 差异不显著，且仅需 10 mmol/L 过碳酸钠处理 5 min，藻体的 P/R 值就降至 2 左右，仅为绿潮藻正常 P/R 值的 50%；各实验组藻体经恢复培养 96 h 后，10～30 mmol/L 处理的藻体 F_v/F_m 值已恢复到正常水平，分别为 0.74、0.7、0.58，而 40～50 mmol/L 处理的藻体部分变白，并且检测不到其叶绿素荧光活性，可以认为藻体已死亡。

过碳酸钠遇水分解为碳酸钠和过氧化氢，其中除藻的有效成分是 H_2O_2，其化学性质不稳定极易分解为氧气和水，所以该试验以 H_2O_2 含量作为测定过碳酸钠残留率的指标。结果显示经过 8 h 光照后，H_2O_2 含量大大降低，且随温度升高，次氯酸钠分解得越快，20℃组过碳酸钠残留率仅为 9.73%。结合实验结果，发现过碳酸钠对绿潮藻的杀灭作用虽然不如次氯酸钠迅速，但是其优势在于分解快、毒性低。至于哪种药品更适合在实际中应用，还需要通过后续海区实验验证。

4. 除草剂

由于除草剂具有特定的作用对象，因此筛选出能够对浒苔起杀灭作用的除草剂至关重要。现有的研究表明，Basta 和青苔速灭能够有效抑制浒苔生长，Basta 是一种高效广谱的非选择性除草剂，其有效成分是 L-phosphiothricin(PPT) 的铵盐，它的作用机理是破坏叶绿体、抑制谷氨酰胺合成酶的活性，从而抑制光合作用以及导致氨的积累而使植株死亡。叶静(2008)利用除草剂 Basta 对条浒苔孢子与小苗进行敏感性研究，表明其对条浒苔孢子与小苗均有很强的致死作用，5 μg/mL 的 Basta 在 3 d 内可将条浒苔孢子全部杀死；12.5 μg/mL 浓度下约一周时间可以将浒苔小苗全部致死。而青苔速灭的施用浓度不宜超过 5 μg/mL。

5. 酸处理

浒苔对酸性条件较敏感，pH 较低时，浒苔不易存活。严兴洪等(2011)研究了酸处理对坛紫菜和浒苔苗存活的影响，认为当坛紫菜苗较大时，乙酸处理是最简便有效去除浒苔的方法，并且要注意的是乙酸在杀灭浒苔的同时也会对紫菜产生影响，所以盐酸和柠檬酸是较理想的受试药剂。在实际紫菜生产过程中，以柠檬酸浸泡网帘也是防治杂藻的传统方法。但如果把使用后的酸溶液直接倒入海中，会对海区环境造成影响，需要对废酸液进行回收处理。

三、机械方法

有文献报道，浒苔只要以团块状态存在，其抗逆和抗药物毒性能力就会比零散藻丝强得多。研究发现，在高浓度药物或者极差环境条件下，先变白死亡的都是游离藻丝，由表及里，越往核心越难杀灭，最核心的部分藻体往往能保持绿色。所以一旦漂浮浒苔聚集成团，光靠药物还是很难彻底清除，必须与人工打捞联合使用，这必然会加大杀灭成本及难度。2008 年青岛采用的便是"打捞和围隔相结合，机械作业和人工打捞相结合，海域清理与陆域清运相结合"的方法。虽然人工打捞能在短时间内解决问题，但是治标不治本，即使藻体被打捞起来，但它的生殖细胞却很难根除，浒苔孢子或配子固着在水底石砾上会成为来年绿潮暴发的物质基础。该方法只适用于绿潮暴发后，前期预防只能依靠生物及化学方法，如果能将浒苔扼杀在尚未聚集时期，定能在一定程度上防止绿潮的发生。

四、药物作用机理

虽然每种药剂的作用方式及机理不尽相同，但几乎所有的化学清除方法都是利用了外界条件对植物产生的氧化胁迫。氧化胁迫是由活性氧(ROS)如单线态氧、超氧负离子、过氧化氢及羟自由基的形成导致的。盐渍、干旱、低温等条件下,ROS 会大量产生并积累在植物体内从而影响植物体的正常代谢。ROS 化学性质活泼,尤其是羟自由基(·OH),组织中的大分子物质,如核酸、蛋白质及脂类都极易受其攻击。自由基使不饱和脂肪酸发生脂质过氧化,生物体内的不饱和脂肪酸主要分布于细胞膜的类脂,尤其是磷脂中。因此,脂质过氧化最先使细胞膜及亚细胞器(叶绿体、线粒体等)的膜结构产生损伤。一旦膜结构被破坏,细胞膜的流动性和通透性便会发生改变,最终导致细胞结构和功能的改变,如线粒体产生过氧化作用可引起线粒体肿胀,酶活性降低,电子传递系统及三羧酸循环受到破坏,氧化磷酸化作用也被抑制,导致细胞产能系统彻底破坏;叶绿体中类囊体膜一旦损伤,在其上进行的电子传递、光合磷酸化等过程被抑制,叶绿体固定 CO_2 能力丧失。

为了抵抗氧化胁迫,植物在长期的进化过程中形成了多种保护机制,如抗氧化酶系统和非酶系统来以清除体内多余的 ROS。抗氧化酶系统是植物体清除 ROS 的主要途径,植物在受到环境胁迫后会激活过氧化氢酶(catalase,CAT)、过氧化物酶(peroxidase,POD)、超氧化物歧化酶(superoxide dismutase,SOD)、抗坏血酸过氧化物酶(ascorbate pemxidase,APX)、谷胱甘肽过氧化物酶(guiacol peroxidase,GPX)等一系列抗氧化酶。SOD 作为抗氧化酶系统中最重要的抗氧化酶,可以将超氧自由基催化生成 H_2O_2,再由 CAT 催化分解生成 H_2O;同时,POD 和 APX 也能将 H_2O_2 转化为 H_2O 以避免其对生物大分子的损伤。非酶清除系统主要包括抗坏血酸、谷胱甘肽、维生素 E 等一些小分子的有机物。虽然植物体有可以清除超氧自由基的保护系统,但是当外界条件胁迫产生的大量自由基不能被及时清除时,机体还是会因氧化胁迫而改变生理过程,如酶活性改变、DNA 损伤以及膜脂过氧化、光合作用改变、呼吸作用异常等。

David 等(2007)利用基因芯片研究了次氯酸钠对铜绿假单胞菌的毒性机制,结果显示次氯酸钠诱导菌体产生大量 ROS,使抗氧化酶活性及代谢过程发生变化,表现在如下几方面。

编码氧化物酶和抗氧化剂的基因被大量诱导。调控过氧化氢酶(CAT)、烷基过氧化氢还原酶(AHP)、谷胱甘肽氧化/还原酶等抗氧化关键酶的基因均大幅度上调,表明抗氧化系统开始作用,以消除氧化胁迫。

参与葡萄糖运输、氧化磷酸化、电子传递等过程的基因表达被严重抑制。编码氧化磷酸化复合物的基因全部发生负调,NADH 脱氢酶(复合物Ⅰ)、延胡索酸还原酶(复合物Ⅱ),细胞色素 bc1(复合物Ⅲ)、细胞色素 c 还原酶(复合物Ⅳ)等均被抑制,导致能量代谢受阻,使藻体不能正常产能。

参与含硫化合物氧化成亚硫酸盐和硫酸盐的基因被诱导,原因是藻体产能受阻,机体通过大量合成有机硫化合物完成产能。

大型绿藻作为海区重要的初级生产者,虽然可以有效吸收二氧化碳、氮和磷,增加溶氧,延缓水体富营养化,有效抑制赤潮藻生长繁殖,但是一旦大型绿藻大量繁殖形成绿潮,就会严重威胁海洋生态系统健康。关于绿潮的最初来源有许多假设,其中一条便是沿海地区周期性高密度的水产养殖。浒苔类绿潮藻是紫菜养殖中杂藻的主要构成种,通常紫菜养殖筏架和网绳上都固着有大量浒苔类绿潮藻。浒苔在富营养化水体中生长要快于其他藻类,细长的藻体易被海浪冲断,因此,沿岸海区会出现大量飘浮浒苔。还有每年 4 月下旬至 5 月上旬紫菜收割完毕后,紫菜筏架上的杂藻会被拔下来抛入大海,筏架上积累起来丢弃的绿潮藻生物量极为可观,为大规模的绿潮暴发提供了物质基础。还有一些研究倾向于沿海分布的通过排水和纳水闸门与外海相连的大量水产养殖池,认为这些养殖池塘在提供了绿潮暴发的营养盐等物质条件的同时,很可能也是绿潮种子的来源。

如果关于绿潮来源的假设正确,那么清除紫菜养殖筏架上滋生的绿潮藻既能保证紫菜品质又能从源头上防止绿潮的发生,形成海洋经济与环境共同发展的可持续生态产业链。目前在紫菜育苗、采苗、放网这段紫菜生长的早期阶段,可以运用晒网、柠檬酸浸泡、冷藏网等多种办法除绿潮藻,但在紫菜长成成体后,残留在部分网帘上的绿潮藻仍会影响紫菜品级,所以如果能筛选出一种有效去除后期残留绿潮藻的药剂,开发一套从繁殖体到成熟藻体的全面清除技术,紫菜产业的绿潮藻及绿潮发生的问题就能在更大程度上得到解决。但目前对浒苔的抗逆能力和药物杀灭机理的研究不是很深入,而且只是在实验室条件下的成果,并没有经过实际海区的验证,实际生产中药剂的用法用量、二次污染等问题都是要进一步解决和探讨的问题。

第二节　紫菜养殖筏架固着绿潮藻的清除效果研究

在紫菜栽培中,网帘上很容易附生多种杂藻,其中浒苔是江苏沿岸紫菜养殖海区绿潮藻群落的主要构成种,如果在栽培中后期发生大量的浒苔附生,则会大大降低紫菜的产量和品级率。为了防止浒苔滋生,日本较早开展了条斑紫菜冷藏网的研究,严兴洪等(2011)研究了鲜冻与酸处理对浒苔苗存活的影响。但是在栽培中后期,上述方法的处理效果并不如其在紫菜生长早期的效果理想,所以如何有效清除紫菜养殖中后期绿潮藻是一个急需解决的问题。

实验选取江苏如东紫菜养殖区域为调查对象,江苏省如东县位于 $32°12'E \sim 32°36'E$,$120°42'N \sim 121°22'N$,地处江苏省东南部(图 14.10),海岸线长达 106 km,滩涂面积达 700 km²。全县紫菜养殖面积占江苏省 1/3 以上,是全国最大的条斑紫菜养殖加工出口基地。$2013 \sim 2014$ 年如东全县紫菜海上挂网面积约 11.595 万亩。

选取 21 个养殖筏架,其中 3 个筏架作为对照,9 个 NaClO 实验筏架,9 个过碳酸钠实验筏架。就地取海水配制 NaClO 溶液,浓度梯度设置为 0.6%、0.8%、1.0%;用自来水配制过碳酸钠溶液,浓度梯度为 60 mmol/L、80 mmol/L、100 mmol/L。每个浓度设置 3 个平行。

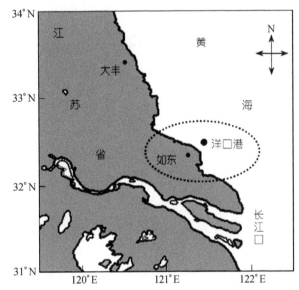

图 14.10　如东紫菜养殖区位置示意图

实验于 2013 年 2 月 27 日退潮紫菜筏架干出后进行。药品以喷洒方法施用,用量为每 1 m 缆绳上均匀喷洒约 100 mL,1 h 后记录绿潮藻状态变化,并于每 1 m 缆绳上取中部 10 cm 藻样用海水清洗干净,现场测光合参数 F_v/F_m 并冰冻保存带回实验室测叶绿素含量。并于 2013 年 3 月 2 日观察绿潮藻状态。

同时进行两种药品残留率测定实验,操作方法为:1% 次氯酸钠和 100 mmol/L 过碳酸钠施用后 3 h 内每 1 h 取一次藻样(1 m 缆绳)并用 500 mL 海水冲洗干净,收集冲洗水测定水中有效氯或过氧化氢的含量,最后根据稀释倍数计算残留率。

一、药品处理后紫菜筏架上绿潮藻状态的变化

图 14.11 为 2013 年 2 月 27 日紫菜筏架固着绿潮藻的状态,图 14.12 为 2013 年 3 月 2 日的观察结果,图 14.12 $A_1 \sim A_3$ 依次为 0.6%、0.8%、1% 次氯酸钠处

图 14.11　处理前固着绿潮藻的状态

理后藻体状态,图 14.12 $B_1 \sim B_3$ 依次为 60 mmol/L、80 mmol/L、100 mmol/L 过碳酸钠处理后藻体状态。可以看到处理前缆绳上绿潮藻生物量较大,3 个浓度的次氯酸钠处理后缆绳上所有绿潮藻均变白死亡,60 mmol/L、80 mmol/L 过碳酸钠处理后的缆绳上绿潮藻生物量大大减少,少量剩余的绿潮藻还保持绿色,100 mmol/L 处理的缆绳上基本没有绿潮藻附着。

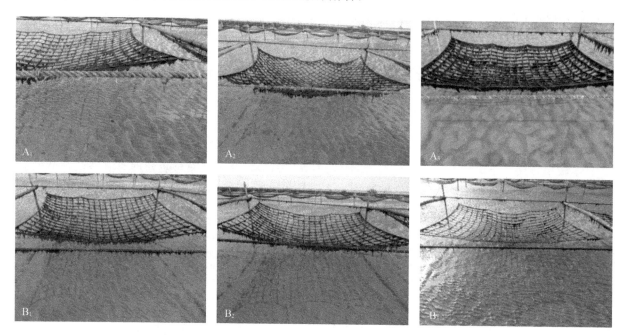

图 14.12　药品处理后固着绿潮藻的变化

A_1. 0.6% 次氯酸钠处理;A_2. 0.8% 次氯酸钠处理;A_3. 1% 次氯酸钠处理;B_1. 60 mmol/L 过碳酸钠处理;B_2. 80 mmol/L 过碳酸钠处理;B_3 100 mmol/L 过碳酸钠处理

二、药品对紫菜筏架上绿潮藻光合参数的影响

药品处理后藻体的叶绿素荧光参数 F_v/F_m 变化见图 14.13,由图可以看出,经次氯酸钠处理的藻体荧光参数下降幅度远远大于经过碳酸钠处理的藻体。0.6% 次氯酸钠溶液就可以使正常藻体的 F_v/F_m 降至 0.1 以下,1% 组甚至出现 0.02 的低值,基本失去光合作用的能力;而经过碳酸钠处理的藻体 F_v/F_m 缓慢下降,0 mmol/L、60 mmol/L、80 mmol/L、100 mmol/L 组藻体的最大光量子产量分别为 0.68、0.60、0.50、0.23。

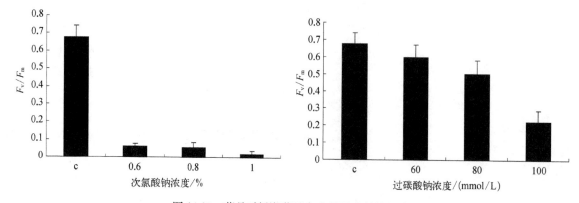

图 14.13　药品对绿潮藻最大光量子产量的影响

c 为空白对照组

三、药品对紫菜筏架上绿潮藻叶绿素含量的影响

图 14.14 为两种药品处理后绿潮藻叶绿素含量的变化。可以看到次氯酸钠处理的绿潮藻叶绿素 a 含量大幅下降，0.6％次氯酸钠处理后该值从对照组的 4.11 mg/g 下降至 1.69 mg/g，但 0.6％～1.0％组间并没有显著差异；叶绿素 b 含量在次氯酸钠处理前后基本没有变化。

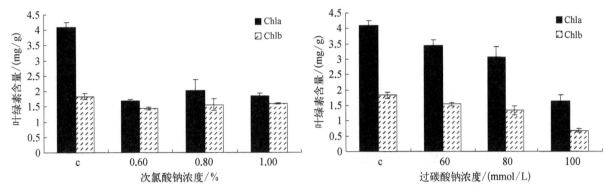

图 14.14　药品对绿潮藻叶绿素含量的影响

过碳酸钠实验组藻体叶绿素含量随处理液浓度升高呈现逐渐下降趋势，与室内实验结果相似，相邻浓度间变化幅度不大，各浓度叶绿素 a 下降幅度分别为 15.8％、25.5％、60.0％，叶绿素 b 下降幅度分别为 15.8％、26.8％、63.4％。

四、药品残留率

由图 14.15 可看出，两种药品的有效成分含量均随光照时间呈下降趋势。原始浓度以 100％计，次氯酸钠 3 h 内残留率分别为 24.6％、21.9％、6.15％；过碳酸钠 3 h 内残留率变化为 0.69％、0.45％、0.45％。

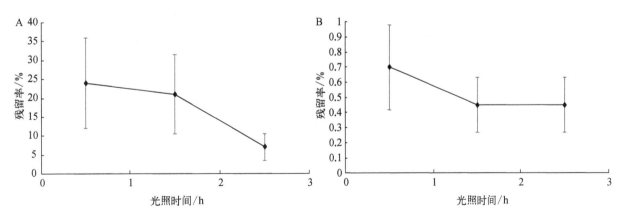

图 14.15　药品残留率的变化
A. 次氯酸钠 3 h 内残留率变化；B. 过碳酸钠 3 h 内残留率变化

绿潮藻滋生是紫菜生产中相当棘手的问题。育苗期，紫菜丝状体在贝壳内生长，这时有少部分单细胞绿藻也能钻入贝壳与紫菜同步生长；至秋末冬初，紫菜叶状体在网帘上生长，绿潮藻也可以固着于网帘，有时甚至覆盖住紫菜，导致成片网帘失收，严重影响紫菜产量及品质。目前，在紫菜育苗、

采苗、放网这段紫菜生长的早期阶段,均有相应的绿潮藻清除方法:干燥法、柠檬酸/盐酸浸泡法、冷藏网技术。但是在紫菜长成成体后,部分网帘尚有绿潮藻残留,此时绿潮藻也生长到一定大小(1 cm以上),上述处理方法便不可行了,若残留的绿潮藻与紫菜同时被收割,会大大影响紫菜品级,所以如何清除紫菜生长后期网帘上的绿潮藻是一个关键问题。有文献研究了多种大型海藻对氧化胁迫的响应,结果显示,经过氧化处理后,红藻 F_v/F_m 只下降了 20%,而绿藻的 F_v/F_m 下降了 60%,说明红藻的抗氧化性远强于绿藻。NaClO 与过碳酸钠的杀藻灭菌原理都是通过极强的氧化性使菌体和藻细胞内的蛋白质变性,从而使菌体和藻细胞死亡。利用紫菜和绿潮藻抗氧化能力的不同,表明综合运用紫菜生长早期清除绿潮藻的干燥法和冷藏网法,结合可用于紫菜生长中后期的氧化法,将会使紫菜产业的绿潮藻问题更大程度上得到解决。

通过对次氯酸钠和过碳酸钠两种氧化剂清除绿潮藻效果进行了研究,发现 0.6% 次氯酸钠能使绿潮藻 F_v/F_m 和叶绿素含量迅速下降,绿潮藻基本失去光合能力;而过碳酸钠浓度则需要达到 $100\ mmol/L$ 才使绿潮藻 F_v/F_m 与叶绿素含量降至较低值。经对比验证,本研究认为海区应用有效浓度分别为 $0.5\%\sim0.6\%$、$100\ mmol/L$。同时对 1% 次氯酸钠和 $100\ mmol/L$ 过碳酸钠组进行残留率的测定,结果显示 1% 次氯酸钠在施用 $3\ h$ 后残留是原始浓度的 6%,这部分残留的次氯酸钠会随着潮汐的作用直接进入大海,如果在养殖区大面积施用次氯酸钠,那么最后进入海里的残留氯是相当可观的,这不仅会对海洋环境造成严重的影响,而且涨潮后紫菜长时间浸泡在含氯的海水中,对紫菜也会造成一定的伤害。而 $100\ mmol/L$ 过碳酸钠在 $3\ h$ 后可分解掉 99.5%,基本完全分解,对海水水质基本没有影响。通过过碳酸钠对条斑紫菜的影响进行研究,发现其对紫菜的致死浓度为 $60\ mmol/L$,所以涨潮后进入水体的残留过碳酸钠对紫菜影响也不大。

综合两种药品的除藻效果、分解速率及成本,过碳酸钠杀灭绿藻不如次氯酸钠高效,成本又稍高于次氯酸钠,但是对比两者的化学性质,次氯酸钠在自然条件下分解不完全,会对环境造成一定的威胁,而过碳酸钠水溶液在自然条件下的分解率可达到 99.5%,分解产物为 O_2、H_2O、Na_2CO_3,对生物及环境不产生毒害作用,从环境效益的角度出发,选择 $100\ mmol/L$ 过碳酸钠作为除藻剂既能有效去除绿潮藻,提高紫菜的品级率,又能将对海洋环境的二次污染降低,达到环境与经济协调发展的效果。

光合色素含量是衡量植物光合性能的重要指标之一,它影响植物对光能的吸收、传递以及在 PSⅡ和 PSⅠ 之间分配和转换合成 ATP 与 NADPH 的量,从而影响植物的光合效率和养分的积累,叶绿素含量的减少意味着藻体光合能力的降低,这直接影响到藻体的正常生长,有研究利用叶绿素 a 褪色率、细胞数作为 NaClO 对羊角月牙藻杀灭效果的评价标准,还有文献以叶绿素 a 为指标监测水中藻类的去除率。

叶绿素荧光是光合作用的探针,几乎所有光合作用过程的变化都可以通过叶绿素荧光反映出来,利用叶绿素荧光测定仪可以在不损伤藻体的情况下,通过对叶绿素荧光参数的分析,研究外界条件变化对藻体生长和光合作用的影响。F_v/F_m 代表 PSⅡ 的最大量子产量,它反映的是当所有 PSⅡ 反应中心均处于开放状态时的光量子产量,表示光反应中心原初光能转化效率,即潜在最大光合能力,且在正常生理状态下,F_v/F_m 是一个很稳定的值,藻类的该值约为 0.65。当受到胁迫时,光合系统会受到不同程度的损伤,造成光合能力的下降,因此,F_v/F_m 是度量光抑制或各种环境胁迫对光合作用影响的重要指标。光合速率则能直接、准确地反映植物的光合规律,所以选择叶绿素含量、叶绿素荧光 F_v/F_m 及光合速率作为判断藻体是否死亡的标准。

首先选用江苏如东紫菜养殖筏架固着浒苔类绿藻为实验对象,用不同浓度次氯酸钠溶液对其进行 $5\ min$ 浸泡处理,结果如下。

1) 藻体叶绿素含量和荧光特性随着 NaClO 浓度的升高均呈现逐渐递减的趋势,$0.00\sim6.00\ mmol/L$ 的 NaClO 对藻体叶绿素荧光参数 F_v/F_m 和叶绿素含量均有显著影响;$6.00\ mmol/L$ NaClO 处理后,虽然还可提取到微量的叶绿素,但已基本上测不到叶绿素的荧光活性,光合速率较对照组下降了85%,可以认为藻体已死亡。而对1%次氯酸钠的分解率测定实验表明在20℃条件下,光照8 h也不能使次氯酸钠完全分解,残留率为70%。

2) 过碳酸钠除藻实验结果表明:浒苔叶绿素 a 和叶绿素 b 含量均呈下降趋势,且随过碳酸钠浓度升高,叶绿素 a 和叶绿素 b 含量呈递减趋势。藻体经过 5 min 浸泡后,F_v/F_m 值下降幅度不如次氯酸钠剧烈,经过 96 h 恢复培养,10 mmol/L、20 mmol/L、30 mmol/L 组藻体的 F_v/F_m 值已恢复到正常水平,而 40 mmol/L、50 mmol/L 组藻体的 F_v/F_m 值已经检测不到,说明 10~30 mmol/L 只能暂时抑制浒苔的光合作用,浓度大于 40 mmol/L 则能使绿潮藻丧失光合作用能力慢慢致死。同样也对过碳酸钠残留率进行测定,结果表明在 20℃下,其分解速率较快,8 h 光照能使其分解掉 90%。

3) 2013 年 2 月在江苏如东紫菜养殖区进行的野外实验,结果如下:0.6%次氯酸钠和 100 mmol/L 过碳酸钠对紫菜筏架固着绿潮藻均有杀灭作用,综合除藻效果,分解速率和成本,认为 100 mmol/L 过碳酸钠更适合用于固着绿潮藻的杀灭。

第三节　黄海绿潮灾害防控与治理措施研究

一、紫菜筏架绿潮藻清除方法研究

在紫菜养殖过程中,养殖户已广泛使用冷藏网及晒网方式及时清除网帘上的绿潮藻,使用泼洒工业废盐酸清除竹竿及缆绳上的绿潮藻。其中冷藏网方式最早由日本发明,该项技术在 20 世纪 90 年代传入我国现被广泛使用。但使用工业废盐酸清除竹竿及缆绳上的绿潮藻,既不安全又对海洋环境产生危害。因此,建议改用过碳酸钠或次氯酸钠等化学方法清除筏架绿潮藻,如果科学合理使用,既安全又不对海洋生态环境产生危害。

1. 下架前筏架绿潮藻处理方法

一般新制备的筏架(包括竹竿、缆绳、网帘)不含绿藻无须经过处理,可以直接投入使用。而前一年使用过的养殖筏架回收上岸后还要反复使用,且回收上岸的养殖筏架、缆绳、网帘均有不同程度的绿潮藻固着。因此,回收上岸的竹竿、缆绳、网帘均要做适当处理去除绿潮藻后才能继续使用。

回收的竹竿、缆绳、网帘绿潮藻的处理方法一般有自然腐烂法、水枪冲洗法、药物处理法。当地渔民一般采用长期黑暗腐烂法,即将海区使用过的筏架、缆绳、网帘回收到岸上后,堆积在一起,然后用帆布遮盖(也可不遮盖),经过夏天高温让其绿潮藻自然腐烂,但目前还没有确切证据可以证明该方法可以彻底清除掉绿潮藻。条件比较好的企业一般采用高压水枪对筏架、缆绳、网帘进行冲洗,可以很快将表面固着绿潮藻清除掉,但仍然留有幼小繁殖体在缝隙间。上海海洋大学经过多年研究,已证明使用一定浓度的次氯酸钠溶液浸泡竹竿、缆绳、网帘,可以达到彻底清除掉绿潮藻的效果。

2. 海区养殖过程中筏架绿藻处理方法

对于网帘,渔民在紫菜养殖过程中一般用冷藏网、晒网、酸处理等方法去除网帘上的绿潮藻。其中,冷藏网去除绿潮藻效果最佳。对于竹竿和缆绳,渔民一般使用废工业盐酸直接涂抹去除绿潮藻,该方法效果十分明显,但对人、对海洋环境均不安全,不提倡使用。最近上海海洋大学正在研究喷洒次氯酸钠溶液或过碳酸钠溶液以清除筏架和缆绳上固着生长的绿潮藻,具有很好的清除绿潮藻效果,同时对人、对海洋均比较安全。

冷藏网方法主要利用低温处理可以去除绿潮藻,而紫菜幼苗不受影响;同时,该方法也可以避开海区高温,以防大量绿潮藻固着紫菜网帘并旺盛生长。该方法即在每年 10 月下旬至 11 月上旬紫菜幼苗生长期间,由于网帘上固着绿潮藻数量越来越多且生长旺盛,为了达到抑制绿潮藻生长效果,当紫菜小苗长度为 1～5 cm 时,将紫菜苗网帘经过适当晒干,使紫菜苗含水量为 20%～40%,收网并装袋,运回岸上并放进−18℃冷库保持冷冻 10 d 以上(一般 20～30 d),可以将紫菜网帘上的绿潮藻冻死。当海区温度较适宜时(海区水温一般需降至 12℃以下),再将紫菜苗网出库并尽快浸泡海水复苏,把网帘张挂在紫菜养殖筏架上。网帘上的绿潮藻经过冷冻后,藻体细胞逐步死亡,而紫菜可以耐受冷冻胁迫,复苏后在海上依然旺盛生长。因此,经过冷藏过的紫菜网帘上基本全部为紫菜幼苗,没有绿潮藻。

苗网入库时间一般在 10 下旬至 11 月上旬,绿潮藻严重时可提前到 10 月中旬入库。解网尽量选择晴天且大风天气,紫菜网帘很容易晾晒干。解收苗网时尽量保持苗网干燥,解收的网帘应尽量避免再浸海水,已晾干的苗网可以直接装袋密封运回放入冷库,还未晾干的苗网运回到港后则需要尽快晾晒。

运回的苗网还未晾干则需要尽快晾晒。可以在通风处用毛竹或聚乙烯绳搭建紫菜苗网晾晒架子。将苗网直接摊挂在晾晒架上晾晒 2～6 h,使其充分且均匀晾晒干。一般苗网晾干后的含水率应该控制在 20%～40%,此时手拉紫菜叶片时富有弹性即可。

苗网晾干后应尽快密封装袋并放入冷库。其中,紫菜苗网的内包装材料一般用 0.1～0.2 mm 厚度的聚乙烯薄膜制成,袋子规格为长 100 cm、宽 70 cm,袋口应扎紧,防止苗网露空;外包装可选择规格为长 65 cm、宽 40 cm、高 45 cm 的纸箱,箱子四周可适量戳开一些透气孔。也可以使用复合袋直接装袋冷藏,复合袋一般由 0.05～0.1 mm 厚度的聚乙烯薄膜外加聚丙烯编织布制成,其规格为长 100 cm、宽 70 cm。

包装后的苗网应该立即进库速冻。速冻库区温度应达到−25～35℃,速冻后的苗网可再移入冷藏库中堆垛保存,温度恒温在−18～22℃。如果冷藏温度达不到这个温度,冷藏网出库张挂后,紫菜苗易发红坏死。

冷库冷冻的苗网出库时间应根据当年气候及海况,并尽量避开病害高发时期期及绿潮藻固着时期。一般每年 11 月中旬至 12 月上旬海区水温已降至 12℃以下,此时苗网可以出库并下海张挂。运输途中应尽量遮盖油布或塑料布保持低温,且从出库至张挂时间尽量控制在 4 h 内完成。

刚出库的紫菜苗网应该尽量张挂在紫菜养殖区的中、低潮位海区,尽量避开大汛流急。冷藏苗网张挂前,包装袋不得打开,应整袋浸泡在海水中,让苗网吸足海水自行散开后再张挂。冷藏苗网张挂应在涨潮前完成,且张挂后应尽量减少苗网在空气中的干出时间,并尽量保持 3～4 d 不干出。

3. 晒网与柠檬酸溶液浸泡方法

也可以通过晒网和柠檬酸溶液浸泡方法去除紫菜苗网上的绿潮藻。晒网方法,即将紫菜苗网解收并运回岸上在晴天进行晾晒,一般需要连续晾晒 1～3 d 才可以将部分绿潮藻去除,但很难彻底清除绿潮藻。柠檬酸溶液浸泡方法,则是将附生绿潮藻的网帘浸入盛有 1% 工业用柠檬酸海水容器里,浸泡时间一般为 30～40 min。浸泡后立即用清洁海水将残留液冲洗干净,该方法去除绿潮藻效果比较显著。但要严格控制柠檬酸浓度,浸泡时间也不宜过长,否则往往会将紫菜苗杀死。

二、防控与治理措施建议

为了有效地对绿潮进行防控和治理,需基于源头和成因、不同绿潮发展阶段建立相应的防控体系和综合治理方法。研究已表明,紫菜养殖筏架是绿潮暴发最大源头,因此紫菜筏架固着生长绿潮藻是绿潮防控和治理体系的重中之重。而紫菜养殖筏架固着生长的绿潮藻生物量以及早期漂浮绿潮藻生物量十分巨大,因此,当地政府采用回收政策可以很大程度控制绿潮暴发规模。同时,该海域水质富营养化为绿潮暴发提供了强大的物质基础,因此,减轻海洋富营养程度才是绿潮控制和治理的根本,也将是长期的艰巨任务。综上所述,绿潮防控与治理措施应包括以下 3 个方面:紫菜养殖筏架绿藻源头控制、源头海区绿潮回收与资源化利用、近岸海域水质改善等。

1. 紫菜养殖筏架绿潮藻源头控制

绿潮灾害的源头之一紫菜筏架附着绿潮藻生物量巨大,因此有效控制紫菜养殖过程中固着绿潮藻对防控绿潮灾害具有重要意义。海区紫菜养殖工艺涉及筏架架设、海上养殖、紫菜收获、筏架回收等过程,其中紫菜采收过程及缆绳刮落固着绿潮藻过程中有大量绿潮藻落入海中而形成漂浮绿潮藻,因此,构建紫菜养殖全周期绿潮藻预防及清除技术方法包括以下几个关键点:① 下海筏架潜在绿藻源头清除;② 养殖过程筏架固着绿潮藻清除;③ 筏架固着绿潮藻回收;④ 漂浮绿潮藻打捞。

整个绿潮灾害源头控制可以分为以下 4 道防线。

1) 源头清除。针对再次利用的竹竿、缆绳、网帘采用化学药物(次氯酸钠溶液)浸泡处理,从源头上清除绿藻。

2) 及时灭杀。即通过物理(冷藏网)和化学药物(过碳酸钠溶液)方法,及时灭杀紫菜筏架苗网、缆绳、竹竿上固着的绿潮藻,使紫菜筏架上的绿潮藻生物量自始至终尽可能减小并保持最小生物量,以确保筏架上固着绿潮藻落入海中的生物量最少。

3) 及时回收。每年 4 月为紫菜筏架固着绿潮藻的生长旺季,将会产生巨大生物量,通过及时采收,将筏架上大部分绿潮藻回收到岸上,可以防止绿潮大规模暴发。

4) 及时打捞。每年绿潮暴发前期都有零星漂浮发展到聚集漂浮,并由小规模迅速发展为大规模,因此在源头打捞 1 t,相当在青岛海区打捞 300 t(漂浮生长 1 个月)。如果在源头海区及时采用船舶打捞绿潮小面积聚集漂浮绿潮藻,可以缩小我国黄海绿潮暴发规模。

2. 源头海区绿潮藻回收与资源化利用

绿潮藻品质研究结果显示,漂浮绿潮藻在从江苏如东海区向青岛海区漂浮过程中,藻体蛋白质及叶绿素含量逐渐减少、生长率逐渐降低,说明藻体品质越来越差。其中江苏启东和如东藻体品质最好,大丰和射阳其次,连云港和日照第三,青岛最差。因此,可以根据漂浮绿潮藻品质进行质量分级,可分别制备为食品、活性物质、饵料、肥料、生物质能等。由于漂浮绿潮藻打捞耗费比较大,因此特别需要当地政府与企业共同合作,才可以保证绿潮藻资源化利用长期可持续性发展。政府为了保护当地海洋旅游经济和海洋生态环境,愿意出资出力打捞和清除掉大量堆积在海边并散发出烂臭味的绿潮藻,以保持市容和旅游环境。而企业和公司则可以充分利用政府打捞的绿潮藻生物质,分别加工生产出健康食品、活性物质、酶制剂、饲料、肥料和生物乙醇和沼气。因此,为了充分利用绿潮藻生物资源,当地政府应该给予政策支持和生态补偿,企业和公司合理开发绿潮藻高值化产品并实现产业化,只有这样,每年大量绿潮藻生物资源才可以可持续性利用并实现产业化,真正做到"变废为宝、变灾为宝"。对于紫菜养殖筏架固着生长的绿潮藻,可以通过企业公司定点收购,使更多的养殖户经常性清除紫菜养殖筏架上的绿潮藻,并收集卖给企业和公司;对于早期漂浮的绿潮藻,可以由渔船承担打捞任务,政府给予适当补贴,其打捞的绿潮藻可以有偿或无偿提供给企业和公司,由企业和公司用于进一步加工和生产。

3. 近岸海域水质改善

海洋富营养化日趋严重是我国近海绿潮频频暴发的主要原因。因此,减轻和治理近海富营养化才是真正治本,同时也是长期而又艰巨任务。受江苏沿岸、长江流域和长三角城市化进程快速发展影响,大量工农业、生活污水已让长江干流近岸形成了明显污染带,长江口附近海域已成为全国近海海域富营养化最为严重区域。这一区域不仅包括长江口河口地区,还影响到江苏苏北浅滩海域。"十一五"期间,国家海洋局的《中国海洋环境质量公报》显示,长江口、苏北浅滩与杭州湾海域大部分水质劣于Ⅳ类水质标准,均处于不健康或亚健康状态。其中,主要的污染物质包括无机氮、活性磷酸盐等主要的生源要素的物质,这为南黄海早期绿潮的暴发提供了物质基础。因此,改善长江口附近海岸带水质、减少氮、磷等生源要素的输入通量是有效改善长江口海域生态系统状况、有效控制黄海海域绿潮发生的规模和提高长江口海域海洋经济产值的有效措施。

近岸海域生态环境的建设,整治附近海岸带海域水环境是基础,恢复海洋生态资源是核心。其中长江口地区附近海岸带水质是整个生态长江口建设的前提条件和基础保障。因此,要达到长江口附近海岸带水质改善的目标就需要统筹长江口地区海洋环境保护与路源污染防治,加强长江口地区海洋生态系统保护和修复,坚持保护优先和自然修复为主,加大长江口海域的生态保护和建设力度,从源头上扭转生态环境恶化趋势,同时要加强长江口海域的综合管理。具体的措施如下。

1)开展长江口地区海域主体功能区划,明确并执行主体功能区制度,按照主体功能,严格按照重点开发、优化开发、限制开发和禁止开发的原则统筹海洋环境保护与陆源污染防治。

2)长江口地区海域水质改善,不仅要从立法、规划等高层次入手,也急需从政策措施上下手,其中,生态补偿机制与排污权交易即为两项重要的措施。

3)从源头上扭转生态环境恶化趋势,减少氮磷等主要污染物质的输入量就要大力发展科学技术和产业,提升工业污水处理率,改进除磷脱氮工艺,完善污水管网的铺建,实现雨污分流,实现污水收集率100%;对农业面源和城市径流面源进行综合治理,加强禽畜养殖污染控制,高效利用有机肥料,加强城市景观水体和人工湿地的建设,实现城市自净生态功能。

4)加强近岸海域海洋生态系统保护和修复,开展富营养化生境的退化诊断与评价、开发滩涂底质与近海海域水质生态修复集成技术与生物质综合利用技术研究、建立长江口附近海岸带各典型生态系统类型的富营水质生态修复集成模式。通过以上措施的实施,将有效改善长江口附近海域水环境质量,有效减缓和控制黄海绿潮的发生,促进海洋经济的发展。

第十五章　浒苔资源利用

　　浒苔类绿藻是近海滩涂中的天然野生藻类,其自然繁殖能力强,产量大。浒苔类绿藻主要分布于沿岸海域,在营养丰富的河流入海口附近生长尤其繁茂,是一种广盐性藻类。我国沿海野生浒苔属绿藻资源十分丰富,主要分布于福建、浙江、江苏沿海,特别是紫菜栽培筏架上易大量生长浒苔属绿藻(朱文荣和何培民,2018)。浒苔营养价值高,富含蛋白质、多糖及纤维素,还含有丰富矿物质和不饱和脂肪酸等,可以进行广泛综合利用。品质好的浒苔可以开发成食品、保健品等,品质差的浒苔则可以开发为饲料、肥料等。

　　浒苔($U.prolifera$)是浒苔属(现归为石莼属 $Ulva$)的一种。在浙江、福建沿海,浒苔属绿藻自古便被当作美味食品,在菜场和超市随处可见。浙江沿海地区称浒苔为"苔条",江苏沿海地区称为"青苔"。我国《食疗本草》《植物名实图考》《罗源县志》《海澄县志》《漳浦县志》等文献中均有浒苔记载,且有很多别名,如"干苔""石发""肠形藻""柔苔""苔菜""海苔""海苔菜"等(朱文荣和何培民,2018)。目前我国浒苔食用产品年产200～300 t。日本、韩国很早便开展大面积栽培浒苔属绿藻,主要供食用,其中日本浒苔栽培年产量大约为1 000 t(干品)(朱文荣和何培民,2018)。我国浒苔食品主要产自浙江象山港滩涂野生浒苔($U.prolifera$)资源,具有一种独特的清香味,手工晒干的优质浒苔,价格已高达80～100元/kg,最近采用半自动加工机生产浒苔产品,干粉产品价格达4万～8万元/t,优质整藻产品可出口日本,价格高达20万～30万元/t(朱文荣和何培民,2018)。目前我国福建沿海具有天然纳苗栽培产业,年产约30 t(干品),浙江、江苏沿海也逐步开始进行天然纳苗及浒苔栽培生产,产品主要为藻粉(朱文荣和何培民,2018)。

　　近年来由于浒苔在我国青岛海域持续暴发生长引起绿潮而受到广泛关注,据初步估算,我国黄海每年暴发的绿潮生物量为400～500万 t(鲜重)(Wu et al,2018),但黄海浒苔绿潮是天然生物资源,若能充分利用则将变废为宝。例如,青岛海大生物集团有限公司在当地政府部门支持下每年出船打捞,年最大打捞量近17.29万 t(湿重),并先后开发出4大系列近100种浒苔生物肥料产品,企业经济效益可观,带动就业5 000余人。可见,我国滩涂自然浒苔及黄海绿潮浒苔资源已初步实现了产业化利用,并取得很大经济效益。

第一节　浒苔资源利用现状

　　浒苔($U.prolifera$)遍布我国东南部及青岛附近近海海域,隶属于绿藻门(Chlorophyta),绿藻纲(Chlorophyceae),石莼目(Ulvales),石莼科(Ulvaceae),浒苔属($Ulva$),俗称"苔菜""海青菜""苔条"等。全球有80余种,我国常见有经济价值的品种主要有缘管浒苔($U.linza$)、条浒苔($U.clathrata$)、浒苔($U.prolifera$)、扁浒苔($U.compressa$)、管浒苔($U.tubulosa$)、肠浒苔($U.intestinalis$)、曲浒苔($U.flexuosa$)7种。

　　我国的野生浒苔资源十分丰富,养殖海域中一年四季均可生长。2013年3月江苏省辐射沙洲紫菜养殖筏架上野生固着的浒苔类绿藻高达 6 000～8 000 t(鲜重)(Zhang et al,2014)。浒苔生长繁殖旺盛,室内实验显示 1 g 浒苔叶片可释放高达 10^7 数量级的子代(陈群芳,2011),有的浒苔株系最高日相对生长速率高达 260%(朱文荣,2018)。

据 2010 年检测结果显示:江苏如东岸基固着的浒苔粗蛋白含量为 29%～32%,粗脂肪 0.77%～0.94%,灰分 17%～19%,粗纤维 5%～7%,碳水化合物 35%～39%,总叶绿素含量最高可达 12.893 mg/g,类胡萝卜素最高可达 1.863 mg/g。浒苔样品氨基酸含量为 27.56%,必需氨基酸占氨基酸总量的 34.78%～37.45%,其中呈味氨基酸(谷氨酸、天门冬氨酸、甘氨酸、丙氨酸)占必需氨基酸总量的 41.22%～45.21%。因此浒苔有较强的海藻鲜味,可作为食品、动物饲料等的天然调味剂。

《本草纲目》中记载浒苔可"烧末吹鼻止衄血,汤浸捣敷手背肿痛"(王晓坤,2007),说明浒苔作为民间药物也由来已久。浒苔中已分离出对单胞藻、动物细胞等具凝集活性的单链非糖基化蛋白质类凝集素、棕榈酸、7-酮基胆固醇、羊毛甾醇、β-谷甾醇、邻苯二甲酸二异辛酯、β-谷甾醇、反式-植醇正三十四烷、正十七胺和二十二烷等抗菌物质。此外,浒苔多糖还具有抗钝化烟草花叶病毒、单纯疱疹病毒和辛德比斯病毒以及降血糖和降血脂,提高 SOD 活力和 LPO 含量等功效,自古以来即是食药一体的藻类。目前对浒苔的综合利用主要集中于生物质肥料、饲料、食品及其添加剂、生物活性物质等几个方面。在实验室层面也已经广泛开展对浒苔潜在利用价值的研究。

近年来,国内外学者对浒苔,尤其是浒苔多糖进行大量的研究(魏鉴腾等,2014)。本节总结了浒苔在各领域的已有研究与应用情况,为高效合理利用这种天然资源提供依据。

一、浒苔基本物质组成

1. 糖类物质

浒苔是一种富含碳水化合物的优质海洋产品。Aguilera 等(2005)研究表明浒苔中约含有 40% 的糖类,何清等(2006)研究了东海海域的浒苔,得出浒苔的主要成分是多糖(图 15.1)和粗纤维,占浒苔干重的 63.9%。

蔡春尔等(2014)以江苏如东海区新鲜浒苔为原料,获得粗多糖提取方案:浒苔用 95% 乙醇浸泡后过滤,藻体烘干后按物液比(g/mL)=1:40 加蒸馏水浸泡,组织捣碎后 95℃ 恒温加热 15 min,冷却后过滤,滤液浓缩至 95% 含水量后离心取上清,并用 80% 乙醇终浓度醇沉 24 h 后过滤。沉淀冻干后获得冻干粉产率 20%,多糖含量 51%。周慧萍等(1995)用水提醇沉结合葡聚糖凝胶柱层析,

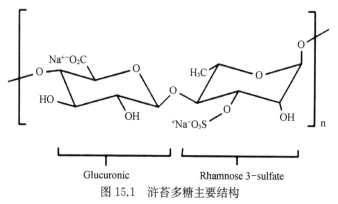

图 15.1 浒苔多糖主要结构

得到白色丝状浒苔多糖精制品,提取物中总糖含量为 88.8%,其中糖醛酸含量为 33.6%,单糖组成为 L-阿拉伯糖、L-岩藻糖、D-甘露糖、D-半乳糖及 D-葡萄糖,平均相对分子量为 25 000。许福超等(2010)提取浒苔粗多糖中糖醛酸含量为 19.51%,硫酸根含量 15.42%。浒苔多糖的化学组成会因季节、种类和地区不同而有所差异(齐晓辉等,2010)。

例如,青岛海大生物集团饲料级浒苔多糖在山东省内多个养殖场的效果试验已完成,表现出改善肉质品质,降低禽蛋胆固醇含量,提高禽畜机体免疫力的功效,并联合中国海洋大学、中国科学院过程工程研究所,对浒苔多糖的药物学机理进行了初步研究,结果表明浒苔多糖具有抗氧化活性、助消化及促进益生菌生长、提高机体免疫力等功效。初步展现出良好的效果和应用开发前景,未来可作为保健品、医

药中间体原料进一步开发。

2. 蛋白质类

浒苔中的氮含量是衡量浒苔蛋白质含量变化的重要指标。它根据浒苔种类、生长季节、地点、环境的不同而有显著的差异。Ogino(1955)对日本产浒苔中的蛋白质-N和非蛋白质-N(非蛋白质-N包括无机N和游离氨基酸-N)的含量分布进行了分析,结果显示石莼($U. pertusa$)总N含量为5.07%,蛋白质-N含量为3.08%,非蛋白质-N含量为1.26%,长浒苔($U. linza$)总N含量为5.72%,蛋白质-N含量为4.90%,非蛋白质-N含量为0.82%,肠浒苔($U.intestinalis$)总N含量为1.28%,蛋白质-N含量为1.14%,非蛋白质-N含量为0.14%,扁浒苔($U.compressa$)总N含量为4.43%,蛋白质-N含量为3.64%,非蛋白质-N含量为0.79%。

根据绿潮藻出现的时间顺序,在其漂移路径中选择了江苏如东太阳岛、山东日照电厂和山东青岛近岸这3个地点的样品进行了氨基酸测定。研究显示,江苏如东太阳岛、山东日照电厂和山东青岛近岸3个地点的绿潮藻样品氨基酸含量分别为27.56%、19.03%和11.55%,说明绿潮藻在漂移过程中品质急剧下降,这就提示资源化利用过程中应在绿潮暴发前期及时打捞绿潮藻,以保证原藻的品质。从氨基酸组成来看,呈味氨基酸含量较高,谷氨酸含量最高可达到氨基酸总量的16.45%,天冬氨酸含量也较高,最高可达到13.21%。绿潮藻含有人体不能合成的必需氨基酸,必需氨基酸占氨基酸总量的34.78%~37.45%,这3个绿潮藻样品中呈味氨基酸(谷氨酸、天冬氨酸、甘氨酸)分别占氨基酸总量的41.22%、42.59%和45.21%,因此绿潮藻有较强的海藻鲜味,可作为食品、动物饲料等的天然调味剂。根据FAO/WHO的理想模式,质量较好的蛋白质,其氨基酸组成比例是必需氨基酸与总氨基酸的比值在40%~60%,必需氨基酸与非必需氨基酸的比值在60%以上。绿潮藻的这两个比值接近要求,证明绿潮藻的蛋白质品质较好,不仅氨基酸含量高,而且氨基酸种类比较齐全,必需氨基酸比例较高,还含有丰富的呈味氨基酸,是一种良好的植物蛋白源。另外,绿潮藻中天冬氨酸对于细胞内线粒体的能量代谢、氮代谢、中枢神经系统兴奋、神经递质产生以及体内尿素循环等方面起着重要作用,在临床医疗中广泛用于治疗肝炎、肝硬化、肝昏迷。因此,绿潮藻中高含量的天冬氨酸使绿潮藻具有重要的保健功能(蔡春尔等,2009)。

3. 色素类物质

色素含量的多少可影响产品的质量,例如产品的颜色、色泽,这些是产品质量感官鉴定的重要指标。绿潮藻与海带、紫菜相比较,叶绿素含量较高(Liang et al,2009)。浒苔是一种富含天然色素物质的绿藻,含有丰富的叶绿素和类胡萝卜素。绿藻中叶绿素含量一般占干重0.5%~1.5%,而浒苔中叶绿素含量约1%,说明浒苔中叶绿素含量丰富,其叶绿素a/b比值约为3,这与浒苔一般生活在光线充足的潮间带有关,能充分接触到光。类胡萝卜素中叶黄素含量占浒苔干重的0.2%左右,在绿藻中属含量较高的一种(程红艳,2011;纪明候,1997)。类胡萝卜素含量研究较少,在缘管浒苔色素含量研究中显示,β-胡萝卜素含量较多,达0.132 mg/g(严小军等,2001)。其叶绿素总含量或叶绿素a/b比值以及叶绿素和类胡萝卜素的组成会因地方、漂移时间、采样时间产生差异。

有关于绿潮藻暴发后随着时间从江苏漂移到山东期间色素变化的研究,结果如表15.1所示。从表中可以看出,叶绿素a、叶绿素b和类胡萝卜素的含量从江苏至山东呈现下降的趋势。2010年江苏绿潮藻样品总叶绿素含量最高能达到12.893 mg/g,类胡萝卜素最高可达1.863 mg/g,各地均值比山东绿潮藻样品的叶绿素和类胡萝卜素含量高。所以,随着时间的变化,绿潮藻的品质从绿潮暴发初期到后期出现前高后低的趋势。为了更高值化利用绿潮藻资源,这种变化意味着在绿潮暴发初期需要及时打捞,既保证了原藻的品质,得到合理的开发和利用,同时也能一定程度上防止绿潮藻的大面积繁殖集聚。

表 15.1　2010 年绿潮藻的叶绿素和类胡萝卜素含量/(mg/g)

采集地点(时间)	叶绿素 a	叶绿素 b	类胡萝卜素	叶绿素 a、b
江苏如东环港(4 月)	8.568	4.325	1.863	12.893
江苏如东洋口港(4 月)	8.621	4.026	1.631	12.647
江苏大丰港(4 月)	7.968	3.573	1.326	11.541
江苏射阳港(5 月)	6.759	3.221	0.856	9.980
江苏如东太阳岛(6 月)	5.423	3.612	0.349	9.035
江苏如东洋口港(7 月)	5.214	3.081	0.742	8.295
江苏大丰港(7 月)	5.135	3.624	0.784	8.759
江苏射阳港(7 月)	5.109	3.431	0.687	8.540
山东日照电厂(7 月)	5.066	3.741	0.975	8.807
山东青岛栈桥(7 月)	2.342	1.067	0.652	3.409
山东青岛(7 月)	1.481	0.909	0.319	2.390

（1）叶绿素

叶绿素分子式为 $C_{20}H_{39}OH$，其由两部分组成的：核心部分是一个卟啉环(porphyrin ring)，卟啉环中含有一个镁原子，其功能是光吸收；另一部分是一个很长的脂肪烃侧链，是由 4 个异戊二烯单位组成的双萜，称为叶绿醇，这一结构决定了叶绿素的脂溶性。叶绿素是光合作用的主要色素，其吸收大部分的红光和紫光，并反射绿光。在浒苔等绿藻中，主要含有叶绿素 a 和叶绿素 b，两者溶于有机溶剂但不溶于水，两者可能会因为地方等差异而产生 2.390～12.893 mg/g 的含量差异。叶绿素稳定性差，光、酸、碱、氧、氧化剂等都会使其分解，产生各种叶绿素衍生物，如脱镁叶绿素、脱植基叶绿素、焦脱镁叶绿素等。酸性条件下，Mg^{2+} 容易丢失并形成脱镁叶绿素，使叶片呈橄榄绿色，但中心镁离子若被铜离子、锌离子等取代，其光、热稳定性将会提高很多。脱植基叶绿素、脱镁脱植基叶绿素则变成水溶性，这也为叶绿素提取提供了新的研究方向(程红艳，2011；纪明候，1997)。

（2）类胡萝卜素

类胡萝卜素是多烯色素，由 8 个异戊二烯单位组成的四萜，是由两条 20 个碳单位以尾对尾聚合起来的长链，是脂溶性黄色色素。类胡萝卜素在藻类的光合作用中发挥作用，捕获光能，传递给叶绿素 a，并发挥输送电子、防光氧化等功能。类胡萝卜素可以分为两类：胡萝卜素(即纯碳氢化物)和叶黄素类(即胡萝卜素的含氧衍生物)。叶绿体是类胡萝卜素含量较为丰富的细胞器，所以一般情况下，富含叶绿素的植物组织也富含类胡萝卜素，绿藻中类胡萝卜素含量普遍高于褐藻和红藻(严小军等，2001)。在浒苔等绿藻中主要含有 α-胡萝卜素、β-胡萝卜素和叶黄素(纪明候，1997)。

胡萝卜素，是含有 40 个碳的多烯四萜，可分为 α-胡萝卜素、β-胡萝卜素、γ-胡萝卜素等多种，具有脂溶性。由于胡萝卜素含有丰富的共轭双键，且多为全反式结构，所以极易被氧化，在热处理等条件下易发生异构化反应。胡萝卜素的结构决定了它的抗氧化作用，可以清除羟基自由基、过氧自由基、单线态氧等。绿藻类中富含胡萝卜素，且主要含有 α-胡萝卜素、β-胡萝卜素。大量研究报道 β-胡萝卜素具有很好的生理功效，目前有针对性开发生产胡萝卜素的藻类，如盐生杜氏藻等(檀琼萍，2006)，并应用于商业生产中。

叶黄素类能溶于石油醚、丙酮、乙醇等有机溶剂中。其种类比胡萝卜素种类更多，在藻类中，叶黄素种类丰富，可达 40 余种。由于叶黄素和胡萝卜素结构上区别为是否含氧，所以叶黄素在酸、光、热等条件下也容易发生顺反异构化反应或者分解反应(杨麦生，2007)，大多数叶黄素也具有抗氧化活性，可以清除超氧阴离子、羟自由基和过氧化氢，对脂质过氧化物具有阻抑作用(程红艳，2011)。

4. 抑藻物质

Alamsjah 等(2005)发现肠浒苔甲醇提取物和水提取物对赤潮异弯藻(*H.akashiwo*)和鞭毛藻

（*Fibrocapsa japonica*）都具有较强的抑制作用。许妍等（2005）发现缘管浒苔（*U. linza*）新鲜组织、干粉末和水过滤液均对赤潮异弯藻生长具有强烈的克生效应。王兰刚和徐姗楠等（2007）发现条浒苔及其水溶性抽提液均对三角褐指藻（*U. tricornutum*）生长表现出明显的抑制效应，其水溶性抽提液抑制效果优于鲜组织抽提液。利用大型海藻与浮游微藻之间的相生相克作用，可进行水体富营养化治理与赤潮生物防治，从而产生巨大的社会、经济和生态效应。

5. 凝集素

凝集素是非免疫起源的蛋白质或糖蛋白，它不仅具有凝集细胞、抑制肿瘤细胞增殖、激活淋巴细胞、抑制血小板凝集等多种生物活性，而且还可能参与了生物体内胚胎发育和机体代谢的调控等重要的生理和病理过程。陆生动植物凝集素已被大量纯化并在生物化学及医学等领域得到了广泛而深入的研究和应用，而海洋生物凝集素的生物活性也绝不比陆生生物凝集素逊色，尤其是海藻凝集素，它广泛存在于各种海藻中。

宋玉娟等（2005）从肠浒苔中分离出凝集素，其在90℃加热1 h后仍然具有对单胞藻、动物细胞等的凝集活性，且这种活性不被糖抑制。Ambrosio等（2003）也从浒苔中分离出了EPL-1和EPL-2两种凝集素，它们都含有2万～2.2万Da的单链非糖基化蛋白质。肠浒苔凝集素对人血细胞有凝集活性，这为海藻凝集素的资源开发提供了理论依据。

6. 超氧化物歧化酶

超氧化物歧化酶（简称SOD酶），主要催化超氧化物自由基阴离子反应形成过氧化氢和分子氧，是生物体内重要的抗氧化酶。SOD酶广泛分布于各种生物体内，如动物、植物、微生物等。它具有特殊的生理活性，是生物体内清除自由基的首要物质。现已证实，由氧自由基引发的疾病多达60多种，超氧化物歧化酶在生物体内的水平高低意味着衰老与死亡的直观指标，它可对抗与阻断氧自由基对细胞造成的损害，并及时修复受损细胞。超氧化物歧化酶广泛应用于食品、化妆品和医药领域，海洋来源的超氧化物歧化酶具有催化温度低、抗疲劳等特点。从海洋植物出发，获得超氧化物歧化酶是今后研究和开发这类酶的关键，将其应用于人体保健品及化妆品的生产具有良好前景。

由淮海工学院对浒苔超氧化物歧化酶进行了制备与性质研究。将采集的缘管浒苔先经过海水清洗去除泥沙和其他杂质，再用自来水和去离子分别清洗三次，挤干水；剪碎放入匀浆机中，并按1 g浒苔加入3 mL 50 mmol/L磷酸缓冲液、pH7.4、含1 mmol/L EDTA的比例，向匀浆机中加入4℃的50 mmol/L磷酸缓冲液，混匀并充分破碎浒苔细胞后将匀浆液置于4℃温度下冷藏2 h，过滤，取滤液12 000 g离心20 min，取上清液。将上清液进行硫酸铵盐析、离子交换层析、凝胶过滤层析。应用该方法将缘管浒苔超氧化物歧化酶纯化了103.6倍，回收率为19.1%，最终酶的比活力达1 750 U/mg蛋白。

将纯化后的缘管浒苔超氧化物歧化酶进行十二烷基硫酸钠-聚丙烯酰胺凝胶电泳（SDS-PAGE），电泳结果显示是一条条带，说明该酶已纯化至电泳纯，参照蛋白Marker得知SOD酶的分子量大约是23 kDa。将纯化的酶进行活性检测，结果显示缘管浒苔超氧化物歧化酶是一个铁型超氧化物歧化酶。纯化后的超氧化物歧化酶在35℃时达到最大催化效率，且随着温度的逐渐升高或降低，酶活力逐渐下降。酶在35℃的温度中保温1 h后保持100%相对酶活力，超过40℃酶的稳定性逐渐下降。SOD酶的pH稳定性较好，在pH5.0～10.0范围内SOD酶保持80%以上相对酶活力，最高点在pH7.0。通过检测金属离子对酶的影响，Cu^{2+}、Mn^{2+}、Zn^{2+}和Ca^{2+}对酶活力有轻微促进作用，Ag^+、Al^{3+}和Co^{2+}对酶有不同程度的抑制作用，其他金属离子对酶的影响不大。

采用Edman法测量纯化的缘管浒苔超氧化物歧化酶的N端氨基酸序列，结果测得其N端的前11个氨基酸序列为ALELKAPPYEL。

7. 植物生长激素

植物生长素是第一类被发现的植物激素,包括吲哚乙酸、吲哚甲酸、吲哚丙酸、吲哚丁酸及萘乙酸等,是一类重要的植物生长促进剂,对植物的生长、发育、分化等生理生化过程起着十分重要的调节作用。海藻中含有的多种内源植物激素对陆生植物具有特别明显的促生长作用,作为内源植物激素,它们在藻体本身的生长发育过程中也起着非常重要的作用,集中体现在促进藻类细胞的分裂、伸长,调节器官分化以及细胞内营养物质的运输等方面。目前已知的海藻植物生长调节剂中含有多种活性物质,除了常见的植物生长素、细胞激动素、脱落酸、赤霉素和乙烯以外,还含有甜菜碱、海藻酸、多胺等多种植物生长调节因子。

浒苔体内含有多种促生长性内源植物激素。王泽文(2010)对青岛海域浒苔中各种内源植物激素含量进行了检测,结果显示在不同采集地点得到的浒苔中同种内源植物激素含量无明显的差异,但是不同类型植物激素含量差别很大。

8. 矿质元素

浒苔含有大量的 P、Ca 和 Fe,且富含 Zn、Cu、Mn 等矿质元素(表 15.2)。Fe 是血红蛋白及许多酶的主要成分,在组织呼吸、生物氧化过程中起着重要作用;Cu 参与造血过程,可防止贫血;Zn 参与多种酶的合成,加速生长发育,并且是一种促进智力发育的元素,因此绿潮藻中高含量的矿质元素可以满足人体的正常需要,作为食品或药品加以开发和利用。在 2010 年的绿潮藻样品中,Fe、Zn、Cu、Mn 的含量随着样品采集时间的推移都出现下降的趋势,而 P 的含量在绿潮藻中呈现相反的趋势,绿潮暴发前期的样品中 P 含量低于绿潮中后期的含量,这可能是由于绿潮藻在其漂移过程中,吸收了海水中大量的 P 元素,这与其能净化水质的作用相符合。

表 15.2　2010 年沿海采样浒苔的 P、Ca、Zn、Fe、Cu 和 Mn 含量/(mg/g)

采集地点(时间)	P	Ca	Zn	Fe	Cu	Mn
江苏如东环港(4 月)	0.70	16.87	0.06	0.89	0.02	0.05
江苏如东洋口港(4 月)	0.84	18.54	0.06	0.96	0.03	0.06
江苏大丰港(4 月)	0.76	17.21	0.07	0.87	0.03	0.05
江苏射阳港(5 月上旬)	0.93	16.30	0.07	0.82	0.02	0.04
江苏射阳(5 月)	0.52	14.56	0.04	0.43	0.01	0.03
江苏射阳港(5 月下旬)	0.77	18.48	0.07	0.77	0.03	0.05
江苏如东太阳岛(6 月)	0.68	19.22	0.09	0.73	0.02	0.04
江苏如东洋口港(7 月)	1.31	17.93	0.05	0.56	0.02	0.04
江苏大丰港(7 月)	1.65	18.59	0.07	0.71	0.03	0.05
江苏射阳港(7 月)	1.76	19.33	0.07	0.62	0.03	0.04
山东日照电厂(7 月)	0.71	18.34	0.06	0.58	0.02	0.03
山东青岛栈桥(7 月)	1.26	16.34	0.06	0.47	0.04	0.03
山东青岛(7 月)	0.94	14.92	0.03	0.42	0.03	0.03
山东日照万平口(7 月)	0.46	15.11	0.05	0.53	0.02	0.02
山东青岛(7 月)	0.38	13.48	0.05	0.32	0.02	0.02

9. 纤维素

浒苔含有丰富的膳食纤维,林文庭等(2009)发现浒苔产品具有润肠通便的功效,这与其高膳食纤维含量密切相关,青岛的漂浮浒苔中膳食纤维含量高达 48%,江苏产地浒苔中的膳食纤维含量也在 20%以上(胡传明等,2018)。浒苔半纤维素基水凝胶有较好的凝胶强度,而且凝胶内部有三维蜂窝状的空间结构,制得的半纤维素基水凝胶有较好的细胞相容性,因此,可以考虑在伤口敷料、药物释放、生物医药等领域的开发应用,如创可贴、胶囊药物等(吴培凤,2016)。

二、浒苔多糖的生物学活性

1. 抗氧化

Nishibori 等(1988)发现浒苔中提取的脱镁叶绿素 a 具有较强抗氧化活性。于敬沂(2005)研究发现缘管浒苔水提粗多糖及多糖硫酸酯化产物对超氧负离子自由基、羟自由基和脂质自由基均有明显的抗氧化活性,且硫酸酯化多糖抗氧化活性较未酯化多糖活性高。薛丁萍等(2010)发现浒苔水提多糖及酸提多糖对羟自由基均有一定的清除效果,且酸提多糖对羟自由基的清除能力大于水提多糖,前者在质量浓度为 2 mg/mL 时清除率高达 86.39%。

董晓静研究了三种不同方法处理的浒苔在小鼠体内的抗氧化作用,在衰老模型小鼠灌胃给予浒苔原粉(EO)、浒苔多糖(EP)、浒苔超声处理粉末(EU－L)低剂量,浒苔超声处理粉末(EU－H)高剂量分别为 300 mg/(kg · d)、100 mg/(kg · d)、300 mg/(kg · d)、350 mg/(kg · d),7 周后检测其对小鼠血清、肝脏、脑组织中超氧化物歧化酶(SOD)、谷胱甘肽过氧化物酶(GSH－Px)、丙二醛(MDA)、过氧化氢酶(CAT)含量的影响。结果表明浒苔超声粉末高剂量组(EU－H)能够有效提高衰老模型小鼠体内抗氧化酶活性,对衰老小鼠的治愈率达 90% 以上,效果优于浒苔多糖(EP);而且根据剂量比较,浒苔超声粉末(EU)可以剂量依赖性地提高衰老小鼠体内抗氧化能力。

2. 抑菌

Rizvi 等(2010)发现肠浒苔对多种真菌具有抑制活性。Hellio 等(2001)发现肠浒苔乙醇提取物对 6 种革兰氏阳性细菌具有较强的抑制活性(5～6 mm 抑菌圈),对另 5 种革兰氏阳性细菌有一定的抑制活性(3～4 mm 抑菌圈)。Mehrtens(1994)发现扁浒苔具有较高的碘代过氧化物酶活性,而该活性可能与其抗菌等化学防御作用相关。Vlachos 等(1997)报道从南非采集的浒苔经热水提的多糖具有抗菌活性,对细菌的抑制能力好于酵母菌和霉菌。李凌绪等(2006)发现浒苔的乙醇提取物对甜椒灰霉菌(*Botrytis cinerea*)、链格孢菌(*Alternaria brassicae*)有较强的抑制作用,对立枯丝核菌(*Rhizoctonia solani*)、苹果干腐菌(*Botryosphaeria dothidea*)、香蕉炭疽菌(*Gloeosporium musarum*)、镰刀菌(*Fusarium oxysporum*)等植物病原真菌菌丝生长也有一定抑制作用,推测其活性成分可能为酚类、糖类、内酯或甾醇。Salah 等(2005)发现曲浒苔(*U. flexuosa*)的乙酸乙酯提取物表现出抗枯草芽孢杆菌(*Bacillus subtilis*)活性,并进一步分离纯化得到了 5 种化合物:棕榈酸、7-酮基胆固醇、羊毛甾醇、β-谷甾醇、邻苯二甲酸二异辛酯。Shahnaz 等(2006)研究发现肠浒苔甲醇提取物对 3 种细菌和 10 种真菌均具有抗菌活性,并从里面分离鉴定了 β-谷甾醇、反式-植醇和多种脂肪酸物质。Sukatar 等(2006)发现缘管浒苔甲醇和氯仿提取物对 5 种革兰氏阳性细菌、4 种革兰氏阴性细菌和白色念珠菌的抗菌活性明显强于正己烷和二氯甲烷提取物活性,鉴定其中的挥发性成分主要有正三十四烷、正十七胺和二十二烷。

3. 抗炎抗病毒

浒苔中提取物对某些细菌、真菌和病毒具有一定的抗性。于敬沂(2005)研究发现缘管浒苔水提粗多糖有钝化烟草花叶病毒(TMV)粒子、保护侵染位点和抑制 TMV 粒子复制等活性。孙文等(2011)提到浒苔提取物有很好的抗单纯疱疹病毒(HSV)和辛德毕斯病毒(SINV)活性;从南非打捞的浒苔中提取多糖对细菌的抑制能力最强,其次为酵母菌和霉菌。高玉杰等(2013)总结前人研究发现,浒苔多糖可抑制多种真菌、细菌,且缘管浒苔多糖可直接杀死病毒粒子。韩秋凤等(2010)发现浒苔中提取的多糖对由右旋葡聚糖硫酸钠(DSS)诱发的溃疡性结肠炎有防治作用。

4. 降血糖

孙士红(2007)研究发现碱提浒苔细胞壁多糖具有明显的降血糖功效,其高、中、低剂量组对糖尿病小鼠的降糖率分别是 15.4%、20.3% 和 14.4%。刘乾阳等(2017)研究发现江苏产浒苔多糖在 200～

400 mg/kg剂量范围内能降低四氧嘧啶诱导糖尿病小鼠的血糖,改善模型小鼠的耐糖力,缓解胰岛病变程度。

5. 降血脂

周慧萍等(1995)发现150 mg/kg的浒苔多糖可使高胆固醇血症小鼠血清胆固醇下降22%,168 mg/kg多糖可使高血脂大鼠血清总胆固醇、甘油三酯分别下降58%和61%,高密度脂蛋白升高27%,血清和心脏过氧化脂质含量下降35%和46%,250 mg/kg多糖可分别提高血清、脑、肝超氧化物歧化酶活力33%、118%和224%。

6. 提高免疫力

Castro等(2004)发现浒苔多糖能增强大菱鲆吞噬细胞的呼吸能力,提高哺乳动物的免疫力,对贝类也具有增强免疫防御作用,可用于防治贝类养殖病害。徐大伦等(2006)研究证明一定浓度的浒苔多糖能显著增强华贵栉孔扇贝(*Chlamys nobilis*)血淋巴细胞中超氧化物歧化酶和溶菌酶活力,提高其免疫活性;此外,浒苔多糖能促进小鼠T细胞、B细胞的增殖反应,对抗原递呈细胞活化诱导的IFN-g产生有非常显著的增强作用,显示出较强的免疫作用。

三、浒苔其他成分的活性

1. 色素生物学活性

(1)抗氧化性

由于叶绿素分子结构中含有双键及卟啉环结构使其具有抗氧化活性。部分从藻类中提取的叶绿素衍生物也具有较强的抗氧化作用,如褐藻中提取的焦脱镁叶绿酸a、羟基脱镁叶绿酸、羟基脱镁叶绿素等(Cahyana, et al., 2014; Yuan, et al., 2018),可以清除DPPH自由基、羟基自由基和超氧阴离子。甚至部分叶绿素衍生物比叶绿素或包括维生素E和BHT在内的抗氧剂具有更强的抗氧化活性。在大鼠肝细胞线粒体体外试验中,叶绿酸还能有效抑制ROS导致其膜的脂质过氧化,从而保护线粒体免遭氧化损伤。浒苔中叶绿素含量丰富,且Cho等发现浒苔中提取的脱镁叶绿素a的抗氧化活性比海藻多酚更强(程红艳,2011;段智红等,2018)。

类胡萝卜素也因为结构上丰富的共轭双键,使其具有良好的抗氧化作用,在清除ROS方面发挥作用(徐霞,2005)。叶黄素可利用其抗氧化功能,保护眼睛的视神经、视网膜和视网膜色素上皮细胞免受自由基的伤害(程红艳,2011)。滕倩(2016)通过研究证明了补充叶黄素对健康人体DNA氧化损伤有保护作用,可增强人体抗氧化功能。

(2)抗肿瘤

叶绿素已被研究发现对肿瘤抑制作用具有广谱性,对化学诱导的肝、肺、肠、乳腺等肿瘤有抑制作用,可有效减少恶性肿瘤的发生。在近年兴起的治疗恶性肿瘤的光动力疗法中,叶绿素也可作为高效的光敏剂发挥作用,同时叶绿素a降解产物及衍生物是光动力治癌新药研究中的重点对象之一(程红艳,2011)。

叶黄素可以调节免疫活性,增强特异性免疫应答,自身的抗氧化能力使其在抗肿瘤功能方面表现突出(孙震等,2005)。现有大量研究报道,叶黄素在抑制肿瘤生长方面具有积极作用,在小鼠动物实验中,腹腔注入乳腺癌细胞,进行叶黄素摄入后,可明显减少肿瘤发生率。另有多种研究结果表明,叶黄素对皮肤癌、乳腺癌、前列腺癌、直肠癌、胃癌、结肠癌等多种癌症具有抑制作用(程红艳,2011)。

(3)保护心脑血管

有研究指出叶黄素能抑制血管内皮细胞黏附分子的过度表达,对早期的动脉粥样硬化具有保护作用(邹志勇等,2010)。血液中叶黄素含量增加,则动脉壁的增厚趋势和动脉栓塞都降低。动脉壁细胞中的叶黄素可以降低低密度脂蛋白(LDL)胆固醇的氧化,而 LDL 胆固醇的氧化正是导致动脉粥样硬化的主要原因之一,所以叶绿素的摄入可以保护低密度脂蛋白免受单线态氧的侵害,从而预防心血管病的发生(程红艳,2011)。

（4）降胆固醇、降血糖、降血脂

叶绿素及其一些衍生物还具有降低血浆胆固醇的作用,其中植物绿质是降胆固醇最单纯的叶绿素单元结构,其配位金属决定了其降胆固醇的能力。由叶绿素衍生物制得的铬叶绿酸钠口服降糖药在临床上验证了叶绿素的降低血糖、血脂的功效(程红艳,2011)。

（5）抗炎

生命机体的免疫系统由于外界刺激可能会释放多种炎症因子,如 ROS、白介素、NO 等。研究表明,岩藻黄素可以抑制 NO 合酶、环氧合酶-2-蛋白质的表达,导致 NO、白介素等炎症因子水平降低,从而达到抗炎作用。除此之外,还有研究表明其抗炎机理与其抑制体内肥大细胞脱粒有关(张文源等,2015)。叶绿素具有保护胃壁的作用。很多患者反映因食用富含叶绿素的麦苗片使他们的结肠炎症状明显得到改善,说明叶绿素可能对肠部炎症伤口具有极好的消炎效果。叶绿素的服用还可以显著减轻关节炎患者的疼痛(程红艳,2011)。研究显示叶绿素衍生物能抑制炎症应答、抑制白介素活性、抑制并清除炎性反应生成的 NO(段智红等,2018)。Okai 等(1997)从浒苔提取的脱镁叶绿素 a 通过抑制小鼠巨噬细胞中 TPA 诱导的超氧化物阴离子的产生和 TPA 诱导的小鼠炎症反应产生较强的抗炎活性。

2. 其他物质生物学活性

侯杰(2013)发现利用正丁醇从浒苔中提取出的物质可有效降低实验鼠急性肝损伤(由 CCl_4 和 D-GalN 诱导的)。Hudson 等(1999)发现韩国沿海的缘管浒苔具有直接杀死单纯疱疹病毒和辛德比斯病毒的活性。

四、浒苔应用领域概述

1. 饲料

浒苔饲料在日本、英国、新西兰等许多国家已产业化(常巧玲和孙建义,2006)。国内试验证明,在饲料中添加 5% 的浒苔精粉饲养蛋鸡,可使鸡蛋中胆固醇降低 21.6%(陈灿坤等,2006)。张威等(2009)在蛋鸡的基础饲料中添加适量浒苔粉,能显著改善蛋黄颜色且对蛋鸡产蛋性能及鸡蛋品质也均有不同程度提高。林英庭等(2009)在生长猪日粮中添加 10% 新鲜浒苔,发现猪平均日增重量比对照提高 11.28%,浒苔干物质、粗蛋白、粗脂肪和粗纤维在生长猪的回肠消化率均高于 50%。周蔚等(2001)在兔饲料中添加浒苔,发现浒苔不仅能促进肉兔生长,而且能显著降低肉兔血液胆固醇和甘油三酯含量。例如,青岛海大生物集团有限公司已将黄海绿潮打捞收集的新鲜浒苔烘干处理成浒苔干粉,研发了一系列产品,可用于提高动物免疫力和畜牧品质。孙元芹等(2013)将浒苔加入海参饲料中可提高海参生长速度,大幅提高饵料利用效率。

2. 食品

海藻素有"海洋蔬菜"和"长寿菜"之称,是天然的绿色有机碱性食品。浒苔含有丰富的碳水化合物、氨基酸、大中微量元素、维生素、脂肪酸,均为人体所需的营养物质,浒苔含铁量居我国食物之首,且孙元芹等(2013)研究发现浒苔具有较高的食用安全等级。浒苔具有很高的营养价值,是一种很有开发前途的药用保健食品。

沿海居民自古就有将浒苔制作成各种食品的习惯,例如做包子、馅饼、汤料、咸菜等,我国在传统食品的基础上,用浒苔加工出多种新型食品。在日本,浒苔粉和浒苔片作为食品配料或营养添加剂,已广泛应用于各种食品,如膨化食品、海苔饼干、海苔花生、海苔干脆面等,浒苔绿藻精等浒苔活性成分提取物大多用于功能食品的开发。浒苔含有丰富的叶绿素,在加工过程中极易被破坏,浒苔纤维较硬,腥味太浓,直接食用不受欢迎,为此滕瑜(2009)对浒苔采用隔水高压蒸煮的方法脱腥护色,研制浒苔罐头产品,为进一步利用浒苔资源开辟了新的途径。

3. 肥料

浒苔在日本是重要的农家有机肥料,千叶县及琦玉县有规模较大的浒苔肥料生产厂家(宋宁而等,2009)。国内学者用高温堆肥技术进行浒苔堆肥,对大白菜具有明显的增产作用,肥效与鸡粪堆肥相当,但当施用量过大时可导致土壤 pH 降低、盐分含量提高(赵明,等 2010)。青岛海大生物有限公司的浒苔海藻肥有机质含量高达 50% 以上,且富含氮磷钾,可提高作物产量和抗病性(姚东瑞,2011)。目前已开发了四大系列近百种浒苔生物肥料产品,经过近几年的市场推广和销售,市场价值不断提高。此外,通过生物降解法制备的浒苔多糖作为植物生物刺激素,添加于肥料中,已累计生产氮肥近 30 万 t。该类产品可有效提高肥料利用率,符合"减肥增效"、生态环保的肥料发展新趋势,促进了绿色农业的发展。

4. 化妆品

海藻作为含多种活性成分的天然海洋植物,应用于化妆品中具有抗衰老、抗菌消炎、保湿等作用,已受到人们普遍关注。

郭子叶等(2014)选用江苏盐城海域的浒苔为原料,经水提醇沉得到浒苔粗多糖,DEAE - 52 层析、Sephadex - G25 脱盐得到九个组分的多糖纯品。研究了分离纯化的浒苔多糖对人皮肤成纤维细胞增殖作用,并系统地研究了浒苔粗多糖在化妆品方面的活性,包括抗氧化、抗辐射、保湿性及吸湿性。通过检测人皮肤成纤维细胞增殖、细胞 ROS、MDA、CAT、GSH - PX 指标来研究浒苔多糖对 H_2O_2 损伤人皮肤成纤维细胞的保护作用。研究发现浒苔多糖能提高细胞清除自由基能力,通过人皮肤成纤维细胞的显微镜观察,以及 DCFH - DA 检测细胞 ROS 情况,结果表明浒苔多糖能降低 H_2O_2 对人皮肤细胞的损伤,并提高细胞清除自由基能力,减轻细胞受脂质过氧化损伤,能起到对人皮肤成纤维细胞的保护作用。浒苔多糖在抗辐射方面,能减轻人皮肤成纤维细胞所受 UVB 损伤;在抗氧化方面,1.5 mg/mL 多糖对 DPPH 自由基的清除率高达 92.11%,3 mg/mL 多糖对羟自由基的清除率高达 83.40%;在保湿吸湿方面,多糖与甘油 1∶1 混合时在湿度 43% 和 55% 时保湿效果最好。

浒苔多糖因具有对自由基很好的清除作用,及其较好的抗紫外线辐射、保湿防晒的功能,因此在化妆品上得到广泛应用。如浒苔多糖用于制备化妆品添加剂、浒苔纤维颗粒去角质抗氧化洁面乳、浒苔补水抗氧化面膜、浒苔藻粉面膜、浒苔粗多糖护肤霜、浒苔水煮藻泥面膜等。

5. 能源

冯大伟等(2009)采用浒苔与其他生物质厌氧共发酵来制取沼气。姚东瑞(2011)采用浒苔和秸秆组合发酵生产沼气,日均产气率达 2.17 mL/(g·TS·d),较单独采用浒苔和秸秆发酵总气量分别提高 60.33% 和 29.04%,比未经水解和酸化组提高 105.27%,甲烷纯度为 62.4%。

张维特等(2011)将浒苔纤维素进行酸水解,再用酿酒酵母 S2 发酵,得到乙醇。秦松等(2010)将浒苔酸解发酵后蒸馏制取乙醇;刘政坤(2011)通过水解技术降解浒苔,并将降解产生的单糖进行厌氧发酵制取乙醇。韩国海洋研究院利用在韩国济州海域引起环境问题的浒苔成功生产了浓度为 30% 的生物乙醇,乙醇提取率高达 80%(姚东瑞,2011)。

李祯等(2007)研究了条浒苔作为颗粒燃料的性质。采用热重分析法对条浒苔的热解过程及其动力学规律进行了研究,采用热显微镜观察条浒苔生物质灰的熔融过程,分析不同升温速率和不同粒径对条浒苔生物质热解特性的影响,建立了热解动力学模型。

6. 造纸

王广策等(2010)采用浒苔或石莼,或浒苔和石莼任意比例的混合物制造纸张。利用浒苔可部分替代传统造纸原料,可有效降低造纸成本,浒苔来源丰富、价格低廉、工艺简单,得到的新型纸产品具有防油、防水、抗菌效果,而浒苔又具有绿色环保、可食用等特殊性能,可作为防油纸、食品包装纸以及其他特种纸。

7. 环境治理

浒苔生长速度快、吸收营养物质多,因此可利用浒苔对重金属和营养盐的吸收作用来净化水体。张勇等(2009)总结前人研究发现从南亚得里亚海海域采集的浒苔 2 h 内对重金属镍离子的吸附量为 36.8 mg/g;在西班牙 Palmones 河中的浒苔对磷酸盐有吸收作用。孙文等(2011)总结前人研究发现浒苔对废水中的铵具有很好的吸收作用;浒苔对金属镍有吸附作用,还可以吸收海水中的 CO_2,释放 O_2。程凤莲等(2011)利用浒苔干粉制成吸附剂对印染废水进行脱色处理,实现以废制废及浒苔的资源化利用。利用浒苔与赤潮藻间存在化感克生作用,可制作抗藻剂来防治赤潮。最近十几年我国对浒苔与赤潮藻化感抑制作用已有较多报道,浒苔与多种赤潮藻(如前沟藻、米氏凯伦藻、球等鞭金藻等)均存在化感克生作用。

第二节 浒苔深加工技术

一、浒苔多糖的提取技术

浒苔多糖提取率受提取温度、提取剂种类、料液比和提取时间的影响。选择合适的提取工艺提高产量,同时降低提取产物中蛋白质、色素、其他多糖等杂质的含量是浒苔多糖应用的前提。目前主要的提取方法有热水浸提法、碱提法、酶提法及超声辅助提取四种(于源,2014)。

1. 热水浸提法

热水浸提法是浒苔多糖提取最常用的方法,利用多糖在热水中良好的溶解度使其从藻体细胞壁中溶出。料液比、浸提温度和浸提时间是影响提取率的主要因素。余志雄等(2010)通过单因素及正交实验考察了这三个因素对浒苔多糖提取率的影响,发现最佳提取工艺为料液比 1:30(w/v)、浸提温度 90℃、浸提时间 3 h,浒苔多糖提取率最高为 11.12%。胡章等(2013)通过响应面法发现料液比 1:47(w/v)、浸提温度 100℃、浸提时间 2 h 时浒苔多糖提取率最高,可达 12.26%。蔡春尔等(2014)先将新鲜浒苔用 95% 乙醇浸泡,然后按料液比为 1:40 加蒸馏水浸泡,采用湿法组织捣碎后 95℃ 浸提 15 min,提取率可达 20.1%。热水浸提法工艺简便、稳定,对设备要求低,便于产业化。

2. 碱提法

浒苔多糖是一种酸性多糖,稀碱液有助于这类多糖的溶出。林威等(2010)对浒苔多糖的碱提工艺进行了探究,确定了最佳提取工艺为 NaOH 浓度 0.3 mol/L、浸提温度 90℃、浸提时间 2.5 h、料液比 1:40,多糖提取率为 3.1%。陈小梅等(2010)选择 Na_2CO_3 溶液作为提取剂,通过响应面确定了 100℃ 提取温度下,Na_2CO_3 浓度 0.85%、料液比 1:60、提取时间 124 min 时浒苔多糖提取率最高,可达 13.42%。朱丽丽(2007)将浒苔热水提取多糖后的残渣继续用碱提法,条件为 NaOH 浓度 1 mol/L、料液比 1:10,常温下浸提 3 次、每次 2 h,在此条件下浒苔粗多糖提取率为 2.65%。一般地,碱提法的多糖提取率显著低于热水浸提法,提取产物中绝大部分是酸性糖,中性糖含量低,产物生物活性较好。

3. 酶提法

浒苔多糖存在于细胞壁中,与纤维素等分子通过不同作用力缠结在一起。酶提法主要利用纤维素酶使细胞壁崩解,释放浒苔多糖。同时也可加入蛋白酶等将其他杂质降解。徐大伦等(2004)采用纤维素酶法提取浒苔多糖,通过单因素和正交实验确定了最适条件为:加酶量为 8%、提取温度 40℃、pH 5.0、提取时间 2.5 h,浒苔多糖的提取率为 20.22%。肖宝石等(2010)采用木瓜蛋白酶水解浒苔多糖-蛋白复合物中的蛋白质,使浒苔多糖更快释放。确定了最佳工艺为木瓜蛋白酶用量 8%、酶解温度 60℃、体系 pH 5.5、酶解时间 2 h,浒苔多糖提取率为 27.75%,粗多糖纯度为 50.03%。酶法作用条件温和,多糖提取率高,糖链结构完整,是一种高效的多糖提取方法。

4. 超声辅助提取

传统的多糖溶剂提取工艺通常需要较长的提取时间,提取率较低。超声波通过机械效应极大地促进了不相溶相之间的质量传递,反应迅速,适合多糖的快速制备,但多糖在制备的同时会伴随糖链的降解。唐志红等(2011)在液料比 54.81∶1、超声功率 531.17 W、提取时间为 272 s 条件下制备浒苔多糖,提取率为 17.42%。郭雷和陈宇(2010)在 40 kHz 的超声仪器中探究了超声温度、时间及料液比对提取率的影响,确定最佳工艺条件为超声温度 80℃、超声时间 28 min、液料比 1∶63,此工艺提取的浒苔多糖提取率为 25.84 mg/g。

二、浒苔多糖酶法降解技术

从浒苔中提取的粗多糖分子量较大,水溶性差且黏度高,难以进入细胞内部发挥生物活性,降低了其生理功能。因此,寻找既能降低多糖分子量,又最大程度上保持糖环结构完整性的方法,受到广泛关注。目前多糖降解的主要方法有化学法、物理法和酶法。酶法作用条件温和,产物分子量均一,不破坏多糖基团结构,是多糖降解的有效方法。浒苔多糖降解酶的来源分为两种,一种是从商品酶中筛选具有浒苔多糖降解活性的,如果胶酶、糖化酶等,另一种是从自然界中筛选具有降解浒苔多糖能力的微生物,发酵产酶。

1. 利用商品酶降解浒苔多糖

许莉莉(2013)从纤维素酶、α-淀粉酶、果胶酶和糖化酶中筛选浒苔多糖降解酶,结果表明果胶酶和糖化酶可以有效催化浒苔水提多糖的水解。优化后得到两种酶的最佳酶解工艺分别为果胶酶加酶量 7.80%、pH 4.45、反应温度 55.56℃、水解时间 5 h,多糖酶解率为 12.71%;糖化酶酶浓度为 14.20 U/mL、反应温度 48.70℃、pH 4.48、水解时间 5 h,多糖酶解率为 12.65%。果胶酶降解产物分子量范围为 9.5～170 kDa,抗氧化活性分析发现其自由基清除活性最好。史美佳(2018)利用果胶酶和糖化酶复合酶解水提醇沉的浒苔多糖,酶解条件为果胶酶∶糖化酶比例为 3.4∶1、酶浓度为 48.50 U/mL、反应温度 45.2℃、反应时间 3 h,浒苔多糖降解率为 12.10%,降解后分子量由 1 257 kDa 降为 309 kDa。

2. 筛选浒苔多糖降解菌

李银平(2014)从腐烂浒苔表面筛选出一株高产浒苔多糖降解酶的菌株,经鉴定为交替单胞菌。通过发酵条件优化该菌株产酶活力最高为 0.753 U/mL。比较对浒苔多糖降解能力发现,该降解酶酶解 1 h 后还原糖的得率就达到了 44.11%,7 h 后增加至 63.53%。而果胶酶处理后还原糖得率仅为 8% 左右。于源(2014)利用该酶酶解浒苔多糖,通过质谱分析终产物包括单糖、二糖、三糖和四糖,底物酶解较为彻底。筛选得到的特异性浒苔多糖降解酶产生菌为提高浒苔多糖的应用,实现浒苔的高值化利用提供新的途径。

三、浒苔色素制取技术

1. 有机溶剂萃取法

叶绿素是脂溶性色素,可溶于部分有机溶剂,所以常用乙醇、丙酮、丁醇、二氯甲烷、石油醚等有机溶剂提取叶绿素。根据研磨法或浸提法,采用单一溶剂萃取或多种溶剂协同萃取一定时间提取叶绿素。研磨法需先破坏细胞结构,溶剂直接提取,而浸提法先要溶解细胞成分破坏细胞,再浸提。相比之下,研磨法产率较高,费时较短,但工作量大,且研磨过程中,叶绿素易受光氧化破坏。但有机溶剂萃取法会消耗大量的溶剂,造成污染,所以需要对叶绿素提取方向不断创新,通过采用辅助技术优化浸提工艺。超声波萃取法是在有机溶剂萃取的基础上采用超声波辅助,使萃取时间显著变短,且操作简单易行,且提高了叶绿素的提取率。除此之外,还可以采用微波辅助提取,其具有高选择性、溶剂用量少、低能耗、速率快等优点(孟庆廷,2009)。

2. 超临界二氧化碳萃取法

超临界二氧化碳萃取过程为,制备样品粉末,进行超临界二氧化碳萃取,然后进行减压,最后分离得到产品。该法采用的萃取温度低,萃取速度快,环境友好,叶绿素的破坏小。有研究利用超临界法提取了藻类 β-胡萝卜素、玉米黄素等,得到较高的提取率(梁叶星等,2013)。但该方法的成本较高,应用并不广泛。

3. 水溶色素制备法

由于叶绿素的水不溶性,稳定性差,大量研究采用将其转化为稳定的铜钠盐方式获得水溶性叶绿素衍生物,其稳定性更好,在食品等领域的应用也更广泛。该方法主要通过皂化、铜化、成盐等方式得到水溶性色素,但不适用于原料部分或严重褪色的原料,如浒苔。水溶性色素提取法有助于提高原料的高值利用。王鹏等通过铜代、清洗过滤、丙酮浸提、成盐、离心、低温烘干沉淀,得到高品质的浒苔水溶色素,且该法提取后得到的副产品还可进行进一步的加工,充分利用资源(王鹏等,2015)。

四、浒苔固体发酵技术

浒苔含有丰富的碳水化合物、蛋白质、脂肪酸、矿质元素及赤霉素、吲哚乙酸、茉莉酸等多种植物激素,是一种良好的生物肥原料。将浒苔通过固态腐熟发酵后转化成生物肥,在作物种植和农业生产中具有广泛的应用前景。固体发酵是多种微生物参与并不断演替的过程。掌握发酵过程中微生物演替的基本规律,对了解物料发酵状态、控制发酵周期、提高发酵产物品质具有重要意义。

黄志俊(2015)以腐烂的浒苔为原料筛选出枯草芽孢杆菌、无色杆菌和巨大芽孢杆菌三株可以发酵利用浒苔的细菌。将三株菌液体培养后接种于浒苔发酵体系中(1 kg 浒苔粉+3 L 水+12 g 尿素),25℃条件下发酵,期间记录发酵体系温度、水分、C/N 值、水溶性有机质等指标的变化。经 8 d 固体发酵后,浒苔 C/N 值由 41 降低至 18,半纤维素含量由 14.3% 降至 1.4%,水溶性有机质比例从 4% 升至 16%。高通量测序结果表明,发酵前期高温阶段,芽孢杆菌属和枝芽孢菌属为优势菌群,说明所接种子液中的菌株在发酵前期的升温及高温发酵过程起到了重要作用。发酵结束期厌氧细菌种类增多,但丰度维持在较低水平(小于 1%)。浒苔发酵后的腐熟物料经水相萃取、浓缩、复配后便可开发相应的生物肥产品。

EM 菌也是固体发酵时常用的接种菌株。王进等(2014)利用实验室开发的 EM-W 菌剂对浒苔进行固态发酵,研究了料液比和 C/N 值对发酵的影响。发现料液比 1:20,C/N 为 30:1 时腐熟温度最高,维持时间最长,最高温度可以达到 64℃。发酵得到的生物肥有机质含量为 42%,总养分(N+P_2O_5+K_2O)含量为 6%。

五、浒苔膳食纤维提取技术

自 20 世纪 70 年代以来,膳食纤维在健康和营养中的作用引起了公众的广泛关注。研究表明,增加膳食纤维的摄入量可以降低许多疾病的发生的风险,包括冠心病、糖尿病、肥胖和某些癌症(Elleuch et al.,2011)。此外,膳食纤维作为食品添加剂还可以赋予食物一些功能特性,例如,增加保水能力,稳定高脂肪食品和乳液,并改善保质期。浒苔中膳食纤维含量可占干重的70%以上,是膳食纤维的良好来源(薛勇等,2011)。不同提取工艺分离制备的膳食纤维结构差异大,对其生理功能和特性会产生较大影响。目前膳食纤维的提取技术主要有化学法和酶法。

1. 化学法

周静峰等(2010)采用碱法提取浒苔膳食纤维,工艺如下:浒苔→预处理→干燥粉碎→碱处理→水洗至中性→干燥粉碎→成品。

预处理:浒苔用清水洗净,去除泥沙等杂质。

干燥粉碎:60℃烘干或晒干,粉碎,测定水分含量。

碱处理:60 g/L 氢氧化钠溶液浸没藻体,搅拌均匀后在70℃条件下处理90 min。

水洗至中性:碱处理结束后挤压除掉碱液,藻体用大量水冲洗至中性。

干燥粉碎:将浒苔藻体放在60℃烘箱内烘干,然后用超微粉碎机300 r/min粉碎1 min。

经此工艺生产的产品得率较高,可达55.20%,且生产成本较低,纤维的膨胀力和持水力分别为6.50 mL/g和541%。

薛勇等(2011)采用酸碱处理浒苔制备碱不溶性膳食纤维,工艺如下:浒苔粉碎→预处理→碳酸钠溶液消化→过滤→滤渣→酸、碱处理→过滤→滤渣→次氯酸钠漂白→硫代硫酸钠脱氯→脱水→干燥粉碎→成品。

将碳酸钠消化后的藻渣先后加入30倍体积的HCl(1 g/L)40℃处理60 min,30倍体积的NaOH(1 g/L)60℃处理60 min,水洗去除酸碱后用95%乙醇脱水。然后加入适量的NaClO溶液漂白,用1% $Na_2S_2O_3$ 脱氯,加95%无水乙醇脱水,60℃干燥后粉碎。膳食纤维得率为16.88%,膨胀力为22.09 mL/g,持水力为510.58%。

2. 酶法

酶法提取是利用各种蛋白酶、脂肪酶、半纤维素酶等将原料里除纤维素外的其他成分——清除,从而得到相对纯净的膳食纤维。酶法成本较高,但产品性能较好。李月欣等(2015)探究了由不同比例的蛋白酶和纤维素酶提取的浒苔膳食纤维对葡萄糖、胆固醇和亚硝酸盐的吸附能力。在55℃、pH 7.7的条件处理90 min后,蛋白酶:纤维素酶比例为10:1时,膳食纤维对葡萄糖吸附能力最强,为20.03 mg/g;15:1时对胆固醇吸附能力最强,为21.93 mg/g。对亚硝酸盐的吸附能力随着蛋白酶比例的升高而不断增强,比例为25:1时吸附值可达29.25 $\mu mol/g$。周静峰等(2011)依次使用1%的蛋白酶和0.1%的α-淀粉酶处理浒苔,再经漂白液漂白,膳食纤维提取率为40.22%、膨胀力为45.13 mL/g、持水力为2 171%,可作为高品质的食品添加剂。

第三节 浒苔生物肥

一、海藻肥现状

1. 海藻肥概述

海藻是生长在海洋中的低等隐花植物,目前被广泛利用的海藻主要包括褐藻、红藻、绿藻三大类。海藻因其结构简单,易加工利用且富含多糖、甘露醇、甜菜碱及多种天然植物激素等现已被广泛应用于农业、医药等多个领域(崔维香,2017)。海藻肥是以海藻为原料,通过物理化学或生物法提取海藻中的活性物质,保留海藻中原有活性物质的同时,与氮、磷、钾或其他肥料混配加工出来的一种功能性肥料(图 15.2)。这种肥料具有很高的生物活性,可刺激植物产生非特异性活性因子并调节内源激素的平衡,从而促进植物生长,提高产量,改善品质(刘培京,2012)。工业化生产海藻肥最早开始于 1980 年前后,海藻肥绿色环保,且原料来源广泛,因此全球范围内得到快速发展和应用。目前,海藻肥在美国等西方国家的市场占有率达到 50%,大大领先于国内的 10%(汪家铭,2010)。法国最先将海藻提取物作为“植物疫苗”申请专利,随后挪威、意大利、澳大利亚等纷纷研发出海藻肥系列产品,国外海藻肥的生产也带动了中国本土海藻的应用发展,国内的知名企业有北京雷力、青岛海大生物以及浙江东阳联丰(杨芳等,2014)。

图 15.2　海藻肥产品

2. 海藻肥的种类

现行关于海藻肥的标准较少,化工行业标准 HG/T 5050-2016《海藻酸类肥料》、HG/T5049-2016《含海藻酸尿素》和 NY884-2012《生物有机肥》的发布和实施标志着中国海藻酸类肥料将进入规范发展的新阶段(张菲,2014)。然而,其中并未对海藻肥进行明确分类。目前对海藻肥的分类并不统一,常见的几种分类如下。

第一,按营养成分配比,添加植物所需的营养元素制成液体或粉状肥料,根据其功能,又可分为高氮型、广谱型、高钾型、抗病型、中微量元素型等,所有作物均可使用;第二,按照肥料物态分为液体型、固体型海藻肥,液体型海藻肥包括叶面肥、冲施肥等,固体型包括粉状叶面肥、颗粒状海藻肥等;第三,按附加的有效成分分为含氨基酸的海藻肥、含甲壳素的海藻肥、含腐殖酸的海藻肥等;第四,直接利用海藻或经处理的残渣进行发酵制成的海藻菌肥;第五,按照施用方式分为叶面肥、冲施肥、浸种、拌种、蘸根海藻肥(杨芳等,2014)。

3. 海藻肥的活性成分

海藻提取物是多种有效成分的混合物,含有陆地植物无法比拟的钾、钙、铁等多种矿物质和 VC、VB_2、VB_{12} 等(刘培京,2012),此外还含有包括多糖、甜菜碱、植物激素以及酚类化合物等多种活性物质(Sridhar et al,2002)。经复配后的海藻肥具有改良土壤、促进植物生长、改善产品品质等作用。

海藻多糖如褐藻胶、卡拉胶、浒苔硫酸多糖等是海藻中所特有的一种生物活性物质,具有多种生物活性。在农业方面,海藻多糖能够帮助植物诱导产生系统获得抗性(SAR),以此增强植物的免疫力,在减少农药使用、提高作物品质及产量和提高农作物的抗病性能够发挥重要作用(李冰,2013)。使用石莼硫酸聚糖处理苜蓿时,能够诱导在脂肪合酶启动子控制之下的 GUS 基因的表达,其作用堪比植物激素,并且发现石莼聚糖诱导基因表达的信号传递过程与已经发现的茉莉酸甲酯诱导抗病路径相似(Jaulneau et al.,2010)。

甜菜碱是普遍存在于海藻中的一种季铵盐物质,它对藻类抵抗不良外界环境的影响起着重要的作用,是海藻促生长剂中的类细胞激动素化合物之一(袁蕊等,2017)。大量研究表明,甜菜碱可能参与了植物体内化学物质的运送,并在非生物胁迫下能够提高植物的抗逆能力(卢元芳,1997;赵博生,2001)。

研究表明,海藻提取物促进植物生长的原因是含有大量的植物激素类物质如细胞激动素、植物生长素、赤霉素、脱落酸、乙烯等(Williams et al.,1981;Tay,1985)。大量的研究证实在褐藻、裙带菜、泡叶藻、浒苔等藻类中均存在多种海藻植物激素(Crouch et al.,1993;Jennings,1968)通过促进植物细胞分裂、刺激植物叶和芽生长、增强光合能力等作用,分别或相互协调调控植物的生长、发育和分化。

4. 海藻肥的应用

海藻肥因保留了海藻中原有的活性成分如矿质元素、维生素、多糖、植物生长素等从而能够提高种子发芽率,促进植物的生长,提高作物产量和果实品质(崔维香,2017)。Anisimov 等(2013)从不同海藻中提取了有效成分,发现不同海藻提取物均能促进黑麦幼苗根生长。孙锦等(2006)发现海藻提取物具有降低菠菜硝酸盐的作用。而且海带的提取物能够提高蔬菜中维生素 C、可溶性糖、胡萝卜素、类胡萝卜素等的含量(吕小红,2014)。

海藻中含有丰富的多糖,容易被作物叶片吸收,能够充分发挥可溶性多糖的作用。可溶性多糖不仅能够增加细胞原生质黏度和弹性,而且还可以提高细胞液浓度、增强细胞的水分吸收能力和保水能力,通过对水解酶、蛋白酶和酯酶稳定性的保持,避免质膜结构受到破坏,增强植株的干旱性(Campbell,1988)。孙杰(2006)使用海带多糖处理盐胁迫下的番茄后发现,叶片吸水量和可溶性糖、蛋白质含量明显提高,SOD 酶活增强,番茄的耐干旱能力提高。向日葵幼苗在 100 mmol/L NaCl 胁迫下经过 0.5 g/L 褐藻酸钠处理后,主根长和单株质量增加,叶绿素含量显著提高(杨晓玲等,2010)。丁顺华等(2005)研究发现向盐胁迫下的小麦幼苗施加海藻糖能够明显提高叶片中 K^+ 的含量,降低 Na^+ 的含量,降低细胞质膜透性,缓解根系质膜 H^+ - ATPase 活性抑制。

海藻肥中的各种活性成分对土壤具有调节作用,能够改善土壤结构,提高土壤中有机质含量,防止土壤板结,并且增强土壤的保水性和透气性。海藻肥中的多糖醛酸苷类物质具有螯合金属离子和亲水特性,施加在土壤中能够改良土壤的物理、化学和生物学特性,提高土壤保水性的同时也提供一定的养分,促进植物根系及土壤微生物生长(王明鹏等,2015)。海藻酸盐能够与金属离子发生化学反应生成高分子化合物,改善土壤团粒结构,有利于土壤保持水分以及保证植物根系良好的通气环境(杨芳等,2014)。

二、浒苔生物肥的加工

浒苔藻体中含有丰富的多糖、蛋白质、氨基酸等营养物质,同时还含有赤霉素、吲哚乙酸、玉米素、茉莉酸等多种内源植物激素,可促进植物不定根的形成,提高果实品质,目前生物有机肥的加工方式主要有物理法、化学法和生物法。

1. 物理法

物理法主要是通过机械手段处理海藻原料使其成为精细的小颗粒,常使用渗透休克、超声破碎、高压匀浆、冷冻粉碎等方法引起藻体细胞破碎,从而释放活性物质。该工艺的优点是对提取物的污染较小,但对设备要求较高,且能耗较大。

2. 化学法

化学法主要是以水、酸、碱、有机试剂为媒介使藻体细胞消解或使内源物质增溶从而提取活性物质。该方法操作简单,易放大实验,是多数企业制备生物肥常采用的方法,但该方法对环境污染较大,且残留的化学试剂对海藻活性物质的破坏很大。

3. 生物法

生物法主要是利用微生物在发酵过程中产生的酶类将藻体中的大分子物质水解为小分子物质,使植物更易吸收并在一定程度上能够提高活性成分的生物活性。王进(2013)利用从腐烂的浒苔中筛选鉴定开发出的微生物菌剂对浒苔进行固体深层发酵,并将该产物与其他辅料进行复配制成浒苔生物肥,证实该肥料能够促进小麦、青菜的生产。黄志俊(2015)将筛选出的微生物接种于浒苔固体发酵,实现了浒苔的快速降解,再利用水相提取产物中的水溶性有机质,复配成水溶性浒苔生物肥,结果表明该生物肥能够明显增强黄瓜生长代谢和吸收养分的能力,提高黄瓜的品质。该提取方法反应温和、产物稳定且对环境几乎无污染,最大限度保留了藻体中的活性物质。

三、浒苔生物肥的应用

浒苔中丰富的营养物质使其应用于饲料和肥料中,然而目前浒苔生物肥的开发利用还比较少。由于浒苔中含有丰富多糖,活性多样,所以浒苔多糖在农业中的应用有待进一步的研究和开发。迄今为止关于浒苔生物肥功效的研究表明,浒苔生物肥能够促进作物生长,改善果实品质,提高作物抗逆能力。

1. 对植物的促生长作用

王进等(2014)采用 EM-W 菌剂对浒苔进行腐熟,将腐熟后的浒苔配置成生物肥,研究结果表明相比对照处理组,施加该生物肥的青菜鲜重、还原糖和 β-胡萝卜素含量分别增加 14.4%、25.0%和20.3%,显著提高了青菜的产量和品质。李银平等(2013)利用复合菌剂对浒苔进行了发酵并将其复配成生物肥,证实了该有机肥能明显增加樱桃萝卜的重量、直径、还原糖含量和叶绿素含量,具有提高樱桃萝卜的产量和品质的作用。马栋等(2017)使用复合酶对浒苔粉浸润液进行降解,降解物浓缩后得到浒苔提取物,结果表明该提取物能够促进草莓生长。

2. 对植物的抗逆作用

王菊(2015)以麦秸秆和新鲜浒苔为原料,与其他原料混合配置成一种小麦秸秆生物炭肥,该肥料具有良好的吸水性和保水性,能够防止土壤水分流失,同时能够满足作物对水和肥的需求。李冰(2013)研究发现浒苔硫酸多糖能够促进盐胁迫下小麦和玉米幼苗生长、降低叶绿素分解、增强活性氧清除酶系活力从而提高植物的抗胁迫能力,同时发现低分子量的浒苔硫酸多糖能够增强拟南芥抗盐胁迫基因 $SOS1$ 和 $RD29A$ 的表达上调,具有较好的缓解盐胁迫能力。邹平等(2014)发现浒苔多糖能使盐胁迫下的小麦幼苗叶片丙二醛含量降低,可溶性糖含量、可溶性蛋白含量及叶绿素含量升高,超氧化物歧化酶、过氧化氢酶和过氧化物酶活性提高,从而缓解盐胁迫对小麦幼苗的损伤。李鹏程等(2015)以分子量为 1 k~50 kDa 的浒苔多糖为原料添加表面活性剂后制备出一种玉米抗低温调节剂,证实了该调节剂能够诱导玉米提高对低温胁迫的抵抗力,以保证植株正常生长发育。刘松等(2016)将浒苔多糖与其他植物激素复配出一种小麦抗寒调节剂,对麦浸种或喷施灌溉后发现该调节剂能够提高小麦的抗寒能力。

3. 其他作用

浒苔生物肥中的活性物质不仅能够促进植物生长,提高植物的抗逆能力,改善土壤品质,同时有一些其他的作用。吴一晶等(2017)以浒苔为基质使用复合菌系进行发酵,研究了发酵上清液对采后荔枝保鲜的效果,结果表明发酵物中起主要保鲜作用的成分是海藻糖和甜菜碱,与对照相比,处理组荔枝果实感病指数降低了 77.78%,商品率提高了 22.07%。

随着全球经济的不断发展,生活水平的不断提高,人类对农产品产量和质量的需求日益提升,这就导致了现代农业中必须使用大量的肥料,然而长期的化学肥料不但会造成严重的环境污染,且会导致产品品质下降,化学肥料的弊端日渐显露,无污染的生物肥的开发生产迫在眉睫。浒苔藻体中含有丰富的能够促进植物生长的内源性植物激素、多糖等活性物质,这些活性物质能够促进植物根系的形成,加快作物的生长速度,诱导瓜果类作物的果实生长。因此,浒苔作为一种营养物质丰富的原料,在农业生产、农作物的种植中具有广泛的应用前景。

第四节　浒苔功能性饲料添加剂

海藻应用于饲料研究开始于 20 世纪 50 年代,由于其含有丰富的营养物质及活性物质,并且能够在光合作用下,将海洋里的无机物转化为有机物,所以海藻是动物丰富的低成本饲料资源,将其开发为饲料原料、饲料添加剂,具有很大的发展潜力。目前世界上许多国家对藻类应用于水产饲料进行了比较系统和深入的研究,并相继实现了产业化生产。

一、海藻饲料的制备工艺

1. 超微粉碎工艺

超微粉碎指的是 3 mm 以上的物料颗粒粉碎至 $10\sim25$ μm 以下的过程。超微粉碎会增加颗粒的表面积和孔隙率,从而使其具备一些独特的物理化学性质,在众多领域均有应用。超微粉碎速度快,时间短,能够在低温下进行粉碎,最大限度地保留了生物活性成分,且经超微粉碎后的物料颗粒粒径细,分布均匀,增加了超微粉的比表面积,使其吸附性、溶解性、流动性等均相应的增加。超微粉碎技术应用在食品加工中不仅提高了食品的口感,而且有利于营养物质的吸收,甚至原来不能充分吸收或利用的物质也可被重新利用,所以市场上拥有大量的超微食品。螺旋藻、海带、珍珠、龟鳖和鲨鱼软骨等水产品通过超微粉碎加工后,营养成分含量更高。如今,海藻的超微粉主要应用于食品或动物饲料添加剂中,如日本大量生产的海藻胶囊、海藻茶、海藻饮料等,国内也有研究海带超微粉的理化性质和应用,并发现≥200 目海藻粉的应用最广。

2. 发酵工艺

发酵是指采用工程技术手段,利用微生物的代谢活动,通过菌体细胞或酶的某些功能,将原料转化成所需要的生物产品,或者是直接用微生物参与调控生产过程的一项技术。发酵类型很多,按照不同分类方式,可以分为固体发酵和液体发酵,或是厌氧发酵和通风发酵,或是分批发酵或连续发酵。近年来,发酵技术在饲料行业中,越来越受到重视,利用发酵技术生产的氨基酸、酶制剂等饲料添加剂越来越多,并且在开发饲料资源上也得到了广泛应用。在饲料生产上,利用发酵技术有很多优点:① 改善原料适口性,通过改变植物性、动物性饲料原料的物理化学性质,使其产生天然的发酵香味,从而达到一定的诱食效果,刺激食欲和消化液的分泌,促进营养物质的吸收。② 降解抗营养物质和有毒成分,一般植物性原料基本都含有一些(如植酸、单宁等)会对动物产生有毒有害作用的抗营养物质和有毒成分,而发酵可降解这些物质。因为在发酵过程中,这些毒素一方面作为营养物质被吸收和利用,另一方面通过与胞外酶作用产生的次级代谢产物结合而被分解。③ 提高动物的消化利用率,经过发酵处理后,原料的营养物质如纤维素、蛋白质等大分子有机物会产生一系列的生化反应,而降解为单糖、低聚糖、氨基酸等容易被动物消化吸收的小分子物质,使得消化吸收率增大,进一步加工了饲料。④ 调节动物的微生态平衡,发酵过程中会产生一些有机酸,不仅能够改善消化系统的内环境,降低 pH,而且可以抑制大肠杆菌和沙门氏杆菌等其他致病菌附着到肠道上繁殖,为有益菌的繁殖提供了条件,减少肠道疾病的发生。研究证实,肠道内的高酸度和有益微生物可以有效消除吲哚、酚、硫化氢等有害产物在肠内的积累,从而减少动物应激和亢奋。⑤ 提高机体免疫力,发酵中的有益微生物不但可以非特异性地激活宿主细胞,提高吞噬细胞的免疫活力,而且可以特异性地提升机体 B 细胞产生抗体的能力,从而降低了疾病的发生率。

近年来,国内外学者致力于将发酵技术应用在饲料生产上的研究,并取得了不错的成绩。研究生产出的发酵豆粕,就是一种多功能的油脂蛋白替代原料,将其应用在水产饲料上,如适量的替代鱼粉,会很大程度地促进了水产动物的生长,改善了消化和免疫功能,提高了饲料利用效果。发酵原料选择的范围也变得越来越广泛,在保证提供动物营养价值的同时,将许多废弃资源开发成了新的饲料原料。如动物性原料包括肉食和水产品等下脚料,以及牲畜的排泄物,植物性原料包括农作物秸秆、糟渣、海藻等,不仅变废为宝,提高了资源利用率,而且提升了饲料工业的技术水平,开拓高科技饲料工业的发展方向。

二、浒苔作为饲料添加剂的应用

浒苔资源丰富,并且内含大量的营养物质及活性物质。大量研究表明,将浒苔应用在动物饲料中能有效改善饲料的品质,增加饲料的诱食性,改善动物肠道健康,提高动物的免疫能力和消化能力,促进动物的健康快速生长,因此浒苔是一种安全高效的动物饲料原料及饲料添加剂来源。目前,国内外学者在浒苔资源化利用上,尤其是动物营养上开展了大量研究,并在添加剂量、应用效果、作用机制上取得了一定的进展。

1. 水产养殖

在水产动物营养研究中,国内外学者将浒苔应用在鱼虾贝类的饲料中,在适宜添加范围内均表现出一定的促进效果。廖梅杰等(2011)测定了浒苔的营养成分,并开展了投喂刺参(*Apostichopus japonicas* Selenka)的生长试验,证明浒苔具有良好的营养作用,可替代马尾藻(*Sargassum muticum*)、鼠尾藻(*S. thunbergii*)、海带(*S. japonica*)等作为一种优质的刺参养殖用饵料来源。李晓等(2013)以浒苔为原料投喂刺参幼参,并与幼参常用饵料鼠尾藻、马尾藻、海带进行效果对比,发现浒苔可全部或部分替代鼠尾藻添加到幼参饵料中。Asino等(2011)在大黄鱼饲料中分别添加5%、10%、15%的浒苔,试验发现大黄鱼的特定生长率随着浒苔含量的增加而增加,且其体内的钾、镁和钠的含量也随着浒苔含量的升高而升高。杨小强等(2000)在对虾养殖试验中发现,养殖在生有浒苔等海藻的室外水泥池对虾的生长速度明显要快于养殖在室内水池中的对虾。梁萌青等(2008)在大菱鲆配合饲料中添加5%的浒苔干粉进行大菱鲆养殖,摄食率和特定生长率分别提高8%和11%。目前,将石莼应用在水产饲料中,也具有类似的效果。Ergun等(2009)研究发现使用5%石莼粉能够改善尼罗罗非鱼(*Oreochromis niloticus*)的特定生长率、饲料效率和蛋白质效率,降低尼罗罗非鱼的肌肉脂肪含量。EL-Tawil(2010)研究表明饲料中使用5%~15%的石莼粉能显著提高红罗非鱼的终重、增重率和特定生长率($P<0.05$)。潘国英等(1997)在饲料中添加2%石莼粉,发现与对照相比日本对虾的成活率提高1.73%,饲料系数由4.05降至3.64。

浒苔含有较多色素如藻黄素、胡萝卜素等,还有一些矿质元素如碘、氯、钠等,能够改善动物产品的肉质品质。如在凡纳滨对虾饲料中加入10%的浒苔粉,能够增加肌肉中虾青素含量,改善体色,提高增重率。浒苔含有丰富的氨基酸,如丙氨酸、组氨酸、精氨酸等对一些动物的诱食作用非常显著,尤其是在水产养殖中,它们可以作为诱食剂使用。

为了更好地利用浒苔的有效成分,对浒苔进行深度加工处理应用在水产动物上也是目前的研究热点。朱建新等(2009)用蛋白酶、纤维素酶、甲酸及自然发酵等方法处理浒苔,并作为饲料喂养刺参,结果表明用蛋白酶处理后的浒苔能显著提高刺参的生长率。解康等(2012)研究表明饲料中添加20%柠檬酸处理过的浒苔,能够使梭鱼(*Liza soiuy*)幼鱼增重率提高12.73%,饲料系数降至1.617。深度加工处理浒苔,不仅可以使浒苔的营养物质更加容易析出,而且也同样促进饲料原料中的淀粉、蛋白质、纤维素、果胶等大分子物质转化为多糖、单糖、小肽、氨基酸等利于水产动物吸收的小分子营养物质,有效提高了产品品质。

2. 禽畜养殖

（1）养鸡生产中的应用

浒苔饲料在日本、英国、新西兰等许多国家已产业化（常巧玲和孙建义，2006）。国内试验证明，在饲料中添加 5％的浒苔精粉饲养蛋鸡，可使鸡蛋中胆固醇降低 21.6％（陈灿坤，2006）。赵军等（2011）试验证明，浒苔可增强蛋鸡蛋黄品质和抗氧化能力，改善机体的脂质、矿物质代谢和蛋白质的合成。在饲料中添加 5％的浒苔精粉饲养蛋鸡，可使鸡蛋中胆固醇降 21.6％。王述柏等（2013）在蛋鸡饲料中额外添加 1％～3％的浒苔，可使产蛋量、蛋壳厚度、蛋壳钙含量及蛋黄颜色显著提高，也可不同程度增强蛋鸡的免疫机能，显著降低料蛋比和蛋黄胆固醇含量。张威等（2009）在蛋鸡的基础饲料中添加适量浒苔粉，能显著改善蛋黄颜色且对蛋鸡产蛋性能及鸡蛋品质也均有不同程度提高。由于海藻含有多种丰富的营养成分和活性物质，且对畜禽无毒副作用，在畜禽口粮中添加海藻，不仅能改进饲料的营养结构，而且能提高饲料利用率，从而可提高畜禽生长性能，改善畜禽产品质量，并能增强畜禽抗病和抗应激能力。

（2）其他动物生产中的应用

林英庭等（2009）在生长猪日粮中添加 10％新鲜浒苔，发现猪平均日增重量比对照提高 11.28％，浒苔干物质、粗蛋白、粗脂肪和粗纤维在生长猪的回肠消化率均高于 50％。周蔚等（2001）在兔饲料中添加浒苔，发现浒苔不仅能促进肉兔生长，而且能显著降低肉兔血液胆固醇和甘油三酯含量。刘迎春和辛守帅（2010）总结了浒苔青贮饲料的制作要点，获得的优质浒苔青贮黄绿色，有乳酸味道，结构坚固，pH4.0～4.5。孙国强等（2010）研究证明，试验组奶牛日粮中每天每头分别添加浒苔 400 g、600 g 和 800 g，结果表明，试验组奶牛平均产奶量极显著高于对照组。例如，青岛海大生物集团有限公司已将黄海绿潮打捞收集的新鲜浒苔烘干处理成浒苔干粉，研发了一系列产品，可用于提高动物免疫力和畜牧品质。

浒苔应用在饲料上，其作用机理可能是浒苔中含有的丰富的活性物质，如碘化物、矿物质、维生素等，并且其营养物质多以有机态的形式存在，有利于动物吸收。浒苔含有多种维生素，如维生素 B、维生素 C、生育酚等，对动物的生长具有促进作用，生育酚能够促进动物受孕和产仔。浒苔含有的促生长因子及生物活性激素，能够调节饲料营养的平衡，加快营养物质的代谢，促进动物的消化吸收，从而使得动物生长速度加快，饲料成本降低。

第五节 浒苔食品

绿潮的大面积暴发会造成各种环境问题，同时，这些海藻腐败散发出的异臭也造成了严重的社会问题。绿潮藻中不乏营养丰富、具有食用和药用价值的经济海藻，可以将其加工成食品、药品等加以利用，达到变废为宝、化害为利的目的。因此需要及时打捞绿潮藻，对其进行无害化处理，而对绿潮藻营养成分进行分析以及资源化利用的安全性进行评价是绿潮灾害无害化处理的一个前提。

本节对在不同采集地点和不同采集时间收集到的绿潮藻基本营养成分、氨基酸、矿质元素、重金属元素等进行测定分析，并选择营养价值较高的绿潮藻浒苔制备浒苔片，为有针对性地综合开发利用绿潮藻资源提供理论依据。

一、材料来源

根据对绿潮藻漂移路线的监测（王国伟等，2010；衣立等，2010），2010 年在绿潮藻从江苏海域到山东海域向北漂移的过程中采集海藻样品。样品采集后放入样品袋置于采集箱中密封冷冻保存,并及时带回实验室进行处理。样品先用海水多次冲洗,除净泥沙和其他附着杂物,再用淡水冲洗,去其表面盐分,挑选形态上单一的藻体,然后晾干或55℃下烘干,用粉碎机打磨成粉状并过筛,最后置于样品袋中密封保存,于4℃冰箱中备用。

二、主要测定方法

粗蛋白:凯氏定氮法。称取0.2 g处理好的样品,移入消化管内,加入催化剂和10 mL浓硫酸于消化炉上,420℃消化1.5 h,冷却后用FOSS Kjeltec2300凯氏定氮仪测定(卫生部食品卫生监督检验所,1985)。

粗脂肪:索氏抽提法(卫生部食品卫生监督检验所,1985)。

灰分:550℃高温灼烧法(卫生部食品卫生监督检验所,1985)。

粗纤维:重量法(范晓和韩丽君,1995)。

碳水化合物:减差法。

水分:105℃下红外线快速水分测定仪测定(卫生部食品卫生监督检验所,2003)。

三、基本营养成分含量分析

研究测定了不同采集地点漂浮绿潮藻和固着绿潮藻样品中的基本营养成分含量(表15.3和表15.4)。结果显示:固着绿潮藻的各种营养成分变化不明显,粗蛋白含量均较高;随着样品采集时间的延后,绿潮藻粗蛋白含量有较大的变化,在绿潮暴发前期收集到的样品中,粗蛋白含量较高,达31.04%,而在后期收集到的绿潮藻样品,粗蛋白含量下降到12.11%,这说明绿潮藻在其漂移过程中损失了大量的蛋白质,绿潮后期绿潮藻的品质相比前期已严重下降;绿潮藻粗脂肪含量较低,皆不足藻体的1%;其灰分含量变化也不大,占藻体的1/5左右;碳水化合物是这些海藻的主要营养成分,占藻体的35.82%~52.43%;绿潮藻中粗纤维含量也较丰富,占藻体的5.26%~8.86%,现代医学和营养学认为粗纤维对人体健康有很多重要的生理功能,并称之为与传统的六大营养素并列的"第七大营养素"(LXC et al.,2009),这已被国内外大量的研究事实与流行病学调查所证实,所以绿潮藻是一种富含蛋白质、低脂肪、含较高纤维素的具有利用前景的海藻资源。海藻的化学成分与陆生植物有较大的区别,这是由其特殊的生活环境造成的,但随着海藻生长海区和季节的变化,其化学成分也有明显的差别。尽管如此,绿潮藻还是具有一定的利用价值,可根据海藻的不同特点和不同用途而加以利用。

表 15.3　2010 年固着绿潮藻的基本组分及其含量　　　　　　　　　(%)

采集地点(时间)	粗蛋白	粗脂肪	灰 分	粗纤维	碳水化合物	水 分
江苏如东外沙(4月)	30.37	0.94	18.23	6.11	38.14	12.32
江苏如东洋口港(4月)	30.23	0.84	17.25	6.47	39.25	12.43
江苏如东洋口(4月)	32.83	0.91	18.32	5.21	35.20	12.74
江苏如东洋口港(5月)	31.32	0.81	19.21	6.56	36.21	12.45
江苏如东吕四(5月)	32.29	0.74	18.38	5.83	35.98	12.61
江苏如东东安(5月)	31.14	0.87	18.11	6.23	37.66	12.22
江苏如东长沙(6月)	29.43	0.82	17.93	6.41	39.51	12.31
江苏如东洋口港(6月)	30.12	0.92	18.45	6.34	37.93	12.58
江苏如东遥望港(6月)	31.24	0.77	18.37	5.85	37.49	12.13

表 15.4　2010 年绿潮藻的基本组分及其含量　　　　（%）

采集地点（时间）	粗蛋白	粗脂肪	灰　分	粗纤维	碳水化合物	水　分
江苏如东环港（4 月）	30.64	0.92	18.93	5.89	37.04	12.47
江苏如东洋口港（4 月）	31.04	0.86	19.54	6.04	36.25	12.31
江苏大丰港（4 月）	30.18	0.84	20.58	5.26	35.82	12.58
江苏射阳港（5 月上旬）	29.94	0.77	20.23	6.68	36.34	12.72
江苏射阳（5 月）	22.87	0.89	19.45	6.21	44.18	12. 61
江苏射阳港（5 月下旬）	28.12	0.68	20.26	6.45	38.77	12.17
江苏如东太阳岛（6 月）	28.72	0.82	21.28	6.72	36.84	12.34
江苏如东洋口港（7 月）	26.83	0.74	19.87	6.32	39.75	12.81
江苏大丰港（7 月）	23.12	0.73	20.42	7.53	42.11	13.62
江苏射阳港（7 月）	22.21	0.87	21.53	7.12	42.86	12.53
山东日照电厂（7 月）	21.14	0.68	20.06	8.41	46.04	12.08
山东青岛栈桥（7 月）	16.76	0.57	21.54	7.35	48.59	12.54
山东青岛（7 月）	16.43	0.49	20.67	8.61	49.98	12.43
山东日照万平口（7 月）	14.56	0.62	21.04	8.86	51.50	12.28
山东青岛（7 月）	12.11	0.42	22.73	7.93	52.43	12.31

四、浒苔的食用安全风险分析

　　浒苔的重金属含量方面,在所测定的 2010 年绿潮藻样品中,Pb、Cd、Cr 和 Hg 未发现超过国家标准中相应的限量值,根据 GB19643—2005《藻类制品卫生标准》和 NY5056—2005《无公害食品 海藻》中的规定,藻类制品中铅≤1.0 mg/kg,鲜海水藻类中铅≤0.5 mg/kg,镉≤1.0 mg/kg,汞≤1.0 mg/kg;从实验结果可以看出,对应两项国家卫生标准中主要关注的参数,绿潮藻无论以干质量还是湿质量计,其测定结果均低于相应标准限量要求,这与宁劲松等(2009)的结论一致,从而可以看出,绿潮藻符合食用安全的国家标准,其可以进行食品深加工等资源化利用。

　　关于有机污染物 OCPs、OPPs、PEs 和 PAHs 的食用安全风险方面,在所测定的 2016~2017 年绿潮藻样品中,浒苔体内有机氯(OCPs)、有机磷(OPPs)和拟除虫菊酯(PEs)三类农药大小为:PEs>OCPs>OPPs,且浒苔对 PEs 的富集能力 BCF 值最强,OCPs 的富集能力次之,而对 OPPs 的富集能力最弱,与上述农药在浒苔体内浓度顺序一致。对浒苔食用风险评价的结果表明,基于单一农药 ave THQ 值都远小于 1,对人体健康没有危害;三类农药的复合 HI 值为 4.40×10^{-10}~7.69×10^{-10} 且远小于 1,说明浒苔体内三种农药的残留均未对人体健康造成威胁。浒苔中 $\sum$PAHs 含量范围为 129~166 ng·g^{-1}(dw),含量最低的样点是离岸较远的漂浮样点,其环数分布主要以 4 环为主。基于 BaP 的致癌风险结果表明,由 PAHs 带来的浒苔的食用风险可控。绝大多数样点浒苔的风险值低于美国环保署规定的安全值。基于 PAHs 的生物有效性的研究结果证明黄海浒苔体内 PAHs 主要来自表层海水的污染。因此,浒苔无论是从有机污染物 OCPs、OPPs、PEs 和 PAHs 的 BCF 值还是各有机污染物的食用风险分析,均说明该海域浒苔资源化利用是安全的。

五、浒苔食品加工工艺

1. 片张制备

2013~2016 年,上海海洋大学与江苏海瑞食品有限公司等合作,利用条斑紫菜全自动加工机,研制出了浒苔片张食品制备工艺,该工艺包括采收、运输、洗涤、切碎、压片、烘干、出片等步骤,其中烘干温度为55~60℃。图15.3为采用条斑紫菜全自动加工机加工固着浒苔和漂浮浒苔的片张产品。

2. 整藻制备

日本和韩国早已研发出浒苔整藻加工技术和全自动加工机。我国象山旭文海藻有限公司依靠国内技术力量,研发并生产出国内第一台浒苔整藻半自动加工机(图15.4A),并建立了浒苔整藻半自动加工基本工艺:新鲜浒苔→海水清洗→淡水清洗→离心脱水→机械打散→送样上机→机器烘干→收取干样→装袋密封。2016年上海海洋大学与江苏鲜之源

图15.3　漂浮浒苔片张加工产品

食品有限公司联合研制出漂浮浒苔半自动加工机,当年加工浒苔干品16 t(图15.4B)。

图15.4　浒苔半自动加工机及浒苔烘干产品

采收的新鲜浒苔卸货后,开袋将浒苔取出转移至水泥池中,加入海水暂养,避免藻体变质。捞取浒苔放入清洗设备,先用海水清洗3次,除去泥沙和其他杂质,再换淡水清洗3次,除去盐分。清洗后立即经离心脱水机脱水,转速5 000~10 000 r/min,充分脱水离心20~30 min至出水口不再流水。取出浒苔放入打散机中将藻体打散成蓬松状,再人工将浒苔均匀平铺于鼓风烘干机传送带。烘干机长30 m,设有多层烘干网格传送设备,共设计7道工序,温度先递增再递减,采用穿透力很强的热气鼓风吹干,最高干燥温度为(55±5)℃,干燥时间20 min,干样卷起装袋,水分含量控制在10%~15%。

3. 藻粉制备

大部分浒苔产品是以粉末形式加入各种烘烤类食品中,烘烤后的食品具有浒苔的特殊清香味,深受大众喜爱。浒苔藻粉加工工艺十分简单,即先用粉碎机将浒苔整藻产品磨成藻粉,再用40~80目网筛过筛,即可得到颗粒大小均匀的浒苔藻粉产品。浒苔片张及浒苔藻粉可以放入−20℃的冷库中长期保存备用。2016年,上海海洋大学与浙江象山旭文海藻食品有限公司及江苏鲜之源食品有限公司合作生产的漂浮浒苔产品,在色泽、滋味、口感、杂质、水分、铅、无机砷、甲基汞、多氯联苯、菌落总数、大肠杆菌、霉菌、沙门氏菌、副溶血性弧菌和金黄色葡萄球菌等方面均符合GB/T23596—2009、GB19643—2005、GB2762—2012和GB29921—2013等国家标准,并用以生产浒苔麻花、浒苔花生仁或浒苔瓜子仁等产品。

六、主要产品

1. 油炸面制品

象山港浒苔整藻加工优质产品主要出口日本,价格高达 20 万元/t。浒苔藻粉产品主要用于各种面粉食品添加原料。将一次加工获得的浒苔粉按照 2%～5% 比例加入虾仁、面条、麻花等食品中,进行产业化生产。我国浙江著名的奉化溪口千层饼,其中一个品系就是加入象山港滩涂野生浒苔,称为"苔条千层饼"或"海苔千层饼"(图 15.5)。采用浒苔藻粉制作了浒苔麻花食品,具有独特的清香味,特别受到消费者的喜爱(图 15.6)。此外,将浒苔粉掺入面粉中,包裹花生或瓜子仁,经过油炸制成"海苔花生仁"和"海苔瓜子仁"系列产品,目前已有销售。

图 15.5　奉化苔条千层饼

图 15.6　浒苔麻花食品

2. 挂面制品

挂面以小麦粉添加盐、碱、水经悬挂干燥后切制成一定长度,可圆而细的,也可宽而扁的,其营养丰富、携带方便、口感优良。随着我国人们生活水平的提高、对膳食理念转变以及对健康生活的追求,传统挂面由于其营养不全面、品种少、面条质量差等缺陷不能满足消费者对健康主食日益增长的需求。《随息居饮食谱》记载浒苔具有"清胆,消瘰疬瘿瘤,泄胀、化痰、治水土不服"等功效,是天然理想营养食品的原料并有浓郁的海藻鲜味,可以作为食品或食品添加剂,但烘烤、炒制等关键工艺会破坏其原有的营养成分,添加入挂面中不仅可以很好保留其营养成分,还可将其特有的鲜味与香气体现出来。

将浒苔细粉、匀浆浒苔浆料、调制挂面面团和静置面团熟化,得优良弹性和塑性的面团;再经过压片、熟化、切条、干燥、切断、包装、检验,得表面光泽、颜色浅绿、浒苔清香的挂面;通过在面团调制时添加浒苔粉,控制面团调制工艺过程,保证挂面产品质量的同时,丰富挂面品种和增加挂面的营养价值、烹煮品质和口感。经过大众的感官评价,面条产品口感柔和,无海藻的腥味,有着淡淡的抹茶清香,同时面条的弹性、韧性得到了极大的提升,图 15.7 为与江苏创益食品公司合作生产的浒苔面条。

图 15.7 浒苔面条

3. 鱼糜制品

鱼糜制品是将原料鱼用处理机处理之后用洗鱼机清洗掉鱼的内脏,剔骨之后使用采肉机采集鱼肉,将鱼肉进行漂洗,洗掉沾的血渍,将清洗后的鱼肉用脱水机进行脱水,并将鱼肉搅碎、擂溃,形成稠而富有黏性的鱼肉浆,再做成一定形状后进行水煮、油炸、烘培烘干等加热或干燥处理而制成的食品。

鱼糜制品中最具有代表性的就是鱼丸了,鱼丸因注重选料和制作工艺而闻名遐迩。鱼丸主要具有以下三大功效:鱼肉营养丰富,具有滋补健胃、利水消肿、通乳、清热解毒、止嗽下气的功效;鱼肉含有丰富的镁元素,对心血管系统有很好的保护作用,有利于预防高血压、心肌梗死等心血管疾病;鱼肉中富含维生素 A、铁、钙、磷等,常吃鱼还有养肝补血、泽肤养发健美的功效。

浒苔鱼丸(图 15.8)在鱼肉搅碎的过程中加入 1%～1.5% 的浒苔粉与其他的配料搅拌均匀,擂溃,成

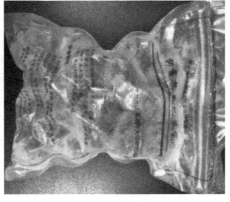

图 15.8 浒苔鱼丸食品

为含有浒苔的稠而富有黏性的鱼肉浆,并手工或者机器捏成丸状,进行真空冷冻包装。浒苔鱼丸既有鱼丸的鲜美和营养,又有浒苔的营养价值,还能极大改善提升食品的风味,具有很高的食用价值。

第六节　浒苔化妆品

一、浒苔多糖护肤活性

海藻多糖具有抗衰老、抗菌消炎、保湿等作用。我国海域辽阔,海藻资源十分丰富,但我国海藻化妆品开发与国际先进水平相比还很落后。要使海藻多糖应用于化妆品,需要测试其护肤活性。我们首先分离纯化浒苔多糖,接着研究浒苔多糖对过氧化氢和紫外辐射损伤人皮肤成纤维细胞的保护作用,及其抗氧化、吸湿保湿等活性,为评估浒苔化妆品开发潜力提供实验依据。

1. 浒苔多糖分离纯化

新鲜浒苔采自江苏盐城海域,自来水洗净后再用蒸馏水洗 3 遍,脱水,60℃烘干,组织捣碎后用 95％乙醇浸泡 24 h,滤渣烘干后按 1/50(g/mL)加蒸馏水,90℃加热 4 h,收集滤液,按照上述条件重复一次,合并二次抽提液,放至恒温干燥箱,浓缩到原体积的 1/10,8 000 g 离心 6 min,取上清。加入 4 倍体积 95％乙醇,4℃ 静置 12 h,再次离心并收集沉淀;沉淀用无水乙醇洗涤,经真空冷冻干燥,得浒苔粗多糖冻干粉。后者经 DEAE－52 层析和 Sephadex－G25 脱盐,得到 9 个组分:UPP1－1,UPP1－2,UPP2－1,UPP2－2,UPP3,UPP4,UPP5,UPP6,UPP7。各组分多糖纯度较高,均为无臭无味的白色絮状物,且极易溶于水。

2. 浒苔多糖对过氧化氢损伤人皮肤成纤维细胞的保护作用

早在 1956 年,Denham 就提出了衰老的自由基学说,认为细胞正常代谢过程中产生的自由基是导致衰老的主要原因(Brenneisen et al.,1998;Fisher et al.,2002;Fisher et al.,2009)。动物细胞培养技术可以方便地研究细胞之间、细胞与细胞间质之间的反应(姚慧,2001)。体外皮肤细胞培养技术不仅可做毒性分析,还可进行功能测试,且操作周期短,成本低。常用的细胞有人皮肤成纤维细胞、黑素细胞和人表皮细胞(王领等,2008)。人皮肤成纤维细胞是皮肤真皮层的主要效应细胞之一,它是由胚胎时期的间充质干细胞分化而来的(Bhowmick et al.,2004),能合成和分泌胶原蛋白、纤维连接蛋白、层连蛋白和透明质酸等细胞外基质(Fusco et al.,2007)。这些胶原蛋白和弹性蛋白在细胞外聚集成胶原纤维和弹性纤维,纤维分布于细胞之间或细胞表面,支撑皮肤并反映皮肤状况。人皮肤成纤维细胞在皮肤老化过程中扮演着重要角色(Pierard & Pierard,1997)。用过氧化氢损伤人皮肤成纤维细胞建立模型并检测活性物质对细胞的保护作用是一种常见方法(Haan et al.,2004;Ohshima,2004)。

海藻多糖具有抗氧化活性,Yang 等(2008)发现裙带菜多糖具有抗肿瘤、抗氧化活性。Zhang 等(2003)研究表明坛紫菜多糖有显著的体外和体内抗氧化活性,而浒苔多糖同样具有该功能(Tang et al.,2013;Zhang et al,2013)。在此基础上,该实验采用 H_2O_2 损伤模型,通过检测细胞增殖、ROS、MDA、SOD、CAT、GSH－PX 等指标来研究浒苔多糖对人皮肤成纤维细胞的保护作用。

人皮肤成纤维细胞用加入 15％ FBS 的 DMEM 高糖培养基培养,当细胞达 80％～90％融合度时即传代。用 DMEM 培养基配制 5 mg/mL 的上述九种浒苔多糖组分母液,过滤除菌,调整浓度。结果发现,经过 UPP1－1、UPP1－2、UPP2－1、UPP2－2 预处理后的细胞数量分别是过氧化氢组的 174.6％、122.6％、155.3％、135.2％,UPP1－1 的效果最佳,明显优于 0.5 mg/mL 粗多糖(154.4％)和阴性对照过氧化氢组,所以纯化后的多糖组分 UPP1－1 对人皮肤成纤维细胞的保护作用更好。而经多糖组分 UPP3、UPP4、UPP5、UPP6、UPP7 预处理的细胞数量少于过氧化氢组,说明其对损伤无保护作用,甚至阻碍细胞增殖(图 15.9)。虽然浒苔精多糖 UPP1－1 保护效果更好,但大规模生产成本较高,所以浒苔粗多糖作为化妆品原料具有广阔的市场应用价值。

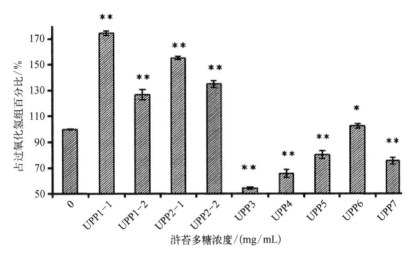

图 15.9　浒苔多糖对过氧化氢损伤人皮肤成纤维细胞的保护作用

与过氧化氢组相比,＊＊$P<0.01$,＊$P<0.05$

3. 浒苔粗多糖抗辐射研究

根据兰伯-比耳定律,使用紫外分光光度计测定它们的吸光度(透过率)值,根据其大小,评价产品的防晒性能,并可得到相应的 SPF 值作为参考。实验用 0.4 mg/mL 的浒苔多糖水溶液样品,并选商品化的防晒指数(SPF)值为 30 的防晒喷雾作为对照样品,分别扫描 280～320 nm 波长的原液和 5 倍稀释液吸光光谱(Li et al.,2007)。结果发现,0.4 mg/mL 浒苔多糖在 280～320 nm 平均吸光度为 2.47,SPF 值>15,优于 SPF30＋的对照样品,将多糖样品和对照样品分别稀释 5 倍后,前者平均吸光度为 0.51,同样明显优于对照样品。

此外,采用前述方法研究发现浒苔多糖对 UVB 损伤的人皮肤成纤维细胞具有保护作用。显微观察成纤维细胞形态显示浒苔多糖组细胞数量介于空白对照组和 UVB 阴性对照组之间,细胞形态规则,接触生长,细胞通透性较好,细胞碎片较少。其中 0.5 mg/mL 的浒苔多糖能显著保护细胞,减少细胞受 UVB 损伤。DCFH－DA 可检测细胞氧化应激反应,荧光强度越强,细胞内的活性氧越多。结果显示,UVB 组荧光强度明显大于对照组细胞,而浒苔多糖组介于两组之间。同样表明浒苔多糖能降低人皮肤成纤维细胞 ROS 产生,减少所受 UVB 损伤。

4. 浒苔粗多糖抗氧化能力测定

(1) 对有机自由基(DPPH)的清除作用

分光测定法的原理是依据 DPPH(1,1-二苯基-2-三硝基苯肼自由基)在 517 nm 处有一强吸收峰,其乙醇溶液呈深紫色。当有自由基清除剂存在时,由于与其单电子配对而使其吸收逐渐消失,其褪色程度与其接受的电子数量成定量关系,所以抗氧化活性可以用清除 DPPH 自由基能力大小表示(李姣娟等,2010)。配置 0.15～2 mg/mL7 个浓度组的浒苔多糖测定其对 DPPH 自由基的清除作用(Li et al.,2007),并用抗坏血酸作对照。结果显示在该浓度范围内的浒苔粗多糖对 DPPH 自由基清除能力均在 75％以上,且在 0.5～1.5 mg/mL 范围内清除能力呈递增趋势,最高达 92.11％,明显优于对照组。随着浓度变化,Vc 对 DPPH 自由基的清除能力变化不大,保持在 73％～76％。且 Vc 避光保存 12 h 后其清除率降到 5％以下,而浒苔多糖稳定性较好,溶液保存 12 h 对 DPPH 自由基清除率影响不大。

(2) 对羟自由基(·OH)的清除作用

Fenton 反应体系的原理是利用 Fe^{2+} 和 H_2O_2 混合发生 Fenton 反应,生成具有很高反应活性的羟自由基(·OH),在体系内加入水杨酸捕捉·OH 并产生有色物质,该物质在 510 nm 处有最大吸收峰(刘骏,2005)。分别取 0.15~4 mg/mL 9 个浓度的浒苔多糖溶液,采用 Fenton 反应体系(Halliwell & Gutterige,1992),以抗坏血酸做对照测其对羟自由基的清除作用。结果显示在该浓度范围内浒苔多糖清除羟自由基能力基本上随浓度升高而增大,最高清除率达 83.40%(3 mg/mL),和 Vc 效果相近。

5. 保湿性和吸湿性测定

测定吸湿性和保湿性需在恒温恒湿环境下进行,可以采用密闭容器中放置某种饱和盐溶液,在一定温度下使之保持一定的相对湿度(Chen L et al.,2003;杜小豪等,2000;王昌涛等,2006)。密闭容器内饱和碳酸钾溶液、硝酸钾溶液、硝酸镁溶液在温度为 20℃ 时湿度保持在 43%、55%、95%。

(1) 吸湿性测定

本实验选用甘油和商品千纤草丝瓜水为对照,测定浒苔多糖、甘油、千纤草丝瓜水在不同空气湿度(43%、55%、95%)下的吸湿率。结果显示在温度为 20℃,空气湿度为 55% 和 85% 时浒苔多糖的吸湿效果明显优于甘油和千纤草丝瓜水。当空气湿度为 43% 时,浒苔多糖和甘油、千纤草丝瓜水的吸湿率相差不大,介于二者之间。

(2) 保湿性测定

选用甘油和商品千纤草丝瓜水作为对照,将甘油和千纤草丝瓜水置于 60℃ 恒温鼓风干燥箱 24 h 后,配成 300 mg/mL 溶液,分别测定 300 mg/mL 浒苔多糖与甘油 1∶1 混合液,300 mg/mL 浒苔多糖与千纤草丝瓜水 1∶1 混合液在不同空气湿度(43%、55%、95%)下的保湿率。结果显示在温度为 20℃,空气湿度为 43% 和 55% 时浒苔多糖与甘油在 1∶1 混合时保湿效果最好。当空气湿度为 85% 时甘油的保湿效果较好,浒苔多糖与甘油 1∶1 混合液次之。

二、浒苔面膜

面膜是清洁、护理及营养面部皮肤的化妆品,其机理是利用覆盖在脸部的短暂时间,隔离外界的空气与污染,促进汗腺分泌与新陈代谢,在剥离或洗去面膜时把皮肤分泌物、皮屑、污物带出,使毛孔清洁;同时面膜中的营养物质和功效成分能有效渗入皮肤,起到增进皮肤机能、改善肤质的作用(王彬等,2013)。

面膜主要分为粉状、泥状或膏状面膜,面具营养面膜和纸质面膜三大类(舒子斌等,2008)。面膜基料是营养物质和功效成分载体,传统主流配方中,基料一般以熟石膏为凝固剂,添加硅藻土、海藻酸钠、活性氧化镁、焦磷酸钠、氟钛酸钾等无机成分构成。熟石膏是无水或半水石膏,会吸收调膜水转化为二水石膏,造成水分被皮肤吸收的假象;焦磷酸钠和氟钛酸钾是强碱弱酸盐,不太适合护理弱酸性的皮肤。因此目前更推崇绿色环保的面膜基料,来源包括中药植物、经济作物及天然提取物。海藻是生长于海洋中的低等隐花植物,多年研究表明海藻具有护肤美容、抗菌消炎、抗肿瘤、抗病毒、抗衰老、减肥消脂和增强肌体免疫力等一系列特殊功能(王凌云等,2003)。海藻本身作为保水缓释载体在产量、功效、成本等方面也具有天然优势。

浒苔是一种营养丰富的大型海藻,富含蛋白质、碳水化合物、各种维生素、矿物质、不饱和脂肪酸等。开发浒苔保水缓释材料作为面膜基料,可充分利用其功效,从而提高其附加值。因此将浒苔中经分离提纯制成藻粉面膜和藻泥面膜,进行皮肤保水实验,并对其应用前景进行评估。

1. 材料制备、成分与理化性质

所用浒苔采自江苏如东海区,自来水洗净甩干,60℃烘 24 h 后,用药物捣碎机捣碎至长度短于 5 mm 的浒苔藻粒。然后充分研磨,50 目筛筛选得到藻粉。而其余藻粒用 75% 乙醇浸泡 12 h,100 目筛绢过滤得滤渣,滤渣在 70℃下用蒸馏水煮沸 1 h,用 200 目筛绢滤除上清得藻泥,藻泥室温下 1 000 g/min 离心 5 min 脱水,真空冷冻干燥,充分研磨后得到浒苔藻泥。

浒苔藻粉和藻泥水分含量分别为2.23%和0.62%,粗蛋白含量分别为25.85%、38.72%,灰分含量分别为24.32%和26.51%,粗脂肪含量分别为0.18%和2.52%,碳水化合物是33.29%和24.20%。因藻泥为多糖提取的副产物,所以就粗蛋白、粗脂肪与灰分含量而言,浒苔藻泥含量高于藻粉,其他几种成分藻粉则高于藻泥。不同的地域、生长周期的海藻营养成分差距较大。

稳定性实验包括藻粉和藻泥的耐热、耐寒实验(闫鸣艳等,2011),将藻粉或藻泥加热至120℃后持续15 min,或冷却至−20℃持续24 h,恢复室温后2000 g离心30 min,取出观察,结果表明该面膜体系未出现分层现象,具有良好的稳定性。

2. 材料保湿吸湿研究

将浒苔藻粉、藻泥在55℃下干燥至恒重,加入其质量10%的去离子水,搅匀成藻浆。定量称取藻浆,置于温度为38℃,湿度为40%的烘箱内。放置的时间为30 min,每隔5 min称重,根据下式计算保湿率:

$$保湿率(\%) = H_n/H_0 \times 100\%。$$

式中,H_0为放入干燥器前样品质量,H_n为置于干燥器内 n 分钟后样品质量。

结果显示浒苔藻粉和藻泥放置30 min后的保湿率分别为89.91%和94.75%,两者在放置15 min后的保湿率值与初始值差异多为显著。

将浒苔藻粉、藻泥55℃下干燥至恒重。精确称取样品置于相对湿度为70%的恒定环境中,放置时间为30 min,每隔5 min称重,以甘油为对照样品,分别称量样品放置前质量(W_1)和放置后质量(W_2)。根据下式计算吸湿率:

$$吸湿率(\%) = (W_2 - W_1)/W_1 \times 100\%。$$

结果显示浒苔藻粉放置30 min后的吸湿率为7.63%,藻泥的相应值为4.44%,甘油的相应值为7.81%。放置5 min以后的各组吸湿率值与初始值差异均极显著。

3. 面膜制备与性能评价

将如下浒苔面膜辅料溶于20 mL去离子水中。

甘油5 g,氨基酸保湿剂3 g,丙二醇0.5 g,丁二醇0.5 g,透明质酸钠0.3 g(其中,分子量20万~40万、90万~120万、120万~160万各0.1 g),红酒多酚1 g,左旋维生素C 1 g,柠檬酸2 g,苯氧乙醇0.025 g,桑普K15为0.025 g,熊果苷0.5 g,烟酰胺1 g,传明酸0.5 g,海藻糖2 g,维生素B₆为0.5 g,甘醇酸1 g,杜鹃花酸1 g,水溶性α-红没药醇0.5 g,甘草酸二钾0.1 g,神经酰胺0.2 g,蚕丝蛋白粉0.2 g,胶原蛋白粉0.2 g,燕麦β-葡聚糖0.2 g,聚合杏仁蛋白0.2 g,六胜肽0.1 g,珍珠水解液0.2 g。

取浒苔藻粉和浒苔藻泥各10 g,分别加入30 mL去离子水溶胀搅拌后,各自与上述辅料混合均匀,边搅拌边加入均匀混合后的1.4 g高分子纤维素和0.4 g汉生胶,并用去离子水补充到总量100 g,得到浒苔藻粉面膜和藻泥面膜。将等量的薰衣草粉替换浒苔藻粉,按照浒苔藻粉面膜配方和步骤制备薰衣草面膜。

根据面膜标准评价其外观、香气等感官性状,检验耐热、耐寒等理化指标(中国轻工业联合会,2008)。显示所得浒苔藻粉面膜和藻泥面膜为黑绿色,薰衣草面膜为棕色,均为膏状面膜。在4℃和−10℃保持24 h,恢复至室温后与试验前无明显差异。

4. 面膜保湿研究

定量称取浒苔藻粉面膜、浒苔藻泥面膜和对照面膜(薰衣草粉面膜),按前述方法检测其保湿性。放置30 min后,浒苔藻粉面膜、藻泥面膜和薰衣草面膜的体外保湿率分别为81.92%、47.99%和45.91%,且各组在各时段的保湿率值与初始值差异多为极其显著。

根据标准QBT4256—2011评价其保湿功效(中国轻工业联合会,2012)。测试前照前述准备,测试中使用乳胶指套将测试产品及对照产品均匀涂抹于手臂试验区内,涂抹厚度为 2 mm,20 min 后用皮肤检测仪(EH－800U)进行受试区域和对照区域的测量和观测,每个区域按序平行测定五次,得出平均值。

$$皮肤水分含量增长率＝(MMV_t－MMV_0)/MMV_0×100\%$$

式中,MMV$_0$表示涂抹前皮肤湿度测量值,MMV$_t$表示涂抹后 t 时段皮肤湿度测量值。

使用面膜后 20 min 皮肤水分含量均有所提高,其中浒苔藻泥面膜皮肤水分含量增长率最高达到34％,经配对样本 t 检验($n＝3$),浒苔藻粉和藻泥面膜之间差异显著($P＜0.05$),两种浒苔类面膜与对照面膜之间差异极显著。

实验中所用浒苔藻泥面膜不仅在提高皮肤水分含量方面优于薰衣草粉面膜,而且其基料细腻,皮肤接触后更为舒适。此外,该藻泥基料是浒苔综合开发利用的一个产物,实验中其他中间产物还可用于浒苔多糖、浒苔色素等的制备。

第七节　浒苔能源

目前,随着世界化石能源日趋紧张,能源紧缺问题越来越受到大家的关注,开发新的可再生能源势必成为主流。正如中国科学院、中国工程院院士石元春所说的,在可再生能源对化石能源的替代上,生物能源发展是世界能源发展的主流(石元春,2011)。生物质能源是地球上最普遍的可再生能源,它通过光合作用,将太阳能以化学能的形式贮存在生物体内,被称为"绿色能源"。生物乙醇、生物柴油和生物沼气等是目前最常见的绿色能源,其中生物乙醇使用最为广泛。2017 年生物乙醇产量为 1 060 亿 L,全部通过甘蔗、玉米、甜菜等食用原料进行生产,对粮食安全形成冲击。大型海藻生物量巨大,其作为生物质能源有独特的优势:不与粮食争地,适应能力强、生长周期短及原料产量高,不含木质素,是第三代生物燃料的主要生物质来源。

一、国内外大型海藻制备乙醇的研究趋势

为实现能源的多样性和可持续发展,各国纷纷增强乙醇等生物燃料研发力度。在荷兰附近的北海已经开展了养殖浒苔、海带等大型海藻的离岸养殖实验,为扩大大型海藻养殖规模和获取更多的生物质能源提供了基础(Reith et al.,2005)。2007 年,日本启动大型海藻能源计划项目,利用马尾藻生产汽车燃料乙醇,同时日本利用经济专属区养殖铜藻生产生物乙醇(牟宁,2011)。2008 年,美国 Algenol 公司宣布在 Maryland 建造世界上最大的海藻库场,在沿海地区建设利用海藻制备生物乙醇的工厂,与利用谷物制取生物乙醇相比,海藻仅需 3％的土地(钱伯章,2008)。韩国在未来 10 年内开发 86 000 英亩地区用于海藻种植以进行海藻制备生物乙醇的研究,计划到 2020 年,海藻生物乙醇将替代韩国 13％的石油用量(周志刚和毕燕会,2011)。2010 年,智利宣布投资 700 万美元用于研究开发海藻生物制备乙醇,该项目每年将替代智利 5％的汽油使用量(陈姗姗等,2011)。

二、制备乙醇所用藻类的选择

大型海藻主要有红藻、褐藻和绿藻。褐藻是目前生物乙醇制备研究较多的材料。褐藻常见的种类有海带、马尾藻、裙带菜等,主要生长在潮间带地区,繁殖速度极快,与目前陆地上生产乙醇产量最高的甘蔗相比,褐藻具有容易养殖、收获方便的优势。国内外目前研究中以海带和马尾藻为原料生产生物乙

醇的较多,其他褐藻类相关的研究报道比较少(陈姗姗等,2011)。褐藻内的碳水化合物主要包括褐藻胶、纤维素、褐藻淀粉和甘露醇等,其中褐藻胶含量最高,可占藻体干重的30%~60%(郗欣彤和毛绍名,2017)。对褐藻胶进行有效的降解和发酵转化是褐藻生物乙醇制备的关键步骤。因此,目前研究主要集中于筛选利用褐藻发酵生产乙醇的天然微生物,或者通过构建基因工程菌株实现褐藻胶乙醇发酵(鲍萌萌等,2017)。红藻中的碳水化合物主要是琼胶和卡拉胶,通常需要特殊微生物提供降解酶实现多糖的水解。目前研究的红藻主要有龙须菜和长心卡帕藻,唐鸿倩等(2015)通过筛选的琼胶降解菌产生的粗酶液酶解龙须菜酸解液,通过分步发酵乙醇产量约为2.36 mL/L。

绿潮藻中纤维素和半纤维素含量丰富,是乙醇发酵的优质原料。我国野生绿藻浒苔的资源十分丰富,在养殖海域中多可发生。在此之前,韩国已利用济州海域暴发的绿潮藻浒苔成功生产了生物乙醇,而且研究表明,相比利用石花菜生产生物乙醇,以浒苔为原料更有优势(姚东瑞,2011)。因此,选择合适的藻体预处理工艺、多糖水解工艺及乙醇发酵工艺以提高乙醇的产量具有重要意义。

三、浒苔藻体预处理工艺研究

海藻细胞壁中的纤维素具有高度结晶和木质化的特点,直接对其进行水解效率低下,还原糖产量少。一般通过物理法、化学法或生物法破坏木质素和半纤维素的分子结构,降低纤维素的结晶度以便于后续纤维素和半纤维素的降解。物理法包括机械破碎、蒸汽爆破和微波处理等。通过粉碎、高温高压和微波等物理操作,减小藻体粒径,降低纤维素结晶,使木质素与纤维素分离(葛蕾蕾,2010)。但物理法一般能耗高、对设备要求高,增加成本,应用较少。酸、碱、过氧化氢处理等化学法是浒苔藻体预处理的主要方法。

酸法预处理简便易行,是使用最为广泛的一种方法。碱处理则可以除掉细胞壁中的木质素和糖醛酸类半纤维素物质,增强纤维素反应活性。王淑贤等(2017)比较了稀酸和稀碱处理浒苔的效果,条件分别是用5%的硫酸或氢氧化钠浸泡6 h,然后120℃高温处理30 min,冷却后中和。两种条件处理后浒苔粗多糖含量升高,粗纤维和粗蛋白含量降低。相较于酸碱预处理可能会造成的环境污染问题,过氧化氢是一种典型的环保剂,在整个处理过程中不会留下任何残留物。刘政坤(2011)通过单因素实验和响应面优化确定了浒苔过氧化氢预处理最佳条件为:过氧化氢浓度0.2%,处理时间12 h,处理温度50℃,pH原始。预处理后木质素含量显著降低,从8%降至2%左右。扫描电镜结果显示过氧化氢处理后浒苔表面结构发生破坏,比表面积增大。

四、浒苔纤维糖化工艺研究

糖化工艺是纤维素发酵制取乙醇最关键的一步,只有通过水解产生足够的单糖才能有更高的乙醇产率。处理工艺包括稀酸热水解、稀碱热水解、酶水解和超声波降解等。其中酸水解和酶水解是最常用的糖化工艺。

1. 酸水解浒苔的效果

我们尝试进行浒苔纤维素的降解与乙醇发酵研究,首先研究酸法水解浒苔的效果。

实验所用漂浮浒苔于2008年8月采自青岛胶南海区,除去贝壳、沙石等杂物后,将该海藻用清水漂洗3~4遍,置于60℃烘箱中12 h,烘干后用粉碎机粉碎1 min,过80目筛后装入密封袋备用。首先进行单因素实验,分别对温度、酸度、时间、料水比等因素设梯度进行水解,目的是找到一个适宜的水解条件的范围,为后面正交实验确定排列组合打下基础。

温度、时间、酸度、料水比4因素5水平对浒苔生物质硫酸水解效果的正交实验结果表明,4因素对水解效果影响大小由高到低依次为温度、酸度、料水比、时间。其中,温度组中100℃、110℃所获得的总还原糖含量高于其他3组温度,最后转化率100℃最高,为28.9%,110℃为31.4%,相差仅为2.5%,但110℃需要用高压设备,操作繁琐且耗电量大,因此选取100℃为水解温度。时间组中加热130 min的效果好于其他时间,但由于美拉德反应的存在,时间过长可能导致还原糖变质,且水解液变成褐色对后期吸光度的测量也有影响,100 min也存在同样问题,所以选取70 min为最佳时间。极值计算结果表明,5%硫酸浓度最佳。料水比组中2%、4.5%、7%的料水比好于其他两组。由于后期需要对水解液浓缩,2%投料量虽然转化率高但糖含量低,浓缩时间长,7%虽然糖含量较高但投料量大且转化率偏低,综合考虑选取4.5%的料水比。

综上所述,最终确定水解条件为100℃,70 min,5%硫酸,4.5%料水比。

2. 菌株产酶降解浒苔的效果

浒苔纤维素的降解是浒苔能源化利用发酵制备生物乙醇的关键步骤之一,利用筛选得到的纤维素分解菌去产酶,并测定其对浒苔进行酶解的还原糖得率具有实际应用的意义。我们利用各菌株在三种不同纤维素类底物为碳源时对其诱导产酶,并利用各菌株产粗酶液对浒苔干粉进行降解效果的测定。

将分离到的菌株分别接种到装有50 mL液体发酵培养基的三角瓶中,30℃、170 r/min振荡培养6~8 d,将培养液用两层200目纱网过滤除去其中杂质,取其过滤溶液作为粗酶液。称取0.1 g准备好的浒苔粉于试管中,加入5 mL粗酶液,然后加入5 mL柠檬酸缓冲液(pH 4.8)调节PH,轻轻摇匀,于50℃水浴锅中反应48 h后按DNS法测还原糖(Hardin et al.,2000)。

结果显示,利用滤纸作为纤维素类底物诱导各菌株产酶,并用其粗酶液分别降解浒苔粉,8个菌株所产的酶液对浒苔粉均有一定的降解作用,其中H4、Q1、H6、H3菌株降解浒苔粉效果较好,H4得到的还原糖得率最高,为5.7%。利用羧甲基纤维素钠作为纤维素类底物诱导各菌株产酶,用其粗酶液分别降解浒苔粉,各菌株所产酶降解浒苔粉效果差异较大($P<0.01$),其中,H4、H3、Q1菌株降解效果较好,还原糖得率依次为12.8%、10.4%、10.1%。利用浒苔粉天然纤维素为底物诱导各菌株产酶,用其粗酶液分别降解浒苔粉,各菌株所产酶降解浒苔粉效果差异极显著($P<0.01$),其中H6、Q1、H3、H4菌株效果较好,H6、Q1还原糖得率较高分别为9.6%、9.9%。因此,以CMC-Na作为碳源诱导菌株产酶降解浒苔效果最好,且与其产酶活力结果相符,此时H4菌株降解浒苔效果最佳。纤维素酶是一种诱导酶(郭杰炎和蔡武城,1986),当有其作用底物或其类似底物存在时才能合成。不同的诱导底物对菌株产酶液的形成有较大的影响,张毅民等(2005)通过不同底物诱导一种菌株产酶测其滤纸酶活力,结果发现,以麸皮和羧甲基纤维素为碳源时,该菌株的羧甲基纤维素酶活力最高,以滤纸为碳源时次之,以葡萄糖和蔗糖为碳源时最低。本实验中利用3种不同的纤维素类底物,滤纸、CMC-Na、浒苔粉作为碳源对8株菌株进行诱导产酶,并对浒苔进行降解,结果发现,CMC-Na的诱导效果最好,浒苔的还原糖得率最高,浒苔粉次之,滤纸最低。这也与各菌株在不同碳源诱导产酶下所测定的各项酶活力的大小相一致。尹礎等(2009)在研究中还发现纤维素酶诱导可能是通过小分子还原糖间接实现的,仅具有还原性基团的低聚糖才能诱导产生纤维素酶,而大分子纤维素对酶的诱导效果不及小分子还原糖。

该研究最终得到新鲜浒苔通过微生物自产粗酶液降解并制备生物乙醇的方法,具有成本低廉,制取简便,对环境友好等优点。今后可以对微生物的筛选与驯化做进一步的研究,同时可以筛选分解半纤维素的微生物对浒苔进一步降解,提高还原糖的降解率。实验中的糖化液可以做进一步去除有害因子的研究,探讨乙醇发酵菌株的发酵活力特性,增加乙醇浓度,为后续蒸馏步骤减少成本。

五、浒苔制备生物乙醇转化

发酵也是整个生物乙醇生产过程的一个非常关键的阶段,这个阶段主要利用酵母菌将纤维素和半纤维素水解后获得的还原糖通过糖酵解途径转化成乙醇。通常在海藻发酵中使用的方法主要有直接发酵法、间接发酵法和同时糖化和发酵法。

　　直接发酵法是将海藻的萃取物直接通过微生物发酵生产乙醇。此法乙醇产量不高,对藻类的利用率较低。间接发酵法即纤维素的水解和发酵分步进行,主要包括酸解后发酵和酶解后发酵。夏艳秋等(2017)利用4%硫酸在80℃下水解浒苔2 h,通过酿酒酵母发酵48 h后乙醇得率最高为16.46%。张维特等(2011)利用5%硫酸在90℃下降解浒苔,随后选择5种酵母进行乙醇发酵,发现酿酒酵母S2效果最好,乙醇最高产量为2 g/L,乙醇得率为26%。酶解后发酵研究更为普遍。刘政坤(2011)通过商品化纤维素酶酶解浒苔藻体,利用面包酵母发酵后乙醇得率达到13.2 g/100 g藻体。王淑贤等(2017)利用筛选的浒苔纤维素降解菌产酶水解纤维素,经酵母发酵后乙醇产量最高达到28.98 g/L。同时糖化和发酵法即水解和发酵同时在同一反应器中进行,这种方法可以降低成本。但一般纤维素酶水解温度为45~55℃,而典型的发酵温度为28~40℃。这两种过程的最佳条件不能同时实现,使得乙醇转化效率降低。

第八节　浒苔造纸

　　造纸术是我国古代的四大发明之一,随着世界文化和技术的交流,普及到了全世界。纸的发明、推广和应用对人类文明的传播、保存起着至关重要的作用。造纸工业的发展水平与一个国家的国民经济水平和文明建设水平相同步,在发达国家,造纸工业已成为国民经济支柱制造业之一,有"软钢板"的美称(卢谦和,1994)。造纸原料包括植物纤维和非植物纤维,目前国际上的造纸原料主要是植物纤维,一些经济发达国家所采用的针叶树或阔叶树木材占总用量的95%以上,而我国由于木材资源不足,造纸原料以草类为主。草类原料易加工、质地柔软,但其纤维短、纸浆强度低、杂细胞多,限制了我国纸张的种类和品质,从而难以适应社会经济的发展速度和人民生活水平的提高速度(吴定新和姚春丽,1997)。

一、浒苔纤维素的特点

　　造纸原料中的主要化学成分是纤维素。浒苔中纤维素和多糖类成分丰富,约占浒苔生物质总量的40%~50%。浒苔藻体由单层细胞组成、呈管状中空或扁平,组织结构简单、机械强度低、前处理简便,易于加工。浒苔中的纤维素结晶度较小,易于增加纤维间的结合力,增强纸张性能。浒苔中的细小纤维和多糖与木材的粗大纤维相结合,能有效提高纸张的物理性能(李丹等,2017)。纸张成型过程中,细小纤维和多糖易于填充在纤维间,改变纸张紧实度和透气性、优化防油性能、提高接触角。而且,浒苔高纤维、低木素的优势也能提高纸张的机械强度,简化造纸工艺,减少污染。

　　王婷婷等(2019)对不同海域的浒苔进行了品质差异评价。虽然不同海域的浒苔各类成分和含量存在显著差异,但是其中的膳食纤维含量都是最高的,其中青岛浒苔尤甚,相比水果蔬菜更为丰富。结合文献报道,青岛浒苔的纤维膨胀力和持水力可达11.20 mL/g和852%,且生物活性好,表明青岛浒苔具有开发为纤维类产品的巨大潜力。

二、浒苔造纸工艺

　　意大利法维尼纸厂以制作可循环再造的纸产品为宗旨,联合各公司成功开发海藻纸,该纸与普通纸相比,持久性好、不易变黄、废纸容量小。不仅有效地减少了木材采伐,而且解决了水域污染问题,变废为宝,改良环境(叶坤,1996)。

马建伟等(2015)利用浒苔制备纸浆模塑缓冲防震包装制品,其技术流程为:原料收集→打浆制浆→纸模坯体成型→纸模坯体拒水拒油处理→热压成型→纸浆模塑制品干燥。

1)原料收集:收集废旧报纸、废旧纸箱纸、造纸厂或印刷厂的边角料备用;浒苔通过离心进行脱水处理,备用。

2)打浆制浆:废纸及浒苔加入制浆机内,并加入适量水,搅拌至浆状液。

3)纸模坯体成型:浆状液配置成含水量95%~97%的纸浆液,并加入30%纸浆液(重量百分比)的浒苔成悬浮液,然后经管道运至真空吸模成型工位,初步脱水成型制成纸坯。

4)纸模坯体拒水拒油处理:纸体浸入拒水拒油处理剂内,完全浸泡。

5)热压成型:拒水拒油处理后的纸坯真空抽吸脱水,同时冷挤压,进一步脱水成型坯;型坯经至热压定型机制成半制品,然后切模成型。

6)纸浆模塑制品干燥:将纸浆模塑制品进行天然干燥,干燥到型坯含水率为10%~12%。

经上述方法得到纸产品,能有效地防潮、防油渍、强度提高、使用寿命延长,并且具有良好的阻燃效果。

由国家科技支撑计划支持中国科学院海洋研究所开发的浒苔造纸技术为:清洗→粗磨→预处理→漂白→精磨→混合与疏解→纸页成型→干燥。

1)清洗:去除浒苔中的杂质及灰尘。

2)粗磨:将清洗后的浒苔沥干,用磨浆机将其长度磨至2~4cm。

3)预处理:粗磨后的湿浒苔加入20倍(重量分数)4%氢氧化钠溶液85℃处理5h,然后蒸馏水冲洗、抽真空过滤。

4)漂白:预处理后的湿浒苔加入20倍(重量分数)8%氢氧化钠溶液70℃处理4h,然后蒸馏水冲洗、抽真空过滤,收集剩余物。

5)精磨:用磨浆机将漂白后的浒苔磨至长度为0.2~0.6 cm,得浒苔浆料。

6)混合与疏解:浆料70%和浒苔浆料30%(质量百分比)混合疏解均匀。

7)纸页成型:疏解均匀的混合物按60 g/m²的定量抄纸。

8)干燥:成型后的纸页60℃干燥。

经上述方法得到的纸张,防油时间为170 s、接触角为48.3°,与未添加浒苔的纸张相比,防油时间提高170 s、接触角提高19.9°;对纸张中四种常见菌的抑菌率与未添加浒苔的纸张相比,提高程度分别为:大肠杆菌9.1%、金黄色葡萄球菌10.2%、沙门氏菌10.8%、枯草杆菌2.2%。该新型纸产品具有防油、防水、抗菌效果,结合海藻的可食用、绿色环保等优势,可作为食品包装纸、防油纸等。利用该项技术,浒苔可部分替代传统造纸原料,由于浒苔价格低廉、来源丰富、处理工艺简单,有效地降低了造纸成本(王广策,2012)。

三、浒苔造纸的特点

纸张作为记载和传播文化的重要工具之一,形式多样,种类繁多,已达500多种,仅常用的纸种类就接近100种。纸张的性能指标主要有物理性能和外观,不同种类的纸张性能指标不同。由于浒苔自身化学组成的高纤维、低木质素的特点,其适合做软木或硬木浆的添加剂,并且明显提高纸张的机械强度。浒苔组织中的蛋白质、叶绿素等,若不提前进行处理,会显著影响纸产品的颜色和品质。

另外,浒苔是一种大型经济野生绿藻,资源丰富,广泛分布在世界范围海洋中,仅福建沿海每年的产量就在 10 t 以上。大部分的浒苔当作垃圾填埋或焚烧,生物质资源被浪费,十分可惜(费岚,2014),而开发绿潮藻来源的纸产品能有效解决这一问题,绿色环保,对环境的污染小,并且减少木材用量,保护环境、维持生态平衡。并且,浒苔处理过程中,工艺简单,设备要求低,污水排放量少。

毕全中(2017)在充分研究浒苔纤维素特点的基础上,结合蜡质玉米淀粉,开发优质瓦楞纸纸芯。浒苔经氢氧化钠处理后,增加了纤维形态及其分枝形状与瓦楞纸纤维中的接触面积,提高纤维间的结合能力和纸张的力学强度,最终增强了瓦楞纸纸芯的抗张力和耐破能力。

四、意义

一张纸看似简单,但其是人类社会进步的物质基础,无论未来如何变化,纸在很多方面都是无可替代的。从造纸原料到纸产品,再到废纸,涉及行业众多,如果纸产品能实现绿色可持续循环,将会有很大的环境价值。

随着海洋环境富营养化的加剧,浒苔的暴发越来越严重,其作为生物质资源较为丰富的绿潮藻,具有可再生性、低成本、生物相容性好等优点,资源化、无害化利用浒苔具有很大的现实意义。由于浒苔组分的差异和多元化,其资源化利用应多元化发展,浒苔资源在造纸工业的成功应用,不仅有效解决了造纸原料短缺的问题,还解决了海藻处理问题,变废为宝,促进了人们对利用可再生资源的认识,加强节约型国家的建设,同时,也产生了突出的经济效益和深远的社会效益。

第九节　绿潮藻生物资源利用展望

海洋生物由于具有资源丰富、适应强、生长快、物质组成特殊、保健价值高等特点,具有综合开发利用的广阔前景。我们虽然取得了诸如浒苔碘盐、浒苔能源、浒苔食品、浒苔化妆品等一系列科研、生产成果,但浒苔的利用潜力远不止这些。在年复一年的绿潮灾害面前,我们的任务非常艰巨。

当前及下一步研究重点应是浒苔基础生物学研究、浒苔高效生物转化及浒苔生物质能的研究与开发、浒苔高值化综合利用及产业化推广齐头并进,以较高的转化率和较低的生产成本推进产业化持续稳定运行。因此,科研及生产应从我国国情出发,紧密围绕新技术、新方法、新产品、新设备和新模式等基础理论和应用开发而展开。要加强国家层面的顶层设计和引导,制定我国包括浒苔在内的海藻生物质资源科技发展路线图,整合海藻资源研发优势力量,组织实施国家级重大科学研究计划,明确浒苔资源化利用的关键问题即高效生物转化及高值化综合利用,重视浒苔基础生物学理论研究,突破浒苔生物质能产业化的技术瓶颈,建立以企业或产业为平台的高效转化技术和高值化综合利用模式,制订浒苔产业化过程的技术标准,加强浒苔产品的技术评估与政策激励,逐步推进浒苔产业链健康可持续发展。

参 考 文 献

鲍萌萌,唐璐瑶,韩峰.2017.褐藻生物乙醇——可再生能源的新选择[J].中国海洋药物,36(6):81-88.

毕全中.2017.一种浒苔纤维与阳离子蜡质玉米淀粉协同增强瓦楞纸芯的方法[P].201710560808.9.

蔡春尔,耿中雷,杨亚云,等.2014.浒苔粗多糖提取工艺参数研究[J].食品科学工业,35(14):330-332.

蔡春尔,贾睿,李春霞,等.2011.条斑紫菜藻红、藻蓝蛋白 α 和 β 亚基因序列测定及分析[J].中国生物化学与分子生物学报,27(1):62-68.

蔡春尔,杨亚云,何培民,等.2016.一种浒苔粗多糖护肤霜及其制备方法[P].201410069099.0.

蔡春尔,杨亚云,何培民,等.2014.一种提取浒苔色素的方法[P].201310724512.8.

蔡春尔,杨亚云,胡燕,等.2014.一种浒苔藻粉面膜及其制备方法[P].201310724654.4.

蔡春尔,姚彬,沈伟荣,等.2009.条浒苔营养成分测定与分析[J].上海海洋大学学报,18(2):2155-2159.

蔡春尔,尹顺吉,孙净,等.2009.CO_2浓度对条浒苔 Rubisco 酶集聚蛋白核的影响[J].生物技术通报,S1:271-276.

蔡春尔,尹顺吉,汪卿,等.2009.光照因素对条浒苔 Rubisco 酶在蛋白核内外分布的影响[J].生命科学,3(7):1-9.

蔡春尔,郑钰琦,杨亚云,等.2006.一种浒苔水煮藻泥面膜及其制备方法[P].ZL201310724662.9.

蔡西栗,邵旻玮,孙雪,等.2011.龙须菜(*Gracilaria lemaneiformis*)中多种植物激素的 GC-MS 检测及对氮胁迫的响应[J].海洋与湖沼,42(6):753-758.

蔡永超,马家海,高嵩,等.2013.扁浒苔(*Ulva compressa*)的分子鉴定及生活史的初步研究.海洋通报,32(5):568-572.

蔡子豪,杜晶,孙彬,等.2016.南黄海绿潮藻的分子鉴定及营养价值初探[J].浙江农业学报,28(7):1206-1215.

曹佳春,吴青,张建恒,等.2013.青岛海域漂浮浒苔光合生理特性及藻体状态等级评价研究[J].上海海洋大学学报,22(6):922-927.

曹英昆,郭玉清,李鹏,等.2016.厦门集美海域近岸绿潮藻浒苔属生长规律研究.集美大学学报(自然科学版),21(2):94-98.

常巧玲,孙建义.2014.海藻饲料资源及其在水产养殖中应用研究[J].饲料工业,27(2):62-64.

陈斌斌,马家海,蔡永超,等.2013.江苏省如东海区条斑紫菜栽培筏架固着 *Ulva* L.属绿藻的分子生物学与形态学分析[J].海洋环境科学,32(3):394-397.

陈斌斌,马家海,高嵩,等.2013.绿潮漂浮种的一种营养增殖方式的初步研究[J].上海海洋大学学报,22(2):189-193.

陈斌斌,马家海,张天夫,等.2012.中国沿海石莼属绿藻的 ITS 和 5S rRNA 序列分析[J].海洋渔业,34(3):249-255.

陈灿坤.2006.浒苔加工技术研究项目技术总结报告[R].福清:海兴保健品有限公司.

陈晨,解玉红,冯炘,等.2012.纤维素降解菌的分离及单菌株与菌群纤维素酶活性质[J].天津理工大学学报,28(4-5):62-65.

陈国宜,张小平,周鸿侨,等.1984.不同生态因子对坛紫菜自由丝状体早期生长和光合作用活性的影响[J].水产学报,8(2):115-124.

陈军,王寅初,余秋瑶,等.2016.绿潮暴发期间我国青岛漂浮铜藻的分子鉴定[J].生物学杂志,33(1):39-42.

陈丽平.2012.黄海绿潮藻分子鉴定与类群演替研究[D].上海:上海海洋大学.

陈莲花,刘雷.2007.叶绿素荧光技术在藻类光合作用中的应[J].江西科学,25(6):788-790.

陈林,蓝林华,何海栋,等.2014.ClpP 蛋白酶研究进展:从细菌到人线粒体[J].中国细胞生物学学报,36(6):717-725.

陈南岳,赵明伦.1996.PKC 抑制剂与六种海洋生物和中草药对鼻咽癌细胞生长的影响[J].中国病理生理杂志,12(6):596-599.

陈屏昭,罗家刚,王磊,等.2004.亚硫酸氢钠影响脐橙叶片光合作用的原因[J].西北农业学报,13(1):69-75.

陈群芳,何培民,冯子慧,等.2011.漂浮绿潮藻浒苔孢子/配子繁殖过程研究[J].中国水产科学,18(5):955-964.

陈群芳,汤文仲,冯子慧,等.2011.长石莼(缘管浒苔)(Ulva linza)原生质体再生与分化发育初步研究[J].海洋与湖沼,43(3):397-403.

陈冉,冯思豫,蔡春尔,等.2018.石莼多糖裂解酶原核表达方法比较[J].水产科学,37(6):842-846.

陈姗姗,潘诗翰,董蓉,等.2011.褐藻燃料乙醇研究进展及其应用前景[J].中国酿造,30(4):11-15.

陈小梅,甘纯玑,陈彩玲,等.2011.响应面法优化微波辅助提取浒苔多糖工艺[J].食品研究与开发,32(4):44-48.

陈小梅,汪秋红,陈彩玲.2010.响应面法优化浒苔碱溶性多糖的提取工艺[J].福建农业学报,25(6):745-749.

陈贻竹,夏丽,郭俊彦,等.1995.叶绿素荧光技术在植物环境胁迫研究中的应用[J].热带亚热带植物学报,3(4):79-86.

陈月华,何培民,杨金权.2018.基于 DNA 条形码的如东海域浒苔附着鱼卵的物种鉴定[J].上海海洋大学学报,27(1):1-7.

陈云伟.2004.油菜黄化突变体叶绿体发育特性研究[D].成都:四川大学.

谌伟伟.2006.衣藻叶绿体分裂相关基因 MinD、MinE 的克隆及 MinD、MinE 和 FtsZ 在细胞周期中的表达分析[D].北京:首都师范大学.

程凤莲,孟范平,周游等.2011.大型海藻浒苔对碱性染料亚甲基蓝的吸附性能[J].化工进展,5(1):887-891.

程红艳,陈军辉,张道来,等.2010.超声波辅助提取 RP-HPLC 法测定浒苔中的叶绿素 a、b[J].海洋科学,34(2):23-27.

程红艳.2011.浒苔中叶绿素、叶黄素的分析方法建立及叶绿素铜钠的制备初探[D].国家海洋局第一海洋研究所.

崔峰,涂文斌,王亦冰,等.2014.绿潮藻浒苔对赤潮藻中肋骨条藻化感抑制作用初探[J].热带海洋科学,33(5):28-34.

崔建军.2014.黄海绿潮藻适应性和增殖潜力研究[D].上海:上海海洋大学.

崔建军,朱文荣,施建华,等.2014.浒苔规模化人工育苗技术研究[J].上海海洋大学学报,23(5):697-705.

崔琳琳,胡松,杨红,等.2014.绿潮早期聚集期间天气过程分析[J].海洋环境科学,33(6):941-946.

崔维香.2017.海藻提取液对种子萌发、幼苗生长和果实品质的影响[D].浙江海洋大学.

邓邦平,徐韧,刘材材,等.2015.江苏陆地海岸线绿潮藻种类组成及分布特征[J].环境科学学报,35(1):137-143.

邓建明,陶勇,李大平,等.2009.溶藻细菌及其分子生物学研究进展[J].应用与环境生物学报,15(6):895-900.

丁怀宇,马家海,王晓坤,等.2006.缘管浒苔的单性生殖[J].上海水产大学学报,15(4):494-496.

丁兰平,黄冰心,栾日孝.2015.中国海洋绿藻门的新分类系统[J].广西科学,22(2):201-210.

丁兰平,黄冰心,谢艳齐.2016.中国大型海藻的研究现状及其存在的问题[J].生物多样性,19(6):798-804.

丁兰平,栾日孝.2009.浒苔(Enteromorpha prolifera)的分类鉴定、生境习性及分布[J].海洋与湖沼,40(1):68-71.

丁兰平,栾日孝.2013.中国海藻志第 4 卷绿藻门第 1 册丝藻目、胶毛藻目、褐友藻目、石莼目、溪菜目、刚毛藻目、顶管藻目[M].北京:科学出版社.

丁兰平.2013.中国海藻志[M].北京:科学出版社.

丁平真,韦章良,陶燕东,等.2017.围隔海域水质评价及底栖曲浒苔对水质修复能力评估研究[J].上海海洋大学学报,26(4):519-527.

丁顺华,李艳艳.2005.外源海藻糖对小麦幼苗耐盐性的影响[J].西北植物学报,3:513-518.

丁月旻.2014.黄海浒苔绿潮中生源要素的迁移转化及对生态环境的影响[D].青岛:中国科学院海洋研究所.

董晓静,王鹏,伍彬.2019.不同方法处理的浒苔的体内抗氧化活性比较[J].现代食品科技.35(8):73-77.

杜小豪,徐卫.2000.护肤产品的保湿功能评价[J].日用化学工业,30(3):47-52.

段智红,袁圣亮,吕应年,等.2018.可食性大型海藻的叶绿素及其衍生物研究进展[J].食品工业科技,20(39):337-342.

樊扬,李纫芷.2000.龙须菜匍匐体类愈伤组织诱导及机制分析[J].海洋与湖沼,31(1):29-34.

范丙全.2001.北方石灰性土壤中青霉菌 P8(Penicillium oxalicum)活化难溶磷的作用和机理研究[D].北京:中国农业科学院.

范美华,孙雪,王日昕,等.2014.浒苔中 MnSOD 和 CAT 基因克隆和表达分析[J].水产学报,38(12):1976-1984.

范士亮,傅明珠,李艳,等.2012.2009—2010 年黄海绿潮起源与发生过程调查研究[J].海洋学报,34(6):187-194.

范皖苏,黄鹤忠,徐汗福,等.2011.外源添加剂水杨酸对菊花江蓠抗寒性的影响[J].海洋科学,35(2):38-43.

范晓,韩丽君.1995.中国沿海经济海藻化学成分的测定[J].海洋与湖沼,26(2):199-207.

范允奇,李晓钟.2013.碳税最优税率模型设计与实证研究——基于中国省级面板数据的测算[J].财经论丛,170(1):27-32.

方松.2012.江苏近海筏架定生绿藻及微观繁殖体的研究[D].青岛:国家海洋局第一海洋研究所.

方永浩,王小艳.2006.从《京都议定书》看化学激发胶凝材料的发展前景[J].建材发展导向,4(4):47-49.

房兴堂,陈宏,赵雪锋,等.2007.秸秆纤维素分解菌的酶活力测定[J].生物技术通讯,18(4):628-630.

费岚.2014.浒苔生物质降解优化条件及发酵生产乙醇研究[D].上海海洋大学.

冯琛,路新枝,于文功.2004.逆境胁迫对条斑紫菜生理生化指标的影响[J].海洋湖沼通报,3:22-26.

冯大伟,秦松,李富超,等.2009.一种以浒苔为原料生产沼气的方法[P].CN200810157676.6.

冯子慧.2011.大型海藻光合作用特性及其固碳能力研究[D].上海:上海海洋大学.

冯子慧,孟阳,陆巍,等.2012.绿潮藻浒苔光合固碳与防治海水酸化的作用.I.光合固碳与海水 pH 值提高速率研究[J].海洋学报,34(2):162-168.

高坤山.2011.海洋酸化正负效应:藻类的生理学响应[J].厦门大学学报(自然科学版),50(2):411-417.

高世荣,潘力军.2010.62Dm(大型水蚤)食藻虫生物株助力湖泊生态修复[C]//水环境污染控制与生态修复高层技术论坛论文集.合肥:中华环保联合会.

高嵩,马家海,蔡永超,等.2012.浙江省象山、奉化和枸杞岛常见石莼属绿藻的形态学研究和分子鉴定[J].浙江农业学报,24(6):1009-1014.

高嵩,石晓勇,王婷.2012.浒苔绿潮与苏北近岸海域营养盐浓度的关系研究[J].环境科学,33(7):2204-2209.

高玉杰,吕海涛.2013.酸法降解浒苔多糖及其清除羟自由基活性研究[J].食品科学,34(16):62-66.

高珍.2010.浒苔生理生态特性和转录组研究[D].兰州:甘肃农业大学.

高振会,杨建强,张洪亮,等.2009.绿潮灾害发生条件与防控技术[M].北京:海洋出版社.

高振会,杨建强,张洪亮.2009.绿潮灾害发生条件与防控技术[M].北京:海洋出版社.

葛蕾蕾.2010.海藻加工废弃物的复合降解及乙醇转化[D].中国海洋大学.

耿毅.2006.斑点叉尾鮰源嗜麦芽寡养单胞菌分离、鉴定与致病机理研究[D].雅安:四川农业大学.

耿中雷,杨亚云,蔡春尔,等.2017.4 种海藻多糖对鲫鱼生长免疫影响的探究[J].水产科学,36(6):753-757.

顾宏,徐君,张贤明,等.2007.孔石莼对养殖废水中营养盐的吸收研究[J].环境科学与技术,30(7):85-87.

顾文辉.2014.积累类胡萝卜素的绿藻类囊体膜蛋白组学研究[D].青岛:中国科学院大学.

贵州省卫生防疫站,广西壮族自治区卫生防疫站,湖南省卫生防疫站,天津市卫生防疫站.1985.食品中锌的测定.GB/T 5009.14—2003.

郭赣林,董双林,董云伟,等.2007.温度及其波动对潮间带海藻生长及光合作用的影响[J].海洋开发与管理,24(5):115-120.

郭赣林,董双林,董云伟.2006.温度及其波动对孔石莼生长及光合作用的影响[J].中国海洋大学学报(自然科学版),36(6):941-945.

郭赣林,董双林.2008.干出对潮间带不同垂直位置海藻的生长及光合作用速率的影响[J].海洋湖沼通报,4:78-84.

郭杰炎,蔡武城.1986.微生物酶[M].北京:科学出版社.

郭雷,陈宇.2010.响应面法优化超声辅助提取浒苔多糖的工艺(英文)[J].食品科学,31(16):117-121.

郭荣波,许晓晖,张亚杰,等.2010.一种浒苔与其他生物质厌氧共发酵制沼气的方法[P].CN200810212215.4.

郭微微,邱军强,何培民,等.2017.港口航道致病性细菌检测微阵列基因芯片的研制[J].南方农业学报,48(7):1304-1309.

郭玉洁,钱树本.2003.中国海藻志.第五卷 硅藻门.第一册 中心纲[M].北京:科学出版社.

郭子叶.2014.浒苔多糖化妆品开发潜力研究[D].上海海洋大学.

国家海洋局 908 专项办公室.2005.海岸带调查技术规程[M].北京:海洋出版社.

韩博平,韩志国,付翔.2003.藻类光合作用机理与模型[M].北京:科学出版社.

韩红宾,华梁,霍元子,等.2015.黄海绿潮暴发前江苏紫菜养殖海域绿藻显微繁殖体分布特征[J].上海海洋大学学报,24(3):365-374.

韩红宾,宋伟,何培民,等.2018.2014 年黄海绿潮暴发后绿藻显微繁殖体的时空分布特征[J].海洋环境科学,37(6):

801－807.

韩红宾,韦章良,霍元子,等.2015.温度与光照强度对浒苔孢子/配子放散和萌发的影响[J].海洋渔业,37(6)：517－524.

韩秋凤,洪小冰,王云芸,等.2010.浒苔多糖对右旋葡聚糖硫酸钠致小鼠溃疡性结肠炎的防治研究[J].海峡预防医学杂志,16(2)：58－60.

韩婷婷.2013.大型海藻对不同CO_2的光合生理响应及其生态效应[D].北京：中国科学院大学.

韩志国,雷腊梅,韩博平,等.2006.蛋白核小球藻光驯化的快速光曲线变化[J].生态科学,25(1)：32－33.

杭金欣,孙建璋,宗志新.1983.浙江海藻原色图谱[M].杭州：浙江科技出版社.

郝岱峰.2005.烫伤大鼠创面脓毒症期肝脂代谢相关基因差异分析及脂肪酸代谢障碍机制的实验研究[D].北京：中国人民解放军军医进修学院.

何建华,汤文仲,叶静,等.2011.绿色荧光蛋白(ZsGreen)基因在长石莼细胞中的表达[J].生物技术通报,230(9)：114－119.

何培民,蔡春尔,石海涯,等.2014.太阳能温室日晒天然海藻碘低钠盐生产方法[P].CN201310242689.4.

何培民,刘媛媛,张建伟,等.2015.大型海藻碳汇效应研究进展[J].中国水产科学,22(3)：588－595.

何培民.2004.条浒苔蛋白核超微结构和Rubisco及其活化酶分子定位[J].水产学报,28(3)：255－260.

何培民,吴庆磊,吴维宁,等.2004.条浒苔蛋白核超微结构和Rubisco及其活化酶分子定位[J].水产学报,28(3)：255－260.

何培民,吴庆磊,吴伟宁,等.2004.条浒苔蛋白核超微结构和Rubisco及其活化酶分子定位[J].水产学报,28：255－260.

何培民,吴维宁,赵建华,等.2002.几种藻类蛋白核的超微结构研究[J].水生生物学报,26(4)：327－334.

何培民,尹顺吉,吴庆磊,等.2005.藻类CCM分子生物学研究进展[J].海洋科学,29(3)：71－75.

何培民,张大兵,赵建华,等.2001.小球藻Rubisco在叶绿体中的免疫金标定位[J].实验生物学报,34(1)：16－23.

何培民,张译宇,张学成,等.2018.海藻栽培学[M].北京：科学出版社.

何培民,张政值,张荣铣.1999.条斑紫菜的光合作用及其主要影响因素[J].南京农业大学学报,22(4)：19－22.

何清,胡晓波,周峙苗,等.2006.东海绿藻缘管浒苔营养成分分析及评价[J].海洋科学,30(1)：34－38.

何世钧,唐莹莉,张婷,等.2015.基于支持向量机的绿潮灾害影响因素的权重分析[J].中国环境科学,35(11)：3431－3436.

何世钧,周媛媛,张婷,等.2018.基于主导因子的绿潮灾害预测方法研究[J].海洋环境科学,37(3)：326－331.

侯杰,张朝辉,侯虎,等.浒苔正丁醇相化学成分及其抗肝损伤活性研究[J].中国海洋药物,2013,32(05)：51－56.

胡常英,马清河,刘丽娜,等.2005.金属离子与生命活动[J].生物学通报,40(8)：10－11.

胡传明,陆勤勤,杨立恩,等.2018.江苏海区浒苔的营养与食品安全性分析与评价[J].海洋与湖沼,49(5)：187－193.

胡伟,孙雪,范美华,等.2014.24-表油菜素内酯对浒苔内源植物激素及相关生理影响[J].海洋与湖沼,45(5)：1071－1077.

胡伟.2015.油菜素内酯和赤霉素对浒苔内源植物激素的影响[D].宁波：宁波大学.

胡章,李国庆,林奕武,等.2013.响应面法优化浒苔多糖提取工艺的研究[J].安徽农业科学,41(15)：6872－6873.

华梁,霍元子,张建恒,等.2015.南黄海绿潮暴发早期与末期显微繁殖体分布及种类组成研究[J].上海海洋大学学报,24(2)：256－264.

黄冰心,韩丽君,范晓.2001.海藻中植物激素检测方法[J].海洋科学,25(10)：28－30.

黄娟,吴玲娟,高松,等.2011.黄海绿潮应急漂移数值模拟[J].海洋预报,28(1)：25－32.

黄娟,徐江玲,高松,等.2014.海上试验对海上漂移物运移轨迹影响因素的分析[J].海洋预报,31(4)：97－104.

黄珊珊,莫小路,曾庆钱,等.2009.小梨竹核型分析[J].基因组学与应用生物学,28(4)：751－754.

黄耀威.2008.次氯酸钠溶液的分解特性及新型稳定剂的研究[D].广州：广东工业大学.

黄志俊.2015.浒苔固体快速发酵过程研究及产品开发[D].中国海洋大学.

黄宗国.1994.中国海洋生物种类与分布[M].北京：海洋出版社.

霍元子,田千桃,徐姗楠,等.2010.浒苔对米氏凯伦藻生长的克生作用[J].海洋环境科学,29(4)：496－499.

霍元子.2010.缘管浒苔对球等鞭金藻生长的克生作用[J].水产学报,34(11)：1776－1782.

纪明候.1997.海藻化学[M].科学出版社,458－481.

贾睿,彭文蕾,蔡春尔,等.2012.缘管浒苔对利玛原甲藻生长的克生作用[J].海洋环境科学,31(4)：479－483.

贾睿,吴敏,蔡春尔,等.2012.浒苔对赤潮异湾藻的克生作用[J].水产学报,36(4):562-567.

姜红霞,高坤山.2009.干出和紫外辐射对坛紫菜光合作用的影响[J].自然科学进展,19(8):835-840.

姜红霞,王燕,姚春燕,等.2011.光强和无机碳对红毛菜丝状体PSⅡ活性的影响[J].江苏农业科学,1:259-261.

解康,关洪斌,冯文利,等.2012.浒苔在鱼类养殖中深加工工艺的研究[J].饲料工业,33(10):22-24.

金德祥,程兆第,刘师成,等.1992.中国海洋底栖硅藻类(下册)[M].北京:海洋出版社.

金德祥,程兆第.1982.中国海洋底栖硅藻类(上卷)[M].北京:海洋出版社.

金德祥.1988.我国海洋硅藻的地理分布,金德祥文集[M].北京:海洋出版社.

金德祥.1965.中国海洋浮游硅藻类[M].上海:上海科学技术出版社.

雷清新,于志刚,张经,等.1998.铜对缘管浒苔生理状态的影响[J].海洋环境科学,17(1):11-14.

黎月.2015.基于微卫星标记的青岛绿潮浒苔种群的遗传多样性[D].广州:暨南大学.

李斌,齐占会,陈碧娟,等.2011.青苔速灭对浒苔和2种单胞藻生长的影响[J].齐鲁渔业,28(2):11-13.

李冰.2013.浒苔硫酸多糖对NaCl胁迫下植物的影响[D].中国科学院研究生院(海洋研究所).

李博,杨持,林鹏.2000.生态学[M].北京:高等教育出版社.

李大秋,贺双颜,杨倩,等.2008.青岛海域浒苔来源与外海分布特征研究[J].环境保护,16:45-46.

李丹,钱爽,张通,等.2017.浒苔纤维在改善纸张物理性能上的探讨[J].纤维素科学与技术,25(1):32-38.

李德萍,马艳,董海鹰,等.2013.日照和降水对青岛近海海域浒苔影响的分析[J].海岸工程,32(1):51-59.

李德萍,杨育强,董海鹰,等.2009.2008年青岛海域浒苔大暴发天气特征及成因分析[J].中国海洋大学学报:自然科学版,39(6):1165-1170.

李德,周亮,林东年.2009.生态因子对缘管浒苔生长和孢子附着的影响[J].现代渔业信息,24(5):22-24.

李枫,邹定辉,刘兆普,等.2009.氮磷水平对龙须菜生长和光合特性的影响[J].植物生态学报,33(6):1140-1147.

李灏,缪锦来,游银伟,等.2008.几种不同杀灭剂对亚历山大藻LC3的灭除研究[J].海洋环境科学,27(1):13-16.

李检平,赵卫红,付敏,等.2010.氮磷营养盐对浒苔生长影响的初步探讨[J].海洋科学,34(4):45-48.

李姣娟,周尽花,戴瑜,等.2010.川桂叶总黄酮清除DPPH自由基作用的研究[J].中南林业科技大学学报,30(10):125-128.

李静,王俏俏,徐年军,等.2014.24-表油菜素内酯对龙须菜抗高温胁迫的研究[J].海洋学报,36(8):82-90.

李立人.1989.核酮糖1,5-二磷酸羧化酶/加氧酶的结构,调节及遗传工程前景[J].生物科学信息,1(1):12-15.

李凌绪,翟梅枝.2006.海藻乙醇提取物抗真菌活性[J].福建农林大学学报:自然科学版,35(4):342-345.

李懋学.1991.植物染色体研究技术[M].哈尔滨:东北林业大学出版社.

李鹏程,邹平,刘松,等.2014a.一种玉米抗低温调节剂[P].201410290000.X.

李鹏程,邹平,刘松,等.2014b.一种小麦抗寒调节剂[P].201410290669.9.

李瑞香,吴晓文,韦钦胜,等.2009.不同营养盐条件下浒苔的生长[J].海洋科学进展,27(2):211-216.

李少香,于克锋,霍元子,等.2014.江苏滨海县海域漂浮浒苔光合生理特性及其固碳潜力评估[J].海洋渔业,36(4):306-313.

李卫芳,王秀梅,王忠.2006.小麦旗叶Rubisco和Rubisco活化酶与光合作用日变化的关系[J].安徽农业大学学报.33(1):30-34.

李伟新,刘凤贤.1982.海藻学概论[M].北京:科学出版社.

李晓,王颖,吴志宏,等.2013.浒苔对刺参幼参生长影响的初步研究[J].中国水产科学,20(5):1092-1099.

李信书,冯子慧,霍元子,等.2010.紫外辐射对浒苔游孢子附着、萌发和幼苗生长的影响[J].水产学报,34(12):1860-1868.

李信书,伏光辉,陈百晓,等.2012.氮、磷加富对条斑紫菜生长及生化组成的影响[J].水产科学,31(9):544-548.

李信书,徐军田,姚东瑞,等.2013.富营养化与生长密度对绿潮藻浒苔暴发性生长机制的影响[J].水产养殖,37(8):1206-1212.

李银平.2014.Alteromonas sp. A321产浒苔多糖降解酶及酶学性质研究[D].中国海洋大学.

李银平,王进,于源,等.2013.浒苔生物有机肥的制备及其对樱桃萝卜品质影响的研究[J].食品工业科技,24(16):120-125.

李月欣,刘楠,周德庆.2015.复合酶提取法对浒苔(Enteromorpha sp.)膳食纤维吸附能力的影响[J].渔业科学进展,36(4):145-149.

李祯.2007.大型海藻热解特性与动力学研究[D].上海:上海海洋大学.

李祯,王爽,徐姗楠,等.2007.大型海藻浒苔热解特性与动力学研究[J].生物技术通报,3:159-164.

李仲璞.2016.盘丽鱼属鱼类线粒体基因组比较研究[D].上海:上海海洋大学.

梁萌青,姚健,常青,等.2008.以绿藻浒苔作为大菱鲆诱食剂的制备方法[P].200810249651.9.

梁想,尹平河,赵玲,等.2001.生物载体除藻剂去除海洋赤潮藻[J].中国环境科学,21(1):15-17.

梁叶星,熊家艳.2013.超临界CO_2技术应用于天然色素萃取的研究进展[J].饮料工业,16(7):1-7.

梁宗英,林祥志,马牧,等.2008.浒苔漂流聚集绿潮现象的初步分析[J].中国海洋大学学报(自然科学版),38(4):601-604.

廖梅杰,郝志凯,尚德荣,等.2011.浒苔营养成分分析与投喂刺参试验[J].渔业现代化,38(4):32-36.

林阿朋.2007.浒苔细胞发育初步研究[D].苏州:苏州大学硕士学位论文.

林阿朋,王超,乔洪金,等.2009.青岛海域漂浮和沉降浒苔的光合作用研究[J].科学通报,54(3):294-298.

林威,于萍,李楠,等.2010.浒苔多糖的碱法提取工艺研究[J].温州大学学报:自然科学版,31(5):39-43.

林英庭,宋春阳,薛强,等.2009.浒苔对猪生长性能的影响及养分消化率的测定[J].饲料研究,3:47-49.

刘材材,徐韧,何培民,等.2017.南黄海绿潮暴发与紫菜养殖的关系[J].海洋科学,41(2):35-43.

刘长发,张泽宇,雷衍之.2001.盐度、光照和营养盐对孔石莼(Ulva pertusa)光合作用的影响[J].生态学报,21(5):795-798.

刘晨临,王秀良,刘胜浩,等.2011.2008年黄海浒苔绿潮ISSR标记溯源分析[J].海洋科学进展,29(2):235-240.

刘东焕,赵世伟,刘玉军,等.2002.植物光合作用对高温的响应[J].植物研究,22(2):201-212.

刘峰,逄少军.2012.黄海浒苔绿潮及其溯源研究进展[J].海洋科学进展,30(3):441-449.

刘峰.2010.黄海绿潮的成因以及绿潮浒苔的生理生态学和分子系统学研究[D].青岛:中国科学院大学(海洋研究所).

刘峰,逄少军,单体锋,等.2010.一种新的海水中石莼属海藻显微阶段个体数定量方法及在黄海绿潮暴发过程中的应用[J].科学通报,55(6):468-473.

刘峰,逄少军.2012.黄海浒苔绿潮及其溯源研究进展[J].海洋科学进展,30(3):441-449.

刘刚,余少文,孔舒,等.2005.碱性纤维素酶及其应用的研究进展[J].生物加工过程,3(2):9-14.

刘桂梅,李海,王辉,等.2010.我国海洋绿潮生态动力学研究进展[J].地球科学进展,25(2):147-153.

刘欢,贺连斌,魏静,等.2011.纤维素酶和半纤维素酶改性胡萝卜纤维的研究[J].食品与发酵工业,37(2):78-81.

刘佳,张洪香,张俊飞,等.2017.浒苔绿潮灾害对青岛滨海旅游业影响研究[J].海洋湖沼通报,3:130-136.

刘静,王军,姚建铭,等.2004.枯草芽孢杆菌JA抗菌物特性的研究及抗菌肽的分离纯化[J].微生物学报,44(4):511-514.

刘静雯,董双林,马甡.2001.温度和盐度对几种大型海藻生长率和NH_4-N吸收的影响[J].海洋学报,23(2):109-116.

刘骏.2005.结晶紫分光光度法测定Fenton反应产生的羟自由基[J].武汉工业学院学报,24(2):53-55.

刘培京.2012.新型海藻生物有机液肥研制与肥效研究[D].中国农业科学院.

刘乾阳,殳叶婷,刘睿,等.2017.江苏地产浒苔多糖对四氧嘧啶诱导糖尿病小鼠的降糖作用研究[J].南京中医药大学学报,33(4):403-407.

刘瑞玉.2008.中国海洋生物名录[M].北京:科学出版社.

刘守海,刘材材,徐韧,等.2016.江苏陆上养殖池塘与南黄海绿潮源头的关系分析[J].海洋渔业,8(3):291-296.

刘爽,范丙全.2012.秸秆纤维素降解真菌QSH3-3的筛选及其特性研究[J].植物营养与肥料学报,18(1):218-226.

刘雪梅,赵鹏,徐继林,等.2012.LC-MS同时测定大型海藻中9个植物激素[J].药物分析杂志,32(10):1747-1752.

刘雅萌.2014.浒苔光合生理特性对海洋环境变化的响应[D].南京:南京农业大学.

刘英霞,常显波,王桂云,等.2009.浒苔的危害及防治[J].安徽农业科学,37(20):9566-9567.

刘迎春,辛守帅.2010.浒苔青贮制作方法[J].中国奶牛,6:61-62.

刘宇,毕燕会,周志刚.2012.海带染色体的DAPI染色及核型初步分析[J].水产学报,36(1):50-54.

刘玉梅.2008.低温弱光胁迫对蔬菜作物光合生理的影响[J].安徽农业科学,36(13):5274-5277.

刘振宇,吴祖建,林奇英,等.2006.孔石莼质体蓝素的柱色谱纯化及其 N-端氨基酸序列的分析测定[J].色谱,23(3)：275-278.

刘正一.2010.渤海、黄海六种浒苔的调查及分析[D].南京：南京农业大学.

刘正一,刘海燕,李楠,等.2011.光强对浒苔充气叶状体内氧气浓度的影响[J].生物学杂志,28(1)：37-38.

刘政坤.2011.低值海藻浒苔(Enteromorpha prolifera)生物乙醇转化工艺的研究[D].中国海洋大学.

刘志亮,胡敦欣.2009.黄海夏季近岸海区环流的初步分析及其与风速的关系[J].海洋学报,31(2)：2-7.

卢孟孟,慈秀芹,杨国平,等.2013.亚热带森林乔木树种 DNA 条形码研究——以哀牢山自然保护区为例[J].植物分类与资源学报,35(6)：733-741.

卢谦和.1994.造纸原理与工程[M].北京：中国轻工业出版社.

卢元芳.1997.甜菜碱处理种子对小麦和玉米幼苗抗盐性的效应[J].曲阜师范大学学报(自然科学版),123(3)：83-86.

吕启忠.2000.用硫酸铜及改变水的 pH 值去除水中藻类[J].中国给水排水,16(5)：68-74.

吕小红.2014.海藻肥及其他影响因子降低蔬菜硝酸盐含量方法的研究[D].山东大学.

罗红宇,吴常文.2002.绿藻果汁复合饮料的工艺研究[J].食品研究与开发,23(2)：34-36.

罗远婵,谢关林.2005.洋葱伯克氏细菌是我们的敌人还是朋友?[J].微生物学报,(4)：647-652.

马长乐,周浙昆.2006.ITS 假基因对栎属系统学研究的影响及其对分子系统学研究的启示[J].云南植物研究,28(2)：127-132.

马德埆,苏瑜,薛仲华.2002.次氯酸钠水溶液分解动力学的研究[J].上海工程技术大学学报,16(1)：8-10.

马栋,刘海燕,单俊伟,等.2017.海带与浒苔混合提取液对草莓生长及品质的影响[J].中国土壤与肥料,5：129-133.

马洪瑞,陈聚法,崔毅,等.2010.灌河和射阳河水质状况分析及主要污染物入海量估算[J].渔业科学进展,31(3)：92-99.

马家海,嵇嘉民,徐轫,等.2009.长石莼(缘管浒苔)生活史初步研究[J].水产学报,33(1)：45-52.

马家海,张华伟,张天夫.2009."绿潮"的研究现状及展望[M].北京：科学出版社.

马家海,张天夫,王金辉,等.2010.对有分枝长石莼(缘管浒苔)的研究[J].水产学报,34(9)：1371-1378.

马建伟,孙永军,孙晓婷,等.利用浒苔制备纸浆模塑缓冲防震包装制品的生产工艺[P].201510213947.5.

孟庆廷.2009.叶绿素提取方法及稳定性研究进展[J].河北化工,32(3)：2-3.

缪锦来,郑洲,梁强,等.2010.海带纤维低温酶解和制备生物乙醇的研究[J].现代农业科技,17：18.

牟海津,葛蕾蕾,王鹏.2014.一种以海藻加工废弃物为原料的生物乙醇的制备方法[P].CN101701225A.

牟宁.2011.利用海藻发展生物燃油的现状与展望[J].中国农业信息,6：41-43.

穆新武,陆勤勤,胡传明,等.2011.江苏沿岸大型绿藻主要特种及其季节性变化[J].南京大学学报(自然科学版),47(4)：470-480.

年华,褚云卓,赵敏,等.2000.洋葱伯克霍尔德菌监测结果分析[J].临床检验杂志,24(4)：68.

聂发辉,张伟.2006.富营养化水体藻类成因、危害及治理技术[J].湖南城市学院学报(自然科学版),15(2)：69-72.

宁劲松,翟毓秀,赵艳芳,等.2009.青岛近海浒苔的营养分析与食用安全性评价[J].食品科技,34(8)：74-75.

潘国瑛.1997.新的蛋白源—石莼藻粉在对虾饵料中的应用研究[J].南海研究与开发,3：66-67.

庞秋婷,李凤,刘湘庆,等.2013.围隔实验中浒苔在不同营养盐条件下的生长比较[J].环境科学,34(9)：3398-3404.

彭长连,温学,林植芳,等.2007.龙须菜对海水氮磷富营养化的响应[J].植物生态学报,31(3)：505-512.

彭刚,李潇轩,郝忱,等.2007.滆湖夏季浮游植物初级生产力测定[J].渔业经济研究,1：46-49.

平野要助,陈昌生(译).1986.紫菜养殖中防治杂藻和病害的新方法(一)[J].福建水产,2：63-64.

齐晓辉,李红燕,郭守东,等.2010.4 种不同来源浒苔中多糖的提取分离及理化性质[J].中国海洋大学学报(自然科学版),40(5)：15-18.

钱伯章(摘译).2008.美国 Algenol 公司拓展海藻制乙醇市场[J].炼油技术与工程,38(11)：18.

钱树本,刘冬艳,孙军.2005.海藻学[M].青岛：中国海洋大学出版社.

乔方利,马德毅,朱明远,等.2008.2008 年黄海浒苔暴发的基本状况与科学应对措施[J].海洋科学进展,26(3)：409-410.

乔方利,王关锁,吕新刚,等.2011.2008 与 2010 年黄海浒苔漂移输运特征对比[J].科学通报,2011(18)：1470-1476.

乔俊莲,董磊,董敏殷,等.2009.次氯酸钠对微囊藻毒素释放及降解特性的研究[J].供水技术,3(4)：11-13.

秦松,冯大伟,刘海燕,等.2010.一种以浒苔为原料制取生物乙醇的方法[P].CN101638671.

沈萍,范秀容,李广武.1998.微生物学实验[M].北京：高等教育出版社.

沈志良.2002.胶州湾营养盐结构的长期变化及其对生态环境的影响[J].海洋与湖沼,33(3)：322-331.

盛梅,马芬,杨文伟.2005.次氯酸钠溶液稳定性研究[J].化工技术与开发,34(3)：8-10.

施敏健,王惠冲.1995.条斑紫菜人工育苗期绿藻的预防[J].海洋渔业,17(2)：82,93.

施敏健,王惠冲.1996.条斑紫菜人工育苗期预防绿藻的方法[J].水产养殖,2：10-11.

施文荣,刘艳.2013.MTT法不适用于代谢水平改变的细胞活力检测[J].生物学杂志,30(2)：84-86.

石元春.2011.生物能源担纲是世界主流[N].中国联合商报,2011-1-14.

史美佳.2018.浒苔多糖酶解产物的生物活性及其抑制鱼油氧化的能力的研究[D].浙江工商大学.

舒子斌,袁礼军,胡建芳,等.2008.胶原蛋白保湿面膜的研制[J].四川师范大学学报(自然科学版),31(6)：739-741.

宋金明,李学刚,袁华茂,等.2008.中国近海生物固碳强度与潜力[J].生态学报,28(2)：551-558.

宋伦,毕相东.2015.渤海海洋生态灾害及应急处置[M].沈阳：辽宁科学技术出版社.

宋宁而,王琪.2009.日本的浒苔治理经验及其对我国的启示[J].海洋信息,3：15-19.

宋文鹏.2013.黄海绿潮调查与研究[M].北京：海洋出版社.

宋玉娟,崔铁军,李丹彤,等.2005.肠浒苔凝集素的分离纯化及性质研究[J].中国海洋药物,24(1)：1-5.

苏红梅,卢德,罗坚,等.2008.硫代硫酸钠溶液的稳定性试验[J].广西蚕业,45(2)：1-3.

苏正淑,张宪政.1989.几种测定植物叶绿素含量的方法比较[J].植物生理学通报,5：77-78.

孙国强,胡昌军,李国兴,等.2010.浒苔粉对奶牛产奶性能及粪便微生物菌群的影响[J].畜牧与兽医,42(6)：54-56.

孙建璋.2006.孙建璋贝藻类文选[M].北京：海洋出版社.

孙杰.2006.两种海藻提取物的化学成分和生物活性的研究及其应用[D].中国科学院研究生院(海洋研究所).

孙锦,韩丽君,于庆文,等.2006.海藻提取物对菠菜硝酸盐积累的影响及机理[J].海洋科学,30(4)：6-9.

孙雷.2014.浒苔孢子附着的影响因素及涂料和改性粘土对其抑制效果的研究[D].青岛：中国海洋大学.

孙雷,宋秀贤,白洁,等.2015.环境因子及不同附着基对浒苔孢子附着的影响[J].中国海洋大学学报,45(5)：59-63.

孙士红.2007.碱提浒苔多糖降血糖、降血脂生物活性研究[D].长春：东北师范大学.

孙伟红,冷凯良,王志杰,等.2009.浒苔的氨基酸和脂肪酸组成研究[J].渔业科学进展,30(2)：106-114.

孙文,张国琛,李秀辰,等.2011.浒苔资源利用的研究进展及应用前景[J].水产科学,30(9)：588-590.

孙修涛,王翔宇,汪文俊,等.2008.绿潮中浒苔的抗逆能力和药物灭杀效果初探[J].渔业科学进展,29(5)：130-136.

孙雪,蔡西栗,徐年军.2013.海洋红藻龙须菜对2种逆境温度胁迫的应激生理响应[J].水生生物学报,37(3)：535-540.

孙元芹,李翘楚,李红艳,等.2013.浒苔生理活性与开发利用研究进展[J].水产科学,32(4)：244-248.

孙震,姚惠.2005.叶黄素的抗癌作用及其研究现状[J].生物技术通讯,16(1)：84-86.

谭娟,沈新勇,李清泉.2009.海洋碳循环与全球气候变化相互反馈的研究进展[J].气候研究于应用,30(1)：33-36.

檀琮萍.2006.两种真核微藻类胡萝卜素代谢工程的初步研究[D].中国科学院研究生院(海洋研究所).

汤坤贤,焦念志,游秀萍,等.2005.菊花心江蓠在网箱养殖区的生物修复作用[J].中国水产科学,12(2)：166-163.

汤坤贤,袁东星,林泗彬,等.2003.江蓠对赤潮消亡及主要水质指标的影响[J].海洋环境科学,22(2)：24-27.

汤文仲,李信书,黄海燕,等.2009.不同光强和温度对长石莼(缘管浒苔)光合作用和叶绿素荧光参数的影响[J].水产学报,33(5)：762-769.

唐鸿倩,钟名其,陈洋,等.2015.琼胶降解菌的筛选及其在龙须菜乙醇发酵中的初步应用[J].可再生能源,33(5)：789-794.

唐启生,张晓雯,叶乃好,等.2010.绿潮研究现状与问题[J].中国科学基金,24(1)：5-9.

唐志红,于志超,赵巍,等.2011.浒苔多糖超声波提取工艺的研究[J].现代食品科技,27(1)：56-59.

滕倩.2016.叶黄素补充对人体DNA损伤及抗氧化功能影响的研究[D].青岛：青岛大学.

滕瑜,王彩理,尚德荣.2009.浒苔的快速干燥技术及其初步开发[J].渔业科学进展,30(2)：100-104.

田千桃,霍元子,王阳阳,等.2010.浒苔对NH_4^+-N与NO_3^--N吸收的相互作用[J].海洋科学,34(7)：41-45.

田千桃,霍元子,张寒野,等.2010.浒苔和条浒苔生长及其氨氮吸收动力学特征研究[J].上海海洋大学学报,19(2)：252-258.

田晓玲,霍元子,陈丽平,等.2011.江苏如东近海绿潮藻分子检测与类群演替分析[J].科学通报,56(3/4)：309-317.

屠鹏飞.2012.天然糖化学[M].北京：化学工业出版社.

汪芳俊,侯赛男,徐年军,等.2015.藻类植物激素研究进展[J].植物生理学报,51(12)：2083-2090.

汪家铭.2010.海藻肥生产应用及发展建议[J].化学工业,28(12)：14-18.

汪靖超,辛宜轩.2011.一株抑制浒苔生长海洋细菌的分离与鉴定[J].海洋科学,35(11)：1-3.

王彬,刘婧,蒋玉兰,等.2013.超绿活性茶粉面膜的研制[J].农产品加工：创新版(中),12：16-18.

王伯荪,李鸣光,彭少麟.1995.植物种群学[M].广州：广东高等教育出版社.

王昌涛,何聪芬,董银卯,等.2006.保湿剂性能评价体内法和体外法比较的研究[J].香料香精化妆品,2(4)：14-16.

王超,乔洪金,潘光华,等.2008.青岛奥帆基地海域漂浮浒苔光合生理特点研究[J].海洋科学,32(8)：13-15.

王东,李亚鹤,徐年军,等.2016.24-表油菜素内酯和盐度对浒苔生长和生理活性的影响[J].应用生态学报,27(3)：946-952.

王革丽,吕达仁,杨培才.2009.人类活动对大气臭氧层的影响[J].地球科学进展,4：331-337.

王广策,林阿朋,裴继诚,等.2016.一种利用大型海藻造纸的方法[P].CN102587191A.

王广策,林阿朋,裴继诚,等.2012.一种利用大型海藻造纸的方法[P].201210051157.8.

王广策,唐学玺,何培民,等.2016.浒苔光合作用等关键生理过程对环境因子响应途径的研究进展[J].植物生理学报,52(11)：1627-1636.

王国伟,李继龙,杨文波,等.2010.利用MODIS和RADARSAT数据对浒苔的监测研究[J].海洋湖沼通报,4：1-8.

王浩东.2012.浒苔(*Ulva prolifera*)生殖遗传学的初步研究[D].青岛：中国海洋大学.

王浩东,姚雪,池姗,等.2012.中国南黄海浒苔种群世代结构与生殖条件分析[J].中国海洋大学学报,42(11)：46-53.

王红霞,张稳婵.2009.食品中钙含量测定的方法比较[J].运城学院学报,27(5)：26-28.

王洪媛,范丙全.2010.三株高效秸秆纤维素降解真菌的筛选及其降解效果[J].微生物学报,50(7)：870-875.

王惠冲.1992.紫菜养殖中绿藻的综合防治[J].水产养殖,1：5.

王建伟.2007.浒苔生态因子研究及发育形态学观察[D].苏州：苏州大学.

王建伟,林阿朋,李艳燕,等.2006.浒苔(*Enteromoepha prolifera*)藻体发育的显微观察[J].生态科学,25(5)：400-404.

王建伟,阎斌伦,林阿朋,等.2007.浒苔(*Enteromorpha prolifera*)生长及孢子释放的生态因子研究[J].海洋通报,26(2)：60-65.

王进.2013.利用复合微生物菌剂制备浒苔生物有机肥及其对作物生长影响的研究[D].中国海洋大学.

王进,詹倩云,郑珊,等.2014.浒苔生物肥的制备及其对青菜品质影响的研究[J].中国海洋大学学报,44(1)：62-67.

王菊.一种减轻农残危害的小麦秸秆生物炭肥及其制备方法[P].201510464770.6.

王军,王笑月.1997.次氯酸钠对金藻及其中的扁甲藻的处理效果[J].水产科学,16(2)：28-30.

王兰刚,徐姗楠,何文辉,等.2007.海洋大型绿藻条浒苔与微藻三角褐指藻相生相克作用的研究[J].海洋渔业,29(2)：103-108.

王灵柯.2017.浒苔的线粒体、叶绿体基因组研究及基于转录组数据的SSR分子标记开发[D].上海：上海海洋大学.

王凌云,岑颖洲,李药兰.2003.海藻的特殊功能及其在化妆品中的应用[J].日用化学工业,23(4)：258-260.

王领.2008.细胞培养技术在化妆品功效评价中的应用[A]//第七届中国化妆品学术研讨会论文集[C].中国香料香精化妆品工业协会：7.

王明鹏,陈蕾,刘正一,等.2015.海藻生物肥研究进展与展望[J].生物技术进展,5(3)：158-163.

王明清,姜鹏,王金锋,等.2008.2007年夏季青岛石莼科(Ulvaceae)绿藻无机元素含量分析[J].生物学杂志,25(4)：37-38.

王鹏,黄志俊,皎皎,等.2015.利用绿潮藻浒苔制备水溶色素的工艺研究[J].食品工业科技,36(13)：212-216.

王巧晗.2008.环境因子节律性变动对潮间带大型海藻孢子萌发、早期发育和生长的影响及其生理生态学机制[D].青岛：中国海洋大学.

王俏俏,徐年军,朱招波.2013.外源水杨酸对龙须菜生长及生理的影响[J].海洋学研究,31(2)：78-85.

王淑贤.2017.绿潮藻浒苔降解发酵制备生物乙醇研究[D].上海海洋大学.

王淑贤,韦章良,贾睿,等.2017.绿潮藻浒苔微生物高效降解及生物乙醇制备[J].海洋科学,41(1)：76-82.

王述柏,贾玉辉,王利华,等.2013.浒苔添加水平对蛋鸡产蛋性能、蛋品质、免疫功能及粪便微生物区系的影响[J].动物营

　　养学报,25(06):1346-1352.

王爽,王宁,于立军,等.2007.海藻的热解特性分析[J].中国电机工程学报,27(14):102-106.

王焘,郑国生,邹琦.1996.小麦光合午休过程中 RuBPCase 活性的变化[J].植物生理学通讯,32(4):257-260.

王婷婷,郑丽杰,韩威,等.2019.不同海域浒苔品质差异评价[J/OL].食品工业科技.

王万林.2007.次氯酸钠溶液稳定性研究进展[J].无机盐工业.39(9):12-14.

王文娟,赵宏,米锴,等.2009.大型绿藻浒苔属植物研究进展[J].湖南农业科学,8:1-4.

王晓坤,马家海,叶道才,等.2007.浒苔(Enteromorpha prolifera)生活史的初步研究[J].海洋通报,26(5):112-116.

王阳阳,霍元子,曹佳春,等.2010.低温、低光照强度对扁浒苔生长的影响[J].中国水产科学,17(3):593-599.

王阳阳,霍元子,田千桃,等.2011.浒苔对 NO_3-N 和 PO_4-P 吸收动力学特征[J].上海海洋大学学报,20(1):121-125.

王影.2012.两种绿潮藻的生理生态学特征及其对黄海绿潮暴发期典型环境变化的响应差异研究[D].青岛:中国海洋
　　大学.

王泽文.2010.海藻植物生长调节剂的检测及促生长作用研究[D].中国海洋大学.

韦佳,何世钧,周汝雁,等.2015.基于支持向量回归机的南黄海浒苔分布面积预测模型[J].环境工程学报,9(06):3046-
　　3050.

卫生部食品卫生监督检验所.1985.食品中蛋白质的测定.GB/T 5009.5—2003[S].

卫生部食品卫生监督检验所.1985.食品中灰分的测定.GB/T 5009.4—2003[S].

卫生部食品卫生监督检验所.1985.食品中脂肪的测定.GB/T 5009.6—2003[S].

卫生部食品卫生监督检验所.2003.食品中水分的测定.GB/T 5009.3—2003[S].

卫生部食品卫生监督检验所.1985.食品中铜的测定.GB/T 5009.13—2003[S].

卫生部食品卫生监督检验所.1994.食品中铬的测定.GB/T 5009.123—2003[S].

魏鉴腾,裴栋,刘永峰,等.2012.浒苔多糖的研究进展[J].海洋科学,38(1):91-95.

翁晓燕,陆庆,蒋德安.2001.水稻 Rubisco 活化酶在调节 Rubisco 活性和光合日变化中的作用[J].中国水稻科学,15(1):
　　35-40.

吴超元,刘焕亮,黄樟翰.2008.中国水产养殖学[M].北京:科学出版社.

吴闯,马家海,高嵩,等.2013.2010 年绿潮藻营养成分分析及其食用安全性评价[J].水产学报,37(1):141-150.

吴定新,姚春丽.1997.杨木制浆造纸技术的发展[J].北京林业大学学报,19(1):64-71.

吴刚,席宇,赵以军.2002.溶藻细菌研究的最新进展[J].环境科学研究,15(5):43-46.

吴洪喜,徐爱光,吴美宁.2000.浒苔实验生态的初步研究[J].浙江海洋学院学报(自然科学版),19(3):230-234.

吴玲娟,高松,徐江玲.2015.黄渤海近岸精细化三维温盐流业务化数值预报系统研发[J].防灾科技学院学报,17(4):
　　83-91.

吴培凤.2016.浒苔半纤维素基水凝胶的制备及性质研究[D].上海海洋大学.

吴青,张建恒,赵升,等.2016.黄海绿潮漂浮浒苔对高光强胁迫生态适应机制研究[J].上海海洋大学,25(1):97-105.

吴薇,田世杰,顿宝庆,等.2010.高效木质素酶产生菌的分离筛选[J].食品科技,35(1):10-14.

吴晓文,李瑞香,徐宗军,等.2010.营养盐对浒苔生长影响的围隔生态实验[J].海洋科学进展,28(4):538-544.

吴一晶,艾超,严新,等.2017.一种微生物复合菌系发酵液对荔枝采后保鲜效果的研究[J].农业生物学报,25(6):
　　930-938.

郗欣彤,毛绍名.2017.褐藻制备生物乙醇的生产优化研究[J].中国生物工程杂志,37(12):111-118.

夏斌,马绍赛,崔毅,等.2009.黄海绿潮(浒苔)暴发区温盐、溶解氧和营养盐的分布特征及其与绿潮发生的关系[J].渔业
　　科学进展,30(5):94-101.

夏建荣,田其然,高坤山,等.2010.经济海藻红毛菜原位光合作用日变化[J].生态学报,30(6):1524-1531.

夏艳秋,朱强,李伟伟,等.2017.低值海藻浒苔乙醇发酵条件的研究[J].中国酿造,36(8):101-104.

相震.2010.碳封存发展及有待解决的问题研究[J].环境科技,23(2):71-73.

小久保清治著,华汝成.1960.浮游矽藻类[M].上海:上海科学技术出版社.

肖宝石,吕海涛.2010.酶法提取浒苔多糖工艺优化的研究[J].食品与机械,26(5):125-127.

肖春玲,徐常新.2002.微生物纤维素酶的应用研究[J].微生物学杂志,22(2):33-35.

谢栋,彭慑,王津红,等.1998.枯草芽孢杆菌抗菌蛋白X98Ⅲ的纯化与性质[J].微生物学报,38(1):13-19.

谢恩义,马家海,陈扬建.2002.宽礁膜营养成分分析及营养学评价[J].上海水产大学学报,11(2):129-133.

忻丁豪,任松,何培民,等.2009.黄海海域浒苔属(Enteromorpha)生态特征初探[J].海洋环境科学,28(2):190-192.

徐春厚,邵红,倪宏波.2000.纤维素酶菌种的鉴定与筛选[J].中国饲料,13:9-10.

徐大伦,黄晓春,欧昌荣.2006.浒苔多糖对华贵栉孔扇贝血淋巴中SOD酶和溶菌酶活性的影响[J].水产科学,25(2):72-74.

徐大伦,黄晓春,杨文鸽,等.2006.浒苔多糖的分离纯化及其对非特异性免疫功能的体外实验研究[J].中国食品学报,6(5):17-21.

徐大伦,黄晓春,杨文鸽,等.2003.浒苔营养成分分析[J].浙江海洋学院学报(自然科学版),22(4):318-320.

徐大伦,欧昌荣,杨文鸽,等.2005.纤维素酶解法提取浒苔多糖的工艺条件[J].海洋渔业,27(1):85-88.

徐军田,高坤山.2007.阳光紫外辐射对绿藻石莼光化学效率的影响[J].海洋学报,29(1):127-132.

徐军田,王学文,钟志海,等.2013.两种浒苔无机碳利用对温度响应的机制[J].生态学报,33(24):7892-7897.

徐军田,邹定辉,朱明,等.2011.不同氮磷水平对缘管浒苔生长及光合作用的影响[J].海洋湖沼通报,3:57-61.

徐丽宁,杨锐.2005.紫菜病害及防治[J].水利渔业,25(6):103-105.

徐姗楠,何培民.2006.我国赤潮频发现象分析与海藻栽培生物修复作用[J].水产学报,30(4):554-561.

徐鞢卿,高红亮,黄静,等.2002.洗涤剂用碱性纤维素酶的研究进展[J].微生物学通报,(06):90-94.

徐文婷,何培民,张建恒,等.2015.基于多重荧光PCR方法快速检测绿潮浒苔类藻类[C]//中国水产学会学术年会.

徐文婷.2016.我国黄海绿潮分子标记与演替规律研究[D].上海:上海海洋大学.

徐霞.2005.万寿菊中叶黄素的提取及其性质的研究[D].无锡:江南大学.

徐永健,钱鲁闽,王永胜,等.2006.氮素营养对龙须菜生长及色素组成的影响[J].台湾海峡,25(2):222-228.

徐兆礼,叶属峰,徐韧.2009.2008年中国浒苔灾害成因条件和过程推测[J].水产学报,33(3):430-437.

徐智广,邹定辉,张鑫,等.2008.CO_2和硝氮加富对龙须菜(Gracilaria lemaneiformis)生长、生化组分和营养盐吸收的影响[J].生态学报,28(8):3752-3759.

许福超.2010.浒苔多糖的提取及其在纺丝方面的探索[D].青岛:青岛大学.

许建方,张晓雯,叶乃好,等.2013.缘管浒苔C_4途径主要光合作用酶活性[J].中国科学(生命科学),43(7):596-605.

许杰龙,任随周,张国霞,等.2011.pH及浓度对次氯酸钠除藻效果的影响[J].安徽农业科学,39(17):10353-10355.

许莉莉.2013.浒苔多糖酶解产物的分离纯化及活性研究[D].杭州:浙江工商大学.

许妍,董双林,金秋.2005.几种大型海藻对赤潮异弯藻生长抑制效应的初步研究[J].中国海洋大学学报(自然科学版),35(3):475-477.

许妍,董双林,于晓明.2005.缘管浒苔对赤潮异弯藻的克生效应[J].生态学报,25(10):2681-2685.

许智宏,薛红卫.2012.植物激素作用的分子机理[M].上海:上海科学技术出版社.

薛丁萍,魏玉西,刘淇,等.2010.浒苔多糖对羟自由基的清除作用研究[J].海洋科学,34(1):44-47.

薛红凡.2014.基于DNA条形码技术的山东半岛潮间带褐藻和绿藻分类研究[D].青岛:中国海洋大学.

薛勇,韩晓银,王超,等.2011.浒苔膳食纤维提取及其功能性初步研究[J].食品与发酵工业,37(7):193-196.

闫鸣艳,秦松,冯大伟,等.2011.狭鳕鱼皮胶原多肽组合物水洗面膜的研制[J].日用化学工业,41(3):194-199.

严国安,刘永定.2001.水生生态系统的碳循环及对大气CO_2的汇[J].生态学报,21(5):827-833.

严小军,范晓,娄清香,等.2001.海藻中类胡萝卜素的提取及含量测定[J].海洋科学集刊,43:108-114.

严兴洪,钟晨辉,亓庆宝,等.2011.鲜冻与酸处理对坛紫菜和浒苔苗存活的影响[J].上海海洋大学学报,20(5):697-704.

杨芳,戴津权,梁春蝉,等.2014.农用海藻及海藻肥发展现状[J].福建农业科技,45(3):72-76.

杨广东,朱祝军,计玉妹.2002.不同光强和缺镁胁迫对黄瓜叶片叶绿素荧光特性和活性氧产生的影响[J].植物营养与肥料学报,8(1):115-118.

杨红生,毛玉泽,周毅,等.2003.龙须菜在桑沟湾滤食性贝类养殖海区的生态作用[J].海洋与湖沼,"973"专辑:121-127.

杨俊,刘江生,蔡继宝,等.2005.高效液相色谱-蒸发光散射检测法测定烟草中的水溶性糖[J].分析化学,33(11):1596-1598.

杨柳,卓品利,钟佳丽,等.2017.水杨酸对浒苔生长和生理特性的影响[J].应用生态学报,28(6):1962-1968.

杨麦生.2007.羽衣甘蓝叶黄素的提取和特性的研究[D].杨凌：西北农林科技大学.

杨小强.2000.新一代活性饲料——大型海藻饲料[J].饲料研究,1：22-25.

杨晓玲,郭金耀.2010.褐藻酸钠对向日葵幼苗耐盐性的影响[J].北方园艺,23：37-39.

杨晓青,梁宗锁,山颖,等.2004.水分胁迫对不同抗旱类型冬小麦幼苗叶绿素荧光参数的影响[J].西北植物学报,24(5)：812-816.

杨秀兰,张秀珍,杨建敏,等.2008.用浮游硅藻抑制浒苔生长[J].齐鲁渔业,25(8)：39-40.

杨洋,张玉苍,何连芳,等.2009.纤维素类生物质废弃物水解方法的研究进展[J].酿酒科技,10：82-86.

杨志祥,王军明,牛俊峰,等.2007.次氯酸钠水溶液体系稳定性研究[J].浙江科技学院学报,19(3)：202-204.

姚东瑞.2011.浒苔资源化利用研究进展及其发展战略思考[J].江苏农业科学,39(2)：473-475.

姚慧.2001.细胞培养技术在化妆品工业中的应用[J].日用化学工业,31(3)：44-47.

叶蕻芝,洪振丰,王玉华,等.2005.粗叶悬钩子对实验性肝损伤的治疗作用研究[J].中医药学刊,23(5)：829-831.

叶静.2008.条浒苔转化表达系统的构建[D].上海：上海海洋大学.

叶静,张喆,李富超,等.2006.大型绿藻浒苔转化表达系统选择标记的筛选[J].生物技术通报,3(3)：63-67.

叶坤.1996.意大利生产的四种环保纸[J].国外科技动态,8：44.

叶乃好,张晓雯,毛玉泽,等.2008.黄海绿潮浒苔(Enteromorpha prolifera)生活史的初步研究[J].中国水产科学,15(5)：853-859.

衣立,张苏平,殷玉齐.2010.2009年黄海绿潮浒苔暴发与漂移的水文气象环境[J].中国海洋大学学报,40(10)：15-23.

易俊陶.2009.对盐城市沿海2008年浒苔发生情况的初步认识[J].海洋环境科学,28(S1)：57-58.

殷玲.2013.东方蜜蜂抗螨相关基因的筛选及初步验证[D].扬州：扬州大学.

尹磴,夏乐先,柳建设,等.2009.一株纤维素降解菌株的分离鉴定及产酶特征研究[J].环境科学与技术,32(3)：50-53.

尹顺吉,应成琦,汤文仲,等.2009.缘管浒苔 Rubisco 酶大亚基基因编码序列 rbcL 克隆及分析[J].生物技术通报,(10)：266-270.

应成琦,蔡春尔,尹顺吉,等.2010.长石莼(缘管浒苔)(Ulva linza)rbcL 全长基因的克隆与序列分析[J].海洋与湖沼,41(4)：555-562.

应成琦,尹顺吉,林森杰,等.2010.缘管浒苔 rbcL 全长 cDNA 克隆与序列分析[J].水产学报,34(5)：786-795.

应成琦,张婷,李信书,等.2009.我国近海浒苔漂浮种类 ITS 与 18S rDNA 序列相似性分析[J].水产学报,33(2)：215-219.

于敬沂.2005.几种海藻多糖的提取及其抗氧化、抗病毒(TMV)活性研究[D].福州：福建农林大学.

于萍,张爱华,梁晓宇.1999.过碳酸钠杀菌效果及毒性的实验观察[J].动物医学防制,15(6)：311-313.

于源.2014.浒苔(Enteromorpha prolifera)糖链分离与结构解析[D].青岛：中国海洋大学.

余志雄,林叶,陈丽娇,等.2010.浒苔多糖热水提取工艺研究[J].福建师大福清分校学报,5：29-34.

俞志明,Rao D V.1998.粘土矿物对尖刺拟菱形藻多列型生长和藻毒素产生的影响[J].海洋与湖沼,29(1)：47-52.

俞志明,邹景忠,马锡年,等.1993.治理赤潮的化学方法[J].海洋与湖沼,24(3)：314-318.

袁蕊,王学江,李峰.2017.不同提取工艺制备的海藻肥中甜菜碱含量的比较[J].安徽农业科学,45(21)：129-130.

岳国锋,周百成.2000.条斑紫菜对无机碳的利用[J].海洋与湖沼,31(3)：246-251.

臧路平.2009.产纤维素酶海洋菌株的分离及培养条件研究[J].现代食品科技,25(10)：1170-1173.

曾呈奎.1963.关于海藻区系分析研究的一些问题[J].海洋与湖沼,5(4)：298-305.

曾呈奎,王素娟,刘思俭,等.1985.海藻栽培学[M].上海：上海科学技术出版社.

曾呈奎,张峻甫.1959.北太平洋西部海藻区系的区划问题[J].海洋与湖沼,2(4)：244-267.

曾呈奎,张峻甫.1987.海洋植物//中国大百科全书(大气科学、海洋科学、水科学卷)[M].北京：中国大百科全书出版社.

曾呈奎,张峻甫.1959.黄海和东海的经济海藻区系[J].海洋与湖沼,2(1)：43-52.

曾呈奎,张峻甫.1963.中国沿海海藻区系的初步分析[J].海洋与湖沼,5(3)：245-253.

张必新,王建柱,王乙富,等.2012.大型绿藻浒苔藻段及组织块的生长和发育特征[J].生态学报,32(2)：421-430.

张晨,和庆,张灏祺,等.2018.江苏沿海浒苔中重金属含量及食用风险分析[J].海洋环境科学,37(3)：403-408.

张大丽,余国忠.2007.次氯酸钠/过氧化氢法处理含铜绿微囊藻原水[J].河南大学学报(自然科学版),37(3)：245-248.

张菲.2014.做大做强中国海藻肥产业[J].中国农资,41:21.

张寒野,何培民,陈婵飞,等.2005.条斑紫菜养殖对海区中无机氮浓度影响[J].环境科学与技术,28(4):44-46.

张寒野,吴望星,宋丽珍,等.2006.条浒苔海区试栽培及外界因子对藻体生长影响[J].中国水产科学,13(5):781-786.

张浩吉,谢明权,张健骓,等.2004.猪源嗜麦芽窄食单胞菌16 S rRNA基因的克隆和序列分析[J].中国兽医科技,34(6):3-5.

张华伟,马家海,胡翔,等.2011.绿潮漂浮浒苔繁殖特性的研究[J].上海海洋大学学报,20(4):600-606.

张建恒,陈丽平,霍元子,等.2013.我国江苏如东岸基绿潮藻分布特征[J].海洋环境科学,32(1):1-5.

张建恒,霍元子,王阳阳,等.2011.浒苔与球等鞭金藻相互抑制的实验验证[J].上海海洋大学学报,20(2):211-216.

张杰道.2006.植物中的金属蛋白酶FtsH[J].植物生理学通讯,42(1):148-154.

张娟.2009.浒苔遥感监测方法研究及软件实现[D].成都:电子科技大学.

张利民.2012.水域营养生态学[M].北京:海洋出版社.

张林慧,张建恒,赵升,等.2016.2014年青岛海域消亡漂浮浒苔生理特征研究[J].上海海洋大学学报,25(4):591-598.

张乃星.2008.过量氮和磷引起的富营养化对海水无机碳源汇强度的影响[D].青岛:中国科学院海洋研究所.

张乃星,宋金明,贺志鹏,等.2007.氮与磷的增加对海水无机碳体系影响的实验模拟研究[J].海洋科学集刊,48(1):72-91.

张善东,宋秀贤,曹西华,等.2008.龙须菜对锥状斯氏藻抑制作用的机制[J].环境科学,29(8):2291-2295.

张善东,俞志明,宋秀贤,等.2005.大型海藻龙须菜与东海原甲藻间的营养竞争[J].生态学报,25(10):2676-2680.

张守仁.1999.叶绿素荧光动力学参数的意义及讨论[J].植物学通报,16(4):444-448.

张水浸.1996.中国沿海海藻的种类与分布[J].生物多样性,4(3):139-144.

张苏平,刘应辰,张广泉,等.2009.基于遥感资料的2008年黄海绿潮浒苔水文气象条件分析[J].中国海洋大学学报(自然科学版),39(5):870-876.

张婷,石晓勇,张传松,等.2011.2008年浒苔消亡末期有机碳分布情况的初步研究[J].海洋环境科学,30(3):324-328.

张威,苏秀榕,邵亮亮,等.2009.浒苔和江蓠对仙居鸡产蛋性能的影响[J].畜牧与兽医,41(7):46-48.

张维特,时旭,欧杰,等.2011.酸法水解绿潮藻生物质及发酵制备乙醇的效果[J].上海海洋大学学报,20(1):131-136.

张蔚,杨雪鹏,魏东芝,等.2011.β-葡萄糖苷酶高产菌株的筛选及产酶条件优化[J].河南大学学报(自然科学版),41(2):174-178.

张文源,高保燕,雷学青,等.2015.岩藻黄素的理化与生物学特性、制备技术及其生理活性研究进展[J].中国海洋药物,34(3):81-95.

张宪政.1986.植物叶绿素含量测定——丙酮乙醇混合液法[J].辽宁农业科学,3:28-30.

张晓红,王宗灵,李瑞香,等.2012.不同温度盐度下浒苔(*Entromorphra prolifera*)群体增长和生殖的显微观测[J].海洋科学进展,30(2):276-278.

张晓红.2011.温度、盐度等环境因子对浒苔(*Enteromorpha prolifera*)及繁殖体生长的影响[D].青岛:国家海洋局第一海洋研究所.

张晓雯,毛玉泽,庄志猛,等.2008.黄海绿潮浒苔的形态学观察及分子鉴定[J].中国水产科学,15(5):822-829.

张星亮,彭熹,邓翔,等.2016.镁螯合酶CHLI和CHLD亚基的表达纯化及其稳定复合体的鉴定[J].沈阳农业大学学报,47(3):283-290.

张学成.2005.海藻遗传学[M].北京:中国农业出版社.

张学成,秦松,马家海,等.2005.海藻遗传学[M].北京:中国农业出版社.

张毅民,吕学斌,万先凯,等.2005.一株纤维素分解菌的分离及其粗酶性质研究[J].华南农业大学学报,26(2):69-72.

张勇,刘鹏霞,程祥圣.2009.浒苔的利用和研究进展[J].海洋开发与管理,26(8):97-100.

张志奇,翁焕新.2009.海带发酵生产乙醇及其影响因素的控制研究[J].能源工程,6:9-15.

赵博生,衣艳军,刘家尧.2001.外源甜菜碱对干旱8盐胁迫下的小麦幼苗生长和光合功能的改善[J].植物学通报,18(3):378-380.

赵会杰,邹琦.2000.叶绿素荧光分析技术及其在植物光合机理研究中的应用[J].河南农业大学学报,34(3):248-251.

赵军,林英庭,孙建凤,等.2011.饲粮中不同水平浒苔对蛋鸡蛋黄品质、抗氧化能力和血清生化指标的影响[J].动物营养学报,23(3):452-458.

赵明,陈建美,蔡葵,等.2010.浒苔堆肥化处理及对大白菜产量和品质的影响[J].中国土壤与肥料,2:66-70.

赵明林,于克锋,朱文荣,等.2018.三种浒苔品系的人工室外养殖技术研究[J].海洋湖沼通报,5:50-56.

赵素芬,吉宏武,郑龙颂.2006.三种绿藻多糖的提取及理化性质和活性比较[J].台湾海峡,25(4):484-489.

赵新宇.2015.漂浮状态浒苔(*Ulva prolifera*)光合系统对典型环境变化的适应特征及其机理的研究[D].青岛:中国海洋
　　大学.

赵妍.2010.大型海藻缘管浒苔(*Enteromorpha linza*)对两种海洋微藻克生效应的初步研究及克生物质的分离与鉴定[D].
　　青岛:中国海洋大学.

赵艳芳,宁劲松,尚德荣,等.2010.2008年夏季青岛近海浒苔无机元素含量分析[J].生物学杂志,27(1):92-93.

赵玉华,薛飞,傅金祥,等.2006.化学氧化法除藻的试验[J].沈阳建筑大学学报(自然科学版),22(5):829-832.

赵越剑,吴红艳,邹定辉,等.2009.阳光紫外辐射对羊栖菜人工幼苗生长和光合电子传递速率的影响[J].海洋通报,
　　28(6):51-56.

郑向阳,邢前国,李丽,等.2011.2008年黄海绿潮路径的数值模拟[J].海洋科学,35(7):82-87.

郑仰桥.2009.CO_2浓度和阳光紫外辐射变化对珊瑚藻生理生化的影响[D].汕头:汕头大学.

中国轻工业联合会.2012.化妆品保湿功效评价指南QB/T 4256—2011[S].北京:中国轻工业出版社.

中国轻工业联合会.2008.面膜QB/T 2872—2007[S].北京:中国轻工业出版社.

中华人民共和国国家海洋局.2006—2018.中国海洋环境质量公报[R/OL].http://www.mnr.gov.cn//sj/sjfw/hy/gbgg/
　　zghyhjzlgb/.

中华人民共和国环境保护部.海水水质标准GB3097—1997[S].北京:中国环境科学出版社.

中华人民共和国卫生部.1985.食品中镉的测定.GB/T 5009.15—2003[S].

中华人民共和国卫生部.1985.食品中铅的测定.GB/T5009.12—2003[S].

钟礼云.2008.浒苔系列产品生理功能活性研究[D].福州:福建医科大学.

周春艺,李国君,张晨,等.2002.两种价态锰化合物对SH-SY5Y细胞损伤作用的体外研究[J].地方病通报,17(2):1-4.

周慧萍,蒋巡天,王淑如.1995.浒苔多糖的降血脂及其对SOD活力和LPO含量的影响[J].生物化学杂志,11(2):
　　161-165.

周静峰,何雄.2010.不同方法提取浒苔膳食纤维的效果比较[J].食品工业科技,5:274-277.

周静峰,何雄,师邱毅.2011.酶法提取高品质浒苔膳食纤维工艺[J].食品研究与开发,32(3):148-151.

周静峰,何雄,张煜炯,等.2010.不同方法提取浒苔膳食纤维的效果比较[J].食品工业科技,5:274-277.

周名江,于仁成.2007.有害赤潮的形成机制、危害效应与防治对策[J].自然杂志,29(2):72-79.

周蔚,徐小明,嵇珍,等.2001.浒苔用作肉兔饲料的研究[J].江苏农业科学,6:68-69.

周永灿,朱传华,张本,等.2001.卵形鲳鲹大规模死亡的病原及其防治[J].海洋科学,25(4):40-44.

周志刚,毕燕会.2011.大型海藻能源化利用的研究与思考[J].海洋经济,1(4):23-28.

朱建新,曲克明,李健,等.2009.不同处理方法对浒苔饲喂稚幼刺参效果的影响[J].渔业科学进展.30(5):108-112

朱丽丽.2007.用正交试验法优化浒苔多糖提取工艺的研究[D].长春:东北师范大学.

朱明,刘兆普,徐军田,等.2011.不同氮磷水平对缘管浒苔生长及光合作用的影响[J].海洋湖沼通报,3:57-61.

朱明,刘兆普,徐军田,等.2011.浒苔孢子放散与附着萌发特性及其干出适应性的初步研究[J].海洋科学,35(7):1-6.

朱莹,张建恒,华梁,等.2014.次氯酸钠对扁浒苔叶绿素荧光特性及光合速率的影响[J].上海海洋大学学报,23(2):
　　215-221.

朱招波,孙雪,徐年军,等.2012.水杨酸对龙须菜抗高温生理的影响[J].水产学报,36(8):1304-1312.

卓品利,钟佳丽,王东,等.2017.不同光照条件下外源水杨酸对浒苔响应紫外辐射胁迫的影响[J].应用生态学报,28(6):
　　1977-1983.

邹定辉,阮祚禧,陈伟洲.2004.干出状态下羊栖菜的光合作用特性[J].海洋通报,23(5):33-39.

邹定辉.2001.脱水对浒苔光合作用的影响[J].湛江海洋大学学报,21(2):30-34.

邹平,刘松,邢荣娥,等.2014.不同海洋多糖对小麦抗盐作用的研究[C]//"全球变化下的海洋与湖沼生态安全"学术交流
　　会论文摘要集.

邹志勇,林晓明.2010.叶黄素对早期动脉粥样硬化的保护作用及其机制[J].中国食物与营养,10:73-75.

仓挂武雄.1966.ノリ網低温保藏[J].冷凍,41(4):878-892.

山路勇.1979.日本プランクトン図鑑[M].保育社(増补修订版).

Abdallah M A M, Abdallah A M A. 2007. Biomonitoring study of heavy metals in biota and sediments in the South Eastern coast of Mediterranean sea, Egypt[J]. Environmental Monitoring and Assessment, 146(1-3): 139-145.

Adams J M, Gallagher J A, Donnison I S. 2009. Fermentation study on *Saccharina latissimafor* bioethanol production considering variable pre-treatments[J]. Journal of Applied Phycology, 21(5): 569-574.

Adams M D, Celniker S E, Holt R A, et al. 2000, The genome sequence of Drosophila melanogaster[J]. Science, 287 (5461): 2185-2195.

Agrawal S C. 2009. Factors affecting spore germination in algae e review[J]. Folia Microbiol, 54(4): 273-302.

Aguilera J, Figueroa F L, Häder D P, et al. 2008. Photoinhibition and photosynthetic pigment reorganisation dynamics in light/darkness cycles as photoprotective mechanisms of *Porphyra umbilicalis* against damaging effects of UV radiation[J]. Science Marina, 72(1): 87-97.

Aguilera-Morales M, Casas-Valdez M, Carrillo-Domínguez S, et al. 2005. Chemical composition and microbiological assays of marine algae *Enteromorpha* spp. as a potential food source[J]. Journal of Food Composition and Analysis, 18(1): 79-88.

Alamsjah M A, Hirao S, Ishibashi F, et al. 2005. Isolation and structure determination of algicidal compounds from *Ulva fasciata*[J]. Bioscience Biotechnology & Biochemistry, 69(11): 2186-2192.

Alamsjah M A, Hirao S, Ishibashi F, et al. 2007. Algicidal activity of polyunsaturated fatty acids derived from *Ulva fasciata*, and *U. pertusa*, (Ulvaceae, Chlorophyta) on phytoplankton[J]. Journal of Applied Phycology, 20(5): 713-720.

Alavi M, Miller T, Erlandson K, et al. 2010. Bacterial community associated with Pfiesteria-like dinoflagellate cultures [J]. Environmental Microbiology, 3(6): 380-396.

Alessandro A, Caterina G, Giacometti G M, et al. 2010. *Physcomitrella patens* mutants affected on heat dissipation clarify the evolution of photoprotection mechanisms upon land colonization[J]. Proceedings of the National Academy of Sciences of the United States of America, 107(24): 11128-11133.

Allen J F, Forsberg J. 2001. Molecular recognition in thylakoid structure and function[J]. Trends in Plant Science, 6(7): 317-326.

Alpine A E, Cloern J E. 1992. Trophic interactions and direct physical effects control phytoplankton biomass and production in an estuary[J]. Limnology and oceanography, 37(5): 946-955.

Amaro A M, Maria S F, Ogalde S R, et al. 2005. Identification and characterization of potentially algallytic marine bacteria strongly associated with the toxic Dinoflagellate *Alexandrium catenella* [J]. Journal of Eukaryotic Microbiology, 52(3): 191-200.

Ambrosio A L, Sanz L, Eduardo I S, et al. 2003. Isolation of two novel mannan- and l-fucose-binding lectins from the green alga *Enteromorpha prolifera*: biochemical characterization of EPL-2[J]. Archives of Biochemistry and Biophysics, 415(2): 245-250.

Ambrosio N D, Arena C, Santo A V. 2006. Temperature response of photosynthesis, excitation energy dissipation and alternative electron sinks to carbon assimilation in *Betavulgaris* L[J]. Environmental and Experimental Botany, 55 (3): 248-257.

Amsler C D, Reed D C, Neushul M. 1992. The microclimate inhabited by macroalgal propagules[J]. British Phycological Bulletin, 27(3): 253-270.

Anderson D M, Burkholde R J M, Cochlan W P, et al. 2008. Harmful algal blooms and eutrophication: Examining linkages from selected coastal regions of the United States[J]. Harmful Algae, 8(1): 39-53.

Anderson D M, Glibert P M, Burkholder J M. 2002. Harmful algal blooms and eutrophication: nutrient sources, composition and consequences[J]. Estuaries, 25(4): 704-726.

Anderson D M, Hoagland P, Kaoru Y, et al. 2000. Estimated Annual Economic Impacts From Harmful Algal Blooms (HABs) in The United States[M]. Woods Hole, Technical Report WHO – 2000 – 11 Woods Hole Oceanographic Institution.

Anderson D M. 1997. Turning back the harmful red tide[J]. Nature, 388(6642): 513 – 514.

Anderson D M. 2009. Approaches to monitoring, control and management of harmful algal blooms (HABs)[J]. Ocean and Coastal Management, 52(7): 342 – 347.

Anderson R J, Monteiro P M S, Levitt G J. 1996. The effect of localised eutrophication on competition between *Ulva lactuca*, (Ulvaceae, Chlorophyta) and a commercial resource of *Gracilaria verrucosa*, (Gracilariaceae, Rhodophyta) [J]. Hydrobiologia, 326(1): 291 – 296.

Andrade L R, Farina M, Filho G M A. 2004. Effects of copper on *Enteromorpha flexuosa* (Chlorophyta) in vitro[J]. Ecotoxicology & Environmental Safety, 58(1): 117 – 125.

Anisimov M M, Chaikina E L, Klykov A G, et al. 2013. Effect of Seaweeds Extracts on the Growth of Seedling Roots of Buckwheat (*Fagopyrum esculentum* Moench) is depended on the Season of Algae Collection[J]. Agriculture Science Developments, 2(8): 67 – 75.

Apel K, Hirt H. 2004. Reactiveoxygen species: metabolism, oxidativestress, and signal transduction[J]. Annual Review of Plant Biology, 55(1): 373 – 399.

Archambault M C, Grant J, Bricelj V M. 2003. Removal efficiency of the dinoflagellate *Heterocapsa triquetra* by phosphatic clay, and implications for the mitigation of harmful algal blooms[J]. Marine Ecology Progress Series, 253: 97 – 109.

Ardiel G S, Grewal T S, Deberdt P, et al. 2002. Inheritance of resistance to covered smut in barley and development of a tightly linked SCAR marker[J]. TAG Theoretical and Applied Genetics, 104 (2 – 3): 457 – 464.

Arnold T M, Targett N M, Tanner C E, et al. 2001. Evidence for methyl jasmonate-induced phlorotannin production in *Fucus vesiculosus* (Phaeophyceae)[J]. Journal of Phycology, 37(6): 1026 – 1029.

Arnon D I. 1949. Cooper enzymes in isolated chloroplasts. Polyphenoloxidase in *Beta Vulgaris*[J]. Plant Physiol, 24(1): 1 – 15.

Asheg A A, V Fedorová, Pistl J, et al. 2001. Effect of low and high doses of *Salmonella enteritidis* PT4 on experimentally infected chicks[J]. Folia Microbiologica, 46(5): 459 – 462.

Asino H, Ai Q, Mai K. 2011. Evaluation of *Enteromorpha prolifera* as a feed component in large yellow croaker (*Pseudosciaena crocea*, Richardson, 1846) diets[J]. Aquaculture Research, 42(4): 525 – 533.

Aurousseau P. 2001. Les flux d'azote et de phosphore provenant des bassins versants de la rade de Brest[J]. Comparaison avec la Bretagne, Oce'anis, 27: 137 – 161.

Axelsson L, Ryberg H, Beer S. 1995. Two modes of bicarbonate utilization in the marine green macroalga *Ulva lactuca* [J]. Plant Cell and Environment, 18(4): 439 – 445.

Axelsson L. 1988. Changes in pH as a measure of photosynthesis by marine macroalgae[J]. Marine Biology, 97: 287 – 294.

Azam F. 1998. Microbial control of oceanic carbon flux: The plot thickens[J]. Science, 280(5364): 694 – 696.

Badger M R, Price G D. 1994. The role of carbonic anhydrase in photosynthesis[J]. Annual Review of Plant Physiology and Plant Molecular Biology, 45(1): 369 – 392.

Badger M. 2003. The roles of carbonic anhydrases in photosynthetic CO_2 concentrating mechanisms[J]. Photosynthesis Research, 77(2 – 3): 83 – 94.

Bailey P C, Martin C, Toledo-Ortiz G, et al. 2003. Update on the basic helix-loop-helix transcription factor gene family in *Arabidopsis thaliana*[J]. Plant Cell, 15(11): 2497 – 2502.

Baker N R, Bowyer J R. 1994. Photoinhibition of photosynthesis: from molecular mechanisms to the field [J]. Environmental Plant Biology Series, 133(2): 471 – 491.

Barbeau K, Rue E L, Bruland K W, et al. 2001. Photochemical cycling of iron in the surface ocean mediated by microbial iron(III)-binding ligands[J]. Nature, 413(6854): 409 - 413.

Barry Halliwell, John M. C. Gutteridge. 1992. Biologically relevant metal ion-dependent hydroxyl radical generation An update[J]. Febs Letters, 307 (1): 108 - 112.

Bass D A, Parce J W, Dechatelet L R, et al. 1983. Flow cytometric studies of oxidative product formation by neutrophils: a graded response to membrane stimulation[J]. Journal of immunology, 130(4): 1910 - 1917.

Beaulieu S E, Sengco M R, Anderson D M. 2005. Using clay to control harmful algal blooms: deposition and resuspension of clay/algal flocs[J]. Harmful Algae, 4(1): 123 - 138.

Beer S, Israel A. 2010. Photosynthesis of *Ulva fasciata*. IV. pH, carbonic anhydrase and inorganic carbon conversions in the unstirred layer[J]. Plant Cell & Environment, 13(6): 555 - 560.

Beer S, Larsson C, Poryan O, et al. 2000. Photosynthetic rates of *Ulva* (Chlorophyta) measured by pulse amplitude modulated (PAM) fluorometry[J]. European Journal of Phycology, 35(1): 69 - 74.

Beer S, Shragge B. 1987. Photosynthetic carbon metabolism in *Enteromorpha Compressa* (Chlorophyta)[J]. Journal of Phycology, 23(4): 580 - 584.

Bhowmick N A, Neilson E G, Moses H L. 2004. Stromal fibroblasts in cancer initiation and progression. [J]. Nature, 432(7015): 332 - 337.

Bischof K, Hanelt D, Wiencke C U V. 1998. Radiation can affect depth — zonation of Antarctic macroalgae[J]. Marine Biology, 131(4): 597 - 605.

Bischof K, Kr B G, Hanelt W D. 2002. Solar ultraviolet radiation affects the activity of ribulose - 1, 5 - bisphosphate carboxylase-oxygenase and the composition of photosynthetic and xanthophyll cycle pigments in the intertidal green alga *Ulva lactuca* L[J]. Planta, 215(3): 502 - 509.

Bliding C V. 1963. A critical survey of European taxa in Ulvales. Part I: Capsosiphon, Percursaria, Blidingia, Enteromorpha[J]. Opera Bot, 8: 1 - 160.

Blomster J, Back S, Fewer D P, et al. 2002. Novel morphology in *Enteromorpha* (Ulvophyceae) forming green tides[J]. American journal of botany, 89(11): 1756 - 1763.

Blomster J, Maggs C, Stanhope M. 2010. Molecular and morphological analysis of *Enteromorpha intestinalis* and *E. compressa* (Chloro-phyta) in the Britishisles [J]. Journal of Phycology, 34(2): 319 - 340.

Bo R B, Wheeler P A. 2010. Effect of nitrogen and phosphorus supply on growth and tissue composition of *Ulva fenestrata* and *Enteromorpha intestinalis* (Ulvales, Chlorophyta)[J]. Journal of Phycology, 26(4): 603 - 611.

Bokare A D, Choi W. 2010. Chromate-Induced Activation of Hydrogen Peroxide for Oxidative Degradation of Aqueous Organic Pollutants[J]. Environmental Science & Technology, 44(19): 7232 - 7237.

Borrows E M. 1959. Growth form and environment in Enteromorpha[J]. J Linn Soc Bot, 56(366): 204 - 206.

Brenneisen P, Wenk J, Klotz L O, et al. 1998. Scharffetter-Kochanek K. Central role of ferrous/ferric iron in the ultraviolet B irradiation-mediated signaling pathway leading to increased interstitial collagenase (matrix-degrading metalloprotease (MMP)- 1) and stromelysin - 1 (MMP - 3) mRNA levels in cultured human dermal fibroblasts[J]. Journal of Biological Chemistry, 273(9): 5279 - 5287.

Brown M, Newman J. 2003. Physiological responses of *Gracilariopsis longissima* (SG Gmelin) Steentoft, LM Irvine and Famham (Rhodophyceae) to sub-lethal copper concentrations[J]. Aquatic toxicology, 64(2): 201 - 203.

Bruggen A H C V, Semenov A M. 1999. A new approach to the search for indicators of root disease suppression[J]. Australasian Plant Pathology, 28(1): 4 - 10.

Bukhov N, Carpentier R. 2004. Alternative photosystem I - driven electron transport routes: mechanisms and functions [J]. Photosynthesis Research, 82(1): 7 - 33.

Burrows E M. 1991. Seaweeds of the British Isles. Vol. 2. Chlorophyta[M]. London: Natural History Museum.

Burrows P A, Sazanov L A, Svabz Z, et al. 1998. Identification of a functional respiratory complex in chloroplasts through analysis of tobacco mutants containing disrupted plastid ndh genes[J]. The EMBO Journal, 17(4): 868 - 876.

Buttermore R E. 1977. Eutrophication of an impounded estuarine lagoon[J]. Marine Pollution Bulletin, 8(1): 13 - 15.

Cai C E, Fei L, Shao F, et al. 2018. An Improved Process for Bioethanol Production from *Ulva prolifera*[J]. Journal of Biobased Materials & Bioenergy, 12(1): 109 - 114.

Cai C E, Guo Z Y, Yang Y Y, et al. 2016. Inhibition of Hydrogen Peroxide induced Injuring on Human Skin Fibroblast by *Ulva prolifera* Polysaccharide[J]. International Journal of Biological Macromolecules, 91(10): 241 - 247.

Cai C E, Wang L K, Zhou L J, et al. 2017. Complete chloroplast genome of green tide algae *Ulva flexuosa* (Ulvophyceae, Chlorophyta) with comparative analysis[J]. Plos One. 12(9): e0184196.

Cai C E, Wang L K, Jiang T, et al. 2017. The complete mitochondrial genomes of green tide algae *Ulva flexuosa* (Ulvophyceae, Chlorophyta)[J]. Conservation Genetics Resources, 10(3): 415 - 418.

Cai C E, Yang Y Y, Dong C R, et al. 2018. Derivatives from two algae: moisture absorption-retention ability, antioxidative and uvioresistant activity)[J]. Journal of Biobased Materials and Bioenergy, 12: 1 - 6.

Cai C E, Yang Y Y, Zhao M L, et al. 2017. Extraction and antioxidation of polysaccharide from Porphyra haitanensis using response surface method[J]. Pakistan Journal of Botany, 49(3): 1137 - 1141.

Cai C E, Ye G Z, Yang Y Y, et al. 2018. Application of green tide algae *Ulva prolifera* from South Yellow Sea of China [J]. Pakistan Journal of Botany, 50(2): 727 - 734.

Cahyana A H, Shuto Y, Kinoshita Y. 2014. Antioxidative activity of porphyrin derivatives[J]. Journal of the Agricultural Chemical Society of Japan, 57(4): 680 - 681.

Callow M E, Callow J A, Ista L K, et al. 2000. Use of self-assembled monolayers of different wettabilities to study surface selection and primary adhesion processes of green algal (*Enteromorpha*) zoospores [J]. Applied and Environmental Microbiol, 66(8): 3249 - 3254.

Callow M E, Callow J A. 1997. Primary adhesion of *Enteromorpha* (Chlorophyta, Ulvales) propagules: quantitative settlement studies and video microscopy[J]. Journal of Phycology, 33(6): 938 - 947.

Callow M E, Jennings A R, Brennan A B, et al. 2002. Microtopographic cues for adhesion of zoospores of the green fouling alga *Enteromorpha*[J]. Biofouling, 18(3): 237 - 245.

Campbell W H. 1988. Nitrate reductase and its role in nitrate assimilation in plants[J]. Physiologia Plantarum, 74(1): 214 - 219.

Canter L H, Lund J W G. 1995. Freshwater Algae[M]. Their microscopic world explored. Biopress Ltd, Bristol.

Castro R, Zarra I, Lamas J. 2004. Water-soluble seaweed extracts modulate the respiratory burst activity of turbot phagocytes[J]. Aquaculture, 229(1 - 4): 67 - 78.

CBOL plant working group. 2009. A DNA barcode for land plants[J]. PNAS, 106(31): 12794 - 12797.

Cerling T E, Wang Y, Quade J. 1993. Expansion of C_4 ecosystems as an indicator of global ecological change in the late Miocene[J]. Nature, 361(6410): 344 - 345.

Charlier R H, Morand P, Finkl C W, et al. 2007. Green tides on the Brittany Coasts[J]. Aplinkos tyrimai iniinerija ir vadyba, 3(41): 52 - 59.

Chen B, Ma J, Cai Y, et al. 2013. Morphological and molecular analysis of attached *Ulva* L. green algae from Porphyra rafts from Rudong coasts in Jiangsu Province[J]. Marine Environmental Science, 32(3): 394 - 397.

Chen H, Chen J, Guo Y, et al. 2012. Evaluation of the role of the glutathione redox cycle in Cu (Ⅱ) toxicity to green algae by a chiral perturbation approach[J]. Aquatic Toxicology, 120(9): 19 - 26.

Chen L, Du Y, Zeng X. 2003. Relationships between the molecular structure and moisture-absorption and moisture-retention abilities of carboxymethyl chitosan: Ⅱ. Effect of degree of deacetylation and carboxymethylation[J]. Carbohydrate Research, 338(4): 333 - 340.

Chen Q, Tang W, Feng Z, et al. 2011. Pilot studies of regeneration and development of protoplasts from *Ulva linza*[J]. Oceanologia Et Limnologia Sinica, 42(3): 397 - 403.

Chen Q M, Liu J, Merrett J B. 2000. Apoptosis or senescence-like growth arrest: influence of cell-cycle position, p53, p21 and bax in H_2O_2 response of normal human fibroblasts[J]. Biochemical Journal, 347(2): 543 - 551.

Chen W, Zheng R, Zeng H, et al. 2015. Epidemiology of lung cancer in China[J]. Thoracic Cancer, 6(2): 209-215.

Chen Y C, Shih H C. 2000. Development of protoplasts of *Ulva fasciata* (Ulvales, Chlorophyta) for algal seed stock[J]. Journal of Phycology, 36(2): 608-615.

Chen Z, Zheng Z, Huang J, et al. 2009. Biosynthesis of salicylic acid in plants[J]. Plant Signaling & Behavior, 4(6): 493-496.

Christensen C E, Mcneal S F, Eleazer P. 2008. Effect of lowering the pH of sodium hypochlorite on dissolving tissue in vitro[J]. Journal of Endodontics, 34(4): 449-452.

Christie A O, Margaret S. 1968. Settlement experiments with zoospores of *Enteromorpha intestinalis* (L.) link[J]. British Phycological Bulletin, 3(3): 529-534.

Christina C, Rocky D N, Lawton R J, et al. 2014. Methods for the induction of reproduction in a tropical species of filamentous *Ulva*[J]. PLoS One, 9(5): e97396.

Chung I K, Beardall J, Mehta S. 2010. Using marine macroalgae for carbon sequestration: a critical appraisal[J]. Journal of Applied Phycology, 20(5): 877-886.

Cleland R E, Bendall D S. 1992. Photosystem I cyclic electron transport: measurement of ferredoxin-plastoquinone reductase activity[J]. Photosynthesis Research, 34(3): 409-418.

Coat G, Dion P, Noailles M C, et al. 1998. *Ulva armoricana* (Ulvales, Chlorophyta) from the coasts of Brittany (France). II. Nuclear rDNA ITS sequence analysis[J]. British Phycological Bulletin, 33(1): 81-86.

Coleman N V, Stewart W D P. 1979. *Enteromorpha prolifera* in a polyeutrophic loch in Scotland[J]. British Journal of Pharmacology, 62(1): 7-15.

Collen J, Pinto E, Pedersen M, et al. 2003. Induction of oxidative stress in the red macroalga *Gracilaria tenuistipitata* by pollutant metals[J]. Archives of Environmental Contamination and Toxicology, 45(3): 337-342.

Collén J, Porcel B, Carré W, et al. 2013. Genome structure and metabolic features in the red seaweed *Chondrus crispus* shed light on evolution of the Archaeplastida[J]. Proceedings of the National Academy of Sciences, 110(13): 5247-5252.

Collen J, Roeder V, Rousvoal S, et al. 2006. An expressed sequence tag analysis of thallus andregenerating protoplasts of chondruscrispus (gigartinales, rhodophyceae) [J]. Journal of Phycology, 44(1): 99-102.

Cotton A D. 1910. On the growth of *Ulva latissima*, L. in water polluted by sewage[J]. Bulletin of Miscellaneous Information, 1(1910): 15-19.

Crouch I J, Van Staden J. 1993. Evidence for the presence of plant growth regulators in commercial seaweed products[J]. Plant growth regulation, 13(1): 21-29.

Cugier P, Le H. 2000. Development of a 3D hydrodynamical model for coastal ecosystem modeling, Application to the plume of the Seine River (France)[J]. Estuar Coast Shelf, 55(5): 673-695.

Cui J J, Monotilla A P, Zhu W R, et al. 2018. Taxonomic reassessment of *Ulva prolifera* (Ulvophyceae, Chlorophyta) based on specimens from the type locality and Yellow Sea green tides[J]. Phycologia, 57(6): 692-704.

Cui J J, Shi J T, Zhang J H, et al. 2018. Rapid expansion of *Ulva* blooms in the Yellow Sea, China through sexual reproduction and vegetative growth[J]. Marine Pollution Bulletin, 130(5): 223-228.

Cui J J, Zhang J H, Huo Y Z, et al. 2015. Adaptability of free-floating green tide algae in the Yellow Sea to variable temperature and light intensity[J]. Marine Pollution Bulletin, 101(2): 660-666.

Dal C G, Pesaresi P, Masiero S, et al. 2008. A complex containing PGRL1 and PGR5 is involved in the switch between linear and cyclic electron flow in arabidopsis[J]. Cell, 132(2): 273-285.

Dan A, Hiraoka M, Ohno M, et al. 2002. Observations on the effect of salinity and photon fluence rate on the induction of sporulation and rhizoid formation in the green alga *Enteromorpha prolifera* (Müller) J. Agardh (Chlorophyta, Ulvales)[J]. Fisheries Science, 68(6): 1182-1188.

Dangeard P. 1957. Faculte de regeneration et multiplication vegetative chezles *Enteromorphes*[J]. Crhebd Seanc, 244 (20): 2454-2457.

Davison I R, Pearson G A. 1996. Stress tolerance in intertidal seaweeds[J]. Journal of Phycology, 32(2): 197-211.

De C O, Kao S M, Bogaert K A, et al. 2018. Insights into the Evolution of Multicellularity from the Sea Lettuce Genome [J]. Current Biology, 28(18): 1-13.

De S I, Voss U, Lau S, et al. 2011. Unraveling the evolution of auxin signaling[J]. Plant Physiology, 155(1): 209-221.

Debusk T A, Blakeslee M, Ryther J H J. 1986. Studies on the outdoor cultivation of *Ulva lactuca* L[J]. Botanica Marina, 29(5): 381-386.

Denton M, Kerr K G. 1998. Microbiological and clinical aspects of infection associated with Stenotrophomonas maltophilia [J]. Clin Microbe Rev, 11(1): 57-80.

Dhargalkar V K, Pereira N. 2005. Seaweed: promising plant of the millennium[J]. Science and Culture, 71(3-4), 60-66.

Ding L P, Fei X G, Lu Q Q, et al. 2009. The possibility analysis of habits, origin and reappearance of bloom green alga (*Enteromorpha prolifera*) on inshore of western Yellow Sea[J]. Chinese Journal of Oceanology and Limnology, 27(3): 421-424.

Dittert I M, Heloisa D L B, Pina F, et al. 2014. Integrated reduction/oxidation reactions and sorption processes for Cr (VI) removal from aqueous solutions using *Laminaria digitata* macro-algae[J]. Chemical Engineering Journal, 237(1): 443-454.

Dobson F W, Smith S D. 1988. Bulk models of solar radiation at sea[J]. Quarterly Journal of the Royal Meteorological Society, 114(479): 165-182.

Dring M J, Brown F A. 1982. Photosynthesis of intertidal brown algae during and after periods of emersion: A renewed search for physiological causes of zonation[J]. Marine ecology progress series, 29(12): 301-308.

Dron M, Rahire M, Rochaix J D. 1982. Sequence of the chloroplast DNA region of *Chlamydomonas reinhardii* containing the gene of the large subunit of ribulose bisphosphate carboxylase and parts of its flanking genes[J]. Journal of Molecular Biology, 162(4): 775-793.

Dubois M, Gilles K A, Hamilton J K, et al. 1956. Colorimetric Method for Determination of Sugars and Related Substances[J]. Analytical Chemistry, 28(3): 350-356.

Dummermuth A L, Karsten U, Fisch K M, et al. 2003. Responses of marine macroalgae to hydrogen-peroxide stress[J]. Journal of Experimental Marine Biology and Ecology, 289(1): 103-121.

Eaton J W, Brown J G, Round F E. 1966. Some observations on polarity and regeneration in *Enteromorpha*[J]. European Journal of Phycology, 3(1): 53-62.

Eickbush T H, Eickbush D G. 2007. Finely orchestrated movements: evolution of the ribosomal RNA genes[J]. Genetics, 175(2): 477-485.

Elleuch M, Bedigian D, Roiseux O, et al. 2011. Dietary fibre and fibre-rich by-products of food processing: Characterisation, technological functionality and commercial applications: A review[J]. Food chemistry, 124(2): 411-421.

El-Tawil N E. 2010. Effects of green seaweeds (*Ulva* sp.) as feed supplements in red tilapia (*Oreochromis* sp.) diet on growth performance, feed utilization and body composition[J]. Journal of the Arabian Aquaculture Society, 5(2): 179-194.

Epply R W. 1972. Temperature and phytoplankton growth in the sea[J]. Fish Bull, 70(4): 1063-1085.

Ergün S, Soyutürk M, Güroy B, et al. 2009. Influence of *Ulva* meal on growth, feed utilization, and body composition of juvenile Nile tilapia (*Oreochromis niloticus*) at two levels of dietary lipid[J]. Aquaculture International, 17(4): 355.

Erik J M, Stefano D, Pauline K. 1999. Free-floating *Ulva* in the southwest Netherlands: species or morphotypes? a morphological, molecular and ecological comparison[J]. British Phycological Bulletin, 34(5): 443-454.

Evan V. 1997. Environmental Refugees: The Growing Challenge[J]. Conflict and the Environment, 33(2): 293-312.

Fan M H, Sun X, Liao Z H, et al. 2018. Comparative proteomic analysis of the response of *Ulva prolifera* to high-temperature stress[J]. Proteome Science, 16(1): 17-22.

Fan M H, Sun X, Xu N J, et al. 2017. Integration of deep transcriptome and proteome analyses of salicylic acid regulation high temperature stress in *Ulva prolifera*[J]. Scientific Reports, 7(1): 11052.

Feng L, Shao J P. 2016. The mitochondrial genome of the bloom-forming green alga Ulva prolifera[J]. Dna Sequence, 27(6): 4530-4531.

Feng Z, Meng Y, Wei L U, et al. 2012. Studies on photosynthesis carbon fixation and ocean acidification prevention in Ulva prolifera Ⅰ. Rate of photosynthesis carbon fixation and seawater pH increase[J]. Acta Oceanologica Sinica, 35(3): 285-291.

Field A. 1976. Genetics of multicellular marine algae[M]. LEWIN RA(Ed): The Genetics of Algae. Oxford: Blackwell scientific Publications.

Fimlay J A, Callow M E, Schultz M P, et al. 2002. Adhesion strength of settled spores of the green alga *Enteromorpha* [J]. Biofouling, 18(4): 251-256.

Finlay J A, Callow M E, Linnea K I, et al. 2002. The Influence of surface wettability on the adhesion strength of settled spores of the green alga *Enteromorpha* and the *Diatom Amphora*[J]. Integr Comp Biol, 42(6): 1116-1122.

Fisher G J, Kang S, Varani J, et al. 2002. Mechanisms of Photoaging and Chronological Skin Aging[J]. Archives of Dermatology, 138(11): 1462-1470.

Fisher G J, Quan T, Purohit T, et al. 2009. Collagen Fragmentation Promotes Oxidative Stress and Elevates Matrix Metalloproteinase-1 in Fibroblasts in Aged Human Skin[J]. American Journal of Pathology, 174(1): 101-114.

Fletcher R L. 1974. *Ulva* problem in Kent[J]. Marine Pollution Bulletin, 5(2): 21.

Fletcher R L. 1996. The occurrence of 'green-tide'. In: Schramm, W., Nienhuis, P. H. (Eds.), Marine Benthic Vegetation-Recent Changes and the Effects of Eutrophication[J]. Springer Verlag, Berlin, 123: 27-43.

Fong P, Fong J J, Fong C R. 2004. Growth, nutrient storage, and release of dissolved organic nitrogen by *Enteromorpha intestinalis* in response to pulses of nitrogen and phosphorus[J]. Aquatic Botany, 78(1): 83-95.

Föyn B. 1962. Diploid gametes in *Ulva*[J]. Nature, 193(4812): 300-301.

Frais S, Ng Y L, Gulabivala K. 2001. Some factors affecting the concentration of available chlorine in commercial sources of sodium hypochlorite[J]. International endodontic journal, 34(3): 206-215.

Frederik L, Zhang X W, Ye N H, et al. 2009. Identity of the Qingdao algal bloom[J]. Phycological Research, 57(2): 147-151.

Fu G, Yao J T, Liu F L, et al. 2008. Effect of temperature and irradiance on the growth and reproduction of *Enteromorpha prolifera* J. Ag. (Chlorophycophyta, Chlorophyceae) [J]. Chinese Journal of Oceanology and Limnology, 26(4): 357-362.

Funk C, Schroder W P, Green B R, et al. 1994. The intrinsic 22 kDa protein is a chlorophyll-binding subunit of photosystem Ⅱ[J]. FEBS Letters, 342(3): 261-266.

Fusco D, Colloca G, Lo Monaco M R R. 2007. et al. Effects of antioxidant supplementation on the aging process[J]. Clinical Interventions in Aging, 2(3): 377-387.

Gao G, Beardall J, Bao M, et al. 2018. Ocean acidification and nutrient limitation synergistically reduce growth and photosynthetic performances of a green tide alga *Ulva linza*[J]. Biogeosciences, 15(11): 3409-3420.

Gao G, Liu Y, Li X, et al. 2017. Expected CO_2-induced ocean acidification modulates copper toxicity in the green tide alga *Ulva prolifera*[J]. Environmental and Experimental Botany, 135(1): 63-72.

Gao G, Zhong Z, Zhou X, et al. 2016. Changes in morphological plasticity of *Ulva prolifera* under different environmental conditions: A laboratory experiment[J]. Harmful algae, 59(3): 51-58.

Gao K, Ji Y, Aruga Y. 1999. Relationship of CO_2 concentrations to photosynthesis of intertidal macroalgae during emersion[J]. Hydrobiologia, 398(1): 355-359.

Gao K, Mckinley K R. 1994. Use of macroalgae for marine biomass production and CO_2 remediation: a review[J]. Journal of Applied Phycology, 6(1): 45-60.

Gao S, Chen X Y, Yi Q Q, et al. 2009. A strategy for the proliferation of *Ulva prolifera*, main causative species of green tides, with formation of sporangia by fragmentation[J]. Plos One, 5(1): 199 - 208.

Gao S, Gu W, Qian X, et al. 2015. Desiccation enhances phosphorylation of PSⅡ and affects the distribution of protein complexes in the thylakoid membrane[J]. Physiol Plant, 153(3): 492 - 502.

Gao S, Shen S D, Wang G C, et al. 2011. PSⅠ- Driven Cyclic Electron Flow Allows Intertidal Macro - Algae *Ulva* sp. (Chlorophyta) to Survive in Desiccated Conditions[J]. Plant Cell Physiology, 52(5): 885 - 893.

Gayral P. 1964. Résultats concernant la reproduction et la culture en laboratoired' *Ulva fasciata* Delile[J]. In: Proceedings of the International Seaweed Symposium, 4: 79 - 88.

Gayral P. 1967. Mise au point ser les Ulvacées (Chlorophycées) particulièrement surles rèsultants de leur étude en laboratoire[J]. Botaniste, 50: 205 - 251.

Geng H, Belas R. 2010. Molecular mechanisms underlying roseobacter-phytoplankton symbioses[J]. Current Opinion in Biotechnology, 21(3): 332 - 338.

Geng H X, Yan T, Zhou M J, et al. 2015. Comparative study of the germination of *Ulva prolifera* gametes on various substrates[J]. Estuarine, Coastal and Shelf Science, 163(SI): 89 - 95.

Genty B, Briantais J M, Baker N R. 1989. The relationship between the quantum yield of photosynthetic electron transport and quenching of chlorophyll fluorescence[J]. Biochimica et Biophysica Acta-General Subjects, 990(1): 87 - 92

Gera A, Alcoverro T, Mascaro O, et al. 2012. Exploring the utility of Posidonia oceanica chlorophyll fluorescence as an indicator of water quality within the European Water Framework Directive[J]. Environmental monitoring and assessment, 184(6): 3675 - 3686.

Gerotto C, Alboresi A, Giacometti G M, et al. 2011. Role of PSBS and LHCS R in *Physcomitrella patens* acclimation to high light and low temperature[J]. Plant Cell Environ, 34(6): 922 - 932.

Gerrit B, Pettersson B. 1985. Extracellar enzyme system utilized by the fungus for the breakdown of cellulose[J]. Eur J Biochem, 146: 301 - 308.

Giordano M, Beardall J, Raven J A. CO_2 concentrating mechanisms in Algae: Mechanisms, environmental modulation, and evolution[J]. Annual review of plant biology, 56(1): 99 - 131.

Golding, A J, Johnson G N. 2003. Down-regulation of linear and activation of cyclic electron transport during drought[J]. Planta, 218(1): 107 - 114.

Gómez I, López F F, Ulloa N, et al. 2004. Patterns of photosynthesis in 18 species of intertidal macroalgae from southern Chile[J]. Marine Ecology Progress Series, 270: 103 - 116.

Gordon R, Brawley S H. 2004. Effects of water motion on propagule release from algae with complex life histories[J]. Marine Biology, 145(1): 21 - 29.

Gubelit Y I, Kovalchuk N A. 2010. Macroalgal blooms and species diversity in the Transition Zone of the eastern Gulf of Finland[J]. Hydrobiologia, 656(1): 83 - 86.

Guo C, Li F C, Jiang P, et al. 2011. Bacterial diversity in surface water of the Yellow Sea during and after a green alga tide in 2008[J]. Chinese Journal of Oceanology and Limnology, 29(6): 1147 - 1154.

Guo D P, Guo Y P, Zhao J P, et al. 2005. Photosynthetic rate and chlorophyll fluorescence in leaves of stem mustard (Brassica juncea var. tsatsai) after turnip mosaic virus infection[J]. Plant Science, 168(1): 57 - 63.

Gutteridge J M. 1992. Biologically relevant metal ion-dependent hydroxyl radical generation. An update[J]. Febs Letters, 307(1): 108 - 112.

Haan J B D, Bladier C, Lotfi M M, et al. 2004. Fibroblasts derived from Gpx1 knockout mice display senescent-like features and are susceptible to H_2O_2-mediated cell death[J]. Free Radic Biol Med, 36(1): 53 - 64.

Hamdy A H, Aboutabl E A, Sameer S, et al. 2009. 3 - Keto - 22 - epi - 28 - nor - cathasterone, a brassinosteroid-related metabolite from *Cystoseira myrica*[J]. Steroids, 74(12): 927 - 930.

Han L. 2006. The auxin concentration in sixteen Chinese marine algae[J]. Chin J Oceanol Limnol, 24(3): 329 - 332.

Han T, Kang S H, Park J S, et al. 2008. Physiological responses of *Ulva pertusa* and *U. armoricana* to copper exposure

[J]. Aquatic Toxicology, 86(2): 176 - 184.

Han W, Chen L P, Zhang J H, et al. 2013. Seasonal variation of dominant free-floating and attached *Ulva* species in Rudong coastal area, China[J]. Harmful Algae, 28(1): 46 - 54.

Hanelt D, Melchersmann B, Wiencke C, et al. 1997. Effects of high light stress on photosynthesis of polar macroalgae in relation to depth distribution[J]. Mar Ecol Prog Ser, 149(1 - 3): 255 - 266.

Hardin M T, Mitchell D A, Howes T. 2000. Approach to designing rotating drum bioreactors for solid-state fermentation on the basis of dimensionless design factors[J]. Biotechnology and bioengineering, 67(3): 274 - 282.

Hartung W. 2010. The evolution of abscisic acid (ABA) and ABA function in lower plants, fungi and lichen[J]. Functional Plant Biology, 37(9): 806 - 812.

Hayden H S, Blomster J, Maggs C A, et al. 2003. Linnaeus was right all along: *Ulva* and *Enteromorpha* are not distinct genera[J]. European Journal of Phycology, 38(3): 277 - 294.

He P M, Zhang D B, Chen G Y, et al. 2003. Pyrenoidultrastructure and immunogold localization of Rubiscoand Rubisco activase in *Chlamydomonas reinhardtii*[J]. Algae, 18(2): 121 - 127.

He P M. 2011. Cloning and analysis of the full length Rubisco large subunit (*rbcL*) cDNA from *Ulva linza* (Chlorophyceae, Chlorophycophyta)[J]. Botanica Marina, 54: 303 - 312.

Heber U. 2002. Irrungen, Wirrungen? The Mehler reaction in relation to cyclic electron transport in C_3 plants[J]. Photosynth Res 73(1 - 3): 223 - 231.

Hegedu A, Erdei S, Horvath G. 2001. Comparative studies of H_2O_2 detoxifying enzymes in green and greening barley seedlings under cadmium stress[J]. Plant Science, 160(6): 1085 - 1093.

Hellio C, De L B D, Dufossé L, et al. 2001. Inhibition of marine bacteria by extracts of macroalgae: potential use for environmentally friendly antifouling paints[J]. Marine Environmental Research, 52(3): 231 - 247.

Hiraoka M, Dan A, Shimada S, et al. 2003. Different life histories of *Enteromorpha prolifera* (Ulvales, Chlorophyta) from four rivers on Shikoku Island, Japan[J]. Phycologia, 42(3): 275 - 284.

Hiraoka M, Enomoto S. 1998. The induction of reproductive cell formation of *Ulva pertusa* Kjellman (Ulvales, Ulvophyceae) [J]. Phycological Research, 46(3): 199 - 203.

Hiraoka M, Ichihara K, Zhu W, et al. 2017. Examination of species delimitation of ambiguous DNA-based *Ulva* (Ulvophyceae, Chlorophyta) clades by culturing and hybridization[J]. Phycologia, 56(5): 517 - 532.

Hiraoka M, Ohno M, Kawaguchi S, et al. 2004. Crossing test among floating *Ulva* thalli forming 'green tide' in Japan [J]. Hydrobiologia, 512(1 - 3): 239 - 245.

Hiraoka M, Oka N. 2008. Tank cultivation of *Ulva prolifera* in deep seawater using a new "germling cluster" method[J]. Journal of Applied Phycology, 20(1): 97 - 102.

Hirose T, Ideue T, Wakasugi T, et al. 1999. The chloroplast *infA* gene with a functional UUG initiation codon[J]. Febs Letters, 445(1): 169 - 172.

Hoxmark R C, Nordby O. 1974. Haploid meiosis as a regular phenomenon in the life cycle of *Ulva mutabilis* [J]. Hereditas, 76(2): 239 - 250.

Hoxmark R C. 1975. Experimental analysis of the life cycle of *Ulva mutabilis*[J]. Botanica Marina, 18(2): 123 - 129.

Hu C, Li D, Chen C, et al. 2010. On the recurrent *Ulva prolifera* blooms in the Yellow Sea and East China Sea[J]. Journal of Geophysical Research Oceans, 115(C5): 640 - 646.

Hu S, Yang H, Zhang J H, et al. 2014. Small-scale early aggregation of green tide macroalgae observed on the Subei Bank, Yellow Sea[J]. Marine Pollution Bulletin, 81(1): 166 - 173.

Huan L, Gu W, Gao S, et al. 2016. Photosynthetic activity and proteomic analysis highlights the utilization of atmospheric CO_2 by *Ulva prolifera* (Chlorophyta) for rapid growth[J]. Journal of Phycology, 52(6): 1103 - 1113.

Huang H, Li X B, Titlyanov E A, et al. 2013. Linking macroalgal δ15N-values to nitrogen sources and effects of nutrient stress on coral condition in an upwelling region. Botanica Marina, 56(5 - 6): 471 - 480.

Huang W, Yang S J, Zhang S B, et al. Cyclic electron flow plays an important role in photoprotection for the resurrection plant *Paraboearufescens* under drought stress[J]. Planta, 235(4): 819 – 828.

Hube A E, Heyduck S B, Fischer U. 2009. Phylogenetic classification of heterotrophic bacteria associated with filamentous marine cyanobacteria in culture[J]. Systematic & Applied Microbiology, 32(4): 256 – 265.

Hudson J B, Kim J H, Lee M K, et al. 1998. Antiviral compounds in extracts of Korean seaweeds: Evidence for multiple activities[J]. Journal of Applied Phycology, 10(5): 427 – 434.

Hugh M, Dennis J. 2003. A guide to the seaweed industry[J]. Fao Fisheries Technical Paper, 105(441): 210 – 216.

Huo Y Z, Han H B, Shi H H, et al. 2015. Changes to the biomass and species composition of *Ulva* sp. on *Porphyra* aquaculture rafts, along the coastal radial sandbank of the Southern Yellow Sea[J]. Marine Pollution Bulletin, 93(1 – 2): 210 – 216.

Huo Y Z, Hua L, Zhang J H, et al. 2014. Abundance and distribution of *Ulva* microscopic propagules associated with a green tide in the southern coast of the Yellow Sea[J]. Harmful Algae, 39(1): 357 – 364.

Huo Y Z, Tian X L, Wang Y Y, et al. 2010. The allelopathic effects of Ulva linza on Isochrysis galbana[J]. Journal of Fisheries of China, 34(11): 1776 – 1782.

Huo Y Z, Zhang J H, Chen L P, et al. 2014. Green algae blooms caused by *Ulva prolifera* in the southern Yellow Sea: Identification of the original bloom location and evaluation of biological processes occurring during the early northward floating period[J]. Limnology & Oceanography, 58(6): 2206 – 2218.

Hussain A, Krischke M, Roitsch T, et al. 2010. Rapid determination of cytokinins and auxin in cyanobacteria[J]. Current Microbiology, 61(5): 361 – 369.

Iii J T M, Leliaert F, Tronholm A, et al. 2015. The complete chloroplast and mitochondrial genomes of the green macroalga *Ulva* sp. UNA00071828 (Ulvophyceae, Chlorophyta)[J]. Plos One, 10(4): e0121020.

Iii J T M, Lopezbautista J M. 2016. De novo assembly of the mitochondrial genome of *Ulva fasciata* Delile (Ulvophyceae, Chlorophyta), a distromatic blade-forming green macroalga[J]. Mitochondrial Dna A Dna Mapp Seq Anal, 27(5): 3817 – 3819.

Innes D J, Yarish C. 1984. Genetic evidence for the occurrence of asexual reproduction in populations of *Enteromorpha linza* (L.) J. Ag. (Chlorophyta, Ulvales) from Long Island Sound[J]. Phycologia, 23(3): 311 – 320.

Ittler R. 2002. Oxidative stress, antioxidants and stress tolerance[J]. Trends in Plant Science, 7(9): 405 – 410.

Jaanika B, Saara B, David P F, et al. 2002. Novel morphology In *Enteromorpha* (*Ulva phyceae*) forming green tides[J]. America Journal of Botany, 89(11): 1756 – 1763.

Jacoby J M, Gibbons H L, Stoop K B. 1994. Response of a shallow, polymictic lake to buffered alum treatment[J]. Lake Reservoir Manage, 10(2): 103 – 112.

Jaulneau V, Lafitte C, Jacquet C, et al. 2010. *Ulvan*, a sulfated polysaccharide from green algae, activates plant immunity through the jasmonic acid signaling pathway[J]. BioMed Research International.

Jean F P, Beauchamp P, Otis C, et al. 2006. The complete mitochondrial DNA sequence of the green alga *Oltmannsiellopsis viridis*: evolutionary trends of the mitochondrial genome in the *Ulvophyceae* [J]. Current Genetics, 50(2): 137 – 147.

Jennings R C. 1968. Gibberellins as endogenous growth regulators in green and brown algae[J]. Planta, 80(1): 34 – 42.

Jiang P, Wang J, Cui Y, et al. 2008. Molecular phylogenetic analysis of attached Ulvaceae species and free-floating *Enteromorpha* from Qingdao coasts in 2007[J]. Chinese Journal of Oceanology and Limnology, 26(3): 276 – 279.

Jiao L, Li X, Li T, et al. 2009. Characterization and anti-tumor activity of alkali-extracted polysaccharide from *Enteromorpha intestinalis*[J]. International Immunopharmacology, 9(3): 324 – 329.

Jin Q, Dong S L. 2003. Comparative studies on the allelopathic effects of two different strains of *Ulva pertusa* on Heterosigma akashiwo and Alexanadrium tamarense [J]. Journal of Experimental Marine Biology and Ecology, 293(1): 41 – 45.

Jin Q, Scherp P, Heimann K, et al. 2008. Auxin and cytoskeletal organization in algae[J]. Cell Biology International, 32(5): 542 – 545.

Johnson E H, Busaidy R, Hammed M S. 2003. An outbreak of lymphadenitis associated with *Stenotrophomonas* (Xanthomomas) *maltophilia* in Omani goats[J]. Journal of Veterinary Medicine Series B, 50(2): 102 – 104.

Joliot P, Joliot A. 2002. Cyclic electron transfer in plant leaf[J]. Proceedings of the National Academy of Sciences of the United States of America, 99(15): 10209 – 10214.

Kapraun D F. 1970. Field and cultural studies of *Ulva* and *Enteromorpha* in the vicinity of Port Aransas[J]. Texas Contributions in Marine Science, 15: 205 – 285.

Kaul S, Koo H L, Jenkins J, et al. 2000. Analysis of the genome sequence of the flowering plant Arabidopsis thaliana[J]. Nature, 408(6814): 796 – 815.

Keesing J K, Liu D Y, Fearns P, et al. 2011. Inter-and intra-annual patterns of *Ulva prolifera* green tides in the Yellow Seaduring 2007 – 2009, their origin and relationship to the expansion of coastalseaweed aquaculture in China[J]. Marine Pollution Bulletin, 62(6): 1169 – 1182.

Keesing J K, Liu D, Shi Y, et al. 2016. Abiotic factors influencing biomass accumulation of green tide causing *Ulva* spp. on *Pyropia* culture rafts in the Yellow Sea, China[J]. Marine Pollution Bulletin, 105(1): 88 – 97.

Keston A S, Brandt R. 1965. The fluorometric analysis of ultramicro quantities of hydrogen peroxide[J]. Analytical Biochemistry, 11(1): 1 – 5.

Khan H, Parks N, Kozera C, et al. 2007. Plastid genome sequence of the cryptophyte alga Rhodomonas salina CCMP1319: lateral transfer of putative DNA replication machinery and a test of chromist plastid phylogeny[J]. Molecular Biology & Evolution, 24(8): 1832 – 1842.

Kim J H, Kang E J, Park M G, et al. 2010. Effects of temperature and irradiance on photosynthesisand growth of a green-tide-forming species(*Ulva linza*)in the Yellow Sea[J]. Journal of Applied Phycology, 23(3): 421 – 432.

Kim J H, Park S R. 2010. Patterns of recruitment and distribution of *Ulva* and *Enteromorpha* populations in a korean intertidal shore[J]. Journal of Phycology, 36(S3): 36.

Kim P I, Chung K C. 2004. Production of an antifungal protein for control of Colletotrichum lagenarium by Bacillus amyloliquefaciens MET0908[J]. Fems Microbiology Letters, 234(1): 177 – 183.

Kim S, Sandusky P, Bowlby N R, et al. 1992. Characterization of a spinach PsbS Cdna encoding the 22 kDa protein of photosystem II[J]. Febs Letters, 314(1): 67 – 71.

Kiseleva A A, Tarachovskaya E R, Shishova M F. 2012. Biosynthesis of phytohormones in algae[J]. Russian Journal of Plant Physiology, 59(5): 595 – 610.

Klavestad N. 1978. The marine algae of the polluted inner part of the Oslofjord. A survey carried out 1962 – 1966[J]. Botanica Marina, 21(2): 71 – 98.

Kolwalkar J P, Sawant S S, Dhargalkar V K. 2007. Fate of *Enteromorpha flexuosa* (Wulfen) J. Agardh and its spores in darkness: Implications for ballast water management[J]. Aquatic Botany, 86(1): 86 – 88.

Kraan S. 2013. Mass-cultivation of carbohydrate rich macroalgae, a possible solution for sustainable biofuel production[J]. Mitigation and Adaptation Strategies for Global Change, 18(1): 27 – 46.

Kuchitsu K, Tsuzuki M, Miyachi S. 1988. Characterization of the pyrenoid isolated from unicellular green alga *Chlamydomonus reinhardtii*: particulate form of Rubsico protein[J]. Protoplasma, 144(1): 17 – 24.

Kutschera U, Wang Z Y. 2012. Brassinosteroid action in flowering plants: a Darwinian perspective[J]. Journal of Experimental Botany, 63(10): 3511 – 3522.

Kwok H H, Yue Y K, Mak N K, et al. 2012. Ginsenoside Rb1 induces type I collagen expression through peroxisome proliferator-activated receptor-delta[J]. Biochemical Pharmacology, 84(4): 532 – 539.

Labrenz M, Collins M D, Lawson P A, et al. 1998. Antarctobacter heliothermus gen. nov., sp. nov., a budding bacterium from hypersaline and heliothermal Ekho Lake[J]. International Journal of Systematic Bacteriology, 48(4): 1363 – 1372.

Lapointe B E, Littler M M, Littler D S. 1992. Nutrient availability to marine macroalgae in silieiclastic versus carbonate-rich coastal waters[J]. Estua Coas, 15(1): 75 – 82.

Largo D B, Sembrano J, Hiraoka M, et al. 2004. Taxonomic and ecological profile of 'green tide' species of *Ulva* (Ulvales, Chlorophyta) in central Philippines[J]. Hydrobiologia, 512(1－3): 247－253.

Larsson C, Axellsson L. 1997. Photosynthetic carbon utilization by *Enteromorpha intestinalis* (Chlorophyta) from a Swedish rockpool[J]. European Journal of Phycology, 32(1): 49－54.

Lartigue J, Neill A, Hayden B L, et al. 2003. The impact of salinity fluctuations on net oxygen production and inorganic nitrogen uptake by *Ulva lactuca* (Chlorophyceae)[J]. Aquatic Botany, 75(4): 339－350.

Le B A, Billoud B, Kowalczyk N, et al. 2010. Auxin metabolism and function in the multicellular brown alga *Ectocarpus siliculosus*[J]. Plant Physiology, 153(1): 128－144.

Lebel C P, Ischiropoulos H, Bondy S C. 1992. Evaluation of the probe 2′, 7′－dichlorofluorescin as an indicator of reactive oxygen species formation and oxidative stress[J]. Chemical Research in Toxicology, 5(2): 227－231.

Leliaert F, Lopezbautista J M. 2015. The chloroplast genomes of *Bryopsis plumosa* and *Tydemania expeditiones* (Bryopsidales, Chlorophyta): compact genomes and genes of bacterial origin[J]. Bmc Genomics, 16(1): 204－221.

Leliaert F, Zhang X W, Ye N H, et al. 2009. Research note: Identity of the Qingdao algal bloom[J]. Phycological Research, 57(2): 147－151.

Lersten N R, Voth P D. 1960. Experimental control of zooid discharge and rhizoid formation in the green alga *Enteromorpha*[J]. Bot Gaz, 122(1): 33－45.

Levitus S J, Antonov J I, Boyer T P, et al. 2000. Warming of the world ocean[J]. Science, 287(5461): 2225－2229.

Li D, Chen X Q, Li W J, et al. 2007. Cytoglobin Up-regulated by Hydrogen Peroxide Plays a Protective Role in Oxidative Stress[J]. Neurochemical Research, 32(8): 1375－1380.

Li D Z, Liu, J Q, Chen Z D, et al. 2011. Plant DNA barcoding in China[J]. Journal of Systematics and Evolution, 49(3): 165－168.

Li J Y, Yang F Y, Jin L, et al. 2018. Safety and quality of the green tide algal species *Ulva prolifera* as an alternative food source: A nutrition and contamination study[J]. Chemosphere, 210(1): 1021－1028.

Li S X, Yu K F, Huo Y Z, et al. 2016. Effects of nitrogen and phosphorus enrichment on growth and photosynthetic assimilation of carbon in a green tide-forming species (*Ulva prolifera*) in the Yellow Sea[J]. Hydrobiologia, 776(1): 161－171.

Li T, Wang C, Miao J. 2007. Identification and quantification of indole－3－acetic acid in the kelp *Laminaria japonica* Areschoug and its effect on growth of marine microalgae[J]. Journal of Applied Phycology, 19(5): 479－484.

Li X, Titlyanov E A, Zhang J, et al. 2016. Macroalgal assemblage changes on coral reefs along a natural gradient from fish farms in southern Hainan Island[J]. Aquatic Ecosystem Health & Management, 19(1): 74－82.

Li X P, Björkman O, Shih C, et al. 2000. A pigment-binding protein essential for regulation of photosynthetic light harvesting[J]. Nature, 403(6768): 391－395.

Li X P, Gilmore A M, Caffarri S, et al. 2004. Regulation of photosynthetic light harvesting involves intrathylakoid lumen pH sensing by the PsbS protein[J]. Journal of Biological Chemisty, 279(22): 22866－22874.

Li Y, Song W, Xiao J, et al. 2014. Tempo-spatial distribution and species diversity of green algae micro-propagules in the Yellow Sea during the large-scale green tide development[J]. Harmful algae, 39(1): 40－47.

Li Z R, Wakao S, Fishcher B B, et al. 2009. Sensing and responding to excess light[J]. Annal Review Plant Biology, 60(1): 239－260.

Liang X C, Huang J, Sun B. 2009. Chemical composition of Porphyra haitanensis(Rhodophyta, Bangiales) in China[J]. Chinese Journal of Marine Drugs28 (1): 29－35.

Lichtenthaler H K, Alexander C A, Marek M V, et al. 2007. Differences in pigment composition, photosynthetic rates and chlorophyll fluorescence images of sun and shade leaves of four rree species [J]. Plant Physiology and Biochemistry, 45(8): 577－588.

Lima J D, Mosquim P R, Da M F M. 1999. Leaf gas exchange and chlorophyll fluorescence parameters in *Phaseolus Vulgaris* as affected by nitrogen and phosphorus deficiency[J]. Photosynthetica, 37(1): 113－121.

Lin A, Wang C, Qiao H J, et al. 2009. Study on the photosynthetic performances of *Enteromorpha prolifera* collected from the surface and bottom of the sea of Qingdao sea area[J]. Chinese Science Bulletin, 54(3): 399 – 404.

Lin A P, Shen S D, Wang G C, et al. 2011. Comparison of Chlorophyll and Photosynthesis Parameters of Floating and Attached *Ulva prolifera*[J]. Journal of Integrative Plant Biology, 53(1): 25 – 34.

Lin A P, Shen S D, Wang J W, et al. 2008. Reproduction diversity of *Enteromorpha prolifera*[J]. Journal of Integrative Plant Biology, 50(5): 622 – 629.

Lin A P, Wang C, Qiao H J, et al. 2009. Study on the photosynthetic performances of *Enteromorpha prolifera* collected from the surface and bottom of the sea of Qingdao sea area[J]. Chinese Science Bulletin, 54(3): 399 – 404.

Lin H, Jiang P, Zhang J, et al. 2011. Genetic and marine cyclonic eddy analyses on the largest macroalgal bloom in the world[J]. Environmental Science & Technology, 45(14): 5996 – 6002.

Liu D Y, Keesing J K, Dong Z, et al. 2010. Recurrence of Yellow Sea green tide in June 2009 confirms coastal seaweedaquaculture provides nursery for generation of macroalgal blooms[J]. Marine Pollution Bulletin, 60(9): 1423 – 1432.

Liu D Y, Keesing J K, He P M, et al. 2013. The world's largest macroalgal bloom in the Yellow Sea, China: Formation and implications[J]. Estuarin, Coastal and Shelf Science, 129(1): 2 – 10.

Liu D Y, Keesing J K, Xing Q G, et al. 2009. World's largest macroalgal bloom caused by expansion of seaweed aquaculture in China[J]. Marine Pollution Bulletin, 58(6): 888 – 895.

Liu F, Pang S J, Chopin T, et al. 2010. The dominant *Ulva* strain of the 2008 green algal bloom in the Yellow Sea was not detected in the coastal waters of Qingdao in the following winter[J]. Journal of Applied Phycology, 22(5): 531 – 540.

Liu F, Pang S J, Chopin T, et al. 2013. Understanding the recurrent large-scale green tide in the Yellow Sea Temporal and spatial correlations between multiple geographical, aquacultural and biological factors[J]. Marine Environmental Research, 83(2): 38 – 47.

Liu F, Pang S J, Zhao X B, et al. 2012. Quantitative, molecular and growth analyses of *Ulva* microscopic propagules in the coastal sediment of Jiangsu province where green tides initially occurred[J]. Marine environmental research, 74(1): 56 – 63.

Liu F, Pang S J, Xu N, et al. 2010. *Ulva* diversity inthe Yellow Sea during the large-scale green algal blooms in 2008 – 2009[J]. Phycological Research, 58(4): 270 – 279.

Liu F, Peng S J. 2016. The mitochondrial genome of the bloom-forming green alga *Ulva prolifera*[J]. DNA Sequence, 27(6): 4530 – 4531.

Liu M, Dong Y, Zhao Y, et al. 2011. Structures of bacterial communities on the surface of *Ulva prolifera* and in seawaters in an *Ulva* blooming region in Jiaozhou Bay, China[J]. World Journal of Microbiology & Biotechnology, 27(7): 1703 – 1712.

Liu Q, Yu R C, Yan T, et al. 2015. Laboratory study on the life history of bloom-forming *Ulva prolifera* in the Yellow Sea[J]. Estuarine Coastal & Shelf Science, 163(A): 82 – 88.

Lohse M, Drechsel O, Bock R. 2007. Organellar Genome DRAW (OGDRAW): a tool for the easy generation of high-quality custom graphical maps of plastid and mitochondrial genomes[J]. Current Genetics, 52(5 – 6): 267 – 274.

Lotze H K, Schramm W, Schories S B, et al. 1999. Control of macroalgal blooms at early developmental stages: *Pilayella littoralis* versus *Enteromorpha* spp[J]. Oecologia, 119(1): 46 – 54.

Lotze H K, Worm B, Sommer U. 2000. Propagule banks, herbivory and nutrient supply control population development and dominance patterns in macroalgal blooms[J]. Oikos, 89(3): 46 – 58.

Lotze H K, Worm B. 2001. Strong bottom-up and top-down control of early life stages of macroalgae[J]. Limnology and Oceanography, 46(4): 749 – 757.

Lü M S, Cai R, Wang S, et al. 2013. Purification and characterization of iron-cofactored superoxide dismutase from *Enteromorpha linza*[J]. Chinese Journal of Oceanology & Limnology, 31(6): 1190 – 1195.

Lu X, Li H, Gao S, et al. 2016. NADPH from the oxidative pentose phosphate pathway drives the operation of cyclic electron flow around photosystem I in high-intertidal macroalgae under severe salt stress[J]. Physiologia Plantarum, 156(4): 397 – 406.

Lu Y, Tarkowská D, Turečkov V, et al. 2014. Antagonistic roles of abscisic acid and cytokinin during response to nitrogen depletion in oleaginous microalga *Nannochloropsis oceanica* expand the evolutionary breadth of phytohormone function[J]. Plant Journal, 80(1): 52 – 68.

Lubchenco J, Menge B A. 1978. Community development and persistence in a low rocky intertidal zone[J]. Ecological Monographs, 48(1): 67 – 94.

Lucas W J. 1983. Photosynthetic assimilation of exogenous HCO_3^- by aquatic plants[J]. Annual Review of Plant Physiology, 34(1): 71 – 104.

Lüning K, Kadel P, Pang S J. 2008. Control of production rhythmicity by environmental and endogenous signal in *Ulva pseudocurvata* (Chlorophyta) [J]. Journal of Phycology, 44(4): 866 – 873.

Luo J, Li L, Kong L. 2012. Preparative separation of phenylpropenoid glycerides from the bulbs of *Lilium lancifolium* by high-speed counter-current chromatography and evaluation of their antioxidant activities[J]. Food Chemistry, 131 (1): 1056 – 1062.

Luo M B, Liu F, Xu Z L. 2012. Growth and nutrient uptake capacity of two co-occurring species, *Ulva prolifera* and *Ulva linza*[J]. Aquatic botany, 100(7): 18 – 24.

Malta E J, Draisma S G A, Kamermans P. 1999. Free floating *Ulva* in the southwest Netherlands: species or morphotypes? Amorphological, molecular and ecological comparison[J]. European Journal of Phycology, 34(5): 443 – 454.

Masahiro Nishibori, Ryozo Oishi, Yoshinori Itoh, et al. 1988. Galanin Inhibits Noradrenaline-Induced Accumulation of Cyclic AMP in the Rat Cerebral Cortex. Journal of Neurchemistry[J]. 51(6): 1953 – 1955.

Martins I, Oliveira J M, Flindt M R, et al. 1999. The effect of salinity on the growth rate of the macroalgae *Enteromorpha intestinalis* (Chlorophyta) in the Mondego estuary (west Portugal)[J]. Acta Oecologica, 20(4): 259 – 265.

Matthew T. Hardin, David A. Mitchell, et al. 2000. Approach to designing rotating drum bioreactors for solid-state fermentation on the basis of dimensionless design factors[J]. Biotechnol Bioeng, 67 (3): 274 – 282.

Mayol M, Josep A R. 2001. Seed isozyme variation in *Petrocoptis* A. Braun (Caryophyllaceae) [J]. Biochemical Systematics and Ecology, 29(4): 379 – 392.

Mehrtens G. 1994. Haloperoxidase activities in Arctic macroalgae[J]. Polar Biology, 14(5): 351 – 354.

Mekhalfi M, Avilan L, Lebrun R, et al. 2012. Consequences of the presence of 24 – epibrassinolide, on cultures of a diatom, *Asterionella formosa*[J]. Biochimie, 94(5): 1213 – 1220.

Melton J T, Leliaert F, Tronholm A, et al. 2015. The complete chloroplast and mitochondrial genomes of the green macroalga *Ulva* sp. UNA00071828 (Ulvophyceae, Chlorophyta)[J]. Plos One, 10(4): e0121020.

Melton J T, Lopez B J M. 2016. De novo assembly of the mitochondrial genome of *Ulva fasciata* Delile (Ulvophyceae, Chlorophyta), a distromatic blade-forming green macroalga[J]. Mitochondrial DNA A DNA Mapp Seq Anal, 27(5): 3817 – 3819.

Melton J T, Lopez B J M. 2015. The chloroplast genome of the marine green macroalga *Ulva fasciata* Delile (Ulvophyceae, Chlorophyta)[J]. DNA Sequence, 28(1): 93 – 95.

Menesguen A. 1992. Modelling coastal eutrophication: the case of French mass blooms [J]. Marine Coastal Eutrophication: 979 – 992.

Mercado J M, Andria J R, Pérez L J L, et al. 2006. Evidence for a plasmalemma-based CO_2 concentrating mechanism in *Laminaria saccharina*[J]. Photosynthesis research, 88(3): 259 – 268.

Merceron M, Antoine V, Auby I, et al. 2007. In situ growth potential of the subtidal part of green tide forming *Ulva* spp. stocks[J]. Science of the Total Environment, 384(1 – 3): 293 – 305.

Merceron M，Morand P. 2004. Existence of a subtidal stock of drifting Ulvain relation to intertidal algalmat developments ［J］. Journal of Sea Research，52(4)：269－280.

Miyakawa T，Fujita Y，Yamaguchi S K，et al. 2012. Structure and function of abscisic acid receptors［J］. Trends in Plant Science，18(5)：259－266.

Miyamura S，Hori T，Ohya T，et al. 1996. Co-localization of chloroplast DNA and ribulose-1，5-bisphosphate carboxylase/oxygenase in the so-called pyrenoid of the silhonous green alga *Caulerpa lentillifera* (Caulerpales，Chlorophyta)［J］. Phycologia，35(2)：156－160.

Mizrachi I. 2007. GenBank：The nucleotide sequence database — The NCBI Handbook-NCBI Bookshelf［M］. Bethesda：National Center for Biotechnology Information.

Moll B，Deikman J. 1995. *Enteromorpha clathrata*：a potential Seawater Irrigated Crop［J］. Bioresource Technology，52 (3)：225－260.

Moon J H，Hirose N，Yoon J H. 2009. Comparison of wind and tidal contributions to seasonal circulation of the Yellow Sea［J］. Journal of Geophysical Research，114(C8)：281－325.

Morand P，Briand X. 1996. Excessive growth of macroalgae：a symptom of environmental disturbanc［J］. Botanica Marina，39(1－6)：491－516.

Morand P，Merceron M. 2004. Coastal eutrophication and excessive growth of macroalgae［J］. Recent Research Developments in Environmental Biology，1：395－449.

Morand P，Merceron M. 2005. Macroalgal population and sustainability［J］. Journal of Coastal Research，21 (5)：1009－1020.

Morita E，Kuroiwa H，Huroiwa T，et al. 1997. High localization of Ribulose-1，5-bisphosphate carboxylase/oxygenase in the pyrenoids of *Chlamydomanas reinhardtii* (Chorophyta)，as revealed by cryofixation and immunogold electron microscopy［J］. Journal of Phycology，33(1)：68－72.

Moss B，Marsland A. 1976. Regeneration of *Enteromorpha*［J］. British Phycological Bulletin，11(4)：309－313.

Moss B L，Marsland A. 1975. The effects of underwater scrubbing on marine ship fouling algae［C］. Proceedings of international Marine and Shipping Congress：39－43.

Mou S，Zhang X，Dong M，et al. 2013. Photoprotection in the green tidal alga *Ulva prolifera*：role of LHCSR and PsbS protein in response to high light stress［J］. Plant Biology，15(6)：1033－1039.

Muir S R，Collins G J，Robinson S，et al. 2001. Overexpression of petunia chalcone isomerase in tomato results in fruit containing increased levels of flavonols［J］. Nature Biotechnology，19(5)：470－474.

Muller S W R. 1952. Uber regeneration und polaritat bei *Enteromorpha*［J］. Flora. Jena，139：148－180.

Munekage Y，Hashimoto M，Miyake C，et al. 2004. Cyclic electron flow around photosystem I is essential for photosynthesis［J］. Nature，429(6991)：579－582.

Nacamulli C，Bevivino A，Dalmastri C，et al. 2006. Perturbation of maize rhizosphere following seed bacterization with *Burkholderia cepacia* MCI 7［J］. FEMS Microbiology Ecology，23(3)：183－193.

Nelson T A，Haberlin K，Nelson A V. et al. 2008. Ecological and physiological controls of species composition in green macroalgal blooms［J］. Ecology，89(5)：1287－1298.

Nelson T A，Nelson A V，Tjoelker M. 2003. Seasonal and spatial patterns of "green tides" (Ulvoid algal blooms) and related water quality parameters in the coastal waters of Washington State，USA［J］. Botanica Marina，46(3)：263－275.

Nishibori N，Fujihara S，Nishijima T. 2010. Changes in intracellular polyamine concentration during growth of *Heterosigma akashiwo*，(Raphidophyceae)［J］. Fisheries Science，72(2)：350－355.

Niu J，Hu H，Hu S，et al. 2010. Analysis of expressed sequence tags from the *Ulva prolifera* (Chlorophyta)［J］. Chinese Journal of Oceanology and Limnology，28(1)：26－36.

Noda H，Amano H，Arashima K，et al. 1990. Antitumor activity of marine algae［J］. Hydrobiologia，204－205(1)：577－584.

Nordby O, Hoxmark R C. 1972. Changes in cellular parameters duringsynchronous meiosis in *Ulva mutabilis* yn[J]. Experimental Cell Research, 75(2): 321 – 328.

Ogino C. 1955. Biochemical studies on the nitrogen compounds of alga [J]. Journal of Tokyo University of Fish, 41(2): 107 – 152.

Ohshima S. 2004. Apoptosis in stress-induced and spontaneously senescent human fibroblasts[J]. Biochemical and Biophysical Research Communications, 324(1): 241 – 246.

Okai Y, Higashi O K. 1997. Pheophytin a is a potent suppressor against genotoxin-induced umu C gene expression in *Salmonella typhimurium* (TA 1535/pSK 1002)[J]. J Sci Food Agric, 74(4): 531 – 535.

Okai Y, Higashi O K. 1997. Potent anti-inflammatory activity of pheophytin a derived from edible green alga, *Enteromorpha prolifera*(Sujiao-nori)[J]. International Journal of Immunopharmacology, 19(6): 355 – 358.

Ott F D. 1965. Synthetic media and techniques for the xenic cultivation of marine algae and flagellate[J]. Virginia Journal of Science, 16: 205 – 218.

Oza R M, Rao S. 1977. Effect of different culture media on growth and sporulation of laboratory raised germlings of *Ulva fasciata* Delile[J]. Bot Mar, 20(7): 427 – 431.

Panagiotou G, Kekos D, Macris B J, et al. 2003. Production of cellulolytic and xylanolytic enzymes by *Fusarium oxysporum* grown on corn stover in solid state fermentation[J]. Industrial Crops and Products, 18(1): 37 – 45.

Pang S J, Liu F, Shan T F, et al. 2010. Tracking the algal origin of the *Ulva* bloom in the Yellow Sea by a combination of molecular, morphological and physiological analysis[J]. Marine Environmental Research, 69: 207 – 215.

Parke J L, Gurian S D. 2001. Diversity of the *Burkholderia cepacia* complex and implications for risk assessment of biological control strains[J]. Annual Review of Phytopathology, 39(1): 225 – 258.

Pedersen M F, Borum J. 1997. Nutrient control of estuarine macroalgae: Growth strategy and the balance between nitrogen requirements and uptake[J]. Marine Ecology Progress, 161(8): 155 – 163.

Pedersen M F. 1994. Transient ammonium uptake in the macroalga *Ulva lactuca* (Chlorophyta): nature, regulation, and the consequences for choice of measuring technique[J]. Journal of Phycology, 30(6): 980 – 986.

Pereira R, Yarish C, Isabel S P. 2006. The influence of stocking density, light and temperature on the growth, production and nutrient removal capacity of Porphyra dioica (Bangiales, Rhodophyta)[J]. Aquaculture, 252(1): 66 – 78.

Pevzner P A, Tang H, Waterman M S. 2001. An Eulerian path approach to DNA fragment assembly[J]. Proceedings of the National Academy of Sciences of the United States of America, 98(17): 9748 – 9753.

Pfannschmidt T. 2003. Chloroplast redox signals: how photosynthesis controls its own genes[J]. Trends in Plant Science, 8(1): 33 – 41.

Phillips J A. 1990. Life history studies of *Ulva rigida* C Ag and *Ulva stenophylla* S et G (Ulvaceae, Chlorophyta) in Southern Australia[J]. Botanica Marina, 33(1): 79 – 84.

Pierard G E, Pierard F C. 1997. From cellular senescence to seven ways of skin aging[J]. Revue medicale de Liege, 52(4): 285 – 288.

Pinnola A, Dall'Osto L, Gerotto C, et al. 2013. Zeaxanthin binds to light-harvesting complex stress related protein to enhance nonphotochemical quenching in *Physcomitrella patens*[J]. Plant Cell, 25(9): 3519 – 3534.

Pombert J F, Beauchamp P, Otis C, et al. 2006. The complete mitochondrial DNA sequence of the green alga Oltmannsiellopsis viridis: evolutionary trends of the mitochondrial genome in the Ulvophyceae[J]. Current Genetics, 50(2): 137 – 147.

Pombert J F, Otis C, Lemieux C, et al. 2004. The Complete Mitochondrial DNA Sequence of the Green Alga Pseudendoclonium akinetum (Ulvophyceae) Highlights Distinctive Evolutionary Trends in the Chlorophyta and Suggests a Sister-Group Relationship Between the Ulvophyceae and Chlorophyceae [J]. Molecular Biology & Evolution, 21(5): 922 – 935.

Pombert J F. 2006. The complete chloroplast DNA sequence of the green alga *Oltmannsiellopsis viridis*, reveals a distinctive quadripartite architecture in the chloroplast genome of early diverging *ulvophytes*[J]. Bmc Biology, 4 (1): 3.

Pop M. 2009. Genome assembly reborn: recent computational challenges[J]. Briefings in Bioinformatics, 10 (4): 354 – 366.

Raffaelli D G, Raven J A, Poole L J. 1998. Ecological impact of green macroalgal blooms. Oceanography and Marine Biology: An Annual Review[J]. Lake Illawarra, 36: 97 – 126.

Raven J A, Lucas W J. 1985. The energetics of carbon acquisition[M]. Rockwell: American Society of Plant Physiologists.

Reed D C, Amsler C D, Ebeling A W. 1992. Dispersal in kelps: factors affecting spore swimming and competency[J]. Ecology, 73(5): 1577 – 1585.

Rehdanz K, Tol R S J, Wetzel P. 2006. Ocean carbon sinks and international climate policy[J]. Energy Policy, 34(18): 3516 – 3526.

Reith E H, Deurwaarder E P, Hemmes K, et al. 2005. BIO – OFFSHORE: Grootschalige teelt van zeewieren in combinatie met offshore windparken in de Noordzee[R]. Report ECN – C – 05 – 008.

Richard G. 2001. The role of water motionin algal reproduction[M]. Orono: University of Maine.

Rivas S V M, Plasencia J. 2011. Salicylic acid beyond defence: its role in plant growth and development[J]. Journal of Experimental Botany, 62(10): 3321 – 3338.

Rizvi A V, Bei A K. 2010. Multiplexed real-time PCR amplification oftlh, tdhandtrhgenes in *vibrio parahaemolyticusand* its rapid detection in shellfish and Gulf of Mexico water[J]. Antonie Van Leeuwenhoek, 98(3): 279 – 290.

Roberts K, Granum E, Leegood R C, et al. 2007. C_3 and C_4 pathways of photosynthetic carbon assimilation in marine diatoms are under genetic, not environmental, control[J]. Plant Physiology Ecology, 145(1): 230 – 235.

Rochaix J D. 2011. Regulation of photosynthetic electron transport[J]. Biochimica et Biophysica Acta (BBA) – Bioenergetics, 1807(3): 375 – 383.

Rochaix J D. 2011. Reprint of: Regulation of photosynthetic electron transport. [J]. Biochim Biophys Acta, 1807(8): 878 – 886.

Saara Bäck, Lehvo A, Blomster J. 2000. Mass occurrence of unattached *Enteromorpha intestinalis* on the Finnish Baltic Sea coast[J]. Annales Botanici Fennici, 37(3): 155 – 161.

Sage R F. 2004. The evolution of C_4 photosynthesis[J]. New Phytologist, 161: 341 – 370.

Sanger F, Nicklen S, Coulson A R. 1977. DNA sequencing with chain-terminating inhibitors[J]. Proceedings of the National Academy of Sciences, 74(12): 5463 – 5467.

Santelices B, Hoffmann A J, Aedo D, et al. 1995. A bank of microscopic forms on disturbed boulders and stones in tide pools[J]. Marine Ecology Progress Series, 129(1 – 3): 215 – 228.

Sarita S, Rohit S, Shraddha S. 2005. Chromium induced lipid peroxidation in the plants of *Pistia stratiotes* L.: role of antioxidants and antioxidant enzymes[J]. Chemesphere, 58(5): 595 – 604.

Schattner P, Brooks A N, Lowe T M. 2005. The tRNAscan – SE, snoscan and snoGPS web servers for the detection of tRNAs and snoRNAs[J]. Nucleic Acids Research, 33(S2): 686 – 689.

Schories D, Reise K. 1993. Germination and anchorage of *Enteromorpha* sp. in sediments of the Wadden Sea China is on the track tackling *Enteromorpha* spp. forming green tide[J]. Helgolander Meeresunter, 47(3): 275 – 285.

Schramm W, Nienhuis P H. 1996. Marine benthic vegetation: recent changes and the effects of eutrophication[J]. Environmental Conservation, 24(1): 90 – 96.

Schramm W. 1999. Factors influencing seaweed responses to eutrophication: some results from EU – project EUMAC[J]. Journal of Applied Phycology, 11(1): 69 – 78.

Schreiber U, Bilger W, Neubauer C. 1995. Chlorophyll Fluorescence as a Nonintrusive Indicator for Rapid Assessment of In Vivo Photosynthesis[J]. Ecological Studies, 100: 49 – 70.

Schreiber U. 2004. Pulse-amplitude-modulation (PAM) fluorometry and saturation pulse method: an overview[J].

Chlorophyll a Fluorescence: A Signature of Photosynthesis, 19: 279 – 319.

Sfriso A, Pavoni B, Marcomini A. 1989. Macroalgae and phytoplankton standing crops in the central Venice lagoon: primary production and nutrient balance[J]. Science of the Total Environment, 80(2): 139 – 159.

Shan G, Chen X Y, Yi Q Q, et al. 2010. A strategy for the proliferation of *Ulva prolifera*, main causative species of green tides, with formation of sporangia by fragmentation[J]. Plos One, 5(1): 199 – 208.

Shannon C E. 1950. The mathematical theory of communication. 1963[J]. Bell Labs Technical Journal, 3(9): 31 – 32.

Shi W, Wang M H. 2009. Green macroalgae blooms in the Yellow Sea during the spring and summer of 2008[J]. Journal of Geophysical Research Atmospheres, 114(C2): C12010.

Shikanai T. 2007. Cyclic electron transport around photosystem I: Genetic approaches[J]. Annual Review of Plant Biology, 58(1): 199 – 217.

Shimada S, Hiraoka M, Nabata S, et al. 2010. Molecular phylogenetic analyses of the Japanese *Ulva* and *Enteromorpha* (Ulvales, Ulvophyceae), with special reference to the free-floating *Ulva*[J]. Phycological Research, 51(2): 99 – 108.

Shimada S, Yokoyama N, Arai S, et al. 2008. MEGA5: Phylogeography of the genus *Ulva* (Ulvophyceae, Chlorophyta), with special reference to the Japanese freshwater and brackish taxa[J]. Journal of Applied Phycology, 20(5): 979 – 989.

Silva P H D P, Mcbride S, Nys R D, et al. Integrating filamentous 'green tide' algae into tropical pond-based aquaculture [J]. Aquaculture, 2008, 284(1 – 4): 74 – 80.

Simpson J T, Wong K, Jackman S D, et al. 2009. ABySS: a parallel assembler for short read sequence data[J]. Genome Research, 19(6): 1117 – 1123.

Sirtes G, Waltimo T, Schaetzle M, et al. 2005. The effects of temperature on sodium hypochlorite short-term stability, pulp dissolution capacity, and antimicrobial efficacy[J]. Journal of Endodontics, 31(9): 669 – 671.

Small D A, Chang W, Toghrol F, et al. 2007. Toxicogenomic analysis of sodium hypochlorite antimicrobial mechanisms in *Pseudomonas aeruginosa*[J]. Applied Microbiology & Biotechnology, 74(1): 176 – 185.

Smith D R, Lee R W, Cushman J C, et al. 2010. The *Dunaliella salina* organelle genomes: large sequences, inflated with intronic and intergenic DNA[J]. BMC Plant Biol, 10(1): 83.

Smith G M. 1947. On the reproduction of some Pacific coast species of *Ulva*[J]. American Journal of Botany, 34(2): 80 – 87.

Sobolev A, Franssen M C R, Duburs G, et al. 2009. Chemoenzymatic synthesis of enantiopure 1, 4 – dihydropyridine derivatives[J]. Biocatalysis and Biotransformation, 22(4): 231 – 252.

Solomon M J, Larsen P L, Varshavsky A, et al. 1988. Mapping protein DNA interactions in vivo with formaldehyde: Evidence that histone H_4 is retained on a highly transcribed gene[J]. Cell, 53(6): 937 – 947.

Song W, Peng K Q, Xiao J, et al. 2015. Effects of temperature on the germination of green algae micro-propagules in coastal waters of the Subei Shoal, China[J]. Estuarine Coastal and Shelf Science, 163: 63 – 68.

Song X K, Shi Y J, Liu A Y, et al. 2013. The impact of green tide on the phytoplankton community in Yellow Sea[J]. Applied Mechanics & Materials, 260 – 261(18): 1130 – 1137.

Sousa A I, Martins I, Lillebø A I, et al. 2007. Influence of salinity, nutrients and light on the germination and growth of *Enteromorpha* sp. spores[J]. Journal of Experimental Marine Biology and Ecology, 341(1): 142 – 150.

Sridhar S, Rengasamy R. 2002. Effect of seaweed liquid fertilizer obtained from Ulva lactuca on the biomass, pigments and protein content of Spirulina platensis[J]. Seaweed Research Utilisation, 24(1): 145 – 149.

Staehelin L A, Nd A J, Seguí-Simarro J M. 2005. Quantitative analysis of changes in spatial distribution and plus-end geometry of microtubules involved in plant-cell cytokinesis[J]. Journal of Cell Science, 118(17): 3895 – 3903.

Staff T P O. 2014. Correction: The internal transcribed spacer (ITS) region and, trnhH-psbA, are suitable candidate loci for DNA barcoding of tropical tree species of India[J]. Plos One, 9(8): 57934.

Stauber J, Florence T. 1987. Mechanism of toxicity of ionic copper and copper complexes to algae[J]. Marine Biology, 94(4): 511 – 519.

Stengel D B, Dring M J. 1998. Seasonal variation in the pigment content and photosynthesis of different thallus regions of Ascophyllum nodosum (Fucales, Phaeophyta) in relation to position in the canopy[J]. phycologia, 37: 259 - 268.

Stirk W A, Novák O, Hradecká V, et al. 2009. Endogenous cytokinins, auxins and abscisic acid in *Ulva fasciata* (Chlorophyta) and *Dictyota humifusa* (Phaeophyta): towards understanding their biosynthesis and homoeostasis [J]. European Journal of Phycology, 44(2): 231 - 240.

Stirk W A, Bálint P, Tarkowská D, et al. 2013. Hormone profiles in microalgae: gibberellins and brassinosteroids[J]. Plant Physiology & Biochemistry, 70(1): 348 - 353.

Stitt M, Krapp A. 1999. The interaction between elevated carbon dioxide and nitrogen nutrition: the physiological and molecular background[J]. Plant Cell Environment, 22(6): 583 - 621.

Subbaramaiah K. 1970. Growth and reproduction of *Ulva fasciata* Delile in nature and in culture[J]. Bot Mar, 13(1): 25 - 27.

Sukatar A, Karaba Y, Soglu N U, et al. 2006. Antimicrobial activity of volatile component and various extracts of *Enteromorpha linza*(Linnaeus) J. Agardh from the coast of Izmir, Turkey[J]. Annals of microbiology, 56(3): 275 - 279.

Sun S, Wang F, Li C, et al. 2008. Emerging challenges: Massive green algae blooms in the Yellow Sea[J]. Nature Precedings, 26(4): 357 - 362.

Süss K H, Prokhorenko I, Adler K. 1995. In situ association of Calvincycle enzymes, ribulose 21, 52 bisphosphate carboxylase/oxygenase, ferredoxin 2NADP$^+$ reductase, and nitrite reductase with thylakoid and pyrenoid membranes of *Chlamydomonas reinhardtii* chloroplasts as revealed by immunoelectron microscopy[J]. Plant Physiology, 107 (4): 1387 - 1397.

Suzuki T, Miyauchi K. 2010. Discovery and characterization of tRNAIle lysidine synthetase (TilS)[J]. FEBS Lett, 584 (2): 272 - 277.

Tamura K, Stecher G, Peterson D, et al. 2013. MEGA6: Molecular evolutionary genetics analysis version 6. 0[J]. Molecular Biology and Evolution, 30(12): 2725 - 2729.

Tan I H, Blomster J, Hansen G, et al. 1999. Molecular phylogenetic evidence for a reversible morphogenetic switch controlling the gross morphology of two common genera of green seaweeds, *Ulva* and *Enteromorpha*[J]. Molecular Biology & Evolution, 16(8): 1011 - 1018.

Tang Z, Gao H, Wang S, et al. 2013. Hypolipidemic and antioxidant properties of a polysaccharide fraction from *Enteromorpha prolifera*[J]. International Journal of Biological Macromolecules, 58(0): 186 - 189.

Tarakhovskaya E R, Kang E J, Kim K Y, et al. 2013. Influence of phytohormones on morphology and chlorophyll a fluorescence parameters in embryos of *Fucus vesiculosus* L. (Phaeophyceae) [J]. Russian Journal of Plant Physiology, 60(2): 176 - 183.

Tay S A B, Palni L M S, MacLeod J K. 1987. Identification of cytokinin glucosides in a seaweed extract[J]. Journal of Plant Growth Regulation, 5(3): 133 - 138.

Taylor R, Fletcher R L, Raven J A. 2001. Preliminary studies on the growth of selected 'green tide' algae in laboratory culture: effects of irradiance, temperature, salinity and nutrients on growth rate[J]. Bot Mar, 44(4): 327 - 333.

Teather R M, Wood P J. Use of Congo red-polysaccharide interactions in enumeration and characterization of cellulolytic bacteria from the bovine rumen. [J]. Applied & Environmental Microbiology, 1982, 43(4): 777 - 780.

Thompson J D, Gibson T J, Plewniak F, et al. 1997. The ClustalX windows interface: flexible strategies for multiple sequence alignment aided by quality analysis tools[J]. Nucleic Acids Research, 25(24): 4876 - 4882.

Thornber J P. 1975. Chlorophyll proteins: light-harvesting and reaction center components of plants[J]. Annu. Rev. Plant Physiol, 26(1): 127 - 158.

Tian Q L, Shi D J, Jia X H, et al. 2014. Recombinant expression and functional analysis of a *Chlamydomonas reinhardtii* bacterial-type phosphoenolpyruvate carboxylase gene fragment[J]. Biotechnology Letters, 36(4): 821 - 827.

Tian Q T, Huo Y Z, Wang Y Y, et al. 2010. The interaction between NH_4^+ - N and NO_3^- - N in nitrogen uptaking by

Ulva prolifera[J]. Marine Sciences, 34(7): 41 - 45.

Tikkanen M, Nurmi M, Suorsa M, et al. 2008. Phosphorylation-dependent regulation of excitation energy distribution between the two photosystems in higher plants[J]. BBA - Bioenergetics, 1777(5): 425 - 432.

Titlyanova E A, Titlyanova T V, Li X B, et al. 2014. Seasonal changes in the intertidal algal communities of Sanya Bay (Hainan Island, China)[J]. Journal of the Marine Biological Association of the United Kingdom, 94(5): 879 - 893.

Titlyanova E A, Titlyanova T V, Li X B, et al. 2015. Recent (2008 - 2012) seaweed flora of Hainan Island, South China Sea[J]. Marine Biology Research, 11(5): 540 - 550.

Tortella G R, Rubilar O, Gianfreda L, et al. 2008. Enzymatic characterization of Chilean native wood-rotting fungi for potential use in the bioremediation of polluted environments with chlorophenols[J]. World J Microbiol Biotechnol, 24 (12): 2805 - 2818.

Tseng CK. 1983. Common seaweeds of China[M]. Beijing: Science Press.

Turmel M, Otis C, Lemieux C. 2016. Mitochondrion-to-Chloroplast DNA Transfers and Intragenomic Proliferation of Chloroplast Group II Introns in Gloeotilopsis Green Algae (Ulotrichales, Ulvophyceae)[J]. Genome Biology & Evolution, 8(9): 2789 - 2805.

Valiela I, Mcclelland J, Hauxwell J, et al. 1997. Macroalgal blooms in shallow estuaries: controls and ecophysiological and ecosystem consequences[J]. Limnology and Oceanography, 42(5 - 2): 1105 - 1118.

Van D H C, Mann D G, Jahns H M. 1995. Algae[M]. Cambridge: Cambridge University Press.

Vanin E F. 1985. Processed pseudogenes: Characteristics and evolution[J]. Annual Review of Genetics, 19(1): 253 - 272.

Vermaat J E, Sand-Jensen K S. 1987. Metabolism and growth of *Ulva lactuca* under winter conditions: a laboratory study of bottlenecks in the life cycle[J]. Marine Biology, 95(1): 55 - 61.

Vermis K, Brachkova M, Vandamme P, et al. 2003. Isolation of Burkholderia cepacia Complex Genomovars from Waters [J]. Systematic and Applied Microbiology, 26(4): 595 - 600.

Villarejo A, Martinez F, Pino Plumed M. 1996. The induction of the CO_2 concentrating mechanism in a starch-less mutant of *Chlamydomonas reinhardtii*[J]. Physiologia Plantarum, 98(4): 798 - 802.

Villares R, Carballeira A. 2004. Nutrient limitation in macroalgae (*Ulva* and *Enteromorpha*) from the Rías Baixas (NW Spain)[J]. Mar Ecol, 25(3): 225 - 243.

Vlachos V. 1997. Antimicrobial activity of extracts from selected Southern African marine macroalgae[J]. South African Journal of Science, 93(7): 328 - 332.

Wagnerdöbler I, Biebl H. 2005. Environmental biology of the marine Roseobacter lineage[J]. Annual Review of Microbiology, 60(1): 255 - 280.

Wakasugi T, Nagai T, Kapoor M, et al. 1997. Complete nucleotide sequence of the chloroplast genome from the green alga *Chlorella vulgaris*: the existence of genes possibly involved in chloroplast division[J]. Proc Natl Acad Sci USA, 94(11): 5967 - 5972.

Wang F, Qi Y, Malnoe A, et al. 2017. The high light response and redox control of thylakoid FtsH protease in *Chlamydomonas reinhardtii*[J]. Molecular Plant, 10(1): 99 - 114.

Wang H, Lin A, Gu W, et al. 2016. The sporulation of the green alga *Ulva prolifera* is controlled by changes in photosynthetic electron transport Chain[J]. Scientific Reports, 6: 24923.

Wang J, Dai J. 2008. An improved method for karyotype analyses of marine algae[J]. Journal of Ocean University of China, 7(2): 205 - 209.

Wang J, Jin W H, Hou Y, et al. 2013. Chemical composition and moisture-absorption/retention ability of polysaccharides extracted from five algae[J]. International Journal of Biological Macromolecules, 57(6): 26 - 29.

Wang J F, Jiang P, Cui Y L, et al. 2010. Molecular analysis of green-tide-forming macroalgae in the Yellow Sea[J]. Aquatic Botany, 93(1): 25 - 31.

Wang L, Jiang T. 1994. On the Complexity of Multiple Sequence Alignment[J]. Journal of Computational Biology, 1(4): 337 - 348.

Wang L K, Cai C E, Zhou L J, et al. 2017. The complete chloroplast genome sequence of *Ulva linza*[J]. Conservation Genetics Resources, 9(3): 1 - 4.

Wang LS, Jiang T. 1994. On the complexity of multiple sequence alignment[J]. Journal of Computational Biology: A Journal of Computational Molecular Cell Biology, 1(4): 337 - 348.

Wang S, Jiang X M, Wang N, et al. 2007. Research on pyrolysis characteristics of seaweed[J]. Energy & Fuels, 21(6): 3723 - 3729.

Wang S Y, Huo Y Z, Zhang J H, et al. 2018. Variations of dominant free-floating *Ulva* species in the source area for the worlds largest macroalgal blooms, China Differences of ecological tolerance[J]. Harmful Algae, 74(1): 58 - 66.

Wang X, Zhao P, Liu X, et al. 2014. Quantitative profiling method for phytohormones and betaines in algae by liquid chromatography electrospray ionization tandem mass spectrometry [J]. Biomedical Chromatography, 28 (2): 275 - 280.

Wang Z, Xiao J, Fan S, et al. 2015. Who made the world's largest green tide in China? — an integrated study on the initiation and early development of the green tide in Yellow Sea [J]. Limnology and Oceanography, 60 (4): 1105 - 1117.

Wen Z, Liao W, Chen S. 2005. Production of cellulase by *Trichoderma reesei* from dairy manure[J]. Bioresource Technology, 96(4): 491 - 499.

Wheeler D A, Srinivasan M, Egholm M, et al. 2008. The complete genome of an individual by massively parallel DNA sequencing[J]. Nature, 452(7189): 872 - 876.

Wichard T, Oertel W. 2010. Gametogenesis and gemete release of *Ulva mutabilis* and *Ulva lactuca* (Chlorophyta): regulatory effects and chemical characterization of the "swarming inhibitor"[J]. Journal of Phycology, 46(2): 248 - 259.

Wiesemeier T, Jahn K, Pohnert G. 2008. No evidence for the induction of brown algal chemical defense by the phytohormones jasmonic acid and methyl jasmonate[J]. Journal of Chemical Ecology, 34(12): 1523 - 1531.

Williams, Peter J L B. 2007. Biofuel: microalgae cut the social and ecological costs[J]. Nature, 450(7169): 478 - 478.

Williams D C, Brain K R, Blunden G, et al. 1981. Plant growth regulatory substances in commercial seaweed extracts [C]//Proc Int Seaweed Symp. 8: 760 - 763.

Worm B, Heike K, Sommer U. 2001. Algae propagules banks modify competition, consumer and resource control on Baltic rocky shores[J]. Oecologia, 128(2): 281 - 293.

Worm B, Lotze H K. 2006. Effects of eutrophication, grazing, and algae blooms on rocky shores[J]. Limnology and Oceanography, 51(1): 569 - 579.

Wu H, Gao G, Zhong Z, et al. 2018. Physiological acclimation of the green tidal alga *Ulva prolifera* to a fast-changing environment[J]. Marine Environmental Research, 137: 1 - 7.

Wu H L, Zhang J H, Yarish C, et al. 2018, Bioremediation and nutrient migration during blooms of *Ulva* in the Yellow Sea, China[J]. Phycologia, 57(2): 223 - 231.

Xiao S, Gao W, Chen Q F, et al. 2010. Overexpression of *Arabidopsis* acyl - CoA - binding protein ACBP3 promotes starvation-induced and age-dependent leaf senescence[J]. Plant Cell, 22(6): 1463 - 1482.

Xu J, Gao K. 2012. Future CO_2 - induced ocean acidification mediates the physiological performance of a green tide alga [J]. Plant Physiology, 160(4): 1762 - 1769.

Xu J, Huang J, Gao S, et al. 2014. Assimilation of high frequency radar data into a shelf sea circulation model. Journal of Ocean University of China, 13(4): 572 - 578.

Xu Z L, Ye S F, Xu R. 2009. Possible conditions and process of themassive blooms of Enteromorpha prolifera in China during 2008[J]. Journal of Fisheries of China, 33(3): 430 - 437.

Yabe T, Ishii Y, Amano Y, et al. 2009. Green tide formed by free-floating *Ulva* spp. at Yatsu tidal flat, Japan[J]. Limnology, 10(3): 239 - 245.

Yamazaki J Y, Suzuki T, Maruta E, et al. 2005. The stoichiometry and antenna size of the two photosystems in marine green algae, *Bryopsis maxima* and *Ulva pertusa*, in relation to the light environment of their natural habitat[J]. Journal of Experimental Botany, 56(416): 1517-1523.

Yamazaki T, Ichihara K, Suzuki R, et al. 2017. Genomic structure and evolution of the mating type locus in the green seaweed Ulva partita[J]. Scientific Reports, 7(1): 11679.

Yamori W, Sakata N, Suzuki Y, et al. 2011. Cyclic electron flow around photosystem I via chloroplast NAD(P)H dehydrogenase (NDH) complex performs a significant physiological role during photosynthesis and plant growth at low temperature in rice[J]. The Plant Journal, 68(6): 966-976.

Yang C, Chung D, Shina I S, et al. 2008. Effects of molecular weight and hydrolysis conditions on anticancer activity of fucoidans from sporophyll of *Undaria pinnatifida*[J]. International Journal of Biological Macromolecules, 43(5): 433-437.

Ye N H, Zhang X W, Mao Y Z, et al. 2011. 'Green tides' are overwhelming the coastline of our blue planet: taking the world's largest example[J]. Ecological Research, 26(3): 477-485.

Ye N H, Zhang X W, Miao M, et al. 2015. Saccharina genomes provide novel insight into kelp biology[J]. Nature Communication, 6: 6986.

Ye N H, Zhuang Z M, Jin X S, et al. 2008. China is on the track tackling *Enteromorpha* spp. forming green tide[J]. Nature Precedings, hdl: 10101/npre.2008.2352.1.

Ying C Q, Yin S J, Lin S J, et al. 2010. Cloning and sequence analysis of the full length cDNA of *rbcL* from *Ulva linza* (Chlorophyceae, Chlorophycophyta)[J]. Journal of Fisheries of China, 2010, 34(5): 786-795.

Ying C Q, Yin S J, Shen Y, et al. 2011. Cloning and analysis of the full length Rubisco large subunit (*rbcL*) cDNA from Ulva linza (Chlorophyceae, Chlorophycophyta)[J]. Botanica Marina, 4: 303-312.

Yokono M, Takabayashi A, Akimoto S, et al. 2015. A megacomplex composed of both photosystem reaction centres in higher plants[J]. Nature Communications, 6: 6675.

Yokota T, Kim S K, Fukui Y, et al. 1987. Brassinosteroids and sterols from a green alga, *Hydrodictyon reticulatum*: configuration at C-24[J]. Phytochemistry, 26(2): 503-506.

Yokoya N S, Stirk W A, Van S J, et al. 2010. Endogenous cytokinins, auxins, and abscisic acid in red algae from Brazil [J]. Journal of Phycology, 46(6): 1198-1205.

Yuan S, Duan Z, Lu Y, et al. 2018. Optimization of decolorization process in agar production from *Gracilaria lemaneiformis* and evaluation of antioxidant activities of the extract rich in natural pigments[J]. 3 Biotech8(1): 8.

Zanetti F, de Luca G, Stampi S. 2000. Recovery of *Burkholderia pseudomallei* and *B. cepacia* from drinking water[J]. International Journal of Food Microbiology, 59(1-2): 67-72.

Zhang J H, Huo Y Z, Gao S, et al. 2017. Seasonal variation of dominant free-floating *Ulva* species in the Rudong coastal area, China Differences of ecological adaptability to temperature and irradiance[J]. Indian Journal of Geo Marine Sciences, 46(09): 1758-1764.

Zhang J H, Huo Y Z, He P M. 2017. Macroalgal Blooms on the Rise along the Coast of China[J]. Oceanogr Fish Open Access J, 4(5): 555646.

Zhang J H, Huo Y Z, Yu K F, et al. 2013. Growth characteristics and reproductive capability of green tide algae in Rudong coast, China[J]. Journal of Applied Phycology, 25(3): 795-803.

Zhang J H, Huo Y Z, Yu K F, et al. 2014. The origin of the *Ulva* macroalgae blooms in the Yellow Sea in 2013[J]. Marine Pollution Bulletin, 89(2): 276-283.

Zhang J H, Huo Y Z, Zhang Z L, et al. 2013. Variations of morphology and photosynthetic performances of *Ulva prolifera* during the whole green tide blooming processin the Yellow Sea[J]. Marine Environmental Research, 92 (12): 35-42.

Zhang J H, Kim J K, Yarish C, et al. 2016. The expansion of *Ulva prolifera* OF Muller macroalgal blooms in the Yellow Sea, PR China, through asexual reproduction[J]. Marine pollution bulletin, 104(1-2): 101-106.

Zhang J H, Liu C C, Yang L L, et al. 2015. The source of the *Ulva* blooms in the East China Sea by the combination of morphological, molecular and numerical analysis[J]. Estuarine Coastal and Shelf Science, 164(5): 418 – 424.

Zhang J H, Zhao P, Huo Y Z, et al. 2017. The fast expansion of Pyropia aquaculture in "Sansha" regions should be mainly responsible for the *Ulva* blooms in Yellow Sea[J]. Estuarine Coastal and Shelf Science, 189(5): 58 – 65.

Zhang Q B, Li N, Zhou G F, et al. 2003, In vivo antioxidant activity of polysaccharide fraction from *Porphyra haitanesis* (Rhodephyta) in aging mice[J]. Pharmacological Research, 48(2): 151 – 155.

Zhang X W, Wang H X, Mao Y Z, et al. 2010. *Enteromorpha prolifera* forming a green tide in the Yellow Sea, China [J]. Journal of Applied Phycology, 22(2): 173 – 180.

Zhang X W, Xu D, Mao Y Z, et al. 2011. Settlement of vegetative fragments of *Ulva prolifera* confirmed as an important seed source for succession of a large-scale green tide bloom[J]. Limnology and Oceanography, 56(1): 233 – 242.

Zhang X W, Ye N H, Liang C W, et al. 2012. De novo sequencing and analysis of the *Ulva linza* transcriptome to discover putative mechanisms associated with its successful colonization of coastal ecosystems[J]. BMC Genomics, 13(1): 565.

Zhang X Y. 1995. Ocean outfall modeling-interfacing near and far field models with particle tracking method[D]. United States: Massachusetts Institute of Technology.

Zhang Z, Wang X, Mo X, et al. 2013. Degradation and the antioxidant activity of polysaccharide from *Enteromorpha linza*[J]. Carbohydrate Polymers, 92(2): 2084 – 2087.

Zhao J, Jiang P, Li N, et al. 2010. Analysis of genetic variation within and among *Ulva pertusa* (Ulvaceae, Chlorophyta) populations using ISSR markers[J]. Chinese Science Bulletin, 55(8): 705 – 711.

Zhao J, Jiang P, Liu Z, et al. 2011. Genetic variation of *Ulva* (*Enteromorpha*) *prolifera* (Ulvales, Chlorophyta)—the causative species of the green tides in the Yellow Sea, China[J]. Journal of Applied Phycology, 23(2): 227 – 233.

Zhao J, Jiang P, Qin S, et al. 2015. Genetic analyses of floating *Ulva prolifera* in the Yellow Sea suggest a unique ecotype [J]. Estuarine Coastal & Shelf Science, 163(20): 96 – 102.

Zheng H R, Chang L, Patel N, et al. 2008. Induction of abnormal proliferation by nonmyelinating Schwann cells triggers neurofibroma formation[J]. Cancer Cell, 13(2): 117 – 128.

Zheng Y, Pan Z, Zhang R. 2009. Overview of biomass pretreatment for cellulosic ethanol production. International Journal of Agricultural and Biological Engineering, 2(3): 51 – 68.

Zhou L J, Wang L K, Zhang J H, et al. 2016. Complete mitochondrial genome of *Ulva linza*, one of the causal species of green macroalgal blooms in Yellow Sea, China[J]. Mitochondrial DNA: Resources, 1(1): 31 – 33, 76 – 78.

Zhou M J, Liu D Y, Anderson D M, et al. 2015. Introduction to the Special Issue on green tides in the Yellow Sea[J]. Estuarine Coastal & Shelf Science, 163(20): 3 – 8.

Zhu J. 2001. Plant salt tolerance[J]. Trends in Plant Science, 6(2): 66 – 71.

Zietkiewicz E, Rafalski A, Labuda D. 1994. Genome fingerprinting by simple sequence repeat (SSR)-anchored polymerase chain reaction amplification[J]. Genomics, 20(2): 176 – 183.

图版 1-1 2008 年青岛近海绿潮飞机巡视

图版 1-2 2008 年青岛海域漂浮绿潮

图版 1-3 2008 年青岛绿潮船舶监测

图版 1-4 2008 年青岛近岸绿潮藻堆积

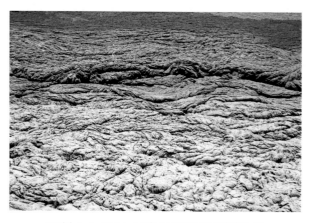

图版 1-5 2008 年青岛近岸绿潮藻腐烂

图版 2-1 2008 年青岛湾漂浮绿潮

图版 2-2 2008 年青岛市民清除近岸绿潮藻

图版 2-3 2008 年青岛志愿者清除近岸绿潮藻

图版 2-4 2008 年青岛部队清除近岸绿潮藻

图版 3-1 青岛挖掘机清理近岸绿潮藻

图版 3-2 青岛推土机清理绿潮藻

图版 3-3 青岛工程车装载绿潮藻

图版 3-4 青岛装载车清运滩涂绿潮藻

图版 3-5 青岛装载车队清运绿潮藻

图版 4-1 山东日照海域漂浮绿潮

图版 4-2 江苏如东海域漂浮绿潮

图版 4-3 江苏大丰海域漂浮绿潮

图版 4-4 江苏射阳海域漂浮绿潮

图版 4-5 江苏滨海海域漂浮绿潮

图版 5-1 2018 年青岛小麦岛近岸绿潮

图版 5-2 2011 年青岛薛家岛近岸绿潮

图版 5-3 2013 年青岛汇泉湾近岸绿潮

图版 5-4 2014 年青岛千里岩近岸绿潮

图版 5-5 2016 年青岛灵山岛近海绿潮

图版 5-6 2017 年青岛千里岩近岸绿潮

图版 5-7 2019 年青岛海域绿潮

图版 6-1 山东威海岸滩绿浪

图版 6-2 山东烟台海域漂浮绿潮

图版 6-3 山东威海近岸绿潮

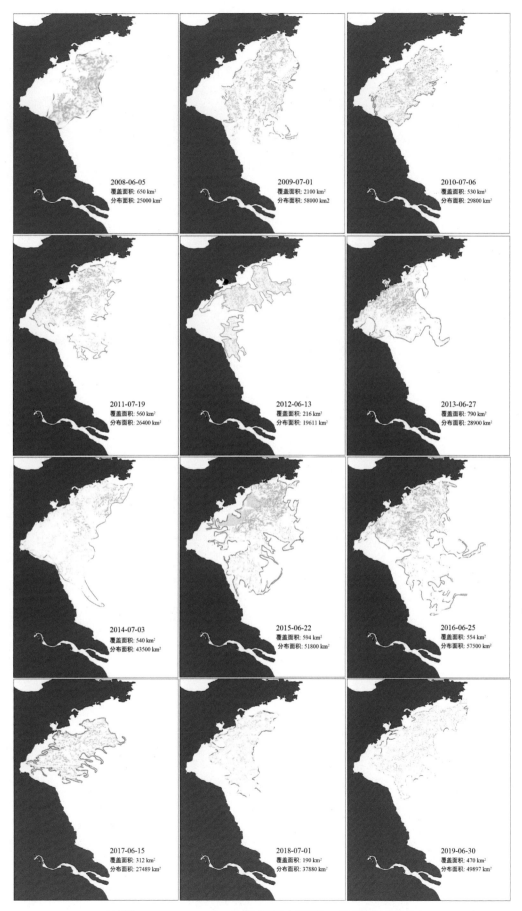

图版 7 2008 ～ 2019 年绿潮最大面积卫星遥感解译图

图版 8-1 2015 年江苏大丰海域船舶 - 无人机联合监测超大绿潮斑块（长 20 km，宽 500 m）

图版 8-2 2015 年如东海域零星漂浮绿潮

图版 8-3 2015 年如东海域聚集漂浮绿潮

图版 8-4 2015 年如东海域带状漂浮绿潮

图版 8-5 2015 年大丰海域大型绿潮斑块

图版 9-1 浒苔（*U.prolifera*）藻体

图版 9-2 浒苔（*U.prolifera*）标本

图版 9-3 曲浒苔（*U.flexuosa*）标本

图版 9-4 缘管浒苔（*U.linza*）标本

图版 9-5 扁浒苔（*U.compressa*）标本

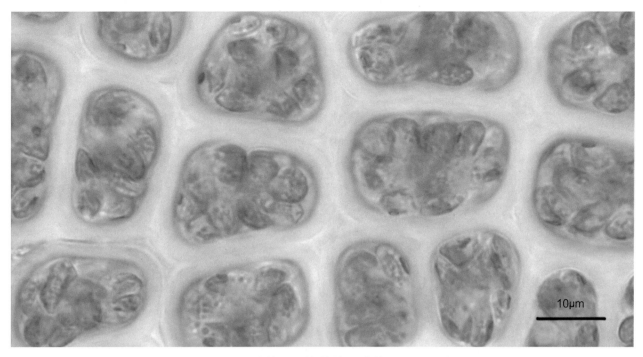

图版 10-1 浒苔配子体营养细胞转化为配子囊

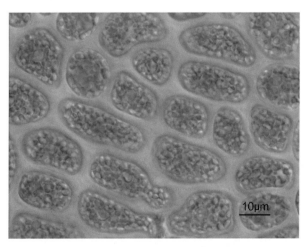

图版 10-2 浒苔孢子体营养细胞

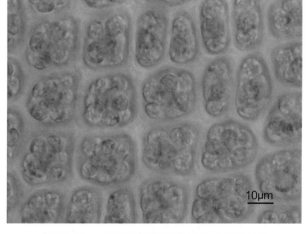

图版 10-3 浒苔营养细胞转化为孢子囊

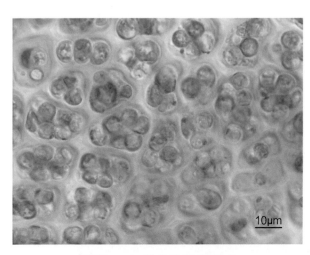

图版 10-4 浒苔孢子囊形成

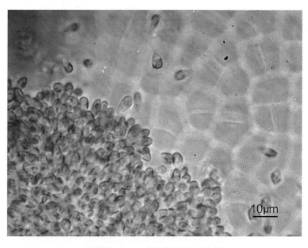

图版 10-5 浒苔孢子放散

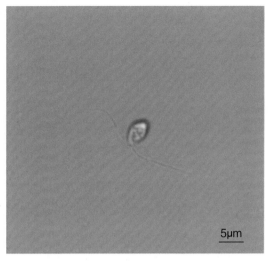

图版 11-1 浒苔二鞭毛雄配子

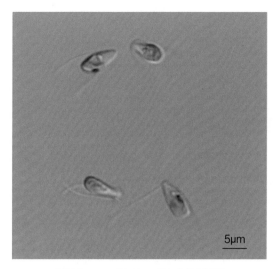

图版 11-2 浒苔二鞭毛雌配子

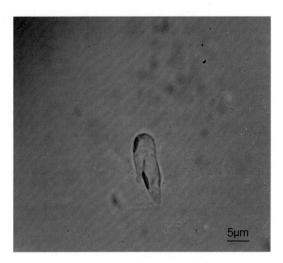

图版 11-3 雌雄配子结合

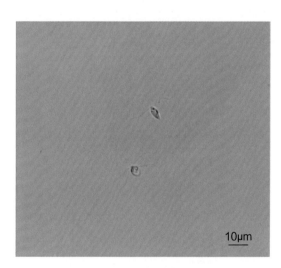

图版 11-4 浒苔四鞭毛孢子

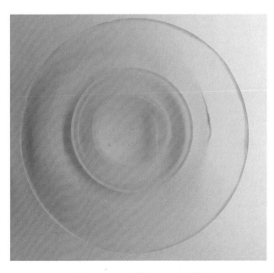

图版 11-5 浒苔配子趋光性

图版 11-6 浒苔孢子负趋光性

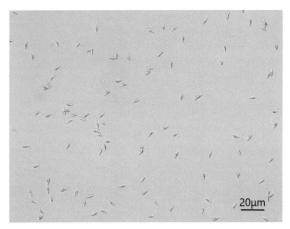

图版 12-1　浒苔雄配子大量放散

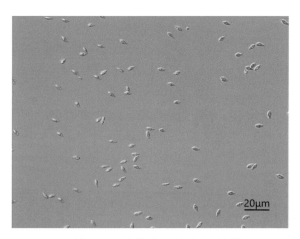

图版 12-2　浒苔雌配子大量放散

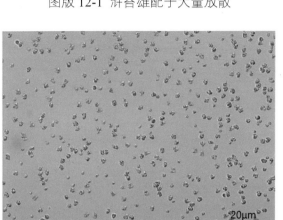

图版 12-3　浒苔雌雄配子大量结合

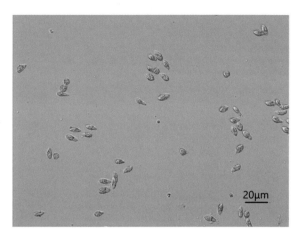

图版 12-4　浒苔孢子大量放散

图版 12-5　浒苔繁殖体固着萌发试验

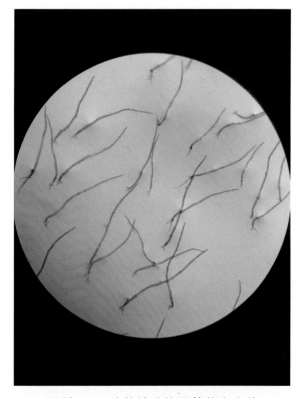

图版 12-6　浒苔繁殖体固着萌发小苗

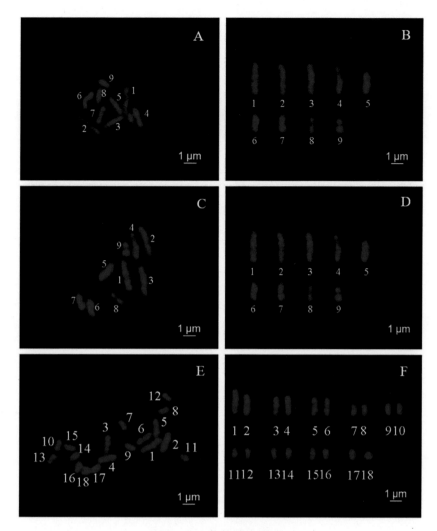

图版 13-1　浒苔染色体核型

A 雄配子体染色体；B 雄配子体染色体核型；C 雌配子体染色体；
D 雌配子体染色体核型；E 孢子体染色体；F 孢子体染色体核型

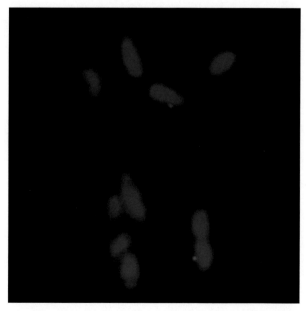

图版 13-2　浒苔配子体 5S rDNA（绿色）、ITS（红色）探针的双色荧光原位杂交

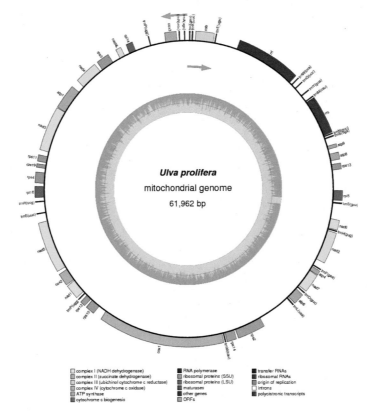

图版 14-1 浒苔线粒体基因组图谱

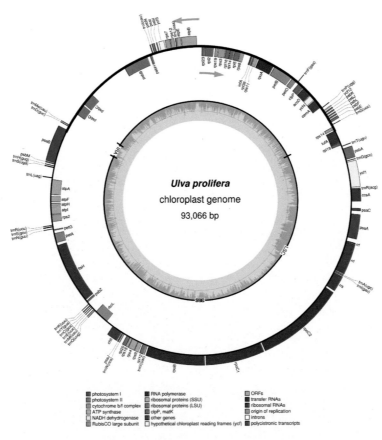

图版 14-2 浒苔叶绿体基因组图谱

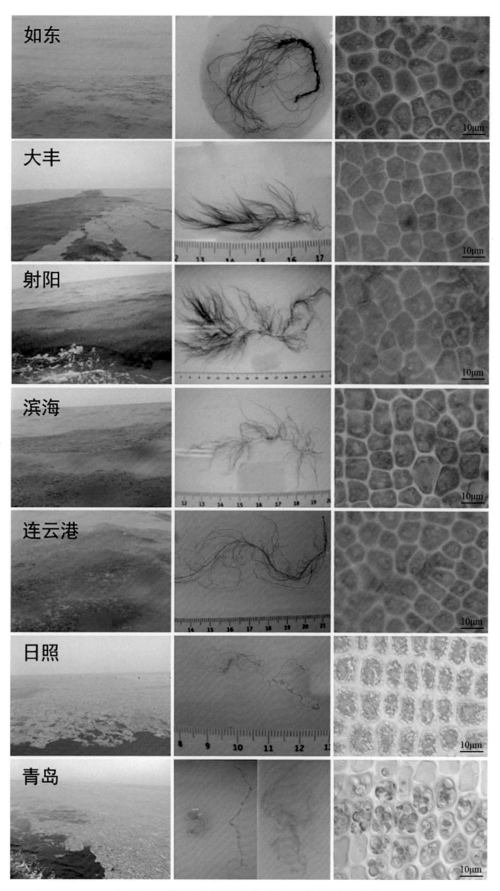

图版 15 黄海绿潮漂浮各个阶段藻体形态变化

图版 16-1 江苏如东太阳岛岸基绿潮藻

图版 16-2 2019 年 9 月连云港滩涂绿潮藻

图版 16-3 山东烟台滩涂绿潮藻

图版 16-4 山东威海滩涂绿潮藻

图版 17-1 南黄海绿潮形成

图版 17-2 南黄海零星漂浮绿潮

图版 17-3 南黄海聚集漂浮绿潮

图版 17-4 南黄海块状漂浮绿潮

图版 17-5 南黄海带状漂浮绿潮

图版 18-1 江苏如东近岸紫菜养殖区无人机航拍图

图版 18-2 江苏如东近岸紫菜养殖筏架

图版 18-3 绿潮藻侵袭紫菜养殖区

图版 18-4 养殖户清除筏架区漂浮绿潮藻

图版 19-1 条斑紫菜养殖筏架固着绿潮藻

图版 19-2 坛紫菜养殖筏架固着绿潮藻

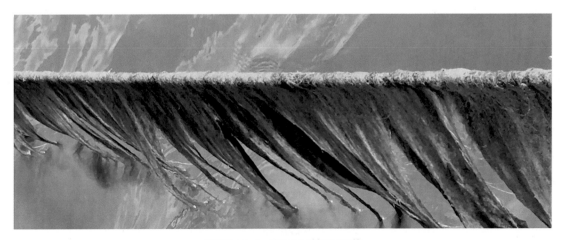

图版 19-3 缆绳固着绿潮藻

图版 20-1　紫菜养殖筏架缆绳固着绿潮藻近景

图版 20-2　网帘回收后养殖筏架竹竿固着绿潮藻

图版 20-3　网帘回收后养殖筏架缆绳固着绿潮藻

图版 20-4　施用次氯酸钠 5 min 清除效果

图版 20-5　施用次氯酸钠 10 d 清除效果

图版 21-1 "海状元 2"号浒苔海上移动处置平台

图版 21-2 "海状元 2"号正在打捞和运载浒苔

图版 21-3 自动打捞装置传送浒苔

图版 21-4 自动打包装置压缩浒苔

图版 22-1 浒苔专用半自动加工机

图版 22-2 浒苔人工养殖

图版 22-3 浙江象山浒苔晾晒

图版 22-4 半自动加工机烘干浒苔

图版 23-1 浒苔挂面

图版 23-2 浒苔麻花

图版 23-3 浒苔花生

图版 23-4 浒苔千层饼

图版 24-1 上海临港盐碱地水杉施用海藻肥对比效果

图版 24-2 盐碱地未施海藻肥水杉枝叶

图版 24-3 盐碱地施用海藻肥水杉枝叶

图版 24-4 盐碱地未施海藻肥水杉林

图版 24-5 盐碱地施用海藻肥水杉林